개정판

시퀀스 제어에서 PLC 제어까지
PLC제어기술

지일구 지음

성안당

도서 A/S 안내

당사에서 발행하는 모든 도서는 독자와 저자 그리고 출판사가 삼위일체가 되어 보다 좋은 책을 만들어 나갑니다.

독자 여러분들의 건설적 충고와 혹시 발견되는 오탈자 또는 편집, 디자인 및 인쇄, 제본 등에 대하여 좋은 의견을 주시면 저자와 협의하여 신속히 수정 보완하여 내용 좋은 책이 되도록 최선을 다하겠습니다.

채택된 의견과 오자, 탈자, 오답을 제보해 주신 독자 중 선정된 분에게는 기념품을 증정하여 드리고 있습니다. (당사 홈페이지 공지사항 참조)

구입 후 14일 이내에 발견된 부록 등의 파손은 무상 교환해 드립니다.

저자 e-mail : cyber@cyber.co.kr
본서 기획자 e-mail : hck8181@hanmail.net(황철규)
도서출판 성안당 e-mail : cyber@cyber.co.kr
홈페이지 : http://www.cyber.co.kr
전화 : 031)955-0511

머·리·말

개정판을 내면서

오늘날 많은 기업들이 자동화에 관심을 가지고 많은 투자를 하고 있다. 이는 자동화를 함으로써 신속, 정확 안전, 편리 등을 통하여 생산성 향상, 품질 향상을 기할 수 있을 뿐 아니라, 비용 절감(Cost down)을 통한 타사와의 경쟁에서 유리한 고지를 점유할 수 있기 때문일 것이다.

여기서 자동화란 높은 생산성과 경제적 효과를 얻기 위해 수주에서 생산 출하까지의 전반적인 생산 활동에 있어서 효율적인 관리 및 제어를 행하는 것이라 할 수 있다.

지금까지는 자동화를 위한 제어 장치로 릴레이, 타이머, 카운터등을 중심으로 한 시퀀스 회로가 주로 사용되어 왔다. 그래서 본서 제 1 부에서는 시퀀스 회로 설계를 중심으로 유접점 시퀀스 제어와 무접점 시퀀스 제어로 나우어 상세히 설명하였고, 제 2 부에서는 상황 요구조건 변화에 능동적으로 대처가 가능한 PLC를 중심으로 개요, 구성, 프로그램 작성, 선정과 취급, 설치 보수, 프로그램 예, PLC통신, 제 3 부에서는 PLC 사용 설명서를 최신 기종 중심으로 기본부터 응용 프로그램까지 알기 쉽게 설명하고자 노력하였다.

아무쪼록 본서가 자동화를 추진 하려는 분들에게 자동 제어 시스템 설계의 지침서로서 일익을 담당했으면 하는 바램이다.

끝으로 본서가 나오기까지 수고해 주신 성안당 사장님과 임직원 여러분께 깊이 감사드린다.

저 자 **지 일 구**

차 · · · 례

제 2 부　P.L.C 제어

제 3 부 PLC 사용 설명서 (LG Master-K)

제 1 부

시퀀스 제어

제 1 장   시퀀스(Sequence) 제어란

1-1. 정 의

시퀀스(Sequence) 제어란 미리 정해진 순서, 또는 일정한 논리에 의해서 정해진 순서에 따라 제어의 각 단계를 차례로 진행해가는 제어를 말한다. 즉, 시퀀스 제어란 다음 단계에서 행해야 할 제어동작이 미리 정해져 있어서 전 단계에서의 제어동작을 완료한뒤, 또는 동작 후 일정한 시간이 경과한 다음에, 다음의 동작으로 이행할 경우나, 제어결과에 따라서 다음에 행해야 할 동작을 선정해서 다음 단계로 이행(Transition)하는 제어를 말한다. 다시 말해서 순서제어(순서 프로그램)에 조건제어(Timer, Limit Switch…)를 합한 것이라 생각하면 될 것 같다.

1-2. 종 류

(1) 유접점 시퀀스(Relay Sequence)

유접점 시퀀스(Relay Sequence)란 제어계에 사용되는 논리소자로서 기계적 접점을 지닌 유접점 계전기, 즉 전자 계전기에 의해서 구성되는 시퀀스 제어회로를 말한다. 여기서 전자 계전기라는 것은 전자코일을 여자하면 접점이 개(OFF) 또는 폐(ON)되고, 무여자로 하면 반대의 동작을 하는 계전기를 말한다.

장 점	단 점
① 개폐부하용량이 크다.	① 소비전력이 비교적 크다.
② 과부하에 견디는 힘이 크다.	② 접점이 소모되므로 수명에 한계가 있다.
③ 전기적 노이즈에 대하여 안정하다.	③ 동작속도가 늦다.
④ 온도특성이 양호하다.	④ 기계적 진동, 충격 등에 비교적 약하다.
⑤ 입력과 출력이 분리될 수 있다.	⑤ 외형의 소형화에 한계가 있다.
⑥ 독립된 다수의 출력회로를 동시에 얻을 수 있다.	
⑦ 동작상태의 확인을 쉽게 할 수 있다.	

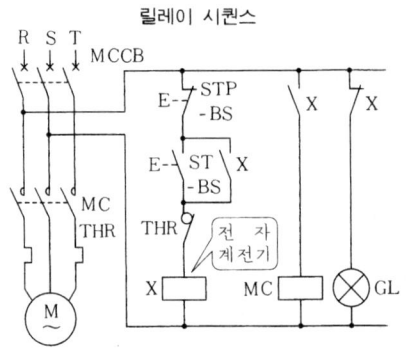

<그림 1-1> 유접점 시퀀스

(2) 무접점 시퀀스

무접점 시퀀스란 제어계에 사용되는 논리소자로서, 반도체를 이용한 무접점 계전기에 의해 구성되는 시퀀스 제어를 말한다.

무접점 계전기란 가동접점부분이 없는 계전기를 말하는 것으로, 동작에서는 유접점 계전기와 다름이 없으나 다이오드, 트랜지스터, IC(집적회로) 등 반도체 스위치 소자를 사용한 계전기를 말한다.

장 점	단 점
① 동작 속도가 빠르다. ② 고빈도(高頻度) 사용에 견디며 수명이 길다. ③ 고정 밀도로서 응동 시간(應動時間), 감도에 분산(Dispersion)이 적다. ④ 진동, 충격에 대한 불량 응동(應動)의 우려가 없다. ⑤ 장치의 소형화가 가능하다.	① 전기적 노이즈, 서지(Surge)에 약하다. ② 온도 변화에 약하다. ③ 신뢰성이 떨어진다. ④ 별도의 전원을 필요로 한다.

(3) Logic 시퀀스

로직(Logic)이란 '논리', 즉 '사리에 맞는 사고방식'이란 뜻으로 '논리회로'에 의해서 구성된 시퀀스 제어회로를 로직 시퀀스라 한다. 여기서 논리회로란 구성되어 있는 회로를 논리적으로 분해했을 때의 최소 단위인 기본회로를 말하며, 로직 시퀀스에서는 상반되는 상태를 '0' 과 '1' 에 대응시켜서 표현하고 릴레이 시퀀스에서는 접점의 '개폐', 무접점 시퀀스에서는 전압 레벨의 '고저' 신호의 '유무'가 이에 해당한다. 한편 무접점 시퀀스는 논리기호를 이용한 로직 시퀀스로 표현되는 경우가 많고, 릴레이시퀀스는 일반적으로 코일과 접점으로 표현되고 있다.

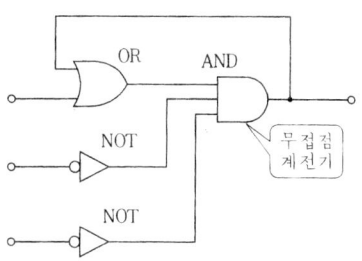

<그림 1-2> 무접점 시퀀스(로직 시퀀스)

1-3. 시퀀스 제어의 동작

시퀀스 제어계는 일반적으로 명령 처리부, 조작부, 제어대상, 표시 및 경보부, 검출부 등으로 구성되어 있다.

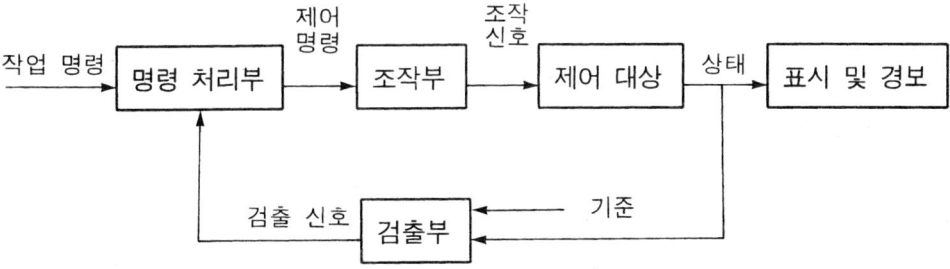

제 2 장 시퀀스 기본회로

2-1. a 접점(arbeit 접점, N.O.접점, make 접점)

(1) a 접점이란

열려 있는 접점을 말하며 '작동접점(arbeit contact)'이라는 의미로서 그 머리문자를 따서 반드시 소문자 'a'로 표현하고, 또한 a 접점은 '회로를 만드는 접점(make contact)'이라고 하여 메이크 접점이라고 하며, 또 '언제나 열려있는 접점(Normally Open Contact)'이라 하여 상개접점(**常開接点**; N.O.접점:Normal Open)이라고도 한다.

<그림 2-1> 'a' 접점회로

(2) 전자 릴레이의 a 접점이란

전자코일에 전류가 흐르지 않을 때에는 가동접점과 고정접점이 열리고, 전자코일에 전류가 흐르면 전자석으로 되어 그 전자력에 의해서 가동철편이 흡인되고 이것에 연동된 기구가 작동하여 가동접점은 고정접점에 접촉되어 전로를 닫는다. 그리고 전자코일에 흐르는 전류가 끊어지게 되면 전자력을 잃어서 가동접점은 스프링의 힘에 의해서 원상태로 되돌아가 전로를 연다. 즉 전자 릴레이의 a 접점은 전자코일에 통전되지 않은 상태에서는 개로되어 있고, 통전하게 되면 폐로하는 접점을 말한다. 즉, 전가 계전기가 동작하면 '닫히는 접점'을 말함. <**그림 2-2**> 참조

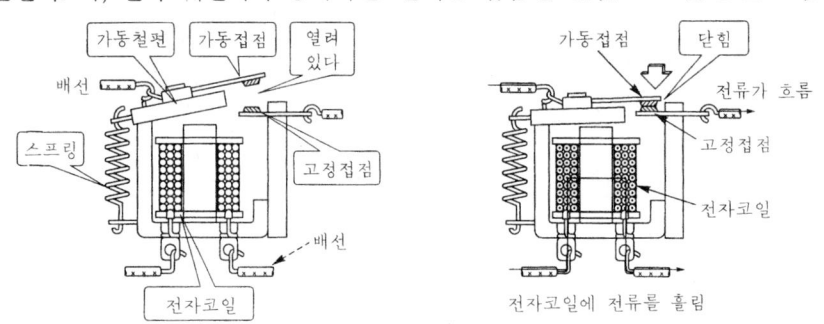

<그림 2-2> 전자 릴레이의 'a' 접점회로

2-2. b 접점회로(break 접점, N.C.접점)

(1) b 접점이란

닫혀있는 접점을 말하며 '브레이크 접점(break contact)'이라는 의미로서 그 머리문자를 따서
반드시 소문자 'b'로 표현한다. 또한 b 접점은 브레이크 접점 외에도 '언제나 닫혀있는 접점
(Normaly Close Contact)'이라는 뜻으로 상폐접점(**常閉接点**)이라고도 한다.

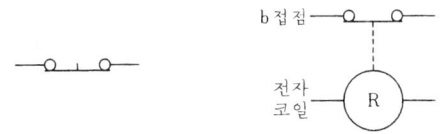

<그림 2-3> 'b' 접점회로

(2) 전자 릴레이의 b 접점이란

전자코일에 통전되지 않은 상태에서 가동접점과 고정 접점이 닫혀 있지만, 전자코일에 통전
하게 되면 접점이 열리고 통전을 끊으면 스프링의 힘으로 자동적으로 원상태로 되돌아가는 접
점을 말한다. 즉, 전자 릴레이가 동작했을 때 '열리는 접점'을 말한다.<그림 2-4 참조>

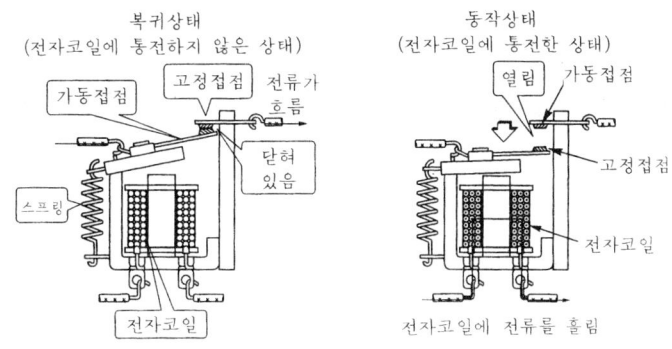

<그림 2-4> 전자 릴레이의 'b' 접점회로

2-3. c 접점회로(Change 접점, transfer 접점)

(1) c 접점이란

a접점과 b접점의 가동 접점을 공유한 전환접점을 말하며 '전환되는 접점(Change-over contact)' 이라는 머리문자를 따서 반드시 소문자 'c'로 표현한다. 또한 c 접점은 '옮기는 접점(transfer contact)'이라는 뜻에서 트랜스퍼 접점이라고도 한다.

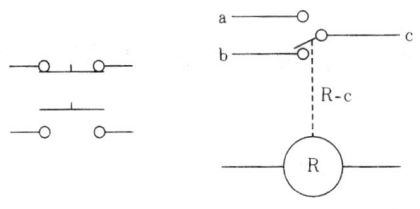

<그림 2-5> "C" 접점 회로

(2) 전자 릴레이의 c 접점은 전자코일에 전류를 흘

리지 않은 상태에서 a 접점부는 열려 있고, b 접점부는 닫혀 있다. 전자코일에 전류를 흘리면 a 접점부는 닫히고, b 접점부는 열린다. 전류를 끊으면 스프링의 힘으로 자동적으로 원상태로 되돌아간다. 즉, 전자 계전기가 동작하면 '전환되는 접점'을 말한다.

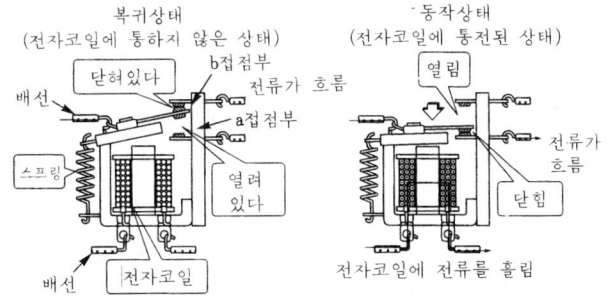

<그림 2-6> 전자 릴레이의 'C' 접점회로

2-4. ON Delay Timer(한시 접점회로, 동작시간지연 타이머)

(1) 개 요

▶ 릴레이 시퀀스에서의 온 딜레이 타이머의 출력접점을 한시동작 접점, 순시복귀 접점 또는 동작시간 지연 타이머라 하여, 동작할 때 시간이 지연되고 복귀할 때에는 순식간에 행해진다.

▶ 한시동작 · 순시복귀의 a 접점 : 타이머가 작동되면 설정시간 경과 후에 동작하여 '닫'히고, 작동을 그치면 순간적으로 복귀해서 '열'리는 접점을 말한다.

▶ 한시동작 · 순시복귀의 b 접점 : 타이머가 작동되면 설정시간 경과 후에 동작하여 '열'리고, 작동을 그치면 순간적으로 복귀해서 '닫'히는 접점을 말한다.

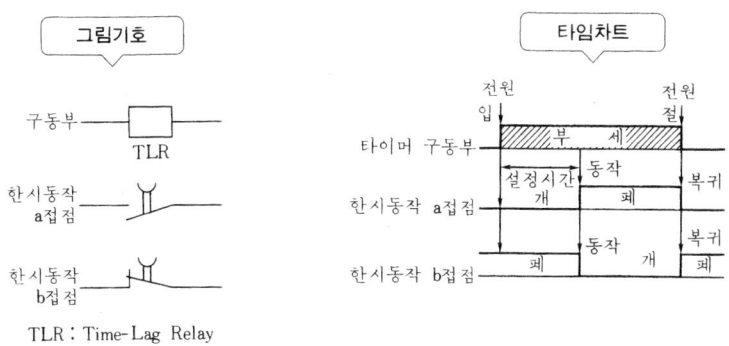

<그림 2-7> ON Delay Timer

(2) 시퀀스 회로

▶ 동작시간지연 타이머를 이용해서 입력접점 X가 닫힌 일정시간 T(타이머의 설정시간) 경과 후에 동작하여 출력접점 A가 닫히는 회로를 지연동작회로라 한다.

▶ 입력신호로서 버튼 스위치의 개폐와 같이 펄스 신호(펄스상(狀)의 파형을 지닌 신호)에 의해 부여되는 지연동작회로에 관하여, 타이머 ☐ TLR와 보조 릴레이 ☐ STR을 이용한 경우의 동작방식을 다음에 설명한다.

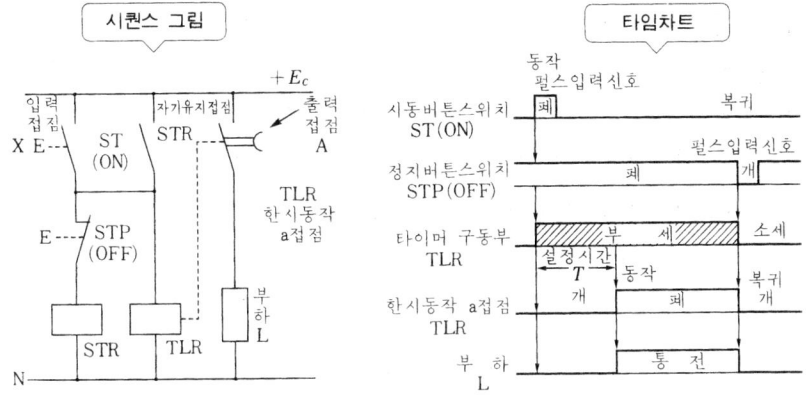

<그림 2-8> ON Delay Timer 시퀀스 회로

2-5. OFF Delay Timer

(1) 개 요

▶ 릴레이 시퀀스에서 복귀시간지연 타이머의 출력접점은 순시동작 접점, 한시복귀 접점이라 하며, 동작이 순식간에 이루어지고, 복귀할 때에는 시간이 지연된다.

▶ 순시동작·한시복귀의 a 접점 : 타이머가 작동되면 순식간에 동작해서 '닫'히고, 작동이 그치면 설정시간 경과 후에 복귀하여 '열'리는 접점을 말한다.

▶ 순시동작·한시복귀의 b 접점 : 타이머가 작동되면 순식간에 동작해서 '열'리고, 작동이 그치면 설정시간 경과 후에 복귀하여 '닫'히는 접점을 말한다.

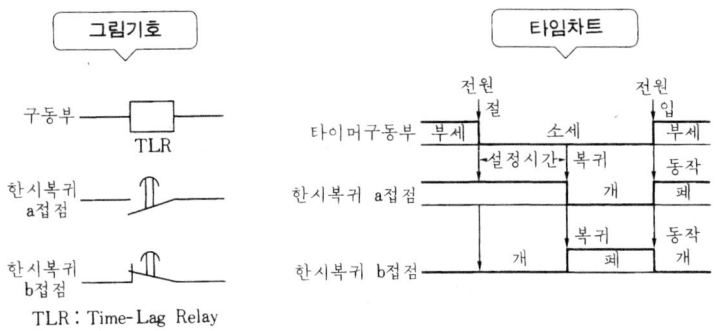

<그림 2-9> OFF Delay Timer

(2) 시퀀스 회로

▶ 복귀시간지연 타이머를 이용하여 입력접점 X가 열린 다음 일정시간 T(타이머 설정시간) 경과 후 복귀하여 출력접점 A가 열리(a 접점인 경우)는 회로를 지연복귀회로라 한다.

▶ 입력신호로서, 버튼 스위치의 개폐와 같이 펄스신호(펄스상의 파형을 지닌 신호)에 의해서 부여되는 지연동작회로에 관하여 타이머 ☐ TLR와 보조 릴레이 ☐ STR을 이용한 경우의 동작상태는 다음과 같다.

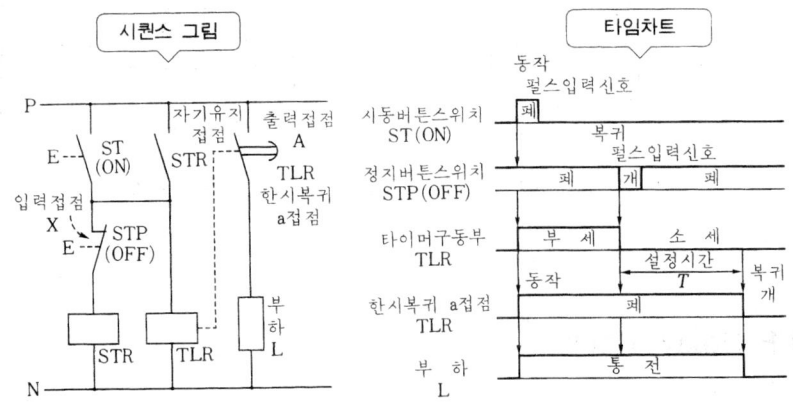

<그림 2-10> OFF Delay Timer 시퀀스 회로

2-6. 직렬접속회로(AND 회로)

⑴ a 접점만을 직렬로 접속한 경우로서 A, B, C 접점이 모두 닫혀야(ON)만 Ⓨ가 도통상태가 되는 회로이다.

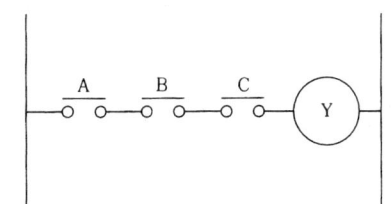

<그림 2-11> 직렬접속회로 (AND 회로)

2-7. 병렬접속회로(OR 회로)

⑴ a 접점만을 병렬로 접속한 경우로서 A, B, C 접점 중 하나라도 닫히면(ON) Ⓨ가 도통상태로 되는 회로이다

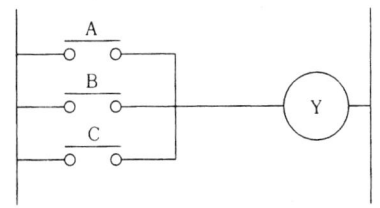

<그림 2-12> 병렬접속회로 (OR 회로)

2-8. 부정회로(NOT 회로)

⑴ 조건판별 회로의 하나로서 논리의 부정을 행하도록 하는 회로이다.

⑵ <그림 2-13>에서 A 접점이 닫히면 (ON) Ⓨ는 불통상태, 열리면(OFF) Ⓨ가 도통상태로 되는 회로이다.

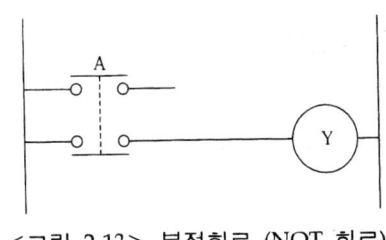

<그림 2-13> 부정회로 (NOT 회로)

2-9. 자기유지 회로 (Self Holding Circuit)

(1) <그림 2-14>에서 START 버튼을 누르면 릴레이 ⓂⒸ가 여자되어 도통되고, START 버튼을 놓아도(OFF 되어도) STOP 버튼을 누르지 않는한 영구히 도통상태인 회로로서 일종의 기억회로이다.

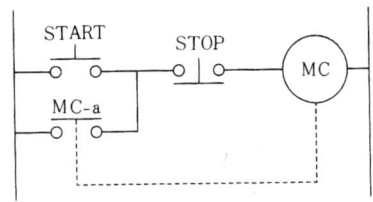

<그림 2-14> 자기유지 회로

2-10. 정지우선 회로(Stop 우선)

(1) <그림 2-15>에서 START 버튼과 STOP 버튼을 동시에 누르면 릴레이 ⓂⒸ는 불통상태가 되는 회로이다.

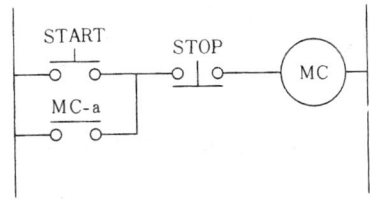

<그림 2-15> 정지우선회로

2-11. 시동우선 회로(START 우선)

(1) <그림 2-16>에서 START 버튼과 STOP 버튼을 동시에 누르면 릴레이 Ⓜ는 도통상태가
　　되는 회로이다.

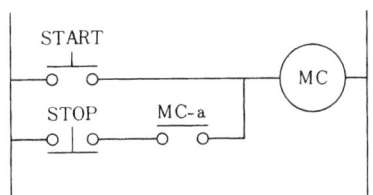

<그림 2-16> 시동우선회로

2-12. 촌동회로 (Inching Circuit)

(1) <그림 2-17>의 START 버튼을 누르면 코일이 여자되어 자기유지 접점, 즉 MC-a 접점이
　　도통(ON)되어 START 버튼을 누르지 않아도 계속 동작한다.

(2) (1)과 같은 상태에서 인칭 버튼(Inching button)을 누르는 동시에 버튼 b 접점이 Ⓜ의 전원
　　을 끊어주므로, 동작을 정지했다가 버튼의 a 접점회로를 구성하면 누르고 있는 동안만 코일
　　이 여자되어 동작한다.

(3) STOP 버튼을 누르고 동작명령 신호를 보내더라도 STOP 버튼 우선회로이므로, 회로가 구성
　　되지 않아 동작하지 않는다.

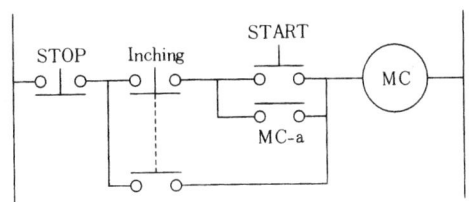

<그림 2-17> 촌동 회로

2-13. 인터로크 회로(Interlock Circuit)

(1) <그림 2-18>에서 START1을 누르면 MC1이 동작(정회전), START2를 누르면 MC2가 동
　　작(역회전)한다. 이 때 START1과 START2를 동시에 누를 경우 양방(정·역전) 동시에 동
　　작되지 않도록 상호 b 접점을 사용하여 동작을 저지하는 회로를 말한다.

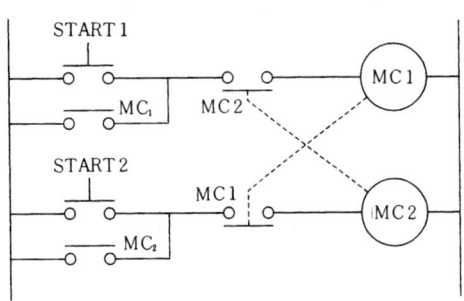

<그림 2-18> 인터로크 회로(Interlock Circuit)

2-14. 전자밸브제어 회로

(1) 단동밸브(Single Solenoid Valve)

<그림 2-19>는 Spring off set형 4 Port 스위치 밸브를 사용한 제어 회로의 예이다.

지금 그림 (a)의 상태에서 그림 (c)와 같이 PB2를 누르면 릴레이의 코일이 여자되어 접점 (가)로 자기보존되고 접점 (나)로 솔레노이드가 여자된다. 따라서 스풀이 우측으로 밀리어 그림 (b)와 같이 공기(또는 작동유)의 흐름이 절환되므로 피스톤은 전진한다.

피스톤 로드(piston rod)가 전진단에서 리밋 스위치를 치면 b 접점이 '열'려서 릴레이의 코일이 소자되고 접점 (가), (나)는 '열'리므로 자기보존은 해제되며 솔레노이드는 소자된다. 따라서 스풀은 스프링 힘에 의해 그림 (a)의 상태로 복귀되어 피스톤은 후퇴한다. 또 피스톤이 전진중에 있어도 PB 스위치 PB1을 누르면 자기 본존이 해제되므로 피스톤은 즉시 후퇴한다.

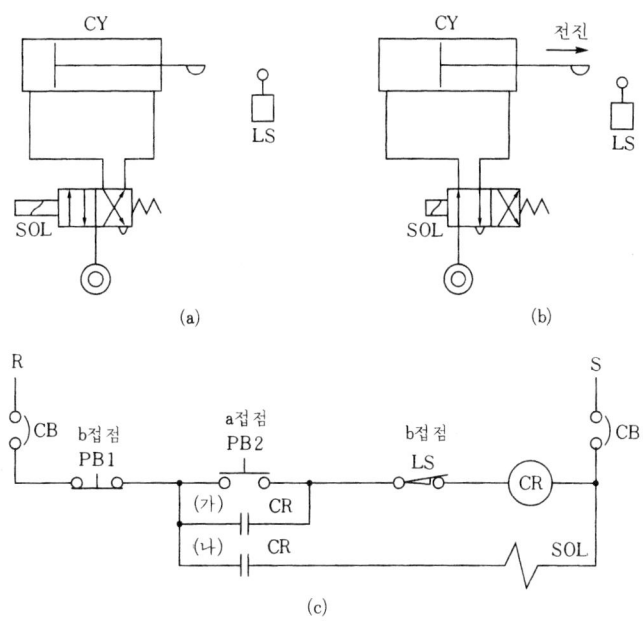

<그림 2-19> 단동밸브 제어 회로

(2) 복동밸브(Double solenoid valve)

<그림 2-20>은 Double Solenoid spring center · 4port 3위치 · 폐쇄형(Closed center)의 전자식 방향절환 밸브를 사용한 제어회로의 예이다.

그림 (a)의 상태에서 그림 (b) PB2를 누르면 릴레이 코일 CR1이 여자되어 솔레노이드 A가 여자된다. 따라서 스풀은 ［↑↓］의 상태가 되어 피스톤은 전진을 개시한다. 피스톤 로드가 전진단에 도달하여 LS2를 치면 릴레이 CR2의 코일이 여자된다. 이런 이유로 솔레노이드 A는 소자하고 솔레노이드 B가 여자된다. 따라서 스풀은 ［✕］의 위치로 바뀌어 피스톤은 후퇴한다. 후퇴단에서 피스톤 로드가 LS1을 치면 릴레이 CR2의 자기보존이 해제되어 솔레노이드 B는 소자되며 스풀은 스프링의 힘에 의해 중앙 위치로 복귀하고 피스톤은 정지한다.

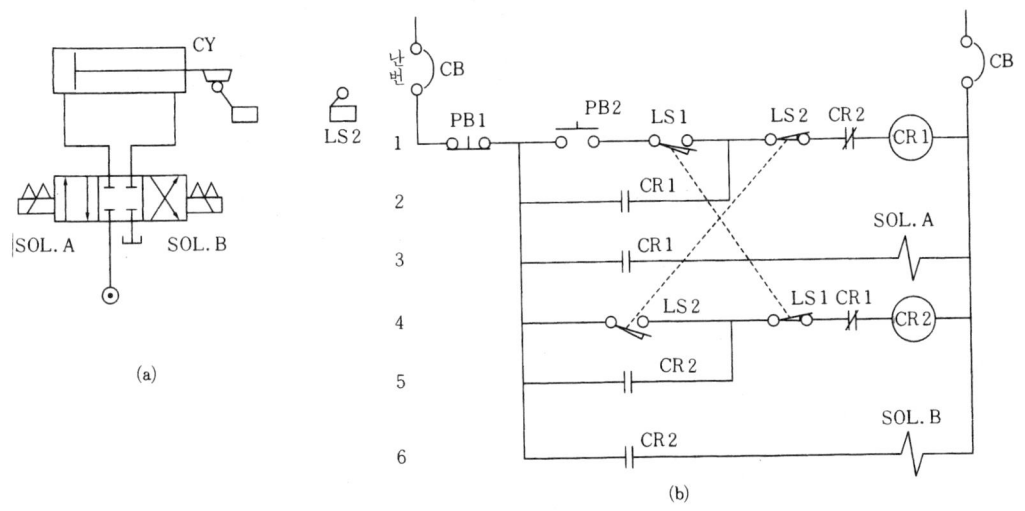

<그림 2-20> 복동밸브 제어회로

　　난변 1의 리밋 스위치 LS1은 피스톤 로드의 후퇴단 확인용으로 이것이 피스톤 로드로 눌러져 있지 않으면 누름 버튼 스위치 PB2를 눌러도 피스톤은 전진하지 않는다. 또한 난변 1의 CR2의 b 접점과 난변 4의 CR1의 b 접점은 솔레노이드와 A와 B가 동시에 여자되어 소손하는 것을 방지하기 위한 것이다.

　　이것에 따라서 한쪽이 여자되어 있을 때 상대방이 여자되지 않도록 하는 것을 인터로크를 취한다고 하고 복동 밸브를 사용하는 경우에 인터로크를 잊어서는 안 된다.

　　그림의 제어회로 예는 폐쇄형이기 때문에 정지용 버튼 스위치 PB1을 누르면 피스톤은 그 위치에서 움직이지 않는다. 이런 이유로 보통 단독전진, 단독후퇴용으로 스위치를 설계하지만 회로 예에서는 이해하기 쉽도록 생략하고 있다. 이 경우 리밋 스위치, COM 단자가 있는 것은 사용 불가능하다.

2-15. 전동기제어 기본회로

(1) 정전, 정지, 역전

　　<그림 2-21>은 정전, 정지, 역전 회로 설계도이다.

　　전동기는 3선 중 2선을 교체하여 회전방향을 바꾼다.

　　<그림 2-21>에서는 이 절환에 2개의 전자 개폐기를 사용하고 있다. MS1은 정전용, MS2는 역전용이다.

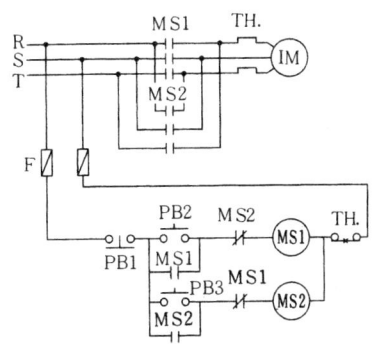

<그림 2-21> 정전, 정지, 역전 회로

PB2를 누르면 전동기는 정회전하고, PB1을 누르면 정지한다.

누름 버튼 스위치 PB3은 역회전용 스위치로 누름 버튼 스위치 PB3을 누르면 코일 MS2는 여자되어 전동기 회로의 MS2 접점이 ON되며 3선 중 R와 T가 각각 교체되므로 전동기는 역회전한다.

만약 오조작에 의해 정회전중에 PB3(역전용)을 누른 경우 어떻게 되는가? <그림 2-21> 회로에서는 코일 MS1 앞에 MS2의 b 접점, 코일 MS2 앞에는 MS1의 b 접점이 들어가 있다. 이 것이 없을 경우 전동기 회로의 MS1 접점과 MS2 접점이 동시에 투입하여 R와 T의 선이 단락되기 쉬우며 배선의 소손이나 다른 전기기기의 고장을 일으킬 염려가 있다.

오동작의 방지책으로서는 상호 반대동작을 하는(여기서는 정회전, 역회전) 전자개폐기의 코일 앞에 반대동작의 b 접점을 두어 오동작을 할 경우의 방어회로가 되는 인터로크회로를 갖고 있다. 지금 이 그림에서 PB2(정회전)를 누르면 제어전류는 PB1(b접점이므로 ON)을 통하여 PB2(ON), MS2의 b 접점을 통하여 코일 MS1에 통전된다. 여기서 MS2의 b 접점은 지금 코일 MS2가 여자되어 있지 않으므로 ON이다.

다음에 PB1(정지)을 누르지 않고 PB3(역전)을 눌러본다. 전자개폐기 MS2의 코일 MS2 앞에 b 접점이 있지만 b 접점은 앞서 기술한 바로 코일 MS1이 여자하여있는 경우는 (OFF)이므로 아무리 PB3을 눌러도 코일 MS2에 전류는 흐르지 않는다. 즉, 전동기가 정회전하고 있는 동안은 반대동작(역회전)의 스위치를 눌러도 관계없이 정회전을 계속하게 된다.

정지 버튼 PB1을 누르면 코일 MS1의 여자가 해제되어 전동기는 정지한다. 또한 이 때에 코일 MS2 앞에 있는 b 접점 MS1이 즉시 ON으로 되고 PB3(역전)을 누르면 코일 MS2는 여자되어 전동기는 역회전한다. 역회전중에 정회전 버튼 스위치 PB2를 눌러도 여전히 전과 같다.

이 회로는 정회전에서 역회전, 역회전에서 정회전으로 회전을 변경하는 경우 반드시 버튼 스위치 PB1을 한번 눌러주지 않으면 반대동작이 행해지지 않는다. 그림 2-22는 정지 PB를 누르지 않아도 정회전→역회전, 역회전→정회전으로 이행하는 회로로서 전기적 인터로크에 더하여 기구적 인터로크를 덧붙인 것이다. 앞에서 말한 접점 인터로크 외에 정회전 PB 스위치

PB2를 누르면 역회전 제어회로가 차단되며, 역회전의 PB 스위치 PB3을 누르면 정회전 제어
회로가 차단되는 인터로크를 갖고 있다. 이제 기계적 인터로크 방법으로서는 반대동작을 하는
(여기서는 정전, 역전) 2개의 전자개폐기를 조합하여 천평식으로 한쪽이 여자되면 한쪽도 끊어
져 2개 동시에 스위칭하지 않도록 하는 것도 있어 호이스트 크레인(Hoist Crane) 등에 많이
사용되고 있다.

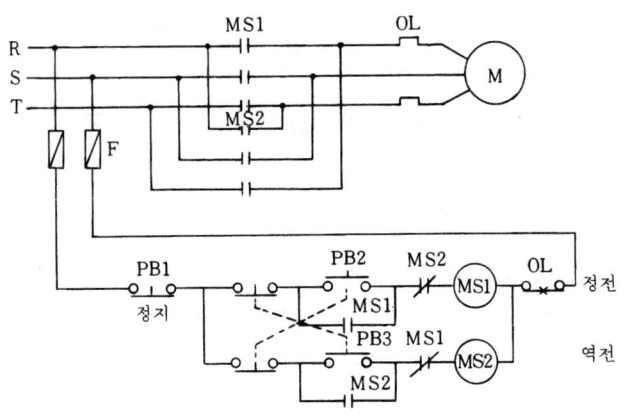

<그림 2-22> 정전, 역전회로

(2) 속도제어

3상 유도전동기는 무부하에서 전부하로 부하가 변화하여도 속도변화가 없는 것이 특징이지
만, 실제 사용시는 어떻게든 속도를 변화시키고자 하는 것이 많아 각종 속도제어에 관하여 설
명한다.

① 극수변환방식

간단한 변속방법은 2단 내지 3단의 변속방법이 있으나 2단이 일반적이다. 3단 변속에서
4극, 6극, 8극으로 되면 전동기는 매우 커지며 변속비는 4:6:8의 비로 감속해 간다. 그러
나 2단 변속방법의 경우는 기계의 기구가 간단하고 조작이 쉬워 원격조작이 가능하다.
또한 소모부분이 적으므로 보수가 용이하고 다른 변속장치에 비해 가격이 싸므로 많이
사용되고 있다.

그림 2-23은 극수변환에 의한 변속제어회로의 한 예이다. 즉, 4극으로 결선(델타), 8극으
로 결선(더블스타)한 예이다. 4극에서는 전자 개폐기 MS1가 동작하여 전원은 U_2, V_2
,W_2의 3단자간으로 들어가서 접속으로 회전한다. 한편 저속의 8극은 MS2와 MS3가 동시
에 ON이 되고 MS1은 OFF이므로 전원은 U_1, V_2, W_1에 접속되어 저속으로 회전하게 된

다. 이 극수변환의 경우 권선이 단일의 경우는 2중속도 배의 변속만이 가능하다. 예를 들면 2극과 6극의 경우는 동일 전동기내에 독립하여 각각의 권선을 만들어 변속하는 방법이 얻어지므로 전동기의 결선은 회로설계 전에 검토해 둘 필요가 있다.

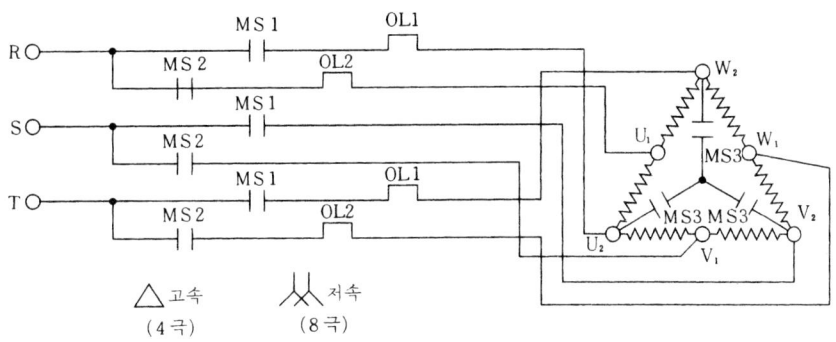

<그림 2-23> 극수변환에 의한 변속회로

② 저항제어방식

이 제어방법은 권선형 유도전동기만이 사용가능한 방법으로 권선형 회전자에 직렬로 시동저항기보다 전류용량이 큰 저항기를 사용한다. 이 저항기를 속도저항기라 하며 시동, 정지가 용이하게 이루어지므로 윈치, 크레인 등에 사용되고 있다.

저항기 내의 열손실에 의한 속도 변화법이므로 효율이 나빠 장시간의 저속운전에는 부적합하며 산업기계 등에는 사용되지 않고 있다.

③ 주파수변환법(인버터에 의한 변속)

이 변속제어방식은 무리없이 무단변속이 가능하므로 다종다양하게 이용되고 있다.

원리는 간단하며 모타 회전수와 전원 주파수가 비례한다. 결국 주파수가 높으면 고속이 되고, 낮게 되면 저속이 되는 것을 이용한 것이다.

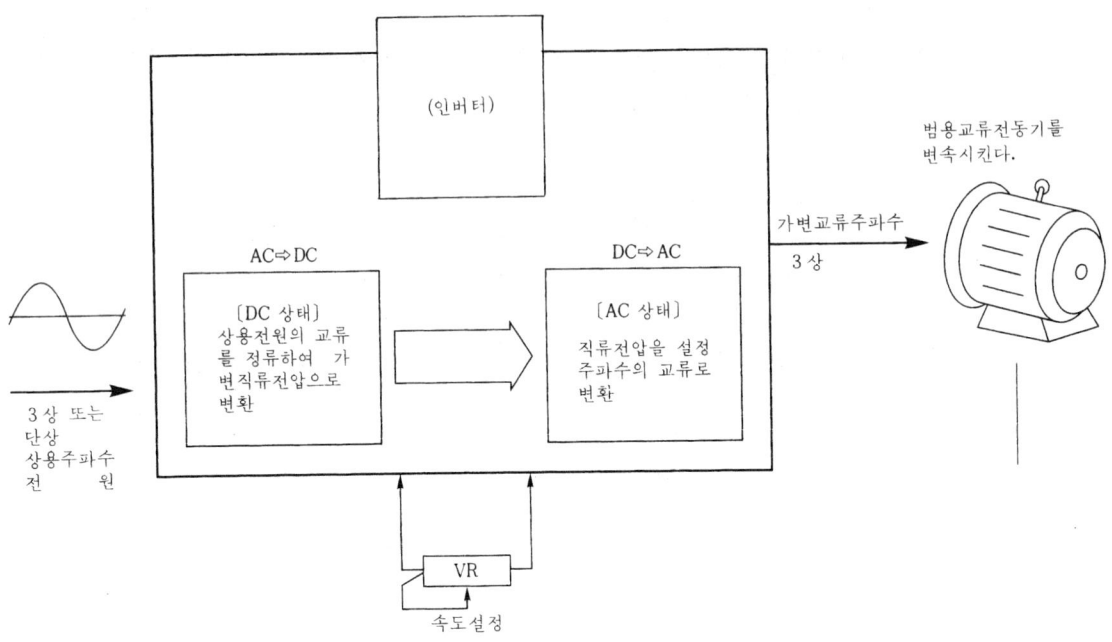

<그림 2-24> 인버터에 의한 속도제어 예

이 인버터 장치는 50Hz, 60Hz의 상용주파수를 일단 직류로 변환하여 그 직류를 지정된 주파수의 교류로 바꾸어 전동기에 공급하는 것뿐이다.

그림 2-24는 그 개략도이며 인버터는 속도지령장치로서 많이 사용되고 있다. 가변저항기를 필요한 수만큼 설치해 놓고, 접점으로 불러냄으로써 원격조작도 가능하다. 또한 수십대까지의 복수 전동기를 동시에 변속제어할 수 있는 것이 이 장치의 이점이다. 예를 들면 공간설비 등에서는 풍량이나 유량 조정은 댐퍼나 밸브로 제어하여 전동기는 항상 일정 전력을 필요로 했지만, 이것은 인버터 제어로 회전수를 변화시켜 팬이나 냉동기의 토출량 또는 풍량을 제어한다.

인버터 제어의 전동기는 회전수에 따라 회전력(Torque)이 변동하므로 부하와 조합에 주의해야 한다. 또한 전동기를 정지시킨 경우에 부하의 관성이 커서 계속 회전중인 경우는 전동기가 역으로 발전기가 되므로 이 경우에 다시 인버터를 가동시키면 사고를 일으켜 장치가 파손되든가 퓨즈가 끊어지는 경우가 있으므로 전동기의 정지를 확인하여 재시동할 필요가 있다. 이 경우는 정지시, 어느 시간 후 시동하도록 타이머를 설치하여 인터로크를 취하는 것이 일반적이다.

저속의 경우는 문제가 없다.

$$ \text{※ N (회전수)} = \frac{120f}{\text{P(Pole)}} \quad \text{(여기서 f는 주파수)} $$

문자 기호	도 기 호	의 미
CR	─┤├─	전자 계전기의 a 접점
$\overline{\text{CR}}$	─╫╤─	전자 계전기의 b 접점
(CR)	◯	전자 계전기의 코일
Mg	─┤├─	전자 개폐기의 a 접점
$\overline{\text{Mg}}$	─╫╤─	전자 개폐기의 b 접점
(Mg)	◯	전자 개폐기의 코일
LS	─╲∘─	리밋 스위치의 a 접점
$\overline{\text{LS}}$	─∘━∘─	리밋 스위치의 b 접점
PB	─∘┴∘─	PB 스위치의 a 접점
$\overline{\text{PB}}$	─∘⌒∘─	PB 스위치의 b 접점
PS	─∘╱∘─	압력 스위치의 a 접점
$\overline{\text{PS}}$	─∘╲∘─	압력 스위치의 b 접점
TR	─∘△∘─ ─∘▽∘─	타이머의 a 접점(좌측은 ON 딜레이 타이머 우측은 OFF 딜레이 타이머)
$\overline{\text{TR}}$	─∘△∘─ ─∘▽∘─	타이머의 b 접점(좌측은 ON 딜레이 타이머 우측은 OFF 딜레이 타이머)
(TR)	◯	타이머 본체
SOL	─∿─	절자 밸브의 코일

<표 2-1> 주요 전기제어기기 기호

제 3 장 시퀀스 제어 회로 설계

3-1. 시퀀스도 작성방법

시퀀스도 작성에는 종서와 횡서가 있으며 어느 방법으로 회로도를 작성해도 무방하며, 다음 사항을 주의하여 작성하는 것이 좋다.

① 회로도의 기호는 반드시 동작 전 상태로 나타낸다.

② 검출기는 접점 용량이 적으므로 일반적으로 릴레이를 통하여 큰 전류가 흘러도 접점수명을 향상시킬수 있도록 접점증폭으로써 검출기 수명을 연장토록 한다.

③ 전원은 반드시 스위치와 퓨우즈를 넣는다(안전 및 점검을 위해서).

④ 직류를 필요로 하는 기기는 배터리를 사용하지 말고, AC 100V 또는 200V를 변압기와 정류기로 정류한 것을 사용한다.

(1) 종서 시퀀스도

종서 시퀀스도는 그림 3-1과 같이 접속선 내에 신호의 흐름이 상하방향으로 도시되어 있는 것을 말하며 내부 시퀀스도 설명은 횡서 시퀀스도와 같다.

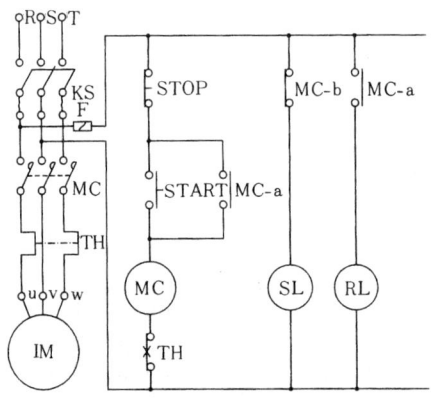

<그림 3-1> 종서 시퀀스도 예

(2) 횡서 시퀀스도

① 횡서의 시퀀스도는 접속선 내에 대부분 신호의 흐름이 좌우방향으로 도시되어 있는 것을 말한다.

② 접속선은 좌우방향, 즉 제어 전원 모선 사이에 '횡선'으로 표시하고, 동작의 순서에 따라 '위에서 아래쪽으로' 병렬로 그린다.

③ 주회로를 그린다

㉮ 주회로의 차단기, 접촉기 열형소자, 전동기, 단
자 등의 기호를 그리고 부호를 붙인다.

㉯ 각 기구를 굵은 선으로 연결하여 주회로를 완
성한다.

④ 제어 회로를 그린다.

㉮ 주회로의 2상(예, R상과 S상)에서 제어전원 모
선을 좌우방향에 '종선'으로 표시하고 중심선이
아닌 상에 퓨즈를 삽입한다.

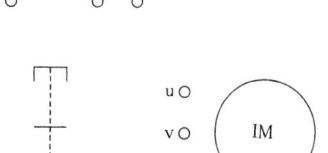

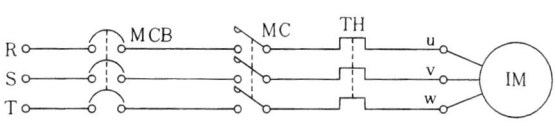

<그림 3-2> 주회로의 기호 및 부호

㉯ 푸시 버튼 스위치, 접촉기 코일,
열형소자 접점 등을 도면의 전체
적인 면에서 조화를 이룰 수 있도
록(짜임새 있게) 간격을 띄워서 표
시하고 부호를 붙인다

㉰ 각 기호의 접점을 제어전원 모선
의 좌우에 횡선으로 연결한다.

<그림 3-3> 주회로 연결

㉱ 인칭 버튼(Inching button)
촌동운전(寸動運轉)용 버튼으로서
a 접점을 표시하여 접속선을 연결
한 다음, MC-a 접점과 SL 램프를
표시하고 접속선을 연결한 후 부
호를 붙인다.

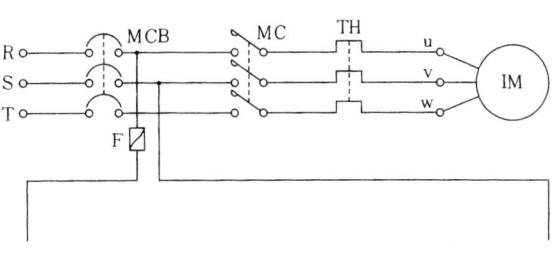

<그림 3-4> 제어전원모선 인출

㉲ PL 램프를 표시하고 접속선을 연결하여 부호를 붙인다.

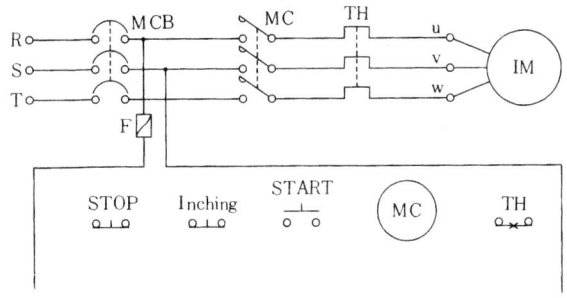

<그림 3-5> 제어회로의 접점 및 기호표시

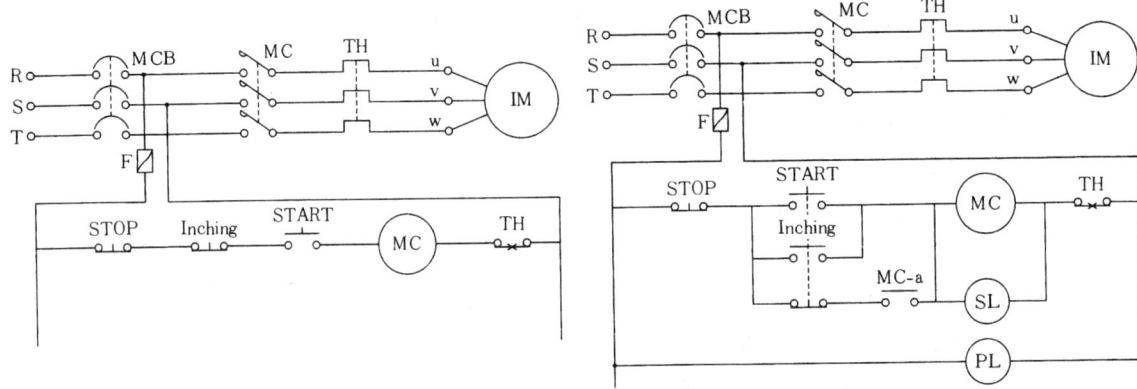

<그림 3-6> 시동조건회로 연결   <그림 3-7> 보호 회로 및 SL, PL 램프 연결

3-2. 시퀀스 제어회로 설계순서

자동화 또는 성력화의 목적은 운전조작을 정확히, 안전히 그리고 신속하게 함으로써서 생산을 합리화 시키는 데 있으며 이러한 목적에 기초하여

▶ 확실히 작동하는 회로 설계
▶ 신뢰성이 높은 전기부품을 사용
▶ 운전감시, 고장시의 보호 등의 안전성을 확보
▶ 운전과 보수를 위한 취급의 용이성
▶ 경제성

등의 조건을 충분히 검토하여 다음과 같은 순서로 설계한다.

순서 1 구동 방식 검토

구동방법과 제어방법을 결정한다.

순서 2 운전조작과 순서의 분석

기계의 각 구동부의 동작순서를 결정하여 실린더 동작 타임 차트 및 검출부를 포함한 동작 순서도(Sequence Flow Chart)를 작성한다.

순서 3 운전 조작방식 검토

자동반복운전, 자동 1사이클 운전, 수동운전 원점복귀 등 운전모드 결정 및 통상정지, 일시정지, 비상정지 등 정지방식을 결정한다.

순서 4 공압회로도 작성

공압회로도 작성시 포함되어야 할 사항

① 실린더, 솔레노이드 밸브에 고유번호를 지정한다.

   예) CYL1, CYL2 … SOL1, SOL2 … 등

② 구동부의 검출위치에 센서를 표시하고 고유번호를 지정한다.

   예) LS1, LS2… RS1, RS2…, PX1,… PX2…, LSa_0, LSa_1 ,… LSb_0, LSb_1 … 등

③ 구동부의 동작정의를 한다.

   예) 전진, 후퇴 … 등

④ 솔레노이드 밸브의 전원이 차단된 상태가 원점위치가 되도록 한다.

   예) 후퇴한, 상한, 하한, 클램프, 프레스 상승이 원점위치 이므로 솔레노이드 밸브 전원차단
   상태에서 액추에이터(실린더, 모터 등)가 이 위치에 있도록 한다.

⑤ 될수 있는 한 사이클 타임을 줄일수 있도록 상호 간섭을 일으키지 않는 액추에이터
   의 동작을 연동시킨다.

순서 5 시퀀스 전기 제어회로도 작성

전기 릴레이 방식으로 제어회로를 실현시키기 위하여서는 아래와 같은 순서에 따라 행
한다.

① 시퀀스 동작 스텝이 동일한 액추에이터를 포함하지 않도록 몇 개 그룹으로 나눈다.

② 각 스텝이 이행(Transition)하는 조건을 검토한다.

③ 각 그룹마다 제어신호를 발생하는 줄거리 제어회로를 준비한다. 각 그룹의 동작은
   앞 그룹의 제일 마지막 동작에서 발생하는 신호로서 시동되도록 하며, 이 줄거리
   제어회로는 솔레노이드 밸브가 복동인지 단동인지에 따라 달라지게 된다.

④ 각 그룹마다 출력제어 신호를 삽입한다.

   각 그룹에서의 구동부 작동 이행조건에 따라, 동작/복귀시키는 제어 회로를 삽입
   한다.

⑤ 제어회로에 수정, 기능추가를 한다.

   여기서는 제어 회로에 수동조작 회로를 추가한다거나 분기하는 스텝이 있을 때
   이미 작성된 제어회로를 수정 및 추가하는 순서이다.

⑥ 시퀀스 제어 회로도의 검토

   설계된 시퀀스 동작이 목적한 것인가 ?

   어딘가에 잘못된 곳이 없는가 ?

   하는 것을 각 동작마다 확인하는 작업이 필요하다.

3-3. 제어회로설계

(1) 그랍세(Grafcet)

제어회로 설계에 앞서 그랍세(Grafcet)라는 말의 의미를 알고 넘어가야 할 것 같다. 그랍세라는 말은 불어 합성어로서 그 의미는 스텝과 이행(Transition) 조건에 의한 기능도표라는 뜻으로, 다시말해 제어방법을 말대신 도표로 표시하는 것이다. 이것은 또한 사용장비, 배선, 설비위치 등과 무관하게 자동화된 기계의 작동조건들과 싸이클을 정확히 나타내는 방법으로 제어회로 설계에도 도움을 주며 또한 제작자와 사용자간의 의사전달의 수단이 되고 고장원인 파악및 응급수리에도 많은 도움을 준다.

기능도표 **그림 3-8**에서 초기 스텝 0은 작동 상태이고, 다음에 수동 스위치 m을 작동시키면 스텝 1로 이행되어 실린더 B는 후진 작업을 하게 되고, 후진이 완료되어 리밋 스위치 b1을 접촉시키면 스텝 2로 이행되어 컨베이어를 통해 상자 3개가 유입 완료될 때까지 대기하며, 유입완료되어 리밋 스위치 t_1을 접촉하면 스텝 3으로 이행되어 실린더 B가 상승하게 되고 스텝1에서 스텝 3까지 진행되는 동안에 작업자가 수동버튼 q에 의하여 신호를 주게되면 실린더 D가 후진하게 되어 상자를 받을 준비를 하게 된다. 실린더 B가 상승작동을 하여 리밋 스위치 b_0를 동작시키고 상승된 상자가 3단으로 쌓아지지 않아 상자높이 감지센서 t_2를 접촉하지 않으면 다시 스텝 1에서 스텝 3까지 반복동작을 하게되고, 실린더 B 전진단 리밋 스위치 b_0, 상자 높이 감지 센서 t_2, 실린더 D 후진 감지리밋 스위치 d1이 전부 감지되게 되면 스텝4로 이행되어 실린더 A가 전진하게 된다. 실린더 A가 전진하여 리밋 a_2는 작동되지 않고 전진끝단의 공압-전기 센서 t_3만이 작동되면 스텝 5로 이행되어 실린더 A만이 후진동작을 한 후 다시 스텝 1부터 스텝 4까지 반복동작을 수행하게 되며, 스텝 4에서, 실린더 A의 전진단 공압-전기 센서와 중간의 리밋 스위치 a_2가 동시 접촉되게 되면 스텝 6으로 이행되어 실린더 A 전진과 실린더 D 후진 동작을 동시에 수행하여 사이클이 종료된다는 것을 표현하고 있다.

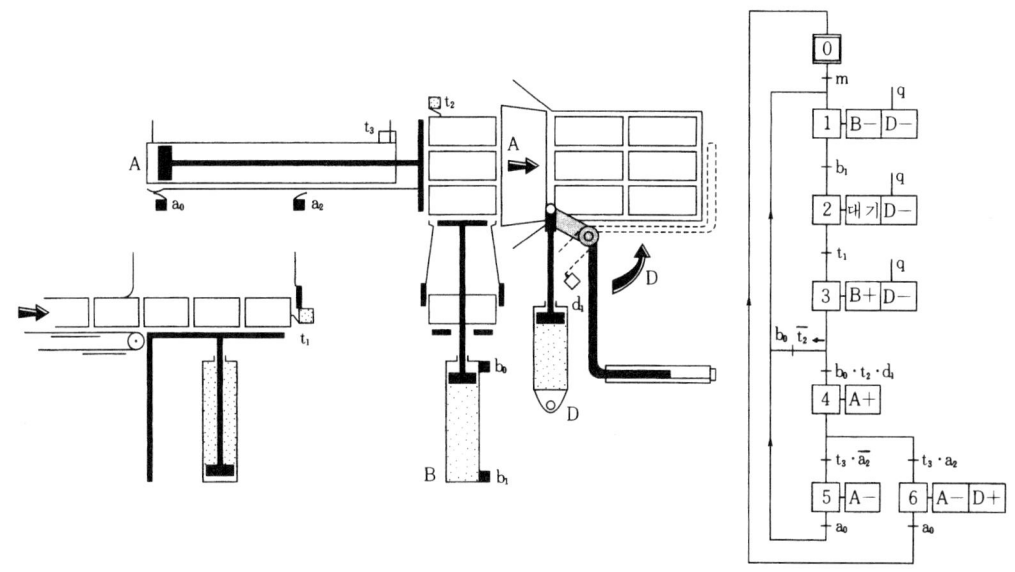

<그림 3-8> 그랍세 예

(2) 단동밸브 사용시 설계

① 순차회로 설계

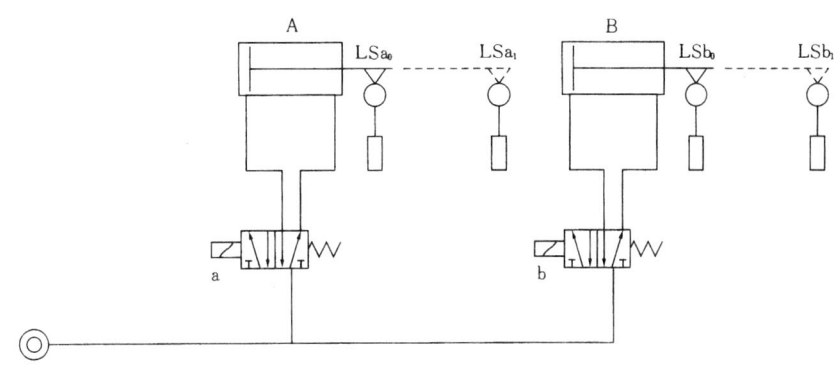

<그림 3-9> 제어기기 위치 및 연결도

여기서는 <그림 3-9>와 같이 연결하였을 때, 시퀀스 동작마다 순차적으로 설계하는 방법에 대하여 간단히 설명하겠다. 설계할 시퀀스 동작은 A+A-B+B-로 솔레노이드 밸브는 스프링 리턴방식의 단동밸브로 가정한다. 즉, Ⅰ그룹[A+], Ⅱ그룹[A-], Ⅲ그룹[B+], Ⅳ그룹[B-]로도 생각할수 있다.

이런 방법으로 설계한 회로를 <그림 3-10>에 나타내었다. 이 설계방법은 기계적으로 동작순서에 따라서 릴레이 리밋 스위치(센서)를 조합하여 작성하면 좋다.

<그림 3-10>에서 보듯이 플로우 차트를 참조로 하여 회로를 설계하면 편리하다. 플로우 차트에서 알 수 있듯이 전체공정은 5공정으로 구분된다. 첫째 공정은 PB_1을 ON시키면 릴레이

R_1이 여자되면서 동시에 솔레노이드 a가 여자되어 실린더 A가 전진한다. 그리고 R_1의 접점으로 자기 유지를 시킨다.

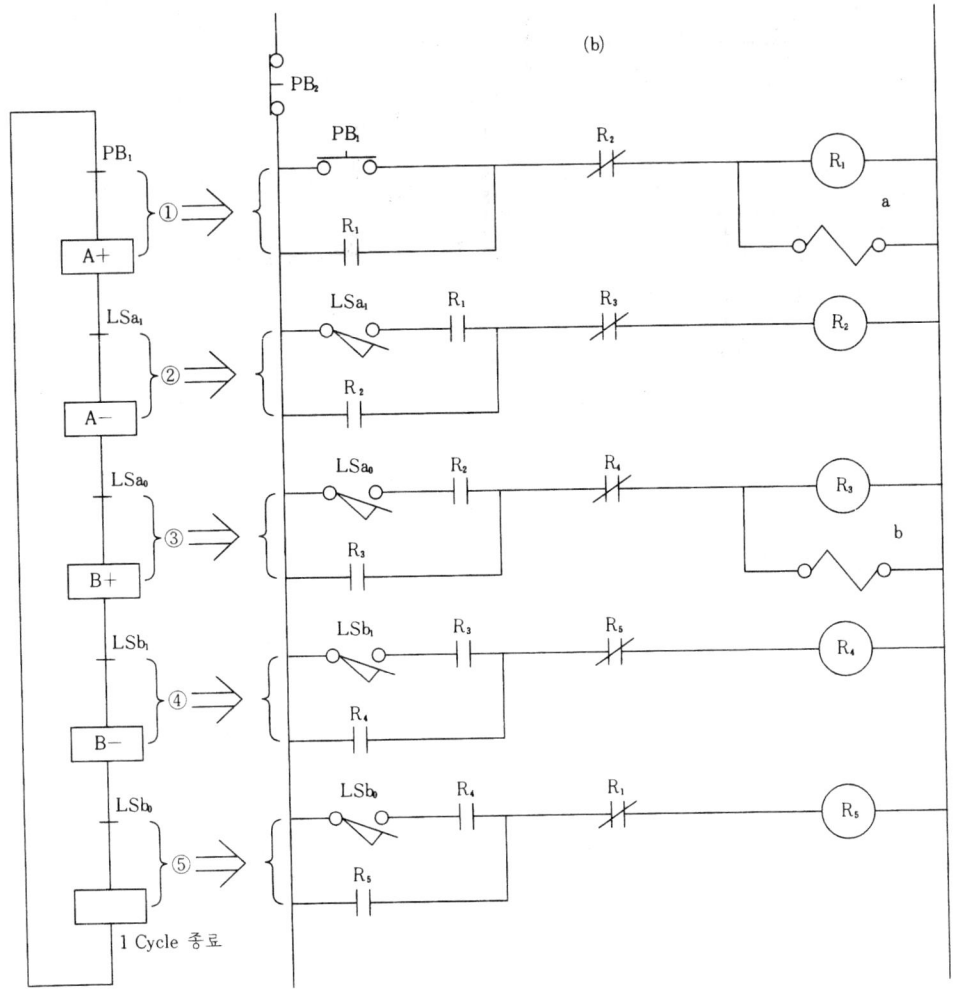

<그림 3-10> 순차회로 플로우 차트 (a) 및 설계 (b)

2번째 공정을 진행하려면 다음 조건이 만족되어야 한다.

    ① 첫번째 공정이 진행되어야 한다.($R1$이 여자된다)

    ② 리밋 스위치 LSa_1이 ON 되어야 한다.

위의 두 조건을 회로에서 찾아보면 <그림 3-11>과 같다.

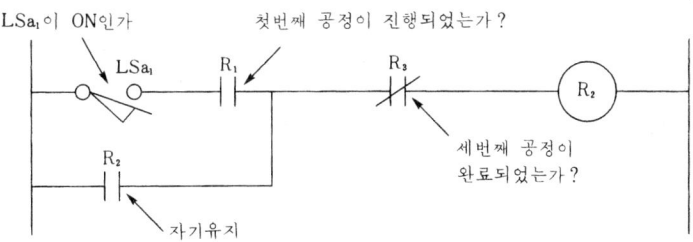

<그림 3-11> 두번째 공정

3, 4, 5공정도 위와 동일한 방법으로 설계가 가능하다.

단지 동작을 차단시키는 b접점(R_1, R_2, R_3, R_4, R_5)은 솔레노이드 밸브의 형태에 따라 달라질 수 있다.

마지막 공정인 다섯번째 공정은 어떤 동작을 발생시키는 것이 아니고 1 싸이클이 완료되었다는 것을 알리는 것이다.(즉 R_5가 여자되면 1 싸이클이 종료된다.)

<그림 3-12>의 회로는 1 싸이클만 동작하는 회로로 이것을 연속 반복회로로 하기 위해서는 R_5의 a 접점을 이용하여 다음 그림과 같이 한다.

이와 같이 순차회로 설계는 플로우 차트만 정확하게 그리면 초보자라 하더라도 일종의 공식과 같이 설계가 가능하다는 장점이 있는 반면, 사용접점의 수가 증가되어 회로가 복잡하게 되는 단점이 있다.

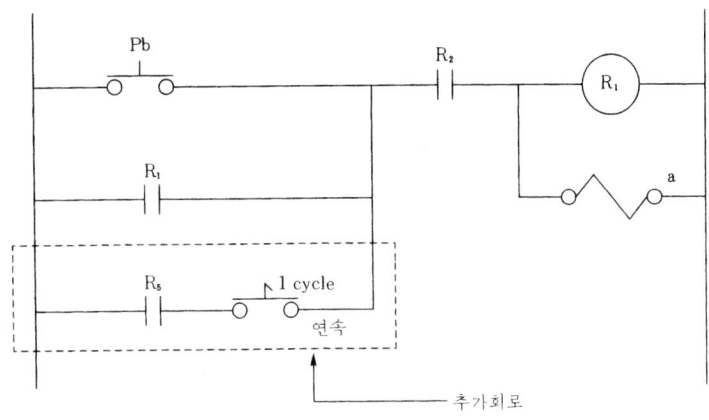

<그림 3-12>

② 개별화 설계(단동 Sol. V/V 사용)

복동 솔레노이드의 경우 실린더 동작을 나타내는 기호로서 예를 들면, (A+)와 (A-)는 솔레노이드 a+, a-로 별개의 것을 사용하지만 단동 밸브 경우의 (A+)와 (A-)는 동일한 솔레노이드 a에 통전 유무에 따라 그 동작을 행할수가 있다. 이를 위하여 단동 밸브를 사용하는 경우, 복동 밸브를 사용하는 경우와 다른 방법을 연구하는 것이 바람직하다.

③ 그룹화 설계

㉮ 시퀀스 동작회로를 구분조건 즉 한 개의 구분내에서는 동일한 동작기호를 2개 이상 포함하지 않고 구분수는 될 수 있는 한 적은 조건을 만족하도록 몇 개의 그룹으로 구분하면 다음과 같이 된다.

[A +] [A -B +] [B -]

이것을 차례로 Ⅰ, Ⅱ, Ⅲ 그룹으로 한다.

㉯ 구동기기, 제어기기 등의 배치와 부호를 부여한다.

단동 밸브의 경우는 솔레노이드가 1개밖에 없으므로 당연히 그 기호는 1개(a 또는 b)로 된다.

㉰ 각 그룹마다 제어신호를 발생하는 줄거리 제어회로를 준비한다.

이 줄거리 제어회로는 복동 밸브 사용의 경우와는 다르며 각 그룹의 제어신호 발생회로는 자기유지를 할 필요가 없다.

그 이유는 앞 그룹의 제어신호를 다음 그룹을 제어하는 신호로서 해제해 버리는 것은 불가능하기 때문이다. 즉, 제어신호가 해제되면 작동된 솔레노이드 밸브 처음으로 복귀하여 작동해서는 안 되는 실린더가 작동해 버리기 때문이다.

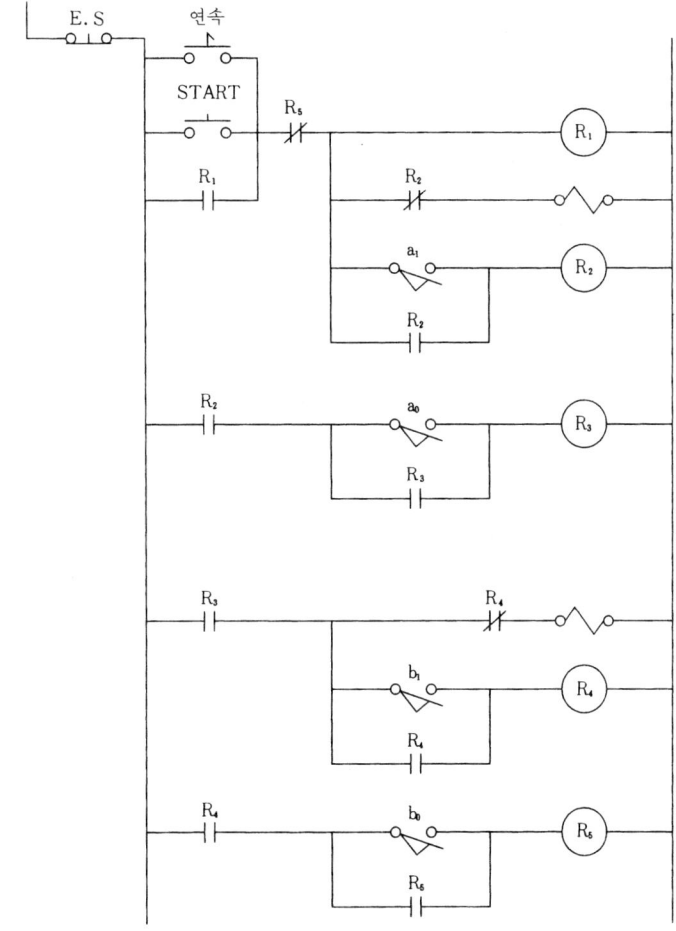

<그림 3-13> 개별회로 설계

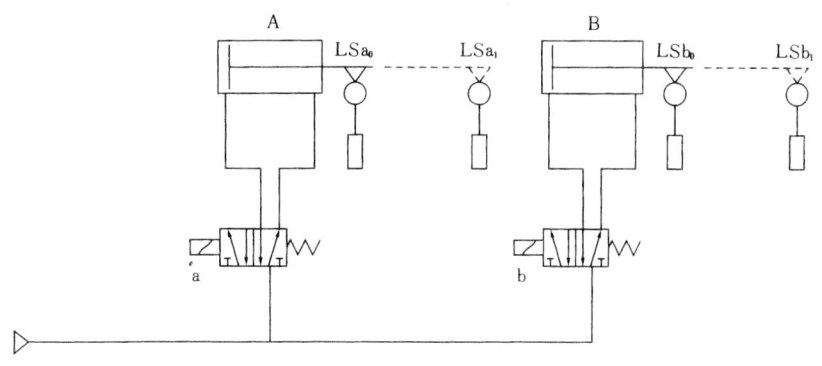

<그림 3-14> 제어기기 위치 및 연결도

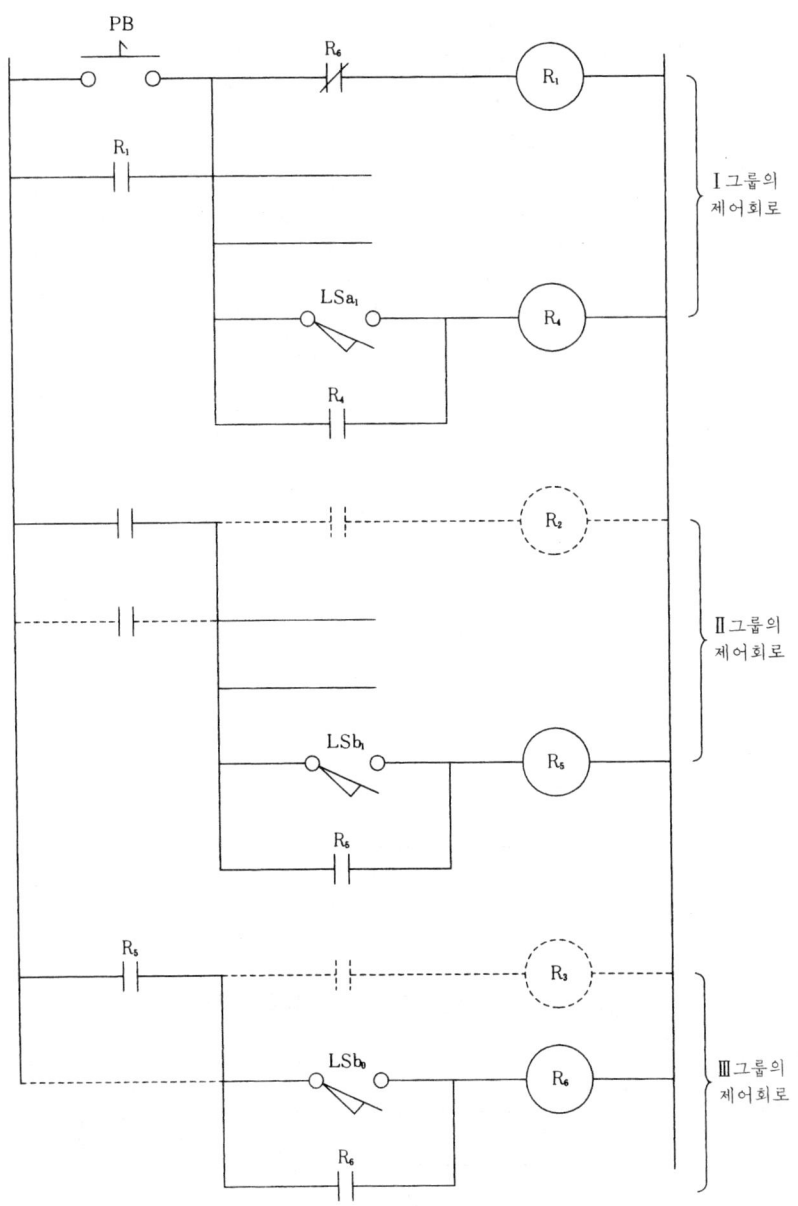

<그림 3-15> 줄거리 제어회로 설계

그러나 Ⅰ그룹은 제어의 첫머리이기 때문에 자기유지를 시키고 그 이후의 Ⅱ, Ⅲ… 그룹은 차례로 앞 그룹의 마지막 동작신호로서 시동만 시키고 자기유지는 하지 않는다. 이 때문에 릴레이 R2, R3…는 불필요하며 마지막 그룹의 마지막 동작신호(이 예에서는 릴레이 R6의 신호)로써 Ⅰ그룹의 자기유지를 해제하도록 한다. 그것에 따라 이후의 그룹(Ⅱ, Ⅲ…)의 자기유지는 해제된다. 이 동작을 재시동시키기 위해서는 누름버튼식의 시동 스위치 PB 등을 Ⅰ그룹의 첫머리에 삽입하여 이것으로써 시동할 수 있다. 이

시동 스위치가 ON되어 있는 상태라면 이 동작은 연속하여 반복된다.

㉒ 각 그룹의 제어회로를 작성한다.

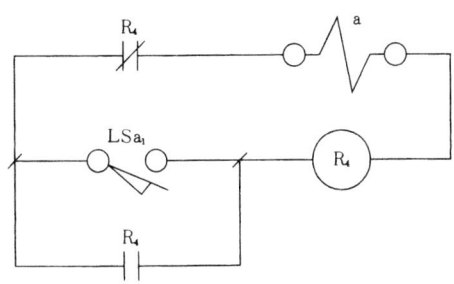

<그림 3-16> I그룹의 제어회로

접점 R_4는 R_2로 해야 되지만 릴레이 R_4가 릴레이 R_2와 겸하므로 접점 R_4를 삽입하였다.

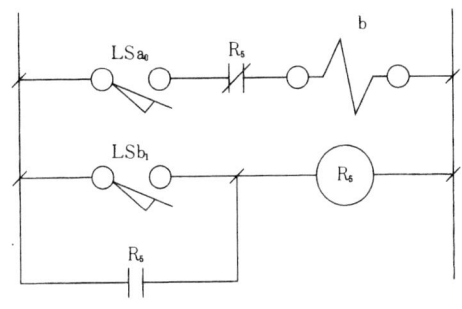

<그림 3-17> II 그룹의 제어회로

접점 R5는 R3로 해야 되지만 릴레이 R5가 릴레이 R3와 겸하므로 접점 R5를 삽입하였다.

이 단동 밸브 사용의 경우는 복동에 비하여 제어하는 솔레노이드의 수가 줄어든다. 그러므로 제어회로를 일부 생략하는 것이 많다. <그림 3-28~30 참조> 복동 밸브의 경우는 앞 그룹 동작의 마지막 신호로서 제어 신호를 발생시키며 발생한 신호로서 앞 그룹 제어 신호의 자기 유지를 해제하는 방법을 취해야 하지만 단동 밸브의 경우는 자기 유지가 필요없기 때문에 이를 생략할 수 있다.

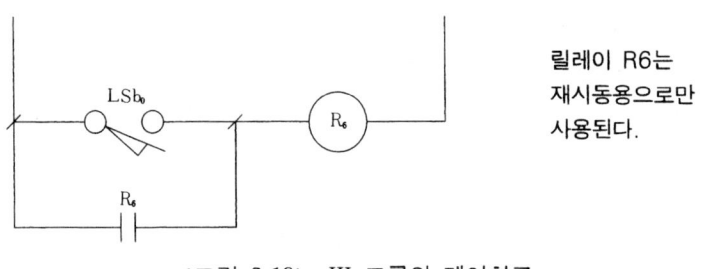

릴레이 R6는
재시동용으로만
사용된다.

<그림 3-18> III 그룹의 제어회로

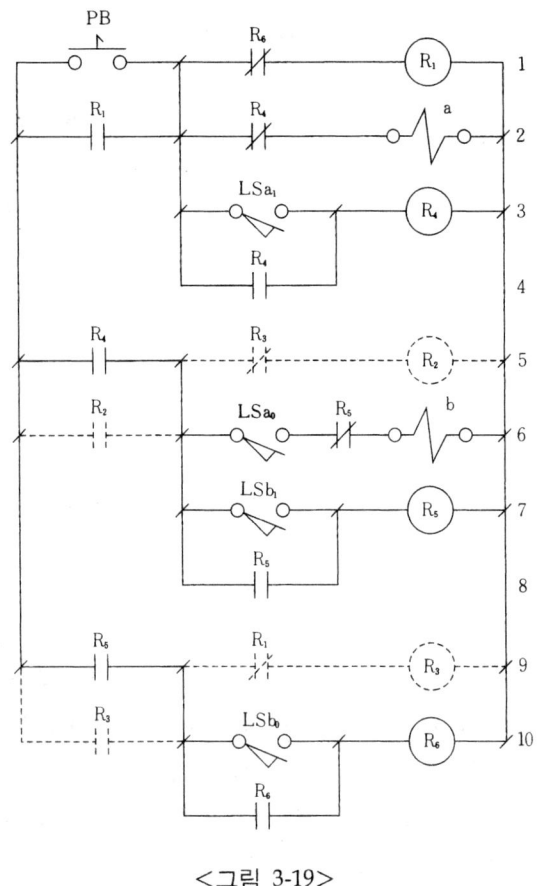

<그림 3-19>

㉠ 줄거리 제어회로의 해당 개소에 각 그룹 제어회로를 접속한다.

접점 R_6은 R_2를 사용하는 곳이지만 릴레이 R_4의 여자를 해제하지 않도록 2번지에 접점 R_4를 삽입하여 솔레노이드 a만 해제시킨다.

접점 R_3은 릴레이 R_2가 없기 때문에 불필요하며 그 대신 6번지에 접점 R_5을 삽입하여 솔레노이드 b만 해제시킨다.

접점 R_1은 릴레이 R_3가 없기 때문에 불필요하며 릴레이 R_6는 릴레이 R_1을 해제하기 위하여 사용하여 회로전체의 여자를 해제시킨다.

<그림 3-19>에 있어서 점선으로 표시된 부분은 불필요하기 때문에 이것을 제거하면 <그림 3-20>과 같이 된다.

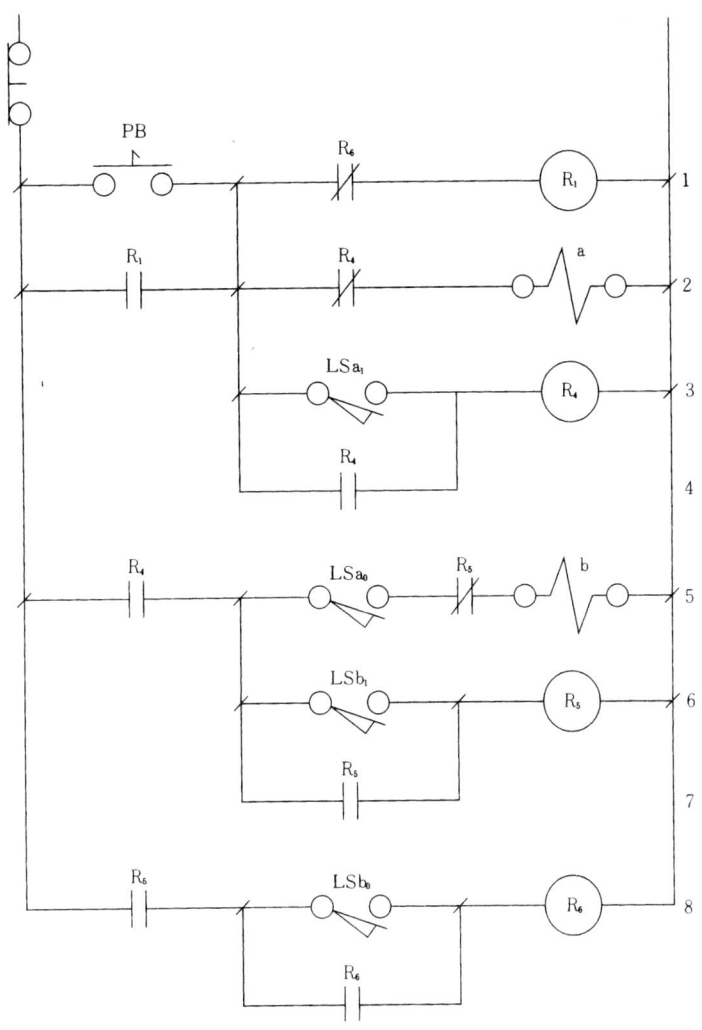

<그림 3-20> 그룹화 제어회로 설계

(3) 복동밸브 사용시 설계

① 순차회로 설계

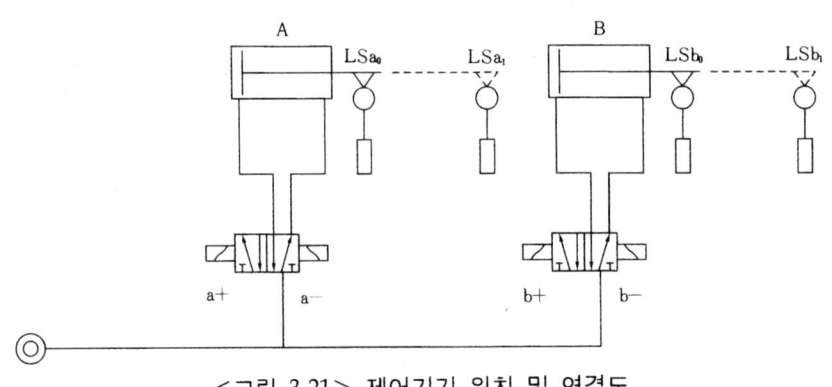

<그림 3-21> 제어기기 위치 및 연결도

실린더 \ 공정	준비	A 전진	A 후퇴	B 전진	B 후퇴	정지	A 전진
실린더 A		⟋⟍					⟋⟍
실린더 B				⟋⟍			
솔레노이드 밸브 a+		▬					
a-			▬				
b+				▬			
b-					▬		
리밋 스위치 LSa₁			▬				
LSa₀	▬					▬	
LSb₁				▬			
LSb₀							

<그림 3-22> 시퀀스 차트 (A+, A-, B+, B-)

② 개별화 설계<그림 3-24 참조>

③ 그룹화 설계

㉮ 복동 밸브를 사용한 경우에 제어 회로를 설계하는 방법은 그 설계자 및 설계하는 조건에 따라 달라지는 것이 보통이며, 회로설계 기술을 향상시키기 위해서는 각종 설계 자료를 접하여 설계 경험을 쌓아가면서 과거에 설계되어 실용화되어 있는 회로를 연구하여, 그 회로를 응용하는 것이 필요하다.

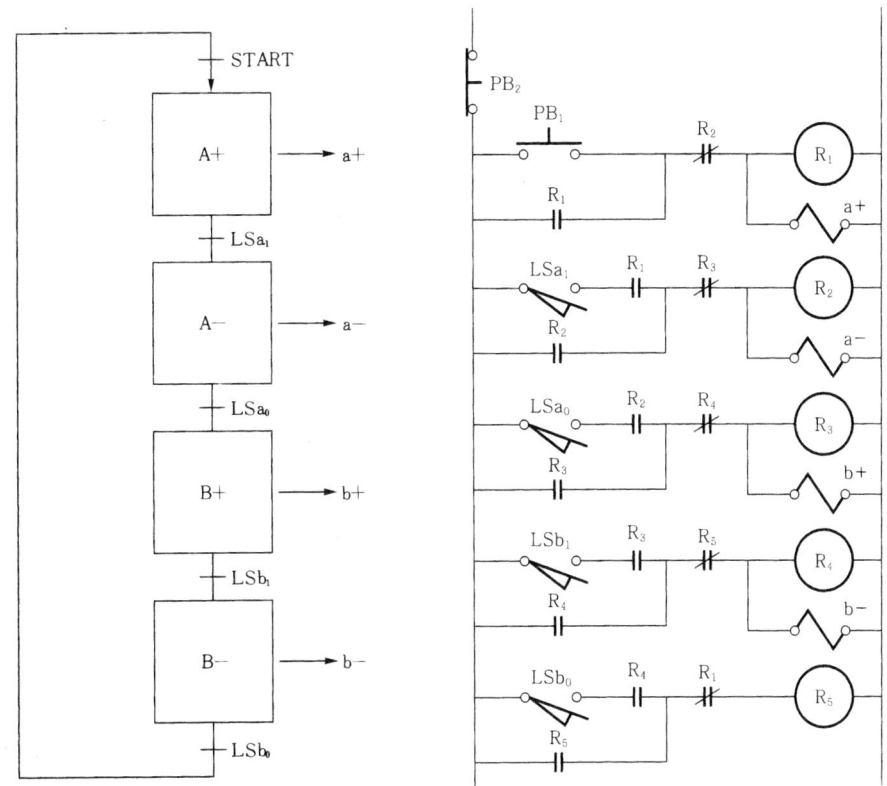

<그림 3-23> 순차회로 설계

① 시퀀스 작동 공정을 그룹화 한다.

이것은 구분한 그룹 내에서는 1개의 기기가 2번 작동하지 않도록 한 것, 이것을 달리 표현하면 1개 그룹 내에서는 1개의 기기를 나타내는 기호가 2번 들어가서는 안 된다는 것은 구분된 그룹의 수는 될 수 있는 한 적게 하는 편이 좋다.

그림 3-22에 설명한 실린더 A, B의 작동을 구분하여 보면, 실린더 작동순서는 (A+), (A-), (B+), (B-)로 되어 있으며 여기서 '+', '-'의 기호는 임의적인 것이며 '+'는 전진, '-'는 후진을 나타낸다. 따라서 이 동작은 상기 조건에 맞게 구분하면 [A+] [A-B+] [B-]의 3개 그룹으로 나누어 진다.

② 구동기기, 제어기기 등의 배치와 부호를 부여한다.

여기서는 실린더 A, B 및 그 동작 위치를 검출하는 리밋 스위치는 기계장치의 구조로부터 그 배치가 정하여진다. 각 기기에 부여하는 부호는 아무것이나 좋으나 될 수 있는 한 바로 연상할 수 있는 부호 및 동작순서에 따른 번호 등을 사용하는 것이 좋다.

③ 각 그룹마다의 제어신호를 발생하는 줄거리 회로를 준비한다.

[A+]를 Ⅰ그룹, [A-B+]를 Ⅱ그룹 [B-]를 Ⅲ그룹으로 한다.

각 그룹의 동작은 앞그룹 동작 최후
에서 발생하는 신호로서 시동하는 것
을 설계조건으로 해둔다.
이 조건에 따라 각 그룹의 제어신호를
발생시키는 줄거리 회로를 준비한다.
(<그림 3-25>참조) 각 그룹의 동작개
시는 앞 그룹의 최후 동작에서 신호를
받아 행해진다.

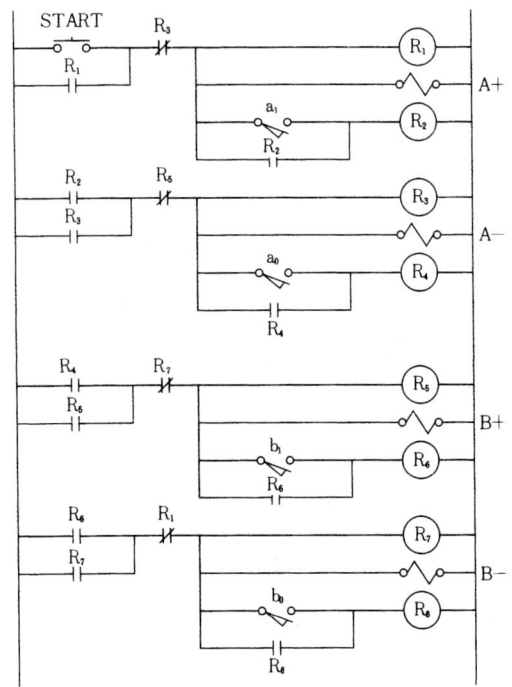

<그림 3-24> 개별화 회로설계

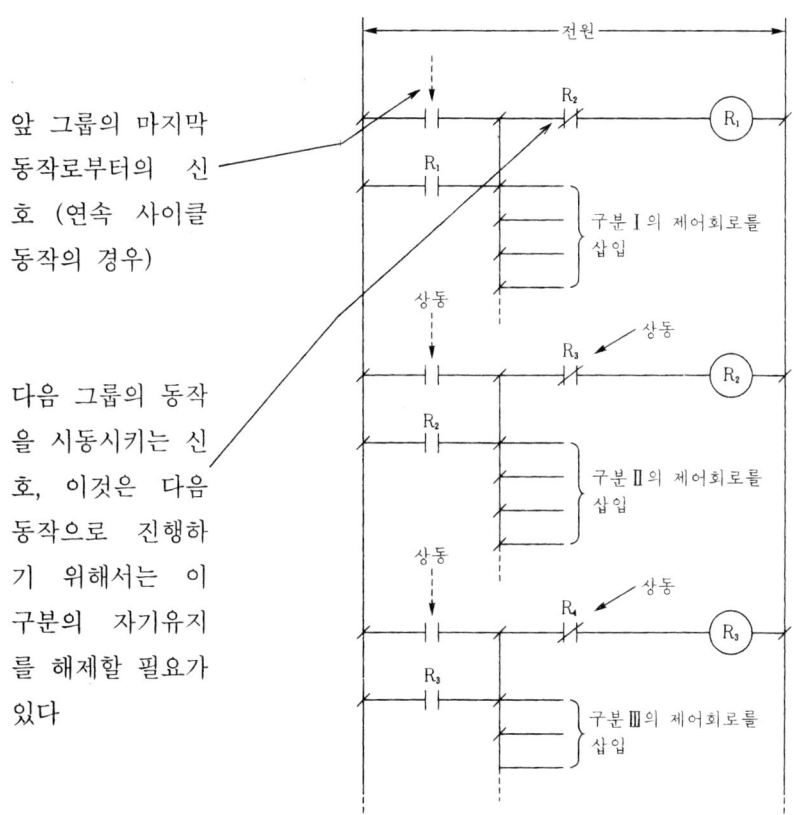

앞 그룹의 마지막 동작로부터의 신호 (연속 사이클 동작의 경우)

다음 그룹의 동작을 시동시키는 신호, 이것은 다음 동작으로 진행하기 위해서는 이 구분의 자기유지를 해제할 필요가 있다

<그림 3-25> 줄거리 제어회로(복동)

4 각 그룹마다의 제어회로를 설계한다. 이 제어회로는 그 동작순서에 의하여 손쉽게 작성할 수 있다. (이때문에 동작을 구분한 것이다.) 이 제어동작에 관계하는 각 기기를 그 순서에 따라서 접속하면 제어회로는 작성될 수 있다. 이 경우 I, II 그룹 및 III 그룹의 회로는 <그림 3-26~28>과 같이 된다.

솔레노이드 a+가 여자되어 실린더 A

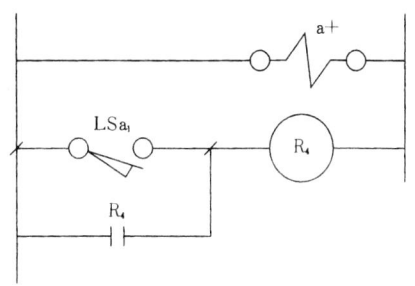

<그림 3-26> I 그룹의 제어회로

가 전진하여 리미트스위치 LSa₁에 도달하면 릴레이 R₄를 여자하여 다음 그룹을 제어하는 신호 R₄를 발생한다.

솔레노이드 a-가 여자되어 리밋 스위치 LSa₀에 도달하면 솔레노이드 b+가 여자되어 실린더 B가 전진하여 리미트스위치 LSb₁에 도달하면 릴레이 R₅를 여자하여 다음 그룹을 제어할 신호 R₅를 발생한다.

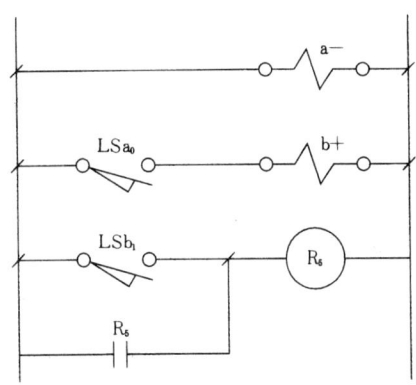

<그림 3-27> II 제어회로

솔레노이드 b-가 여자되어 실린더 B가 후퇴하면 리밋 스위치 LSb_0에 도달하여 릴레이 R_6를 여자하여 다음 그룹을 제어할 신호 R_6를 발생한다.

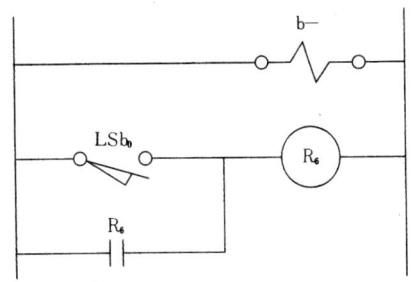

<그림 3-28> III 그룹의 제어회로

I그룹 동작의 초기태는 (A+)이기 때문에 Ⅰ그룹을 제어하는 신호 앞에 a+를 접속한다. (A+)의 동작이 종료되면 리밋 스위치 LSa_1에 도달하고 그 신호로서 Ⅱ그룹의 동작이 개시된다.

Ⅱ그룹 동작의 초기 상태는 (A-)이기 때문에 Ⅱ그룹을 제어하는 신호 앞에 a-를 접속한다.

(A-)의 동작이 종료되면 리밋 스치 LSa_0에 도달하고 그 신호로서 (B+)의 동작이 발생한다. 이 (B+)의 동작 최후에서 리밋 스위치 LSb_1에 도달하고 다음 동작을 시동시키는 신호 R_5를 발생한다.

신호 R_5에 의하여 Ⅲ그룹의 동작이 개시되어 바로(B-) 동작으로 들어가 리밋 스위치 LSb_1에 도달하면 다음 동작을 시동시키는 신호 R_6를 발생한다.

⑤ 각 그룹마다 작성한 회로를 1개씩 접속한다<그림 3-29 참조>.

이 각 그룹마다의 제어회로는 한번 작동하면 자기유지 회로가 구성되므로 다음 그룹동작을 시동시키기 위해서는 그 자기유지를 해제하지 않으면 안 된다. 이것은 솔레노이드 a+가 여자된 상태에서솔레노이드 a-가 여자되면 동작불능으로 되기 때문이다. 여기

서 I 그룹의 동작이 종료되어 II그룹의 동작이 개시될 때의 신호 R_2에서 I 그룹의 자기
유지를 해제하여 솔레노이드 a+를 OFF시켜 둘 필요가 있다. 여기서 **<그림 3-29>**의
1번지에 II그룹을 제어하는 신호를 발생시키기 위하여 사용한 릴레이 R_2의 b 접점(**常
時閉接點**)을 삽입해 둘 필요가 있다.

이것에 의해 II그룹의 동작이 개시되면 동시에 I 그룹의 자기유지가 해제된다.

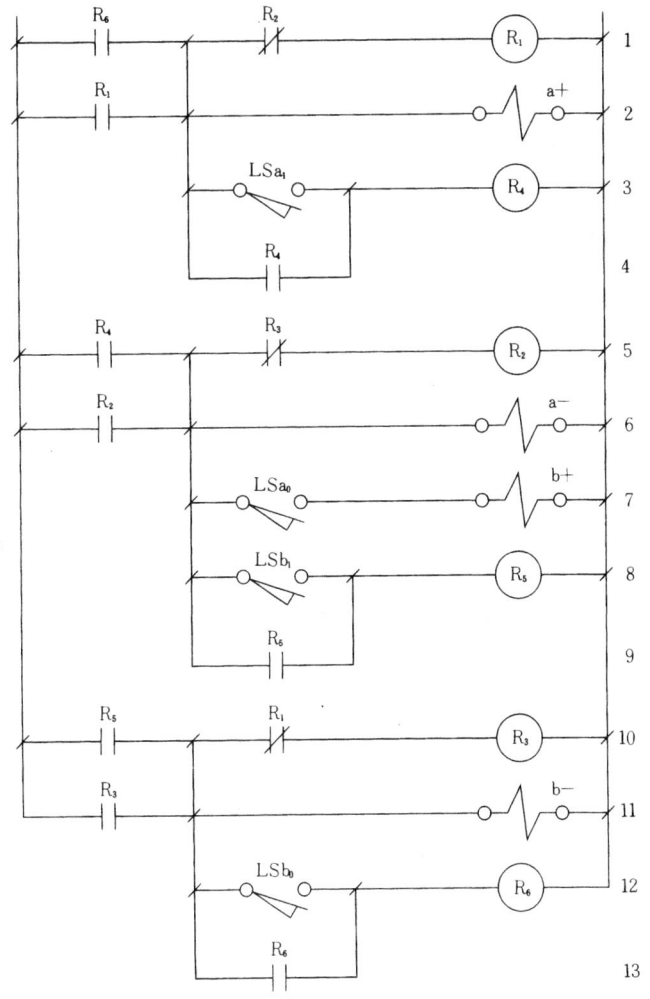

<그림 3-29> 그룹화 제어 회로도(복동)

마찬가지로 III그룹의 동작을 개시하기 위해서는 II그룹의 자기유지가 해제된다.

마찬가지로 III그룹의 동작을 개시하기 위해서는 II그룹의 자기유지를 해제하지 않으면
안 된다. 이 때문에 5번지에 릴레이 R_3의 b 접점을 삽입하여 둔다.

구분한 그룹수가 3개 그룹 이상인 경우는 설계가 용이하지만 그룹이 2개일 경우는 다
소 연구할 필요가 있다. 왜냐하면 **<그림 3-30>**에 있어서 II그룹의 제어회로에 사용

된 릴레이 R_2가 여자되어 있으므로 1번지 접점 R_2는 열린 채로 있다.

이 때문에 Ⅱ그룹의 릴레이 R_5의 신호가 1번지에 들어가도 릴레이 R_1은 여자되지 않는다.

이와 같은 경우는 2그룹에서 3그룹으로 변경하는 회로도 설계하는 방법을 취하는 것이 좋다.

즉, 상기한 2그룹 외에 이 회로에 시동시키는 신호를 발생시키는 그룹을 추가한다. <그림 3-31> 이것은 <그림 3-30>에 비해 마지막에 Ⅲ그룹을 추가하여 이 그룹에서 발생한 신호 R_3에 의하여 Ⅱ그룹의 자기유지를 해제하여 Ⅰ그룹을 시동한다.<그림 3-30, 31> 회로는 아직 불완전하며 이 회로를 시동시키기 위해서는 최초에 시동신호를 받아서 진행하여야 한다. 이를 위해서 시동회로로서 <그림 3-32>와 같이 회로를 추가, 수정하면 좋다.

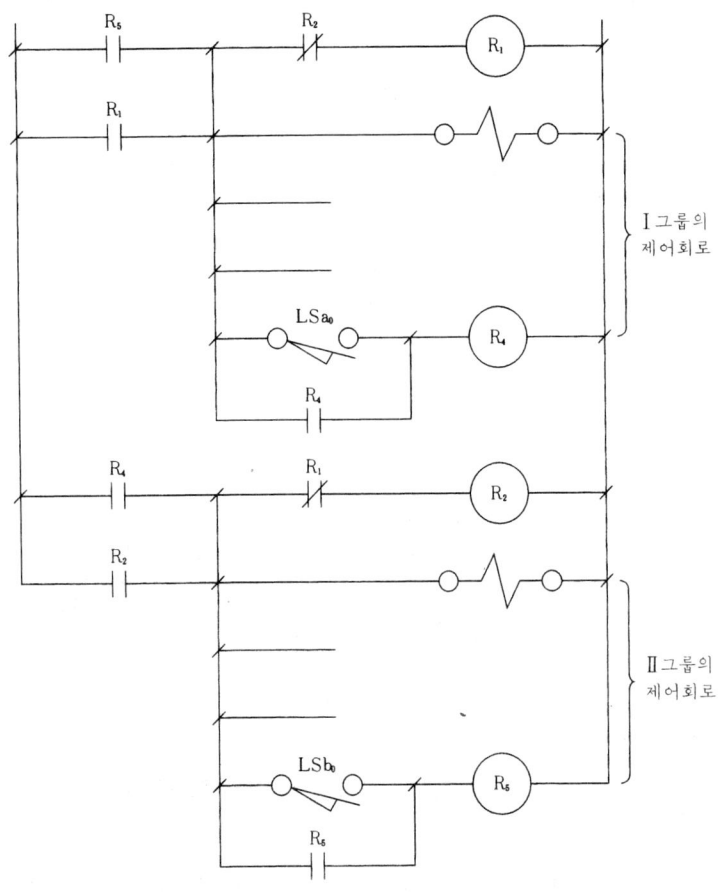

<그림 3-30> 구분수가 2개 그룹인 경우

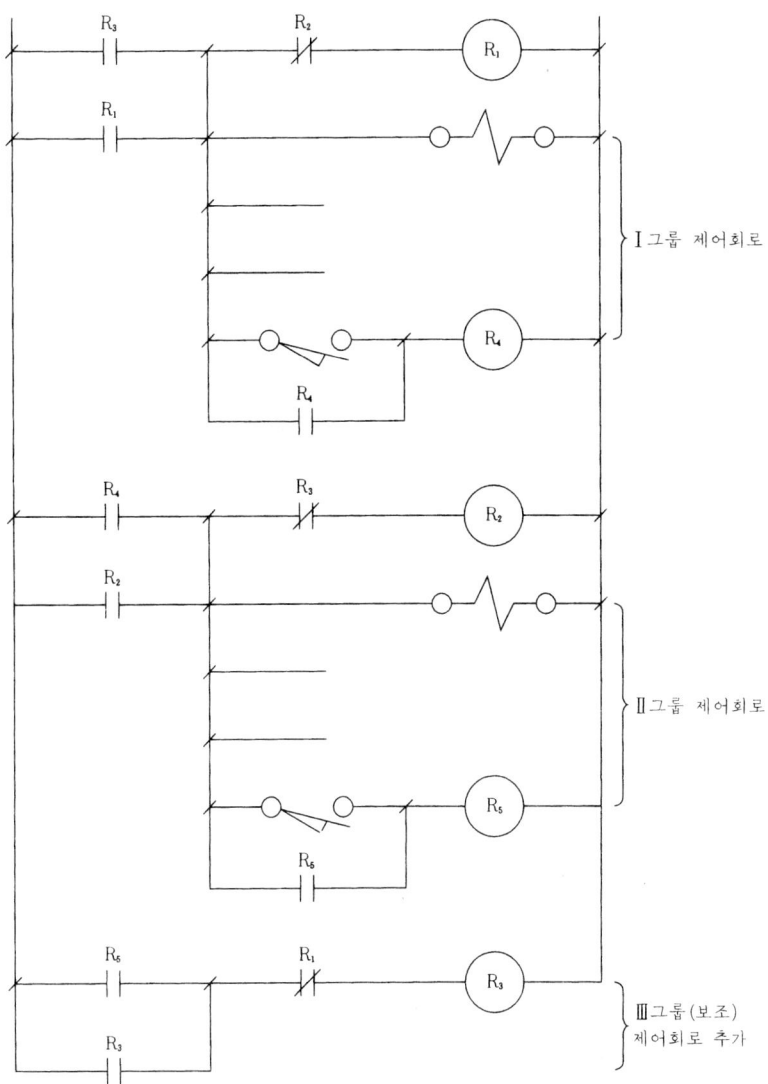

<그림 3-31>   구분수가 2개인 그룹을 3개 그룹으로 수정

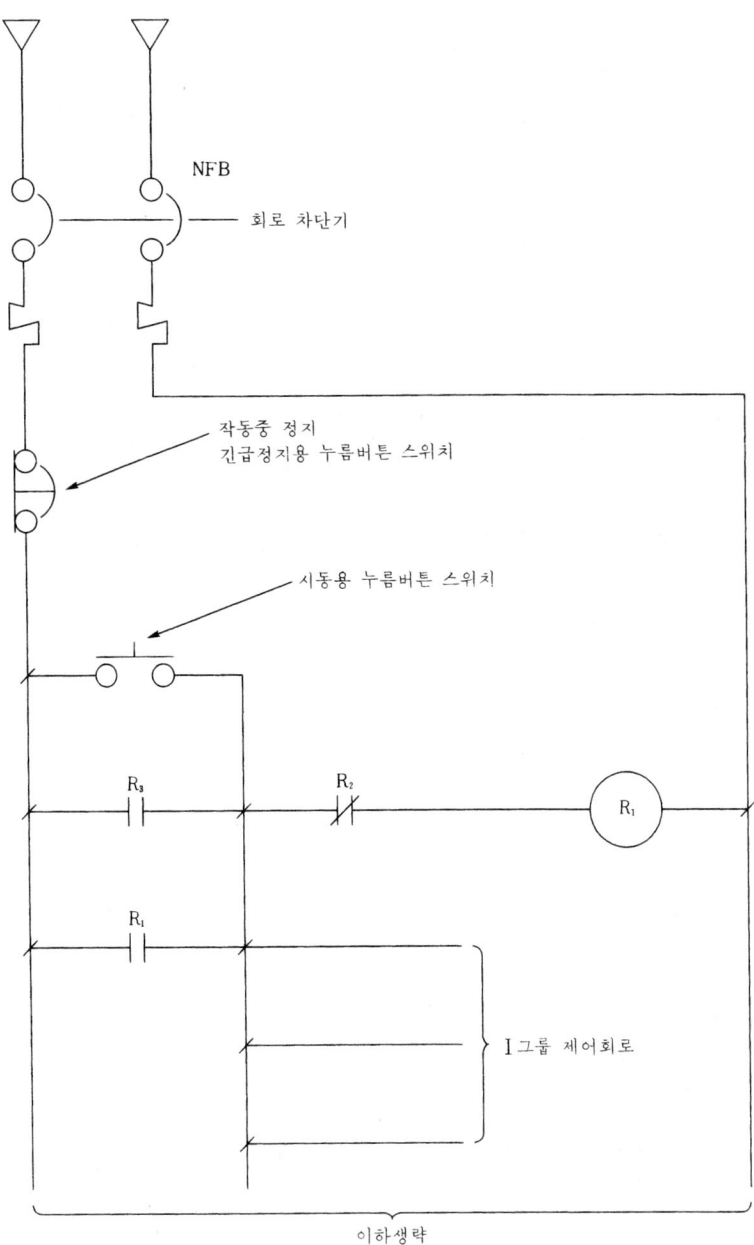

<그림 3-32> 시동정지 회로

3-4. 제어 회로의 수정 및 기능 추가

지금까지 설명한 방법에서 설계한 제어 회로는 기본적인 것이며 실제로 응용하는 경우에는 필요한 기능을 추가한다거나 수정할 필요가 있다.

(1) 부하(구동부)에 대전류가 필요할 때 – 제어 회로(릴레이 회로)와 구동 회로의 분리

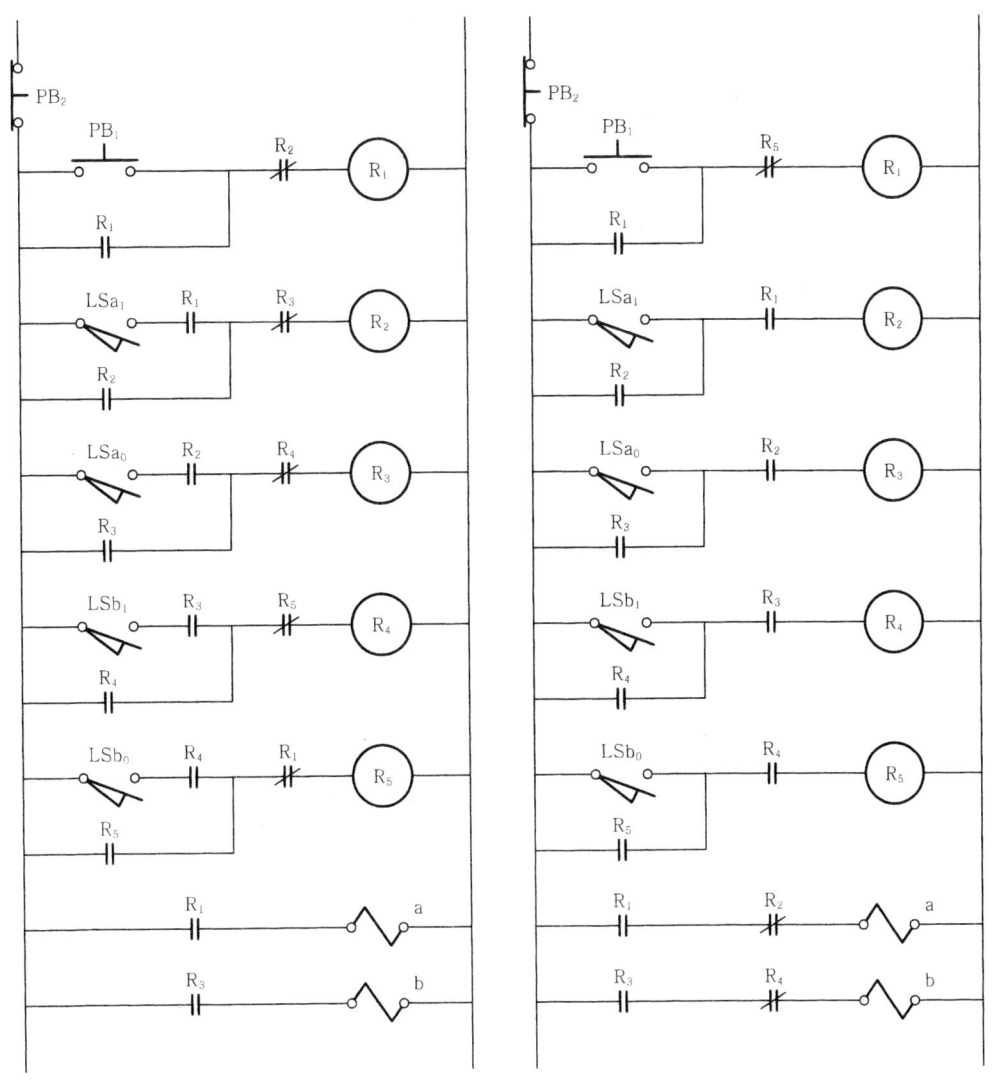

(a)   (b)

<그림 3-33> 제어 회로와 구동 회로의 분리

앞에서 설계한 <그림 3-10>의 회로는 솔레노이드 밸브 a, b의 구동 회로가 제어 회로 내에 혼재되어 있다.

구동 회로의 전류가 작은 경우에는 특별한 문제가 없으나, 큰 경우에는 <그림 3-10>의 회로는 적합하지 않다. 그 이유는 대전류를 흘리기 위해서는 도선 및 각종 스위치, 릴레이의 접점은 큰 용량의 것을 사용하여야 한다. 이에 대하여 소전류 회로에는 반대로 적은 용량의 것을 사용할 수가 있다. 이러한 점 때문에 제어 회로와 구동회로로 분리하는 것이 유리하다.

<그림 3-33>의 (a)회로는 분리된 회로의 예로 단지 R_1과 R_3만 대용량의 전류를 흘릴 수 있는 접점을 갖는 릴레이를 사용하면 된다. <그림 3-33>의 (b)회로 역시 구동 회로와 제어 회로가 분리된 회로의 또다른 예이나 이 회로는 대용량의 릴레이를 적게 사용하는 이점은 없다.

그리고 이 회로는 동작중 R_1~R_4 릴레이가 전부 여자되어 있다는 단점을 가지고 있으나 솔레노이드 밸브의 형태에 관계 없이 제어 회로는 수정하지 않고, 구동 회로만 변경하여 동작이 가능하게 된다.

(2) 원점 조건을 고려한 회로

지금까지의 회로는 원점 조건을 고려하지 않은 회로이다. 즉 어떤 원인(리미트 스위치의 파손 등)에 의하여 원점 조건을 만족하지 않더라도 일단 동작은 된다. 이런 경우 시스템에 따라 문제를 초래하는 경우가 있다.

<그림 3-10>의 경우를 원점 조건을 고려하여 회로를 설계하면 <그림 3-34>와 같다.

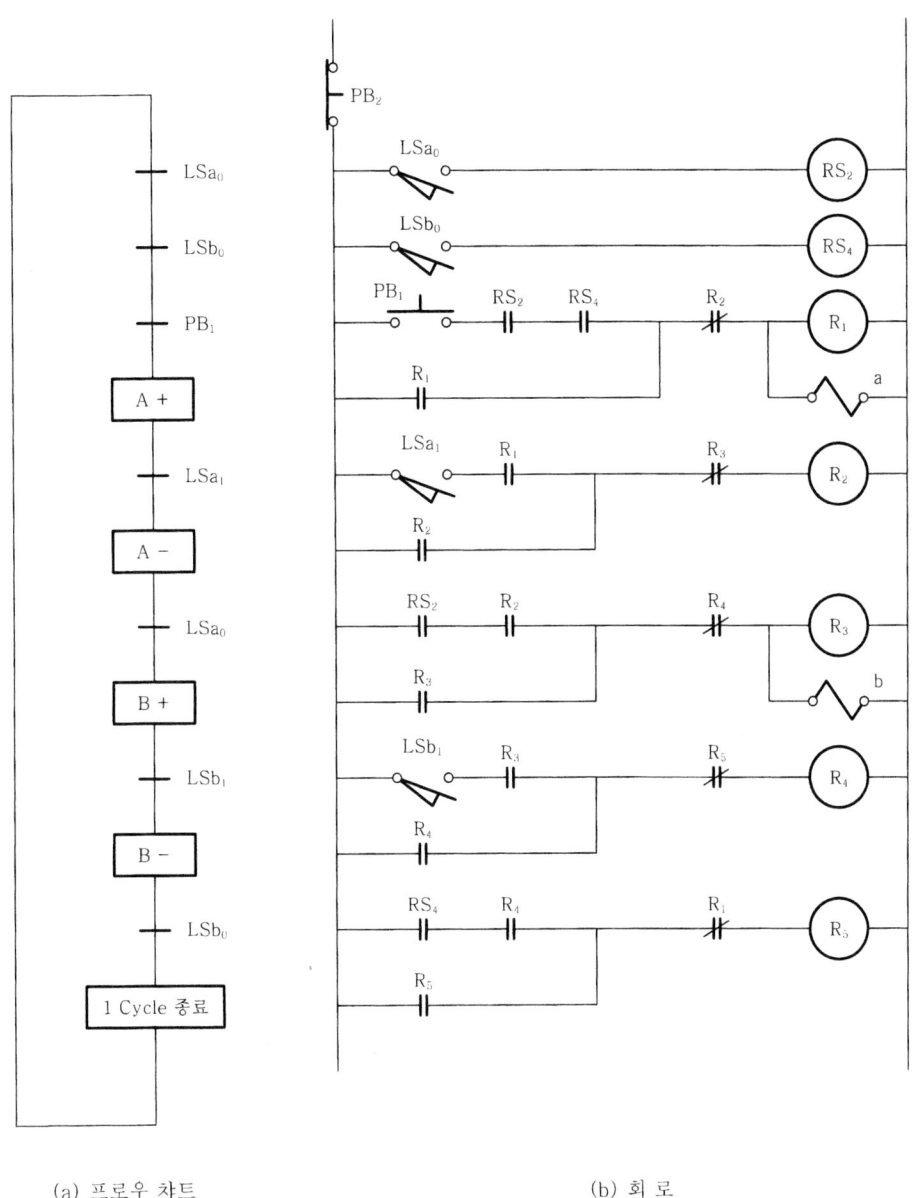

(a) 프로우 챠트   (b) 회 로

<그림 3-34> 제어 회로

<그림 3-34> (a)와 달리 리미트 스위치 접점 LSa_0와 LSb_0가 각각 2개씩 신호로 역할한다. 이 경우 2개의 a 접점을 갖는 리미트 스위치를 사용하거나 또는 접점 증가를 위해 릴레이를 사용 하여야 한다. <그림 3-34> (b)회로는 릴레이를 사용한 예이다.

(3) 경보(Alarm) 회로

 통상 자동화 설비의 경우 설비의 이상 유무를 감시하기 위한 작업자를 배치하지 않는 경우가 많으므로 설비가 스스로 이상 유무를 감지할 수 있는 회로를 갖고 있어야 할 필요성이 있다. 예를 들면 가공물이 없다든가, 구동부에 사람의 손 등이 접근하는 경우, 규정된 시간 내에 1사이클이 종료하지 않는다거나 유압 및 공압이 압력에 이상이 발생하는 경우 등 무수히 많은 이상 발생 원인이 있으며 이러한 경우 설비는 가동을 중단하고 어떤 경고 신호를 발생하여야 한다.

 그러나 발생할 수 있는 모든 이상 원인을 고려하여 설계하는 경우 설비는 완벽해지나 그에 비례하여 비용이 증가하므로 설계하는 사람은 비용을 감안하여 실정에 맞는 보호 회로를 설계하여야 한다.

 <그림 3-35>의 회로는 규정된 시간 내에 1사이클이 완료하지 않는 경우 회로의 전원을 차단하고 비상등을 작동하는 회로의 예이다.

 회로 동작은 다음과 같다.

 1사이클의 시간이 10초인 경우 1사이클의 종료를 알리는 릴레이 R_5의 b접점은 10초 이내에 ON-OFF를 매번 반복하게 된다.

 Time의 시간을 10초 이상 적정 시간으로 세팅하면, 1사이클의 규정 시간 내에 종료되지 않고 Timer가 동작하여 Time b접점이 OFF되어 제어 회로 내의 전원을 차단하며 Timer의 a접점이 ON되어 비상 램프(또는 부저)가 동작 이상 발생을 알리게 된다. 작업자는 리셋 버튼을 누르면 정상 복귀가 된다.

 그러나 이 회로에도 문제점은 있다. 릴레이 R_1이 이상인 경우이다. 1사이클 종료 릴레이 R_5는 R_1에 의해 리셋되기 때문에 R_1이 이상인 경우 R_5는 계속하여 작동중이기 때문에 규정 시간이 경과하여도 Timer는 동작하지 않게 된다. 이를 위하여 Timer의 동작을 R_5의 b접점만이 아니라 a접점에 의해서도 동작하게 하면 해결된다.

 그러나 상기 회로와 같이 구성하는 경우 새로운 문제점이 발생한다. 그것은 1사이클 모드에서만 동작하는 경우 1사이클 종료 후 작업자가 즉시 다음 동작을 위한 PB_1 버튼을 누르지 않으면 이상 발생 원인이 발생한 것으로 동작되어 버린다. 이 문제를 해결하기 위해 아래와 같이 회로를 수정하여야 한다. 즉 연속인 경우만 Timer가 동작하게 하면 된다.

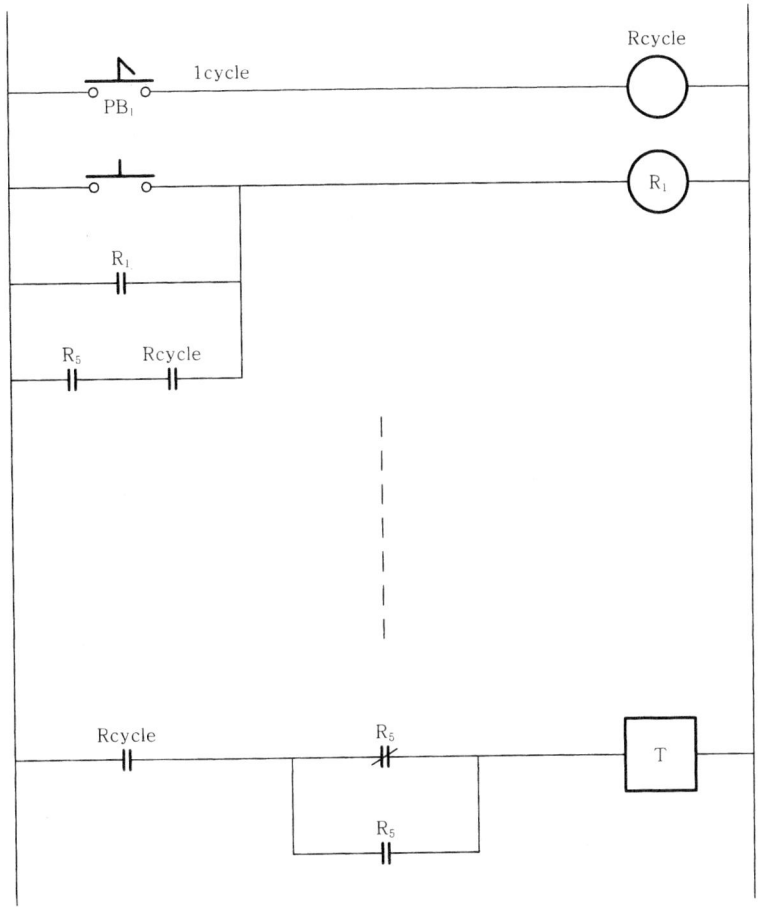

<그림 3-35>

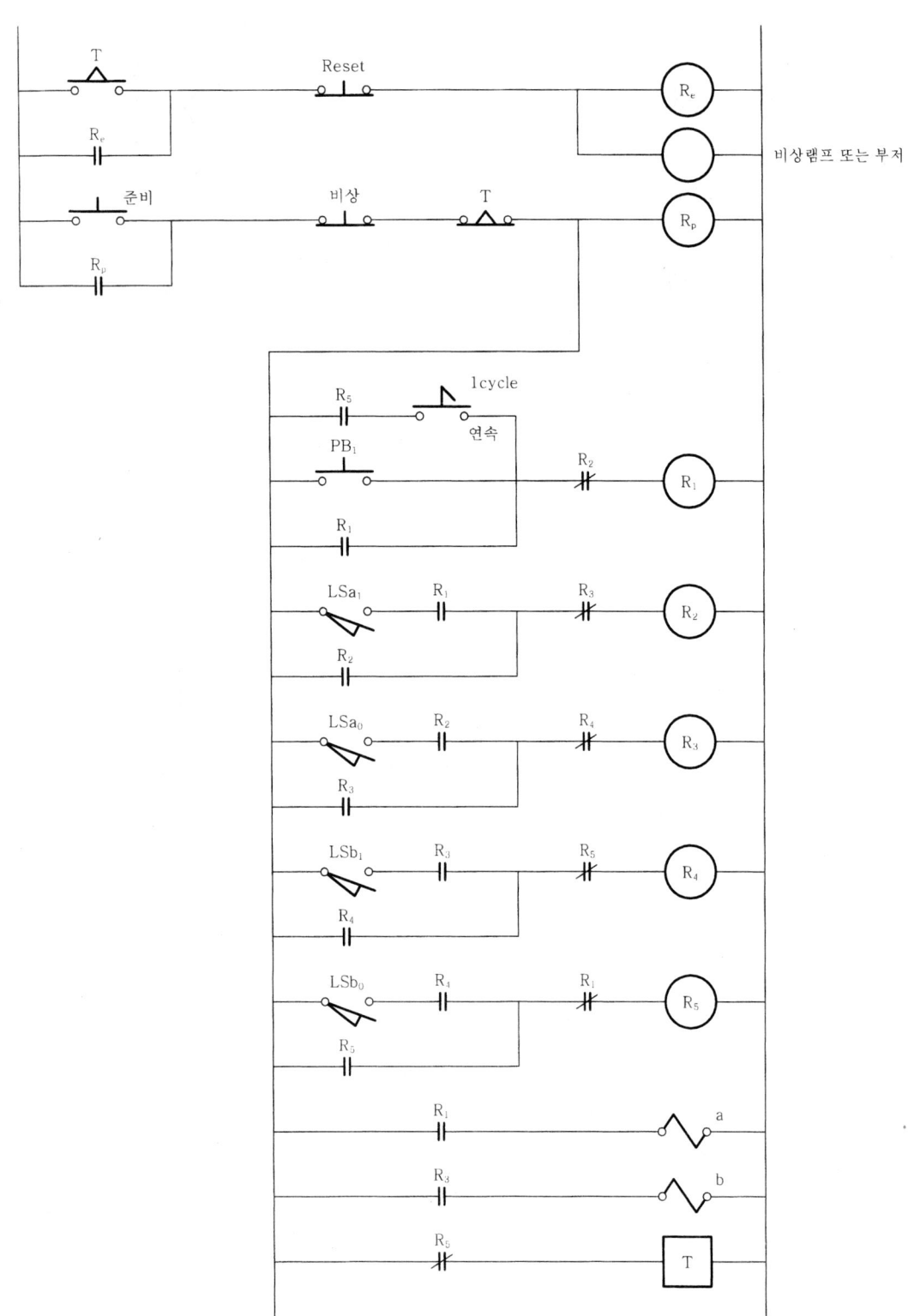

<그림 3-36>

(4) 자동/수동 겸용 회로 설계시 주의 사항

기계를 정상적인 상태에서 운전할 때는 시동 스위치를 ON하면 자동적으로 작동을 계속하도록 설계되지만 시운전 등의 경우는 각 Actuator를 각각 단독으로 작동시키는 경우가 있다. 이 경우는 수동 조작 회로로부터 신호를 보내서 개별적으로 작동시키도록 한다.

그 첫 번째 예가 <그림 3-37> 회로이다.

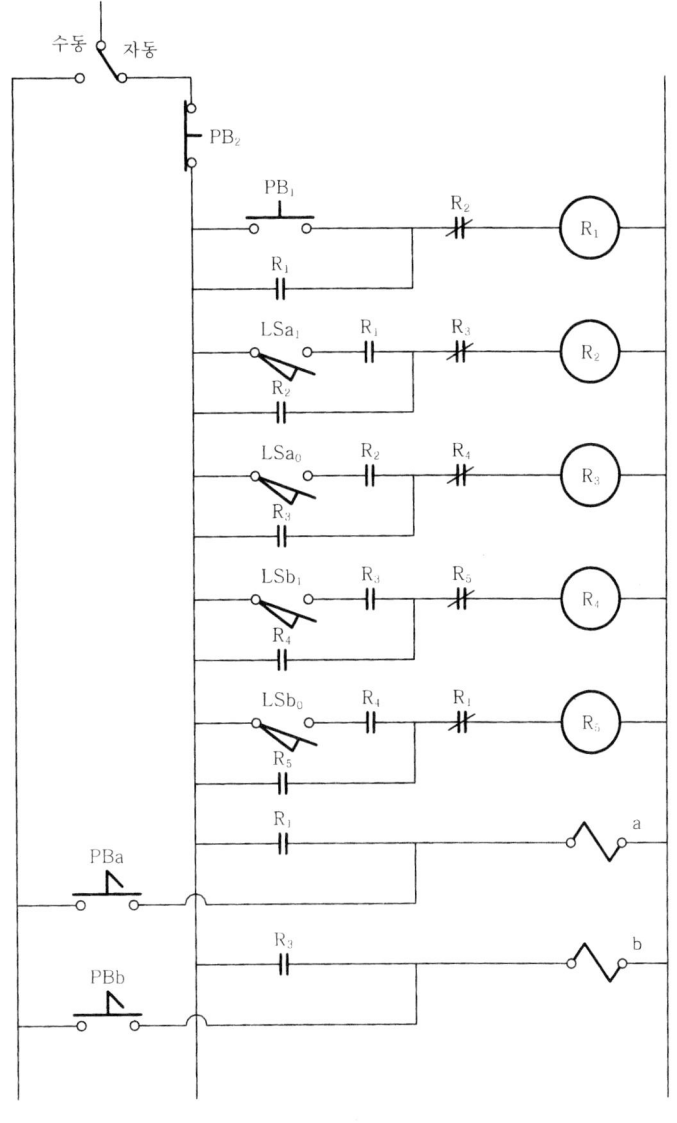

<그림 3-37>

<그림 3-37> 회로는 단지 두 개의 푸시 버튼 스위치만을 사용한 것으로 가장 간단한 예이다. 그러나 <그림 3-38> 회로에서는 문제점이 발생한다.

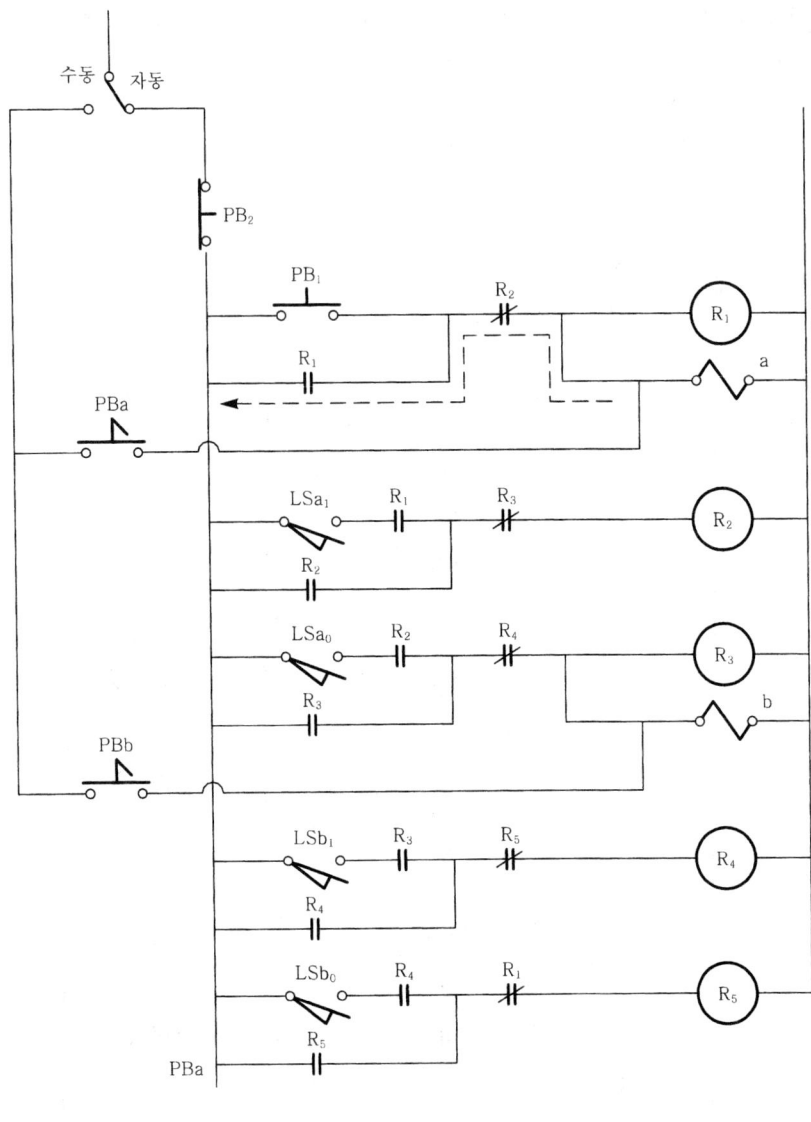

<그림 3-38>

<그림 3-38> 회로는 단순히 보면 아무 문제가 없어 보이나 문제점을 가지고 있다. 즉 pba를 누르면 솔레노이드 a가 동작하나 동시에 R_1이 여자되어 전류는 → 방향으로 흘러 흡사 자동 라인에 전원을 공급한 것과 동일하게 된다. 때문에 이러한 전류의 역류 현상을 막아야 한다. 이러한 문제점을 해결하기 위한 회로가 <그림 3-39>이다.

즉 수동 모드시에만 동작하는 릴레이 R_M을 이용하여 전류를 차단한다.

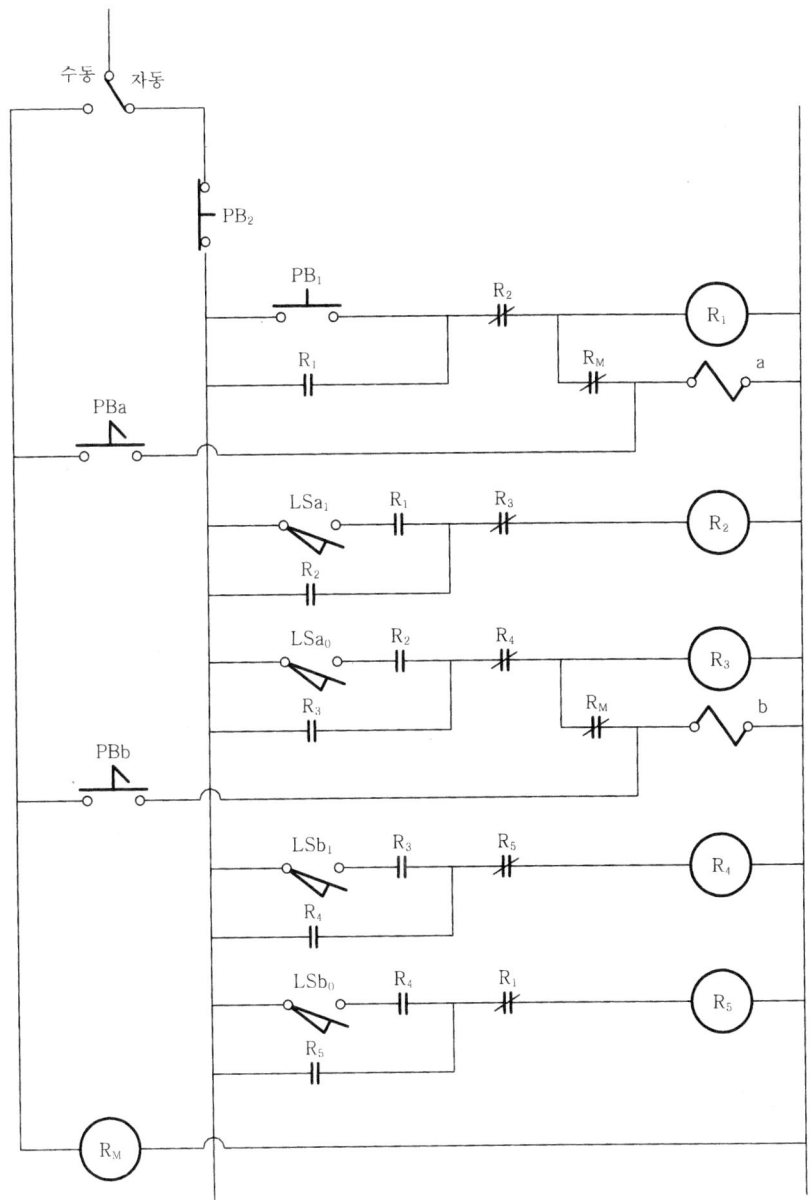

<그림 3-39>

제 4 장 시퀀스 응용 회로

4-1. 자동 반송 회로

<그림 4-1>에 있어서 피가공물이 이송돼서 검출기 LS_1에 접촉하면 피가공물은 상승하고 검출기 LS_2에 접촉하면 피가공물은 상승을 정지하는 동시에 옆으로 이송된다. 그리고 검출기 LS_3, LS_1, LS_5 등에 의하여 다음 동작을 준비하기 위하여 원위치에 복귀하도록 한다. 이 시퀀스 다이어그램을 <그림 4-2>에 제시한다. 다만 이 그림에 있어서는 상·하용 밸브는 3포지션 양 솔레노이드형이다. 측면 이송용 밸브는 싱글(Single) 솔레노이드 2포지션으로서 각각 복귀 스프링이 달려 있으므로 회로 설계에 있어서는 고려할 필요가 있다.

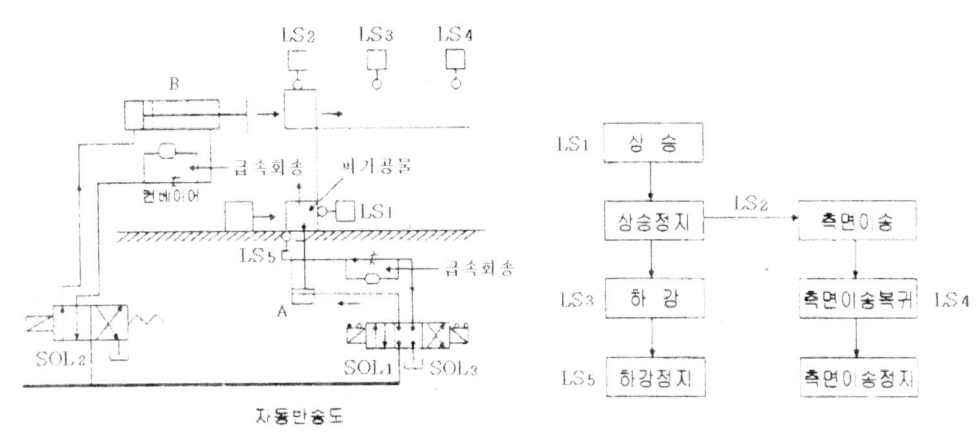

<그림 4-1> 자동 반송기   <그림 4-2> 블록 다이어그램

(1) 상승개시

컨베어와 유압용의 모터가 회전하고 있다고 하고 <그림 4-3>에 있어서 피가공물이 검출기 LS_1에 접촉하면 접점 증폭을 위한 릴레이 코일 R_1을 통하여 a접점 R_1이 닫히므로 피스톤 상승용 밸브의 솔레노이드 SOL_1에 전류가 흐르고 피스톤이 상승을 개시한다.

그러나 <그림 4-2>에서 알 수 있는 바와 같이 피가공물이 상승하고 검출기 LS_1이 떨어져 솔레노이드 SOL_1이 소멸되어 버리면 스프링의 힘으로 밸브는 중립에 돌아가 상승은 정지해 버리므로 <그림 4-4>와 같이 2번지에 기억 회로를 마련한다. 단 이 기억 회로는 언제 지워질지 모르므로 일단 b접점의 기호를 그려 놓고 문자는 나중에 써넣는다. 그 외로 솔레노이드 SOL_1은 2번지에 점선과 같이 넣고 3번지를 생략하여도 된다.

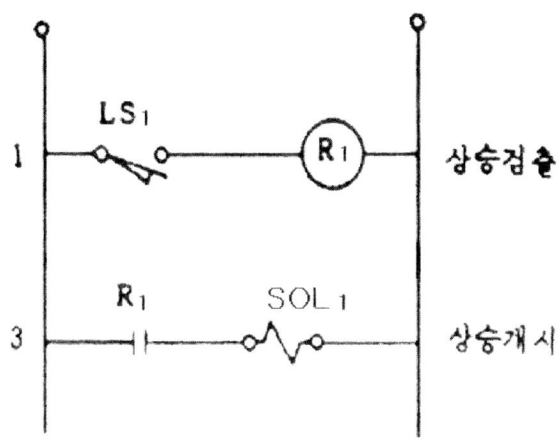

(주) 전원과 기동 회로는 생략한다.
<그림 4-3> 상승개시

(2) 상승정지

상승을 그대로 계속하면 피가공물이 검출기 LS₁에 접촉되므로 <그림 4-5>의 4번지의 검출 회로에 의하여 1번지의 기억 회로를 풀고(LS₁은 이미 풀렸으므로 관계가 없다.) 3번지의 SOL₁을 소멸시키면 밸브는 스프링의 힘으로 중립에 돌아가 상승은 정지한다. 또 이 기억 회로를 푸는 법에 대하여는 단지 이것으로 모든 동작이 끝나는 경우에는 b접점용 LS₂를 직접 1번지에 넣어도 무방하나 이 SL₂는 동시에 다른 동작도 시키는 경우가 있으므로 계획적으로 4번지에 설치한다.

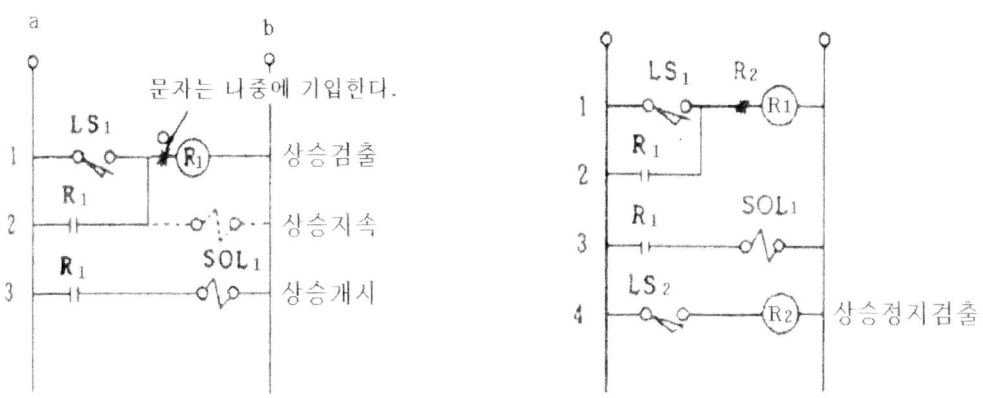

(주) ○표는 나중에 추가 기입한 회로 또는 문자이다.

<그림 4-4> 실린더-상승   <그림 4-5> 상승 정지

(3) 측면 이송 개시

<그림 4-2>에 의해서 상승정지와 측면 이송을 동시에 하게 되어 있으므로 같은 검출기 LS_1를 사용하여 <그림 4-6>과 같이 6번지의 a접점 R_2에 의하여 솔레노이드 SOL_2에 전류가 흐르게 하고 측면 이송을 개시한다. 이 경우에도 <그림 4-2>에서 보는 바와 같이 밸브가 스프링 부착이므로 검출기 LS_2가 떨어져도 동작은 계속하도록 기억 회로를 설치한다. 그러나 4번지의 b접점은 언제 이 기억 회로를 푸는지 알지 못하므로 문자를 기입하지 않고 언제가는 푼다는 것으로 해둔다.

(4) 하강 개시

측면 이송 실린더에 의하여 다시 피가공물이 눌려지면 검출기 LS_3에 접속시켜 상·하용의 실린더가 하강을 개시하도록 한다. 따라서 <그림 4-7>과 같이 7번지에 검출 회로, 8번지에 2, 5번지와 같은 방법으로 기억 회로를 9번지에 하강시키기 위한 동작 회로를 설치한다.

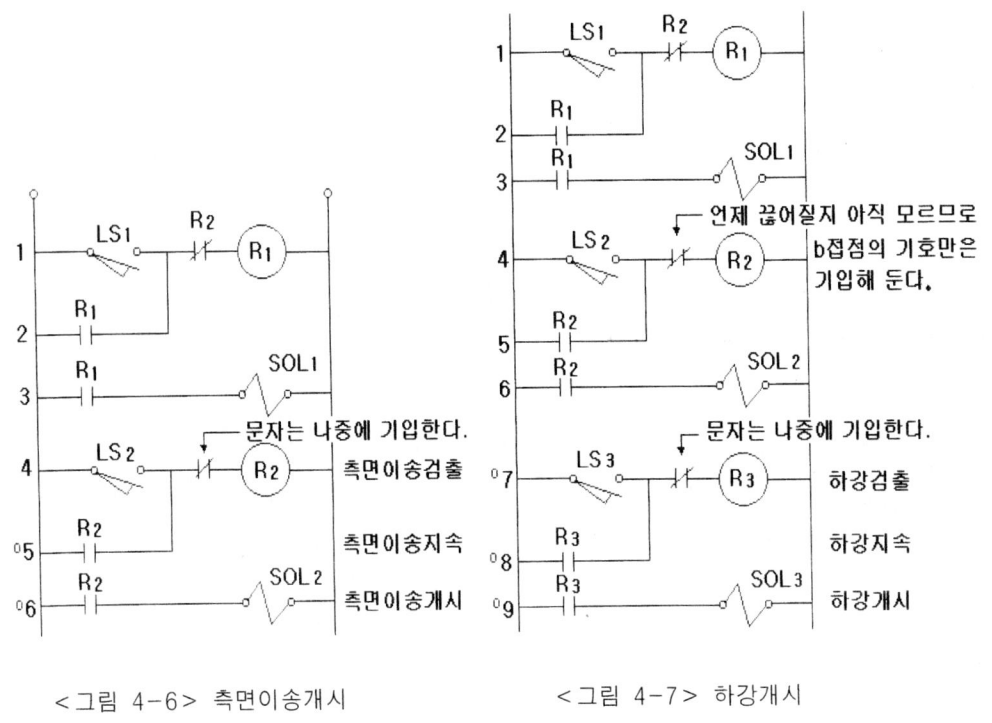

<그림 4-6> 측면이송개시   <그림 4-7> 하강개시

(5) 측면 회송 개시

피가공물을 목적하는 장소에 이송하면 다음 준비에 대비하기 위하여 미리 설치된 검출기 LS_4에 의해서 측면 이송을 원위치로 복귀시킨다. 이에는 6번지의 SOL_2를 소멸시키는 것으로 이것을 하기 위하여 4번지의 b접점으로 4, 5번지의 기억 회로를 풀어준다.(<그림 4-8> 참조) 즉, 10번지의 검출 회로 R_4의 b접점을 4번지에 넣는다.

(6) 하강 정지

하강이 끝나면 정지시켜야 하므로 <그림 4-8>과 같이 11번지에 하강 정지 검출 회로의
b접점 R_5를 7번지의 무명 b접점에 넣고 7, 8번지의 기억 회로를 풀고 9번지의 접점 R_3을 열
어 SOL_3를 소멸시키면 밸브는 스프링의 힘으로 중립에 돌아가므로 실린더는 정지한다.

(7) 측면 이송 정지

측면 이송의 후퇴 정지는 기계적으로 정지(밸브가 2포지션이므로)시키므로 전기적으로
는 관계가 없다. 다만 이 밸브는 후퇴 정지하여도 유압은 그대로 걸려 있다.

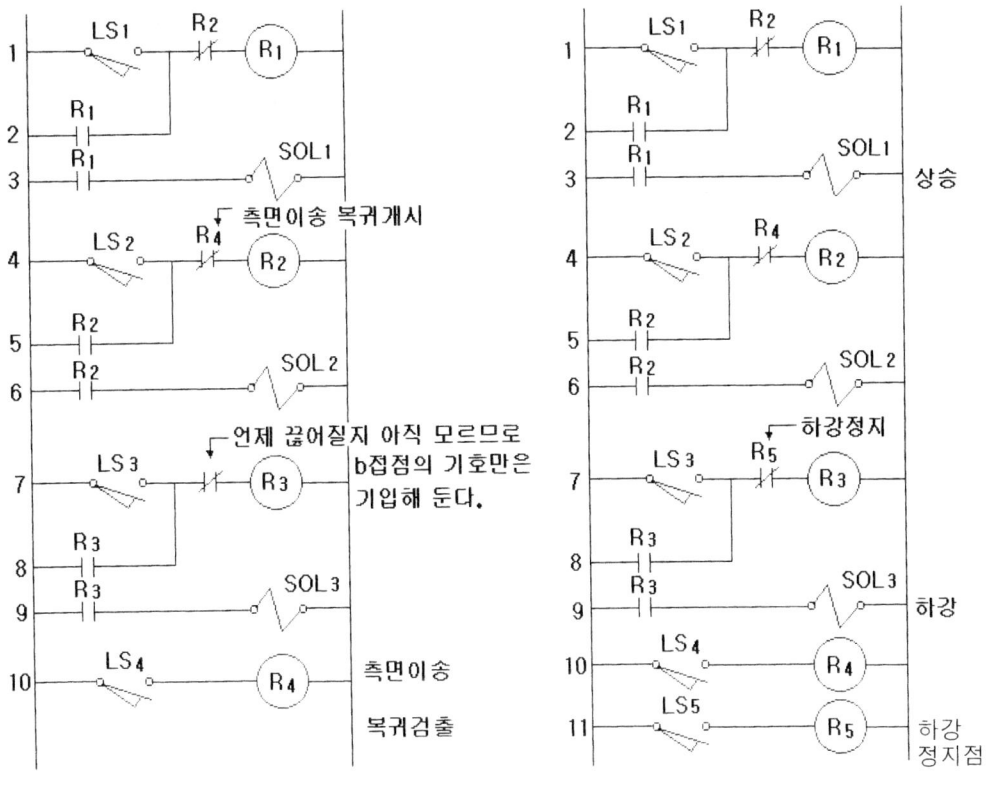

<그림 4-8> 측면 이송의 복귀 개시   <그림 4-9> 하강정지

따라서 <그림 4-9>는 구동부를 분리한 최종 설계 회로이며, 구동부를 포함하여 설계하
면 <그림 4-10>과 같이 된다.

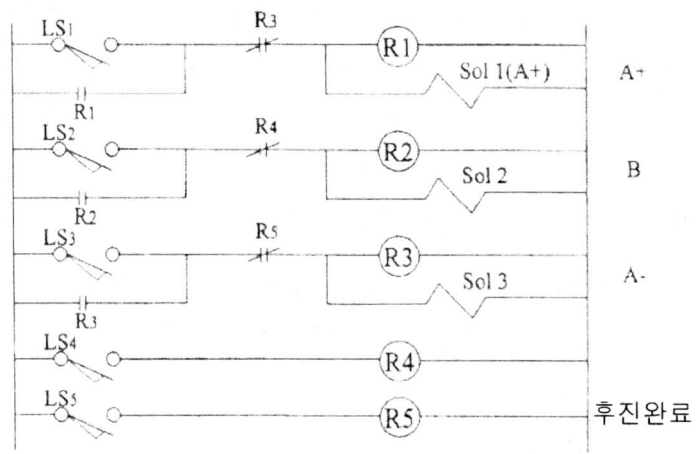

<그림 4-10> 최종 설계 회로

4-2. 재료의 치수 선별회로

(1) 동작의 개요

▶ 재료의 치수를 리밋 스위치로 선별(選別)하고, 규격 외의 재료는 실린더를 작동시켜서 밀어 내는 회로이다.

▶ LS_1, LS_2는 재료가 옮겨져 오면 작동하고, 치수의 선별은 LS_1, LS_2가 다같이 작동하고 있는 기간에 이루어진다.

    LS_1, LS_2만이 작동 → 불량품(치수가 짧다) LS_3, LS_4가 단독으로

    LS_1, LS_2, LS_3가 작동 → 양품   작동하는 일은 없다.

    LS_1, LS_2, LS_3, LS_4가 작동 →불량품(치수가 길다)

▶ 타이머 ⓣ는 재료가 실린더의 위치까지 이동하는 시간을 설정한다.

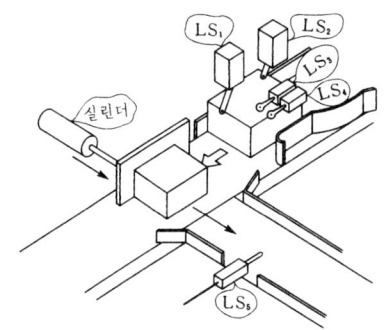

< 그림 4-11 > 제어기기 구성도(치수선별회로)

(2) 플로우 차트

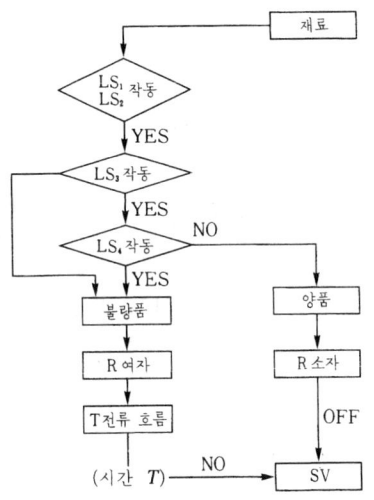

(3) 시퀀스 제어회로

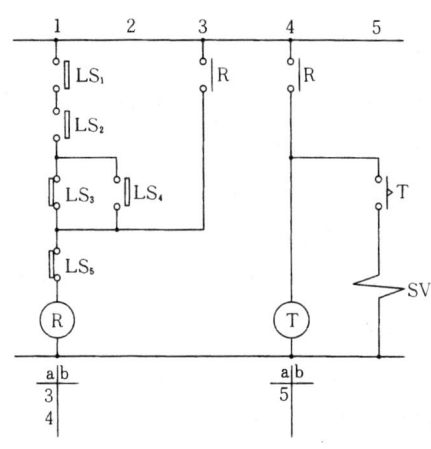

4-3. 콘베이어의 자동운전 회로

(1) 동작 개요

▶ 생산공정의 콘베이어의 자동운전회로로, 정해진 위치에서 정지시키고, 부품의 장치 등이 끝나면 다시 자동적으로 시동하는 회로이다.

▶ 최초에 PB1을 'ON' 조작하여 콘베이어를 시동시킨다. 콘베이어가 이동하면서 그에 연결된 쇠갈고리(dog)가 리밋 스위치 LS_1을 누르면 콘베이어가 타이머의 설정시간($T[s]$)만큼 정지한다.

▶ $T[s]$ 후에 다시 콘베이어가 움직이기 시작하고, 쇠갈고리가 LS_1을 벗어나면, ⓂⒸ는 자기유지되고, 쇠갈고리가 LS_2를 누르면 릴레이 Ⓡ이 소자되어 회로는 본래의 상태로 복귀한다.

▶ 콘베이어의 주위에 필요한 만큼의 쇠갈고리를 연결하여 두면, 이 쇠갈고리의 위치를 LS_1이 검출하여 자동으로 일정시간 동안 정지 및 재시동한다.

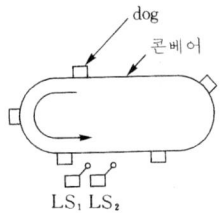

<그림 4-12> 제어기기 구성도(콘베이어 자동운전)

(2) 플로우 차트

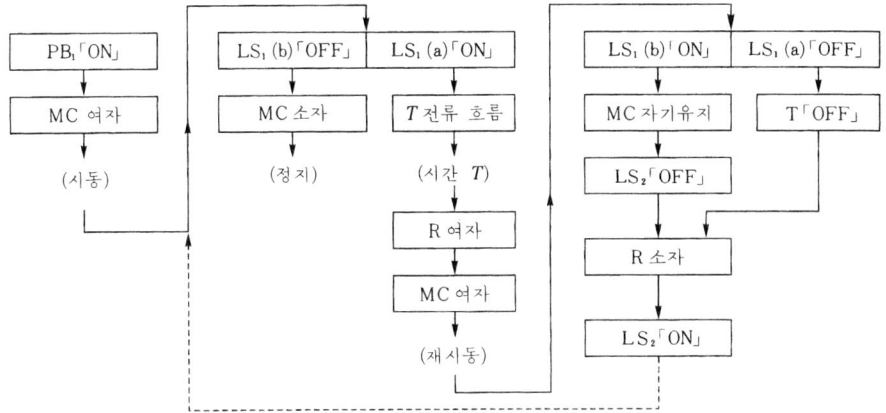

(3) 시퀀스 제어회로

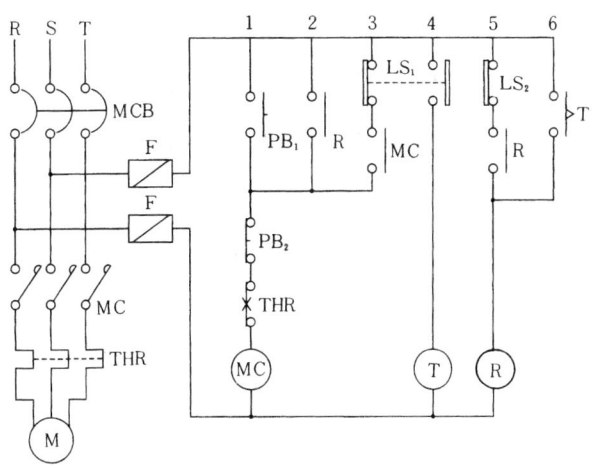

4-4. Bending Machine 제어회로

(1) <그림4-13>의 동작선도, 기능도표, 제어기기 구성도를 참고하여 시퀀스 제어회로를 설계
　　하여 보자

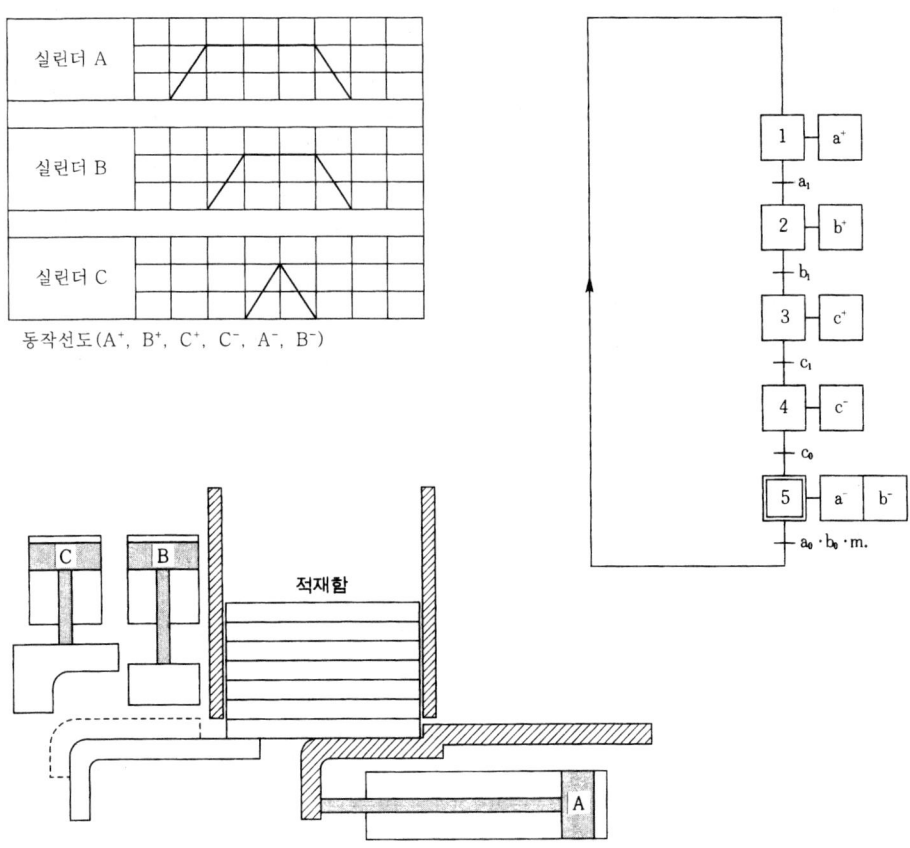

동작선도(A^+, B^+, C^+, C^-, A^-, B^-)

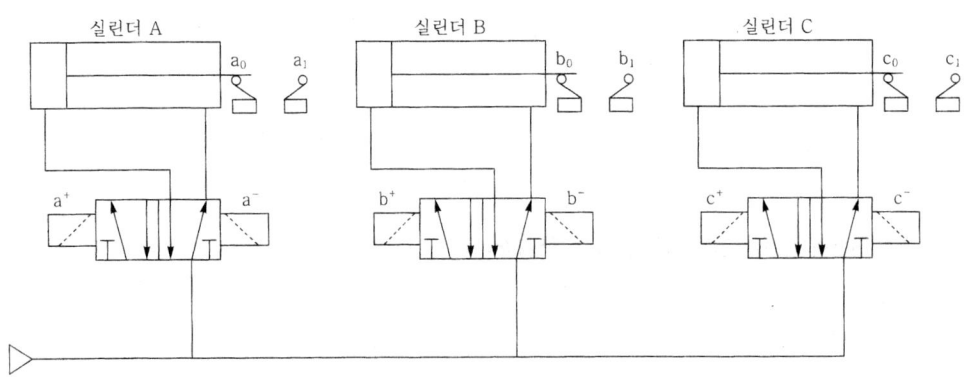

<그림 4-13> 제어기기 구성도(Bending Machine)

(2) 시퀀스 제어회로

시퀀스 제어회로 설계에는 이미 공부한 것과 같이 순차회로 설계, 개별화 설계, 그룹화 설계가 있다. 그룹화 설계는 다음과 같다.

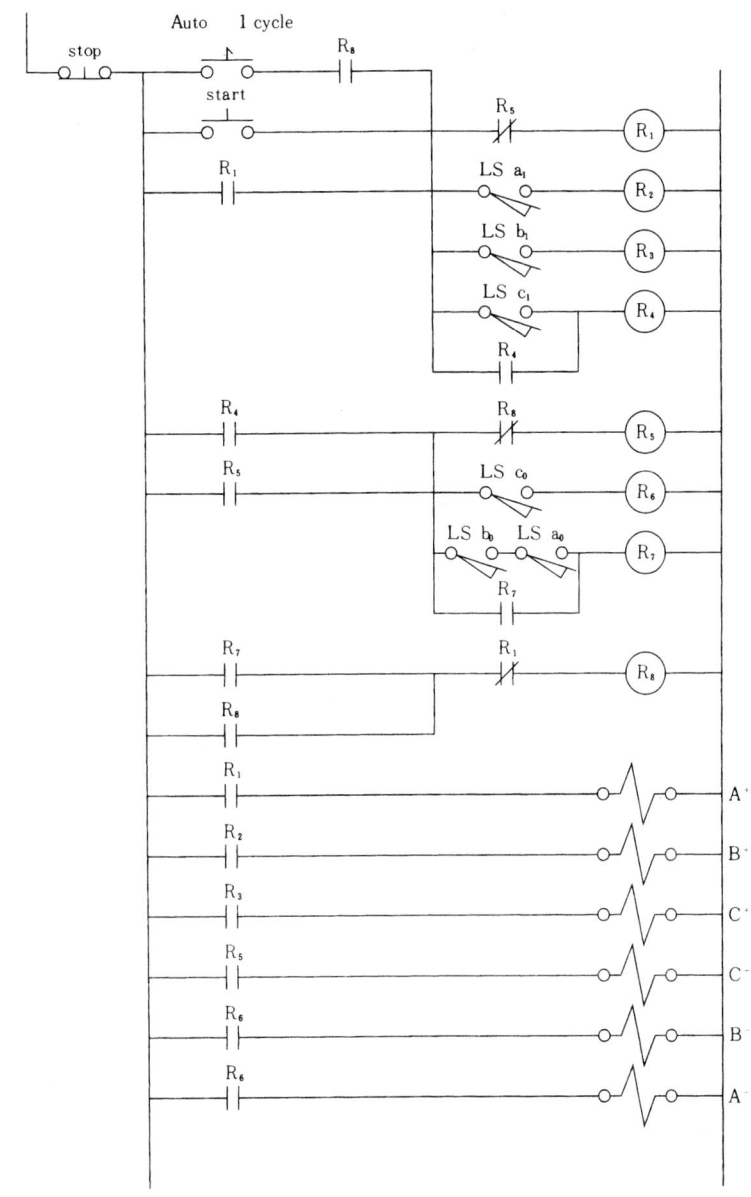

4-5. 다축 Drilling Machine 제어회로

다축 Drilling Machine의 Drilling Unit는 <그림 4-14>의 것으로 하고 그 구동계를 <그림 4-15>로 한다. 그리고 공압회로는 <그림 4-16>으로 하고 다음과 같은 작동 사양의 시퀀스 제어회로를 설계하여 보자.

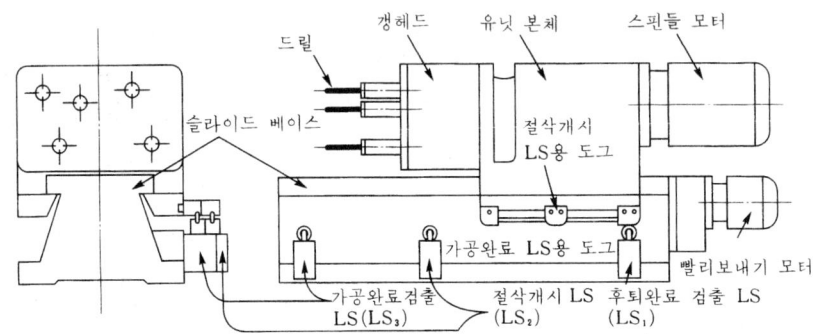

<그림 4-14> Drilling Unit 설명도

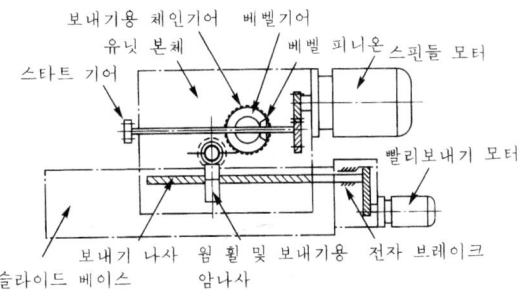

<그림 4-15> Drilling Unit 구동방식 설명도

(1) 구동요령

① 빨리 보내기: 빨리 보내기 모터의 정전에 의해 보내기 나사를 회전해서 유닛 본체를 전진시킨다. 이 경우 스핀들 모터는 정지, 전자 브레이크는 off.

② 빨리 복귀: 빨리 보내기 모터를 역전시켜 보내기 나사를 역전해서 유닛 본체를 후퇴시킨다. 이 경우도 빨리 보내기와 마찬가지로 스핀들 모터, 전자 브레이크는 off.

③ 절삭 보내기

   a. 날의 회전: 스핀들 모터에 의해 스타트 기어를 회전시켜 스타트 기어와 맞물려 있는 아이들 기어, 스핀들 기어(갱헤드 안에 있다)에 의해 스핀들을 회전하고 그 끝의 공구를 회전한다.

   b. 보 내 기: 스핀들 모터의 회전을 베벨 기어, 보내기용 체인지 기어, 웜, 웜휠을 거쳐 보

내기용 암나사에 전달한다. 이 경우 빨리보내기 모터는 정지하고 전자 브레이크는 on 하고 있으므로 유닛 본체는 전진한다.

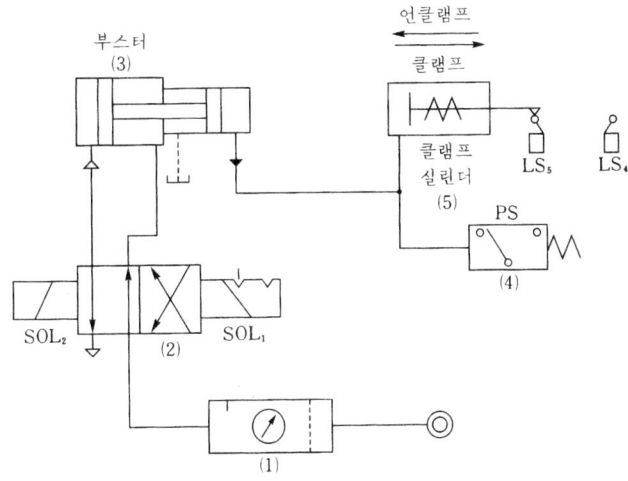

<그림 4-16> 공압회로도

(2) 조작 순서

① SOL₁에 통전하면 밸브 (2)가 변환되어 부스터 (3)에 의해 클램프 실린더 (5)로 증압된 유압이 보내진다.

② SOL₂에 통전하면 밸브 (2)에 의해 공압이 부스터의 유압을 Off하는 방향으로 작용해서 클램프 실린더는 언클램프한다.

(3) 기능의 설명

① (1)은 필터, 주유기, 압력계부착 압력조정기이다.

② (2)는 2포지션, 2솔레노이드의 디텐트 제어붙이 방향 밸브이다. 그러므로 솔레노이드에 한 번 통전해서 회로가 변환된 뒤 통전을 중단해도 그 제어 위치는 다른쪽 솔레노이드에 통전되기까지 유지된다.

③ (3)은 공압을 유압으로 변환해서 증압하는 부스터이다. 그러므로 클램프 실린더에는 공압보다 상당히 높은 압력이 공급되므로 큰 클램프력이 얻어진다.

(4) 작동시방

① 기동 누름 버튼 스위치 On에 의해 SOL₂ On으로 클램프, 클램프 완료는 LS₄ PS의 On으로 확인한다.

② 클램프 확인에 의해 드릴링 유닛는 급속히 하강한다.

③ LS₂ On에 의해 빨리보내기 모터가 정지해서 브레이크 On하고, 스핀들 모터가 On한다.

④ 가공완료 위치까지 내려가면 LS₃을 On하고, 스핀들모터와 브레이크를 Off하고, 빨리보내

기 모터를 역전해서 빨리 복귀로 된다.

⑤ 상승완료가 되면 LS_1을 On하고 언클램프로 된다.

⑥ 언클램프 완료로 싸이클 종료한다.

(5) 인터로크 시방

① 기동시 드릴링 유닛이 내려가 있으면 클램프 동작에 들어가서는 안 된다.

② 클램프 동작중에 드릴링 유닛이 조금이라도 내려가면 즉시 빨리복귀로 전환한다.

③ 클램프 미완료에서 드릴링 유닛이 하강해서는 안 된다.

④ 드릴링 유닛 하강중 만약 클램프가 풀리면 드릴링 유닛은 빨리복귀로 해야 한다.그러나 이 경우에 한해 빨리 복귀완료 뒤 얼클램프 동작으로 들어가서는 안 된다.

⑤ 드릴링 유닛 가공중은 클램프가 풀리지 않도록 해야 한다.

⑥ 사이클 중에 기동 버튼을 눌러도 오동작이 없도록 한다.

(6) 비상 사이클

① 클램프 중에 비상조작이 있으면 언클램프로 된다.

② 드릴링 유닛이 하강중 비상조작이 있으면 빨리복귀로 전환한다. 그러나 이 경우 빨리복귀 완료 후 언클램프 동작으로 들어가서는 안 된다.

(7) 단동 사이클

① 기동버튼에 의해 클램프 비상 버튼으로서 언클램프 하는 사이클을 설치한다.

② 클램프에 관계 없이 드릴링 유닛만 자동 사이클 가능으로 하고 비상조작도 가능하게 한다.

③ 인터로크 시방 ④항, 비상시방 ②항에 대비해서 클램프 완료 후의 자동싸이클을 행할 수 있는 기능도 갖게 한다.

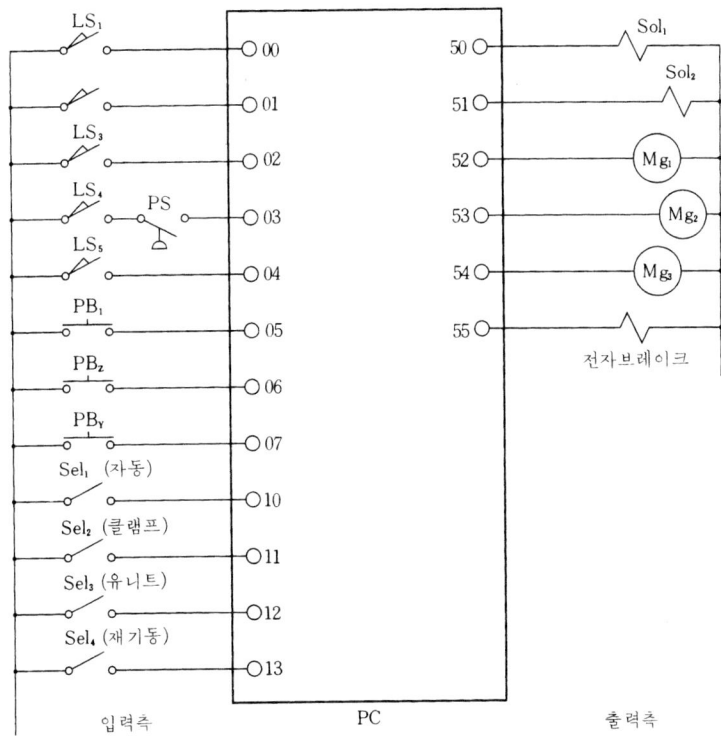

주 : 입출 No.는 8진법이 많으므로 8진 No.를 넣었다.

<그림 4-17> 입출력 어드레스

(8) 시퀀스 제어회로

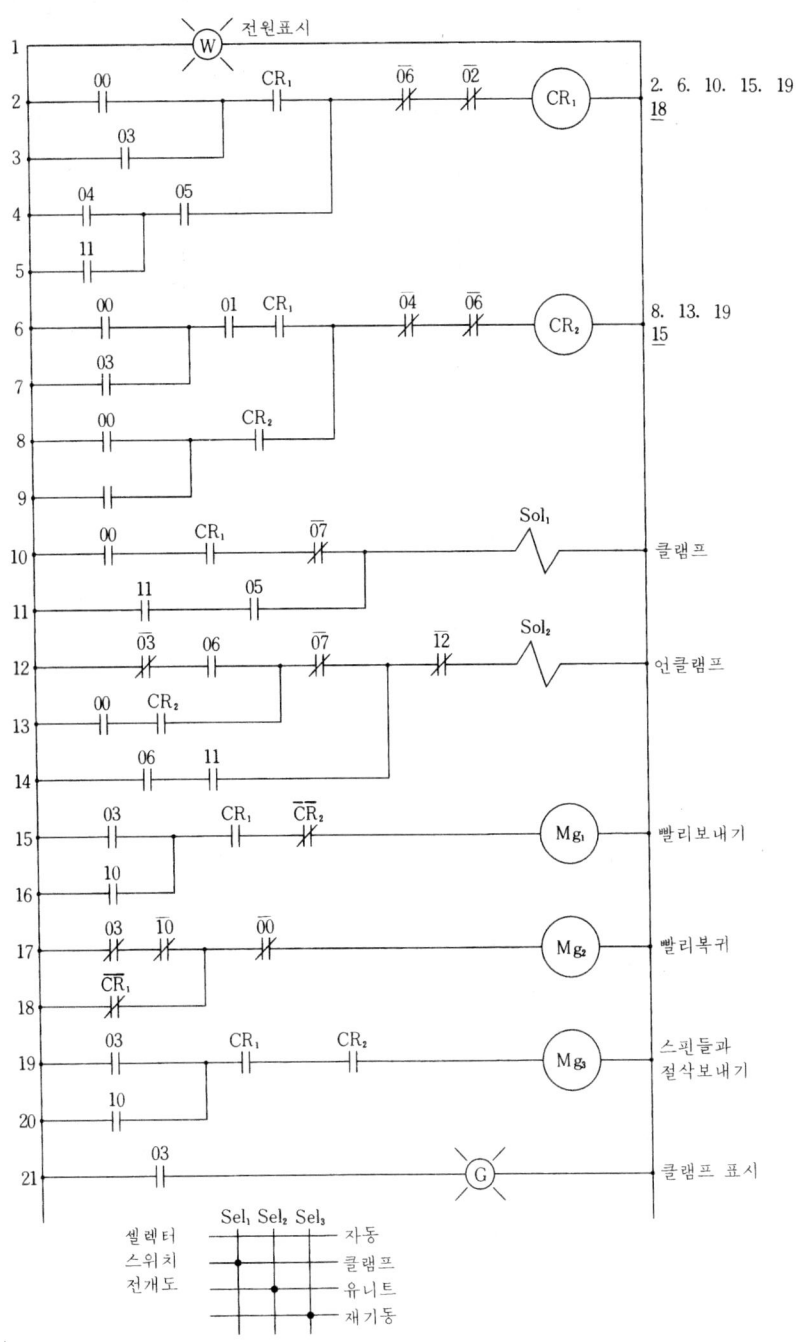

4-6. 분기하는 시퀀스 제어회로

지금까지 취급한 것은 시퀀스가 분기하지 않는 경우였으나 실제의 기계장치에서는 시퀀스 작동 도중의 조건에 따라서 다음 동작을 변경할 필요가 있는 경우가 있다.

예를 들면 반입된 제품을 검사하여 그 결과 합격, 불합격에 따라 반출하는 방향을 변경시키는 경우 등이다.

〈그림 4-18〉에 있어서 실린더 A에 의하여 제품을 검사 위치까지 반입하여 그 위치에서 센서 S에 의하여 예를 들면 치수의 대소(大小)등을 판정하여 그 결과 일정 치수 보다 큰 경우는 실린더 B에 의하여 큰 치수 제품쪽으로 반출시키며, 작은 경우에는 실린더 C에 의하여 작은 치수 제품쪽으로 반출시키는 경우를 생각해 본다면 이 경우의 시퀀스는 다음과 같이 기호로 표현할 수 있다.

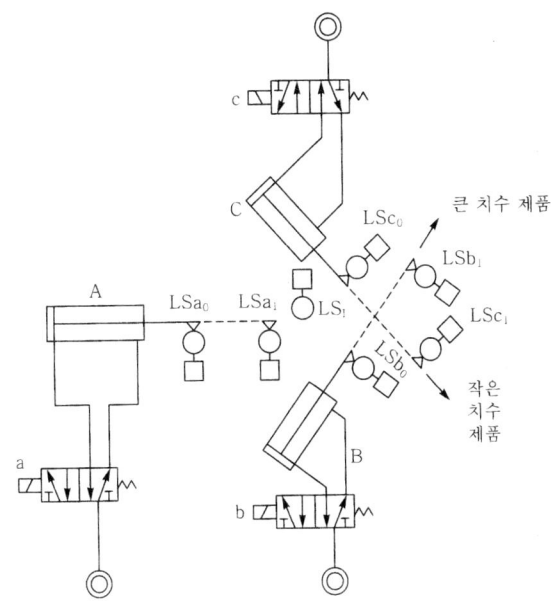

〈그림 4-18〉 제어기기의 위치관계와 부호

A + A -	I_0	B + B -
	I_1	C + C -
반 입	검 사	반 출

이것은 $A+A-I_0$ $B+B-$와 $A+A-I_1$ $C+C-$의 시퀀스를 합성한 것으로 생각할 수 있다.

큰 제품인 경우와 작은 제품의 경우의 프로우 챠트는 〈그림 4-19〉와 같으며 이 두 개를 합한 전체의 프로우 챠트는 〈그림 4-20〉과 같다.

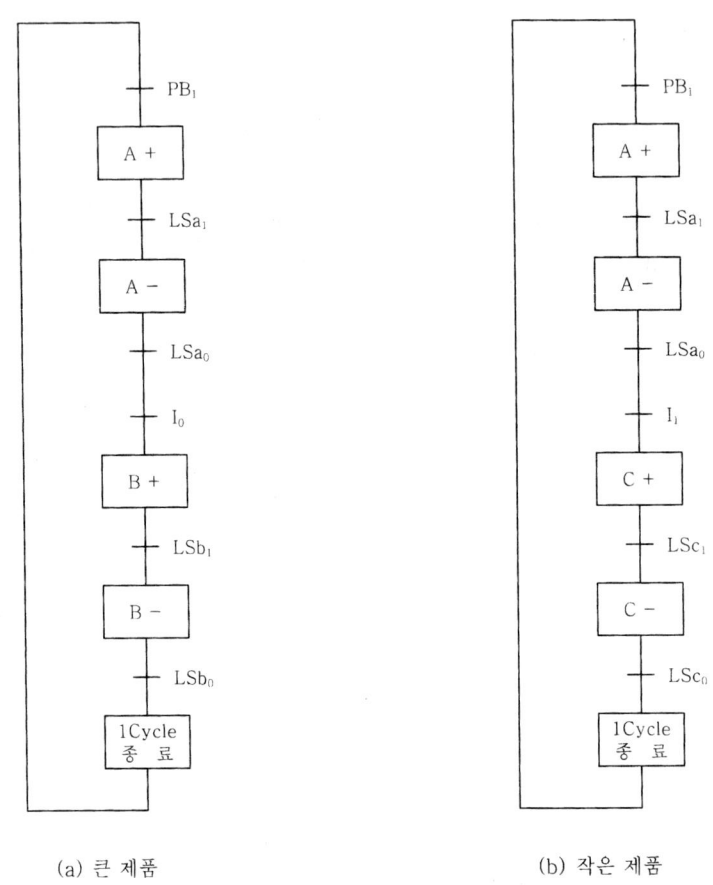

(a) 큰 제품　　　　　　　　　(b) 작은 제품

〈그림 4-19〉

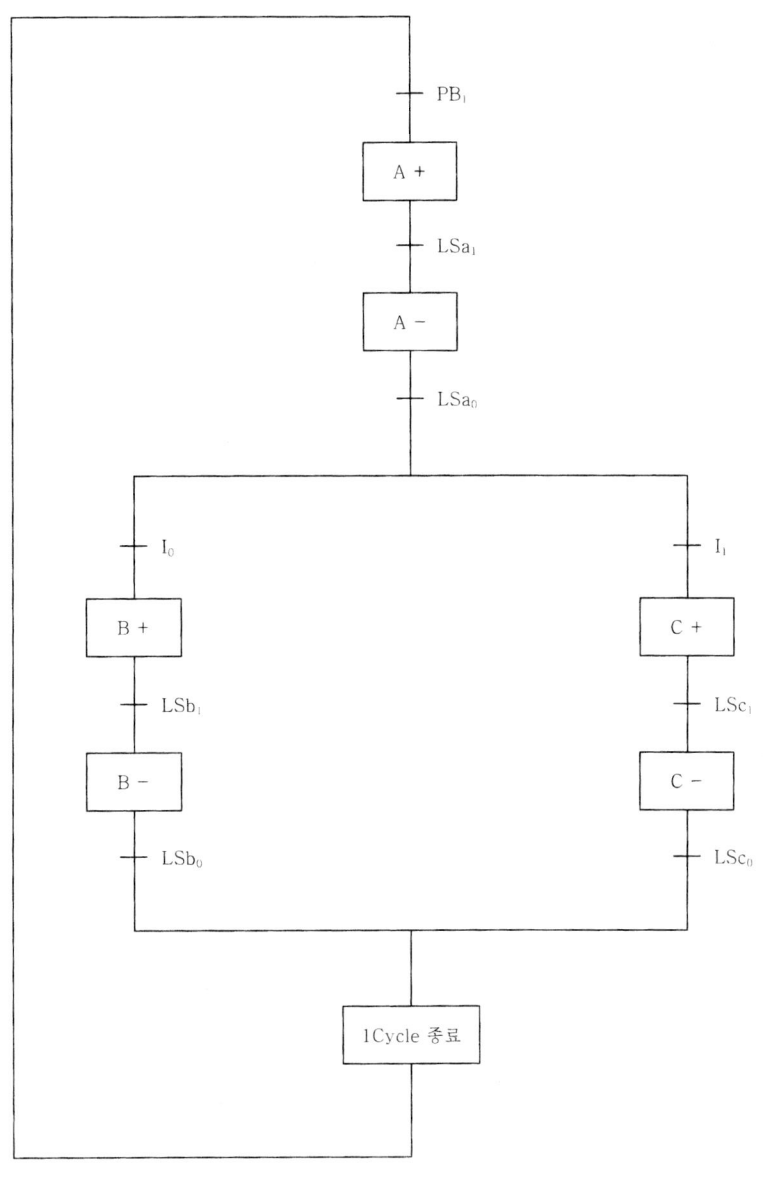

<그림 4-20>

<그림 4-19>에서 알 수 있듯이 두 개의 프로우 챠트는 I_0, I_1만 없다면 <그림 3-10>의 프로우 챠트와 동일하다. 이 때문에 <그림 3-10>의 회로를 약간 수정하면 <그림 4-21>과 같은 두 개의 회로를 설계할 수 있다.(설계 방법은 <그림 3-10>의 회로와 동일함)

그리고 두 개의 회로를 합성하면 <그림 4-22>와 같은 최종 회로가 된다.

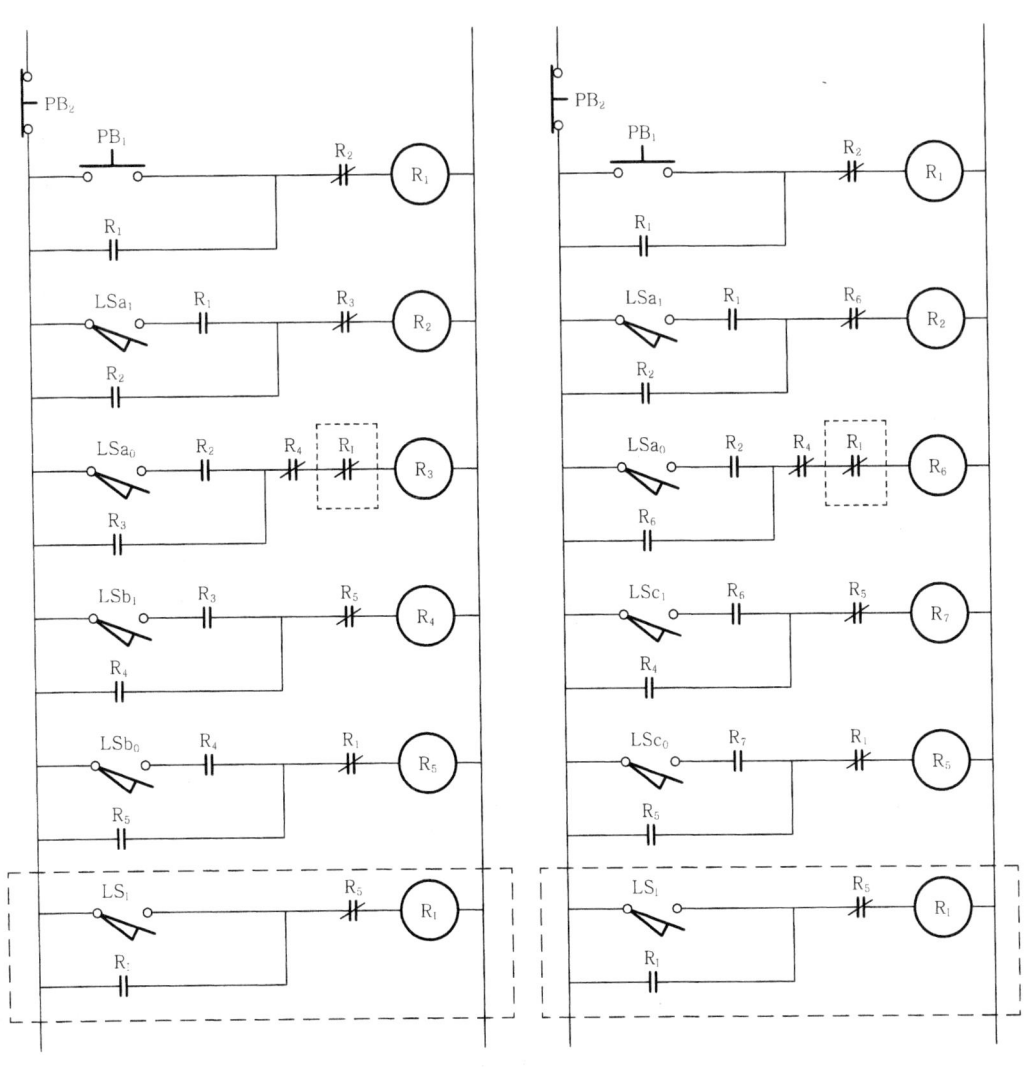

(a) A+A−I₁ B+B− 회로
(큰 제품인 경우)

(b) A+A−I₀ C+C− 회로
(작은 제품인 경우)

〈그림 4-21〉 제어회로(▢은 추가회로)

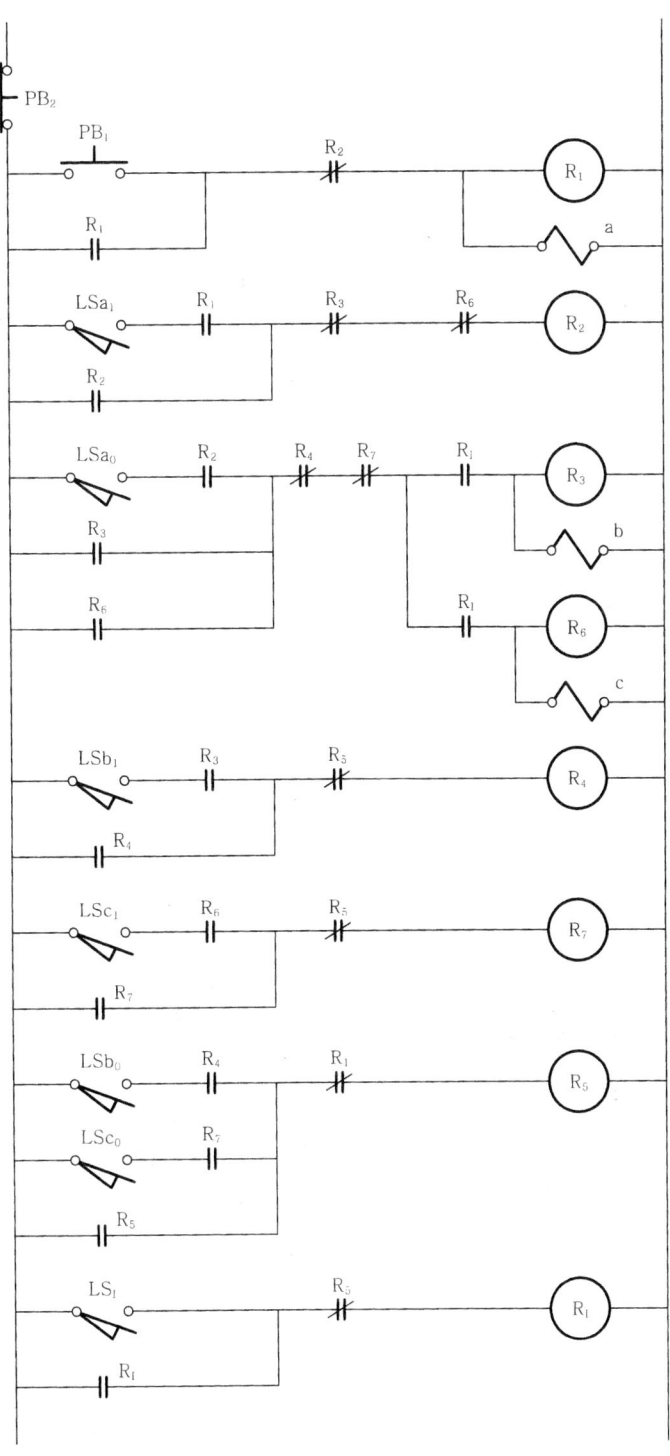

<그림 4-22> 합성된 회로

4-7. 실험 실습

1. 아래 램프 점등 회로를 연결하여 동작 상태를 확인하시오.

2. 아래 자기 유지 회로를 연결하여 동작 상태를 확인하시오.

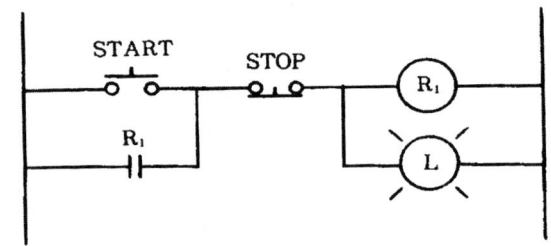

3. 아래 회로를 연결하여 동작 상태를 확인하시오.

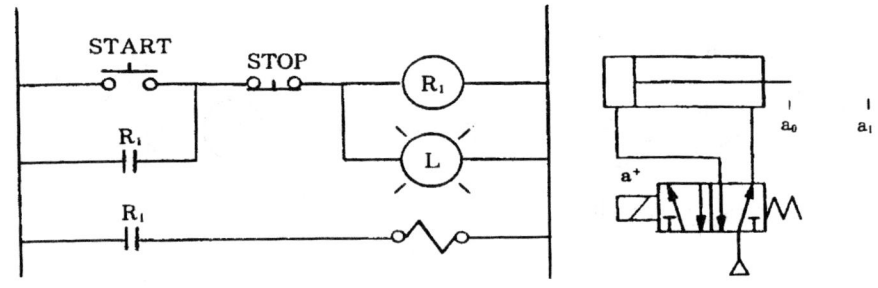

4. 위의 회로에서 어떻게 하면 START버튼을 누를 때 실린더가 한 번 전진 후 자동으로 후진하 겠는가? 회로를 수정하여 동작시키시오.

5. START버튼을 누를 때 실린더가 자동으로 전진 후진을 반복하는 회로 실험-회로를 구성 하고 동작을 확인하시오.

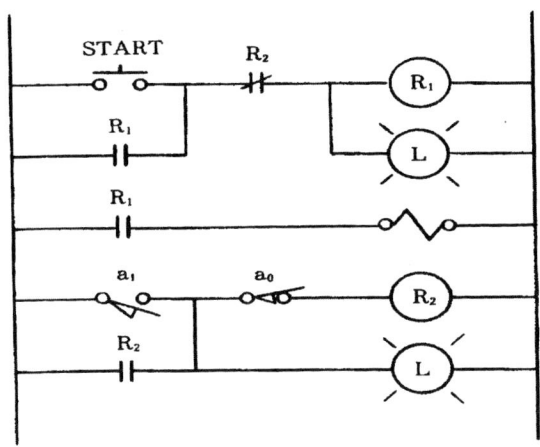

6. 제어기기의 연결 및 구성도가 아래와 같을 때 동작선도를 참조하여 시퀀스 제어회로를 설계
하여 회로를 연결하시오.

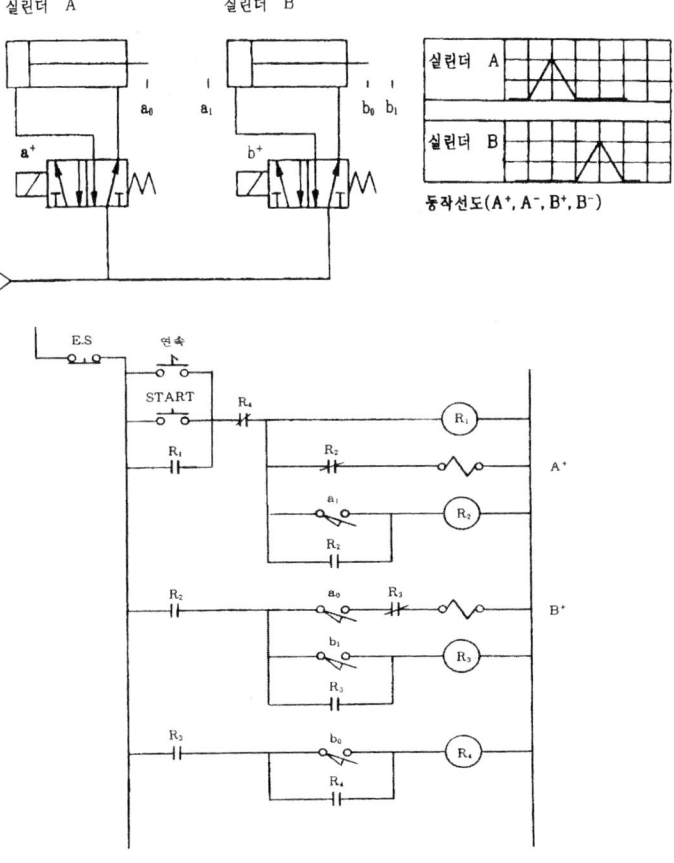

7. 복동 솔레노이드 밸브를 사용하여 START버튼을 누를 때 실린더가 자동으로 전진 후진을 반
   복하는 회로 실험

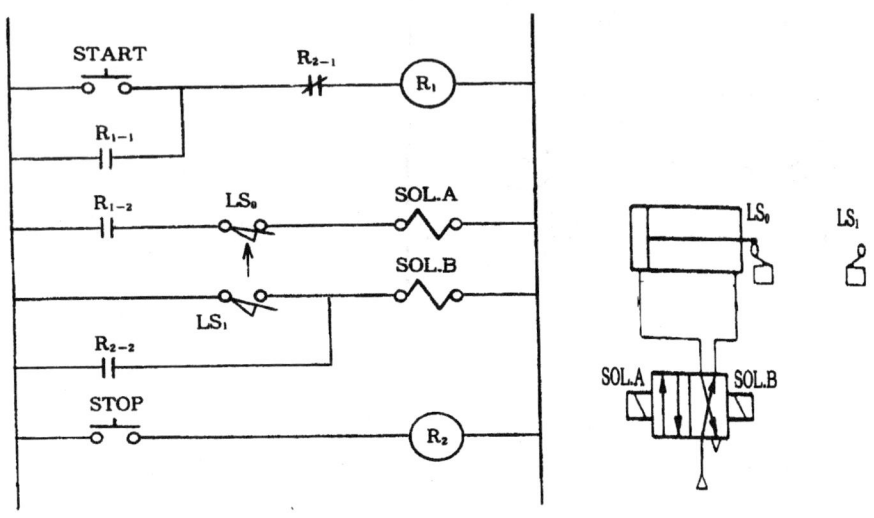

8. 제어기기의 연결 및 구성도가 아래와 같을 때 동작선도를 참조하여 시퀀스 제어회로를 설계
   하여 회로를 연결하시오.

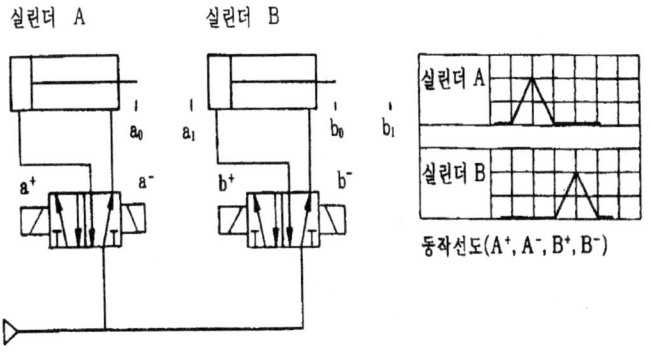

제 5 장 무접점 시퀀스의 기본지식

5-1. 부울대수(Boolean algebra)

부울대수에는 0(Low)과 1(High) 두 값밖에 없으며, 아래와 같이 '+, ·'로 정의된 2진연산을 부울대수(Two-valued boolean algebra)라 한다.

부울대수의 기본논리 공식은 <표 5-1> 논리공식과 같다.

X	Y	X·Y	X+Y
0	0	0	0
0	1	0	1
1	0	0	1
1	1	1	1

<표 5-1> 논리공식

5-2. 쌍대성 원리 (Duality principle)

논리대수 공식에서 좌·우변에 AND, OR를 교체하고 1을 0으로, 0을 1로 교체하여도 성립한다. 즉, <표 5-1>에서 a와 b, c와 d, e와 f, g와 h, i와 j, l과 m 그리고 n과 o 가 쌍대 (Duality) 관계에 있다고 말한다.

5-3. 드모르간의 정리(De-Morgan's Law)

논리학에 대한 드모르간의 중요한 공헌 중에는 다음 두 가지 정리(定理)가 있다.

① $\overline{(A_1 + A_2 \cdots + An)} = \overline{A_1} \cdot \overline{A_2} \cdots \overline{A_n}$
② $\overline{(A_1 \cdot A_2 \cdots + An)} = \overline{A_1} + \overline{A_2} + \cdots \overline{A_n}$

위 두 식을 발견한 사람의 이름을 따서 드모르간(De Morgan)의 정리라 한다.

	논리식	식변	좌변
a	$A \cdot A = A$		
b	$A + A = A$		
c	$A \cdot \overline{A} = 0$		
d	$A + \overline{A} = 1$		
e	$A \cdot 1 = A$		
f	$A + 0 = A$		
g	$A \cdot 0 = 0$		
h	$A + 1 = 1$		
i	$A \cdot B = B \cdot A$		
j	$A + B = B + A$		
k	$A \cdot (B + C) = AB + AC$		
l	$A + A \cdot B = A$		
m	$A(B + C)$ $= AB + BC$		
n	$A \cdot \overline{B} + B = A + B$		
o	$(A + \overline{B})B = A \cdot B$		
p	$(A + B) \cdot (B + C) \cdot (C + \overline{A})$ $= (A + B) \cdot (C + \overline{A})$		
q	$(A + B) \cdot (\overline{A} + C)$ $= A \cdot C + \overline{A} \cdot B$		

<표 5-1> 논리 공식

5-4. 샤논(Shanon)의 법칙

쌍대성 원리와 드모르간의 정리을 합한 것이 샤논의 법칙으로 다음과 같다. '어떤 논리함수에 있어서 전체의 변수를 그 부정으로 바꾸고, 또한 AND, OR를 전부 교환하면 이것은 원래

논리함수의 부정과 같게 된다.'

예를 들어 A(B+C)에 대하여 샤논의 법칙을 사용하면

$$\overline{A} + \overline{B} \cdot \overline{C} \ = \ \overline{A(B+C)}$$이 된다.

5-5. 2진수(binary number)

우리가 일상 쓰고 있는 숫자는 0에서 9까지의 10가지의 숫자인데, 이들을 조합하면 모든 숫자를 구성할 수 있다. 이와 같이 10단위로 하여 세는 숫자를 10진수(decimal)라고 부른다. 그러나, 수를 나타내는데 있어서 반드시 10진수를 써야 한다는 법은 없다. 오히려 자연계에는 2원 상태를 취하는 것이 많다. 예를 들면 남과 여, 선과 악, 자석의 N극과 S극, 릴레이의 개폐(ON, OFF), 트랜지스터의 도통과 불통, 전압의 고저(High, Low) 등 상반되는 현상으로 2개의 안정된 상태를 취하는 것이 많다.이와 같이 2개의 상태를 다루는 것이 2진수(binary number)이다.

전자회로의 소자를 사용하여 수치를 나타내는 경우, 소자에 전류가 흐르고 있는지의 여부 또는 소자가 동작하고 있는지의 여부, 다시 말해서 ON이나 OFF로 나타내는 것이 가장 다루기 쉽다. 여기서 소자는 ON이나 OFF의 두 상태를 취할 수 있으므로 '1'과 '0'에 대응시키면 두 가지의 정보를 나타낼 수 있다. 이 때 이 소자는 1비트(bit)의 정보를 나타낼 수 있다고 한다.

다음에 10진수와 2진수의 대응관계를 생각해 보자. 10진수에서 '357'라는 숫자는

$$357 = 3 \times 10^2 + 5 \times 10^1 + 7 \times 10^0$$

으로 나타낼 수 있는 것과 마찬가지로 2진수에서 '110101'은

$$110101 = 1 \times 2^5 + 1 \times 2^4 + 0 \times 2^3 + 1 \times 2^2 + 0 \times 2^1 + 1 \times 2^0 \ = 53$$

이 된다. 즉, 10진수의 10^0, 10^1, $10^2 \cdots$에 대응하여 2진수에서는 2^0, $2^1 \cdots$가 각 자리의 단위가 된다. 이와 같이 2를 기수로 사용하는 2진수는 1자리(1비트)로 2개의 정보밖에 얻을 수 없지만, 전자회로의 ON-OFF에 대응시킬 수 있고 정보를 처리하기 쉽기 때문에 디지털 IC에서는 오로지 2진수가 사용되고 있다.

10진수를 2진수로 나타내는 방법에는 순 2진수나 10진수의 1자리(digit)를 2진수 4비트로 사용하는 방법이 있다. 이 중에서 2진화 10진수(Binary Coded Decimal system : BCD system)가 많이 사용된다.

이 BCD법은 우리가 일상 쓰고 있는 10진수와 대응시키기 쉬우므로 카운터 등의 소규모 제어 장치에 많이 사용된다. 또한 순 2진 4자리를 사용하면 16종류의 정보를 표현할 수 있는데 BCD에서는 이 중 10개를 사용하여 10진수를 표현한다. 그리고 9를 넘을 때는 10의 자리에 자리 올림을 하여 나타낸다. 예를 들어 10진수 539를 BCD 코드로 표시하면 다음과 같이 된다.

$$\begin{array}{ccc} 5 & 3 & 9 \\ 539 = 0101 & 0011 & 1001 \end{array}$$

한편, 순 2진은 각 자리(비트)가 2^3, 2^2, 2^1, 2^0 즉 8, 4, 2, 1의 무게를 가지고 있으므로 8421 코드라고도 한다.

또한 10진수를 2진수로 변환하는 방법은 다음과 같다.

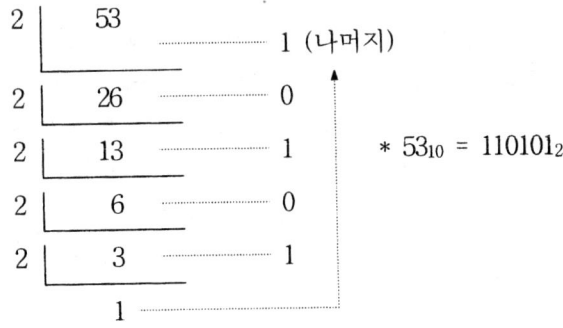

$$* 53_{10} = 110101_2$$

제 6 장 무접점 시퀀스 제어회로

6-1. 논리기호 비교

(1) 무접점 시퀀스에 있어서는 그 회로를 표시하는 데 논리기호가 이용되고 있으나 현재 논리기호에 관해서는 각종의 것이 사용되고 있다. 그래서 비교적 널리 이용되고 있는 논리기호의 표현방식을 논리 기능별로 정리 대비시켜 나타내면 <그림 6-1>과 같다.

	기 능	관례적으로 이용되고 있는 기호	JIS C 0401의 논리기호 (현재 JIS에는 이 표기가 없음)	㈜ MIL 규격의 논리기호
1	AND 논리적	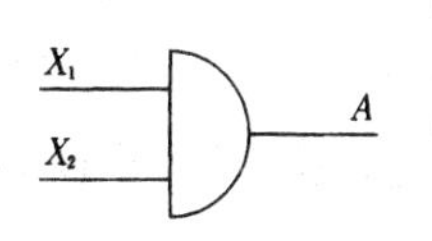 X_1, X_2 → A	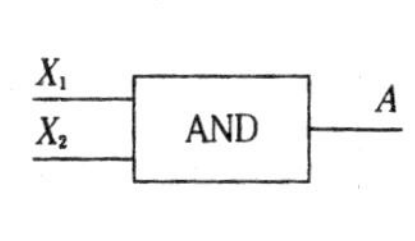 X_1, X_2 → AND → A	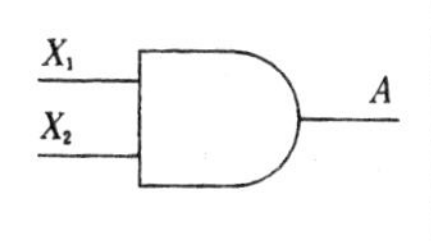 X_1, X_2 → A
2	OR 논리합	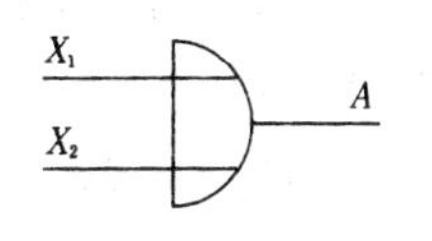 X_1, X_2 → A	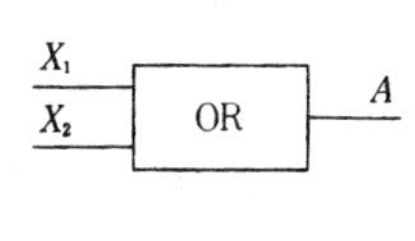 X_1, X_2 → OR → A	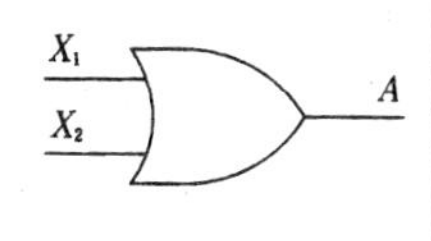 X_1, X_2 → A
3	NOT 논리부정	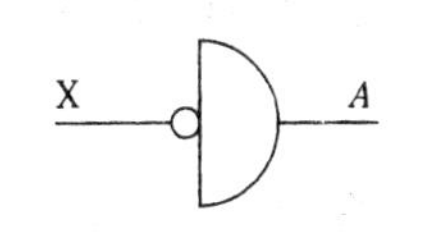 X → A	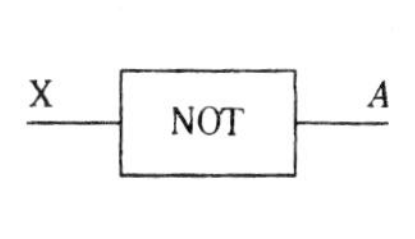 X → NOT → A	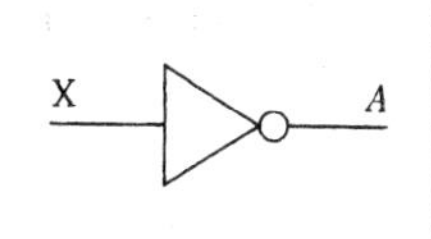 X → A
4	NAND 논리적 부정	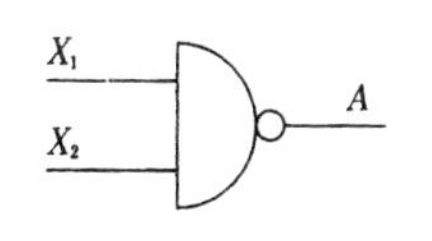 X_1, X_2 → A	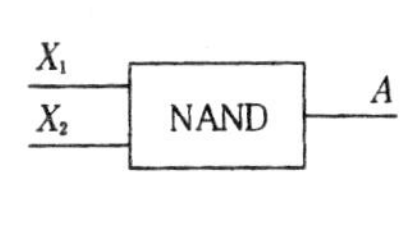 X_1, X_2 → NAND → A	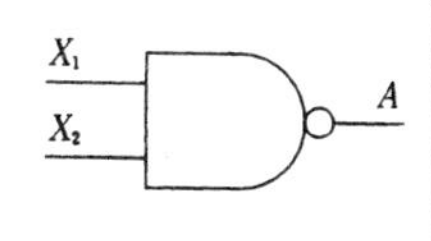 X_1, X_2 → A
5	NOR 논리합 부정	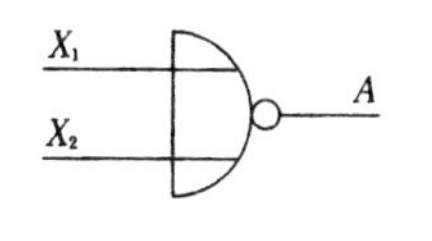 X_1, X_2 → A	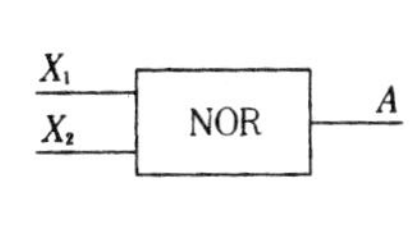 X_1, X_2 → NOR → A	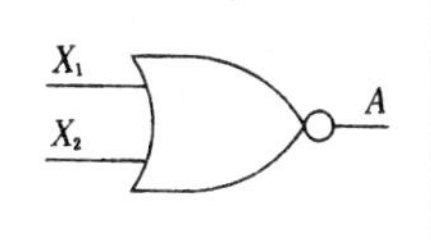 X_1, X_2 → A
6	지 연	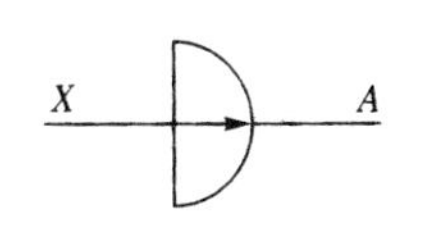 X → A	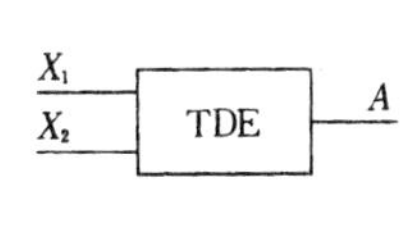 X_1, X_2 → TDE → A	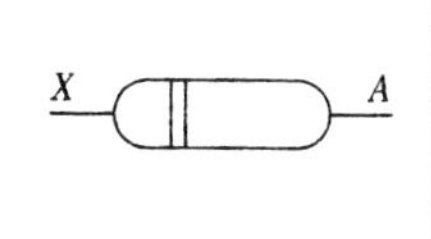 X → A

▶ MIL 규격이란 미국 규격으로서, Mlitary standard specification을 말한다.

<그림 6-1> 논리기호 비교

(2) 논리회로 읽는 법

논리회로의 읽는 법으로서는 AND 회로, OR 회로, NOT 회로 등의 논리기호 내용을 블랙박스로 보고, 단지 출력 관계를 논리적으로 '1'인가 '0'인가 추적해가면 된다.

(3) 논리회로(Logic Circuit)

앞장에서 설명한 바와 같이 논리회로에서는 2진수 즉 '0'과 '1'의 두 부호의 조합에 의해 필요한 정보를 나타내는데, 이 0과 1을 사용하여 입력정보를 처리하는 회로를 논리회로(logic circuit)라고 한다. 지금까지 2진수의 두 상태를 '1'과 '0'으로 표현했는데, 이것을 긍정과 부정으로도 나타낼 수 있다. 즉, A와 $\overline{A}$ 또는 X와 $\overline{X}$라 하는 기호로 나타낼 수 있다.

이 2개의 상태를 실제의 전자회로로 바꿔 놓으면 어떤 점의 전압이 '높다', '낮다'에 대응한다. 전압의 고저와 '1', '0'의 대응은 어떻게 정해도 된다. 예를 들어 전압이 높은 상태를 논리의 '1'로 하고 낮은 상태를 논리의 '0'으로 해도 되고, 또 그 반대의 대응으로 해도 되는데, 일반적으로 높은 전위를 '1', 낮은 전위를 '0'으로 하는 논리를 정논리(positive logic)라고 하며, 반대로 높은 전위를 '0'으로 하고 낮은 전위를 '1'로 하는 논리를 부논리(negative logic)라 한다.

<그림 6-2>는 정논리와 부논리를 트랜지스터의 컬렉터 전압의 상태로 나타낸 것이다. 디지털 IC에서는 정논리와 부논리의 어느 것을 사용해도 되는데, 예를 들어 높은 전위를 'H', 낮은 전위를 'L'로 하여 H→'1', L→'0'으로 대응시키면 정논리, H→'0', L→'1'로 대응시키면 부논리가 된다.

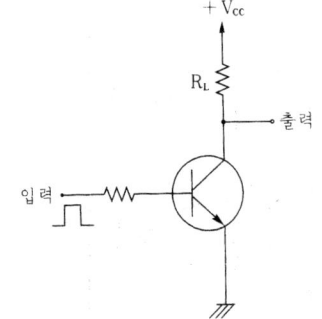

출 력　　전 압	정논리	부논리
+ VCC　　　　　→	'1'	'0'
GND　　　　　→	'0'	'1'

<그림 6-2> 정논리와 부논리

회로를 구성할 때 필요한 논리에는 기본적으로 논리곱, 논리합, 부정의 세 가지가 있다. 이 세 가지의 기본 논리에 의해 모든 논리회로가 구성된다. 그러면 지금부터 이들의 기본적인 논리회로에 대해 하나하나 설명하고자 한다.

6-2 논리곱(AND) 회로

AND 회로는 AND게이트라고도 불리며, 모든 입력이 '1'일 때에만 출력이 '1'로 되는 회로로서 2입력일 때는 <그림 6-3> (a), (b)와 같이 시퀀스 회로를 나타낼 수 있다. 즉, 스위치 S_1, S_2가 모두가 닫혔을 때(논리 '1')에만 출력신호(Y)가 ON이 된다.

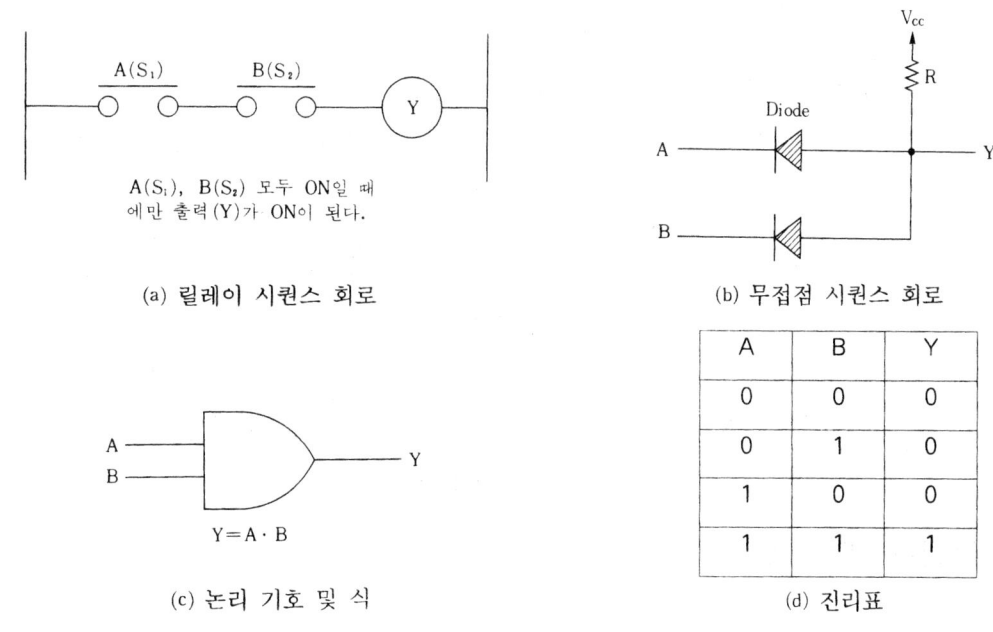

(a) 릴레이 시퀀스 회로

(b) 무접점 시퀀스 회로

(c) 논리 기호 및 식

(d) 진리표

<그림 6-3> AND 회로

그림 6-3 (c), (d)에는 AND 회로의 논리기호와 진리표(truth table)를 나타냈다. 진리표는 입력 AB의 상태에 의해 출력 Y가 어떻게 되는가를 나타낸 표로서 논리회로에 있어서는 중요한 표가 된다.

6-3 논리합(OR) 회로

OR 회로는 OR 게이트라고도 불리며, 몇 개의 입력 중 하나 이상이 '1'일 때 출력이 '1'로 되는 회로로서 전술한 바와 같은 기계적인 스위치에 비유하면 그림 6-4 (a),(b)와 같은 시퀀스 회로 나타낼 수 있다. 즉, 입력 A(S_1), B(S_2)의 어느 한쪽이 닫히면 '1' 출력에 신호 '1'이 나타나게 된다.

OR 회로의 논리기호 및 진리표를 그림 6-4 (c), (d)에 나타냈다. 진리표에서 알 수 있는 바와 같이 A, B의 어느 한쪽이나 양쪽이 모두 ON일 때 출력 Y는 ON이 된다.

A(S_1), B(S_2)의 어느 하나가 ON일 때 출력(Y)이 ON이 된다.

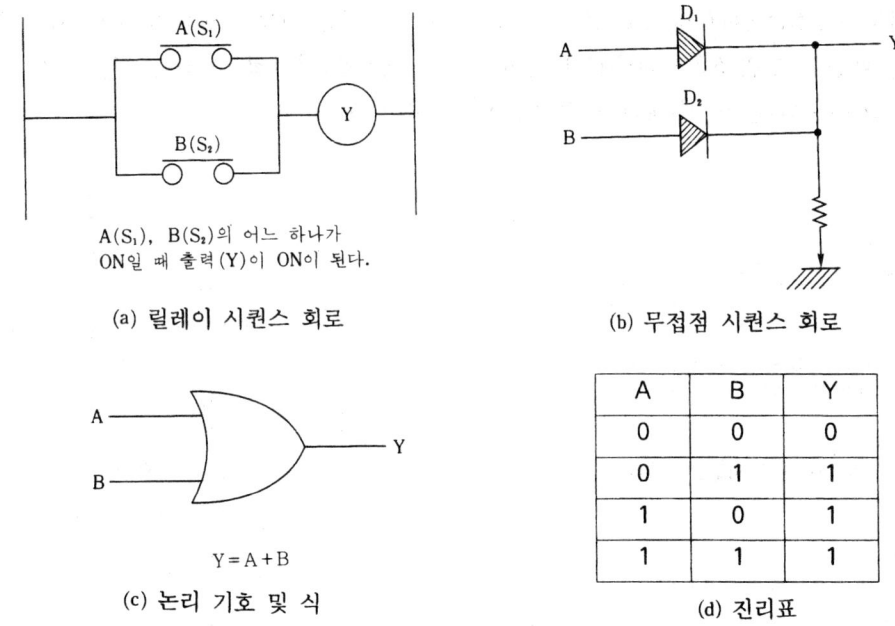

(a) 릴레이 시퀀스 회로

A(S₁), B(S₂)의 어느 하나가
ON일 때 출력(Y)이 ON이 된다.

(b) 무접점 시퀀스 회로

$$Y = A + B$$

(c) 논리 기호 및 식

A	B	Y
0	0	0
0	1	1
1	0	1
1	1	1

(d) 진리표

<그림 6-4> OR 회로

6-4 부정(NOT) 회로

NOT 회로는 입력이 '0'일 때 출력이 '1'로 되고 입력이 '1'일 때 출력이 '0'으로 되는 회로로서 입력신호에 대해 반대(NOT)의 출력이 얻어진다. 그림 6-5에 NOT 회로의 시퀀스 회로와 진리표 등을 나타냈는데, 일반적으로 반전한다는 의미에서 인버터(inverter)라고 불리는 경우도 많다. 또 기호로는 'A가 아니다'라는 것을 $\overline{A}$(에이 바라고 읽는다.)로 나타내며, 인버터의 입력에 A를 넣으면 출력은 $\overline{A}$가 된다.

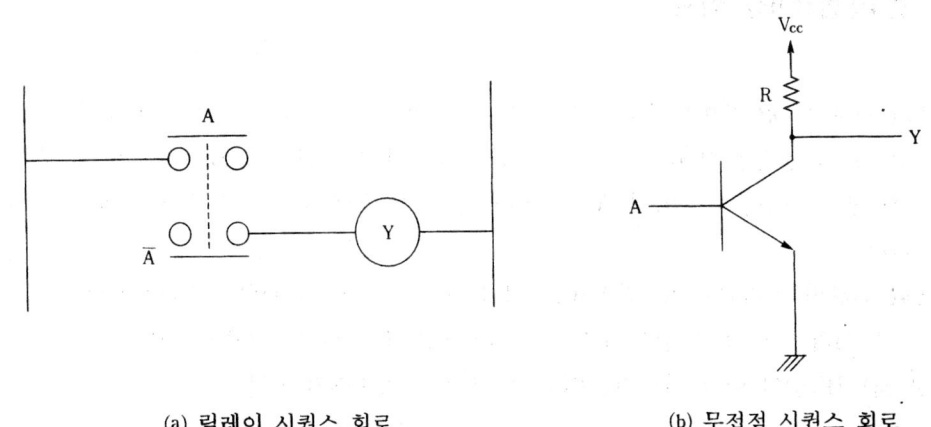

(a) 릴레이 시퀀스 회로

(b) 무접점 시퀀스 회로

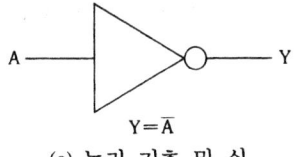

(c) 논리 기호 및 식

A	B
0	1
1	0

(d) 진리표

<그림 6-5> NOT 회로

6-5 NAND 회로

NAND 회로는 AND 회로에 NOT 회로를 접속한 AND-NOT 회로로서, 릴레이, 무접점 시
퀀스 그리고 논리기호와 진리표를 <그림 6-6>에 나타냈다.

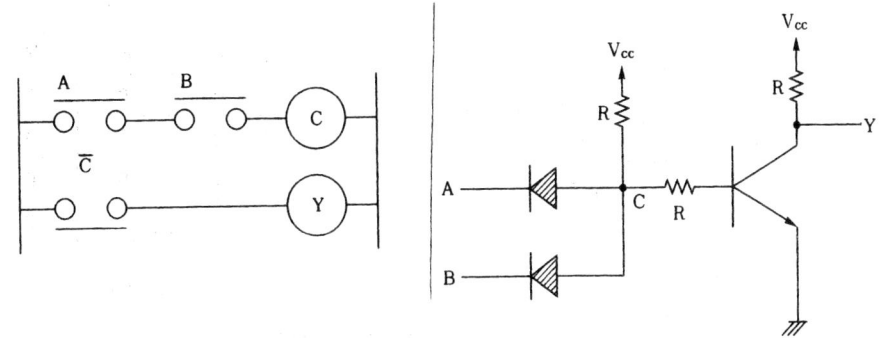

(a) 릴레이 시퀀스 회로   (b) 무접점 시퀀스 회로

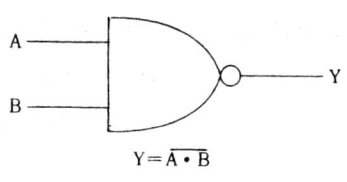

(c) 논리 기호 및 식

A	B	Y
0	0	1
0	1	1
1	0	1
1	1	0

(d) 진리표

<그림 6-6> NAND 회로

6-6 NOR 회로

NOR 회로는 OR 회로에 NOT 회로를 접속한 OR-NOT 회로로서, 릴레이,무접점 시퀀스 그리고 논리기호와 진리표를 **그림** 6-7에 나타냈다.

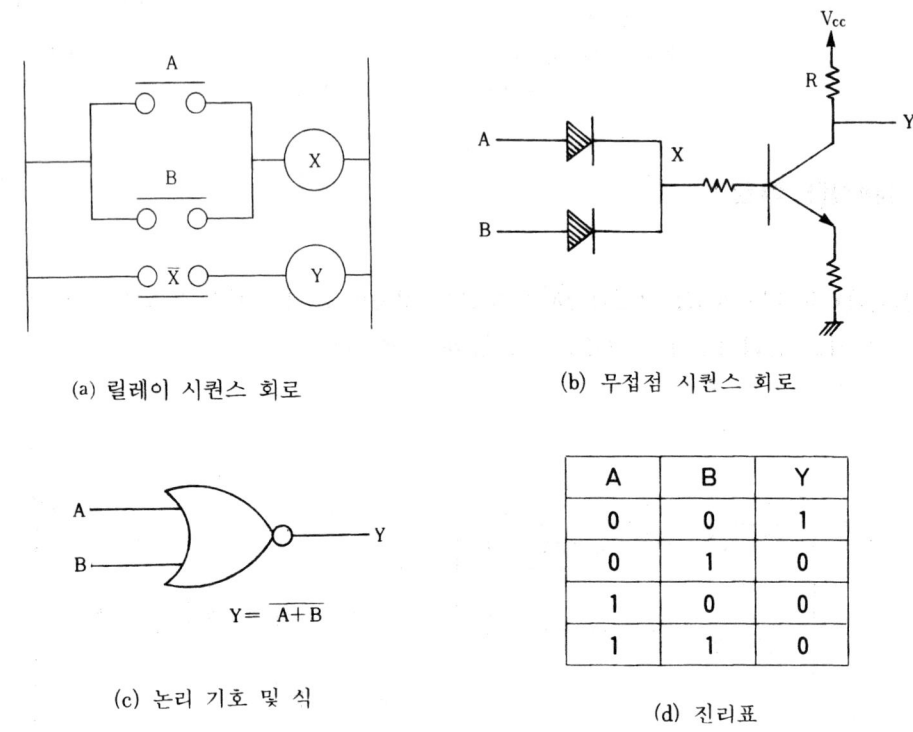

(a) 릴레이 시퀀스 회로

(b) 무접점 시퀀스 회로

(c) 논리 기호 및 식

A	B	Y
0	0	1
0	1	0
1	0	0
1	1	0

(d) 진리표

<그림 6-7> NOR 회로

6-7 금지회로(Inhibit Circuit)

금지회로란 AND의 한쪽 입력에 금지 입력으로 NOT 회로를 조합시켜 이 금지 입력에 '1'이 입력되는 동안은 절대로 AND 회로의 출력이 '1'이 되지 않는 회로를 말한다. 즉, 금지입력에 의해 다른 입력을 금지시키는 회로로 시퀀스 회로 그리고 논리기호와 진리표를 <**그림** 6-8>에 나타냈다.

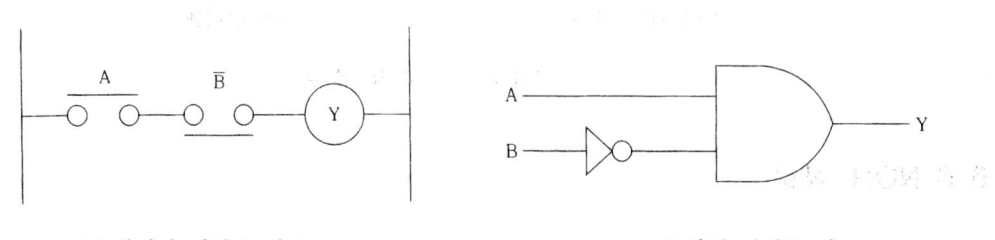

(a) 릴레이 시퀀스 회로

(b) 무접점 시퀀스 회로

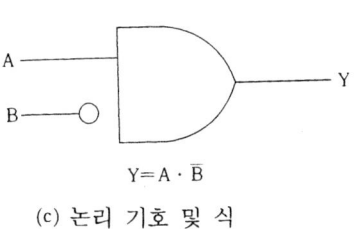

$$Y = A \cdot \overline{B}$$

(c) 논리 기호 및 식

A	B	Y
0	0	0
0	1	0
1	0	1
1	1	0

(d) 진리표

<그림 6-8> 금지 회로

6-8 배타적 OR 회로(Exclusive OR)

두 개의 입력이 서로 다른 경우에만 출력이 존재하는 회로로 시퀀스 회로 그리고 논리기호
와 진리표를 <그림 6-9>에 나타냈다.

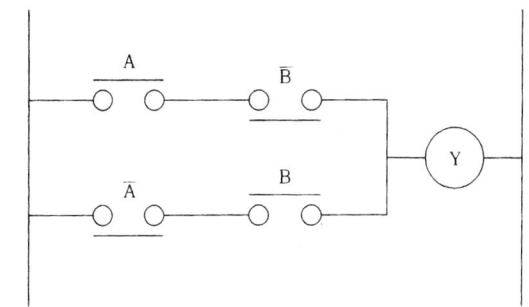

(a) 릴레이 시퀀스 회로

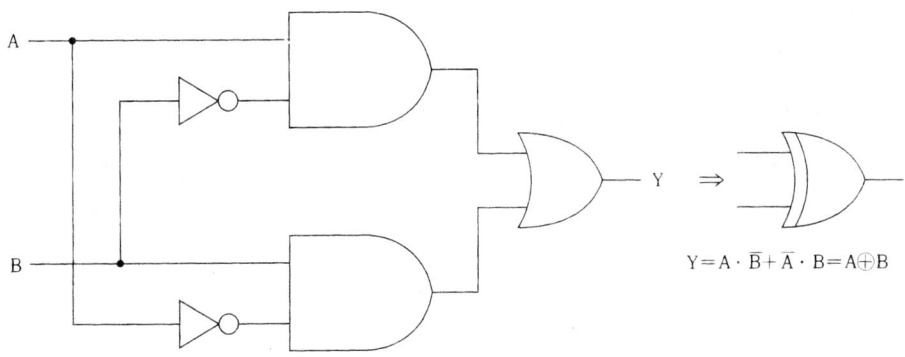

$$Y = A \cdot \overline{B} + \overline{A} \cdot B = A \oplus B$$

(b) 무접점 시퀀스 회로

A	B	Y
0	0	0
0	1	1
1	0	1
1	1	0

(c) 진리표

<그림 6-9> 배타적 OR 회로

6-9 일치회로 (Exclusive NOR)

두 개의 입력이 동일할 때에만 출력이 발생하는 회로로 배타적 OR 회로의 역으로 시퀀스 회로 및 진리표를 <그림 6-10>에 나타냈다.

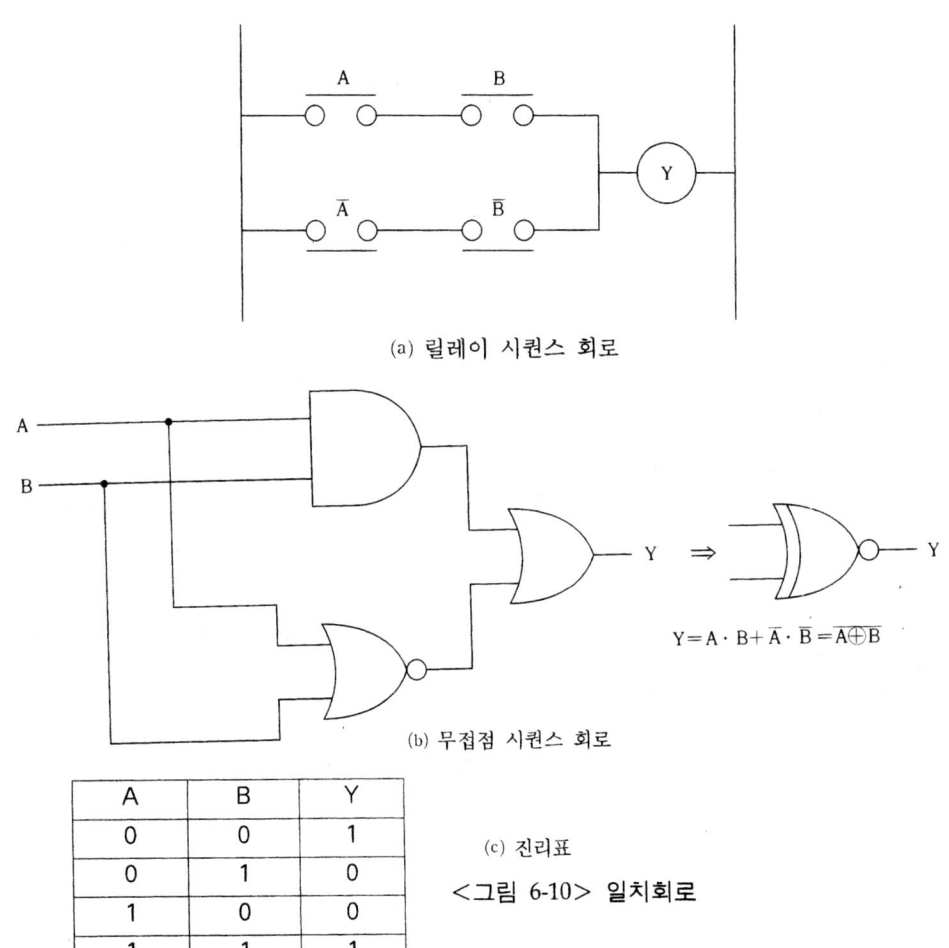

(a) 릴레이 시퀀스 회로

$$Y = A \cdot B + \overline{A} \cdot \overline{B} = \overline{A \oplus B}$$

(b) 무접점 시퀀스 회로

A	B	Y
0	0	1
0	1	0
1	0	0
1	1	1

(c) 진리표

<그림 6-10> 일치회로

소자명		7408	7432	7400	7402	7404	7417 *
전기신호레벨	진리치표	A B | Y L L | L L H | L H L | L H H | H	A B | Y L L | L L H | H H L | H H H | H	A B | Y L L | H L H | H H L | H H H | L	A B | Y L L | H L H | L H L | L H H | L	A | Y L | H H | L	A | Y L | L H | H
정논리	진리치표	A B | Y 0 0 | 0 0 1 | 0 1 0 | 0 1 1 | 1	A B | Y 0 0 | 0 0 1 | 1 1 0 | 1 1 1 | 1	A B | Y 0 0 | 1 0 1 | 1 1 0 | 1 1 1 | 0	A B | Y 0 0 | 1 0 1 | 0 1 0 | 0 1 1 | 0	A | Y 0 | 1 1 | 0	A | Y 0 | 0 1 | 1
	논리식	$Y = A \cdot B$ (POSITIVE AND)	$Y = A + B$ (POSITIVE OR)	$Y = \overline{A \cdot B}$ (POSITIVE NAND)	$Y = \overline{A + B}$ (POSITIVE NOR)	$Y = \overline{A}$ (NOT)	$Y = A$ (BUFFER)
	논리기호	AND 게이트 기호	OR 게이트 기호	NAND 게이트 기호	NOR 게이트 기호	NOT 게이트 기호	BUFFER 게이트 기호
부논리	진리치표	$\overline{A}$ $\overline{B}$ | $\overline{Y}$ 1 1 | 1 1 0 | 1 0 1 | 1 0 0 | 0	$\overline{A}$ $\overline{B}$ | $\overline{Y}$ 1 1 | 1 1 0 | 0 0 1 | 0 0 0 | 0	$\overline{A}$ $\overline{B}$ | $\overline{Y}$ 1 1 | 0 1 0 | 0 0 1 | 0 0 0 | 1	$\overline{A}$ $\overline{B}$ | $\overline{Y}$ 1 1 | 0 1 0 | 1 0 1 | 1 0 0 | 1	$\overline{A}$ | $\overline{Y}$ 1 | 0 0 | 1	$\overline{A}$ | $\overline{Y}$ 1 | 1 0 | 0
	논리식	$\overline{Y} = \overline{A} + \overline{B}$ (NEGATIVE OR)	$\overline{Y} = \overline{A} \cdot \overline{B}$ (NEGATIVE AND)	$\overline{Y} = \overline{A} \cdot \overline{B}$ (NEGATIVE NOR)	$\overline{Y} = \overline{A} + \overline{B}$ (NEGATIVE NAND)	$\overline{Y} = \overline{\overline{A}}$ (NOT)	$\overline{Y} = \overline{A}$ (BUFFER)
	논리기호	부논리 게이트 기호	부논리 게이트 기호	$(Y = \overline{A} + \overline{B})$ 부논리 게이트 기호	$(Y = \overline{A} \cdot \overline{B})$ 부논리 게이트 기호	$(Y = \overline{A})$ 부논리 게이트 기호	부논리 게이트 기호

* open collectior 출력

<표 6-1> 正論理, 負論理 GATE 等價回路

6-10 자기유지 회로 (Self-Holding Circuit)

① 자기유지 회로란 세트 신호에 의하여 얻어진 출력 자신으로서, 동작회로를 만든 다음, 세트 신호를 제거하더라도 동작을 계속하고 리셋 신호를 주는 것에 의하여 복귀하는 회로로 시퀀스 회로 그리고 진리표와 타임차트를 <그림 6-11>에 나타냈다.

② 자기유지 회로에서의 세트 신호와 리셋 신호를 동시에 입력한 경우, 세트 신호가 우선하여 출력신호를 내는 회로를 세트 우선의 자기유지 회로라 하고, 또 리셋 신호가 우선하여 출력을 내지 않는 회로를 리셋 우선의 자기유지 회로라 한다.

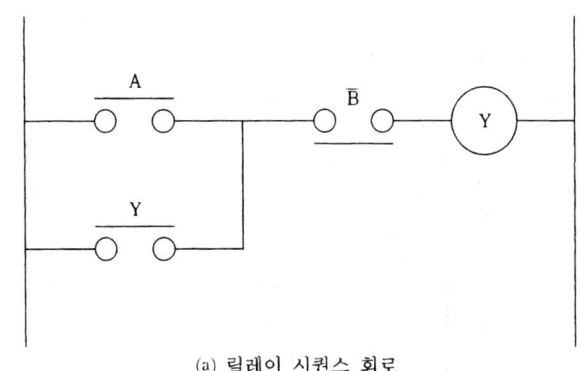

(a) 릴레이 시퀀스 회로

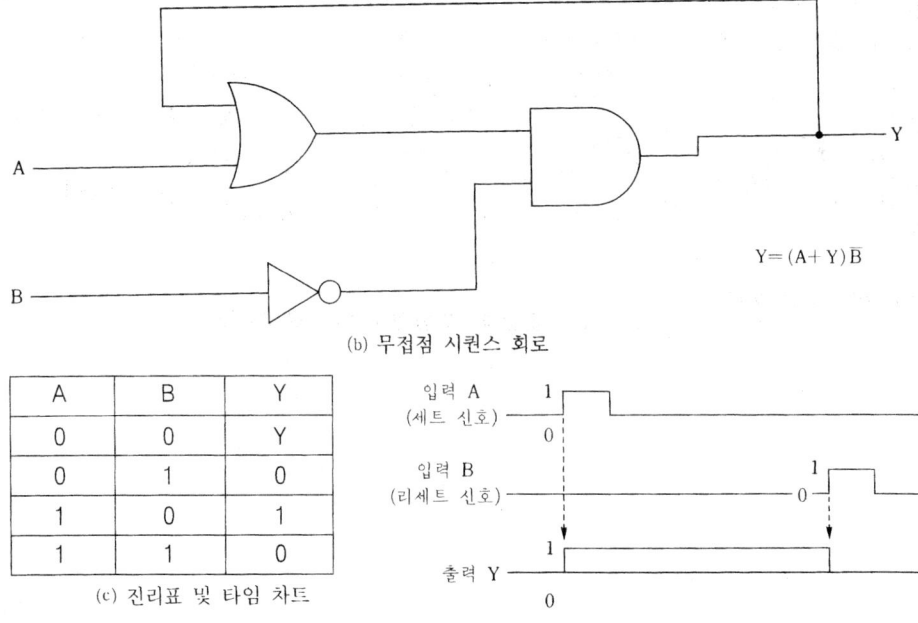

$$Y = (A + Y)\bar{B}$$

(b) 무접점 시퀀스 회로

A	B	Y
0	0	Y
0	1	0
1	0	1
1	1	0

(c) 진리표 및 타임 차트

<그림 6-11> 자기 유지회로

6-11 인터로크(Interlock) 회로

인터로크(Interlock) 회로란 2개의 입력 가운데 앞서 동작한 쪽이 우선하여, 다른 쪽의 동작을 금지하는 회로를 말하며 선행동작 우선회로, 상대동작 금지회로라고도 하며, 시퀀스 회로 그리고 진리표와 타임 차트를 <그림 6-12>에 나타냈다

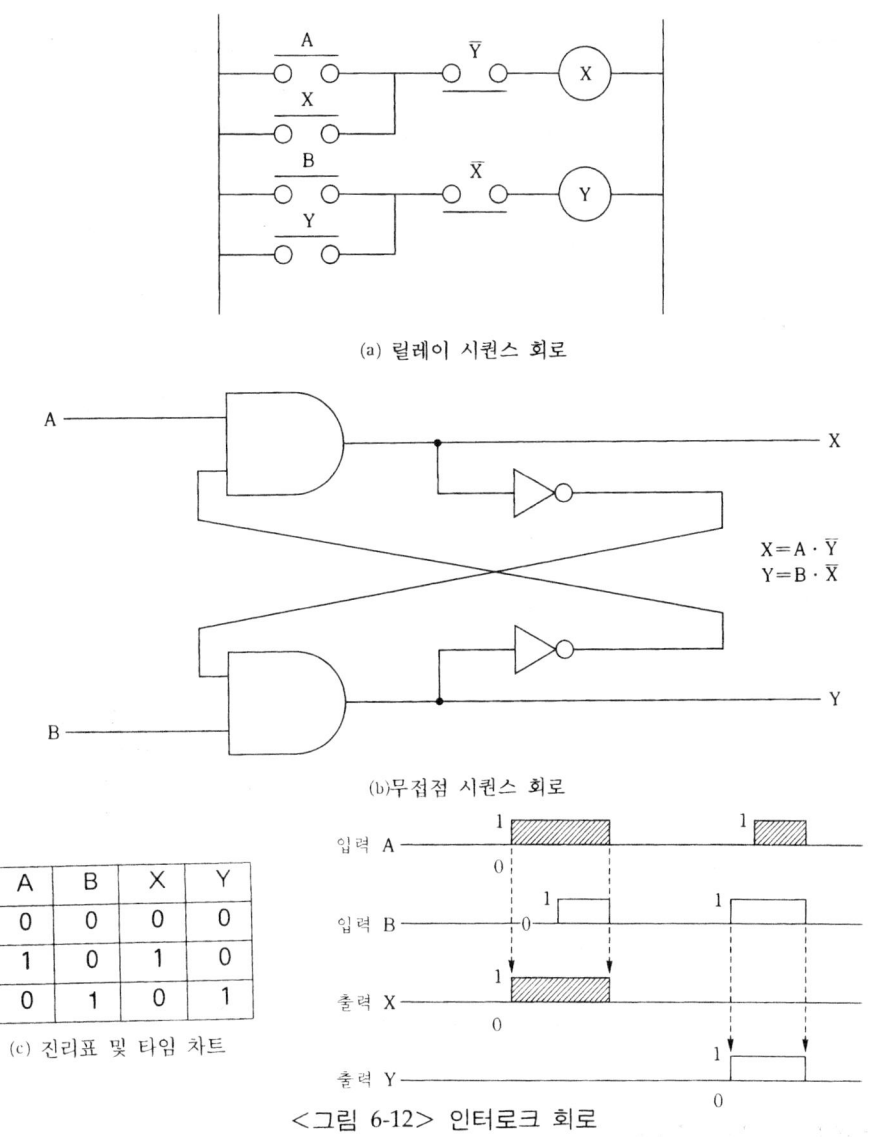

(a) 릴레이 시퀀스 회로

$$X = A \cdot \overline{Y}$$
$$Y = B \cdot \overline{X}$$

(b)무접점 시퀀스 회로

A	B	X	Y
0	0	0	0
1	0	1	0
0	1	0	1

(c) 진리표 및 타임 차트

<그림 6-12> 인터로크 회로

6-12. ON Delay Timer

▶ 온 딜레이 타이머(TDE : Time Delay Energizing) 회로란 입력이 '1'로 된 다음 소정의 시간 T 경과 후, 출력이 '1'이 되고, 또 입력이 '0'으로 되면 순간적으로 출력도 '0'이 되는 회로로서, 입력신호가 '0'에서 '1'로 변화했을 때에 출력신호가 그 시점에서 일정한 시간 늦게 동작하는 회로를 말한다.

▶ 온 딜레이 타이머 회로에서는 콘덴서 C 와 저항 R로써 이뤄지는 CR 회로에서의 콘덴서 C 를 충전하는 데 걸리는 시간을 이용해서 입력신호를 인가한 시점에서 시간차를 갖고 일정 시간 T 경과 후에 출력신호를 내도록 하고 있다.(<그림 6-13> 참조)

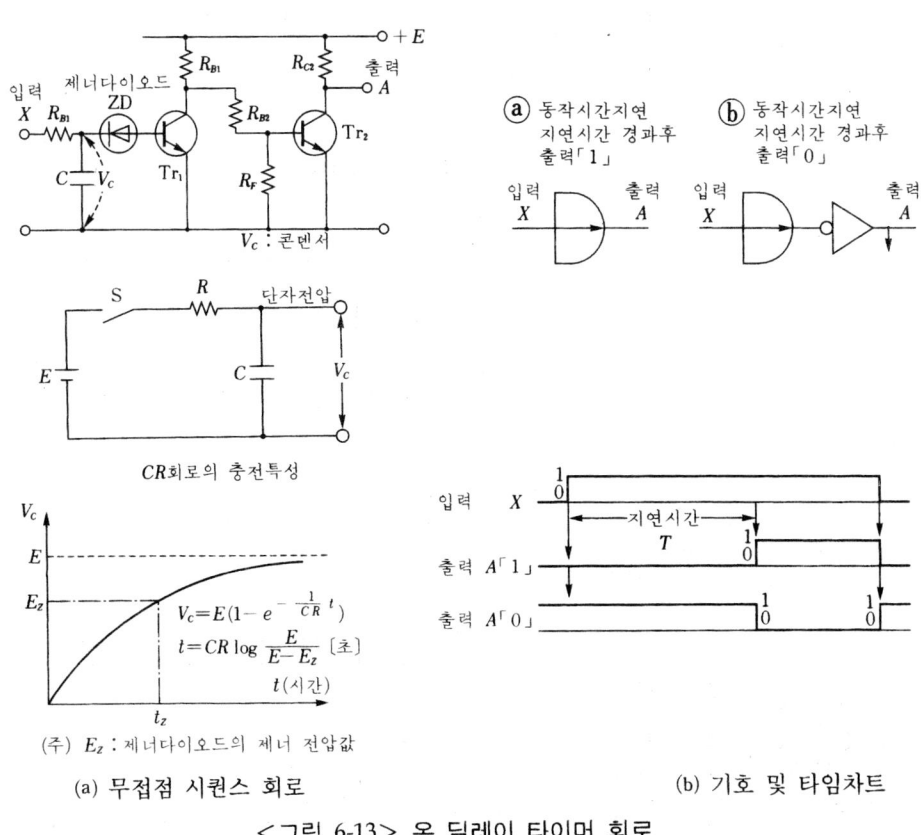

(a) 무접점 시퀀스 회로 (b) 기호 및 타임차트

<그림 6-13> 온 딜레이 타이머 회로

6-13. OFF Delay Timer

▶ 저항 R와 콘덴서 C를 직렬로 접속해서 스위치 S를 닫으면 회로에는 전지 E에서 R와 C를 통해서 전류가 흐른다. 스위치 S를 닫은 순간은 C의 전하가 0이기 때문에 그 임피던스 $1/\omega C$도 0으로 되어 R에 전전압(全電壓) E가 걸려 회로에는 E/R의 전류가 흐른다. 이 전류로 C는 충전되고, 충전된 전위만큼 R에 걸리는 전압은 강하하여 회로에 흐르는 전류도 감소한다. 최종적으로는 C에 전하가 충전(Q=CE)되면 회로에 전류가 흐르지 않게 된다. 이렇게 되기까지는 어느 일정한 시간이 필요하다. 온 딜레이 타이머 회로에서는 이 시간을 이용해서 출력신호를 내도록 하고 있다.

▶ 오프 딜레이 타이머(TDD : Time Delay De-energizing) 회로란 입력이 '1'로 되면 출력도 순식간에 '1'로 되는데, 입력이 '0'으로 되돌아갔을 때에는 소정의 시간 T 경경과 후에 출력이 '0'으로 되는 회로로서, 입력신호가 '1'에서 '0'으로 변화했을 때에 출력신호가 그 시점에서 일정시간 늦게 복귀하는 회로를 말한다. <그림 6-14> 참조

▶ 오프 딜레이 타이머 회로에서는 콘덴서 C와 저항 R를 병렬로 접속한 CR 회로에서의 콘덴서 C의 방전에 필요한 시간을 이용해서 복귀의 입력신호를 인가한 시점에서 일정시간 T 경과 후에 복귀의 출력신호를 내도록 하고 있다.

▶ CR의 방전회로에서는 시간의 경과와 함께 지수 함수적으로 콘덴서 C의 전위가 떨어져 간다.

▶ 제너 다이오드 ZD의 제너 전압 Ez까지 콘덴서 C의 전위 Vc가 저하하는 데 드는 시간을 이용하고 있다.

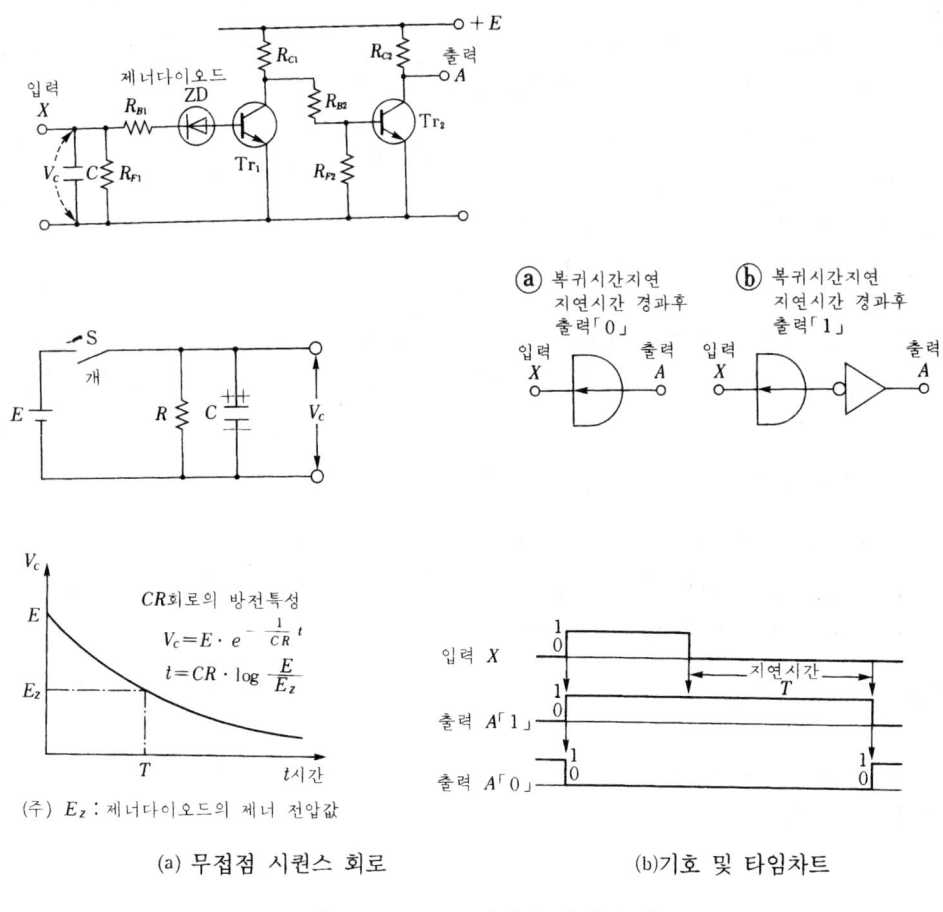

(a) 무접점 시퀀스 회로   (b)기호 및 타임차트

<그림 6-14> 오프 딜레이 타이머 회로

6-14. 카르노도(Karnaugh Map)

이제까지 2입력의 논리동작을 표현하는 데 진리값표를 사용하였다. 진리값표는 논리회로의 작용을 한 눈으로 알 수 있고 편리한 것이지만 다수 입력회로에서는 어떠한가? 예컨대 NAND 게이트 3개를 <그림 6-15> (a)처럼 접속하고 입력을 A, B, C, D로 하였을때의 출력 X를 생각해 본다. 3개의 게이트는 동일한 소자(예컨대 SN7400의 3/4)지만, MIL 기호법에 따라서 2단째 게이트는 L레벨 능동입력으로서 INV-OR 게이트의 형태로 표현되었다.

진리값표를 만든다면 A, B, C, D의 값은 2^4=16 종류이므로 출력 X를 포함하여 16행x5열의 큰 공간을 필요로 한다. 이것을 그림 (b)처럼 A, B 와 C, D를 각각 합쳐서 2차원의 표를 만들면 5행5열이면 된다. 출력 X는 16개의 격자 속에 기입된다. 이것으로 모든 진리값을 알 수 있고 상당히 쓰기 쉽고 또 보기 쉽다. 5변수 또는 6변수가 되면 격자만으로 4행8열 또는 8행8열이 소요되는데 이것은 부득이하다.

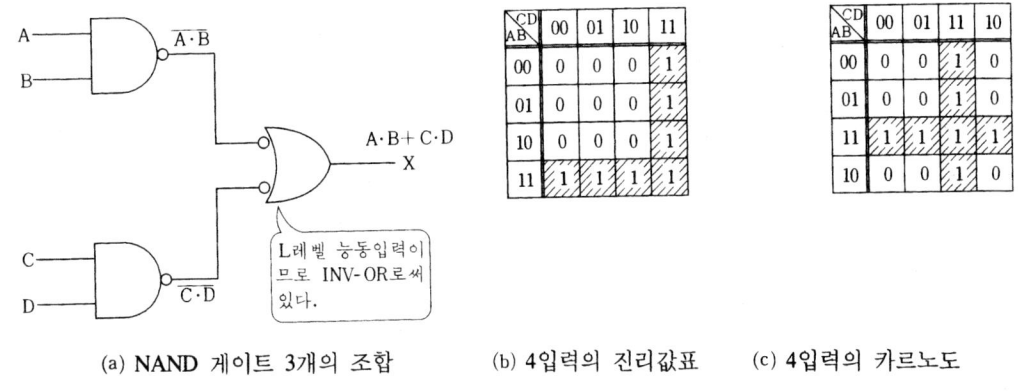

<table>
<tr><th colspan="5"></th></tr>
</table>

(a) NAND 게이트 3개의 조합   (b) 4입력의 진리값표   (c) 4입력의 카르노도

<그림 6-15> 입력 게이트 회로의 표현

이 진리값표를 보면 A, B가 11의 행과, C, D가 11의 열만이 진리값 1을 갖는다는 것을 알수 있다.

따라서 출력 X는 A, B의 논리곱과 C, D의 논리곱의 논리합이 되어 있을 것이다. 즉, **그림 6-15** (a)의 게이트 회로는, X = (A · B) + (C · D)(6-1)로 표시된다. 이것은 A, B와 C, D가 NAND 게이트에 입력되고, ($\overline{A \cdot B}$ 및 $\overline{C \cdot D}$), 그 후 INV-OR에 들어가므로,

$$X = \overline{\overline{(A \cdot B)} + \overline{(C \cdot D)}}$$
$$= (A \cdot B) + (C \cdot D)$$

(6-2)

가 된다는 것으로도 알 수 있다.

2차원 진리값표 <**그림 6-15** (a)>에서 입력 A, B 및 C, D가 별뜻없이 2진수의 순서, 즉 00, 01, 10, 11의 순으로 나열되어 있다. 그러나 이것이 두번째와 세번째에서 01에서 10으로 변화하면 2개의 변수값을 동시에 변경시켜야 한다. 그래서 2번째와 3번째를 바꾸어 00, 01, 11, 10의 순서로 나열하면 옆으로 이동할 때에는 하나의 변수값만 변경하면 된다. 2진수의 순서를 바이너리 코드라 부르며 이 순서는 그레이 코드라 한다. 최후의 10과 최초의 00도 하나만 변경하면 되기 때문에 그레이 코드로 표시해두면 주기적인 연속성도 유지되고 기계적인 회전각의 인코더(각도를 신호의 조합으로 변환하는 것) 등에도 이용할수 있다. 전술한 2차원 진리값표에서 입력값을 그레이 코드의 순으로 고친것을 카르노도 또는 카르노맵이라 한다. <**그림 6-15** (c)> 즉, <**그림 6-15** (b)>에서 제 3행과 제 4행 및 제 3열과 제 4열을 교체한 것이다. 이렇게 해두면, 카르노도의 격자를 상하 또는 좌우에 하나만 옮기기 위해서는 입력 A, B, C, D 중 하나만 변화시키면 된다는 것을 알 수 있다. 이것을 논리거리가 1이라고 한다. 경사되게 옆으로 옮기기 위해서는 2개의 입력을 변화시켜야 한다. 즉, 논리거리는 2다.

한편, 논리합이 필요하면 개개의 카르노도를 겹침으로써 얻을 수 있다.

(1) 3변수의 경우

 먼저 3변수의 논리 함수 f(A, B, C)의 카르노도를 생각하여 보자. 이것에는 <그림 6-16> (a)에 나타내는 바와 같은 8개의 기입란을 사용한다. 그리고 4x2 또는 2x4인 속에 각 변수마다 [0]과 [1]의 조합을 할당한다. 이 때의 BC란에 있는 [0]과 [1]의 배열 순서에 주의하기 바란다. 3행(11)과 4행(10)을 반대로 하지 않아야 한다. 그 다음에 변수 A를 MSB, 변수 C를 LSB로 하는 3비트의 2진수로 치환하면 동일 그림 (b)와 같이 수치를 각 난에 기입할 수 있다. 이 수치는 SOP 형식인 $\sum$( ) 속의 수치에 대응하는 것이다.

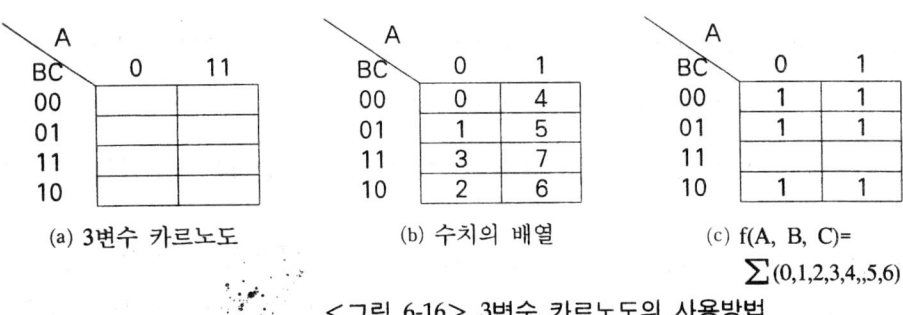

| (a) 3변수 카르노도 | (b) 수치의 배열 | (c) f(A, B, C)= $\sum$(0,1,2,3,4,,5,6) |

<그림 6-16> 3변수 카르노도의 사용방법

 예를 들면 f(A,B,C) = $\sum$(0, 1, 2, 4, 5, 6)인 논리식이 있을 때, 이것을 카르노도에 기입하면 <그림 6-16> (c)와 같이 된다.

 부울 대수식을 카르노도로 간단화하는 순서는 다음과 같다.

 ① 표준 SOP 형식으로 표현한다.

 ② 이것을 카르노도의 해당란에 '1'로 기입한다.

 ③ 서로 인접한 '1'의 난을 루프로 블록화한다. 이 루프로 블록화된 난의 수는 짝수이고 또한 루프가 최대로 되도록 한다.

 ④ 난의 '1'은 몇 번이라도 사용해도 되지만 1회는 반드시 '1'을 사용하지 않으면 안 된다.

 ⑤ 각 루프에서 SOP 형식의 논리식을 판독한다.

 ⑥ 난의 [0]이 매우 적을 때는 POS 형식이 간단하게 된다.

 앞에서 설명한 <그림 6-16> (c)에 관해서 루프를 만들면 <그림 6-17>와 같이 2개의 루프가 된다. 위의 루프는

 $\sum$(0,1,4,5) = $\overline{A}\,\overline{B}\,\overline{C}$ +$\overline{A}\,\overline{B}$ C+A $\overline{B}\,\overline{C}$ +A $\overline{B}$ C = $\overline{B}$이고   아래의   루프는 $\sum$(2.6) = $\overline{A}$ B $\overline{C}$+A B $\overline{C}$ = B $\overline{C}$ 이다. 따라서 f(A,B,C) = $\overline{B}$ + B $\overline{C}$로 간략화되는 것이다.

 그러나 루프의 선정 방법은 <그림 6-17> (b)와 같이 해도 된다. 점선을 사용한 상단 루프는 하단 루프와 서로 인접하고 있다는 점에 유의해야 한다. 왜냐하면 1행의 BC(0, 0)과 4행의

BC(1, 0)은 변수 B만이 변화하고 있기 때문이다. 그러므로 이 루프는 $\sum(0, 2, 4, 6) = \overline{A}\,\overline{B}\,\overline{C} + \overline{A}$ $B\overline{C} + A\overline{B}\overline{C} + AB\overline{C} = \overline{C}$로 된다. 이 결과, f(A, B, C)=B+C로 간단화되는 것이다. 물론, <그림 6-17>의 (a)보다 (b)가 더욱 간편하다는 것은 명백하다.

즉, 루프는 가급적 크게 하는 편이 좋은 것이다.

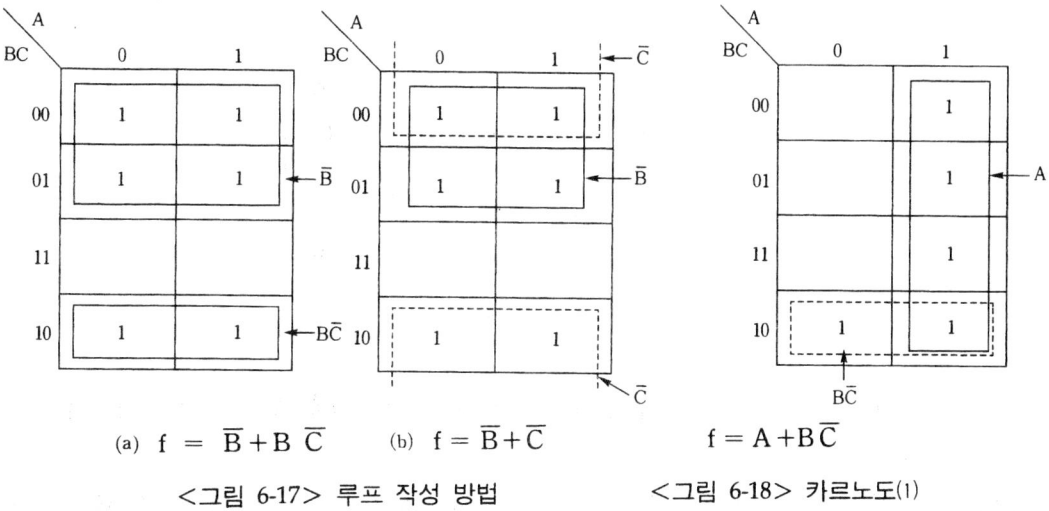

<그림 6-17> 루프 작성 방법   <그림 6-18> 카르노도(1)

예 1] 논리식 $\sum(0, 2, 4, 6) = \overline{A}\ \overline{B}\ \overline{C}\ + \overline{A}\ \overline{B}\ C + A\ \overline{B}\ \overline{C}\ + A\ \overline{B}\ C = \overline{C}$가 있다. 이 것을 카르노도를 이용하여 간단화하라.

풀이> 논리식에 따라서 카르노도에 기입하면 <그림 6-18>과 같이 된다. 이로써 루프가 2 개가 만들어지기 때문에 결과로서 $f = A + B\overline{C}$로 된다.

예 2] <그림 6-19>의 카르노도에서 논리식을 유도하라.

풀이>ⓐ $f = B\overline{C} + A\overline{C} = \overline{C}(A + B)$

ⓑ $f = \overline{A}B + \overline{B}C$

ⓒ $f = A\overline{C} + \overline{B}$

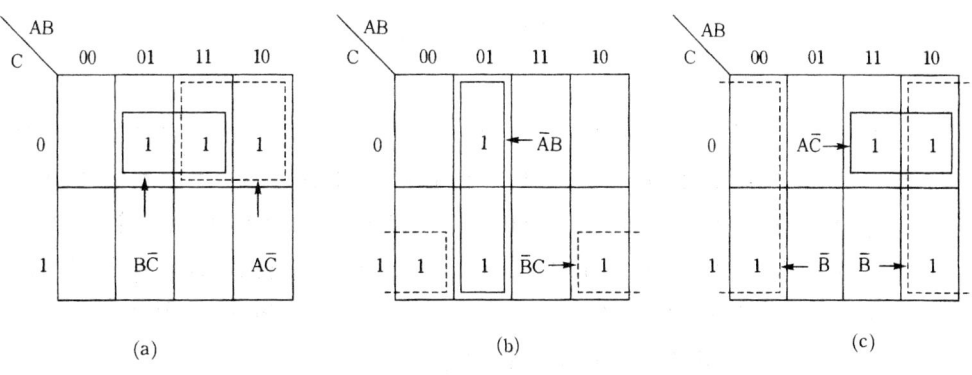

(a)   (b)   (c)

<그림 6-19> 카르노도 (2)

(2) 4변수의 경우

4변수의 논리 함수 f(A, B, C, D)의 경우는 $2^4=16$개의 기입란을 가진 카르노도가 필요하게 된다. 보통은 <그림 6-20>와 같이 16개의 박스를 가진 정사각형의 카르노도를 이용한다. Σ 형식의 논리식이라면 직접 동일 그림에 나타내는 수치의 해당란에 [1]을 기입하면 된다.

CD＼AB	00	01	11	10
00	0	4	12	8
01	1	5	13	9
11	3	7	15	11
10	2	6	14	10

<그림 6-20> 4변수 카르노도

예 3] 다음의 논리 함수 $f(A, B, C, D) = \Sigma(0, 1, 2, 3, 13, 15)$를 카르노도를 이용하여 간단화하라.

풀이> <그림 6-21>과 같이 루프는 2개가 된다. 좌측의 루프는 $f(0, 1, 2, 3) = \overline{A}\ \overline{B}$, 우측의 루프는 $\Sigma(3, 15) = ABD$이다. 따라서 $f = \overline{A}\ \overline{B} + ABD$로 된다.

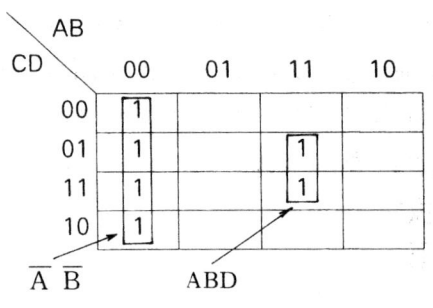

<그림 6-21> 카르노도 (3)

예 4] 논리 함수 f(A, B, C, D)가 다음과 같을 때 카르노도를 이용하여 간단화하라.

   ⓐ $f = \overline{A}\ B\ \overline{C}\ D + \overline{A}\ B\ C\ D + A\ B\ C\ D + \overline{A}\ \overline{B}\ C\ \overline{D} + A\ \overline{B}\ C\ \overline{D}$

   ⓑ $f = \overline{A}\ B\ \overline{C}\ D + \overline{A}\ B\ C\ D + A\ B\ \overline{C}\ D + A\ B\ C\ D + A\ \overline{B}\ \overline{C}\ D$

   ⓒ $f = A\ \overline{B}\ \overline{C}\ \overline{D} + \overline{A}\ \overline{B}\ C\ \overline{D} + A\ B\ C\ \overline{D} + A\ B\ C\ \overline{D} + A\ \overline{B}\ C\ \overline{D}$

풀이> <그림 6-22>와 같이 되므로 다음식과 같이 간단화할 수 있다.

   ⓐ $f = \overline{A}\ B\ D + B\ C\ D + \overline{B}\ C\ \overline{D}$

ⓑ $f = BD + AC\overline{D}$

ⓒ $f = C\overline{D} + A\overline{B}\,\overline{D}$

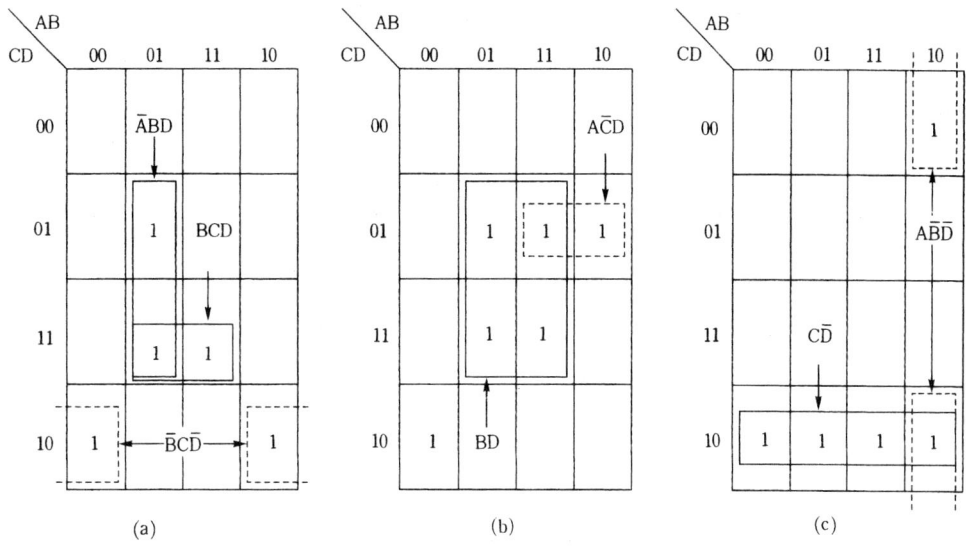

<그림 6-22> 카르노도 ⑷

[예] 5] 논리 함수 $f(A,B,C,D) = \sum(0,1,2,3,4,5,6,7,8,9,10,11,15)$를 간단화하라

풀이> <그림 6-23>과 같이 루프를 만들면 $f = \overline{B} + \overline{A}\,\overline{D} + ACD$로 된다.

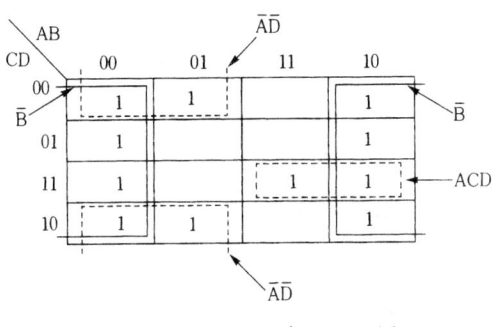

<그림 6-23> 카르노도 ⑸

(3) 카르노도와 논리식

흔히 이용되는 계단등(燈)의 제어, 3로 스위치의 회로를 살펴본다. 목적은 하나의 램프 L를 2개소로부터 독립적으로 제어하는 것이므로 스위치의 변환방향을 입력 A, B의 0이나 1로 표시하고 램프의 점등상태를 1, 소등상태를 0으로 하면 <그림 6-24 ⒜>의 카르노도를 얻을 수 있다. 이 그림에서 격자가 1이 된 장소는 $(A \cdot B)$와 $(\overline{A} \cdot \overline{B})$이므로 논리식

$$L = (A \cdot B) + (\overline{A} \cdot \overline{B}) \qquad (6-4)$$

를 얻게 된다. 이것은 EX-NOR의 논리식과 같다.

$$EX-NOR : X = (A \cdot B) + (\overline{A} \cdot \overline{B})$$

한편, 역의 논리로서 소등상태를 1, 점등상태를 0으로 하면 <**그림 6-24**> (b)의 카르노도를
얻을 수 있다.

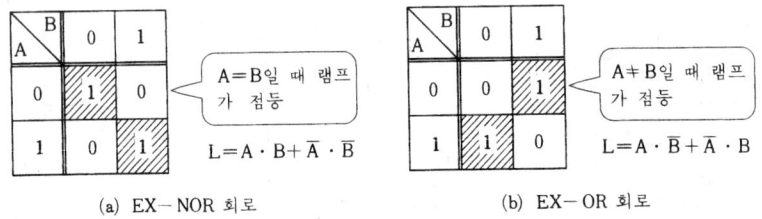

(a) EX-NOR 회로   (b) EX-OR 회로

<그림 6-24>

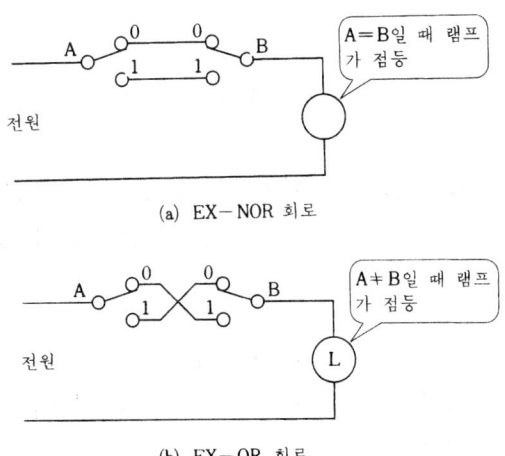

(a) EX-NOR 회로

(b) EX-OR 회로

<그림 6-25> 계단등의 3로 스위치 회로

CD\AB	00	01	11	10
00	0	1	0	1
01	1	0	1	0
11	0	1	0	1
10	1	0	1	0

(a) 4 입력의 카르노도

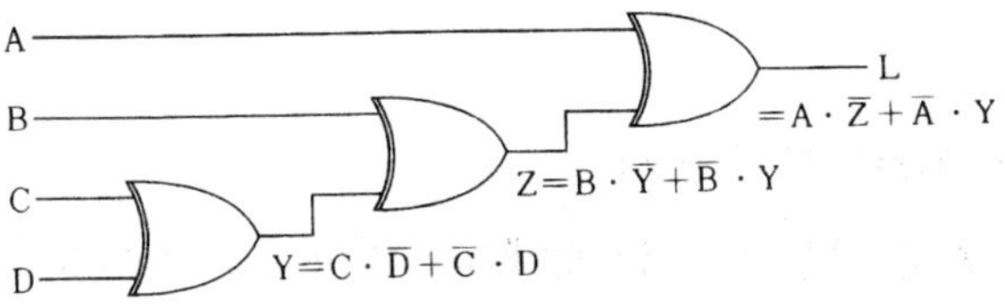

(b) EX-OR의 조합회로

$$L = A \cdot \overline{Z} + \overline{A} \cdot Y$$
$$Z = B \cdot \overline{Y} + \overline{B} \cdot Y$$
$$Y = C \cdot \overline{D} + \overline{C} \cdot D$$

<그림 6-26> 4개소 제어의 논리회로

이 그림으로부터는

$$L = (A \cdot \overline{B}) + (\overline{A} \cdot B) \tag{6-5}$$

를 얻을 수 있는데 이것은 EX-OR의 논리식 $X = (A \cdot \overline{B}) + (\overline{A} \cdot B)$ 와 같다.

 이러한 논리식을 스위치 회로로 해보면 <그림 6-25 (a)>와 (b)의 두 가지가 된다. 어느 쪽이든 당초의 목적을 동일하게 달성할 수 있다. 4층 아파트의 계단등인 경우는 어떠한가? 각 층의 입력을 A, B, C, D라 하면 램프의 논리상태 L의 진리값 0이나 1을 A, B, C, D 중 하나만의 변화로 임의로 변화시킬 수 있으면 된다. 변수가 하나만 변화하는 것은 카르노도로 말하면 논리거리에서 1(세로 또는 가로의 격자에서 하나)의 변화이므로 상하좌우의 인접하는 진리값이 항상 반대부호면 된다. 즉 이에 대응하는 카르노도는 <그림 6-26>처럼, 자동차 레이스의 체커 플래그와 비슷한 형태로 1과 0을 나열한 것이 된다. 이것으로 A, B, C, D의 입력 중 어느 것을 변화시켜도 L의 값은 0(소등)으로부터 1(점등)로, 또는 1(점등)로부터 0(소등)으로 상태가 변한다는 것을 알 수 있다.

 이것으로부터 논리식을 만들기 위해서는, 카르노도에서 출력의 진리값이 1인 논리곱의 모든 논리합을 채택하면 되기 때문에 우선, 제 1행 제 2열의 A= 0, B= 0, C= 0, D= 1에 대응하는 논리곱, $\overline{A}\,\overline{B}\,\overline{C}\,D$ 가 있다.

 다음에 제 1행 제 4열째, 0010에서 $\overline{A}\,\overline{B}\,C\,\overline{D}$, 제 2행 제 1열째, 0100에서 $\overline{A}\,B\,\overline{C}\,\overline{D}$ 등이 된다. 결국 모든 항의 논리합은

$$L = \overline{A}\,\overline{B}\,\overline{C}\,D + \overline{A}\,\overline{B}\,C\,\overline{D} + \overline{A}\,B\,\overline{C}\,\overline{D} + \overline{A}\,B\,C\,D + A\,B\,\overline{C}\,D$$
$$+ A\,BC\,\overline{D} + A\,\overline{B}\,\overline{C}\,\overline{D} + A\,\overline{B}\,C\,D \tag{6-5}$$

가 되고 이것으로 램프의 논리상태를 표현할 수 있게 된다. 이것을 정리하면,

$$L = A(B\overline{C}D + BC\overline{D} + \overline{B}CD + \overline{B}\,\overline{C}\,\overline{D}) + \overline{A}(BCD + \overline{B}\,\overline{C}D + \overline{B}C\overline{D} + B\overline{C}\,\overline{D})$$
$$= A\{B(\overline{C}\,D + C\overline{D}) + \overline{B}(CD + \overline{C}\,\overline{D})\} + \overline{A}\{B(CD + \overline{C}\,\overline{D}) + \overline{B}(C\overline{D} + \overline{C}D)\}$$

$$\tag{6-6}$$

를 얻는다. 여기서

$$Y = \overline{C}D + C\overline{D} \tag{6-7}$$

로 하면 Y = C, D의 EX-OR를 채택하는 것이고 드모르간의 식

$$(A \cdot B) = \overline{A} + \overline{B}, \quad (A + B) = \overline{A} \cdot \overline{B} \text{ 를 사용한다.}$$
$$\text{또한, } \overline{Y} = CD + \overline{C}\,\overline{D} \tag{6-8}$$

가 된다. 따라서 식 6-6은,

$$L = A(BY + \overline{B}\,\overline{Y}) + \overline{A}(B\overline{Y} + \overline{B}Y) \tag{6-9}$$

로 표시된다. 여기서 다시, $B\overline{Y}+\overline{B}Y$ 형태인 EX - OR가 나타나고 있으므로 이것을 Z라 하면 식 (6-9)을 유도했을 때와 동일하게

$$L = A\overline{Z} + \overline{A}Z \qquad\qquad (6\text{-}10)$$

를 얻는다. 이것도 또 EX-OR의 논리식이다. 즉, L은 <그림 6-26 (b)>로 표시할 수 있는 것처럼 EX-OR 게이트를 3단 접속한 회로로 얻게 된다.

이것으로 릴레이 회로를 작동시키면 4층건물 계단의 어느 곳으로부터도 램프를 자유로이 점멸시킬수 있다. 또 이 회로는 입력 A, B, C, D 중 논리 레벨 1인 입력의 수가 짝수 개일때 출력은 0, 홀수 개일 때 출력은 1이 되므로 입력 개수의 짝·홀수을 판정하는 패러티 체크 (Parity check) 회로로써 알 수 있다.

물론, 4개의 입력뿐 아니라 n층 건물에서 n개의 입력이 있어도 동일하다. 무접점 시퀀스 제어 때는 이것으로 되지만, 전술한 2개소 제어인 경우와 동일하게 이것을 스위치 회로로 구성하려면 이 형태로는 대단히 복잡해진다. 그래서 <그림 6-27>처럼, 양단에 EX - NOR 회로로서 3로 스위치를 2개 배치하고 그 중간에 회로를 반전하기 위한 4로 스위치를 삽입한다. 4로 스위치는 <그림 6-28>처럼, 3로 쌍투(雙投) 스위치를 이용하여 A→A′, B→B′의 상태와 A→B′, B→A′의 상태로 전환하는 것이다. 이것으로 수십층의 빌딩에서도 각 층의 스위치로 자유로이 계단등을 점멸할 수 있다. 그러나, 2-3층의 계단을 이용하는 데 수십 개소의 전등을 한꺼번에 점등하는 것은 실용적이지 못하므로 몇 층씩 그룹을 나누어 제어하는 일이 많다.

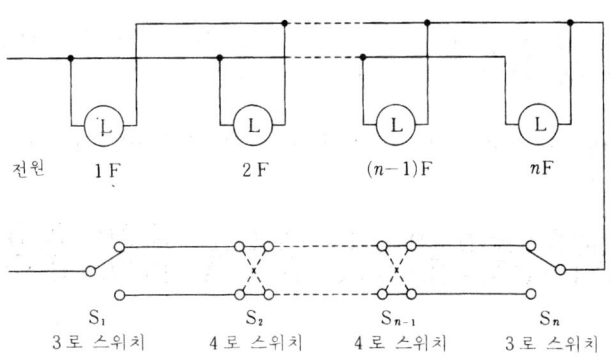

<그림 6-27> n층 계단등 제어

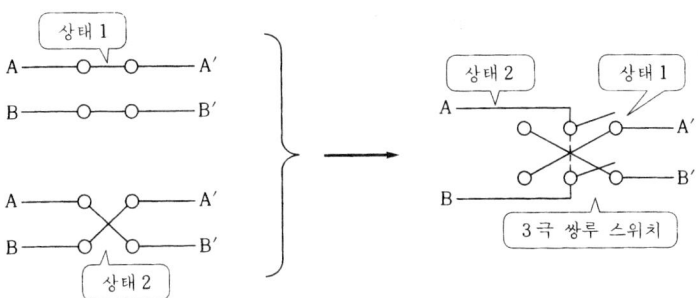

<그림 6-28> 4로 스위치의 동작

6-15 회로 설계 예

(1) 온도제어 시스템 설계

3개의 온도감지장치(Thermostat)에 의해 제어되는 가스 버너를 생각하자.
세 개의 온도감지장치를 아래와 같이 가정한다.

▶ A : 외부에 장착된 온도감지장치   (18℃)
▶ B : 거실에 장착된 온도감지장치   (20℃)
▶ C : 물탱크 내에 장착된 온도감지장치 (50℃)

이 버너는 ① 물탱크내의 온수 온도가 50℃미만일 때 ② 거실의 온도가 20℃미만이며 그리고 외부의 온도가 18℃미만일 때 동작한다고 가정하여 제어회로를 설계하자.

온도감지장치의 논리 레벨은 다음과 같다.

‘1’ : 온도가 정해진 온도보다 낮을 때
‘0’ : 온도가 정해진 온도보다 높을 때

① 설계절차

㉮ 본 시스템에 대한 진리표(동작표)를 작성한다.

㉯ 진리표에 따라 논리방정식을 작성한다.(작성 후 간략화)

$$G = G_4 + G_5 + G_6 + G_7 + G_8$$
$$= (A \cdot B \cdot \overline{C}) + (\overline{A} \cdot \overline{B} \cdot C) + (A \cdot \overline{B} \cdot C) + (\overline{A} \cdot B \cdot C) + (A \cdot B \cdot C)$$

G_5, G_6, G_7, G_8에서 C는 공통이므로

$$G = (A \cdot B \cdot \overline{C}) + [\ C \cdot (\overline{A} \cdot \overline{B}) + (A \cdot \overline{B}) + (\overline{A} \cdot B) + (A \cdot B)]$$
$$= (A \cdot B \cdot \overline{C}) + [\ C \cdot [\ \overline{B} \cdot (\overline{A} + A)]\ ] + [\ B \cdot (\overline{A} + A)]\ ]$$

$A + \overline{A} = 1$이므로 $G = (A \cdot B \cdot C) + [\ C \cdot (B + B)]$
$$= (A \cdot B \cdot C) + [\ C \cdot (1)] = (A \cdot B \cdot C) + C$$

순서	온도감지 장치			가스 버너	G
	C	B	A		
0	0	0	0	0	G_1
1	0	0	1	0	G_2
2	0	1	0	0	G_3
3	0	1	1	1	G_4
4	1	0	0	1	G_5
5	1	0	1	1	G_6
6	1	1	0	1	G_7
7	1	1	1	1	G_8

또한 $C + \overline{C} = 1$이므로

$$G = C + (A \cdot B)가 된다.$$

㉲ 대수방정식에 따라 회로를 만든다.

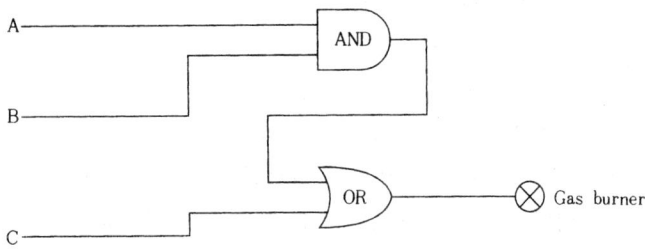

㉳ 회로를 시험한다. 고장 발견시는 이를 분석한다.

(2) 비트(Bit) 비교회로 설계

2진 연산과정에서 두 수의 값에 따라 판단이 필요할 때가 있다.

즉, 두 수의 값이 같을 때 : A = B 또는

A가 B보다 클 때 : A > B 또는
A가 B보다 작을 때 : A < B

따라서 세 개의 LAMP를 이용하여 이런 비교기 회로를 설계해 보자

L1 : A=B
L2 : A > B (A는 B보다 크다)
L3 : A < B (A는 B보다 작다)

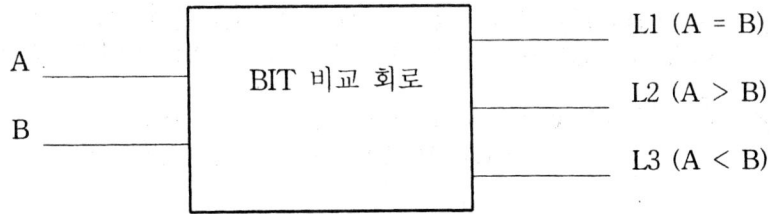

① 설계

㉮ 진리치표 작성

B	A	L1	L2	L3
		A=B	A>B	A<B
0	0	1	0	0
0	1	0	1	0
1	0	0	0	1
1	1	1	0	0

㉯ 논리방정식

$$L1 = \overline{A}\ \overline{B} + AB$$
$$L2 = A\overline{B}$$
$$L3 = \overline{A}B$$

㉰ 제어회로 설계

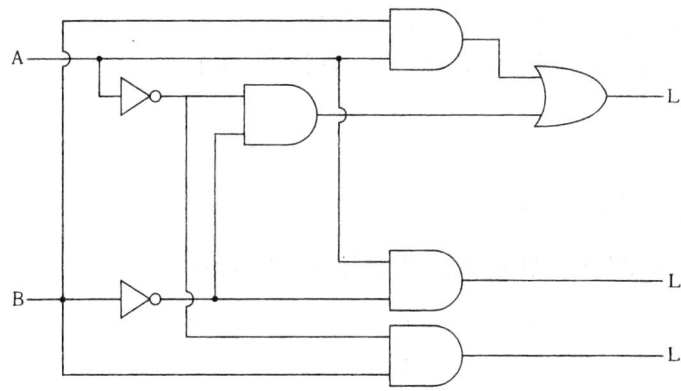

(3) 모토카 라이팅 시스템(Motor Car Lighting System) 회로 설계

모터카의 라이팅 시스템을 제어하기 위한 회로를 아래와 같이 구성한다.

① 헤드 라이트(head-lights)

② 하이 빔(high beam)

③ 안개등(fog light)

즉 안개등이 ON 상태일 때 하이 빔은 OFF 상태가 되어야 한다. 만약 헤드 라이트가 이미 하이 빔으로 스위치 ON 상태에서 안개등이 ON 상태로 된다면 헤드 라이트는 하이 빔에서 정상 운전 라이트로 스위치 ON 되어져야 한다. 따라서 안개등과 하이 빔 스위치는 헤드 라이트 스위치와 연계되어 사용된다. 즉 헤드 라이트는 SW_1이 ON 상태일 때는 항상 켜지며, 하이 빔은 SW_1 및 SW_2가 ON 상태시 작동되며 안개등은 SW_1과 SW_3가 ON 상태시 헤드 라이트와 함께 커진다.

세 개의 스위치가 사용되며 각각의 스위치는 단극(single pole) ON / OFF 스위치이다.

S_1 : 헤드 라이트 스위치 L_1 : 헤드 라이트
S_2 : 하이 빔 스위치 L_2 : 하이 빔
S_3 : 안개등 스위치 L_3 : 안개등

S_3	S_2	S_1	L_1	L_2	L_3
0	0	0	0	0	0
0	0	1	1	0	0
0	1	0	0	0	0
0	1	1	1	1	0
1	0	0	0	0	0
1	0	1	1	0	1
1	1	0	0	0	0
1	1	1	1	0	1

㉮ 모터카 라이팅 제어회로의 진리표를 작성하자.

㉯ 모터카 라이팅 제어회로에 대한 논리 방정식을 써라

$$L1 = S_1$$
$$L2 = S_1 \cdot S_2 \cdot \overline{S_3}$$
$$L3 = S_1 S_3 (S_2 + \overline{S_2}) = S_1 S_3$$

㉰ 모터카 라이팅 시스템에 대한 제어회로를 구성하자

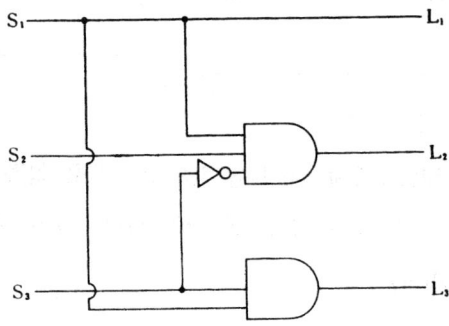

제 2 부

P.L.C 제어

제 1 장 PLC 개요

1-1 개 요

요즘 많은 기업들이 공장 자동화를 위하여 많은 투자를 하고 있다. 여기서 자동화란 '수주에서 생산 출하까지의 생산활동에 있어서 전반적인 제어 및 관리를 행하는 것'을 말한다. 따라서 자동화를 함으로써 생산성 향상, 품질 향상 및 원가 절감을 꾀할 수 있어, 오늘날 치열한 국제 경쟁사회에서 유리한 위치를 점유할 수 있기 때문이다.

자동화를 위한 지금까지의 제어 시스템은 회로도에 따라 여러 관련소자(Relay, Contactor, Timer, Counter 등)들을 연결하여 사용하여 왔다. 따라서 요구조건의 변화에 따라 제어 시스템을 변경하기 위해서 많은 시간과 비용이 소요되었다.

이런 결점을 해결하기 위하여 70년대 초에 미국에서 프로그램가능 제어 시스템(Programmable Control System)이 개발되기 시작하여 오늘날에는 수많은 회사들이 이를 생산시판하고 있다. 70년대만 해도 마이크로프로세서의 반응속도가 느렸기 때문에 PLC에는 마이크로프로세서를 사용하지 않았으나, 최근 반도체 전자기술의 급격한 발달로 PLC에 마이크로프로세서가 필수 요소가 되었다.

1-2 역사

기존의 시퀀스 제어는 현장에서 실제로 기계를 연결하여 그 동작을 실행시켜 보기 전 까지는 그 시스템을 확정 할 수 없어서 현장에서의 변경이 많아지게 되었고, 다품종 소량생산 및 여러가지 이유로 시스템 변경이 빈번이 요구될 때마다 결선을 변경시켜야하므로 이 작업이 용이하지 않다는 등의 구조적 결점을 지니고 있어 1969년 미국의 GM(General Motor)사가 자기 회사에 제어장치를 설치 하기 위하여 <표 1-1>과 같이 [PLC에 관한 10가지 조건]을 명시하였다.

이 요구에 부합하는 형태로 알렌브레들리와 모디컨사를 비롯한 여러 회사에서 시퀀스제어용 PLC가 출현하였다. 또한 PLC의 명칭은 나라마다 조금씩 다르게 미국은 PLC(Programmable Logic Controller), 영국은 P.C.(programmable Controller), 스웨덴은 P.B.S.(programmable Binary System)등 여러가지로 불려지고 있으나, 일반적으로 P.C.(Personal Computer)와 혼동을 피하기 위하여 PLC로 불리고 있다.

---

1. 프로그램 작성 및 변경이 용이하고 시퀀스변경이 용이할 것
2. 점검 및 보수가 용이하고 부품은 플러그 인(Plug in)방식일 것
3. 릴레이 제어반보다 신뢰성이 높을 것
4. 릴레이 제어반보다 소형일 것
5. 출력은 상위 컴퓨터와 결합(통신) 기능을 가질 것
6. 릴레이 제어반이나 무접점 제어반보다 가격면에서 유리할 것
7. 입력은 AC 115V를 받을 수 있을 것
8. 출력은 AC 115V, 2A를 공급할 수 있을 것
9. 전체 시스템 변경을 최소화 하면서, 기본 시스템은 확장이 가능할 것.
10. 최저 4k(Word)까지 확장 가능한 프로그램가능 메모리(Programmable Memory) 를 가질 것

<표 1-1> 최초 PLC에 10가지 요구 사항

다시 한번 역사를 정리해보면 다음과 같다.

▶ 1968 : 프로그램가능 제어기(Progammable Controller)의 개념 수립.

▶ 1969 : H/W Cp, 1K의 메모리, 28개의 I/O점수에 논리연산을 갖는 제어기 개발

▶ 1974 : 타이머, 카운터 기능과 12K의 메모리, 1024개의 I/O 점수를 갖고 여러 개의 프로 세서를 사용한 PLC가 출현.

▶ 1976 : 원격 I/O 모듈 발표.

▶ 1977 : 마이크로프로세서를 CPU로 채택한 PLC 개발.

▶ 1980 : 지능형(Intelligent) I/O 모듈과 고기능 통신장치 개발, S/W의 다양화 및 컴퓨터를 통한 프로그램 작성.

▶ 1983 : 저가형의 소형 PLC 판매 개시.

▶ 1985 : PLC, 컴퓨터, CNC, 로봇 등을 통합한 CIM(Computer Intergrate Manufacturing: 컴퓨터 통합 생산 시스템) 개념으로 발전하고 있음.

1-3 정의

PLC(Programmable Logic Controller)란 각종 기계나 프로세서 등의 제어를 위하여 지금까지 사용하였던 보조 릴레이(Aux Relay), 제어 릴레이(Control relay), 타이머 등의 기능을 반도체소자와 S/W로 대체시킴으로서 타이머, 카운터 및 연산 기능등을 내장하고 있으며, 프로그램을 작성할 수 있는 메모리를 갖고 있는 전기제어 장치를 말하며, 미국의 전기협회 규격인 NEMA(National Electrical Manufacturing Association)에선 다음과 같이 정의하고 있다.

—— NEMA, ICS 3-1978, ICS 3-303 ——

A programmable controller is define: A digitally operating electronic apparatus which uses a programmable memory for the internal storage of instructions for implementing specific functions such as logic, sequencing, timing, counting and arithmetic to control, through digital or analog input/ output modules,various type of machines or processes. A digital computer which is used perform the functions of a programmable controller is considered to be with in this scope.

Excluded are drum and similar mechanical type sequencing controllers.

1-4 릴레이 제어반과 PLC의 비교

PLC는 각종 신호를 처리하는 제어 장치이므로 기계나 장치를 작동시키기 위해서는 전력을 공급하는 동력회로가 별도로 필요하다. 또한 시퀀스 회로를 작성하는 경우, 회로 설계자는 먼저 제어대상 전체의 운전방법을 결정하고 그 다음에 각종 신호조건을 생각하면서 회로도를 설계한다. 이와 같이 대략적인 회로도에 따라 목적에 맞게 만들어진 것을 로직(Logic)이라 한다.

(1) 하드 로직(Hard Logic)

시퀀스 회로를 유·무접점으로 구성하는 경우 부품간의 배선에 따라 로직이 결선된다. 결국 여기까지의 제어는 하드 와이어드 로직(Hard Wired Logic: Hard Logic)이다. 하드 로직에서 로직 작성은 배선 작업이므로 결국 로직의 변경은 배선을 변경하는 것이다.

(2) 소프트 로직(Soft Logic)

PLC나 컴퓨터는 하드웨어만으로는 어떤일도 수행할 수 없다. 프로그램이라고하는 소프트웨어가 있어야 비로소 그 기능이 살아난다. 다시 말해서 하드웨어는 프로그램이라고 하는 소프트웨어에 따라 로직이 변할 수 있다. 결국 프로그램이 배선의 역할을 하는 것을 소프트 와이어드 로직(Soft Wired Logic: Soft Logic)이라 한다.

(3) 프로그램 저장(Stored 프로그램)방식의 PLC

시퀀스 회로를 소프트 로직으로 실현하기 위해 컴퓨터와 하드에 여러가지 프로그램을 저장할 수 있도록 한 제어장치가 프로그램 저장(Stored 프로그램)방식의 PLC이다.

<표 1-2>는 릴레이 제어반과 PLC를 비교한 것으로 거의 모든 면에서 PLC가 우수하다는 것을 알 수 있다.

<표 1-2> 릴레이 제어반과 PLC의 비교

구 분	릴레이 제어반	P. L. C
제어방식	·하드 로직	·소프트 로직
제어기능	·릴레이(직렬, 병렬 접점) ·타이머 ·프리셋 카운터(기능은 한정적이고 규모에 따라 대형화)	·릴레이(AND, OR, NOT) ·업다운 카운터 ·시프트 레지스터 ·간단한 가감산(고기능, 대규모의 제어를 소형으로 실현가능)
제어요소	·유접점(한정된 수명, 저속제어)	·무접점 (긴 수명, 고속제어, 고신뢰성)
제어내용변경	·기구부품간의 배선 변경	·프로그램변경만으로 가능
공사기간	·사양 결정 후 제어반 제작 ·검사, 시운전 기간의 장기화	·사양결정과 하드의 취합이 병행 ·검사, 시운전기간의 단축
시스템 특성	·독립된 제어장치	·시스템 확장 용이 ·컴퓨터와 연결 가능
보전성	·보수 및 수리 공사시 장시간 소요	·고신뢰성, 장수명으로 보수 및 수리 공사가 잦다.
크기	·소형화가 곤란	·소형화가 가능

1-5 PLC와 컴퓨터의 비교

<표 1-3> PLC와 컴퓨터의 비교

구 분		P. L. C		컴 퓨 터	
하 드	입 력	·스위치 ·리밋 스위치 ·센서 ·전압신호	L/ V H/ V	·카드 리더 ·테이프 라이터 ·테이프 리더 ·테이프 디스크	약 전 기 호
	출 력	·모타 ·릴레이 ·솔레노이드 ·카운터 ·타이머	H/ V	·프린터 ·모니터(CRT 화면) ·카드펀처 (CardPuncher) ·테이프, 디스크	약 전 기 호
	사용장소	·공장		·사무실	
	구 조	·강약전 병용		·약전	
	목 적	·기계 장치 제어		·데이타 처리	
소 프 트	사 용 자	·현장 작업자		·작동자 ·프로그래머	
	프로그램 언 어	·시퀀스 회로를 중심으로 한 언어		·컴퓨터 언어	

PLC와 컴퓨터의 입출력 기기 및 사용목적 등을 비교해 보면 <표 1-3>과 같다.

제 2 장 PLC 구성

2-1 PLC 구성

PLC는 기계나 장치를 제어하기 위하여 사용되므로 생산 현장에 견딜 수 있도록 온도나 노이즈 등에 강하고 취급이 쉬운 구조로 되어 있다. 또한 제어대상의 내용에 알맞는 규모를 선정, 조합하여 사용할 수 있도록 구성되어 있다.

PLC는 <그림 2-1> PLC의 구성도와 같이 사람의 두뇌에 해당하는 CPU(Central Processing Unit : 중앙처리장치)와 장치 사이의 신호를 주고 받는 입출력부(PI/O : Process Input-Output), 시퀀스 회로의 내용 프로그램을 기록저장하는 기억부(Memory), PLC의 각 부에 전원을 공급하는 전원부 및 PLC의 용이한 취급 및 기능 향상을 위한 주변기기 등으로 구성된다.

또한 PLC는 릴레이 제어반과 같이 배선은 하지 않고, 그 대신에 제어회로에 해당하는 프로그램을 작성하고, 작성된 프로그램은 주변기기를 통해 메모리에 기록저장된다. 이 조작을 쓰기(Write)라고 한다. PLC가 운전을 개시하면 우선 메모리에서 프로그램을 하나씩 끄집어낸다. 이동작을 읽기(Read)라고 한다. 끄집어낸 프로그램의 내용을 해석하고 그것에 따라 입력부의 상태를 조사하여, 그 결과에 따라 출력부로 동작을 명령한다.

이와 같은 일련의 동작은 매우 빠른 속도로 메모리에 기록되어 있는 모든 내용을 순차적으로 실행한다. 이와 같이 하여 출력부에 접속되어 있는 출력기기가 작동하며, 기기나 장치가 프로그램에 따라 제어된다.

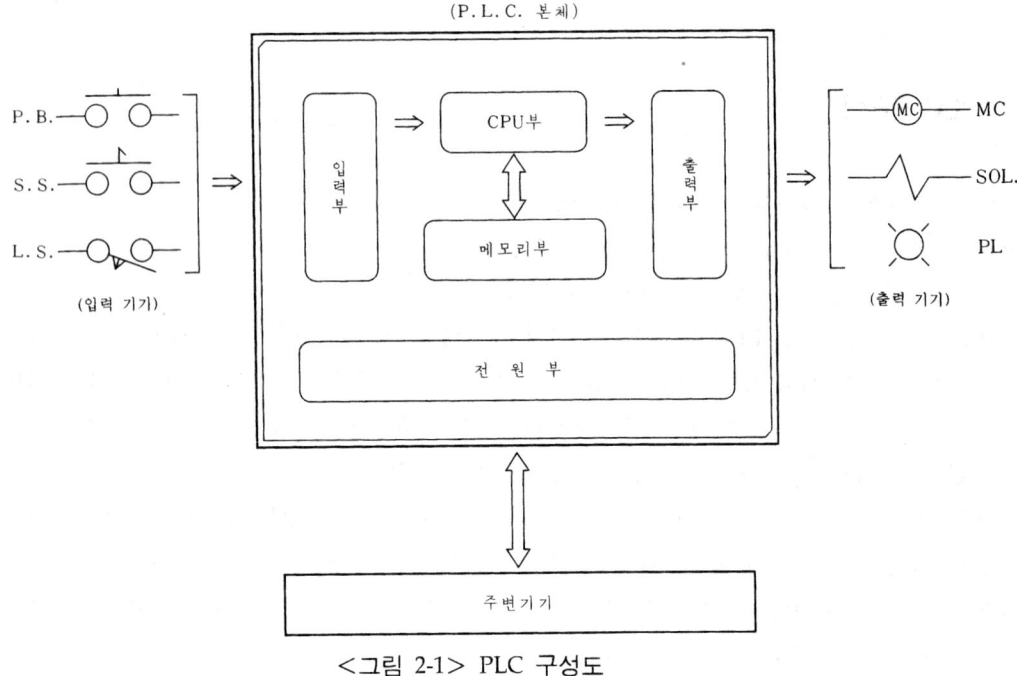

<그림 2-1> PLC 구성도

(1) CPU 부

　CPU는 연산부와 메모리부로 구성되어 있다. CPU는 PLC의 중심이 되는 부분으로 최근 마이크로프로세서 등의 LSI를 사용하여 소형화되어 모듈 형태로 되어 있다.

　<그림 2-2>는 CPU의 구성도이다. 메모리 내용을 읽어내자면 먼저 메모리 어드레스를 지정하여야 한다. 이 어드레스 지시기를 PC(Progam Counter)라 한다. 이 PC는 연산을 하는 입출력 번호를 표시하는 입출력 번호부와 연산 내용을 나타내는 연산 코드부가 있다. 그리고 연산부에 읽은 메모리 내용의 연산 코드부는 디코더(Decoder)에 들어간다. 여기서 디코더는 명령 해독기라고도 하며, 즉 메모리 내용을 해독하여 연산 종류(AND, OR 등)를 결정한다.

　또한 메모리 내용의 입출력 번호는 연산부에서 입출력부에 나와 해당 입력번호나 출력 번호를 결정한다. 즉 많이 접속된 입력 신호 속에서 이 번호로 지정된 입력 상태만을 수용하는 일을 한다. 수용된 데이타는 디코더로 지시된 연산 내용에 따라 연산처리부에서 처리되는 셈이다. 연산 내용이 '출력하라는 명령이면 출력부 속에서 지정된 번호를 찾아서 거기에 출력 신호를 준다. 이와 같이 하여 하나의 명령으로 지시된 내용을 모두 실행했으면 PC 내용을 하나 증가시켜 다음 명령을 읽어 그 내용을 실행한다.

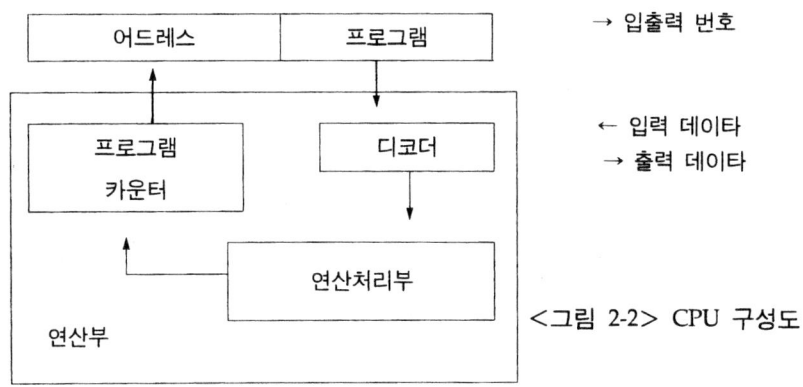

<그림 2-2> CPU 구성도

(2) 메모리부

메모리부는 IC 칩으로 되어 있으며, 프로그램을 기억해 두는 장소로서 매우 중요한 역할을 한다. PLC의 프로그램은 전원이 끊어져도 그 내용이 지워져서는 안 되므로 전원의 ON, OFF 에 상관없이 그 내용을 기억하도록 대책을 마련해 놓고 있다. 이와 같이 PLC에 사용되고 있 는 메모리를 분류 하면 다음과 같다.

① RAM과 SAM(Random Access Memoryd and Serial Access Memory)
메모리에 액세스를 지정하는 것을 액세스한다고 한다. 메모리의 어느 어드레스든 직접 액세스 가능하고 그 시간이 일정하며, 전원이 끊어지면 내용이 지워지는 것을 RAM(Random Access Memory)이라 하고 어드레스 순번에 따라서 액세스 가능한 것을 SAM(Serial Access Memory)이라고 한다.

② RWM과 ROM(Read Write Memory and Read Only Memory)
자유롭게 읽고, 쓸 수 있는 메모리를 RWM(Read Write Memory)이라고 하며, 이와는 달 리, 쓰기는 불가능하고 읽기만 가능한 읽기 전용의 메모리를 ROM(Read Only Memory) 이라고 한다.

③ 메모리 처리
메모리속에 프로그램이 어떻게 써지며 또 어떻게 읽혀 처리되는지 <그림 2-3>과 같은 간 단한 프로그램으로 설명해 보자. 이 회로는 직렬(AND 회로로서 스위치 A와 B가 동시에 ON되고 있을 때만 출력 램프가 점등된다. 즉, 이 프로그램은 $A \cdot B = Y$ 가 된다.

☞ **휘발성과 불휘발성**

전원이 끊어지면 메모리 내용도 지워지는 것을 휘발성 메모리라고 하며, 내용을 그대로 보존하는 것을 불 휘발성 메모리라 한다.

일반적으로 메모리에는 RAM(또는 RWM)과 ROM이 많이 사용 되고 있다. PLC에서는 보통 쓰기와 변경이 용이한 RAM이 많이 사용되고 있다.그러나 RAM은 전원이 끊어지면 내용이 지워지므로 바테리로부터 전원을 공급받아 내용을 보존하기 위한 바테리 백업(Battery Back-up)장치가 채용되어 있다. 바테리는 수명이 긴 라듐 전지가 주로 이용된다.

프로그램이 고정되어 있는 경우에는 EPROM이 사용된다. EPROM은 프로그램을 충분히 검토 한 후 ROM 쓰기 장치를 이용하여 써넣는다. 불휘발성이므로 바테리가 필요없고 조작을 잘못하여도 내용이 바뀌지 않는 장점이 있다. 이 메모리를 지울 때에는 이레이저(Eraser)에 의해 자외선을 투사하여 지울 수 있다.

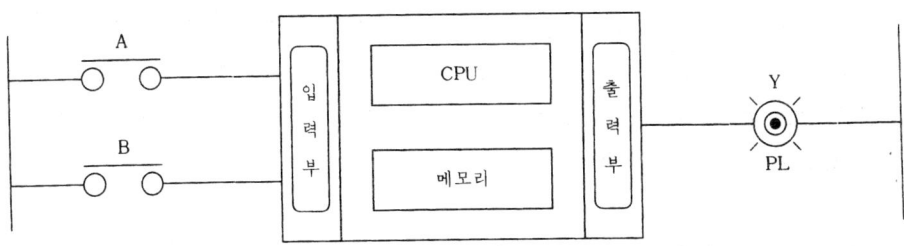

(a) 입출력의 관계

(b) 회로도

$$A \cdot B = Y$$

(c) 논리식(프로그램)

<그림 2-3> 프로그램 예

이것을 메모리에 써넣으면 <그림 2-4>과 같이 메모리의 어느 곳에 기억시킬 것인가를 결정 한다. 메모리에는 어디에 무엇이 있는지 알 수 있도록 번지(어드레스 또는 스텝 번호)

가 정해져 있다. A · B = Y를 30번지부터 써넣으면 30번지에 'A · ', 다음의 31번지에 'B=' 그리고 32번지에 'Y'과 같은 식으로 한 개의 명령어가 1개의 번지에 기억된다.

따라서 PLC가 운전 되면 낮은 번지순으로 CPU가 읽어내어 그 내용에 따라 PLC의 각 부를 동작시킨다. 즉, CPU가 30번지의 'A · '라고 하는 명령을 읽어내어 입력부의 상태가 ON인가 OFF인가를 조사하여 그 상태 신호를 CPU에 기억하고 다음에 오는 신호와 AND를 취할 준비를 한다. 다음에 31번지의 내용을 읽어내면 'B='라고 하는 명령이 있으므로 CPU는 입력부의 B상태신호를 조사하여 앞에서 30번지 명령실행시에 기억한 신호 A와의 AND를 취해 그 결과를 출력할 준비를 한다. 또한 다음의 32번지에서는 Y 라는 출력을 나타낼 명령이 있으므로 지금까지의 계산결과를 출력부의 Y에 보낸다. 이것으로 A · B = Y 의 모두가 완료되어 PLC는 다음의 33번지로 나아가게 된다. 이와같이 하여 CPU가 메모리의 모든 번지를 한주기 실행하는 시간을 스캐닝 타임(Scanning Time: 주사시간)이라고 말한다.

따라서 한번 실행되면 다음은 스캐닝 타임 간격으로 반복 실행된다.

④ 메모리의 용량

메모리에는 <그림 2-4>과 같이 한 개의 명령어가 한 개의 번지에 기억되어 있다. 이와 같이 각 번지에는 여러 가지 명령어(정보)를 기억하지 않으면 안된다. 명령어는 <그림 2-5>와 같이 정보량의 단위인 비트(Bit)가 몇 개 모여 구성되어 있다. 이 비트의 모임을 워드(Word)라고 하고 보통 1워드는 8비트, 12비트, 16비트, 32비트 등으로 구성되어 있고, 일반적으로 1워드는 16비트로 구성되어 있는 경우가 많다.

필요한 메모리 용량은 제어의 규모나 복잡성에 따른 프로그램량에 관련되므로 보통 1,000 Word(1kW), 2kW, 8kW, 16kW… 등으로 사용자가 선택하여 결정한다.

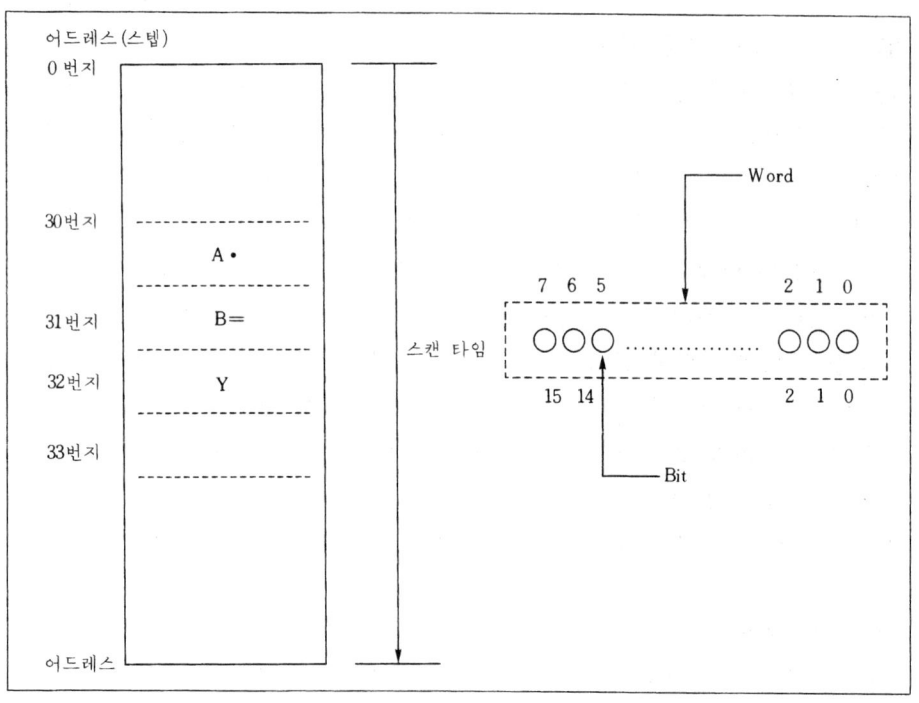

<그림 2-4> 메모리 내용　　　　　　　　<그림 2-5> Bit와 Word

10진수	16진수	2진수
0	0	0000
1	1	0001
2	2	0010
3	3	0011
4	4	0100
5	5	0101
6	6	0110
7	7	0111
8	8	1000
9	9	1001
10	A	1010
11	B	1011
12	C	1100
13	D	1101
14	E	1110
15	F	1111

<표 2-1> Bit(2진수)

☞ Bit(Binary digit): 컴퓨터가 취급하는 정보량의 최소단 위로 1 Bit에서는 '0'과 '1', 두 상태만을 가 지며, 예를 들어 3Bit로는 2^3개인 0에서 7까지 만 표현할수 있다.(표 2-1 참조)

☞ Word: Bit가 모인 것을 Word 또는 Step이라 하며 PLC에서는 메모리 용량의 크기를 나타내는 단 위로서 4Bit로는 16(2^4)종류, 8Bit로는 256(2^8) 종류, 16Bit로는 65536(2^{16}) 종류의 정보를 식별 할 수 있다. (표 2-2 참조)

<표 2-2> Word

10진수	16진수	2진수		
		4비트	8비트	16비트
0	H 0000	0000	0000 0000	0000 0000 0000 0000
15	H 000F	1111	0000 1111	0000 0000 0000 1111
255	H 00FF	-	1111 1111	0000 0000 1111 1111
65535	H FFFF	-	-	1111 1111 1111 1111

⑤ 내부 출력(Data Memory)

메모리부를 세분하면 프로그램 영역과 데이타 영역으로 나누어진다. 프로그램 영역은 지금까지 설명한 바와 같이 제어내용의 프로그램을 기억하는 부분이고 데이타 영역은 그 프로그램에 의해 연산된 결과를 일시 기억하는 부분이다.

프로그램 영역의 기억내용은 기준이 되는 프로그램이 일정하지만 데이타 영역의 기억내용은 시간적으로 연산결과에 따라 여러가지로 변화한다. 이것을 PLC에서는 내부 출력이라고 한다.

내부 출력이란 릴레이 시퀀스 제어에 있어서 릴레이 코일에 대한 출력에 상당하는 기능으로 직접외부로 출력하지 않지만 제어상 출력을 일시에 저장해 두는 것이다.

내부출력에는 Bit와 Word가 있고 Bit 내부 출력은 시퀀스 등에 자주 사용되는 형태를 한데 모아 내부출력으로 치환할 때에 사용한다. 이를 Bit(논리) 연산,Word(산술) 연산이라 한다.

이 내부 출력에는 또한 카운터 등의 경과치를 기억하고 있는 경우에 전원을 끊어도 그 내용을 보존하여 복전 후에 그대로 사용 할수 있도록 정전기억이 될 수 있는 것도 있으며, 따라서 제어가 복잡할수록 내부 출력이 많이 사용된다.

(3) 입출력부

입출력부는 PLC와 기계나 장치간의 인터페이스(Interface)로서 <표 2-3>과 같이 외부기기와 접속된다. 사용자는 외부기기의 개수를 산정할 때 조금의 여유를 두고 필요한 입출력 점수를 결정해야 한다.

<표 2-3> 입출력부에 접속되는 외부기기의 예

입 력 부	출 력 부	비　　고
리밋 스위치, 근접 스위치, 광전 스위치, 인코더, 입력 스위치 등	솔레노이드 밸브, 마그네틱 클 러치, 마그네틱 브레이크, 소 형 모타 등	기계장치 등에 연결되어 있는 것
푸시 버튼, 선택 스위치, 디 지털, 계측기 등	전자 개폐기, 표시등, 카운터, 제어장치 등	제어반, 조작반 등에 연결 되어 있는 것

참고로 입출력부의 회로 예를 보면 <그림 2-6>와 같다. 또한 입출력 신호의 종류를 살펴보면 <그림 2-7>과 같다.

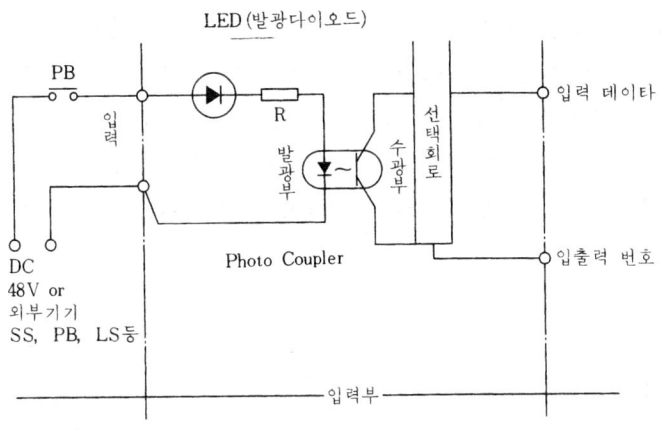

(a) 입력부 회로 예

(b) 출력부 회로 예

<그림 2-6> 입출력부 회로 예

① 다이렉트 신호방식과 버스 신호방식

다이렉트(Direct) 신호방식은 PLC의 입출력부와 연결된 외부기기가 1:1로 대응되는 방식으로 가장 많이 사용되고 있다.

버스(Bus)신호방식은 PLC의 출력에 복수의 외부기기를 접속하여 데이타 신호 이외에 외부기기의 선택신호를 보내 대응하는 기기와의 사이에 데이타를 주고 받는 방식으로 어느 정도의 기술이 요구된다.

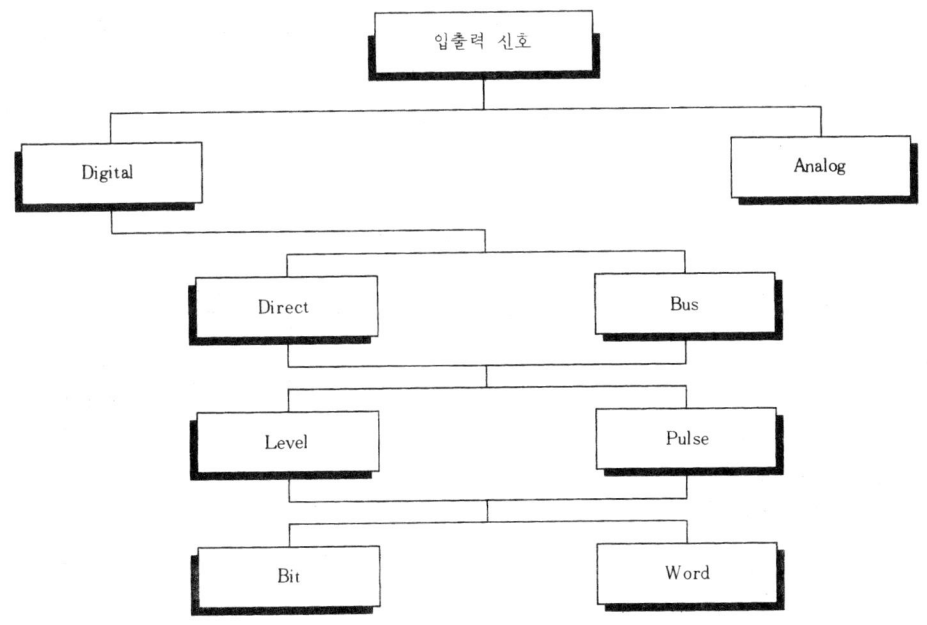

<그림 2-7> 입출력 신호 종류

② 레벨 신호방식과 펄스 신호방식

레벨, 신호방식은 ON-OFF 신호로 릴레이 회로와 같이 생각하여 PLC에 적용하여 사용할 수 있다.

펄스(Pulse) 신호방식은 ON-OFF가 매우 빠르고, 그 자체가 스캔(Scan)방식이므로 시간적으로 추종이 곤란 하다. 이 경우 고속 카운터 등 가능한 특별 입출력부를 사용하게 된다.(예> 써보 모터에 붙어 있는 펄스 인코더(Pulse encoder)의 신호)

③ 비트 신호방식과 워드 신호방식

PLC가 발전함에 따라 1비트의 ON-OFF 제어에서부터 복수비트의 동시제어가 실행될 수 있도록 되었다. 이 워드(Word)처리는 수치나 부호(Code)를 취급할 수 있으므로 계수 제어나 품별제어가 가능하다.

④ 아날로그 신호방식

기기의 주축 모터를 가변속(SCR 제어나 인버터제어 등)으로 운전하는 경우에 모터 회전수를 검출 하면서 회전수의 기준설정신호를 내는 데는 아날로그 신호(보통 0-10V)가 요구되므로 A/D 변환(Analog to Digital converter) 및 D/A 변환이 가능한 입출력장치가 부속된 PLC를 사용한다.

<표 2-4>에 일반적인 입출력부의 사양 예를 나타냈다. 이밖에 원격 입출력, 병렬 PLC와의 링크와 컴퓨터와의 링크 등이 있다.

⑷ 자기고장 진단기능

PLC는 제어 시스템의 중추적 역할을 하므로 고장이 발생하면 많은 부분에 영향을 미친다. 따라서 PLC는 자기 자신을 진단하는 자기고장 진단기능을 갖고 있는 것이 있으며 주로 하드의 고장을 PLC 자신이 진단하여 이상 부분을 표시한다. 이는 고장 요소의 조기 발견으로 조속조치 및 복구에 크게 기여하고 있다.

<표 2-4> 입 · 출력부 규격

항 목	교류 입력		직류 입력	
공 칭	AC 100V	AC 200V	DC 24 V	DC 48V
입력 전압	AC 85-135V	AC 170-270V	DC 18-36V	DC 36-60V
입력 전류	10 mA	10 mA	20 mA	10 mA
입력 임피던스	10 kΩ	20 kΩ	1.2 kΩ	4.8 kΩ
입력 점수	16점/ 모듈			
절연 방식	Opto coupler			
동작 표시	LED			

(a) 입력부 규격

항 목	릴레이 출력	Triac 출력		트랜지스터 출력	
공 칭	AC 100V DC 24V 200V	AC 100V	AC 200V	DC24V	DC 100V
출력 전압	AC 85-24V DC24±10%	AC 85-126 V	AC 120-250 V	DC 4.5-30 V	DC 18-125 V
부하 전류	2A	2A	2A	0.2A	0.2A
최대돌입전류	8A O.5s 이하	21A		0.3A 10ms 이하	4A 10ms 이하
출력 점수	16점/ 모듈				
절연 방식	릴레이	Opto coupler			
동작 표시	LED				

(b) 출력부 규격

제 3 장 프로그램 작성

3-1 개 요

PLC를 사용한 경우의 제어 프로그램과 종래의 릴레이 타이머등을 사용한 경우의 제어 시퀀스는 근본적으로 차이가 없다.

시퀀스를 이해하고 작성하기 위해 다음 세 가지 사항을 이해해야 한다.

① 제어할 대상의 특성을 잘 이해하여야 한다. 즉, 제어목적, 운전방법, 동작, 각 종 전기적인 조건을 알고 있어야 한다.

② 제어장치에 대한 지식이 있어야 한다. 즉, 릴레이와 PLC의 특성 및 사용법을 알고 있어야 한다.

③ 시퀀스를 작성하기 위한 약속을 알고 있어야 한다. 즉, 그림 기호, 기구 번호 상태 등에 대한 심볼 등을 알고 있어야 한다.

PLC를 사용하든가, 릴레이, 타이머를 사용하던가 상기 ①, ② 항에는 차이가 없다. 따라서 PLC를 사용한 경우의 제어 시퀀스를 이해하기 위해서는 PLC 자신의 특성과 그 사용법을 아는 것이 중요하다.

PLC 자신의 특성은, 예를 들면 입출력 카드의 정격전압, 정격전류, 접점수 등과 같은 물리적 특성(Hard)과, 논리연산기능, 타이머, 카운터 기능과 같은 기능적인 특성(Soft)이 있다.

이것들은 보통 카탈로그의 사양 항목에 기재되어 있다. 따라서 PLC가 갖고 있는 많은 기능 중에서 제어장치의 어떤 부분의 기능을 실행시키는가 하는 것이 PLC를 사용하는 방법으로 중요한 점이다.

3-2 프로그래밍 방식의 종류

　PLC로 기계나 장치를 제어하는 경우 우선 그 제어의 내용을 PLC가 판단할 수 있는 언어로 프로그램을 작성하여야 하는데 이를 프로그래밍이라 한다.

　PLC의 프로그램 규격이나, 규준이 제정되어 있지 않으므로 메이커나 기종에 따라 각 특징이 달라 통일된 설명이 곤란하므로 <그림 3-1> 및 <그림 3-2>에 각 종의 프로그램 예를 나타낸다.

　프로그램 방식을 분류하면 시퀀스 회로를 변화시킨 회로도 방식과 기계 등의 동작을 직접 프로그램한 동작도 방식으로 나누어진다.

　회로도 방식에는 래더도 방식, 명령어 방식, 그리고 로직 방식과 논리 방식의 네 가지가 있다.

　시퀀스도 전체를 표시할 수 있는 디스플레이 장치를 가진 PLC에서는 화면을 보면서 시퀀스를 그려넣고 그 외에도 접점의 동작 상태를 모니터 표시(예를 들면 접점이 ON이면 그 접점이 밝아짐)를 할 수 있는 래더도 방식이 최근 주류를 이루고 있다. 또한 운반이 용이하고 경제적인 소형 프로그래밍 장치(프로그래머)를 가진 PLC는 Ladder 방식과 명령어 방식이 많다.

　동작도 방식에는 시퀀스도를 작성하지 않고 기계 장치의 동작을 차트로 직접 프로그래밍하는 플로우 차트 방식과 순서 방식 두 종류가 있다.

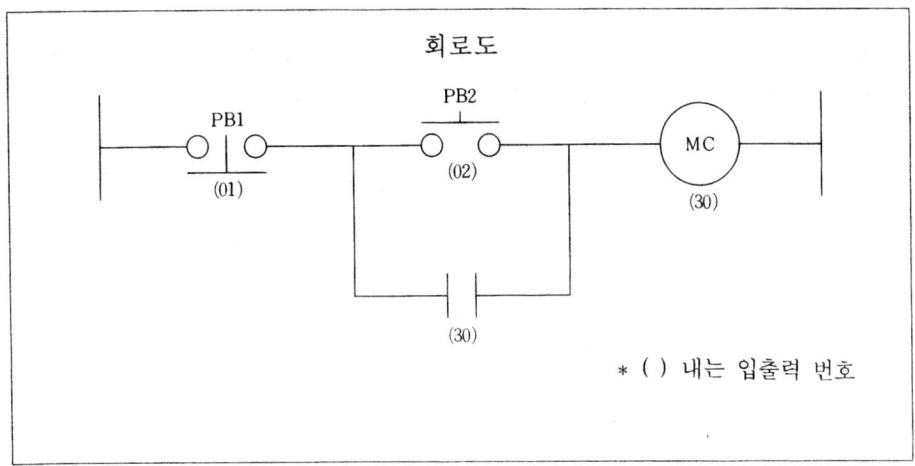

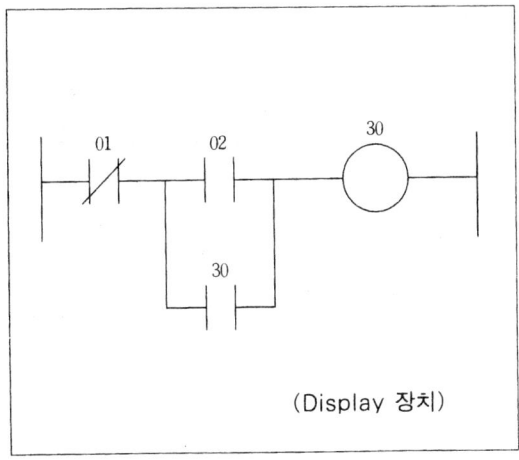

(a) 래더도 방식

```
LOAD NOT   01

LOAD       02

OR         30

AND LOAD

OUT        30
```

(b) 명령어 방식

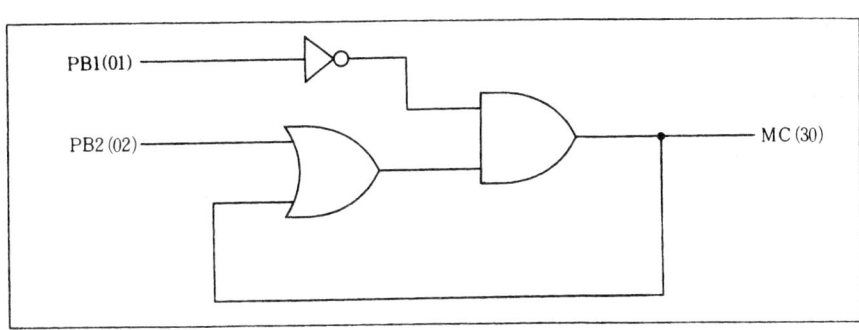

(c) 로직 방식

$$\overline{01} \cdot (02 + 30) = 30$$

(d) 논리식 방식

<그림 3-1> 회로도 방식에 의한 프로그램

PB 스위치의 동작		
PB 스위치 PB2(02)를 누르면 동작한다. (출력 30번이 세트)	PB 스위치 PB1(01)을 누르면 동작한다. (출력 30번이 리셋)	다음에 PB2(02)를 누를 때까지 정지 상태

* ( )는 입출력 번호

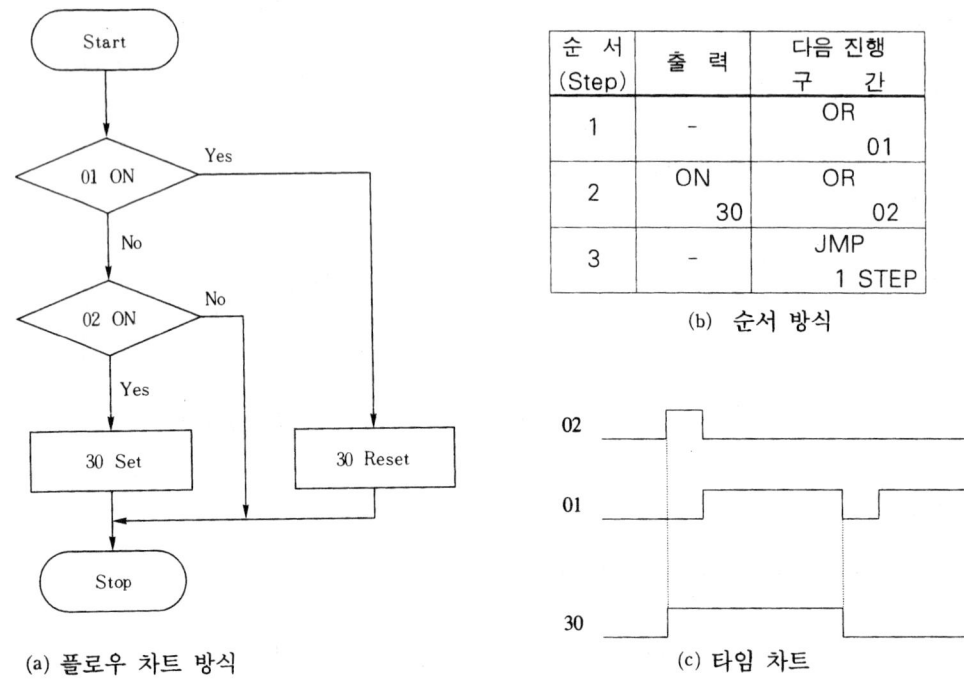

(a) 플로우 차트 방식

순 서 (Step)	출 력	다음 진행 구 간
1	-	OR 01
2	ON 30	OR 02
3	-	JMP 1 STEP

(b) 순서 방식

(c) 타임 차트

<그림 3-2> 동작도 방식에 의한 프로그램

3-3 제어 범위

(1) 물리적 범위(Hardware)

① 직접 외부기기를 제어하는 경우

<그림 3-3>에 나타낸 바와 같이 PLC의 출력으로서 직접 외부기기(그림에서는 전자 밸브)를 ON-OFF하는 방식으로서 다음과 같은 결점이 있다.

▶ PLC의 출력용량이 외부기기의 용량 이상으로 되지 않으면 사용할 수 없다.

▶ 출력회로가 <그림 3-4>와 같이 한쪽 선로를 공통선으로 사용하는 경우가 많기 때문에 외부기기의 전원 종류(DC /AC)나 전압이 다른 경우 사용할 수 없다

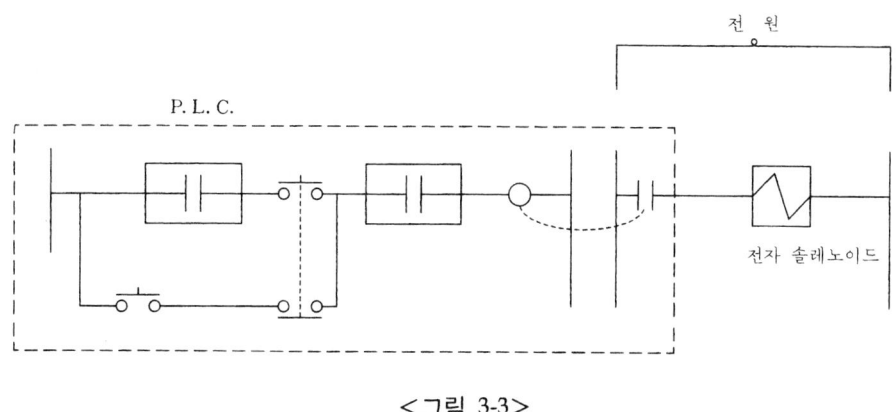

<그림 3-3>

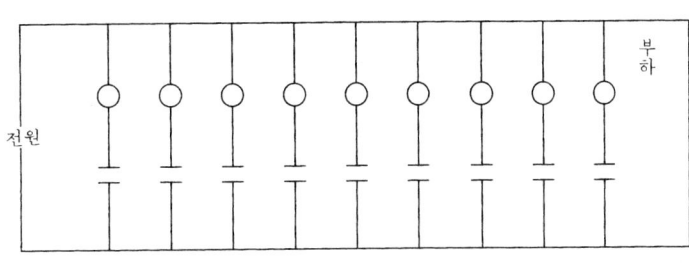

<그림 3-4>

▶ 부하의 양쪽에서 선로를 개방(트립) 시키는 것은 곤란하다. 즉 모터 회로 등에서 출력
   기기 다음에 서멀 릴레이(thermal relay)로 회로를 차단시키면 안 된다.

② 외부 릴레이를 설치하는 경우

   <그림 3-5>에 나타난 바와 같이 PLC으로서의 외부 릴레이(그림에서 R)를 동작시켜 이
   릴레이로 외부기기를 조작한다. 이 릴레이 선택으로 상기 ①의 결점은 해결될 수 있지만
   다음과 같은 사항이 요구된다.

▶ 외부 릴레이가 별도로 필요하다.
▶ 릴레이 전원이 필요하다.
▶ 릴레이를 수납할 장소(Space)가 요구된다.

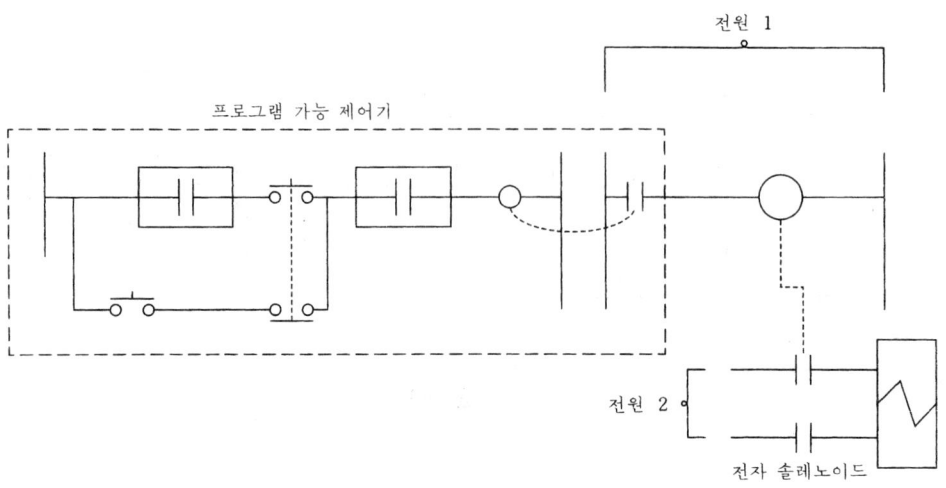

<그림 3-5>

(2) 기능적 범위(Software)

① PLC로서 모든 기능을 행하는 경우

　　<그림 3-6>에 나타낸 바와 같이 PLC 내부에서 자동 회로, 인터로크 회로를 결선하고
그 최종결과를 외부로 출력시키는 방식으로서 PLC의 외부 회로는 간단하지만 다음과 같
은 결점이 있다.

　▶ PLC가 고장날 경우, 비상 정지회로와 보호회로 등의 인터로크 회로가 작동되지 않아
기계를 손상시킬 염려가 있다.

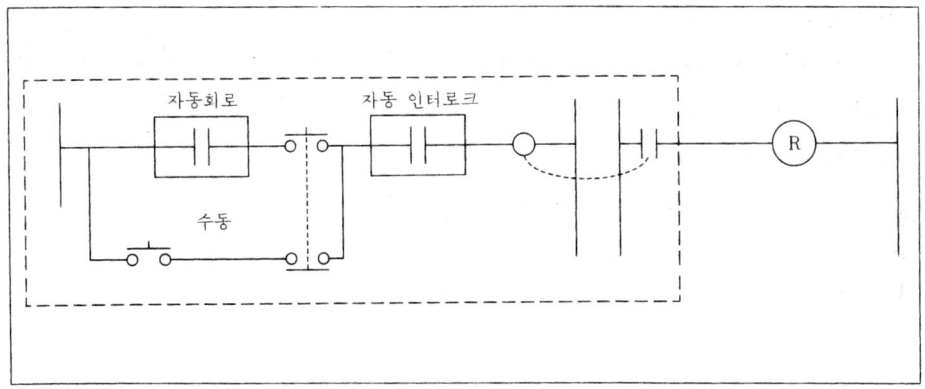

<그림 3-6>

② 절대 인터로크(Interlock)만 외부회로에서 결선하는 경우

<그림 3-7>에서 나타낸 바와 같이 비상 정지회로, 보호회로, 또 모터의 정· 역회전용 전자 접촉기의 상호 인터로크 등의 절대 인터로크를 PLC의 외부에서 결선하고 PLC의 내부에서는 자동 회로, 수동 회로 및 인터로크 회로를 구성시킨다. PLC 내부에서도 인터로크 회로를 구성하는 것은 내부의 자기유지 회로 등의 절대 인터로크 회로가 동작할 때 개방되기 쉽기 때문이다. 이 방식은 상기 ①의 결점은 해결되지만 다음과 같은 결점이 있다.

▶ 인터로크 회로를 PLC의 내부와 외부에서 구성하므로 PLC의 입출력 점수가 많아진다.

▶ PLC가 고장날 경우, 수동회로가 작동하지 않으므로 제어대상을 개별적으로 동작시키는 수동운전이 불가능하게 된다. 이 내용은 극히 중요한 의미를 내포하고 있다. 수동 운전의 목적으로는 자동운전이 불가능할 때의 백업, 예를 들면 리밋 스위치 등 PLC 외부 조건이 일치되지 않아 자동운전이 불가능한 경우, 사람이 자발적으로 확인하면서 수동운전을 계속시키고 싶은 경우, 또 PLC의 백업으로서의 목적이 있다.
  전자의 경우에 있어서 백업 방식의 ②의 결점은 큰 문제이다. 따라서 다음과 같은 방식을 채택해야 한다.

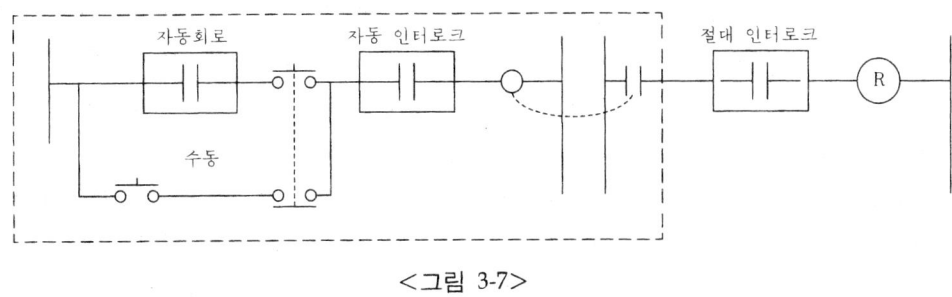

<그림 3-7>

③ 자동회로만 PLC에서 구성하는 경우 <그림 3-8>에서 나타낸 바와 같이 자동회로 및 이에 필요한 인터로크만 PLC 내부에서 구성하고 수동 회로와 절대 인터로크는 외부 릴레이 등으로서 구성시키는 방식이다.
  본 방식은 만일 PLC가 고장이 나도 자동운전만 계속될 수 없을 뿐이고, 비상, 정지 등의 절대 인터로크 회로와 운전에 의한 계속 운전은 가능한 이점이 있다. 그러나 이 회로도 다음과 같은 단점이 있다.

▶ 외부 회로가 많게 되어 릴레이 등의 부품이 필요하게 되며 PLC를 사용하는 장점이 줄어든다.

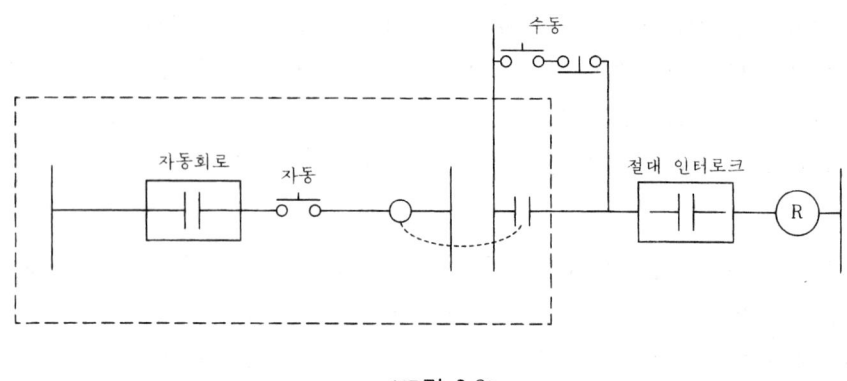

<그림 3-8>

3-4 프로그래밍에 의한 기능 향상

(1) 직렬처리와 병렬처리

PLC와 릴레이반의 차이점의 하나로 '직렬처리와 병렬처리'라는 작동상의 차이가 있다. PLC는 스캔 방식으로 연산을 실행하기 때문에 짧은 한순간을 잡아보면 어떤 한가지 일밖에는 하지 않고 있다. 즉, 이 PLC는 한순간 한순간을 계속하여 큰 일을 한다는 직렬 연산처리 방식이며, 릴레이반은 동시에 몇 가지의 일을 하는 병렬 연산처리 방식이다.

<그림 3-9>의 시퀀스 그림에서 PLC와 릴레이반의 작동상의 차이를 설명하겠다. 먼저 릴레이반이 접점 X0와 X1, 혹은 X2와 X3가 동시에 ON한다면 출력 Y1, Y2가 동시에 작동한다. 이에 반하여 PLC의 경우는 프로그램에 따라서 먼저 'X0·'를 읽고 다음에는 'X1= '를 읽고 그 결과를 출력 Y1에 보낸다. 다음에는 'X2·', 'X3='를 하고 Y2에 그 결과를 출력한다. 이와 같이 메모리에 있는 순번에 따라 연산을 해나가는 직렬처리이다.

(2) 스캔 방식의 활용

스캔 동작에 의한 것이 릴레이 회로와 어떤 차이점이 있는가 좀더 상세히 살펴보기로 하자.

<그림 3-10>의 시퀀스 회로에서 먼저 릴레이반에서는 스냅 스위치 A가 투입되면 보조 릴레이 Z0가 동작하고 다음에 Z1, 마지막에 출력 릴레이 Y가 ON이 된다. 이 때 그림 (ⅰ)과 그림 (ⅱ)는 완전히 같은 동작을 한다.

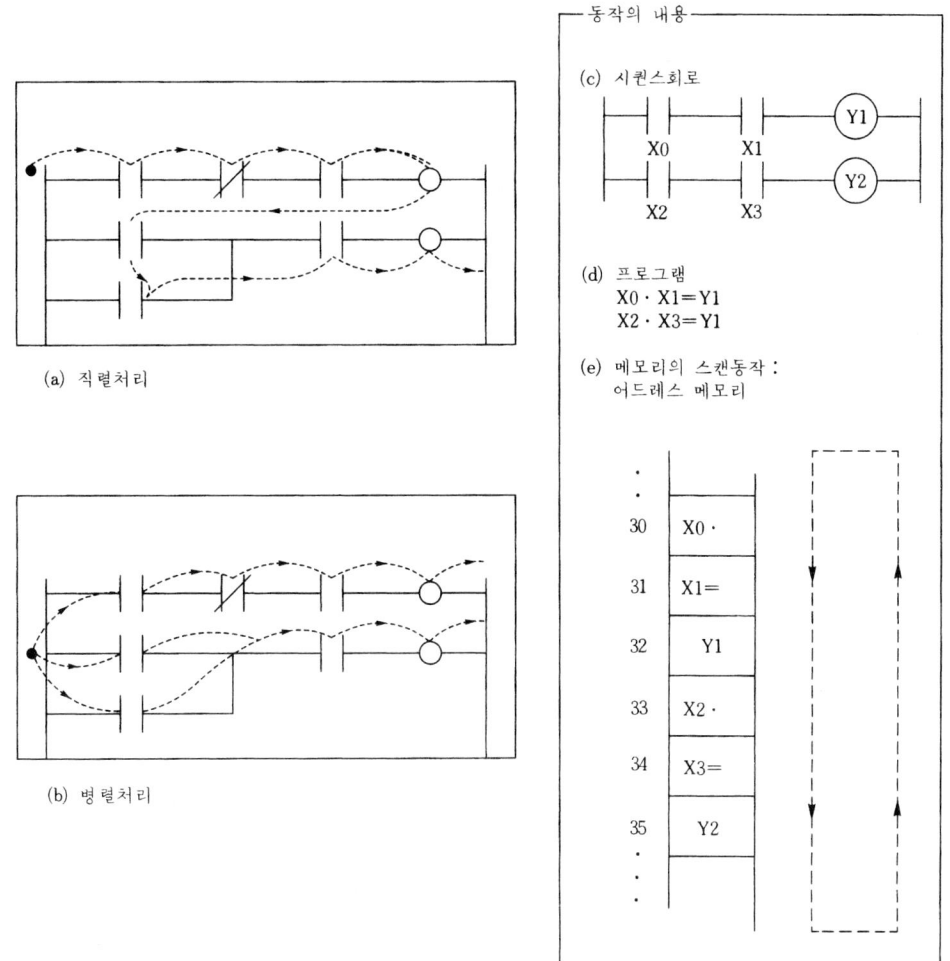

(a) 직렬처리

(b) 병렬처리

동작의 내용

(c) 시퀀스회로

(d) 프로그램
X0 · X1＝Y1
X2 · X3＝Y1

(e) 메모리의 스캔동작 :
어드레스 메모리

30	X0 ·
31	X1＝
32	Y1
33	X2 ·
34	X3＝
35	Y2

<그림 3-9> 직렬처리와 병렬처리

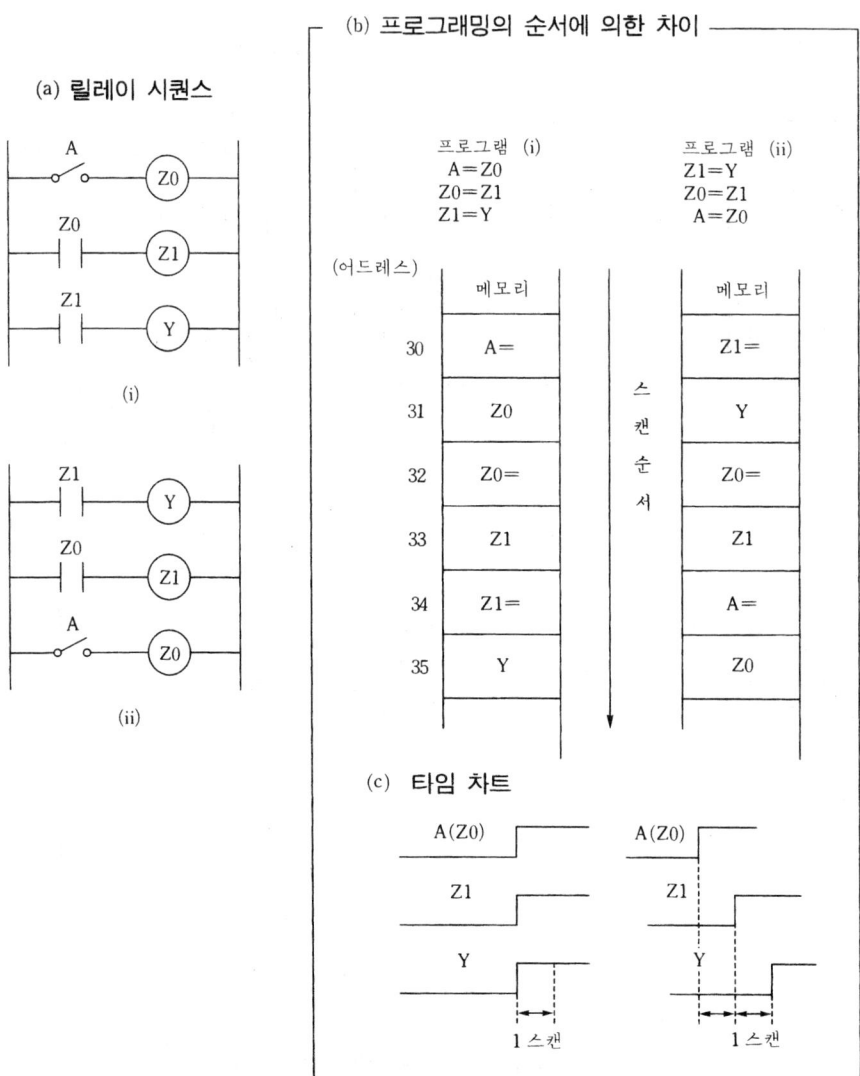

<그림 3-10> 프로그램에 의한 작동의 차이

즉 시퀀스 그림을 그리는 순서와는 관계없이 A → Z0 → Z1 →Y 의 순번으로 ON된다.

이에 비하여 PLC의 경우는 프로그램을 써넣은 순서에 따라 프로그램 (i), 프로그램 (ii)의 차이가 나온다. (i)의 경우는 1스캔 내에 작동하지만 (ii)의 경우는 입력 A가 들어오면 제1의 스캔에서 먼저 어드레스 34의 'A='를 읽고 다음 어드레스에 있는 Z0가 자동하고 스캔이 한번 순환된 후 어드레스 32, 33의 'Z0=Z1'이 동작한다.

이와 같이 최초의 스캔만으로서는 전부 동작을 할 수가 없으며 1스캔마다 1회로씩 작동하게 된다. 프로그램 (ii)와 같이 스캔 방향과 반대로 프로그램을 써넣음으로써 다르게 작동시키고 이것을 잘 이용하면 여러 가지 고기능을 실현시킬 수가 있다.

이렇게 프로그래밍하는 것을 리버스 플로우 방식(Reverse Flow 프로그래밍)이라고 한다.

그림의 리버스 플로우 방식을 보면 A라는 입력신호가 들어가서 Y라는 신호가 나오는데까지 2스캔의 시간 만큼 늦어지고 있다. 이와 같이 스캔을 적극적으로 이용하여 만든 타이머를 스캔 타이머라고 부른다.

스캔 타임의 다른 활용법으로서의 스캔 타임 플리커(<그림 3-11>)가 있다. 스냅 스위치 A를 투입하면 최초의 스캔에서는 접점 Z가 OFF 상태이기 때문에 어드레스 31 'Z='의 연산 결과가 ON이 되어 다음 명령에서는 'ON'을 출력하고 Z는 ON 상태가 된다. 다음 스캔에서는 이미 Z가 ON 상태이기 때문에 어드레스 31의 연산결과가 OFF가 되어 이번에는 Z이 OFF 상태가 된다. 1스캔마다 이 상태를 반복하기 때문에 플리커 릴레이처럼 된다. 이것을 스캔타임 플리커라고 한다.

또 이 신호를 이용하여 PLC의 스캔이 정상적으로 작동하고 있는지 어떤지를 판별하는 표시로 사용할 수 있고 또 타이머를 만들 수도 있다.

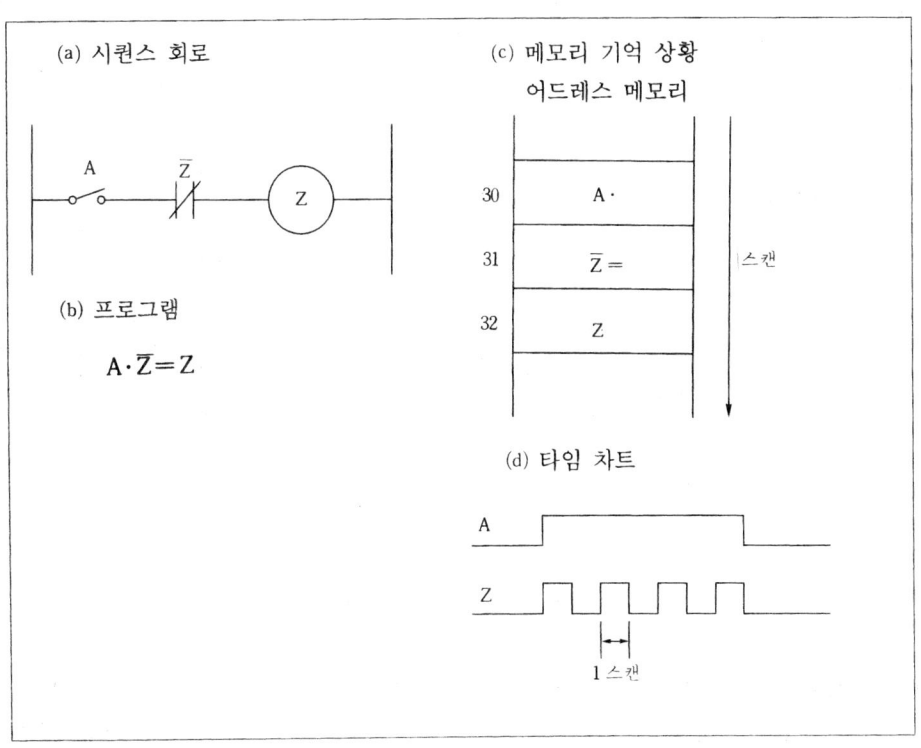

<그림 3-11> 스캔타임 플리커

(3) 스캔펄스(Scan Pulse) 발생회로

시프트 회로나 카운터 회로로 프로그래밍을 할 때 먼저 필요로 하는 것은 1스캔펄스 발생회로나 카운터 회로의 입력으로서 시프트 펄스나 카운트 펄스를 필요로 하지만 이 펄스는 입력

신호가 들어간 '일어난' 순간 또는 신호가 끊어진다.

'떨어진' 순간에 단시간 펄스로서 내줄 필요가 있다. 이 단시간 펄스로 <그림 3-12>에 표시한 바와 같이 1스캔타임의 폭을 가진 펄스를 만들 수가 있다. 이 프로그램으로 중요한 것은 리버스 플로우 방식에 의하여 ①→②의 순서로 프로그램을 작성해야 하는 일이다.

그림의 회로에서 입력신호 A가 ON이 되면 처음에는 Z0가 OFF의 상태에 있기 때문에 먼저 Z1이 ON, 이어서 Z0가 ON이 된다. 이 상태에서 스캔이 일순하고 다시 ①의 처리를 시작하면 이번에는 Z0가 ON 상태이기 때문에 Z1은 OFF가 된다. 이하 입력신호 A가 없어질 때까지 이 상태(Z0=ON, Z1=OFF) 그대로이다.

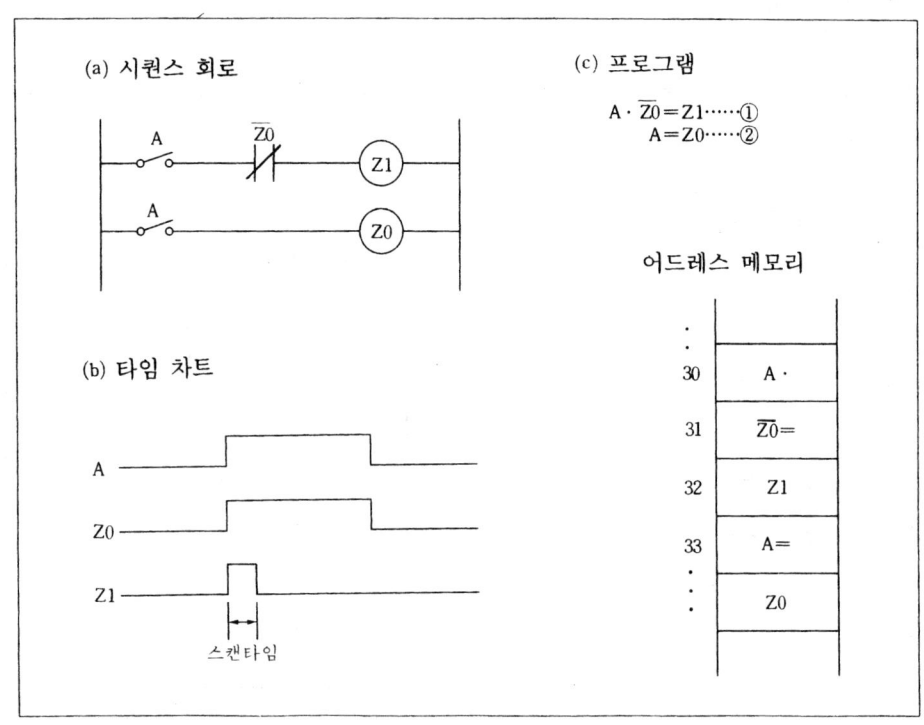

<그림 3-12> 스캔펄스 발생회로

이상의 설명으로 알 수 있는 바와 같이 Z1은 1스캔기간만 들어있는 회로이며(<그림 3-12>), 입력신호 A의 투입시간이 미분 펄스를 낸 것이 된다. 그러나 이 회로에서는 만약 스캔이 어드레스 32를 읽고 있을 때(프로그램 ①과 ②의 중간에서) 입력신호 A가 들어가면 처음 Z0가 동작하여 Z1의 회로를 끊어버리기 때문에 다음 스캔으로 Z1이 작동할 수 없게 된다.

즉 영구히 Z1이 ON 되지 않으면 스캔펄스가 발생하지 않는다. 이러한 상태가 발생하는 확률은 매우 낮지만 이런 문제는 재현성이 없는 트러블의 원인이 되어버린다.

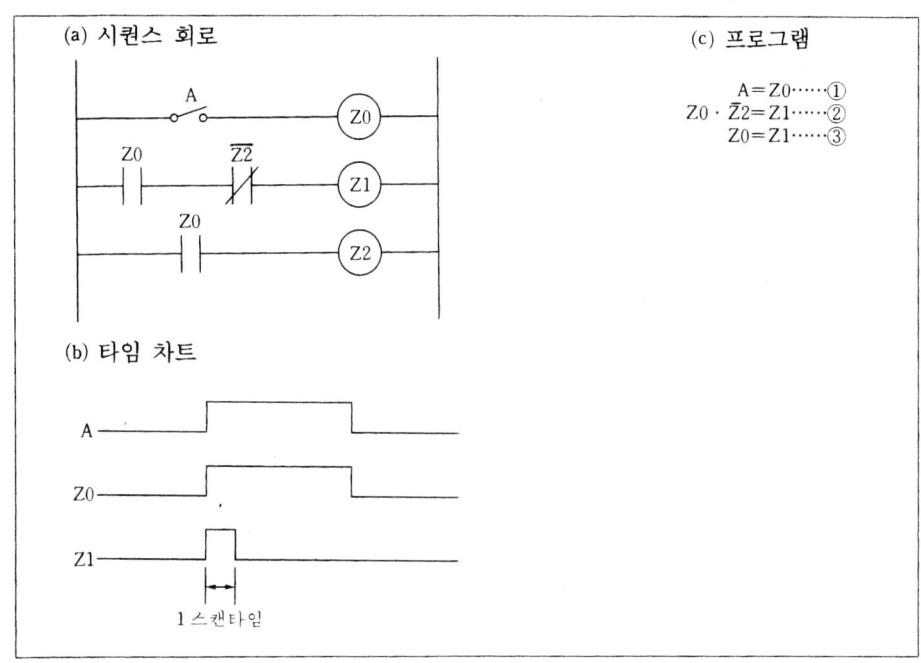

<그림 3-13> 개량된 스캔펄스 발생회로

이런 문제를 피하기 위하여 <그림 3-13>과 같은 프로그램을 짜면 좋다. 이 회로에서 3개의 내부 출력을 사용하면 반드시 Z0, Z1, Z2의 차례로 장기를 쓰러뜨리는 식으로 작동하여 Z2가 먼저 작동하는 경우는 없다.

이 1스캔펄스 발생회로는 다음에 설명하는 고도의 프로그래밍 기술에 자주 사용되는 회로이다.

(4) 래치(Latch) 회로 <그림 3-14>

입력 데이타를 어떤 타이밍으로 기억한다는 래치 회로를 생각해 본다. (a) 그림은 래치 회로의 기본이다. 입력 데이타 A는 래치 신호 L이 있는 동안에는 그대로 출력 Y에 전해져 있으며, L이 끊어져도 그 데이타는 기억된 상태이다.

그런데 이 방법으로는 타임 차트에 나타나는 것처럼 래치 신호가 짧은 경우에는 좋지만 입력 A가 끊어진 다음에는 계속하는 것과 같은 긴 래치 신호 L이 생겼을 경우에는 L신호가 끊어진 순간의 상태를 래치 해버리는 것이 된다. 이것을 개량한 회로가 (b) 그림이다.

여기에서는 <그림 3-12>에 나타낸 1스캔펄스 발생 회로가 사용되고 있다. 즉, 래치 신호 L이 ON된 순간, 올라간 1스캔 시간 내에서만 ON이 되는 Z1의 펄스를 얻을 수 있다.

따라서 신호 L의 길이에 상관없이 올라간 순간의 데이타를 출력 Y에 래치할 수가 있다.

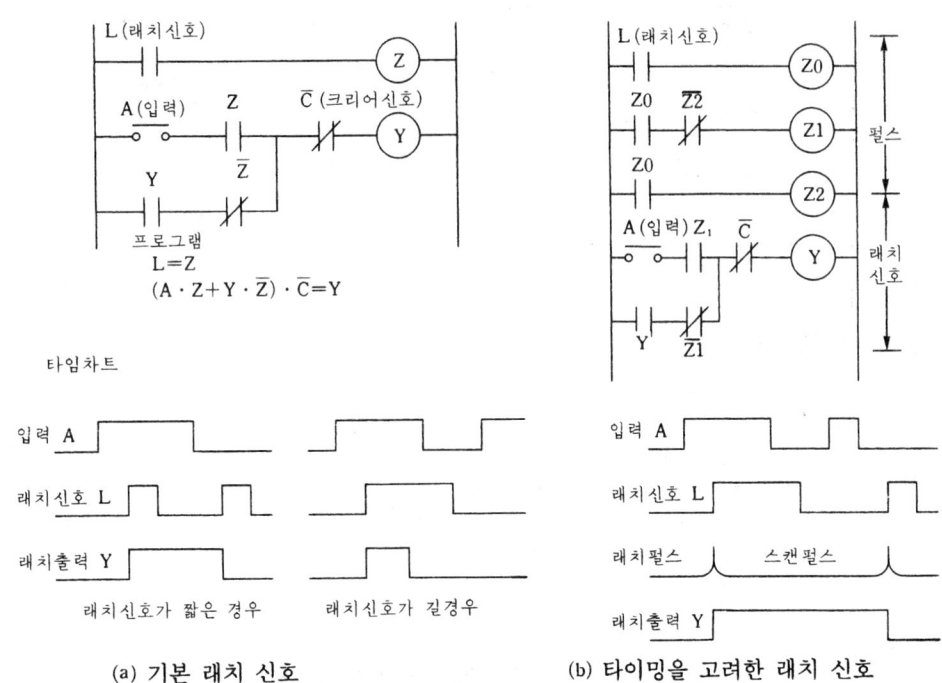

(a) 기본 래치 신호　　　　　(b) 타이밍을 고려한 래치 신호

<그림 3-14> 래치 회로

　이와 같이 1스캔 펄스 발생회로는 매우 유효하다.　그림 (b)가 래치 회로의 기본이며 입력
데이타 A는 래치 신호 L이 올라감으로써 기억한다는 회로이다.

(5) 시프트(Shift) 회로

　컨베이어 위의 물건 움직임을 추적하면서 어느 곳에 물건이 있는가를 판별하여 그 장소에
있으면 작업을 하고 그렇지 않으면 그대로 지나가 버리는 동작은 작업의 속도 향상이나 합리
화에 효과가 있다. 그러나 이 제어는 제법 어렵고 보통 물건이 있는지 없는지를 검출하기로
구별한 다음에, 작업을 한 것인가 아니면 물건이 있거나 없거나 작업하기 위하여 쓸데없이 움
직이지 않으면 안된다.

　이럴때 시프트 회로를 사용하면 매우 효율적으로 작업할 수 있기 때문에 매우 효과적이다.

　시프트 회로의 동작 조건은 다음과 같다.　<그림 3-15>

① 컨베이어에 물건을 실었다는 신호를 A라고 한다.

② 컨베이어의 운전 닥트 신호를 B라고 하면 이 신호에 따라 '물건이 있다'는 신호 A를 Y0
　에 넣는다.

③ 마찬가지로 닥트 신호를 사용하여 물건의 움직임과 마찬가지로 Y0의 상태를 Y1→Y2→
　Y3로 시프트시킨다.

④ 각각의 Y의 상태가 컨베이어의 위치에 대응해 있기 때문에 이것에 의하여 작업 지시가
　이루어지고 낭비없는 작업을 할 수가 있다.

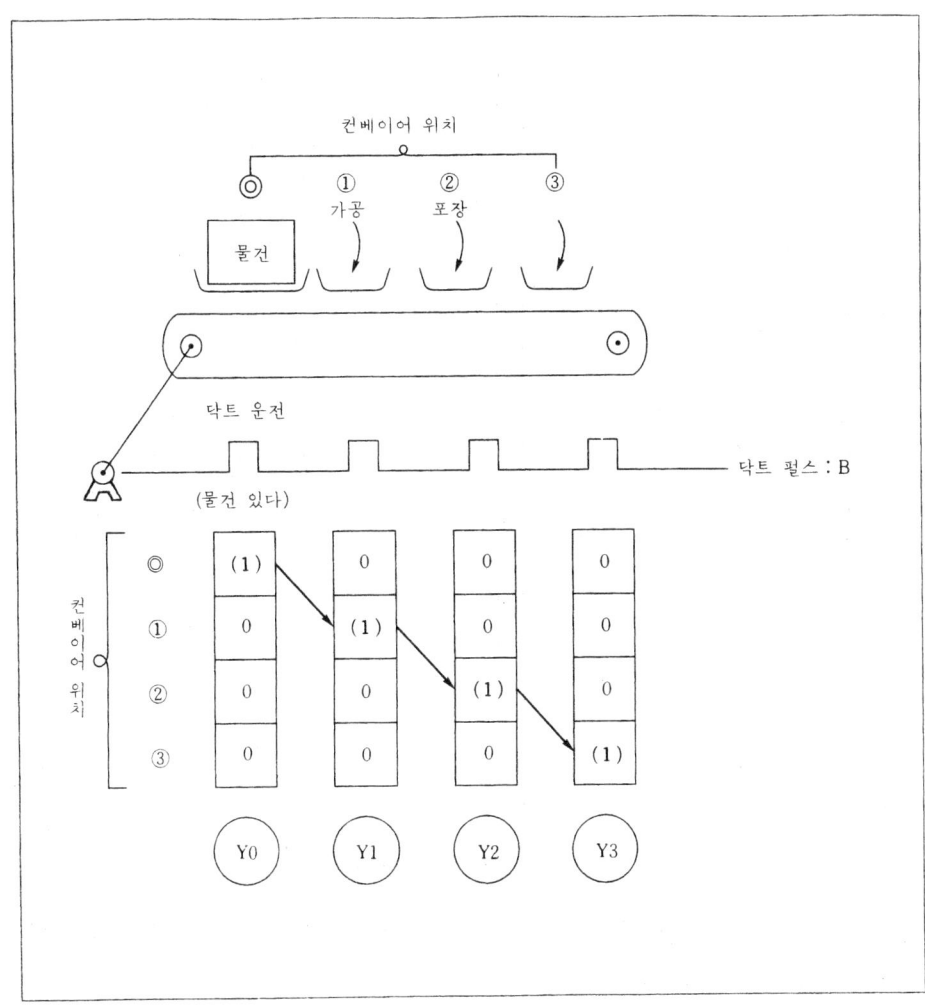

<그림 3-15> 컨베이어와 물건의 움직임

<그림 3-16>과 같이 시프트 회로에서도 펄스 발생회로와 래치 회로가 중요한 역할을 한다. 이 시프트 회로는 다음과 같이 작동한다.

래치 회로 1은 물건이 들어갔다는 신호 A를 데이타로 받고 닥트 신호 B를 올라가는 래치 신호로 하는 회로이다.

다음 래치 회로 2는 래치 회로 1의 출력을 입력 데이타로 받아 역시 닥트 신호가 올라가는 것을 클록하는 래치 회로가 되어 있으며 래치 회로 3, 4도 마찬가지로 접속되어 있다.

여기서 시프트 펄스 B가 ON 된 후의 최초의 스캔에 래치 회로 1이 작작하여 입력 데이타 A가 Y1에 기억된다. 다음, 시프트 펄스 B가 다시 ON이 되면 먼저 기억된 'A=Y1' 신호가 Y2에 기억된다.

즉 래치 회로 1의 입력 데이타 신호가 Y1이기 때문이다. 물론 이때 새로운 입력 데이타 A

• 시퀀스 회로

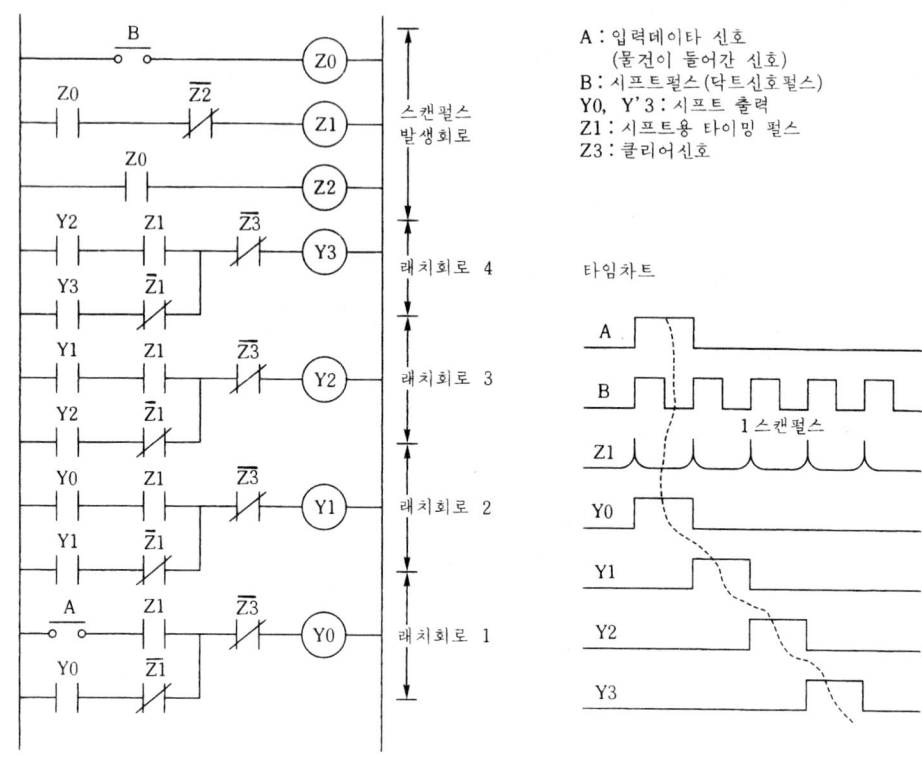

<그림 3-16> 시프트 회로

는 다시 Y1에 기억된다. 이와 같이 입력 데이타 A가 Y1→Y2→Y3→Y4를 움직여 나가기(시프트 하기) 때문에 시프트 회로라고 한다.

여기서 래치 회로 1~3는 스캔방향과 반대로 프로그램되어 있는 것에 주목하지 않으면 안된다. 만약 스캔과 같은 방향으로 프로그램하며 1스캔 내에서 래치 회로 1~4의 4단 시프트를 1회에 해버리면 시프트의 목적을 달성할 수 없게 된다.

즉 여기서도 리버스 플로우 방식의 프로그램이 활용되고 있다.

(6) 캠 타이머(Cam Timer)

스탭핑 릴레이 회로에서는 스텝 신호로 접점신호(리밋 스위치 등 외부입력 신호를 사용하였으나 실제로 프로그램 운전을 하는 기계나 장치에서는 전진신호로서 타이머를 사용, 일정한 시간만 일하고는 다음 일로 나가는 경우도 많다.

<그림 3-17>은 이 동작을 기계적으로 구성한 캠 타이머의 원리인데 로터리 캠식 시퀀스의 원리이다.

PLC로 이 기능을 수행하기 위해서는 <그림 3-18>과 같이 회로를 설계 하면된다. 타임차트에서 알 수 있는 것과 같이 Y0, Y1, Y2의 차례로 TD1, TD2, TD3로 설정된 시간만 출력된다.

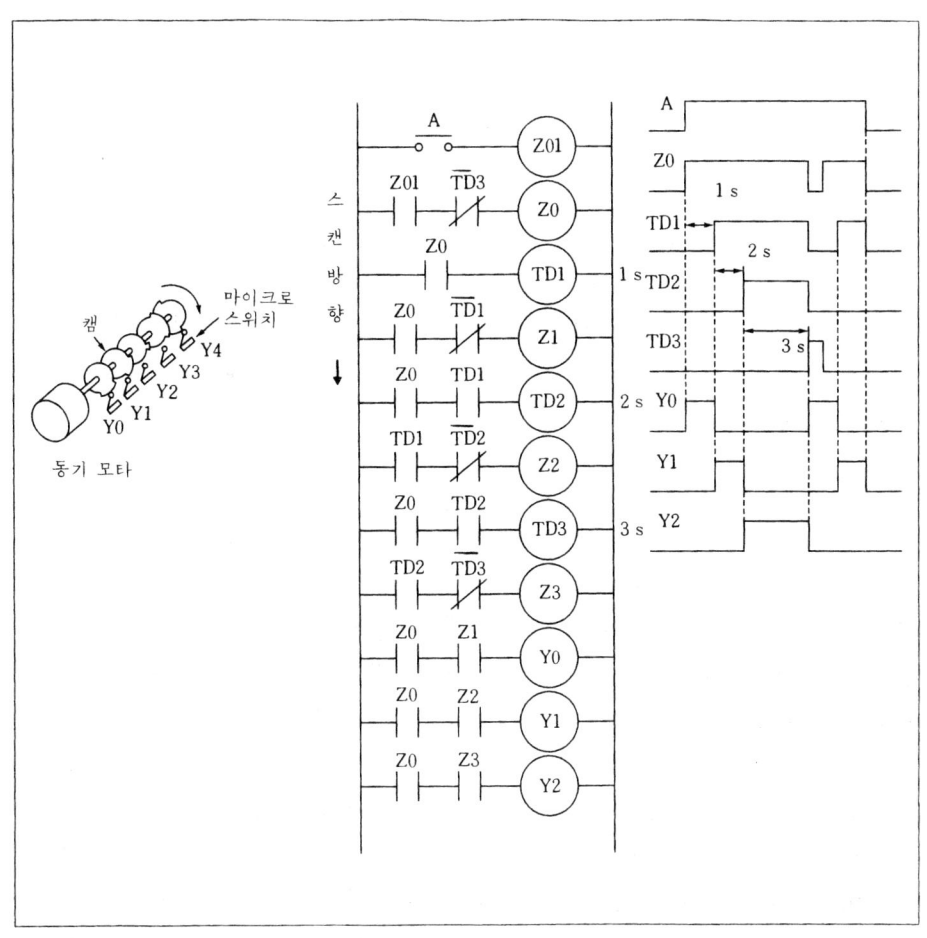

<그림 3-17> 기계식 캠 타이머   <그림 3-18> PLC에 의한
                                              캠 타이머 회로

출발신호 A가 OFF 되면 모든 것이 원래의 상태로 리셋되고 다시 A가 들어오면 Y0에서 차례로 출력된다. 이 회로는 정전 기억내부 출력과 정전 기억 타이머를 병용함으로써 정전시의 상태를 기억시켜 정전 후 그 상태에서 다시 출발시키도록 응용할 수 있다.

(7) 카운터(Counter)

카운터는 입력펄스 신호와 계수를 세는 것으로 업 카운터(Up counter)와 다운 카운터(Down counter)가 있다. 예를 들면 생산 개수의 카운터 등 계수량이 증가해 나가는 것을 업 카운터라고 하며, 창고에 나가는 제품의 수를 카운트하여 재고의 수를 관리하는 등 계수량이 감소되어 가는 것을 다운 카운터라고 한다.

보통 단순한 프리셋 카운터는 PC 기능으로서 간단한 명령으로 작동한다. 그러나 PLC의 소프트 활용으로 훨씬 기능이 높은 카운터로 실현될 수 있다. 이 경우 기본이 되는 회로를 <그림 3-19>에 표시한다.

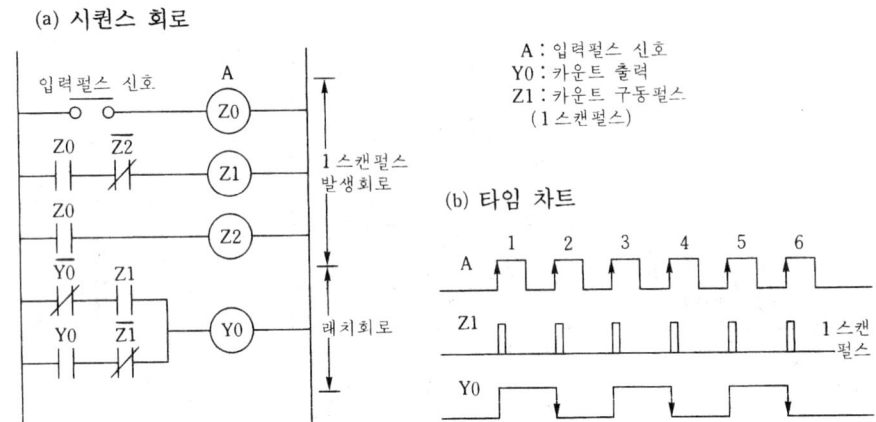

<그림 3-19> 카운터의 기초 (1비트 카운터)

이 회로는 1스캔펄스 회로와 래치 회로를 설계한 것이며 입력 펄스 A가 ON이 된 최초의 스캔에 있어 Z1이 1스캔 펄스를 발생시키고 출력 Y0가 ON이 된다. A가 한번 OFF가 되고 다시 ON 되면 Y0는 떨어진다. 즉 A가 들어가면 Y0는 ON(1), OFF(0)를 반복한다. 이것을 '1비트 카운터'라고 한다.

1비트 카운터에서는 0과 1 두 개밖에 카운트되지 않지만, 이 회로를 종속접속하여 비트를 늘이면 2 비트로는 $2^2 = 4$개, 3비트로는 $2^3 = 8$개라는 식으로 카운트 수를 얼마든지 증가시킬 수 있다. <그림 3-20>은 4비트 카운터의 보기인데 타임차트에서 알 수 있는 바와 같이 2비트째 이후의 입력 신호는 전비트의 출력 신호가 끊어진 시점에서 들어가도록 해야 한다.

반대로 다운 카운터의 경우는 <그림 3-20>의 타임 챠트가 오른쪽에서 왼쪽으로 흘러가도록 생각하여 기본이 되는 1비트 카운터를 조합시켜 나가면 된다.

이와 같이 1비트 카운터의 입력 신호를 짜넣는 방법을 바꾸면 출력 Y가 여러가지 타이밍으로 작동, 작동 정지를 반복하는 프로그램을 간단히 만들 수 있다.

⑻ 가산 회로

두 가지의 수치 데이타를 가산하여 그 결과를 출력하는 회로를 가산 회로라고 하며 수치의 연산 결과로 제어하는 경우에 사용된다.

예로 <표 3-1>은 5+7=12의 가산 예인데 컴퓨터나 PLC로는 이것을 2진수로 하여 가산한다. 따라서 다루는 수치가 커지면 비트수(항수)를 늘어나게 된다. 5+7=12와 같이 올림신호 C(Carry:캐리)를 상위 항에 가산한다. 즉 n 비트의 가산은 C_n-1을 가산하여 $A_n+B_n+C_n-1$을 계산해야 한다.

<표 3-2>는 n비트의 눈에는 가산의 로직를 표시한다.

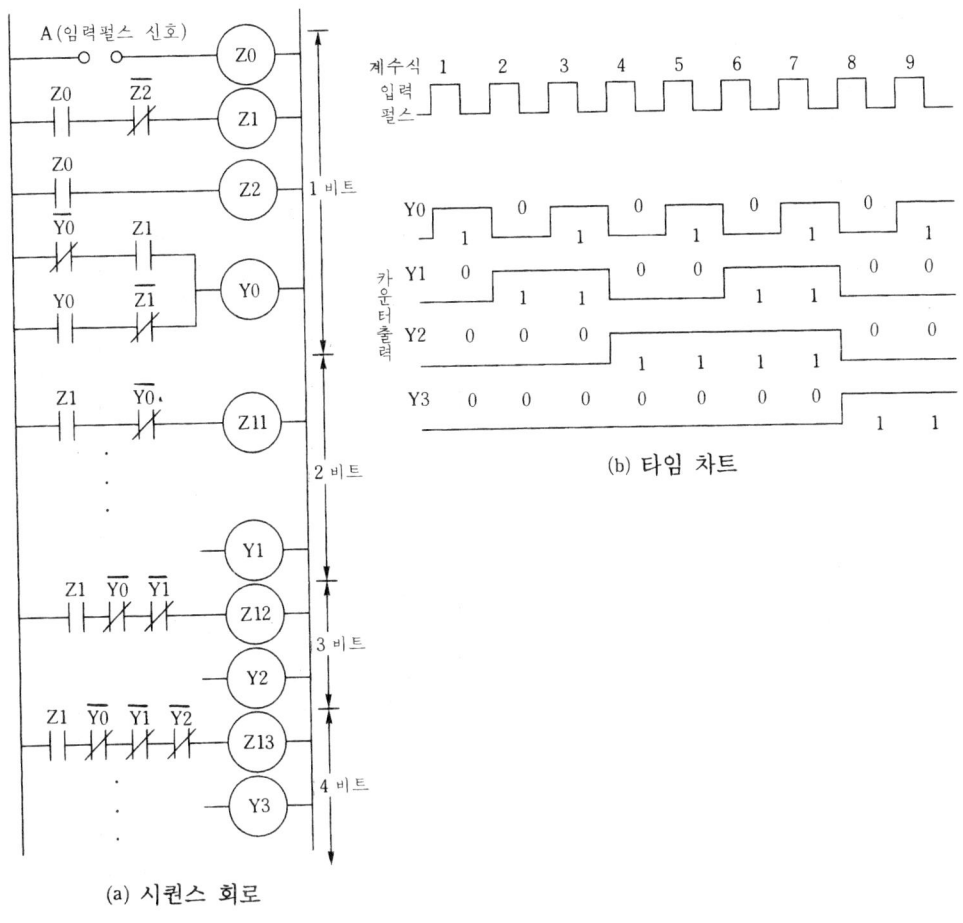

(a) 시퀀스 회로

(b) 타임 차트

<그림 3-20> 4비트 카운터

이 로직에서 가산의 기본 회로는 <그림 3-21>과 같이 된다. Z_n과 C_n은 내부 출력으로 취급하고 가산 결과는 Y_n이 된다.

<그림 3-22>에 실제의 가산 회로를 표시한다. 이것은 3비트의 예인데 마찬가지로 4비트, 5비트…로 확장이 가능하다. 올림이 있을 경우에는 상위 비트로 가산하지 않으면 안되기 때문에 하위 비트에서 상위 비트로 스캔 방향으로 프로그램하는 것이 매우 중요하다.

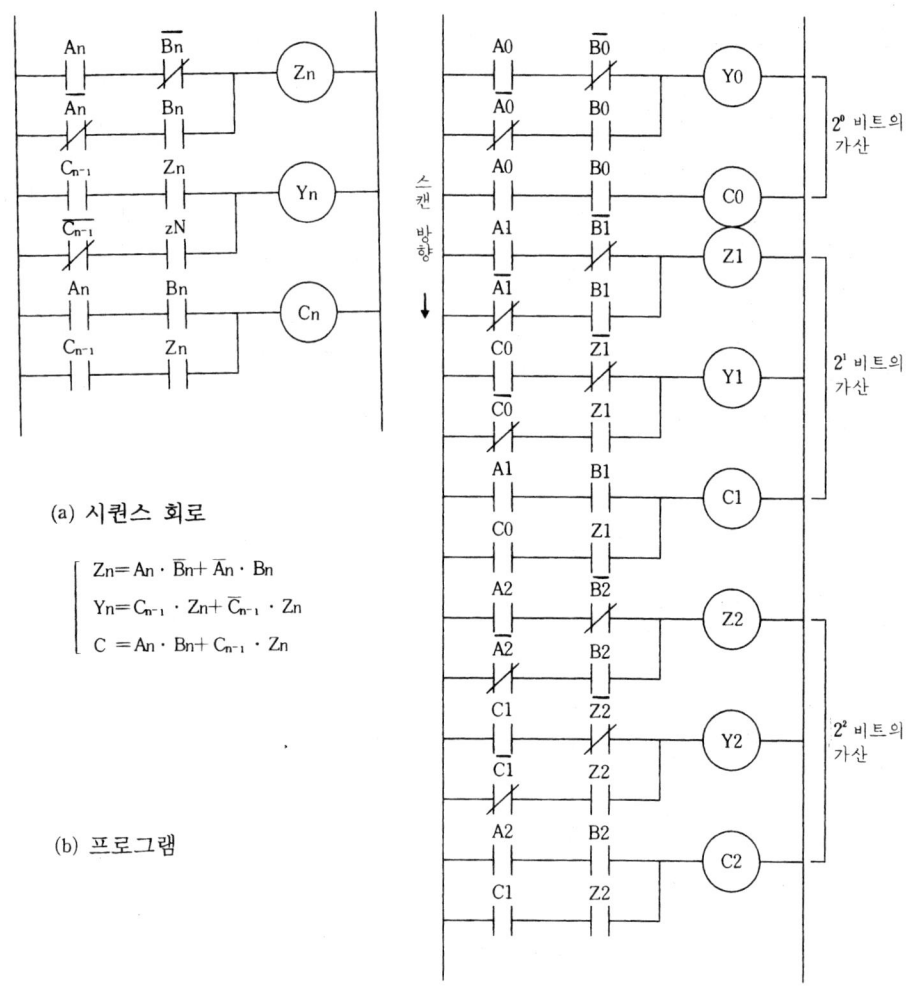

(a) 시퀀스 회로

$$\left[\begin{array}{l} Zn = An \cdot \overline{Bn} + \overline{An} \cdot Bn \\ Yn = C_{n-1} \cdot Zn + \overline{C_{n-1}} \cdot Zn \\ C = An \cdot Bn + C_{n-1} \cdot Zn \end{array}\right.$$

(b) 프로그램

<그림 3-21> 가산의 기본회로

<그림 3-22> 실제의 가산 회로

(10진수)	(2진수)	(n비트)
5	101	An
+ 7	+ 111	+ Bn
12	1100	CnYn
올림	올림	올림

<표 3-1> 가산의 사고법

Cn-1	An	Bn	Yn	Cn
0	0	0	0	0
0	0	1	1	0
0	1	0	1	0
0	1	1	0	1
1	0	0	1	0
1	0	1	0	1
1	1	0	1	1
1	1	0	1	1

아래로부터의 올림 없음 (상위 4행)
아래로부터의 올림 있음 (하위 4행)

C_{n-1} : 아래로부터의 올림
C_n : 비트의 올림
Y_n : 가산결과(출력)

<표 3-2> n 비트에서 가산의 로직

A	B	Y0	Y1	Y2	Y3
0	0	0	0	①	A=B
0	1	0	①	0	A<B
1	0	①	0	0	A>B
1	1	0	0	①	A=B

<표 3-3> 비트의 비교 로직

(9) 비교 회로

두 가지의 수치 데이타를 비교하여 그 대소 관계를 조사하고 싶을 때가 있다. 이 때 어느 쪽이 큰가, 혹은 같은가를 판별하여 외부에 알리는 비교 기능에 대하여 설명하겠다.

<그림 3-23>과 같이 가령 컨베이어 위의 제품을 7개씩 상자에 넣는 경우 7로 결정한 설정치와 컨베이어상을 이동하는 제품의 개수를 카운트한 수치와 비교하여 양자가 같아 졌을 때의 신호에 의하여 제품을 나눈다. 이렇게 하면 자동적으로 7개씩 상자에 넣을 수가 있다.

수치비교의 사고방법은 2진수의 상위 비트에서 차례로 대소비교(1과 0의 비교)해갈 때 모든 비트가 같아지면 전수로 같아진다는 방법을 취하고 있다.

<표 3-3>은 1비트의 비교 로직을 나타내고 있다. 여기서 Y0는 A>B의 경우, Y1은 A<B의 경우, 또한 Y2는 A=B의 경우에 ON 되는 출력 신호이다. <그림 3-24>는 이 1비트 비교

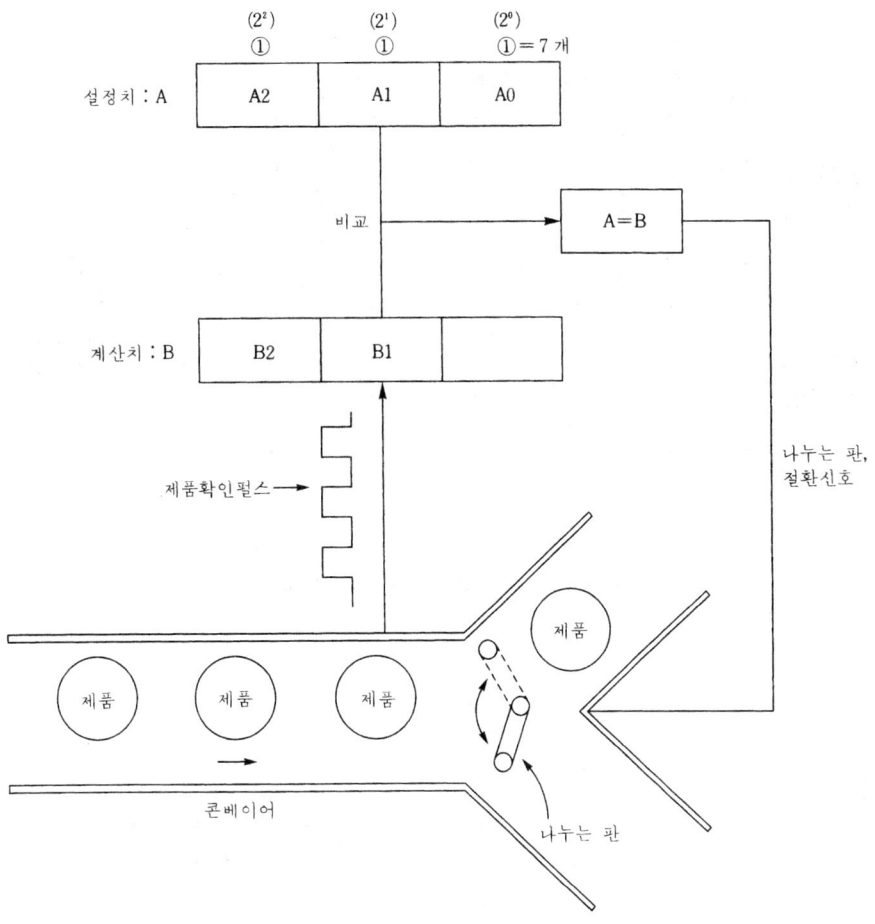

<그림 3-23> 수치비교의 응용 보기

의 기본 회로이다. A와 B는 완전히 같이 취급되어 어느 쪽이 설정치이며 어느쪽이 카운트치라도 상관없다.

그리고 변동하는 두 가지의 데이타를 비교하는 것도 물론 가능하다. 이 경우와 비교한 결과는 변동에 따라 변화하기 때문에 주의하지 않으면 안된다.

<그림 3-25>는 3비트의 비교 회로에서 2^3 = 8개까지의 수치 데이타를 비교할 수 있다. 이 프로그램에서는 스캔의 방향에 주의하여 상위의 비트부터 비교하는 것이 필요하다. 그리고 상위 비트로 대소를 판정하면 그것보다 상위의 비트로는 비교할 필요가 없기 때문에 그림과 같이 하위 비트에 단락회로를 설정해둔다. 이 회로를 프리셋 카운터 등에 응용할 경우에는 딥 스위치 등의 설정치 신호를 카운터 회로의 출력 신호 B로하여 각 비트마다 비교하면 된다.

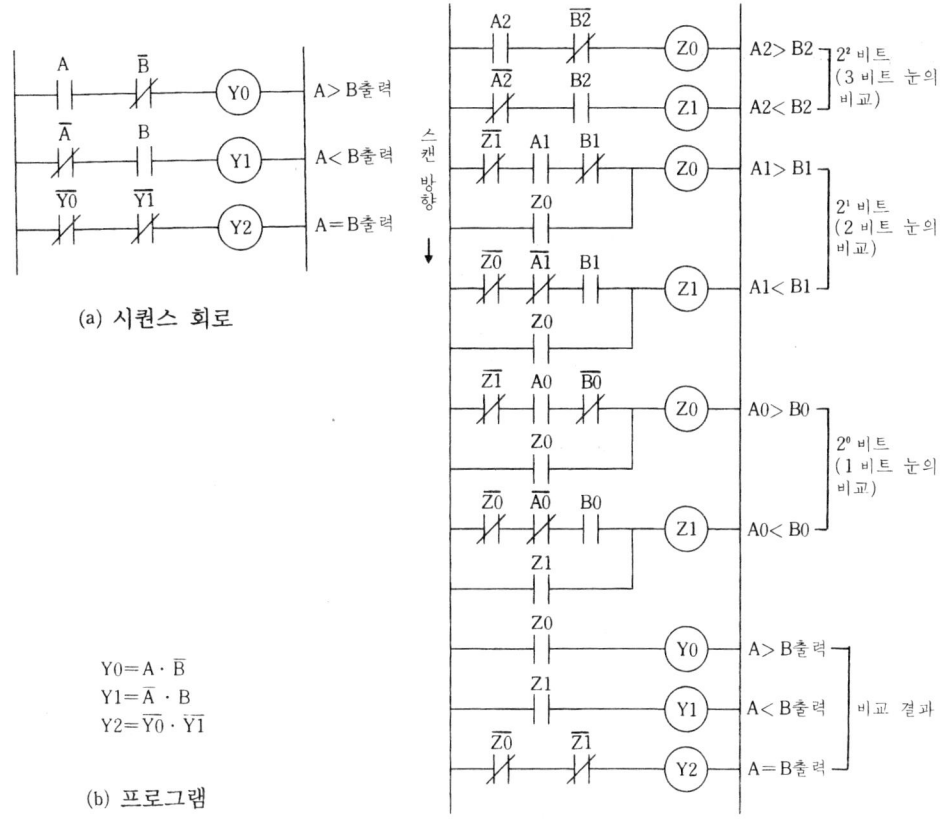

$Y0 = A \cdot \overline{B}$
$Y1 = \overline{A} \cdot B$
$Y2 = \overline{Y0} \cdot \overline{Y1}$

(b) 프로그램

(a) 시퀀스 회로

<그림 3-24> 비교의 기본 회로(1비트 비교)   <그림 3-25> 비교 회로(3비트)

☺ 로직표에서 프로그램을 만든다

　<표 3-3>의 '1비트 비교 로직'을 생각하면 먼저 Y0는 A가 1이며 B가 0
일 때 1이 되기 때문에 논리식으로 하면　$Y0 = A \cdot \overline{B}$가 되어 이것이 프로
그램이 된다.

　Y1은 A가 0이며 B가 1일 때 1이 되어　$Y1 = \overline{A} \cdot B$가 된다. 그리고 Y2
는 A가 0이며, B가 0일 때 A가 1이며, B가 1일 때 1이 되기 때문에
$Y2 = \overline{A} \cdot \overline{B} + A \cdot B$가 된다.

3-5 프로그래밍 순서

먼저 프로그래밍을 하는 순서를 알아보면 <그림 3-26>과 같다.

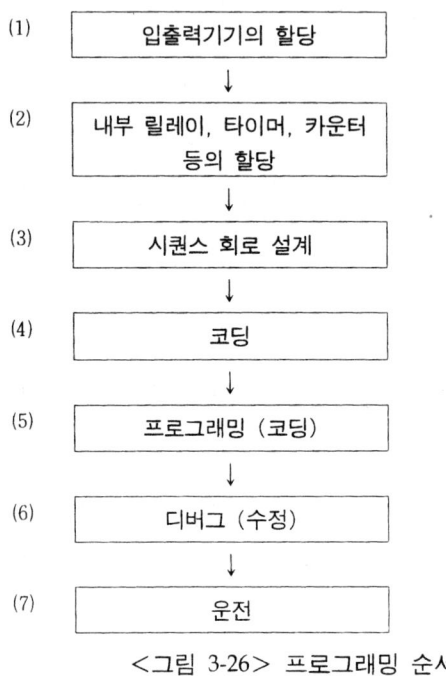

(1) 입출력기기의 할당

(2) 내부 릴레이, 타이머, 카운터 등의 할당

(3) 시퀀스 회로 설계

(4) 코딩

(5) 프로그래밍 (코딩)

(6) 디버그 (수정)

(7) 운전

<그림 3-26> 프로그래밍 순서

(1) 입출력 할당

① 입출력 기기 할당

<그림 3-27>에 제어회로(시퀀스도)와 입출력 할당을 제시했다.

입력기기…PB, LS₁, LS₂, 출력기기…MC 시퀀스 회로에서 실제로 사용하는 입출력의 외부 접속기기가 PLC의 어느 입출력 단자에 접속하느냐를 결정하는 일이 입출력기기 할당이다. <그림 3-27>의 예에서는 PB1이나 LS₁, LS₂를 입력측 어느 단자에 접속하느냐, MC를 출력측 어느 단자에 접속하느냐를 결정하는 일이다. <그림 3-28>의 예에서는 입출력 기기를 다음과 같이 할당하고 있다.

<표 3-4>에 입출력 할당표의 예를 제시한다. 이 예에서는 입력쪽은 20점, 출력쪽은 1점이고, 시퀀서 몸체와 I/O(입출력 인터페이스)의 관계는 <그림 3-30>처럼 되어 있다. 결국 이 시퀀서에 입력기기가 최대 20개 접속되며 출력기기를 최대 15점까지 작동시킬 수 있게 된다. 이 할당표에 따라 실제로 사용하는 외부 접속기기를 어느 단자에 접속하는지 결정하는 작업을 할당이라고 한다.

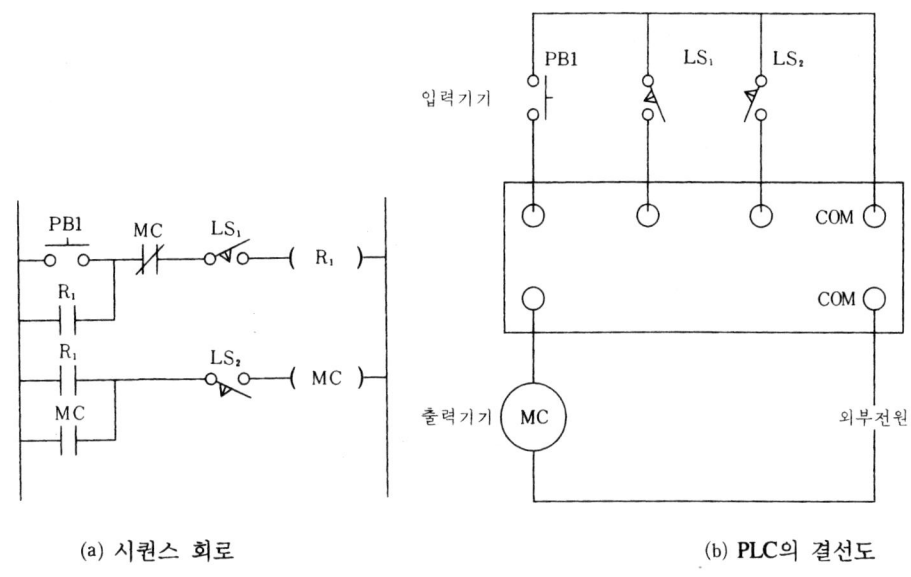

(a) 시퀀스 회로   (b) PLC의 결선도

<그림 3-27> 외부 접속기기

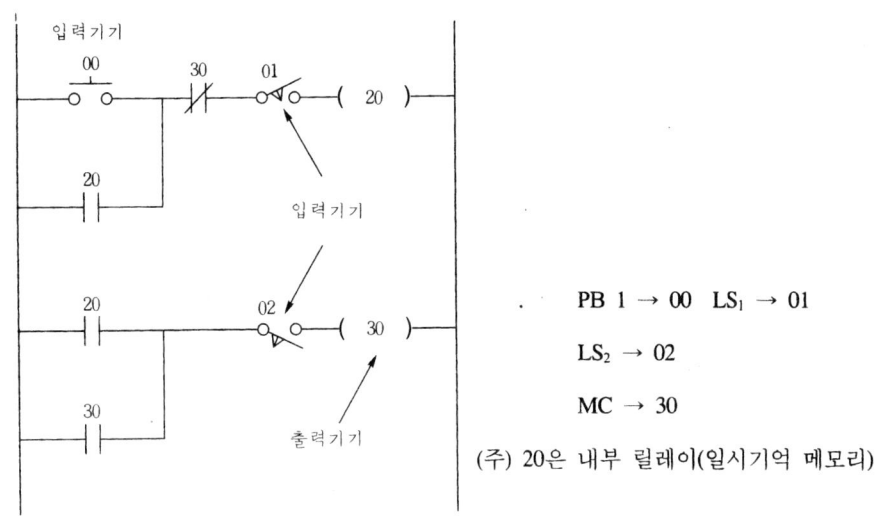

PB 1 → 00   LS₁ → 01

LS₂ → 02

MC → 30

(주) 20은 내부 릴레이(일시기억 메모리)

<그림 3-28> 입출력 할당

다시 한번 설명하면 예컨대 입력측에서 PB를 '00', LS₁을 '01', LS₂를 '02',로 정하고 출력
측에서 MC를 '30', SOL을 '31', PL을 '32'로 결정하는 것을 입출력기기의 할당이라 한다.
할당이 끝나 실제로 시퀀서를 배선할 때에는 BS는 '00', LS₁은 '01', LS₂는 '02', MC는
'30', SOL은 '31', SL은 '32'에 접속하여야 한다. 이 '00'이나 '32' 같은 번호는 시퀀서 고유
의 것이므로 멋대로 변경하지 못한다.

(a) 입력쪽	
00	08
01	09
02	10
03	11
04	12
05	13
06	14
07	15

(b) 출력쪽		
30	38	46
31	39	47
32	40	48
33	41	49
34	42	
35	43	
36	44	
37	45	

<표 3-4> 입출력 할당표

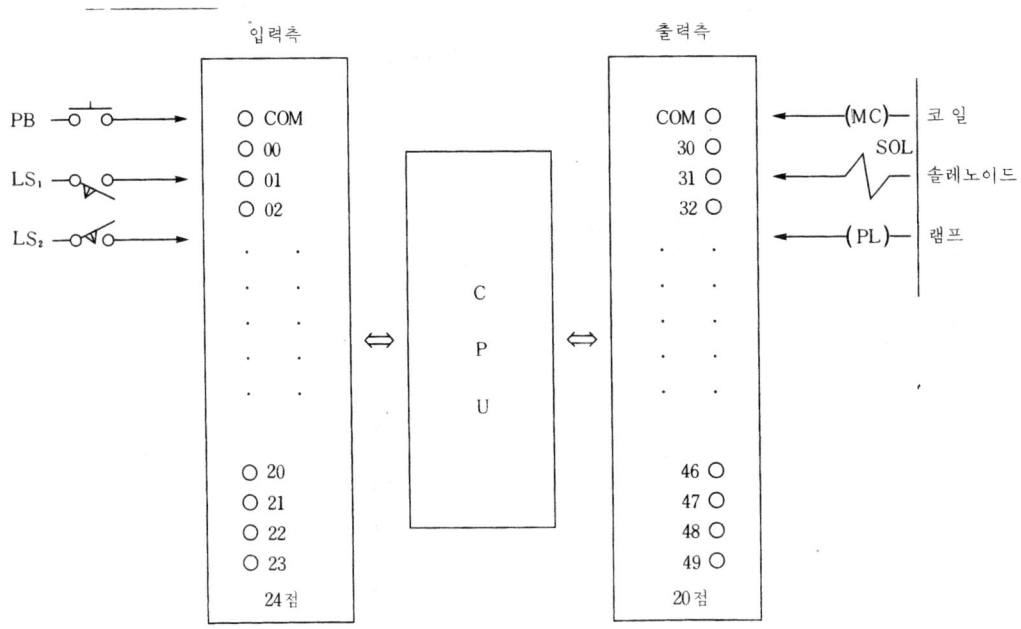

<그림 3-30> I/O의 단자 번호

(2) 내부 출력 할당

<그림 3-31 (a)>의 시퀀스 회로를 PLC에 배선하면 <그림 3-31 (b)>와 같이 되지만 PLC 의 입출력 단자에 접속되지 않은 보조 릴레이(접점)이가 있다. 이 보조 릴레이를 내부 릴레이 라 부르며, 회로 내부 신호의 주고 받기에 사용된다. 내부 릴레이를 가리켜 일시 기억 메모리 라고도 한다.

이 내부 릴레이는 시퀀서 속에 미리 수가 한정되어 설치되어 있는 메모리이며, 접점으로서

M00	M08	M16
M01	M09	M17
M02	M10	M18
M03	M11	M19
M04	M12	M20
M05	M13	M21
M06	M14	M22
M07	M15	M23

<표 3-5> 내부 릴레이

외부에 사용할 수 없어서 I/O단자에 배선할 필요는 없다. <표 3-5>는 내부 릴레이 할당표 예이다. 내부 릴레이 할당이란 예컨대 <그림 3-31 (a)>의 회로의 R1, R2의 내부 릴레이를 <표 3-5>의 'M00', 'M01'로 하는 식으로 할당하는 것을 이른다. 내부 릴레이 수는 미리 PLC 속에 한정되어 있기 때문에 더 늘려서 사용하지 못한다. 또 그 번호를 변경하지도 못한다.

시퀀서 속에는 이 타이머나 카운터의 기능을 내장한 것이 많이 있다. 타이머 기능을 내장하고 있는 시퀀서를 사용, <그림 3-32 (a)>의 회로를 PLC에 결선하면 (b)처럼 된다.

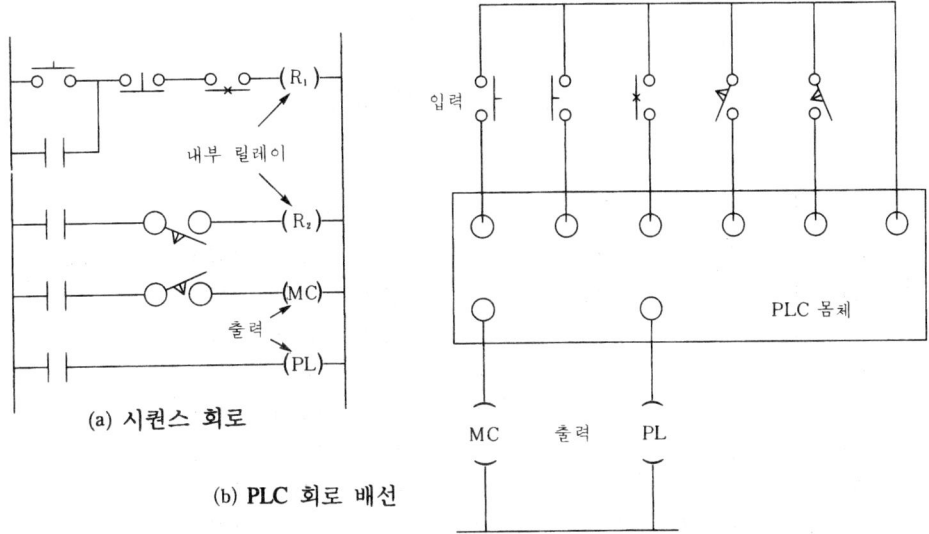

(a) 시퀀스 회로

(b) PLC 회로 배선

<그림 3-31> 내부 릴레이(일시 기억메모리)

<그림 3-32 (b)>로 알수 있듯이 타이머는 내부 릴레이처럼 외부에 접속되지 않고 PLC 내부에서 처리된다. 일반 시퀀스 회로에서 사용되고 있는 타이머를 PLC에 내장되어 있는 타이머 기능의 몇번에 할당하느냐 하는 작업이 필요하게 된다.

PLC 할당표의 예를 <표 3-6>에 제시한다. 이 번호표에 따라 <그림 3-33 (a)>와 같은 시퀀스 회로를 할당하면 (b)처럼 된다.

<그림 3-33>의 회로에는 입력기기로 두 개의 PB와 세 개의 LS가 출력기기로서 MC와 PL이 하나씩 할당되어 있다.

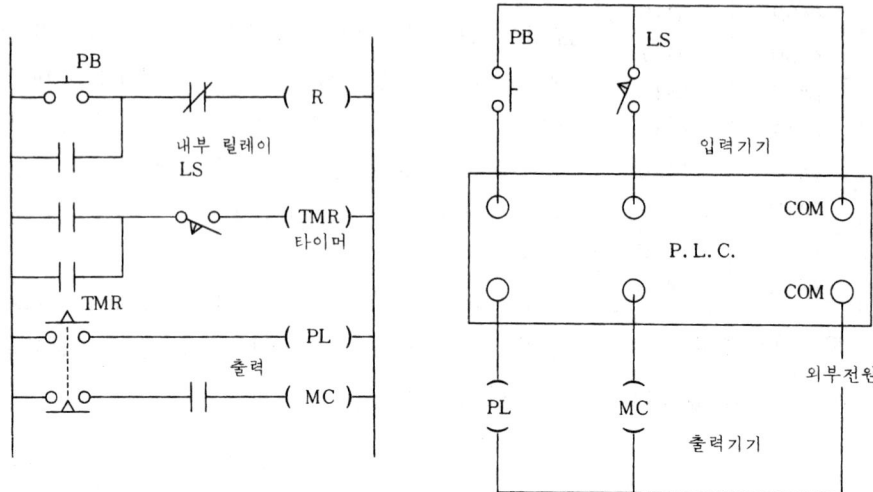

<그림 3-32> 타이머 할당

(a) 입력부		(b) 출력부	(c) 내부 릴레이				(d) 타이머
00	08	P30	M00	M08	M16	M24	90
01	09	P31	M01	M09	M17	M25	91
02	10	P32	M02	M10	M18	M26	92
03	11	P33	M03	M11	M19	M27	93
04	12	P34	M04	M12	M20	M28	94
05	13	P35	M05	M13	M21	M29	95
06	14	P36	M06	M14	M22	M30	96
07	15	P37	M07	M15	M23	M31	97

<표 3-6> 할당 번호표

　PLC가 이해할 수 있는 것은 <표 3-6>의 예와 같이 할당표에 의한 <그림 3-33 (b)>와 같은 회로뿐이다. 예컨대 입력단자 '00'에 접속된 푸시 버튼 스위치는 프로그램 위에서는 '00'으로 하여 메모리에 수용된다. PLC에게는 '00'에 접속되어 있는 기기는 버튼스위치든 리밋 스위치든 무방하며, 어쨌든 입력단자 '00'의 기기가 ON이냐, OFF냐가 문제이다. 출력기기에서도 마찬가지며, PLC로서는 출력단자 'P30'의 기기를 작동시키면 되기 때문에 그 기기는 MC도 PL도 좋은 것이다.

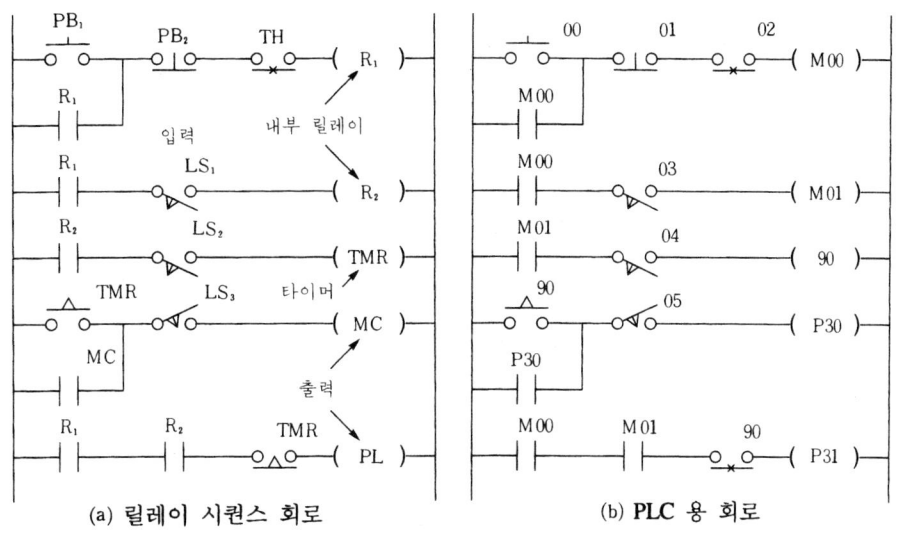

(a) 릴레이 시퀀스 회로   (b) PLC 용 회로

<그림 3-33> 할당 예

내부 릴레이나 타이머도 같으며 내부 릴레이 'M01'의 메모리가 ON으로 다루어지면 그 접점도 ON이 되고, 타이머 '90'이 ON이 되면 그 접점은 시간지연으로 동작하는 것을 PLC 내부에서 처리해준다. 이 경우 타이머 기능을 갖추게 한 프로그램인데도 'M02'에 할당해도 '02'는 내부 릴레이므로 그 접점은 시간지연이 생기지 않는다.

물론 입출력 번호의 '06'이나 'P33'등도 타이머로서는 기능하지 않을 것은 물론이다. 타이머는 <표 3-6 (d)>의 번호만 된다.

(3) 시퀀서 회로 설계시 고려사항

이제까지 사용하던 시퀀스 회로를 PLC로 운전할 때에는 PLC용 회로를 작성하여야 한다. 이는 마이크로 프로세서를 사용 PLC를 개발했을 때에 '약속'이 발생했기 때문이다. 이 약속은 개개의 PLC마다 일부 달라지기 때문에 취급설명서(메뉴얼)을 읽어보도록 하고 여기서는 대표적인 것에 관하여 설명하고자 한다.

① 코일 위치

릴레이 시퀀스 회로에서는 <그림 3-34>처럼 코일 뒤에 접점을 짜는 일이 가능하지만 PLC용 회로에서는 모든 접점은 코일 왼쪽에 위치하여야 한다.

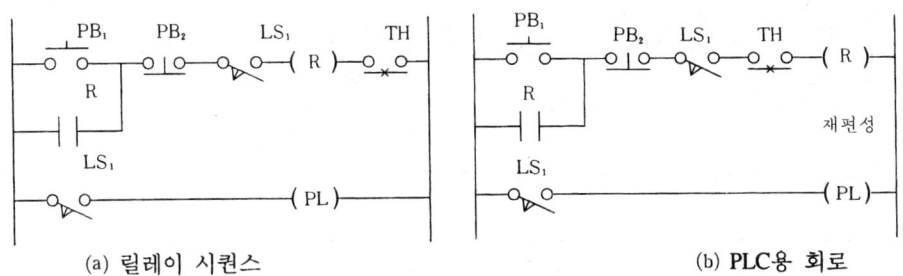

(a) 릴레이 시퀀스   (b) PLC용 회로

<그림 3-34> 코일 위치의 제한

② 접점수

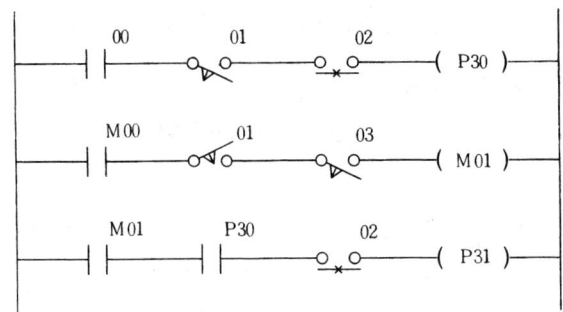

<그림 3-35> 접점수 무제한

릴레이 시퀀스 회로에서는 그 제어기기가 갖고 있는 접점수는 3a1b나 2a2b 따위로 한계
가 있지만 PLC의 입출력, 내부 릴레이, 타이머 등 접점수에는 제한이 없다.

<그림 3-35>과 같은 회로인 경우 리밋 스위치 '01', 서멀 릴레이 '02' 등을 릴레이 시퀀
스 회로에서는 보조 릴레이로 증폭하는 등 회로를 변경해야 하지만 PLC는 이 회로를 받
아 들인다. 접점수에 제한이 없다는 것은 회로 구성상 아주 편리한 대목이며, <그림
3-36>처럼 조건이 다수 중복될 때에도 접점수를 고려할 필요없이 그대로 조건을 늘어
놓는다.

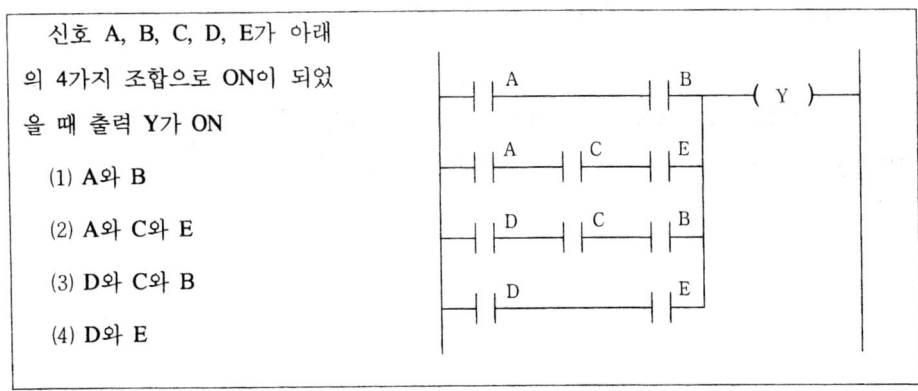

<그림 3-36>

③ 제어신호의 흐름

PLC에는 신호의 흐름에 있어서 릴레이 시퀀스 회로를 그대로 프로그램하지 못한다. 시퀀서 신호의 흐름은 좌 →우와 상→하뿐 그 반대쪽으로는 흐르지 않는다.

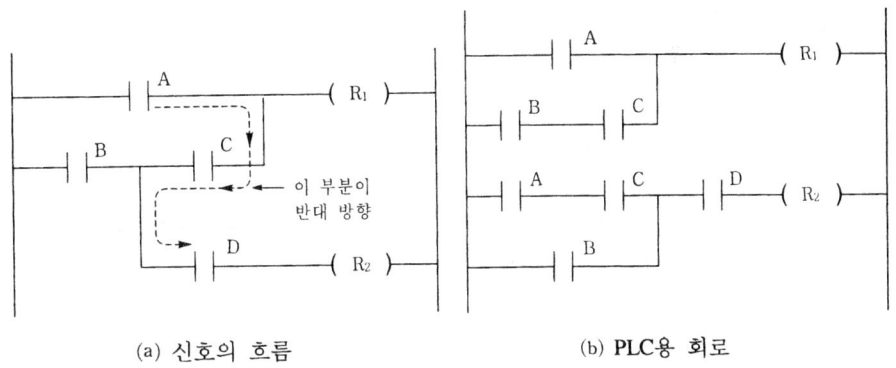

(a) 신호의 흐름　　　　　　　　　(b) PLC용 회로

<그림 3-37> 신호의 흐름방향의 제한(i)

<그림 3-37>의 회로에서는 코일 R_2 동작에는 접점 A, C, D가 동작할 때와 접점 B,D가 동작하는 두 가지가 있는데, 접점 C를 통과하는 신호의 방향이 우 → 좌로 반대로 되어 있다. 이 흐름을 그대로 프로그램하지 못하기 때문에 (b)처럼 재기입하여야만 한다.

<그림 3-39 (a)>처럼 반대쪽 신호의 흐름을 저지하는 다이오드가 들어있는 경우에도 코일 R_2의 동작조건을 충족하도록 접점 B를 하나 늘려서 (b)처럼 재기입해야 하는 약속도 있다.

<그림 3-38 (a)>의 회로에서는 코일 R1이 동작할 때에 신호의 흐름이 접점 C에서 반대 방향이 되므로 (b)처럼 변경하여야 한다. 다이오드로 반대쪽 흐름을 저지하고 있는 <그림 3-40 (a)>의 회로에서도 (b)처럼 변경해야 한다.

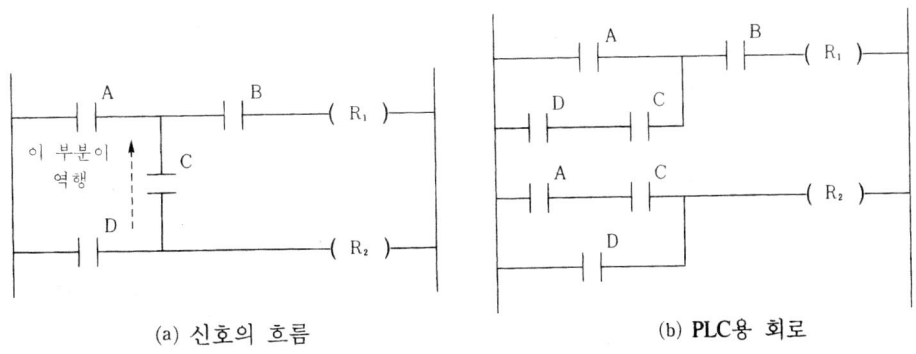

(a) 신호의 흐름　　　　　　　　　(b) PLC용 회로

<그림 3-38> 신호의 흐름방향의 제한(ii)

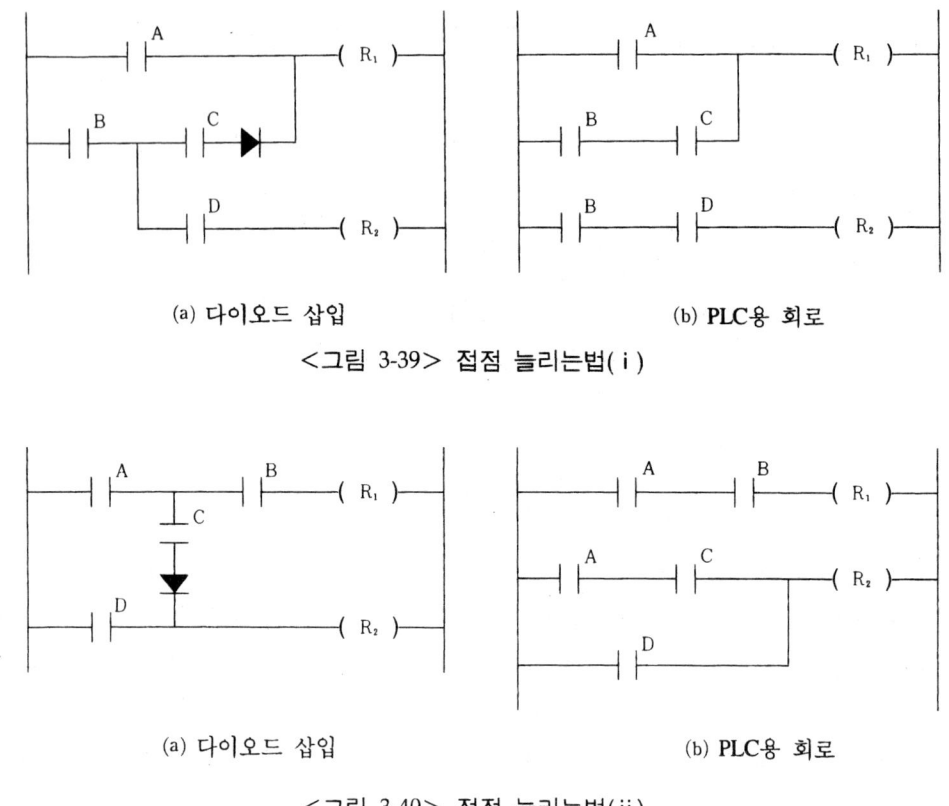

(a) 다이오드 삽입   (b) PLC용 회로

<그림 3-39> 접점 늘리는법(ⅰ)

(a) 다이오드 삽입   (b) PLC용 회로

<그림 3-40> 접점 늘리는법(ⅱ)

(4) 코딩

시퀀스 회로를 PLC에 프로그램할 때, 프로그램을 메모리의 어느 스텝(어드레스)에 수납하느냐를 결정하는 작업을 코딩이라 한다. 코딩 사용요지를 코딩 시트에 반드시 기입한다. 나중에 프로그램 일부를 삭제, 추가하든지, 변경, 수정하든지 할 때에 필요하다.

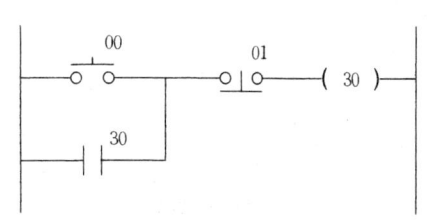

스 텝 (어드레스)	명 령	데이타
0000	LOAD	00
0001	OR	30
0002	AND NOT	01
0003	OUT	30

(a) PLC용 회로   (b) 코딩

<그림 3-41> 코딩 예

스텝	명 령	데이타
0000	LOAD NOT	01
0001	LOAD	00
0002	OR	30
0003	AND LOAD	
0004	OUT	30

<표 3-7> 코딩 예

<그림 3-41>에 코딩 실례를 제시한다. 그림처럼 스텝 '0000'에 LOAD '0000'이라는 프로그램을 수납하고, 스텝 '0003'에는 OUT '30'이라는 프로그램을 수납하도록 결정하는것을 코딩이라 한다. <그림 3-41 (a)>의 코딩으로서는 <그림 3-41 (b)>외에 <표 3-7>의 방법도 있는데, 두 방법 다 프로그램 할 수 있다. 그러나 양자를 비교해 보면 스텝 수에 차이가 난다. 메모리 용량에 제한이 있는 한 스텝수가 적을수록 좋은 코딩이라고 말할 수 있다.

스텝 수를 줄이는 한 예를 <그림 3-42>로 설명한다. (a) 그대로 코딩하면 6스텝, (b)처럼 회로를 재설계하면 5스텝이 된다.

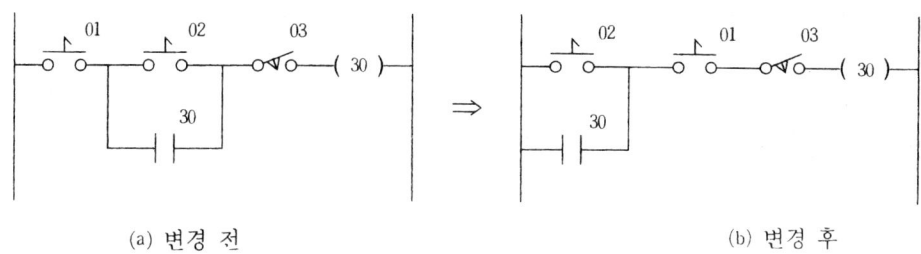

(a) 변경 전   (b) 변경 후

스 텝	명 령	데이타
0000	LOAD	01
0001	LOAD	02
0002	OR	30
0003	AND LOAD	
0004	AND NOT	03
0005	OUT	30

스 텝	명 령	데이타
0000	LOAD	02
0001	OR	30
0002	AND	01
0003	AND NOT	03
0004	OUT	30

<그림 3-42> Steep 수 감소

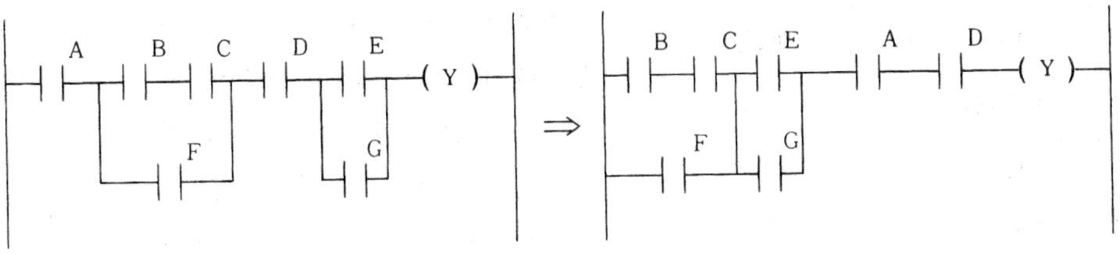

(a) 변경 전   (b) 변경 후

<그림 3-43> Steep 수 감소

<그림 3-42 (a)>의 스텝 '0003'에 있는 AND LOAD라는 프로그램은 PLC의 독자적인 명령어로 이는 접점 01 뒤에 있는 병렬회로 때문이다. 시퀀서의 회로로서는 프로그램 첫머리에 재설계하여 모선에서 끌어낸 접점 뒤에 병렬회로를 만들지 않는 것이 스텝수를 줄이는 비결이다. <그림 3-43>은 재설계 회로이다.

코딩과 CPU 메모리 부분의 관계에 관하여 설명한다. <그림 3-43 (b)>의 회로를 다시 한번 <그림 3-44>에 나타낸다. 이 시퀀스용 회로를 코딩하면 메모리에는 <표 3-6>처럼 프로그램이 수납된다(메모리 용량은 1535 스텝으로 한다).

<그림 3-44>의 회로는 <표 3-8>로 알 수 있듯이 스텝 '0000'~'0008'의 9스텝으로 코딩되어 있다. 그리고 메모리 부분 '0009'~'1535'까지의 스텝에는 아무도 기입되어 있지 않다.

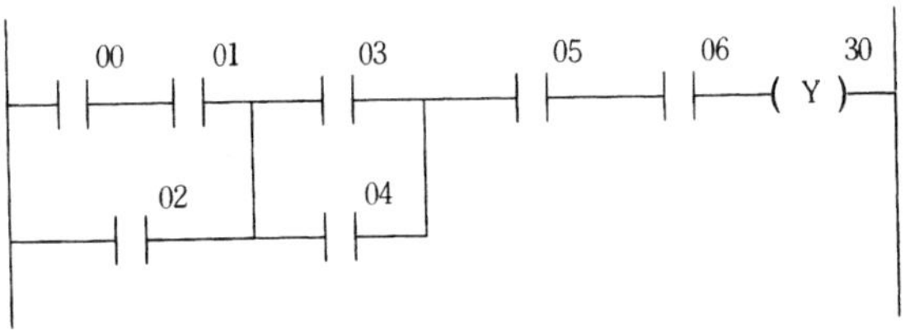

<그림 3-44> 시퀀서용 회로

시퀀서를 동작시키면 CPU 연산 부분이 메모리부에서 하나씩 명령을 호출하여 그 명령을 차례로 실행한다. 이 시퀀서는 기입되지 않은 스텝은 아무도 실행하지 않고 다음 스텝으로 진행하여, '1535' 스텝 다음은 '0000' 스텝으로 돌아온다. 이같이 시퀀서는 스텝 '0000'~'1535'을 아주 빠른 시간에 반복해서 프로그램을 실행한다. 이 반복시간을 스캔 타임이라 하며 21~30ms의 짧은 시간이다.

스 텝	명 령	데 이 타
0000	LOAD	00
0001	AND	01
0002	OR	02
0003	LOAD	03
0004	OR	04
0005	AND LOAD	
0006	AND	05
0007	AND	06
0008	OUT	30
0009		
0010		
0011		
. . .		
1532		
1533		
1534		
1535		

<표 3-8> 메모리 부분의 수용상태

3-6 프로그램 예

(1) 기본 회로 예

1) 입력 회로

STEP	Op.	Add
0000	LOAD	000
0001	OUT	030

2) AND 회로

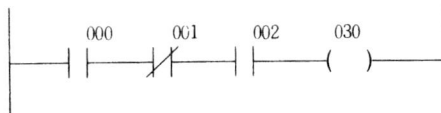

STEP	Op.	Add
0000	LOAD	000
0001	AND NOT	001
0002	AND	002
0003	OUT	030

3) OR 회로

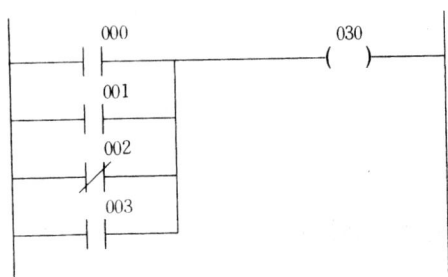

STEP	Op.	Add
0000	LOAD	000
0001	OR	001
0002	OR NOT	002
0003	OR	003
0004	OUT	030

4) 자기유지 회로 (리셋 우선)

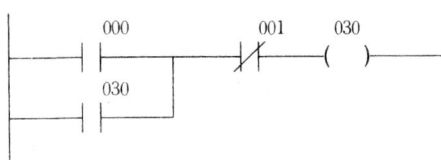

STEP	Op.	Add
0000	LOAD	000
0001	OR	030
0002	AND NOT	001
0003	OUT	030

5) 자기유지 회로 (세트 우선)

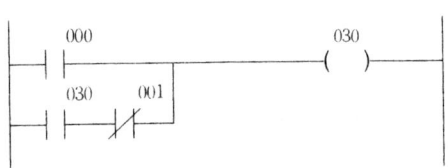

STEP	Op	Add
0000	LOAD	000
0001	LOAD	030
0002	AND NOT	001
0003	OR LOAD	
0004	OUT	030

6) 인터로크 회로

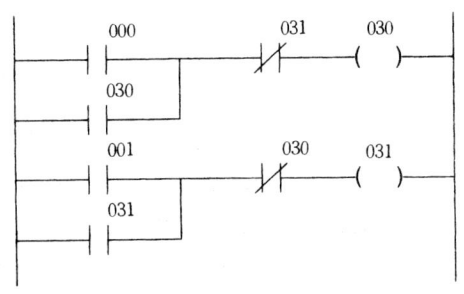

STEP	Op.	Add
0000	LOAD	000
0001	OR	030
0002	**AND**	031
0003	**OUT**	030
0004	**LOAD**	001
0005	OR	031
0006	AND NOT	030
0007	OUT	031

7) 직·병렬 회로

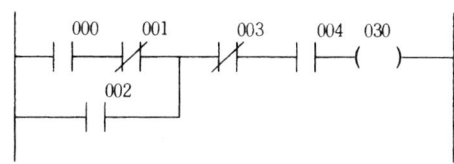

STEP	Op.	Add
0000	LOAD	000
0001	AND NOT	**001**
0002	OR	002
0003	AND NOT	003
0004	AND	004
0005	OUT	030

8) 직·병렬 회로 (OR. LOAD)

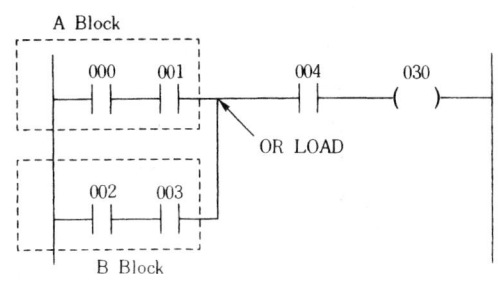

STEP	Op.	Add
0000	LOAD	000
0001	AND	001
0002	LOAD	002
0003	AND	003
0004	OR LOAD	
0005	AND	004
0006	OUT	030

9) 직·병렬 회로1 (AND LOAD)

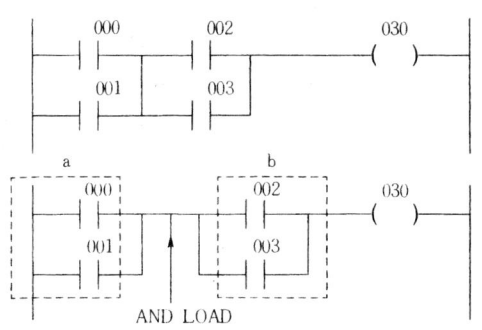

STEP	Op.	Add
0000	LOAD	000
0001	OR	001
0002	LOAD	002
0003	OR	003
0004	AND LOAD	
0005	OUT	030

10) 직·병렬 회로2 (AND LOAD, OR LOAD)

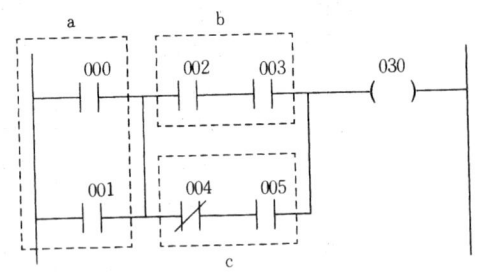

STEP	Op.	Add
0000	LOAD	000
0001	OR	001
0002	LOAD	002
0003	AND	003
0004	LOAD NOT	004
0005	AND	005
0006	LOAD	
0007	AND LOAD	
0008	OUT	030

11) 직·병렬 회로3 (AND LOAD, OR LOAD)

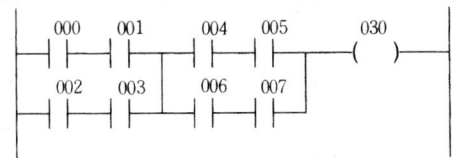

STEP	Op.	Add
0000	LOAD	000
0001	AND	001
0002	LOAD	002
0003	AND	003
0004	OR LOAD	
0005	LOAD	004
0006	AND	005
0007	LOAD	006
0008	AND	007
0009	OR LOAD	
0010	AND LOAD	
0011	OUT	030

12) 복수 출력회로1

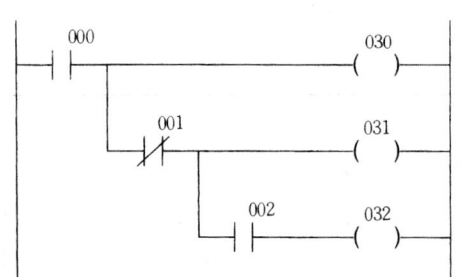

STEP	Op.	Add
0000	LOAD	000
0001	OUT	030
0002	AND NOT	001
0003	OUT	031
0004	AND	002
0005	OUT	032

13) 복수출력회로2

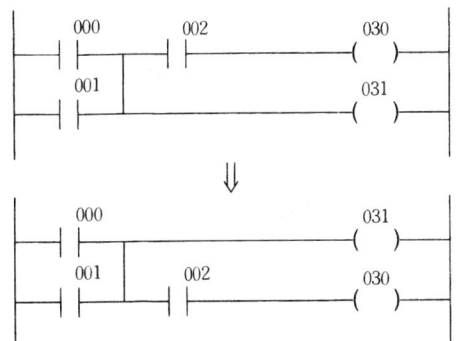

STEP	Op.	Add
0000	LOAD	000
0001	OR	001
0002	OUT	031
0003	AND	002
0004	OUT	030

14) ON Delay Timer(TON)

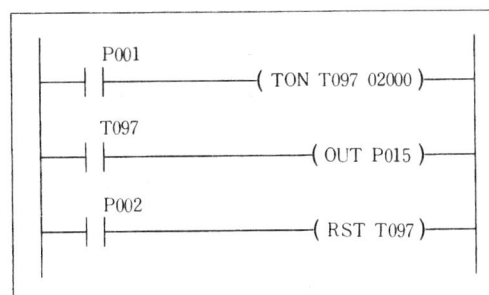

· P001이 ON한 후 20초 후에 타이머의 현재의 설정치가 같을 때 출력 ON
· 현재치가 설정치에 도달 전에 입력 조건이 OFF하면 현재치는 '0'이 된다.
· P002가 ON하면 현재치는 '0'이 된다.

· 타임 차트

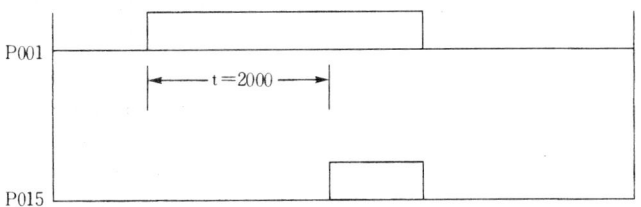

Step	Key Operation
0000	LOAD P 0 0 1 ENT
0001	TMR
	T 0 9 7 ENT
0002	0 2 0 0 0 ENT
0004	LOAD T 0 9 7 ENT
0005	OUT P O 1 5 ENT
0006	LOAD P 0 0 2 ENT
0007	RST T 0 9 7 ENT

15) OFF Delay Timer(TOFF)

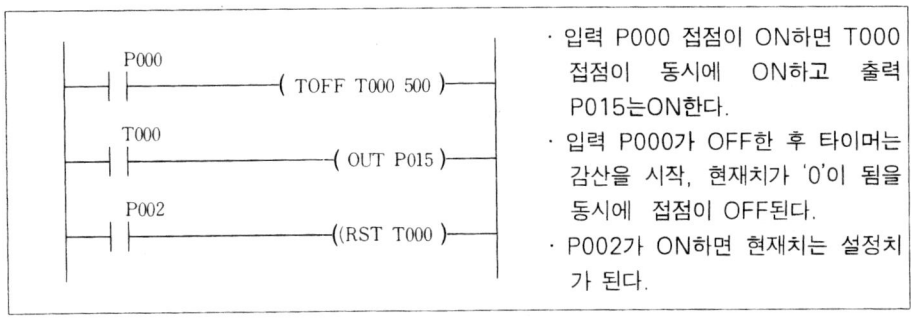

- 입력 P000 접점이 ON하면 T000 접점이 동시에 ON하고 출력 P015는 ON한다.
- 입력 P000가 OFF한 후 타이머는 감산을 시작, 현재치가 '0'이 됨을 동시에 접점이 OFF된다.
- P002가 ON하면 현재치는 설정치가 된다.

· 타임 차트 ·

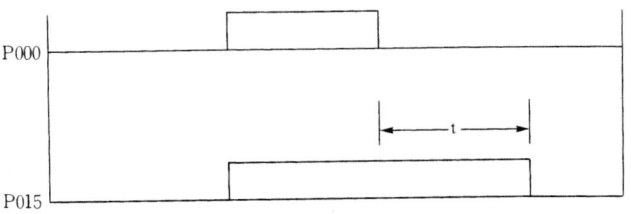

Step	Key Operation
0000	LOAD P 0 0 **0** ENT
0001	TMR TMR
	T 0 0 0 ENT
0002	0 0 5 0 0 ENT
0004	LOAD T 0 0 0 ENT
0005	OUT P O 1 5 ENT
0006	LOAD P 0 0 2 ENT
0007	RST T 0 0 0 ENT

16) UP Counter(CTU)

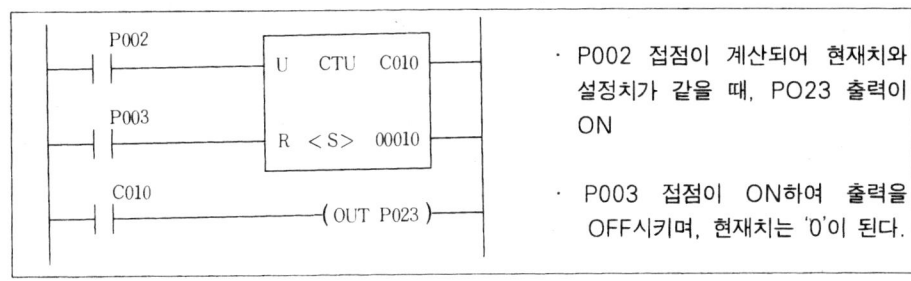

· P002 접점이 계산되어 현재치와 설정치가 같을 때, PO23 출력이 ON

· P003 접점이 ON하여 출력을 OFF시키며, 현재치는 '0'이 된다.

· 타임 차트

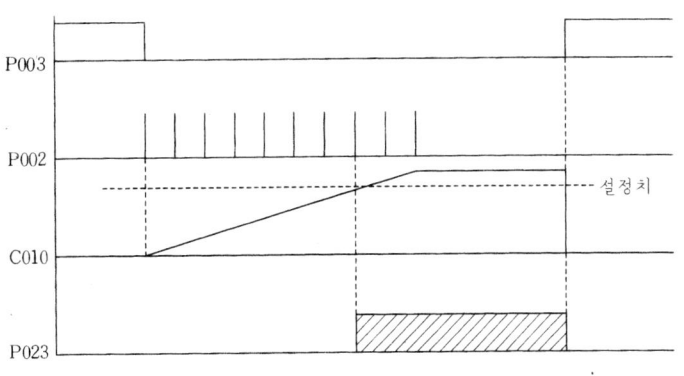

Step	Key Operation
0000	LOAD P 0 0 2 ENT
0001	LOAD P 0 0 3 ENT
0002	CNT
	C 0 1 0 ENT
0003	0 0 0 1 0 ENT
0006	C 0 1 0 ENT
0007	OUT P 0 2 3 ENT

17) DOWN Counter(CTD)

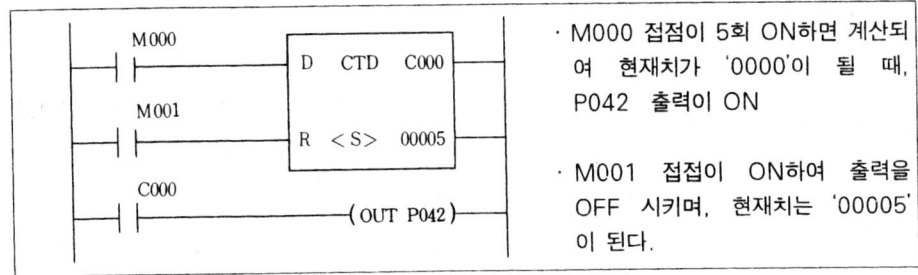

· M000 접점이 5회 ON하면 계산되여 현재치가 '0000'이 될 때, P042 출력이 ON

· M001 접점이 ON하여 출력을 OFF 시키며, 현재치는 '00005' 이 된다.

· 타임 차트

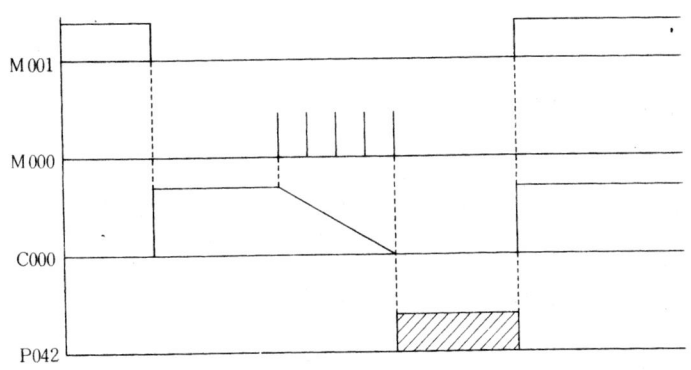

Step	Key Operation
0000	LOAD M 0 0 0 ENT
0001	LOAD M 0 0 1 ENT
0002	CNT CNT
	C 0 0 0 ENT
0003	0 0 0 0 5 ENT
0006	C 0 0 0 ENT
0007	OUT P 0 4 2 ENT

18) UP-DOWN Counter(CTUD)

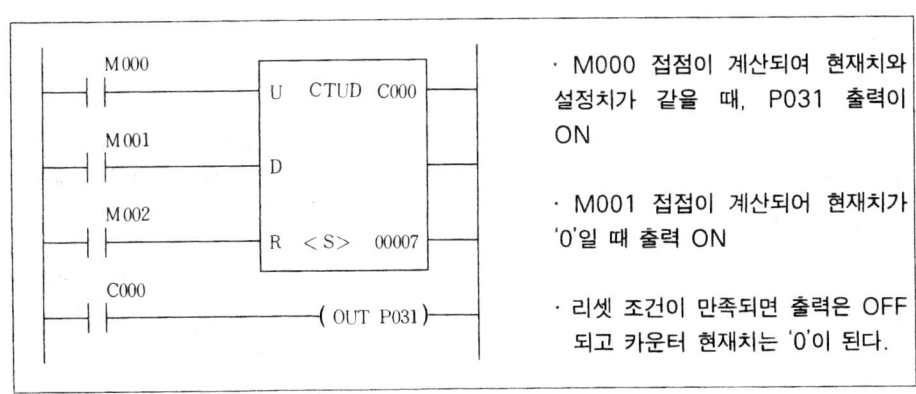

· M000 접점이 계산되어 현재치와 설정치가 같을 때, P031 출력이 ON

· M001 접접이 계산되어 현재치가 '0'일 때 출력 ON

· 리셋 조건이 만족되면 출력은 OFF 되고 카운터 현재치는 '0'이 된다.

· 타임 차트

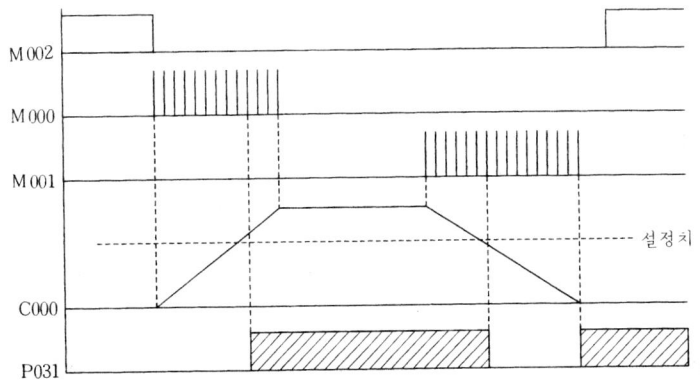

Step	Key Operation				
0000	LOAD	M	0	0	0	ENT
0001	LOAD	M	0	0	1	ENT
0002	LOAD	M	0	0	2	ENT
0003	CNT	CNT	CNT			
	C	0	0	0	ENT	
0004	0	0	0	0	7	ENT
0006	LOAD	C	0	0	0	ENT
0007	OUT	P	0	3	1	ENT

19) Ring Counter(CTR)

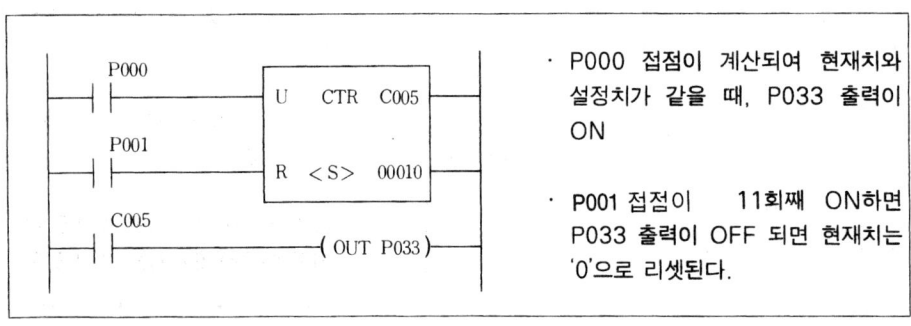

· P000 접점이 계산되어 현재치와 설정치가 같을 때, P033 출력이 ON

· P001 접점이 11회째 ON하면 P033 출력이 OFF 되면 현재치는 '0'으로 리셋된다.

· 타임 차트

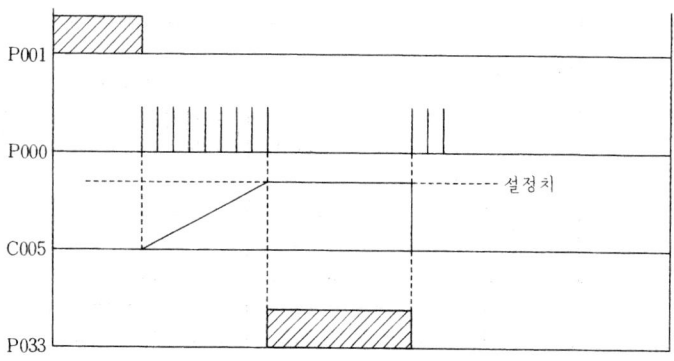

Step	Key Operation
0000	LOAD · P · 0 · 0 · 0 · ENT
0001	LOAD · P · 0 · 0 · 1 · ENT
0002	CNT · CNT · CNT · CNT
	C · 0 · 0 · 5 · ENT
0003	0 · 0 · 0 · 1 · 0 · ENT
0005	LOAD · C · 0 · 0 · 5 · ENT
0006	OUT · P · 0 · 3 · 3 · ENT

3-7 제어회로의 설계시의 주의사항

　PLC에 의한 제어도 릴레이에 의한 제어와 같으며, 제어 사양에 근거하여 릴레이 기호와 로직 기호로서 제어 내용을 표현한 제어 회로도를 작성한 다음 이를 프로그램한다.　제어 회로도의 작성은 본질적으로 유접점 릴레이나 무접점 릴레이의 제어 회로도와는 근본적으로 차이는 없지만 PLC 고유의 제어 특성이 있으므로 이를 고려한 합리적인 제어 회로를 구성하는 데 보탬이 되고저, PLC를 사용한 경우의 제어 회로도 작성시 특기 사항을 설명한다.

① PLC의 기본 동작은 프로그램 메모리를 첫번째 스텝부터 마지막 스텝까지 순차적으로 1스텝씩 점검해 가면서 실행하는 시스템이므로 날짜의 교체, 명령, 실행 등은 1주기 (20msec) 사이에서 1회만 실행하게 되므로 입력 신호의 폭은 적어도 20msec 이상이어야 한다.

② PLC 내부에 사용되는 릴레이 어드레스에 의한 접점은 접촉불량이나 전압강하 등을 고려할 필요가 없으므로 병렬이나 직렬수에 대한 제한이 없다. 즉 프로그램이 허용하는 범위 내에서는 무한정 사용할 수 있다.

③ 입출력 신호, 내부 데이타 메모리는 프로그램 상에서 몇 번이라도 사용할 수 있으므로 릴레이 회로에서와 같이 접점의 증설, 접점용량에 대해서는 고려할 필요가 없다.

④ 릴레이 회로에서는 릴레이 수를 절약하기 위해 코일에 입력될 때까지의 접점 배열을 복잡하게 하는 경향이 있지만, PLC에서는 충분한 데이타 메모리 영역을 갖고 있는 가능한

한 이해하기 쉬운 시퀀스를 작성해두므로, 이후에도 고장 점검 및 보수유지가 쉽다.

⑤ 릴레이 동작시간이라는 개념은 PLC 제어에는 없다. 따라서 동작시간을 이용한 오묘한 기술은 PLC 제어인 경우 적용되지 않는다.

⑥ 그대신 PLC에는 프로그램을 이용한 기술이 있다. 이점은 회로 구성상 릴레이에 의한 제어와 PLC에 의한 제어의 차이점을 근본적으로 나타내 주는 것이다.

릴레이 제어인 경우는 <그림 3-45> (a), (b)는 접점 절약을 위한 오묘한 기술이라고 말할 수 있으나, PLC제어에서는 이런 상태로 프로그램이 불가능하므로 <그림 3-45 (b)>와 같이 변형시켜서 프로그램해야 한다.

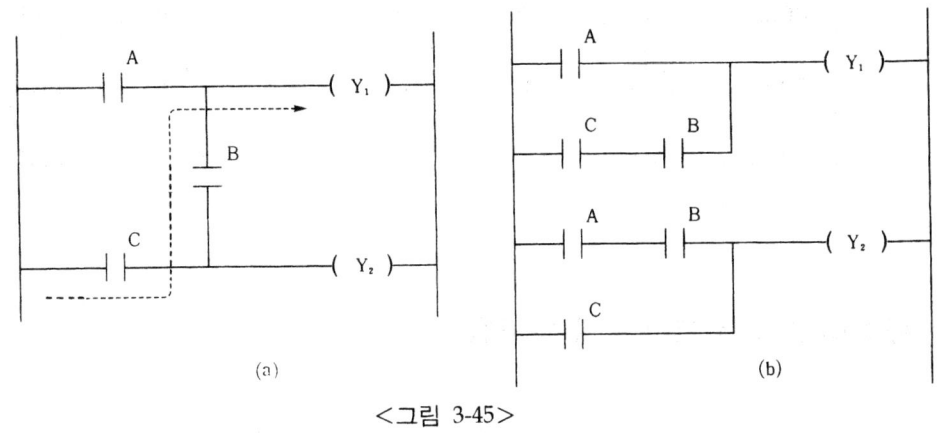

<그림 3-45>

⑦ 역류회로 불필요

릴레이 시퀀스에서는 <그림 3-46 (a)>와 같이 역류를 방지하기 위해 다이오드를 사용하고 있으나 PLC에서는 프로그램 순이 전류의 흐름과 같기 때문에 (b)와 같이 프로그램 하므로서 간단히 해결할 수 있다.

⑧ PLC프로그램 중 출력 어드레스를 2번 이상 지정할 수 없다. 2번 이상 지정하면 먼저 지정한 회로가 소멸된다. 반드시 서로 다른 출력 어드레스를 지정하여야 한다.

⑨ 릴레이 제어에서는 릴레이의 수를 줄이는 것이 비용절감이라고 말할 수 있으나 PLC 제어에서는 입출력 점수(I/O 합계접점)를 줄이는 것이 바로 비용절감과 직결된다. 따라서 가능한한 PLC와 접속되는 직렬기기(조작 스위치, 리밋 스위치 등) 등을 합쳐서 한 개의 입력단자를 소모하도록 하면 경제적이다.

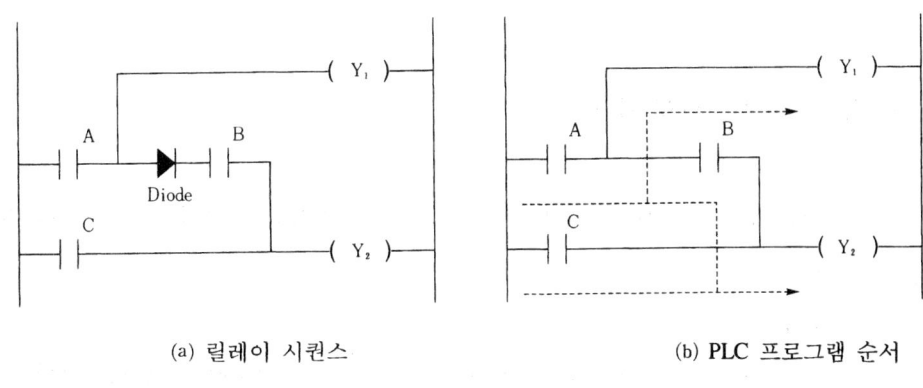

(a) 릴레이 시퀀스   (b) PLC 프로그램 순서

<그림 3-46> 역류 회로

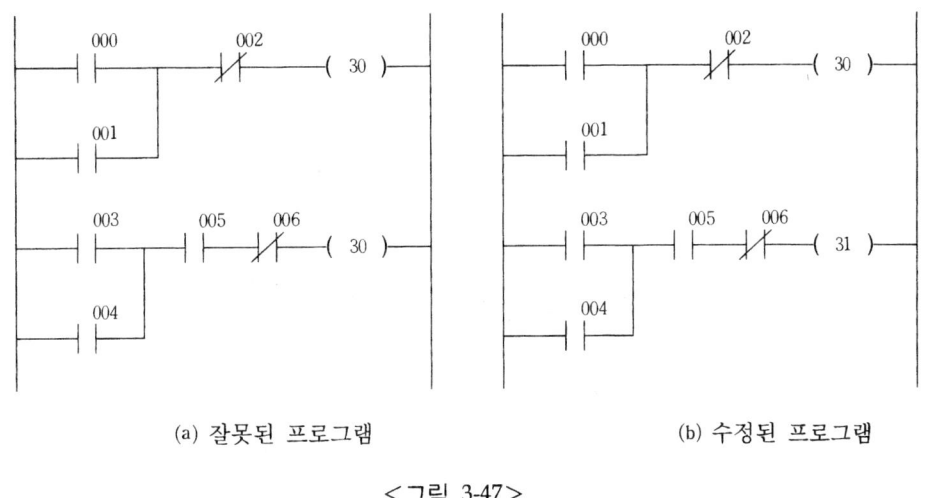

(a) 잘못된 프로그램   (b) 수정된 프로그램

<그림 3-47>

⑩ PLC제어는 릴레이 제어에 없는 기능(SC, SR, TMR, CRT, CLR)이 부가되어 있다. 이것
은 릴레이를 1개씩 다루는 것이 아니라, 여러 개의 릴레이를 하나의 공동목적을 위한 그
룹으로서 간주하여 처리하는 기능이다. 이런 기능을 능숙하게 이용함으로써 다방면의 제
어 범위를 넓힐 수 있고, 릴레이 제어 방식에서는 도저히 불가능한 것도 쉽게 할 수 있
어 매우 편리한 기능이다.

따라서 PLC를 단순히 릴레이 제어반을 대체하는 것만이 아니고 보다 더 질높은 제어를
하기 위해 PLC가 갖고 있는 모든 기능을 충분히 활용할 수 있도록 실력을 배양해야 할
것이다.

제 4 장 PLC 선정과 취급

4-1 PLC 도입시 검토사항

PLC 도입에 있어서 릴레이 제어반과 비교검토한 사항에는 다음과 같은 항목이 있다.

(1) 초기 구입비

① 하드웨어 가격

릴레이 제어반은 원재료비나 인건비에 따라 가격이 상승하는 경향을 보이는 데 대하여
PLC는 반도체 부품의 가격인하나 표준품 생산의 양산효과에 의해 가격이 하락하는 경향
이 있으므로 대규모 시스템은 PLC쪽이 가격면에서 유리하다.

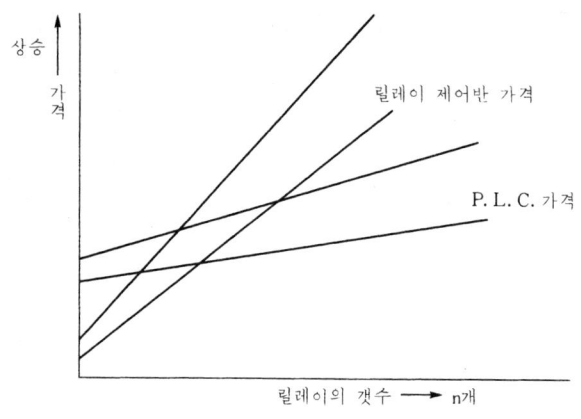

<그림 4-1> 릴레이 제어반과의 가격(Initial cost)

② 소프트웨어 비용

일반적으로 전기제어 장치는 기계설계가 2/3 정도 경과해야 전기 관계의 사양이 결정된
다. 릴레이 제어반에서는 제어 시스템 전체의 계획이 가능한 시기에서는 아직 설계나 조
립이 불가능하고 세부의 동작 방식이 결정된 후부터 시작하게 되어 기계장치의 제작진행
에 따르지 못하는 경우가 있다. 그러나 PLC 시스템을 채용하면 사양, 동작 방식이 결정
되지 않아도 입출력의 점수와 종류 그리고 대강의 메모리 용량이 결정되면 PLC의 하드
웨어는 경정된다. 따라서 전기설계, 배선공사의 공기가 현저히 단축되어 시운전하기까지
의 기간에 프로그래밍을 하면 좋다.

<표 4-1>은 어느 대규모 제어시스템을 릴레이 제어반으로 구성하는 경우와 PLC 시스템으로 한 경우의 전체공정의 일례이다. 이와 같이 PLC의 경우에는 공기가 현저히 단축되므로 대규모 시스템에서는 비용이 적지 않게 소요되므로 PLC쪽이 유리하다

(2) 설비 변경비

생산설비에서는 합리화나 기능 향상 또는 생산기종의 변경 등을 위해 제어 내용의 변경이나 개조가 따르게 된다. 이와 같은 경우에 릴레이 제어반내 릴레이간의 배선변경은 적지 않는 일이며 복잡하게 얽힌 개조의 경우에는 제어반을 재제작하는 것이 빠를 때도 있다.

PLC의 경우에는 유연성이 있다. 즉 입출력 점수가 증가하여도 유닛의 증설로 간단히 대처할 수 있다. 물론 변경이나 증설된 부분의 외부배선은 추가되지만 소프트의 변경은 변경 프로그램을 키인(key-in) 하면 된다. 이와 같이 단시간에 변경하므로 불가동 시간의 단축에 따라 인건비의 절감뿐만 아니라 생산량의 저하를 막을 수 있는 효과도 있다.

(3) 보수점검비

릴레이 제어반은 설치 후 시간이 경과하면 보통의 부품. 나사점검 또는 접점이나 기구부의 마모나 진동, 충격에 의한 전선이나 소켓의 이탈, 단선 등 여러 가지 현상이 돌발적으로 일어나므로 특히 점검할 필요가 있다.

PLC의 경우는 기계적 동작부분이 적고 프린트 기판(PCB)도 케이스에 수납하여 폐쇄형으로 되어 있으므로 점검의 필요성은 릴레이 제어반에 비해 아주 적다.

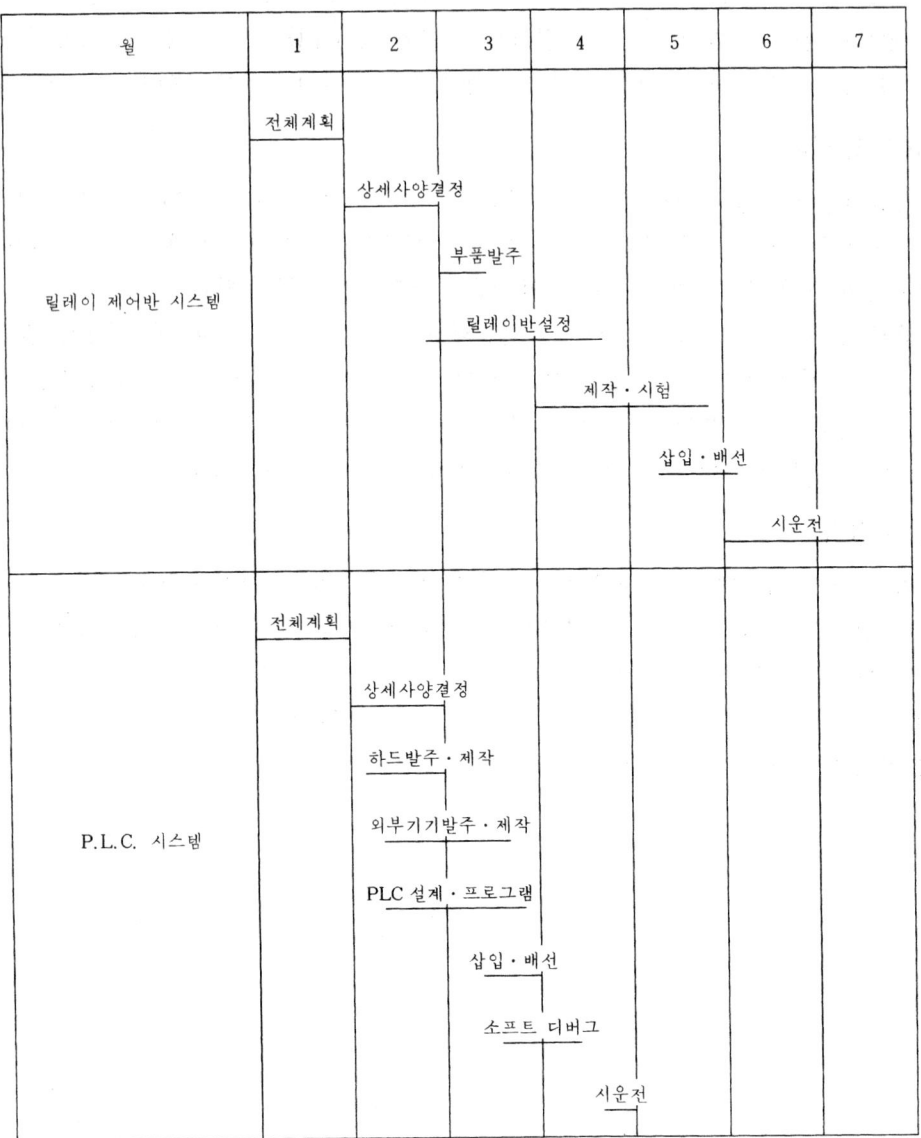

월	1	2	3	4	5	6	7
릴레이 제어반 시스템	전체계획	상세사양결정	부품발주 릴레이반설정	제작·시험	삽입·배선	시운전	
P.L.C. 시스템	전체계획	상세사양결정 하드발주·제작 외부기기발주·제작 PLC 설계·프로그램	삽입·배선 소프트 디버그	시운전			

<표 4-1> 릴레이 제어반 시스템의 PLC 시스템의 공정 비교 예

(4) 고장 수리비

릴레이 제어반의 고장장소 발견은 오랜 경험과 직감에 의한 경우가 많지만 PLC에는 고장발견을 위한 대책이 여러가지로 준비되어 PLC 자신에서는 자기 고장 진단기능, 외부고장 진단기능을 가진 것도 있어 경험이나 직감에 의하지 않고도 고장장소를 간단히 발견할 수 있다.

(5) 예비 부품비

PLC나 릴레이 제어반에 관계없이 예비품은, 부품의 수명이나 고장시, 부품의 조달에 필요한 일수, 장치의 가동상황과 중요도 등을 감안하여 결정된다.

⑹ 기능 효과

PLC는 타이머, 카운터,시프트 레지스터 등에 상당하는 기능을 자유롭게 프로그램으로 작성할 수 있는 이점이 있다.

고기능 PLC에는 <표 4-2>와 같은 특수 입출력이 있고 아날로그 양이나 고속 펄스도 취급 가능하며 또 원격 입출력이나 컴퓨터 링크 등으로 제어범위를 넓힐 수 있다. 그외 산술연산 기능에 의해 가감산이나 승제산이 가능하므로 예를 들면 종래 인간이 계산하여 생산수량을 세던 것을 PLC가 제어하면서 수를 셀 수 있다.

따라서 PLC를 사용함으로써 성인화에도 기여한다. 또 컴퓨터의 고급언어(BASIC 등)도 사용할 수 있는 PLC에서는 생산관리에 필요한 일보, 월보를 제어하면서 작성하는 등 생산의 사무합리화에 기여한다.

No	기 능	용 도
1	아날로그 입출력	계측기나 가변속 모타의 속도 설정 등의 아날로그 제어
2	고속 펄스 입력	회전 인코더 등의 신호 처리에 의한 위치 제어
3	시프트 레지스터	선별 컨베이어 등의 트래킹(tracking) 제어
4	수치 비교	Silo, 탱크 등의 수위 레벨 제어
5	가감승제산	생산량의 계수, 계량 제어
6	원격 입출력	필드(field) 설비, 상하수도 설비 등의 광역 제어
7	컴퓨터 링크	호스트 컴퓨터 링크에 의한 감시 제어
8	고급 언어(BASIC 등)	일보, 월보 작성 등의 관리 제어

<표 4-2> 고기능의 특수 입출력

⑺ 파급효과

PLC의 채용에 의해 간접적인 효과로서 장래의 확장성이 있다. 규모의 확대 뿐 아니라 기능 향상의 여지도 크다.

4-2 기종의 선정

PLC를 선정할 때 최초로 검토할 항목은 다음과 같다.

① 기종의 시리즈화

PLC에는 메이커별, 동일 메이커라도 다수의 기종이 시판되고 있다. 통일되고 시리즈화된 것을 고르는 것이 기기의 공용성도 좋고 프로그램하기도 쉽다. 메이커별로 특정의 비교

검토도 필요하다.

② 기능상의 문제

제어대상이 되는 기계 장치의 제어에 충분한 기능이 있는가?

고기능형 PLC가 필요한가?

③ 용량상의 문제

입출력 점수와 메모리 용량, 그리고 내부출력, 타이머, 카운터의 점수 등

④ 접속된 외부기기의 문제

전압, 전류 용량 점검기기를 직접 조작할 수 있는가?

증폭용 릴레이를 넣어야 하는가 ?

또는 네온등이나 LED 등과 같은 적은 전류의 부하라도 직접 점등 가능한가?

그외 입력신호를 받아들이는 데 주의해야 할 점에 외부 입출력 기기의 접점의 부식등의 문제도 고려해야 한다.

⑤ 설치상의 문제

별도 조립인가?

기계에 직접 부착하는가 ?

환경성의 구조로 되어 있는가?

주위 온도, 습도는 어떠한가 ?

외형 치수는 어떠한가 ?

⑥ 프로그래밍의 문제

회로도 방식(Ladder 도), 동작도 방식(플로우 차트), 명령어 방식, 논리식 방식 등 어느 방식이 적당한가?

프로그램 언어가 설계자나 보수관리자에게 어렵지는 않은가 ?

또 관련 주변기기를 보유하고 있는가 ?

⑦ 애프터 서비스 문제

발매 이후, 수년간 단종하지 않을 기종인가?

고장시 즉시 대응할 수 있는가?

예비품의 공급에 문제는 없는가? 등. 이상의 PLC를 선정할 때 고려하여야 할 검토사항 이다.

(1) 기능면에서 본 선정 방법

소형, 보급형 PLC 또는 중형 이상의 고기능 PLC가 필요한가? 메이커에 따라 최적기종을 선정함과 동시에 장래의 확장성과 기능향상의 가능성도 고려하는 것이 좋다.

<그림 4-2>는 PLC의 표준기능을 표시한 것이다. 보수상의 기능으로서 PLC의 자기고장 진단 기능의 유무에 대해서도 소홀히 해서는 안된다.

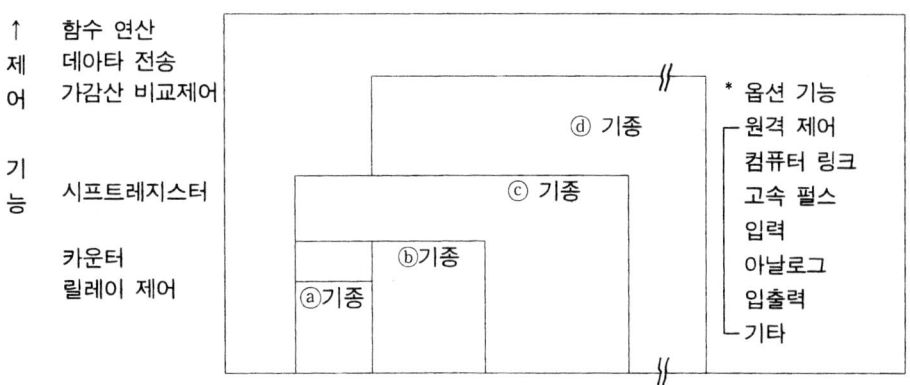

<그림 4-2> 표준 기능도

(2) 입출력 점수와 메모리 용량에서 본 선정방법

입출력 점수는 우선 전체의 제어 시스템을 검토하고 푸시버튼 스위치, 리밋 스위치 등의 입력 점수와 릴레이 솔레노이드 밸브 표시등 등의 입력점수와 여유(10% 정도)를 고려하여 입출력 점수를 결정한다.

비상정지회로등 최저한의 인터로크를 제외하고 자동회로와 수동조작 회로등 모든 처리를 PLC 내에서 하는 것이 일반적이다.

메모리 용량의 word 수는 릴레이 제어반의 릴레이의 개수에 상당하지만 기본적으로는 한개의 접점이나 한개의 코일이 PLC 프로그램의 word가 되므로, 시퀀스가 되지 않는 것이나 릴레이 제어반에 없는 기능을 추가하거나 함으로써 20~50%는 여분으로 확보하는 것이 좋다.

시퀀스가 없는 경우는 참고 데이타로서 과거의 실적을 볼 때, 입출력 점수의 5~12배 정도로 보지만 인터로크 등이 많아 복잡하게 제어하는 것이 필요하다.

<그림 4-3>은 메모리 용량 선정 기준이다. 더우기 표준 메모리 용량은 단계적으로 결정되어 있으므로 선정시 충분한 여유를 가질 필요가 있다.

① 릴레이 시퀀스 도면이 있는 경우

  B(릴레이 접점수 + 코일 수) × (1.2~1.5) = Word 수

② 입출력 점수에서 기준을 정함

  (입출력 점수) × (5~12) = word 수

예 1

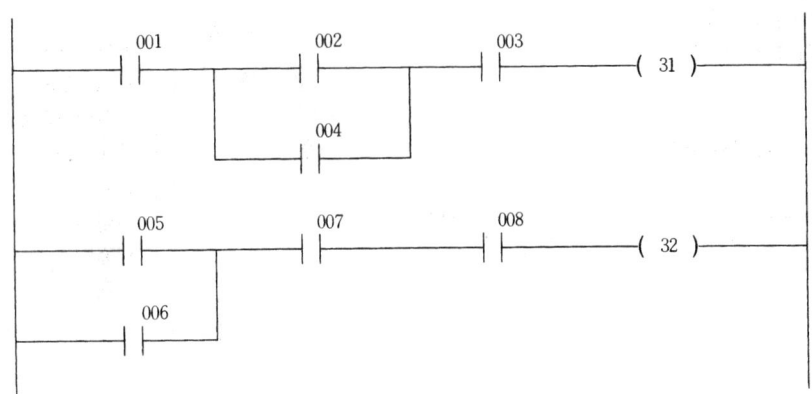

접점 350, 코일 수 120개

$(350+120) \times (1.2\sim1.5) = 470 \times (1.2\sim1.5)$

$= 564\sim705$ Word

$\fallingdotseq$ 1kW(1000 Word)

예 2

입출력 점수로 기준을 정하는 경우, 입출력 점수가 150점이면

$150\times(5\sim12) = 750\sim1800$ Word

$\fallingdotseq$ 2kW(2000 Word)

예 3

PLC 표준 메모리 용량(kW)
0.5 kW
1 kW
2 kW
4 kW
8 kW
1 6kW

◀ 주: Word를 스텝으로
　　표현하는 기종도 있다.

<그림 4-3>
메모리 용량의 선정

(3) 입출력 모듈의 선택방법

① 입력 모듈의 사양

외부기기에서의 신호를 CPU에 전달하기 위한 중계역을 하는 것이 입력 모듈이며, 입력 인터페이스라고도 한다.

ⓐ 교류입력 모듈

광전 릴레이, 근접 스위치 등 직류전원의 센서를 사용하고 있는 경우에 편리한 모듈이며 교류회로에 주로 있는 유도 작용에 의한 트러블이 적은 반면 저전압에 의한 접촉불량에 주의할 필요가 있다.

ⓑ 아날로그 입력 모듈

계측기 센서의 신호와 같이 아날로그량(DC 0~10V, DC 4~20mA 등)을 받아들이는
데 사용된다.

<표 4-3>에 입력 모듈의 종류와 사양 예를 나타낸다. 이와 같이 각 입력 모듈에는
최소 ON 전압, 최대 OFF 전압이 나타나 있다. 교류 입력 회로의 외부 배선이 특히
긴 경우, 다른 회로와 함께 묶여 있을 때 발생하는 유도 전류나 누설 전류때문에 실제
로 신호가 들어오지 않는 등의 오동작이 있을 수 있다. 대책으로서는 우선 외부 배선에
주의하고 또 이와 같은 우려가 있는 경우는 직류 입력을 채용하는 것이 바람직하다.

적 용	전 압	입력 전류	입력 임피던스	최소 ON 전압	최대 OFF 전압
교 류	AC 100 V	10mA	10kΩ	AC 60V	AC 30V
입력 모듈	AC 200V	10mA	20kΩ	AC 120V	AC 60V
직 류	DC 24V	20mA	1.2kΩ	DC 14V	DC 7V
입력 모듈	DC 48V	16mA	4.8kΩ	DC 24V	DC 14V
아날로그	-	DC 4-80mA	100Ω	(전류 입력)	
입력 모듈	DC 0-10V	-	-	(전류 입력)	

<표 4-3> 입력 모듈의 종류와 사양 예

② 출력 모듈의 사양

CPU의 연산 결과를 외부 부하용의 신호로 변환하는 것이 출력 모듈이고 출력 인터페이
스라고도 부른다.

출력 모듈은 접속된 부하의 사양과 동작빈도에 의해 결정되지만 일반적으로 교류, 직류
모두 전류 출력 용량이 2A(Ampere) 수준의 것이 많다. 또한 동작 빈도나 수명을 고려하
며 무접점 출력을 선정하는 경우도 있다.

ⓐ 접점 출력 모듈

릴레이 접점의 출력이며 릴레이 회로와 마찬가지로 사용되고 또한 교류와 직류를 동시
에 취급할 수 있어 편리하지만, 반면 기계적, 전기적 수명에 한계가 있어 접촉 불량의
문제가 있다.

ⓑ 무접점 출력 모듈

릴레이 접점 대신에 교류용으로서 Triac 출력 모듈과 직류용으로서 트랜지스터 출력 모
듈이 있어 동작속도가 빠르고 수명이 길므로 고속 동작이나 고빈도 동작용에 사용된다.

ⓒ 아날로그 출력 모듈

속도 지령이나 온도 설정 신호와 같이 아날로그 양을 출력한다. 아날로그 입력과 아
날로그 출력을 조합시켜 피드백(feed back) 제어에 사용할 수 있다.

<표 4-4>는 출력 모듈의 종류와 사양 예이다. 부하에 따른 정격전류의 차이나 돌입 전류, 누설전류에 의한 문제도 주의가 필요하다.

적 용	전 압	부 하 역 류				최소 부하 전류
		저하 부하	역률 0.4	돌입 전류	누설 전류	
릴레이 점점	AC 100/200V	2A	1A	8A	-	AC 22V
	DC 24					15 mA
Triac 모듈	AC 100	2A	2A	21A	10mA	30mA
	AC 200				20mA	
트랜지스터 모듈	DC 24	0.2A	-	0.3A		
	DC 48	4A	-	8A	0.1mA	1mA
	DC 100	2A	-	4A		
아날로그 출력 모듈	-	DC 4-20mA				(전류 출력)
		DC 0-16mA				
	DC 0-10	-				(전압 출력)

<표 4-4> 출력 모듈의 종류와 규격

ⓓ 기본 사양 예

항 목			기 종	A	B	C	D
기 본 유 닛	일반 사양	제어 방식		Stored Program Cycle 처리 방식			
		처리 속도		평균 5m/sec/1kw(최대 10msec/1kw)			
		프로그램 용량		1kw			
		메모리	기종	IC-RAM, EP-ROM			
			보수	Battery back up RAM(리튬 전지)			
	연산처리	논리 연산		STR, AND, OR, OUT, NOT, MCS, MCR			
		타이머	종류	TMR			
			설정치	0.1~99초			
		카운터	종류	CNT			
			설정치	1~99회			
		시프트 레지스터		8 bit * 2(상위 1bit 시프트)			
	입출력 처리기능	최대 외부 입력		12점	16점	24점	40점
		최대 외부 출력		8점	12점	16점	24점
		내부 출력		80점			
		타이머		16점			
		카운터		16점(정전 기억형)			
		시프트 레지스터		2점(1점 당 1 입력, 1시플 플러스, 8출력)			
	입출력 장치	외부 입력		정전압 집점 입력			
		외부 출력		접점 출력(AC 100/200V, DC 24V 2A)			
	주변기기	프로그램 방식		명령어 방식			
		주변기기		프로그래머 3 Type, 오디어 카셋, 디지털 프린터			
	보수 기능	CPU 메모리 이상		합계 점검, 밧데리 점검, 순간정전 점검			
		RUN 접점 출력		정상 운전시 ON 출력 프로그램으로 OFF 가능			
증 설 유 닛	입출력 처리	최대 외부 입력		12점	–	24점	40점
		최대 외부 출력		8점	–	16점	24점
	입출력 사양	외부 입력		무전압 접점 입력, 트랜지스터 콜렉터 입력(DC 24V 내장, DC 24V 100㎃ 외부 공급 가능)			
		외부 출력		접점 출력(AC 100/200V, DC 24V 2A)			
일반 사양		주위 온도		0~55℃			
		온도		20~90%(이슬 없음)			
		구조		폐쇄형, 판넬 장착 방식			
		전원		AC 100/200V(+10%~15%), 50㎐/60㎐ AC 100(+10%~15%), 50㎐/60㎐			

<표 4-5> 기본 사양 예

제 5 장 설치 및 보수

5-1 개요

PLC에 대한 기종선정이 끝난 다음, 설치공사로부터 운전 보수에 이르기까지 유의해야 할 사항, 즉 외부기기와의 접속조건, 일반적인 보수작업 및 이상 발생시의 고장 진단과 그 대책에 대하여 설명하고자 한다.

선정된 PLC의 매뉴얼 및 취급설명서 등을 통해 성능과 취급 방법을 숙지하여, 지정된 사양 조건과 범위내에서 사용해야 한다.

이런 범위를 초과하여 사용하면, 정상적인 기능을 발휘할 수 없을 뿐 아니라, 수명이 단축되고 고장을 일으킬 염려가 있다.

또한 PLC는 고장이 장기간 발생치 않을 것. 즉 MTBF(평균 무고장 시간)가 길 것, 고장이 발생하여도 정지부터 복구까지의 시간 즉, MTTR(평균 수리 시간)이 짧을 것 등이 요구된다. 이를 위하여 PLC 내부에는 각종 진단기능이 갖추어져 있어, 이를 모니터 기능과 함께 사용하므로서 MTTR을 최소로 할 수 있는 사전 지식이 요구된다.

5-2 설치, 배선 공사

(1) 설치 준비

포장을 열어 PLC를 꺼내면, 부속품 및 수량 등을 점검하여 결함 여부를 조사한다. 또 간단한 프로그램을 작성하여 동작 이상 유무를 확인해 보아야 한다.

(2) 설치 장소의 환경

환경조건에 대해서는 지시한대로 되어있지 않으면 안되며 특히 다음 사항에 대해서 주의해야 한다.

① 온도 : 반내에 수납할 경우에는 외부보다 +10℃~15℃ 정도 상승되므로 이 정도 여유를 두어야 한다. 또 PLC 내부 발열에 의해 온도가 상승되므로 소형반 내에 수납하거나 여러 대의 PLC를 사용할 경우에는 주의해야 한다.

▶ 보통의 보전 온도는 -20℃~+70℃이지만 사용온도는 0℃~+50℃이므로 충분히 검토할 필요가 있다. 이 온도 범위를 벗어나면 오류가 발생하며 작동하지 않는다.

② 진동, 충격 : 보통의 사용상태에서는 문제가 없지만 진동이 많은 장소(이동대차)에 사용

되는 경우에는 꼭 내진 조건에 대해 확인할 필요가 있다.

▶ 10~50Hz 분간 진폭 0.75mm 상하, 전후, 각방향 4회 이상인 경우는 피하는 것이 좋다.

③ 먼지 : 외부접속단자부 또는 커넥터부의 절연불량을 일으키는 원인으로 되며 내부까지 침투하면 커넥터부의 접촉불량이 생긴다. 또한 금속분에 의해 신호단락이 발생하기도하므로 주의를 요한다. 이외에 부식성 가스 및 습기가 많은 곳도 주의해야 한다.

(3) 배선공사

입출력 접속선은 주 동력선과도 많이 접촉될 염려가 있으므로 덕트(duct)로서 처리한다. 또 밀폐형이 아닌 PLC에서는 배선작업중 배선재(전선 부스러기등)가 들어가지 않도록 덮어준다.

(4) 접지

PLC의 전원부는 상용전원측에 라인 필터가 삽입되어 있는 경우가 많으며 그 Filter에 의해 누설전류가 발생되므로 안전상 꼭 접지하여야 한다.

상용전원측의 누전차단기가 타 기기와 공통으로 사용되어 타 계통의 접지사고에 의해 작동하는 경우는 전원계통을 분리하던가 절연변압기로 대책을 강구할 필요가 있다. 또 접지는 노이즈 대책상 중요하며, 최단거리에서 다른 강전기기의 접지선과 별도로 접지시키는 것이 바람직하다. 구체적인 것은 각각의 PLC의 접지기준과 주의사항에 따라야 한다.

(5) 비상 정지회로

운전중 PLC 내부에 이상이 나타나면 내부의 자기진단기능에 의해(CPU, 메모리 전원 등에 이상이 검출되었을 때)이 신호가 OFF 되며, 오류 단자의 출력이 ON 된다.

보통의 제어회로에서는 PLC가 이상 상태로 되면 이에 접속된 출력기기의 신호 전원을 전술한 신호에 의해 동시에 차단된다.

(6) 전원 및 신호 전원의 투입 순서

PLC의 전원은 기본적으로 입력신호 조건이 확립된 후에 투입될 필요가 있다. 이 순서가 역으로 되면 입력신호가 확립될 때까지 상시폐접점(B 접점)을 사용한 프로그램에 있어서 그 내용에 따라서 불필요한 출력신호를 발생시키는 경우도 있다.

<그림 5-1>의 예에서는 AC 100V가 투입되는 PLC의 전원과 입력신호 전원이 동시에 ON상태로 되어 있고, 그런 후에 PB 스위치에 의해 보조 릴레이 X가 투입되어 출력기기의 신호전원이 들어가도록 되어 있다.

5-3 노이즈 대책

PLC는 각종 소음에 대하여 회로방식과 내소음 소자, 실장기술 등에 실용상 충분한 내소음 특성을 갖고 있지만, 특별히 노이즈가 심한 곳이라든가, 보다 더 시스템의 신뢰성을 높이기

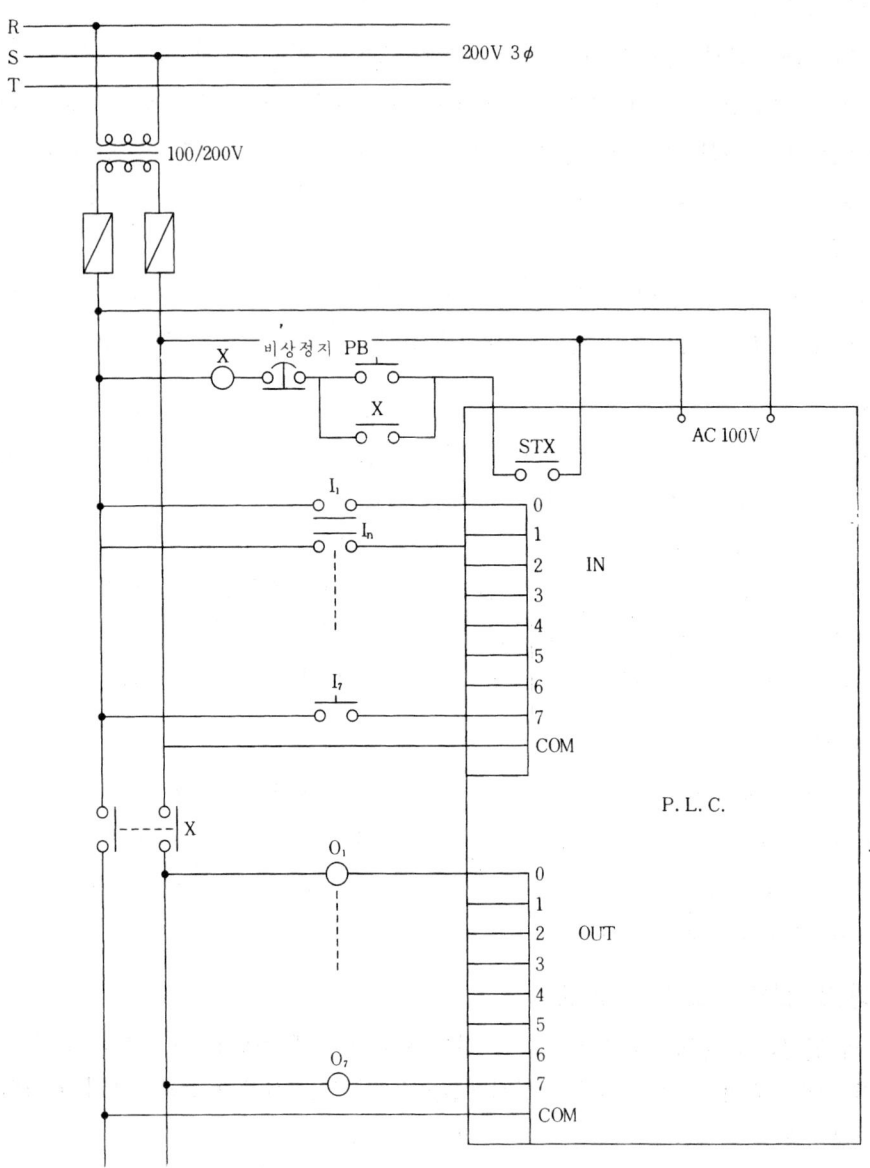

<그림 5-1> 외부 접속 예

위해서는 전원, 입출력 카드 제어선을 결선할 때, 다음과 같은 대책이 바람직하다.

(1) 전원관계

PLC에 공급하는 교류전원에서의 소음 대책은 다음과 같다.

① 전압 변동

10% 이상의 전압 상승, 15% 이상의 전압 강하, 빈번한 순시정전 내지 두드러진 파형왜곡이 있는 전원의 경우 <그림 5-2>과 같은 정전압 회로를 설치하면 개선된다.

② 전원 노이즈

다른 전력기기나 PLC로 구동하는 부하에서의 노이즈가 많을 경우 <그림 5-3>과 같이
실드트랜스나 필터를 넣으면 효과적이다. 또한 트랜스 또는 필터에서 나온 소음이 들어있
지 않은 전원선은 최단거리에서 다른 선과 합쳐지든가 근접하지 않고 꼬아서 PLC에 접속
한다.

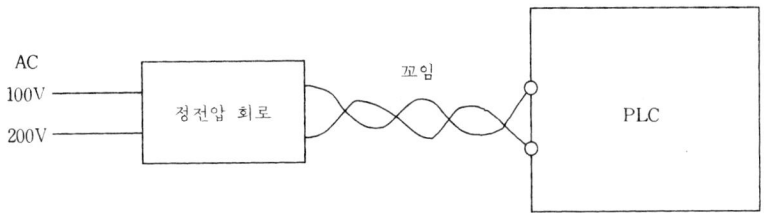

<그림 5-2> 전원변동이 있을 경우

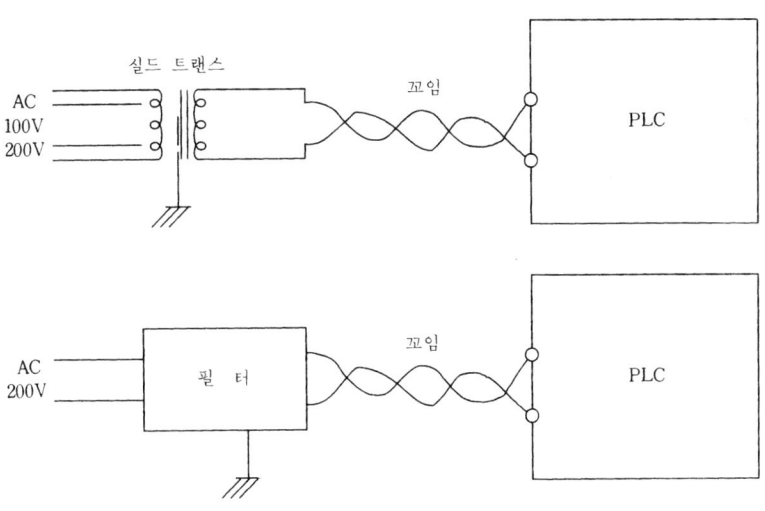

<그림 5-3> 전원 노이즈가 많을 경우

③ 전원 접속

PLC에 접속하는 전원선은 2mm 정도 굵은 선으로 가능하면 꼬아서 접속한다.

④ 전원 계통

PLC의 전원과 입출력기기의 전원은 <그림 5-4>와 같이 브레이커 등에서 분리하여, 배선
루트를 분리 하는것이 최선의 방책이다.

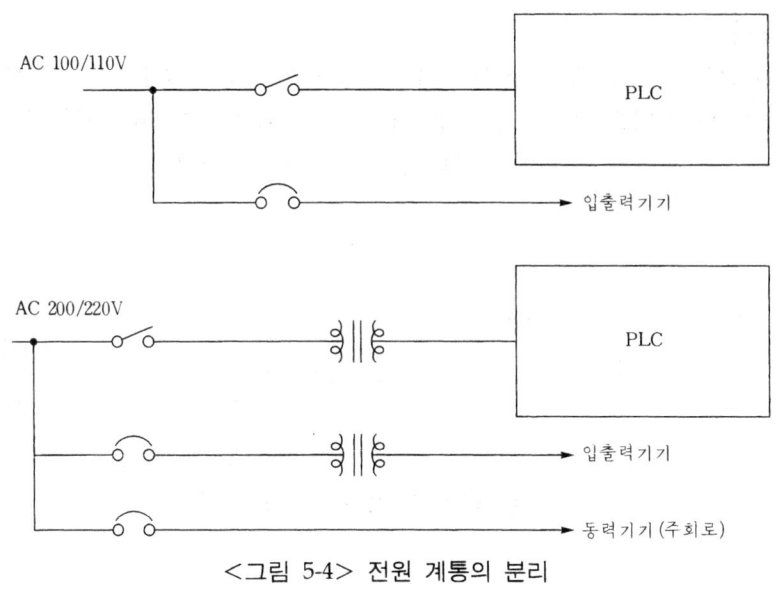

<그림 5-4> 전원 계통의 분리

(2) 접지

PLC의 접지단자의 접지는 전원이나 입출력선과 본체간에 인가되는 소음(일반 모드 소음: common mode noise)를 감소시킬 수 있는 효과가 있다.

접지의 방법에는 <그림 5-5>와 같이 세 종류가 있다. 전용접지가 최량이고, 접지공사는 제 3종 접지(접지저항 100Ω 이하)에서 행한다.

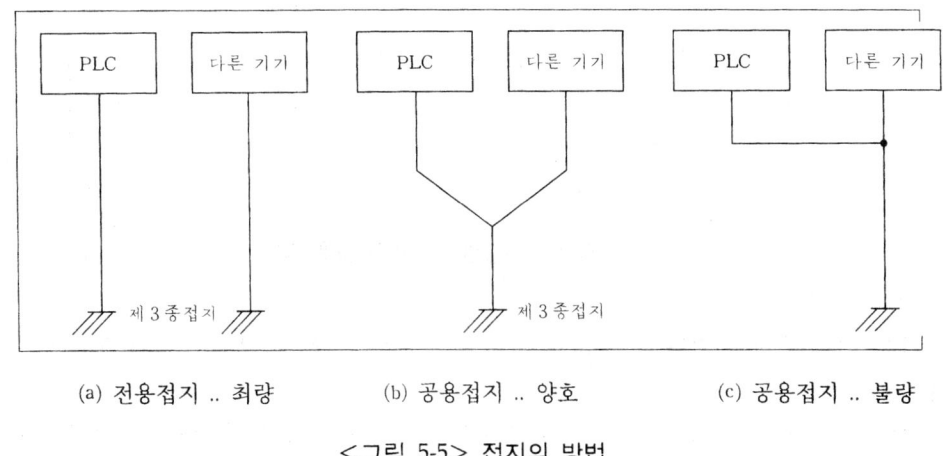

(a) 전용접지 .. 최량   (b) 공용접지 .. 양호   (c) 공용접지 .. 불량

<그림 5-5> 접지의 방법

전용접지를 얻을 수 없을 때는, <그림 5-5 (b)>와 같이 접지점에서 다른 반의 접지와 접속하는 공용접지를 사용한다. 공용접지에도 모터, 트랜스 등의 대전력기기와 공용은 피하는 것이 현명하다. 또한 접지접속이 접지점과 멀리 떨어져 있는 공용접지는 하지 않는 것이 좋으며, 단순히 감전방지 목적으로 많은 기기가 연결되어 있는 접지선이나 건물 철골 접지는 더욱 피해

야 한다. 접지점까지의 거리는 가능하면 최단으로 하고, 전선은 2mm 이상을 사용한다. 더욱 건물의 2, 3층이나, 이동설비의 탑제 등으로 양질의 접지를 얻을 수 없을 때, 무리하게 접지를 하지 않아도 된다.

접지한 뒤 불안정하게 작동하는 경우에만 접지를 연 후 상태를 살펴보는 것이 나을 수도 있다.

(3) 수납반의 설치 환경

① PLC 수납반은, 고압반이나 동력반 내지 고압선이나 대전류선 등과는 가능한 거리를 두고 설치해야 한다.

② 고주파 기기나 설비가 있을 때는 이것들과 함께 PLC 수납반을 확실히 접지하여 가능하면 거리를 두고 설치한다.

③ 다른 반과 판넬베이스를 공용할 경우에는 다른 반이나 기기로부터의 누설 전류가 없는가를 확인해야 한다.

④ PLC 수납반의 설치 후에는 추가 증설공사시 위의 ①~③을 충분히 고려해야 한다. 공사 후에 PLC가 불안정한 동작을 하는 경우 공사가 원인인 경우가 많다.

(4) PLC의 취부 위치

PLC의 취부위치는 다음 점에 주의하여 결정한다, <그림 5-6 참조>

① 마그네트나 NFB(No Fuse Breaker) 등과 같이 개폐시에 아크(arc)가 발생하는 기기와는 가급적 거리를 두는 것이 좋다.

② 고전압, 대전류의 주회로선의 결선에서 가급적 거리를 띄운다.

상기사항은 소음 대책, 이외에도 통풍이 좋고, 온도가 올라가지 않으며, 진동,충격이 적고 PLC의 조작과 점검이 용이한 위치를 배려해 둘 필요가 있다.

(5) 수납반 내 배선

① PLC의 교류, 직류의 전원선을 긴밀히 꼬아 다른 선과 분리하여 최단으로 배선할 것

② 전원선과 입출력선은 주회로선과는 결선하지 말고, 가능하면 100mm 이상 떨어지도록 한다.

③ PLC 유닛간을 접속하는 케이블은 전원선이나 입출력선과 근접하지 않도록 한다.

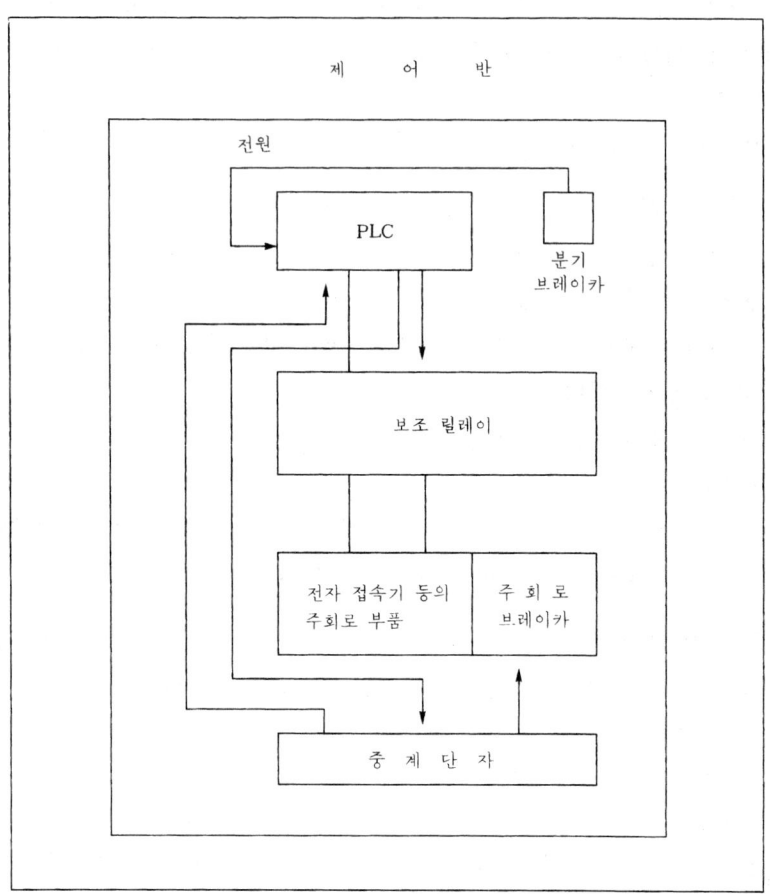

<그림 5-6> 반내의 배치와 배선 연결의 예

(6) 유닛 배치

　PLC의 입출력 유닛의 배치는, CPU 옆에서 다음과 같은 요령으로 배치하는 것이 최선이다. 이는 CPU가 가능하면 소음 원에서 멀리하게 하기 위함이다. 다음 순으로 CPU 옆으로부터 배치한다. <그림 5-7 참조>

전원유닛	CPU유닛	특수유닛	직류입력유닛	소전류의직류출력유닛	교류입력유닛	직류출력유닛	트라이악출력유닛	접점출력유닛

<그림 5-7> 유닛의 배치순

① 래치 유닛 등 외부배선을 하지 않는 유닛
② 직류 입력 유닛
③ 소전류의 직류 입력 유닛
④ 교류 입력 유닛
⑤ 직류 출력 유닛
⑥ Triac 출력 유닛
⑦ 접점 출력 유닛

이것들의 배치는 프로그래밍 이전의 입출력 당시에 정한다.

(7) 외부입력 신호선의 결선

① 입출력 신호선은 고전압, 대전류의 주회로선과는 분리하여 결선할 것

② 분리가 불가능할때 일괄 실드 케이블을 사용하여 PLC 측에서 접지를 행한다. <**그림 5-8 참조**>

③ 교류입력 신호로 유도전압이 클 경우 한 선마다 실드선으로 하거나 <그림 5-9>와 같은 접속을 한다.

④ 수 100M와 같은 장거리 결선의 경우, PLC의 입력선과 출력선도 서로 분리하면 좋다.

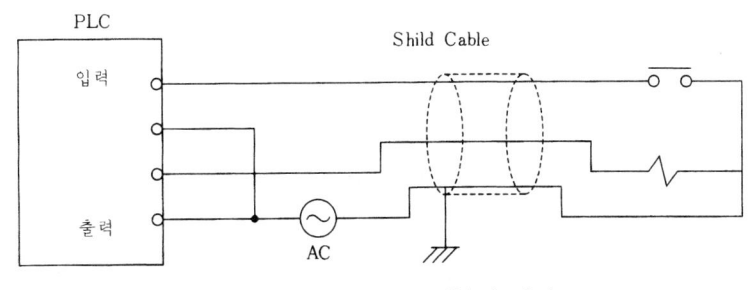

<그림 5-8> 실드 케이블의 처리

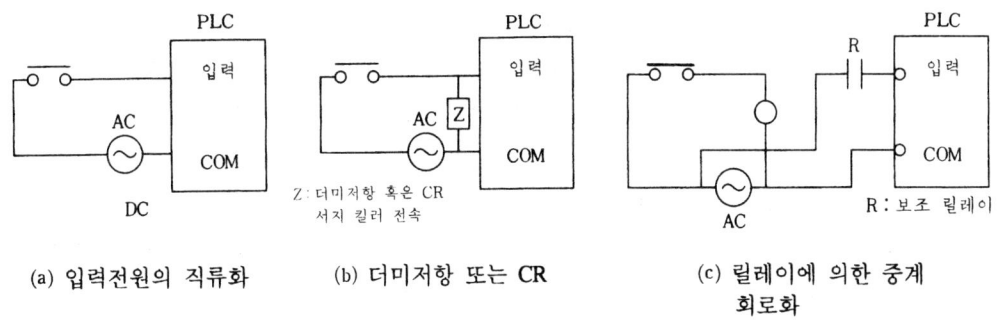

(a) 입력전원의 직류화   (b) 더미저항 또는 CR   (c) 릴레이에 의한 중계 회로화

<그림 5-9> 입력의 유도 전압 대책

(8) 입력 기기

① PLC의 입력 유닛트와 병렬로 유도부하가 접속될 경우 <**그림 5-10**>과 같이 교류 입력에 대해서는 CR 서지 킬러 (CR Surge Killer)를, 직류입력에 대해서는 후라이 호일 다이오드를 부하와 병렬로 접속한다.

② 동작표시 램프을 내장한 리밋 스위치를 입력할 경우, 리밋 스위치의 접점이 열려있더라도 네온등의 전류에 의하여 전압이 발생하는 경우가 있다. 이 전압이 클 경우 <**그림 5-9**>와 같은 유도전압 대책을 세워야 한다.

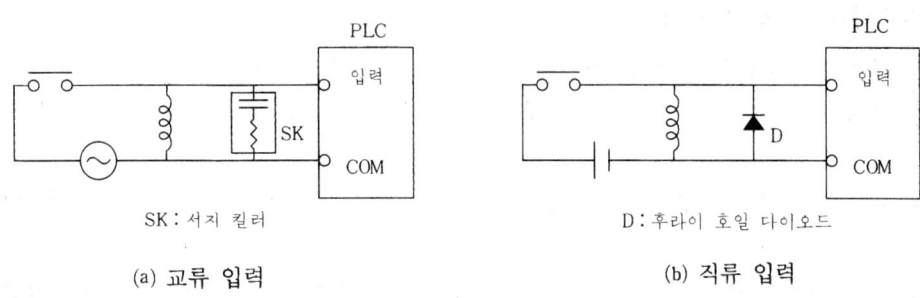

SK : 서지 킬러   D : 후라이 호일 다이오드

(a) 교류 입력   (b) 직류 입력

<그림 5-10> 입력과 병렬로 유도부하가 있을 때

(9) 출력기기

유도부하의 경우, 입력신호가 OFF에서 ON으로 투입시에 돌입전류에 의하여, 또한 ON에서 OFF로 차단시의 역기전력에 의해 소음이 발생한다. 더욱 전자접촉기 등의 접점에서의 아크 소음(arc noise)가 발생한다.

PLC측에서 교분한 노이즈 대책이 취해져 있을 경우에는 특별한 대책이 필요 없으나, 소음도를 향상시킬 필요가 있을시, 다른 전자기기에의 영향을 경감시킬 경우 다음과 같은 대책이 있다.

① 교류 유도부하의 경우 SK 서지 킬러를 부하 양단에 접속한다. SK 서지 킬러는 AC 100V, 200V에서 400VA 정도까지 이며, 0.5 μF＋47Ω를 사용한다. 이 SK 서지 킬러 는 부하에 가장 가까운 위치에 접속되지 않으면 효과가 없다.<그림 5-11>

② 직류의 유도부하의 경우, 부하의 양단에 후라이 호일 다이오드를 접속한다. 이 다이오드 도 반드시 부하에 가장 가까운 위치에 접속한다. 다이오드의 역내 전압은 부하 전압의 4 배 이상 필요하다. <그림 5-12> 직류 유도부하에 후라이 호일 다이오드를 접속하면 차 단시에 다이오드를 흐르는 전류에 의해서 부하 동작이 지연된다. 이 지연이 문제가 될 때는 상기의 교류대책과 같이 SK 서지 킬러를 접속한다.

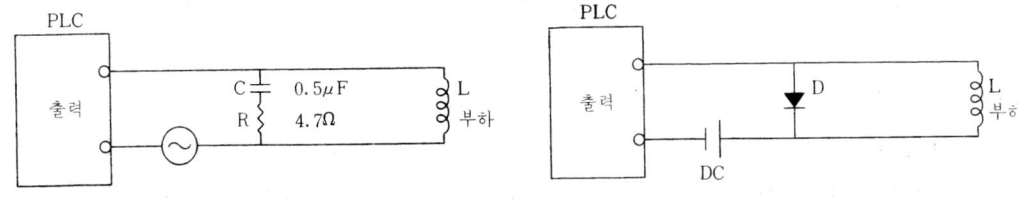

<그림 5-11> 교류 유도부하의 노이즈 대책   <그림 5-12> 직류 유도부하의 노이즈 대책

③ PLC의 출력에 접속되는 부하를 외부의 접점으로 개폐하는 경우, PLC 측에서의 노이즈 대책의 유무와 상관없이 <그림 5-11>, <그림 5-12>과 같은 대책을 반드시 행한다.

⑽ 노이즈에 대한 문제해결과 그 대책

제어에 약간의 이상이 감지될 때, 다음의 경우에 외부 노이즈가 원인으로 고려된다.

① PLC로 제어하고 있는 특정의 출력기기의 동작과 동기로 발생할 때, 이런 경우 주로 출력 기기로부터의 노이즈나 서지가 원인으로 생각된다. 그 기기이 ON, OFF시마다 또는 가끔 발생하여 PLC를 정지시킨다. 이런 경우에는 전항 '출력기기'에서 설명한 노이즈 대책에 가장 가까운 위치에 취부하지 않으면 효과가 없다. 기기의 작동과 함께 발생하는 문제 **중에는** 입력선의 이완 단선 등의 접속불량이나 접지, 입력기기의 접촉불량 등을 생각할 수 있다.

② PLC와 관계없는 다른 기기의 작동과 함께 발생할 때, 이 경우는 다른 기기에서의 노이즈 서지에 의한 것이니 위의 ① 항과 같은 대책을 해당기기에 실시한다. 이 대책으로도 해결이 되지 않을 때, 비접지에서 사용하고 있을 때는 접지를 만들고, 접지하고 있을 때는 비접지로 변경하는 등의 대책을 강구한다. 또한 입출력 신호선을 해당기기의 결선에서 분리해 보든가, 루트를 바꾼다.

③ 대용량 부하의 투입시에 발생할 때,
여기에는 전원전압의 저하와 공용접지의 접지 전위의 정상이 고려된다. 투입시에 전원전압이 규정이하로 저하할 때, 전원에 정전압 트랜스를 넣어서 전원계통을 변경한다. 접지를 행하고 있을 때는 이 접지를 여는 것도 대책이다.

④ PLC의 동작이 불안정할 때,
PLC 문제의 대부분은 상기 ①에서 ③까지가 원인이나, 이 이외의 원인으로써 다음과 같은 것을 고려해 볼 수 있다.
 ⓐ 전원의 빈번한 순시정전, 파형이 나쁠 때
 ⓑ 전원 소음이 많을 때
어느 경우든 정전압 트랜스를 넣든가, 전원계통을 변경한다. ⓑ에 관해서는 절연트랜스만으로도 유효하다.
 ⓒ 고주파설비의 영향이 있을 때
고주파 설비와 PLC 수납반의 접지를 확실히 행하면 된다. 또는 PLC의 입출력 신호선을 실드한다.

⑤ 입력의 유도전압이 클 때
이 때는 PLC가 정지하는 일없이 가상입력에 의해 출력 이상이 된다. 유도전압이 낮아도 여기에 소음이 중첩되는데서 가상입력이 된다. 이런 경우 <그림 5-9>과 같이 대책을 강구한다. PLC의 노이즈 문제에 대해서는 상기와 같이 대책을 행하지만, 이러한 것은 반의 제작시, 외부 배선 공사시 해놓으면 경비가 절감된다.
PLC를 사용한 시스템의 설계를 할때는 어느 대책을 하느냐를 미리 검토해 두는 것도필

요하다. 더욱, 문제 발생시에 취한 조치가 정말 유효한 대책이 되어 있는가, 그 대책을
확인하기 위하여 재현 시켜 보는 것도 필요하다.·

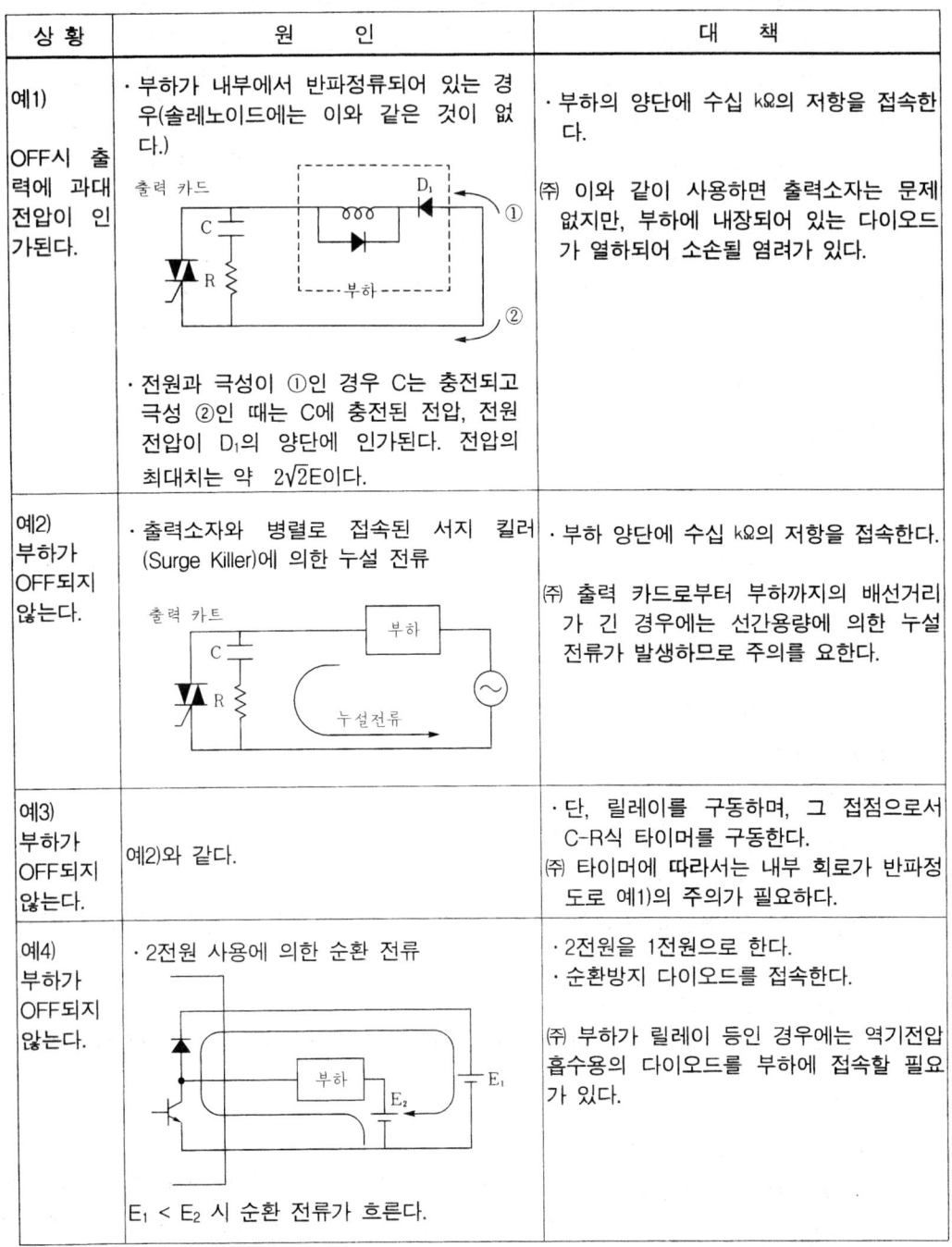

상 황	원 인	대 책
예1) OFF시 출력에 과대 전압이 인가된다.	· 부하가 내부에서 반파정류되어 있는 경우(솔레노이드에는 이와 같은 것이 없다.) · 전원과 극성이 ①인 경우 C는 충전되고 극성 ②인 때는 C에 충전된 전압, 전원 전압이 D_1의 양단에 인가된다. 전압의 최대치는 약 $2\sqrt{2}E$이다.	· 부하의 양단에 수십 kΩ의 저항을 접속한다. ㈜ 이와 같이 사용하면 출력소자는 문제 없지만, 부하에 내장되어 있는 다이오드가 열하되어 소손될 염려가 있다.
예2) 부하가 OFF되지 않는다.	· 출력소자와 병렬로 접속된 서지 킬러 (Surge Killer)에 의한 누설 전류	· 부하 양단에 수십 kΩ의 저항을 접속한다. ㈜ 출력 카드로부터 부하까지의 배선거리가 긴 경우에는 선간용량에 의한 누설 전류가 발생하므로 주의를 요한다.
예3) 부하가 OFF되지 않는다.	예2)와 같다.	· 단, 릴레이를 구동하며, 그 접점으로서 C-R식 타이머를 구동한다. ㈜ 타이머에 따라서는 내부 회로가 반파정도로 예1)의 주의가 필요하다.
예4) 부하가 OFF되지 않는다.	· 2전원 사용에 의한 순환 전류 $E_1 < E_2$ 시 순환 전류가 흐른다.	· 2전원을 1전원으로 한다. · 순환방지 다이오드를 접속한다. ㈜ 부하가 릴레이 등인 경우에는 역기전압 흡수용의 다이오드를 부하에 접속할 필요가 있다.

<표 5-1> 외부출력기기와의 접속에 대한 문제 예 1

상 황	원 인	대 책
예 1) 입력신호가 OFF되지 않 는다.	· 입력 스위치의 누설 전류(무접점 스위치 에서의 구동 등) 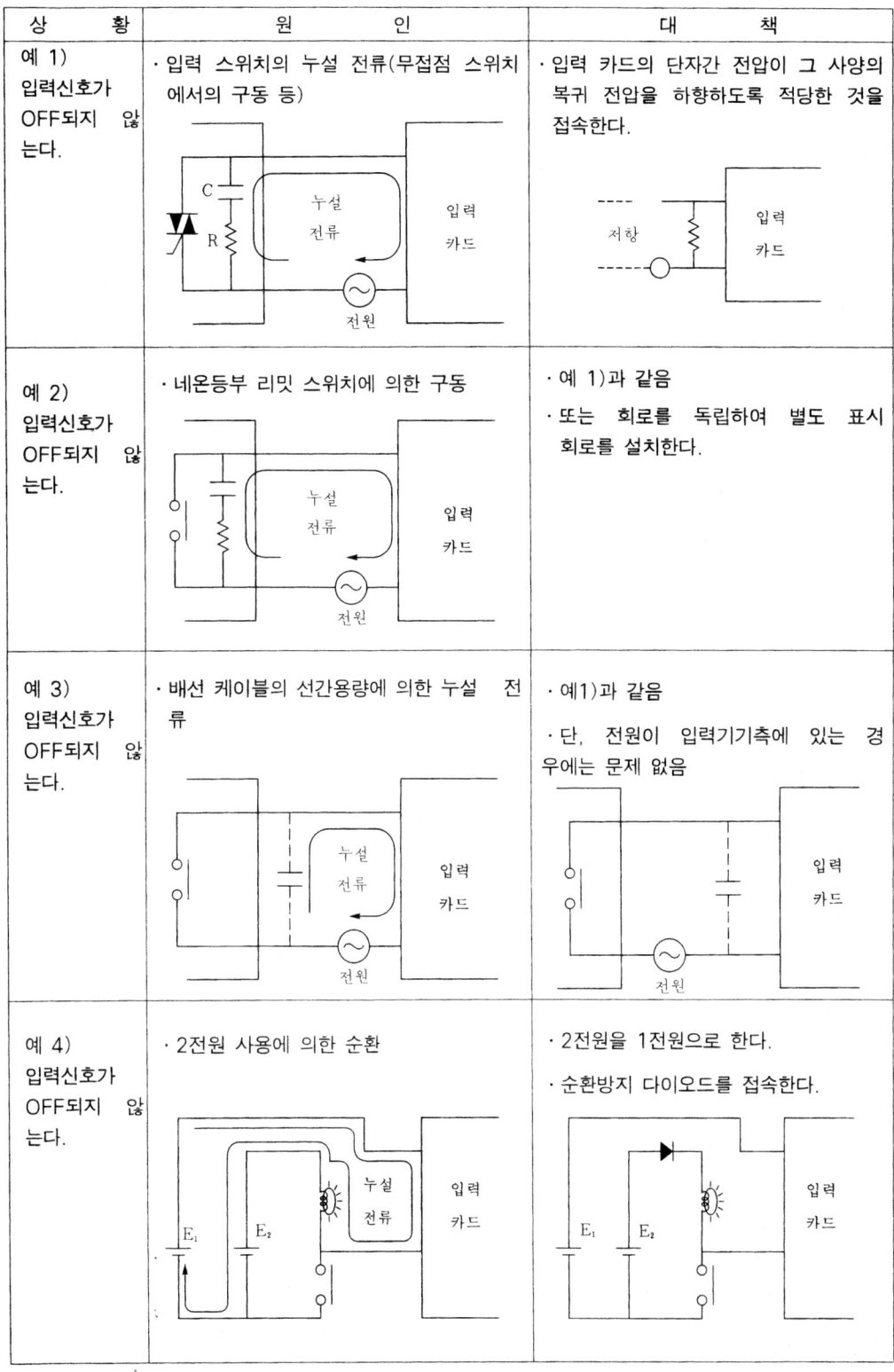	· 입력 카드의 단자간 전압이 그 사양의 복귀 전압을 하향하도록 적당한 것을 접속한다.
예 2) 입력신호가 OFF되지 않 는다.	· 네온등부 리밋 스위치에 의한 구동	· 예 1)과 같음 · 또는 회로를 독립하여 별도 표시 회로를 설치한다.
예 3) 입력신호가 OFF되지 않 는다.	· 배선 케이블의 선간용량에 의한 누설 전 류	· 예1)과 같음 · 단, 전원이 입력기기측에 있는 경 우에는 문제 없음
예 4) 입력신호가 OFF되지 않 는다.	· 2전원 사용에 의한 순환	· 2전원을 1전원으로 한다. · 순환방지 다이오드를 접속한다.

<표 5-2> 외부입력기기와의 접속에 대한 문제 예 2

5-4 보수

PLC는 일부의 릴레이, 전지등을 교환하는 것 이외에는 예방보전적인 교환처리를 하지 않는다. 지금부터 그 점을 설명하고자 한다.

(1) 문서의 관리

일단 가동상태로 들어간 PLC는 이와 관련된 모든 문서를 정리, 보관하여 언제나 찾아볼 수 있도록 하는 것이 좋다.

예를 들면 운전 중 프로그램을 변경시킬 경우가 있을 때, PLC 본체의 프로그램을 변경시킴과 동시에 프로그램 작성에 기본이 되는 플로우 차트, 래더 도표, 코딩 시트t, 입출력 해당표 등도 꼭 변경시켜 놓는다. 또 각 PLC 매뉴얼을 근거로 하여 보수점검 순서를 정해 놓으면 편리하다.

(2) 모니터 기기의 준비

PLC에는 각 입출력 표시와 CPU 등의 모듈 이상표시(자기진단기능)가 보통 갖춰져 있으므로 단번에 이상 상태 여부를 알 수 있다. 이 외에도 상세한 고장진단을 위한 프로그램 내용이라든가, 입출력 데이타 메모리 내용을 점검할 수 있는 기능을 갖춘 기기(프로그래머가 이를 대신하는 경우가 많다)를 준비해 두는 것이 좋다.

(3) 예비품

PLC는 기종에 따라서 거의 호환성이 없는 경우가 많으므로 최소한의 예비품을 준비해 두는 것이 좋다.

(4) 점검

PLC는 IC와 LSI에 의해 구성되어 있어 무접점화되어 있지만 일부 릴레이 접점 회로와 기구적 부분에 대해서는 점검할 필요가 있다. 점검이나 교환을 실시하는 경우에는 서식을 결정하여 이에 따라 점검일자, 점검내용 등을 기록하여 놓으면 후에 점검할 때 유용하게 이용할 수 있다.

① 릴레이 출력의 교환 : 출력이 릴레이 접점인 경우에는 정기적으로 릴레이를 교환 할 필요가 있다. 교환시기는 릴레이의 개폐회수 등에 의해 다를 수 있으므로 개폐회수가 많은 것부터 교환하는 것이 좋다.

② 전지교환 : 프로그램 메모리에 IC RAM을 사용한 것은 전지가 내장되어 있다. 이 때는 제조자가 지정한 유효기간이내에 전지를 교환해야 한다.

③ 나사부 : 제어선 등이 접속되어 있는 단자대의 나사 등이 확실하게 첨부되어 있는지를 확인한다.

④ 유닛의 취급 : 각 커넥터부는 손을 대지 않는 것이 좋다. 손을 댄 경우에는 알콜로 닦아
　낸다. 또 프로그래머 등의 접속 케이블 및 커넥터는 탈착 빈도가 높으므로 조심하여 다
　루고, 특히 커넥터 내부의 접촉자 상태를 잘 살핀다.

제 6 장 PLC 활용 예

자동화 시대의 도래로 설비의 자동화, 무인화가 한층 더 요구되는데 <표 6-1>과 같이 PLC의 기능을 활용한 제어내용의 용도가 많아지고 있다.

No.	제어 내용	요구되는 제어 기술
①	시퀀스 제어	AND, OR, NOT, 타이머, 카운터
②	품별 제어	시프트 레지스터, 부호화(코드화)
③	계수 제어	카운터, 2진수/2진화 10진수 변환
④	계량 제어	아날로그/디지털 변환
⑤	위치 제어	고속 펄스, 리버서블(reversible) 카운터
⑥	원격 제어	원격 출력, CPU 링크
⑦	링크 제어	호스트 컴퓨터 링크
⑧	관리 제어	고급 언어(BASIC, C언어 등)

<표 6-1> PLC 기능의 활용 방법

6-1 품별제어(No.②)

FA 시스템이란, 광의의 의미로는 자동화, 무인화된 가공, 조립, 반송 시스템이락 할 수 있다. 따라서 FA 시스템의 제어는 중요하다.

(1) 물품의 유·무 제어

예를 들면 <그림 6-1>과 같이 컨베이어상의 작업을 보면 종래는 인간이 물품의 유무를 확인하여 도장작업을 했지만 한걸음 나아가 자동화하여 물품이 있든 없든 도장 장치를 설치하여 유무를 검출하면서 작업하도록 했다. 이와 같이 리밋 스위치를 설치하는 데에는 컨베이어 장치를 일부 가공하지 않으면 안된다. 또 여기서 안심하고 있으면 2~3개월 경과하여 리밋 스위치에 도료가 부착되므로 동작 불량을 일으켜 전의 상태로 돌아가게 되는 경우도 있다. 여기서 PLC의 시프트 레지스터 기능을 사용하여 최초에 작품을 컨베이어에 실었다는 신호를 받아들여 이 물품의 신호를 컨베이어에 운전 덕트 신호에 따라 컨베이어상의 물품의 이동과 함께 시프트시키면, 지금 어느 장소에 물품이 있는가를 구별할 수 있으므로 그 장소에 물품이 있으면 작업을 실행하고 없으면 그냥 통과시키는 이러한 제어가 가능하다. 이와 같은 경우, 시프트 레

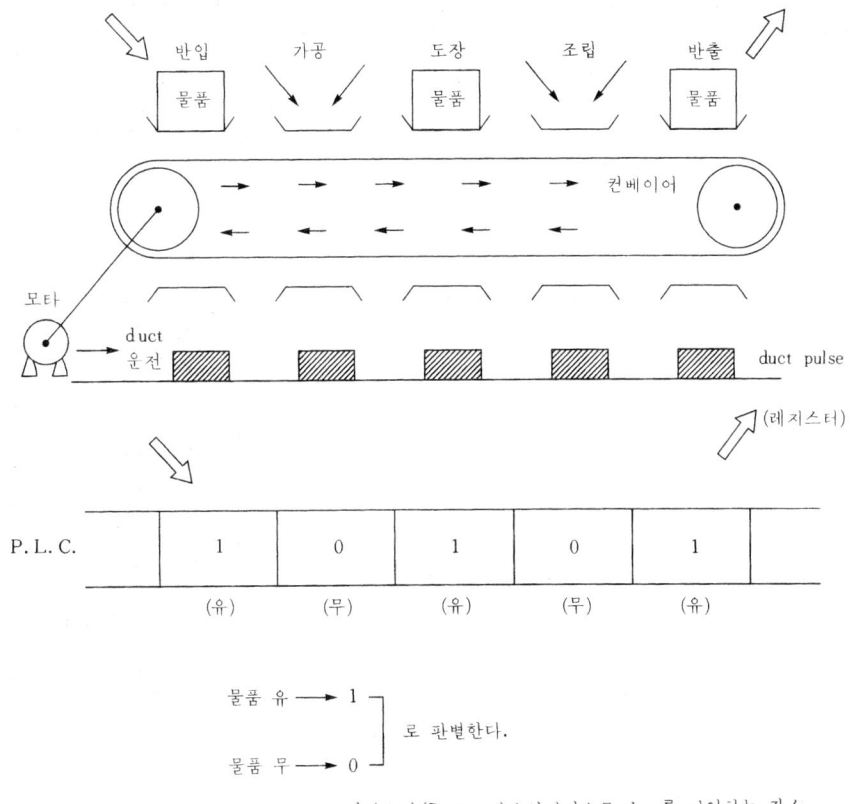

<그림 6-1> 컨베이어의 물품과 정보 이동

지스터 기능을 사용하면 효율적인 작업이 실현가능하므로 특히 효과적이며 기계적인 검출기를 취부하지 않고 그 기능을 전기적으로 해결하고 있다.

　(2) 품종에 의한 제어베이어로 반송될 물품의 유무뿐만 아니라 물품의 종류나 형태(품종)를 구별하여 그것에 의해 후 공정의 흐름을 변경하면서 가공작업을 구별하여 실행하는 방법이 시스템에서는 곳곳에 사용되고 있다. 여기서 요구되는 제어기술로서는 <표 6-2>와 같이 품종에 따라 코드화하는 것이다. PLC는 메모리 레지스터에 코드화된 정보로 물품의 종류나 형태에 의한 차이를 기억시켜 이것을 컨베이어 동작과 함께 시프트함으로써 PLC의 내부에 컨베이어 라인을 모의적으로 만들 수 있다. 이와 같은 제어를 릴레이 반으로 실현하도록 하려면 릴레이의 개수가 급증하여 실제로는 매우 어렵다. 이와 같이 품종열에 의한 제어는 PLC의 메모리를 잘 이용한 제어법으로 이에 따라 얻어지는 효과는 매우 크다.

No.	내 용 (코 드 화)	
1	물품의 유무 구별은 1비트(행) 필요	무 : 0 유 : 1
2	3품종의 구별(4종의 상태 구별)은 2비트(행) 필요	무 : 00 A : 01 B : 10 C : 11
3	품종의 구별(8종의 상태 구별)은 3비트(행) 필요	무 : 00 A : 001 B : 010 C : 011 D : 100 E : 101 F : 110 G : 111
4	8비트(행)로는 255품종의 구별(256종의 구별)이 가능	무 : 0000 0000 〜 〜 15 : 0000 1111 〜 〜 255 : 1111 1111

<표 6-2> 품종과 코드화

(3) 물품의 이송과 정보의 운송

물품의 이송과 코드화된 정보의 전송에 대하여 제어측에서 이것을 보면 가공, 조립 라인과 같은 덕트 컨베이어와 같이 물품이 반송되는 경우에 덕트 신호가 얻어지는 반송방식과 건조로와 같은 연결 컨베이어와 같이 덕트 신호가 없는 반송방식이 있다. 덕트 신호가 있는 제어의 경우에는 물품의 반송과 동기하여 정보의 전송이 가능하므로 물품과 정보의 대응이 도중에 어긋날 염려가 없다. 또한 덕트 신호가 없는 제어의 경우에는 물품과 정보의 대응이 어렵기 때문에 물품의 순서를 기억하여 놓는 선입선출(FIFO) 제어법으로 실행한다.

<그림 6-2>에 덕트 컨베이어 위에 올려진 물품과 그 정보의 관계를 나타내고 <그림 6-2 (b)>에서는 연속 컨베이어에 대한 정보의 전송방법을 보여준다. 연속 컨베이어의 경우는 반입구에서 물품을 컨베이어에 올려놓았다는 신호를 받아들이면 물품에 대응하는 정보를 함께 다음 공정으로 넘겨주는 것이 가능하다.

이와 같이 PLC가 컨베이어의 물품의 유무를 파악할 수 있으므로 품종에 의한 제어가 가능하다. 코드화된 정보를 취급하는 PLC에는 Word 처리기능이 요구된다.

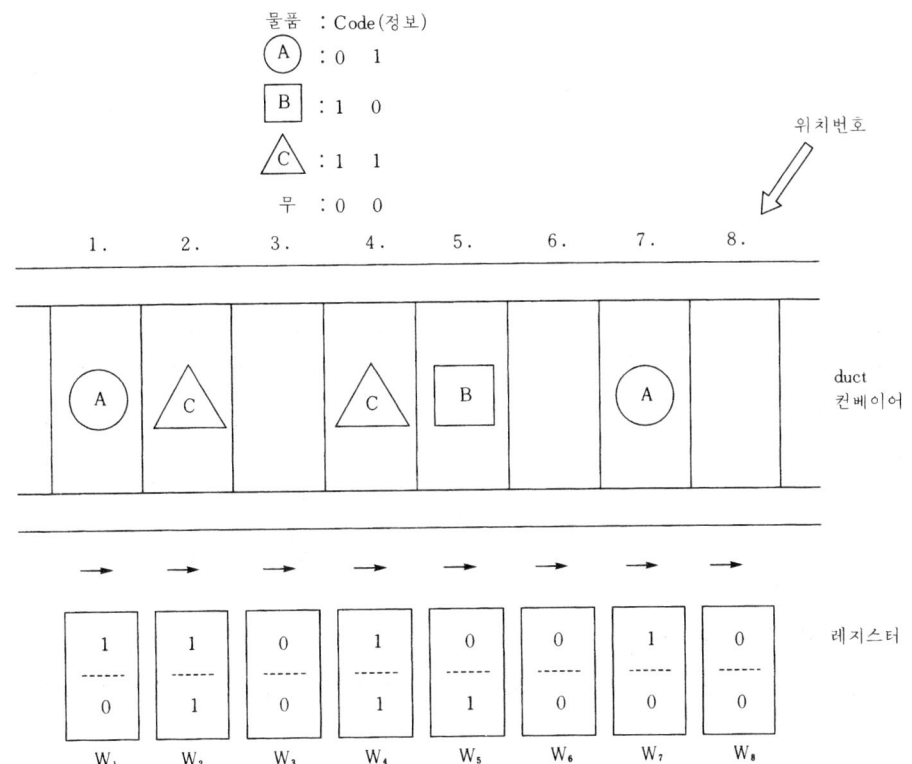

※ 컨베이어 위치 신호에 대응하는 레지스터 **W**에 물품을 나타내는 코드를 기억하고 덕트 신호와 함께 시
프트한다.

(a) 덕트 컨베이어의 경우

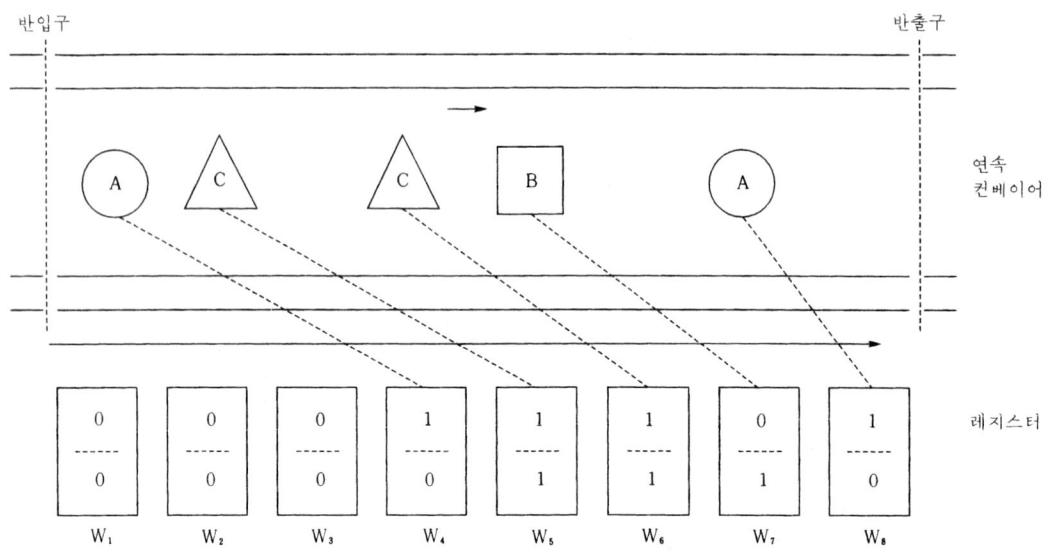

※ **선입선출 제어(FIFO: First In First Out)**

컨베이어 물품의 순번을 레지스터 W에 반출측에서부터 기억되어 물품이 반출되면 대응하는 코드(정보)가 함께 시프트한다.

(b) 연속 컨베이어의 경우

<그림 6-2> 물품의 반송과 정보의 전송

6-2 계수 제어

종래 생산현장에 있어서는 생산수량 등을 세는 것은 인간이 직접 하였다. 이것을 자동화, 무인화, PLC로 생산설비로 제어하면서 생산수량을 세기도 하고 목표개수를 생산하기도 한다. 이와 같이 수량을 취급하면서 기계, 장치를 제어하는 것을 계수 제어라 하고 F.A. 시스템에서는 매우 중요하다.

(1) 생산수량의 표시

생산 라인의 가동상태를 정확히 파악하기 위해 현시점의 생산치수와 그것이 기준치수에 비해 앞서거나 뒤진 치수를 표시하면 빠른 시점에서 수정이 가능하므로 생산의 원활화가 이루어짐과 동시에 효율향상에 이바지한다.

<그림 6-3>의 생산관리 표시반은 당일 아침 계획생산치수를 설정기로 입력하여 표시한다. 또 한편으로는 생산대수의 펄스 신호를 계산하여 현재 생산대수로서 표시한다. 예를 들면 계

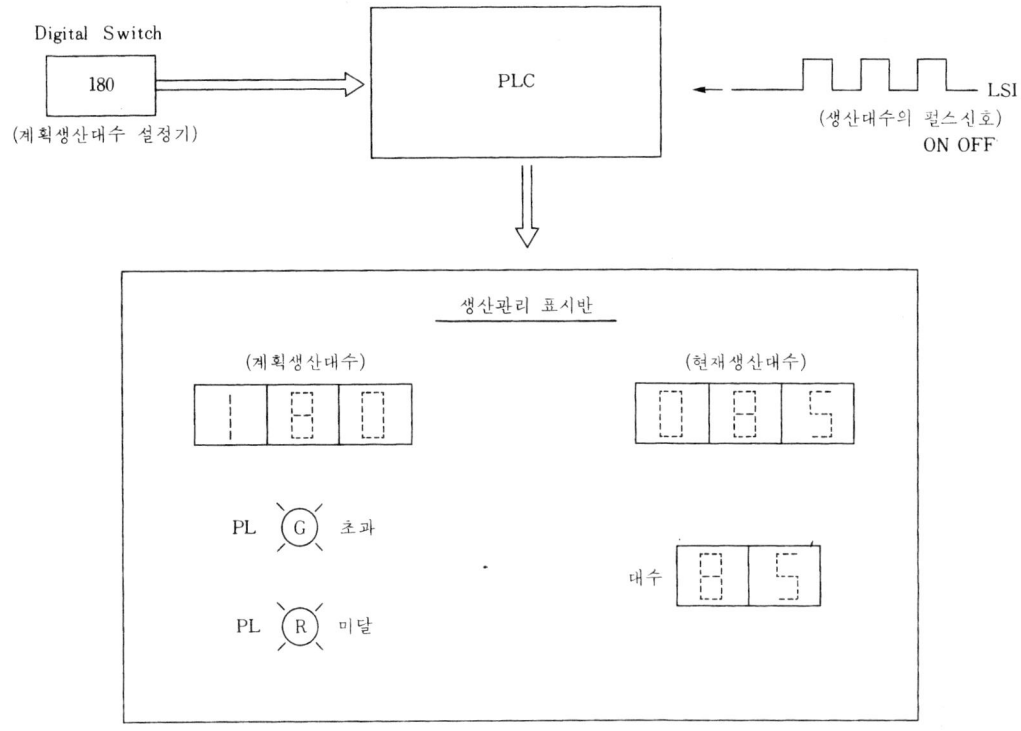

<그림 6-3> 생산관리 표시반

획생산대수를 180대로 하면 점심에 그 반인 90대를 생산하여야 하나, 생산대수가 85대이면 5
대를 미달로 표시한다. 우선 생산대수의 펄스 신호는 <그림 6-4>와 같이 PLC의 레지스터 W
에 2진수로 계산된다. 이 계산치는 10진수로 변환하여 표시된다. 입출력 신호는 PLC의 내부에
서 2진수로 변환하므로 비교 등에 사용된다. 10진수와 2진수를 변환하는 데는 2진수와 10진수
가 사용되며 <그림 6-5>에 비교되어 있다.

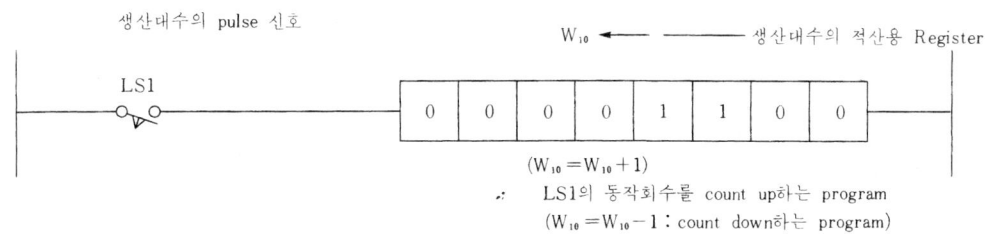

<그림 6-4> 펄스의 계산

▶ 8bit로 0~255까지 계산 가능   ▶ 8bit로 0~99까지 계산 가능
▶ 경제적인 BIN 신호   ▶ BCD 신호는 4bit로 1행을 표현

10진수 (Decimal)	2진수 : BIN (Binary)								2진화 10진수 : BCD (Binary Coded Decimal)							
	128	64	32	16	8	4	2	1	10의 행				1의 행			
0	0	0	0	0	0	0	0	0	0	0	0	0	0	0	0	0
1	0	0	0	0	0	0	0	1	0	0	0	0	0	0	0	1
2	0	0	0	0	0	0	1	0	0	0	0	0	0	0	0	0
3	0	0	0	0	0	0	1	1	0	0	0	0	0	0	1	1
4	0	0	0	0	0	1	0	0	0	0	0	1	0	1	1	1
10	0	0	0	0	1	0	1	0	0	0	0	1	0	0	0	0
11	0	0	0	0	1	0	1	1	0	0	0	1	0	0	0	1
25	0	0	0	1	1	0	0	1	0	0	1	0	0	1	0	0
99	0	1	1	0	0	0	0	1	1	0	0	1	1	0	0	1
255	1	1	1	1	1	1	1	1								

<그림 6-5> 10진수, 2진수, 2진수화 10진수

6-3 계량 제어

가변속 모터와 PLC를 조합하여 제어하는 경우에는 <그림 6-6>과 같이 회전에 대응한 전압신호를 PLC에서 가변속 모터의 속도설정기로 지시해야 한다. 또한 가변속 모터의 출력축에 붙어 있는 속도검출용 발전기 G의 전압을 PLC가 읽어들이면 회전수가 파악 가능하므로 속도제어가 가능하다. 속도 설정이나 속도 검출에는 아날로그 신호(DC 10V, 4-20mA)가 이와 같이 온도, 압력 유량, 수유 온도 등(아날로그 신호)에 관계되는 제어를 계량 제어라 하며 FA 시스템에서도 매우 중요하다.

PLC 내부에서는 디지털 신호를 사용하고 있으므로 아날로그 입출력 모듈에는 아날로그-디지털 변환기(A/D 변환기)와 디지털-아날로그 변환기가 내장되어 있다.

디지털로 변환된 값은 8bit, 12bit 등의 종류가 있고, 8bit의 경우는 디지털 양으로서 $2^8 = 0 \sim 256$, 12bit의 경우는 $2^{12} = 0 \sim 4096$이 되므로 <표 6-3>과 같은 제어에 필요한 분해 능력을 갖는 A/D, D/A 변환기를 선정할 필요가 있다.

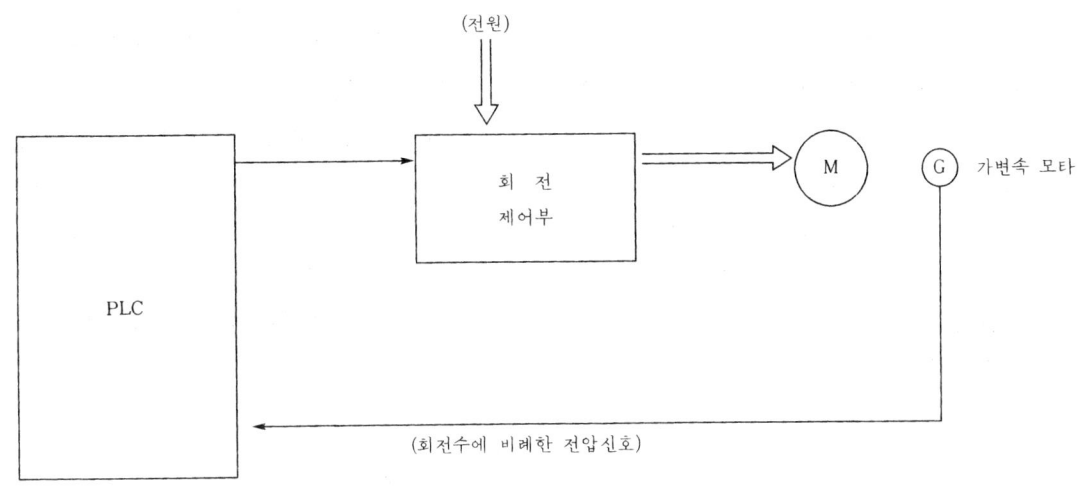

(a) 구성도

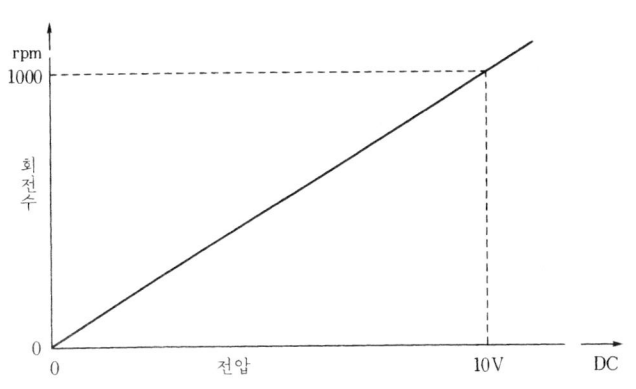

(b) 회전수와 전압

<그림 6-6> PLC와 가변속 모터

아날로그 신호	디지탈 신호	
	8 bit	12 bit
0 V	0000 0000	0000 0000 0000
	≀	≀
10 V	1111 1111	1111 1111 1111
분해능	1/256	1/4096

<표 6-3> A/D, D/A 변환의 분해능력

6-4 위치제어 (No.⑤)

　재료를 소정의 위치에 놓거나 송차를 소정의 위치에 정차시키는 등, 이른바 위치 제어는 최근의 자동화, 성력화의 발전에 따라 고속화, 고정도화되고 있다.

　또한 위치 제어의 경향으로서 리밋 스위치에 의한 제어에 대신하여 위치검출용 펄스 발생기(로터리 인코더 등)와 PLC를 조합한 제어가 증가하고 있다. 이것은 리밋 스위치로는 정지정도가 좋지 않아 정지 위치를 벗어나므로, 설치 위치를 자주 조정해야 할 필요가 있고, 리밋 스위치로 인한 고장률 증가 등 신뢰성의 문제로서도 PLC에 의한 위치제어는 매우 중요하다.

　<그림 6-7>은 PLC에 의한 써보 모터와 로터리 인코더를 결합하는 간이 위치 제어의 구성과 제어 패턴이다.

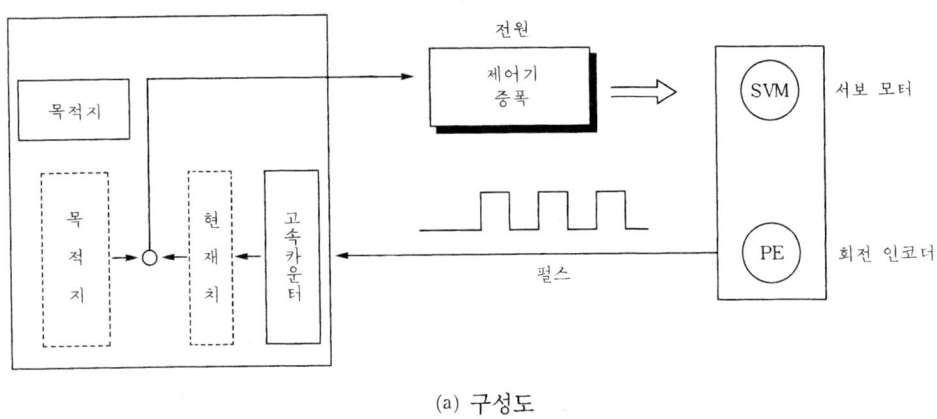

(a) 구성도

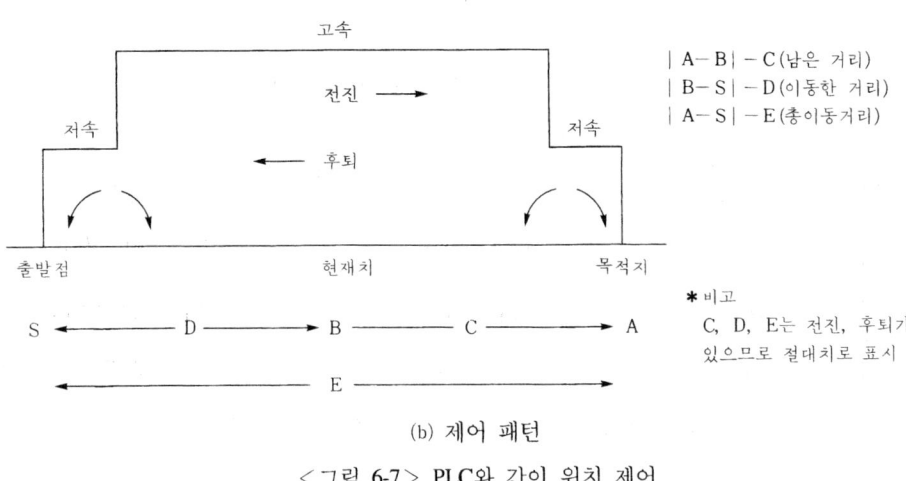

(b) 제어 패턴

<그림 6-7> PLC와 간이 위치 제어

　PLC의 내부에서는 위치결정의 목표치가 설정되면 서보 모터가 스타트하여 시시각각 로터리 인코더의 펄스 신호를 고속 카운터로 적산하여 그 이동량(계산치=현재치)를인식하여 설정치

(목표치))와 비교하면서 제어한다. 위치제어의 패턴으로서 최초와 최후는 저속으로, 중간은 고속으로 이동한다. 또 전진과 후퇴의 경우도 있다. 특히 PLC로서 제어상에 필요한 제어량으로서는 총이동량, 이동한 양, 남은 양의 3개를 항상 계산해 둘 필요가 있다. 예를 들면 <그림 6-7 (b)>의 제어 패턴과 같이 이동한 량(D)이 'S'를 초과할 때까지는 저속으로 운전하고 또 남은 양 C가 'A'가 될 때까지 고속으로 운전하며 초과하면 저속이 되어 잔량이 영(C=0)으로 되고 정지한다. 이와 같이 하여 위치제어를 실행한다.

또 X, Y축과 같은 2축 위치제어에서는 PLC가 2대의 서보모터와 로터리 인코더를 제어하여 동시에 목적에 맞도록 X, Y축 속도비를 변화시키면서 우회하여 목표치로 가도록 보간제어도 필요하다.

6-5 관리제어(No.⑧)

PLC에 의한 시퀀스 제어, 품별 제어, 계량 제어 등 생산 현장의 상황을 감시하기 위해 생산 현장의 PLC와 관리실의 호스트 컴퓨터를 직렬 운송회로로 연결함으로써 관리제어가 가능하다.

예를 들면 컨베이어의 제어에도 여러 가지가 있고 6.1절의 품별제어와 같이 PLC 내에 기억된 컨베이어상의 품종이나 수량 정보를 <그림 6-8>과 같이 CCU를 통하여 컴퓨터가 읽어들여 그 정보를 기초로 하여 생산수량을 표시하거나 일보, 월보를 작성하거나 컴퓨터의 키보드에서 PLC로 금일의 생산수량 등의 정보를 써 넣는 것도 가능하다.

이와 같이 하여 디스플레이상에 생산정보를 문자로 표시하기도 하고 문제발생 내용과 원인을 표시하기도 하며 또 설비의 외관이나 분야를 표시하는 등, 감시제어, 관리제어가 가능하다.

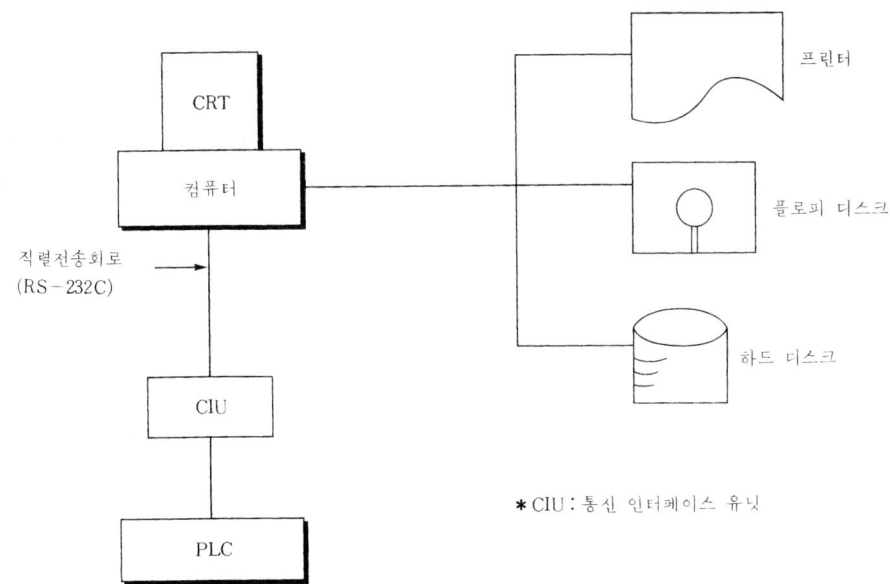

<그림 6-8> PLC와 컴퓨터의 연결

6-6 도금라인의 PLC 제어

(1) 시스템 개요 (그림 6-9)

종래의 도금라인은 공정순으로 탱크를 배치하였으나, 최근에는 공해방지의 측면에서 약액탱크를 가운데 배치하고 수세탱크 등은 양단에 배치하고 있다. 이때문에 공정순서에 따라 대차가 왕복하면서 탱크를 선택하는 관계로 복잡한 제어가 된다. 따라서 PLC의 유연한 기능이 나오게 된다. 즉 대차의 가로이동과 구조 상하동작을 조합한 표준동작 패턴을 PLC에 기억시켜 도금 품목에 따라 표준 패턴을 조합해서 제어한다.

보통은 PLC 메모리의 특정영역에 표준동작 패턴을 기입해 놓고 사용자 영역에는 그 패턴의 조합을 지시하도록 구성한다.

(2) 도입에 따른 효과

① 대차나 구조의 복잡한 동작을 프로그램으로 간단히 설정할 수 있다.

② 사용자는 사용자 영역의 프로그램, 말하자면 동작패턴의 조합순서만 바꿈으로써 여러 품목의 도금제어가 가능하다.

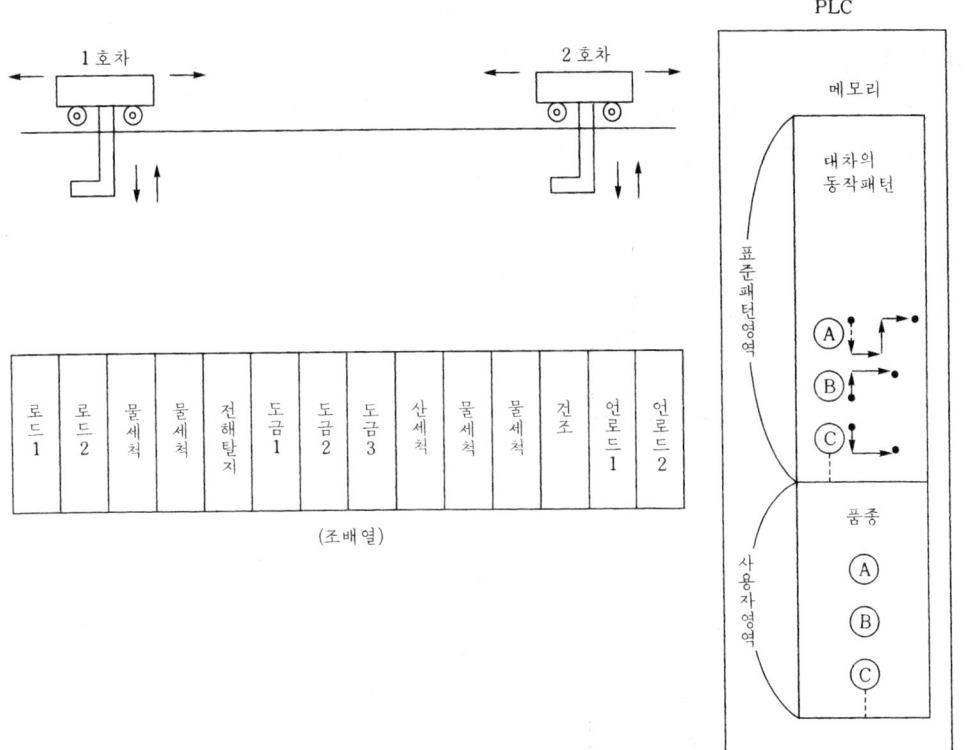

<그림 6-9> 도금·라인 제어

6-7 자동창고의 PLC 제어

생산설비의 성력화, 합리화, 정보화에 따라 최근에는 창고도 생산라인의 일부로 여기게 되었다. 즉 물건의 입출고를 생산과 동기화하기 위해 입출고 작업의 자동화가 진전되어 '물건'의 흐름을 '정보'의 흐름으로 포착하도록 질적 전환이 이루어지고 있다.

(1) 시스템 개요(그림 6-10, 6-11 참조)

크레인 탑재 기계위쪽 PLC에서는 위치설정 제어를 하고 있다. 즉 위치의 검출신호를 운전방향에 맞추어 PLC의 업다운 카운터에 넣어 현위치를 검출한다. 지령된 행선과 현위치를 비교하여 운전방향을 결정, 크레인을 스타트시켜 지정위치에 오면 멈춘다. 물론 포크의 동작제어, 선입품이나 물품의 길이 판정, 이상 검출, 신호 전송 장치와의 교신도 PLC로 처리한다.

지상쪽 PLC에서는 상위 컴퓨터 또는 지상설정반으로부터의 데이타 수용, 신호 전송 장치와의 주고 받기, 주변 컨베이어 제어 등을 담당하고 있다.

여기서 말하는 신호 전송장치는 주행체와 지상쪽 신호의 교신을 케이블 없이 하는 것이며, 전자적인 결합을 이용한 장치 등이 사용되고 있다.

(2) 도입을 통한 효과

① PLC의 고기능을 활용 프로그램 기술을 이용하여 대소 비교를 포함한 연산이 소프트웨어로 처리되어 스태커 크레인같은 주행체의 위치제어 등도 가능해진다.

② 설계기간이나 시운전기간의 단축으로 설비 가동이 빨라진다.

③ 자동화에 따른 설치공간의 확대가 억제되어 스태커 크레인 치수에 미치는 영향을 최소화할 수 있다.

④ 상위 컴퓨터나 신호전송 장치와의 신호 주고받기가 쉬워 진다.

⑤ 이상 검출회로 조립으로 보수유지성이 향상된다.

⑥ 자동창고의 메어커에게는 물건마다 사양이 달라지기 때문에 하드와이어드 로직에서는 명작이 되어버린다. PLC의 채택으로 제어 시스템의 표준화가 달성되어 납기나 비용 절감에 기여하고 있다.

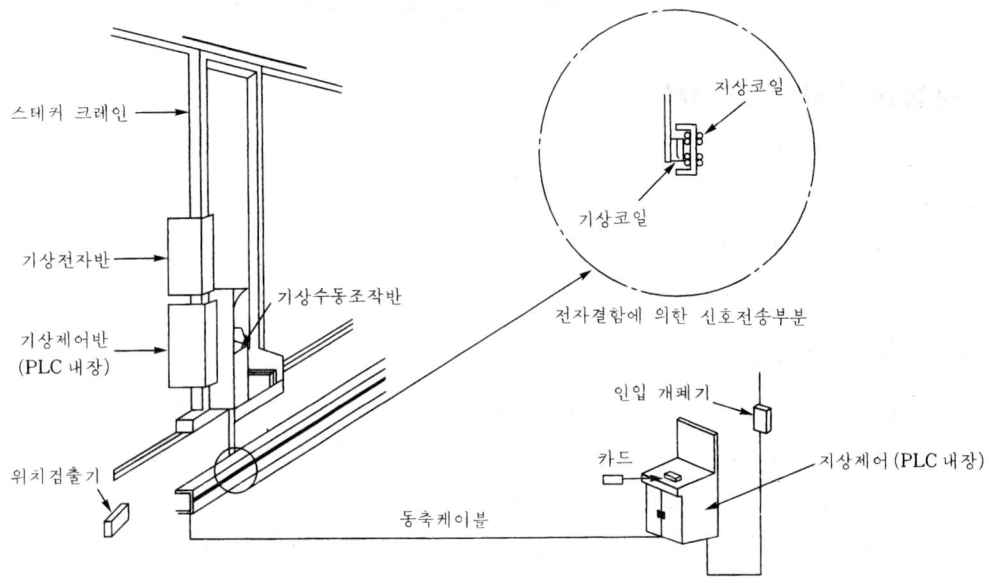

<그림 6-10> 간단한 자동창고의 제어장치 구성

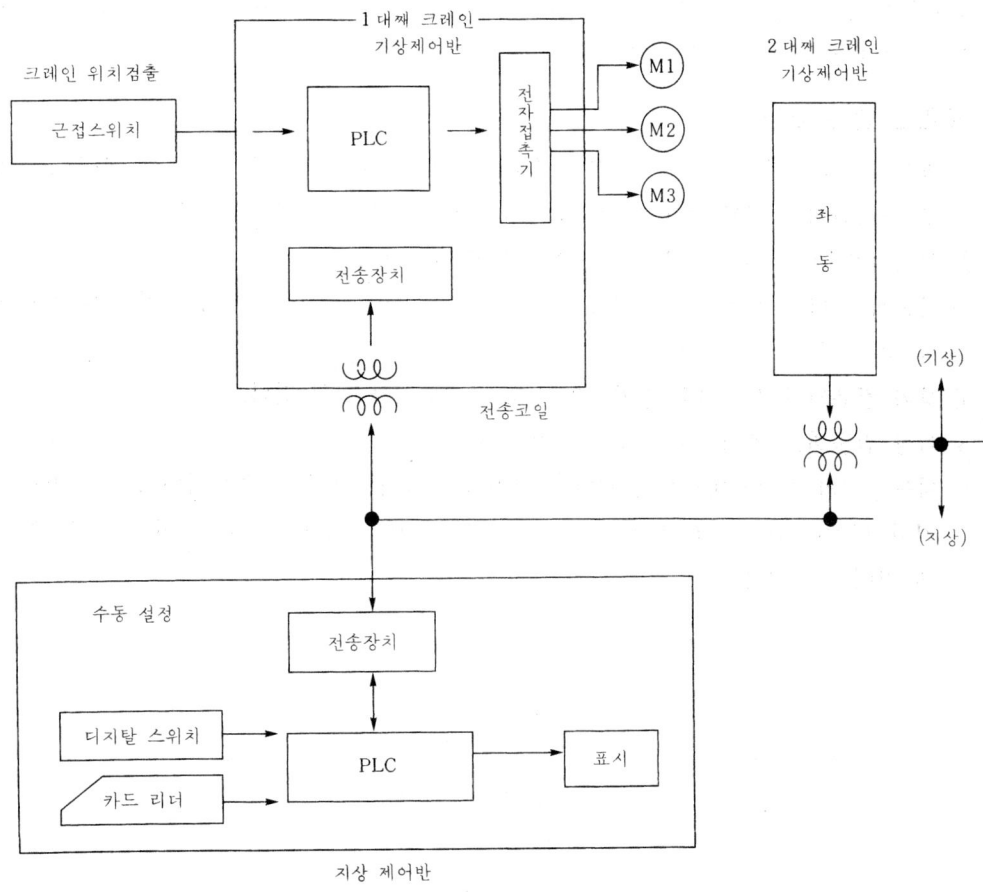

<그림 6-11> 자동창고의 제어 계통

제 7 장 PLC 프로그램 예

7-1 차고 자동문 개폐

센서를 이용하여 자동차의 차고 셔터를 자동으로 열고 차를 주차시키는 응용 회로를 설계해 보자.

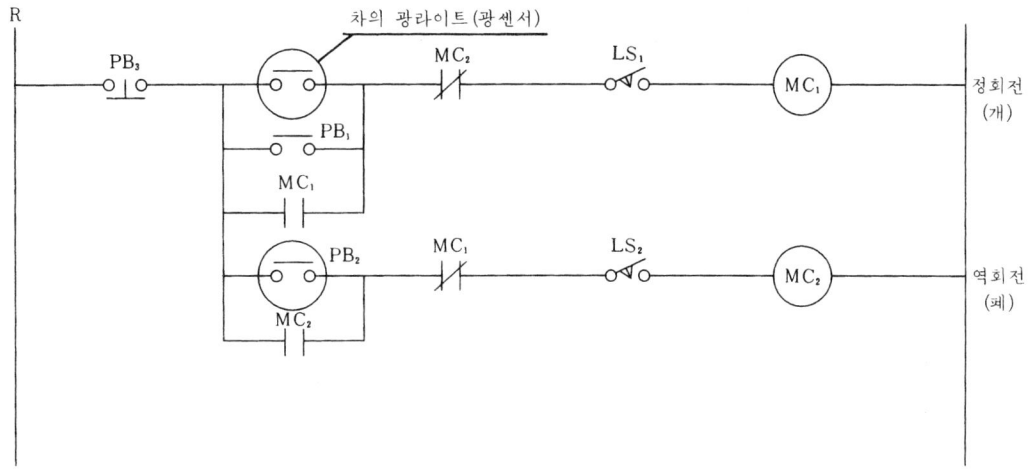

7-2 모터 기동회로

(1) 시퀀스 회로

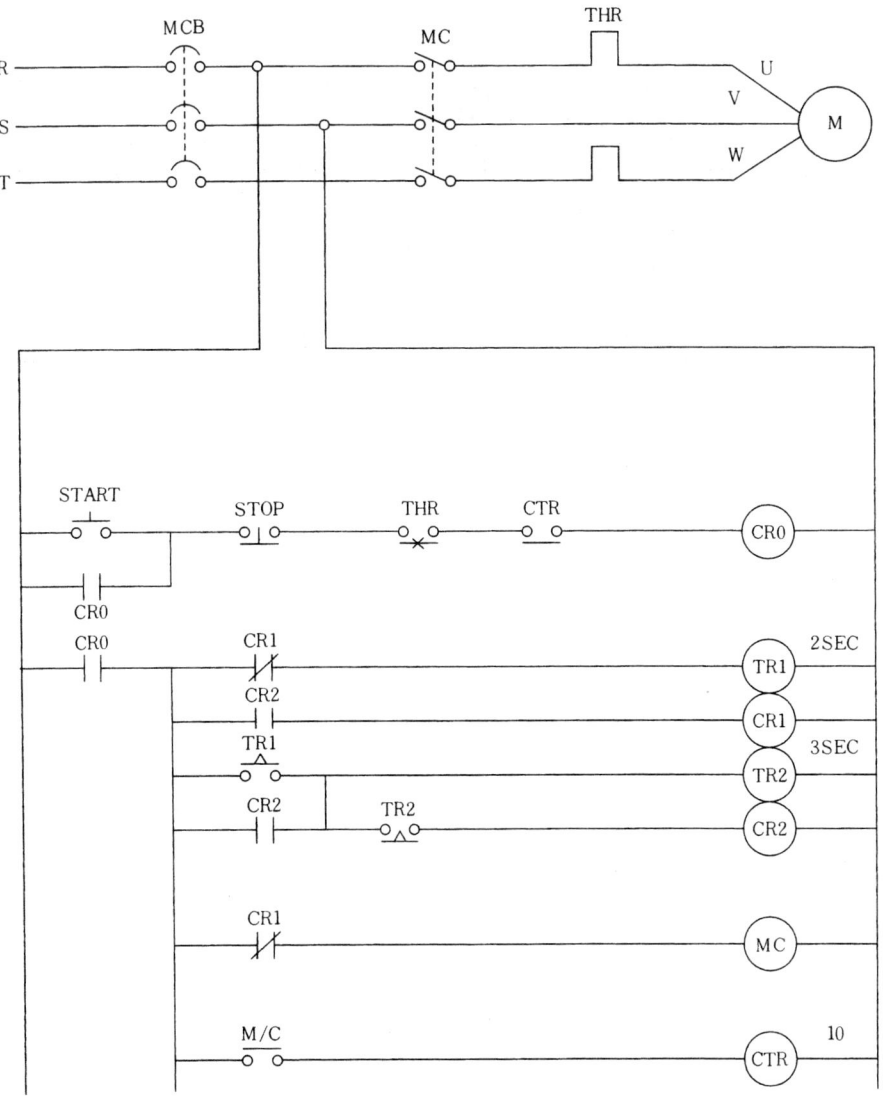

(2) 입출력 목록

번지	내 용	비고
0.0	START	
0.1	STOP	
0.2	온도 릴레이	THR
1.0	마그네틱 콘택터	MC

번지	내 용	비고
20.1	CR0	
20.2	CR1	
20.3	CR2	
30	타이머 1	TR1
31	타이머 2	TR2
31	카운터	CTR

(3) 래더 도표

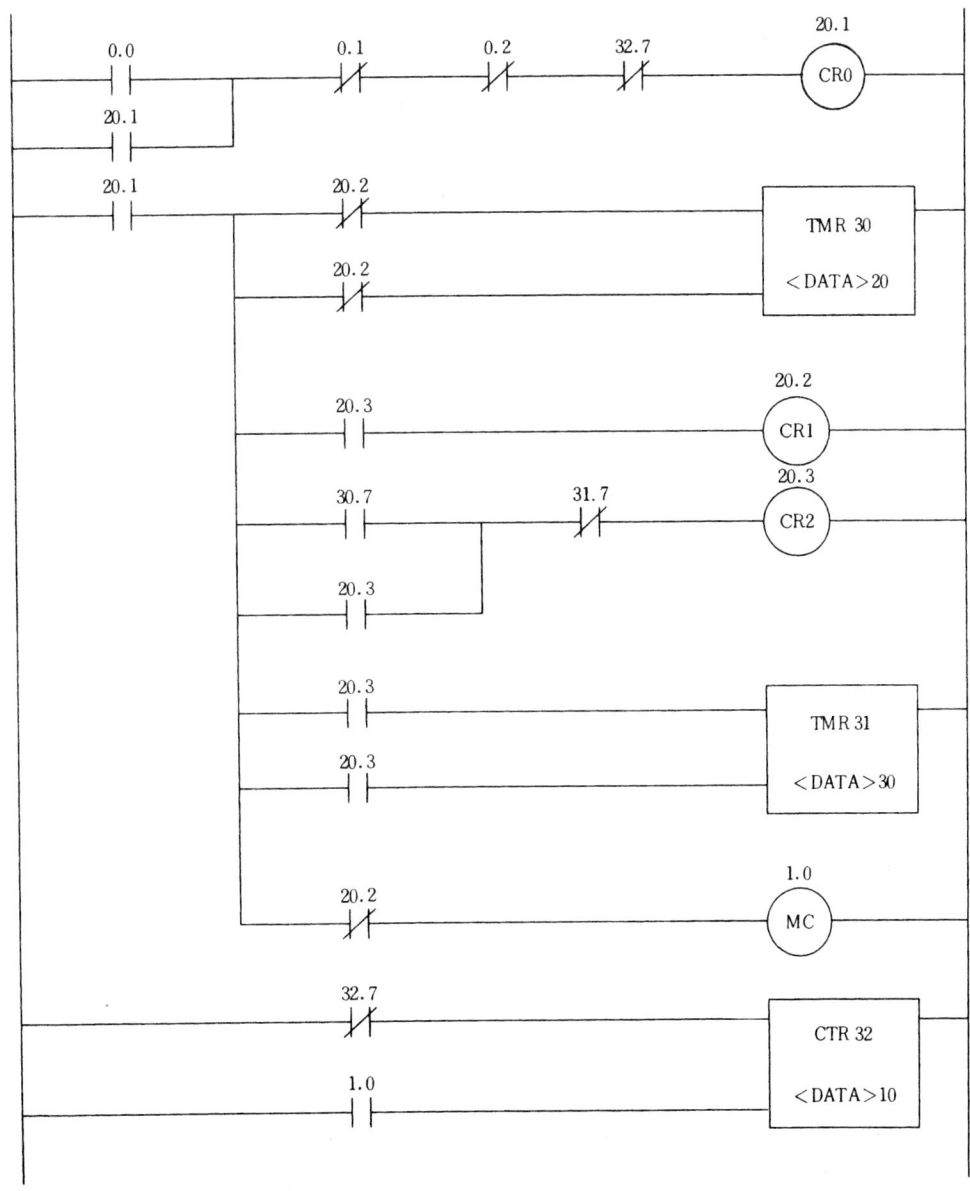

⑷ 배선도

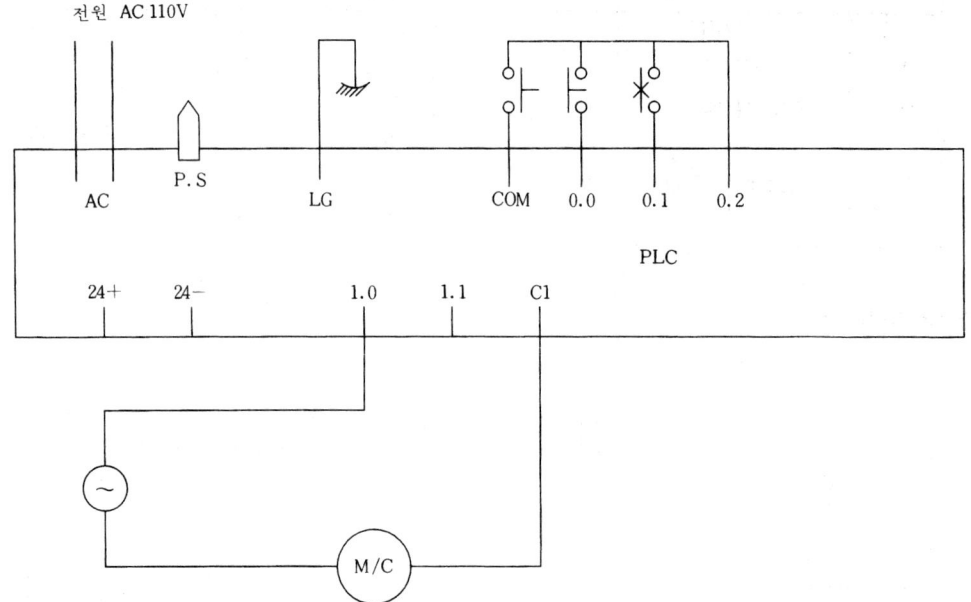

5) 프로그램 목록

STEP	Program	Address	Remark
0	LOAD	0.0	
1	OR	20.1	
2	AND NOT	0.1	
3	AND NOT	0.2	
4	AND NOT	32.7	
5	OUT	20.1	
6	LOAD	20.1	
7	MCS		
8	LOAD NOT	20.2	
9	LOAD NOT	20.2	
10	TMR	30	
11	〈DATA〉·	20	
12	LOAD	20.3	
13	OUT	20.3	
14	LOAD	30.7	
15	OR	20.3	
16	AND NOT	31.7	
17	OUT	20.3	
18	LOAD	20.3	
19	LOAD	20.3	
20	TMR	31	
21	〈DATA〉·	30	
22	LOAD NOT	20.2	
23	OUT	1.0	
24	MCS CLR		
25	LOAD NOT	32.7	
26	LOAD	10	
27	CTR	32	
28	〈DATA〉·	10	

· 주: 키를 누르지 않고 자동적으로 표시됨

7-3 로봇 팔 제어

(1) 예를 들면 로봇트의 팔과 같은 제어대상을 고려해보자. 즉 앞으로 나아가서(전진), 물체를 잡고(폐), 팔을 다시 원위치시켜(후퇴), 붙잡은 물체를 놓는(개) 동작으로 한다.

기계적으로는 <그림 7-1>에 표시한 바와 같이 모터의 정역회전이 기어에 의해 기계를 전진 후퇴시키고, 전자 솔레노이드의 On-OFF 로서 물체를 잡거나 놓는다.

기계적 위치의 검출장치로서 전진단, 후진단, 폐위치 검출, 개위치검출을 위한 4개의 리밋 스위치가 있으며, 전기적인 보호를 위해 브레이커, 온도 릴레이, 휴즈가 있다.

운전방법으로는 자동운전, 수동운전의 2종류가 있고, 자동운전은 전진-폐-후퇴-개의 1 싸이클을 행하는 것이고, 수동운전은 각각의 운전을 각각의 푸시 버튼 스위치로서 행하는 것으로 한다.

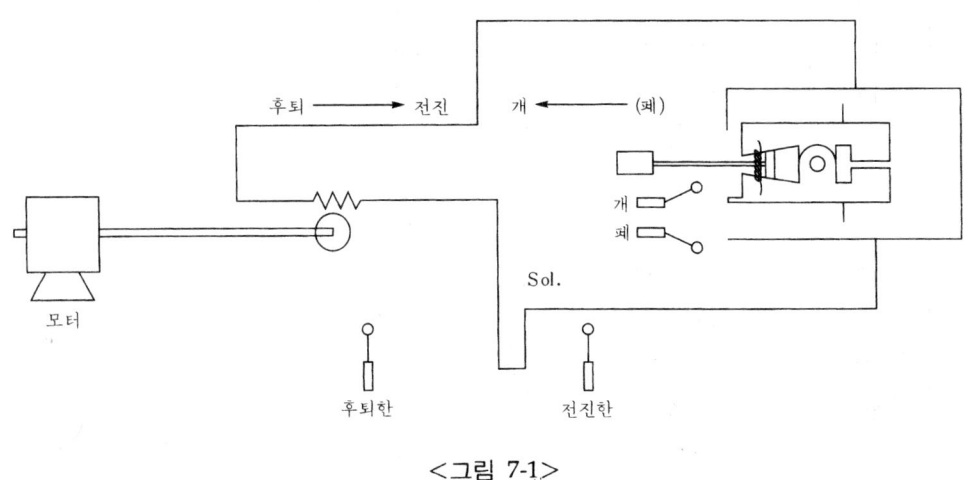

<그림 7-1>

종래의 릴레이를 사용한 시퀀스 제어를 <그림 7-2>에 나타낸다. 주회로로서는 (a)에 나타낸 바와 같이 전진-후퇴용으로 모터가 있고, 단락보호를 위해 브레이커, 과부하 보호를 위한 온도 릴레이 정·역회전용 콘택터(MCF, MCR)가 있다.

그외 개폐용의 전자 솔레노이드가 있고, 보호용 퓨즈, On-Off 콘택터(MCV)가 있다.

제어회로로서는 (b)에 표시한 바와 같이 비상정지용 릴레이(EX), 자동회로용 릴레이(AX), 전진-후퇴용 콘택터(MCF, MCB) 계폐용 콘택터(MCV) 등의 릴레이, 콘택터류의 전자 코일이 있다. 표시용 등으로서 운전가능 표시용(PL4), 전진중 표시용(PL2), 후퇴용 표시용(PL2)이 있다. 위치 확인용 리밋 스위치로서는 전한, 후퇴, 개, 폐의 네 종류가 있다.

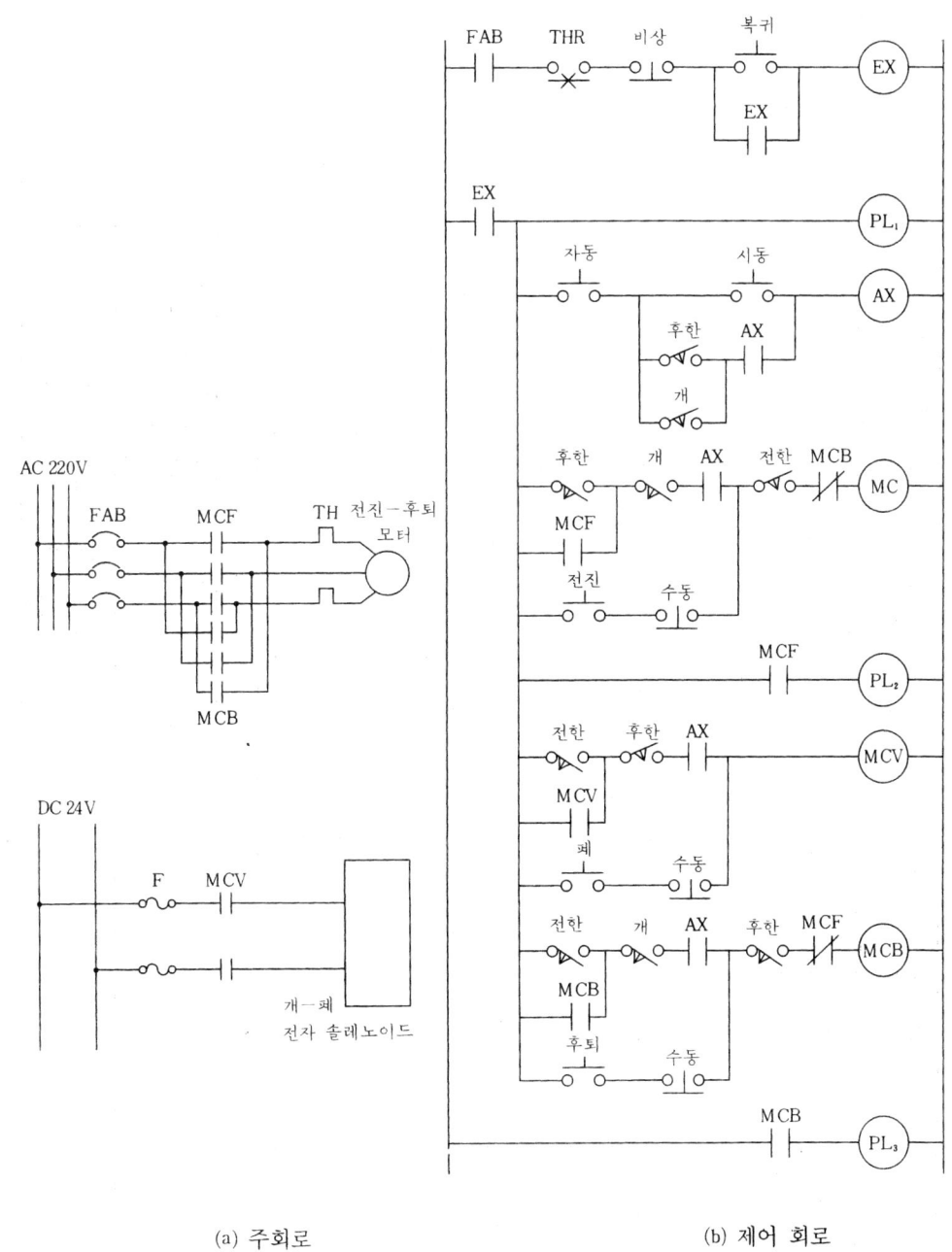

(a) 주회로   (b) 제어 회로

<그림 7-2>

조작 스위치로는 비상정비용, 비상정지 복귀용, 자동운전 시동용, 수동운전 전진용, 수동운전 개(開)용, 수동 운전 후퇴용 등 6종류의 푸시 버튼 스위치가 있으며, 자동-수동 절환용으로서 절환 스위치 1개가 있다.

(2) PLC를 사용한 경우의 시퀀스 제어는 이미 설명한 PLC의 제어범위 중에서 PLC가 모든 기능을 행하는 경우를 <그림 7-3>에 나타내었다. 그림에서 좌측에 표시된 것이 입력 신호이

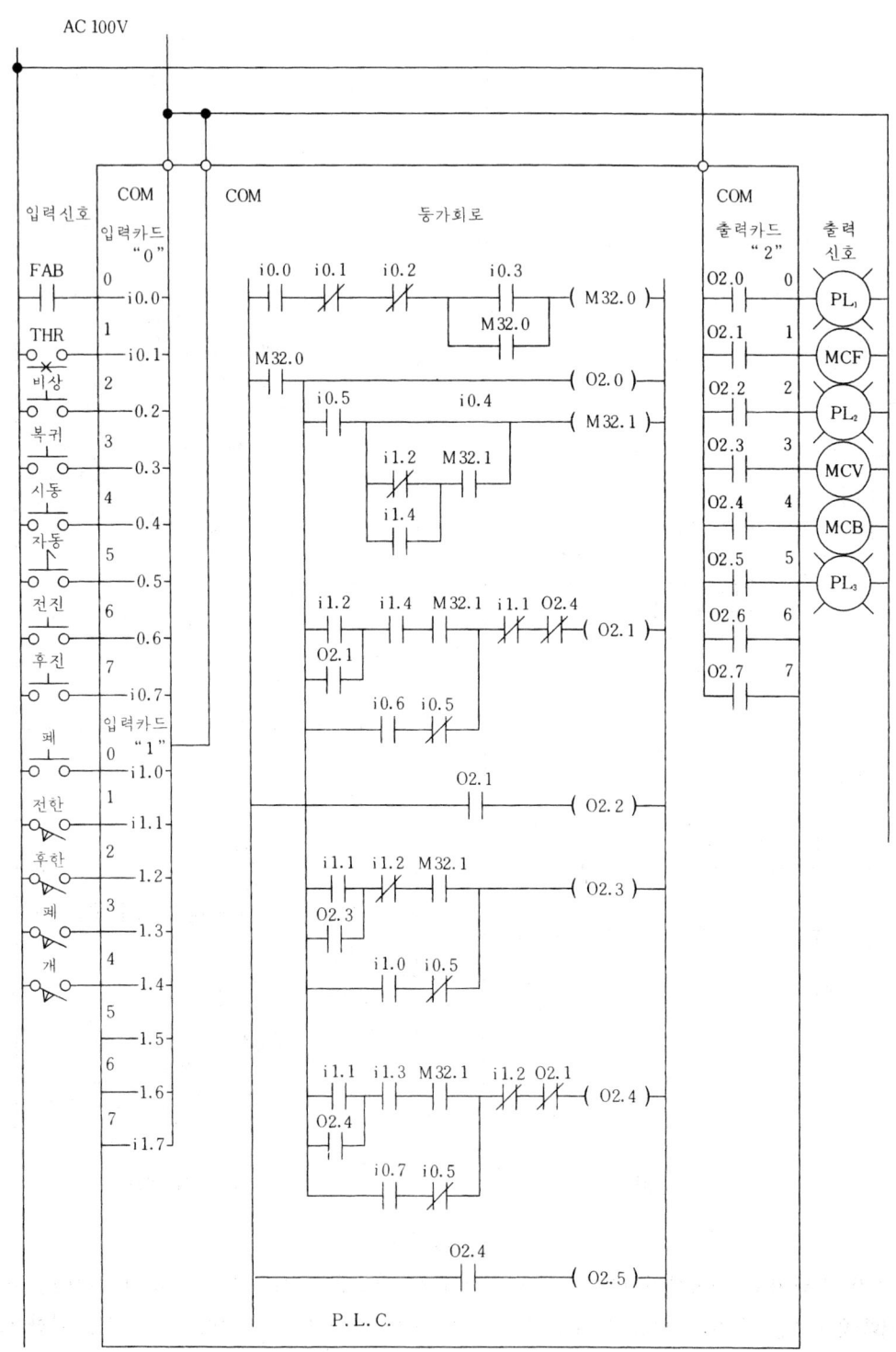

<그림 7-3>

며, 보호 릴레이(Auto-Br.THR) 2점, 누름 버튼 스위치 6점, 절환 스위치 1점, 리밋 스위치 4점

등 모두 13점이 필요하다. 그림에서 우측에 표시한 것이 출력 신호이며 표시등(PL1, PL2, PL3) 3점, 콘택터(MCF, MCV, BCB) 3점 등 모두 6점이다. 이 방식의 특징은 외부기기의 신호를 그대로 입력 신호로서 PLC에 접속하고, PLC의 출력 신호 자체로서 외부기기를 동작시키므로 PLC의 외부 회로는 간단하지만 입력 신호, 출력 신호가 많아지게 된다. PLC에서 입력 신호를 받는 부분을 입력 카드라고 한다. 입력 카드에는 전원의 종류(DC/AC) 및 전압(24V, 100V, 200V)등 정격 사양이 있으며, 한쪽선을 공통으로 사용하느냐, 그렇지 않느냐 하는 차이가 있다.

예를 들면 범용 PLC인 Fujilog-μT를 사용하면 <그림 7-3>에 나타낸 바와 같이 AC100V 정격으로서 출력신호와 전원을 공통으로 사용할 수 있다. 현장의 입력카드는 8점의 입력이 접속될 수 있고 다른 한쪽은 공통선이다. 입력 8점의 단자번호가 0, 1, 2,……7 이고, 다른 한쪽은 COM이다. 실례에서는 입력점이 13점 필요하므로 2장의 입력 카드가 필요하다. 이 2장의 입력 카드는 모두 같은 것으로서 단자 번호도 동일하지만 그것을 삽입하는 위치에 따라 구분된다. 그림에서는 입력카드 번호(0과 1)와 접점번호(0, 1,……7)로 구성되어 있음을 보여주고 있다. 즉, 0번 입력카드의 접점번호는 0.0, 0.1, 0.2, 0.3 … 0.7…1번 입력카드의 접점번호는 1.0, 1.1, 1.2, …… 1.7 로 나타낸다.

PLC에서 출력신호를 내보내는 곳을 출력카드라고 한다. 출력카드에도 출력소자에 따라 TRIAC, 트랜지스터 릴레이로 구분되며 또 전압 및 전류의 정격에 따라 구분된다. 한쪽선은 공통인 경우도 있고, 독립하여 사용하는 경우도 있어서 서로 차이가 있다. 예를 들면 Fujilog-μT의 μT 5502를 사용하면 <그림 7-3>과 같이 릴레이 출력으로서, 한장의 출력카드는 8점의 출력이 접속되고 다른 한쪽은 공통선이다.

실례에서는 출력신호가 6점 밖에 없으므로 한장의 출력카드로서 충분하지만 다수의 출력카드를 사용하는 경우는 그것이 삽입되는 위치에 따라 분류된다. 그림에서 입력 카드는 '0'과 '1'의 위치에, 출력카드는 '2'의 위치에 삽입되어 있음을 나타내고 있다. 즉 입력카드와 출력카드를 임의의 위치에 마음대로 삽입시킬 수 있는 특징이 있다.

PLC는 입력 Card에 접속되어 있는 입력신호를 프로그램으로서 신호처리를 행하고 출력 Card에 의해 외부로 출력신호를 내는 것이다. 입력신호와 출력신호의 회로는 종래의 릴레이 회로상의 표현과는 별로 다를바 없으므로 이해하는 데 별어려움은 없을 것이다.

<그림 7-3>의 PLC 내에 나타낸 회로가 등가회로이며, 실례의 기능을 행하는 프로그램을 보여주고 있다. 이 회로는 프로그램을 보여주고 있다. 이 회로는 프로그램을 단순히 릴레이 시퀀스로서 표현한 등가회로이므로, 전원과 릴레이의 정격등에는 의미가 없다. 릴레이의 코일에는 출력카드의 릴레이(2.0~2.5)와 일시 기억(M32.0~M32.1)이 사용되고 있다. 릴레이의 접점은 거의 입력카드의 릴레이(0.0~0.7, 1.0~1.7)이지만, 이 이외에 출력카드의 릴레이(2.0 ~ 2.5) 및 일시기억(M32.0~M32.1)의 집접으로서 나타내고 있다. <그림 7-3>에 나타난 등가회로와 <그림 7-2>의 제어회로와 비교하면 등가회로는 다음과 같은 특징이 있다.

① 회로는 전부 동일하다.

리밋 스위치와 누름 버튼 스위치등의 스위치류와 램프의 기호가 다를 뿐이고 제어회로는
전부 동일하다.

② 입력신호는 전부 입력카드의 릴레이를 통하고 있다.

예를 들면 <그림 7-2>의 최초의 접점(Auto-Br)은 <그림 7-3>에서는 입력카드의 릴레
이(0.0) 접점으로 되어 있다.

③ 출력신호는 전부 출력카드의 릴레이를 통하고 있다.

예로 <그림 7-2>의 램프(SLA)은 <그림 7-3>에서 출력카드의 릴레이(2.0)를 통하고 있
다.

④ 보조 릴레이는 일시기억으로 되어 있다. <그림 7-2>의 보조 릴레이(EX, AX)는 <그림
7-3>에서 일시기억(M32.0, M32.1)로 나타내어지고 있다.

이상과 같은 특징을 갖고 있는 등가회로를 잘 보면 PLC의 프로그램이 실행하고 있는 기능
을 이해할 수 있을 것이다.

(3) PLC를 사용한 경우의 시퀀스는 PLC의 제어 범위 중에서 PLC에서 자동회로만 구성하고 그
외는 <그림 7-4>와 같이 외부회로로서 구성한다.

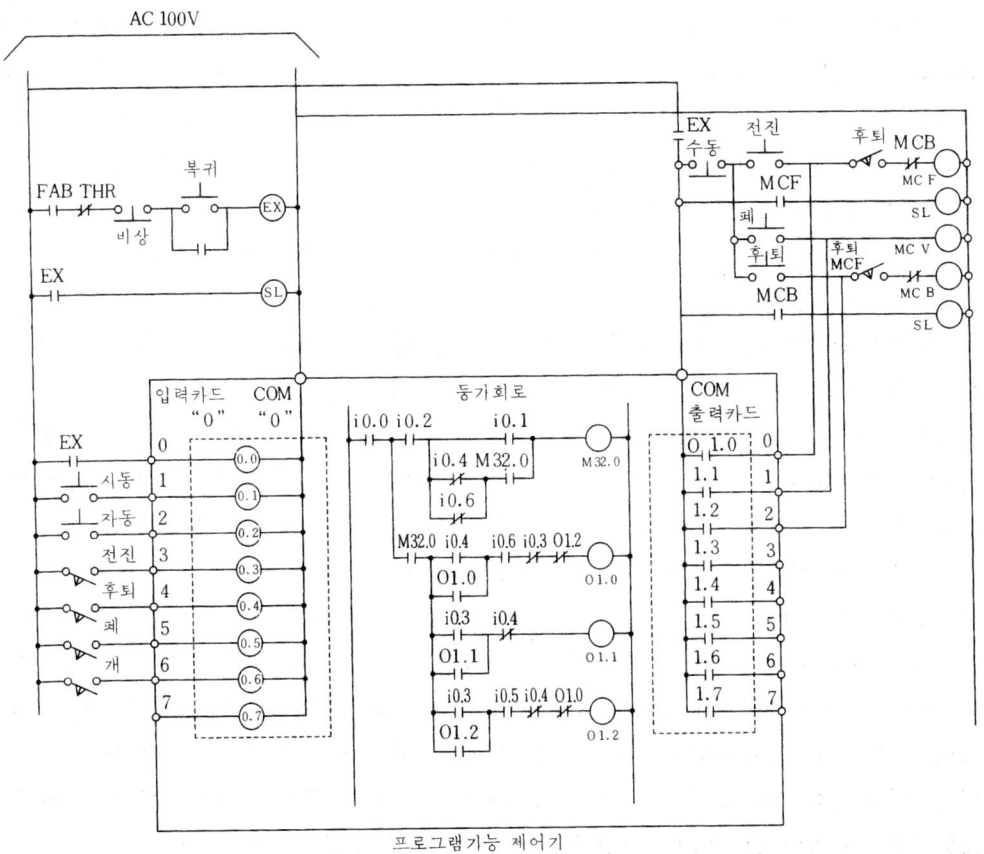

<그림 7-4>

<그림 7-4>의 왼쪽 위의 회로가 비상정지 회로이다. 릴레이(EX)에 직접 Auto-Br, THR, 정지용 푸시 버튼 스위치가 연결되어 있다. 또한 운전가능 표시등(SL4)을 점등시키는 데는 EX 접점만으로 동작하므로 외부에서 직접 회로를 구성시키고 있다. <그림 7-4>에서 오른쪽 위의 회로가 콘택터와 등회로로서 콘택터(MCF, MCV, MCB)의 코일은 외부에서 구성된 수동 회로와 절대 인터로크 및 시퀀스 제어기로 부터의 자동회로 등 세 가지 조건으로 구성되어 있다.

수동 회로에는 자동-수동 절환 스위치의 수동 위치, 각 수동 조작용 푸시 버튼 스위치(전진, 폐, 후퇴)로서 직접 회로가 구성되어 있다.

절대 인터로크로서는 전진용 콘택터의 코일(MCF)에 전진한 리밋 스위치와 후퇴용 콘택터 (MCB)의 B 접점을 넣고 있으며, 후퇴용 콘택터의 코일(MCB)에 후퇴한 리밋 스위치와 전진용 콘택터(MCF)의 B접점을 넣어 회로를 구성하고 있다.

PLC는 자동회로만을 구성하고 있기 때문에, 입력신호로서는 수동-자동 절환 스위치의 자동 위치 1점, 자동운전시동용 누름 버튼 스위치 1점, 리밋 스위치 4점과 비상정지 릴레이(EX) 신호 1점 등 총계 7점이다. 여기에서 비상정지 릴레이(EX)의 <그림 7-4>신호를 입력 신호로 하는 것은 오른쪽 위의 콘택터 회로를 보면 비상정지 릴레이(EX)의 접점이 PLC의 출력카드의 전원에 들어가 있어 얼핏 보면 불필요한 것 같이 보이지만 PLC의 프로그램에서 구성된 자동 회로중에 자기 유지 회로가 있기 때문에 필요하다. 왜냐하면 자동 운전중에 비상정지 상태가 발생하면 비상정지 릴레이(EX)에 의해 모든 회로가 끊어지게 되므로 기계는 정지한다. PLC에 비상정지 릴레이(EX)가 들어가 있지 않으면 PLC의 프로그램에서 구성된 자기유지회로는 그대 로 그 상태를 유지하고 있으므로 다음에 비상정지 릴레이를 복귀한 경우 PLC로부터 출력이 나와서 기계가 움직이므로 위험하게 된다.

PLC의 출력으로서는 자동 전진, 후퇴, 개 등 총 3점이다. 이 방식의 특징은 PLC에서 자동 회로만 구성하고 있으므로 입출력 신호가 적고, 일반적으로 자동회로는 복잡하므로 내부의 프 로그램이 크게 된다. 따라서 PLC를 유효하게 이용할 수 있다.

또한 PLC에 고장이 발생해도 비상정지와 인터로크가 유효한 상태이므로 위험이 없다. 또 수동운전에 의한 운전을 계속 할 수도 있다. 반면 결점으로서는 외부에서 복잡한 회로가 필요 하게 된다.

등가회로는 <그림 7-2>의 회로 중에서 자동운전에 관한 것만 나타내어져 있음을 알 수 있 다. 예를 들면 자동 릴레이(AX)는 일시 기억(M32.0)이고, 접점 회로는 전부 같다.

콘택터(MCF, MCV, MCB)는 출력 카드의 릴레이(1.0, 1.1, 1.2)에 각각 대응하고 있고 접점 회로는 수동 누름 버튼 스위치 회로를 제거했을 뿐 그 외는 전부 같다.

7-4 엘리베이터 제어

▶ 엘리베이터에는 권상기(捲上機), 시동기, 제어반이 설치되어 있는 기계실과 도어의 자동개
폐장치를 포함하는 승강객실 및 승강로로 구성되어 있다.

▶ 객실은 매단 추와 로프로 연결되어 있고 승강로의 바로 위에 설치된 기계실의 권상기의 줄
차로 마치 두레박식으로 레일이 안내되면서 구동된다.

(1) 실제 결선도

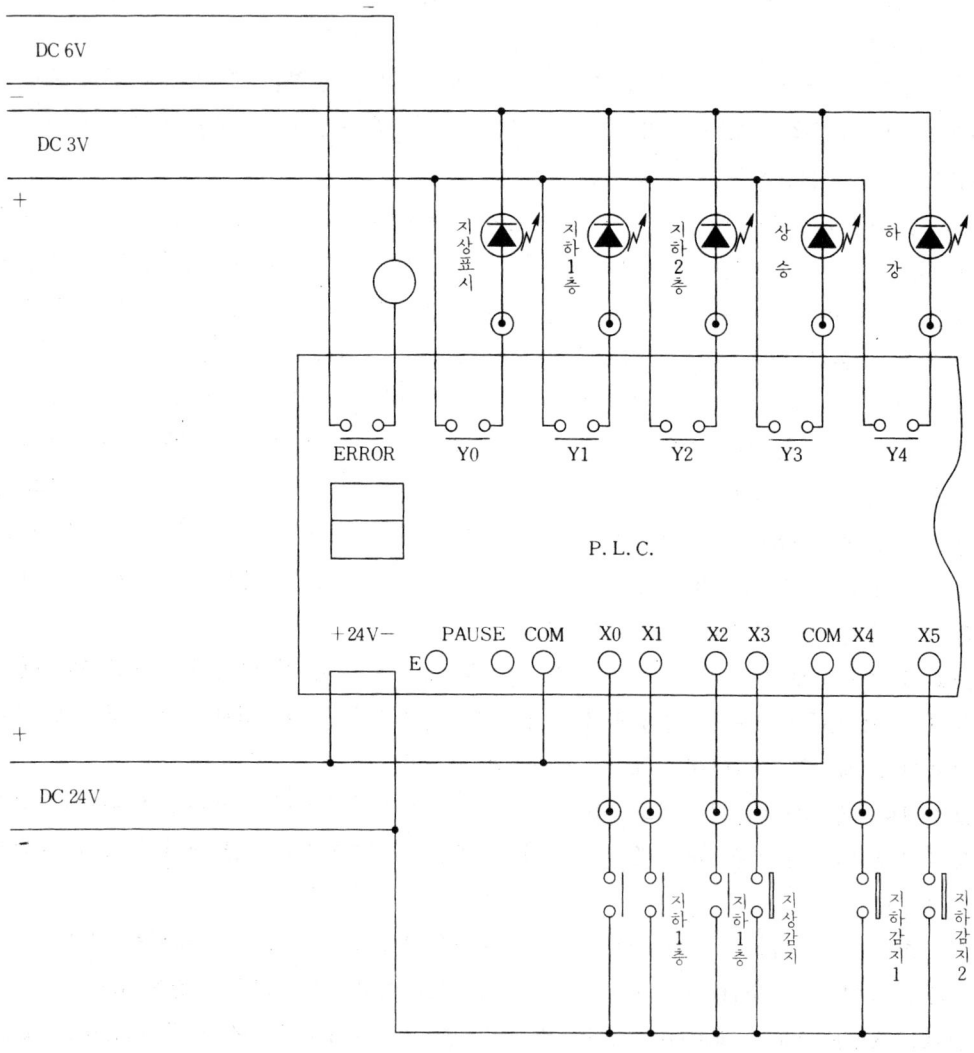

(2) I/O 목록

	No.	접점
입 력	X 0	지상 SW.
	X 10	지하 1 SW.
	X 2	지하 2 SW.
	X 3	지상감지 SW.
	X 4	지하 1 SW.
	X 5	지하 2 SW.
출 력	Y 0	지상층 표시 L.E.D
	Y 1	지하 1 표시 L.E.D
	Y 2	지하 2 표시 L.E.D
	Y 3	상승 표시 L.E.D
	Y 4	하강 표시 L.E.D
내부 릴레이	CR 1	지상 감지
	CR 2	지하 1 감지
	CR 3	지하 2 감지
	CR 4	지상지하 1 하강
	CR 5	지하 2 하강
	CR 6	지하 2 상승
	CR 7	지하 1 상승
	CR 8	지상 상승
	CR 9	지상 상승
	CR 12	1층 도착 신호
	CR 13	2층 도착 신호
	CR 14	1층 도착 신호
	CR 15	지상 도착 신호

(3) 프로그램용 회로도 ㅣ

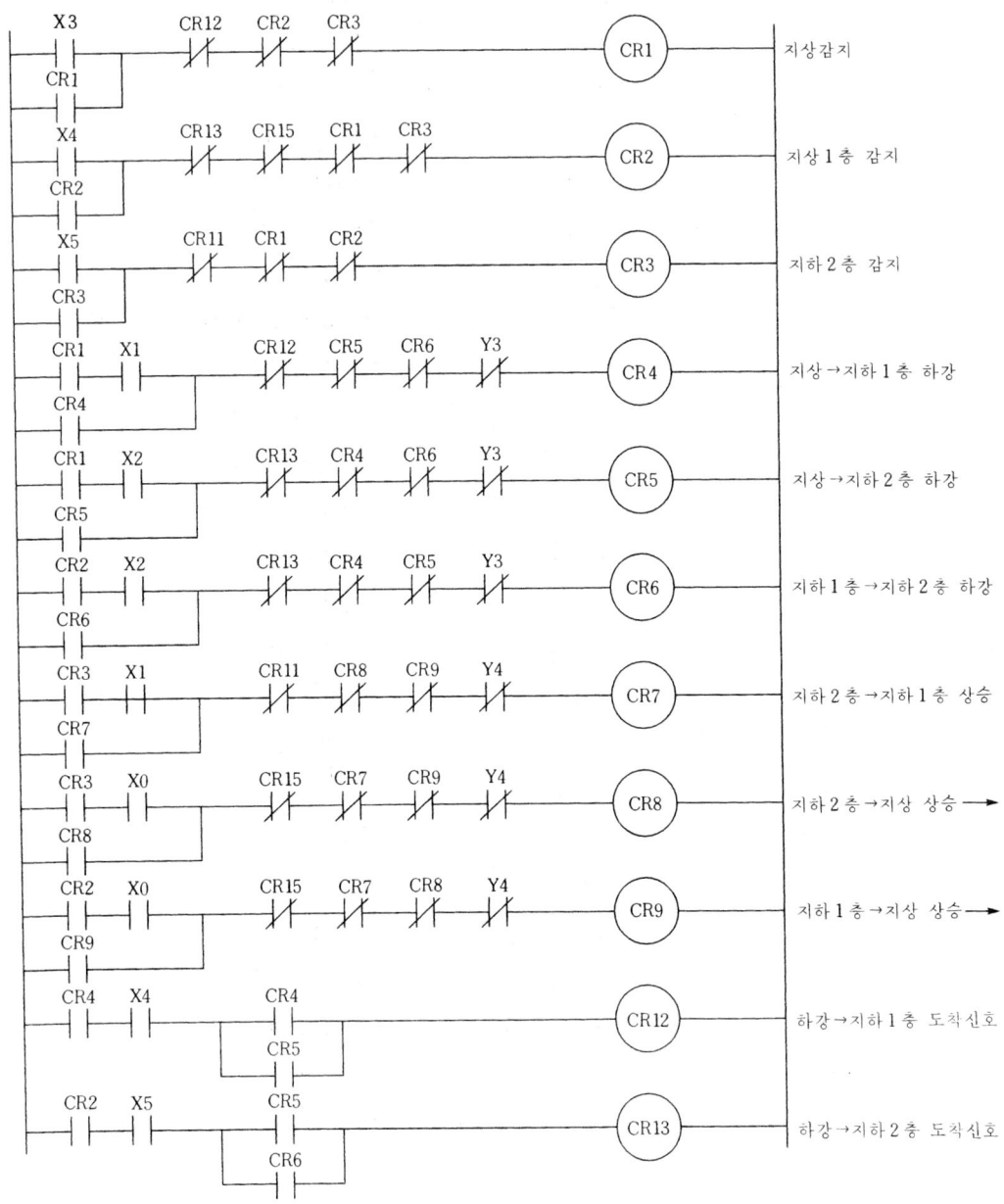

프로그램용 회로도 Ⅱ

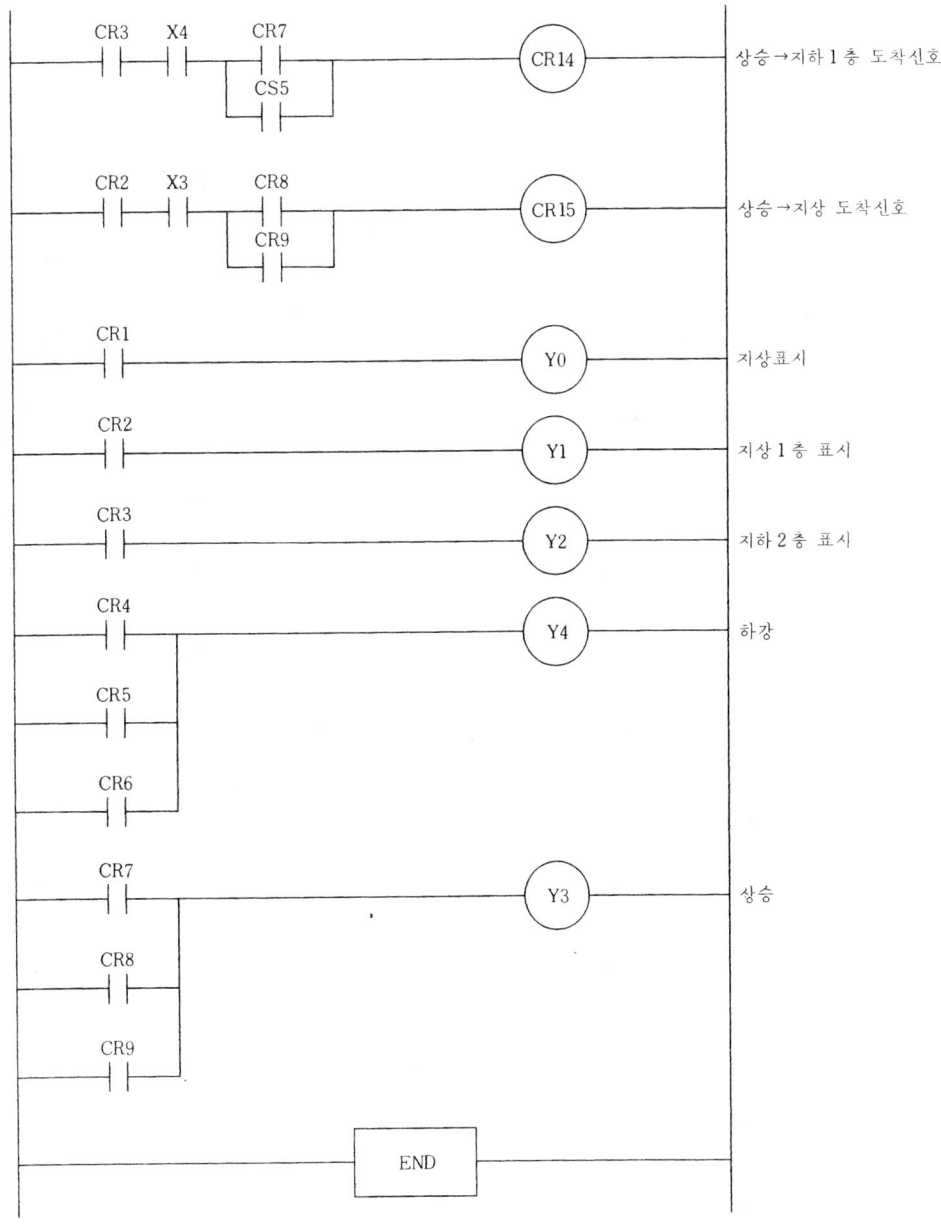

(4) 프로그램 시트

회사명: _____
제어회로명: _____

어드레스		키조작			
1	STR	X	3	WRT	
2	OR	CR	1	WRT	
3	AND	NOT	CR	12	WRT
4	AND	NOT	CR	2	WRT
5	AND	NOT	CR	3	WRT
6	OUT	CR	1	WRT	
7	STR	X	4	WRT	
8	OR	CR	2	WRT	
9	AND	NOT	CR	13	WRT
10	AND	NOT	CR	15	WRT
11	AND	NOT	CR	1	WRT
12	AND	NOT	CR	3	WRT
13	OUT	CR	2	WRT	
14	STR	X	5	WRT	
15	OR	CR	3	WRT	
16	AND	NOT	CR	14	WRT

어드레스　　　　　　　　　　　　　　키조작

17	AND	NOT	CR	1	WRT
18	AND	NOT	CR	2	WRT
19	OUT	CR	3	WRT	
20	STR	CR	1	WRT	
21	AND	X	1	WRT	
22	OR	CR	4	WRT	
23	AND	NOT	CR	12	WRT
24	AND	NOT	CR	5	WRT
25	AND	NOT	CR	6	WRT
26	AND	NOT	CR	3	WRT
27	OUT	CR	4	WRT	
28	STR	CR	1	WRT	
29	AND	X	2	WRT	
30	OR	CR	5	WRT	
31	AND	NOT	CR	13	WRT
32	AND	NOT	CR	4	WRT
33	AND	NOT	CR	6	WRT
34	AND	CR	Y	3	WRT

어드레스   키조작

35	OUT	CR	5	WRT	
36	STR	CR	2	WRT	
37	AND	X	2	WRT	
38	OR	CR	6	WRT	
39	AND	NOT	CR	13	WRT
40	AND	NOT	CR	4	WRT

제 8 장 PLC 통신

8-1. 데이터 통신

(1) 데이터 통신이란

어떤 장소에서 다른 장소로 정보를 전달하는 시스템을 통신 시스템이라 한다.

국제 전신전화 자문위원회(CCITT)에 의하면 데이터 통신의 정의는 "기계로 처리해야 할 정보, 또는 기계로 처리하는 정보의 전송"으로 되어 있으며, 여기서 말하는 기계란, PLC나 컴퓨터 등 넓은 뜻의 장치, 기기라고 말할 수 있다.

즉, 정보 처리 장치와 DATA 전송 설비에 의해 행하는 정보 또는 DATA의 전송 및 처리라고 말할 수 있다.

▶ **정보** : 일정 약속에 의해서 인간이 DATA에 할당한 의미
▶ **DATA** : 인간 또는 자동적 수단에 의해 행해지는 통신, 해석, 처리에 적합하도록 형식화된 사실, 개념 또는 지령의 표현
▶ **DATA 통신** = DATA 처리 + DATA 전송

(2) 통신 방식

일반적으로 통신 방식에는 다음의 3가지가 있다.

① 단향 통신 방식(simplex)

<그림 8-1> (a)와 같이 데이터의 흐름이 일정한 한 방향뿐인 방식으로 즉, 데이터를 A에서 B로 보낼 수 있으나 B에서 A로 보낼 수 없는 방식이다.(예 : TV, 라디오)

② 반(半) 이중 통신 방식(half duplex)

<그림 8-1> (b)와 같이 양방향 통신이 가능하지만 동시에는 양방향 전송이 불가능한 방식이다.(예 : P-77, 워크 토키)

③ 전(全) 이중 통신 방식(full duplex)

<그림 8-1> (c)와 같이 동시에 양방향으로 데이터 전송이 가능한 방식이며 단향 통신 방식을 서로 반대로 둘을 합한 방식에 해당한다 볼 수 있다.(예 : 전화)

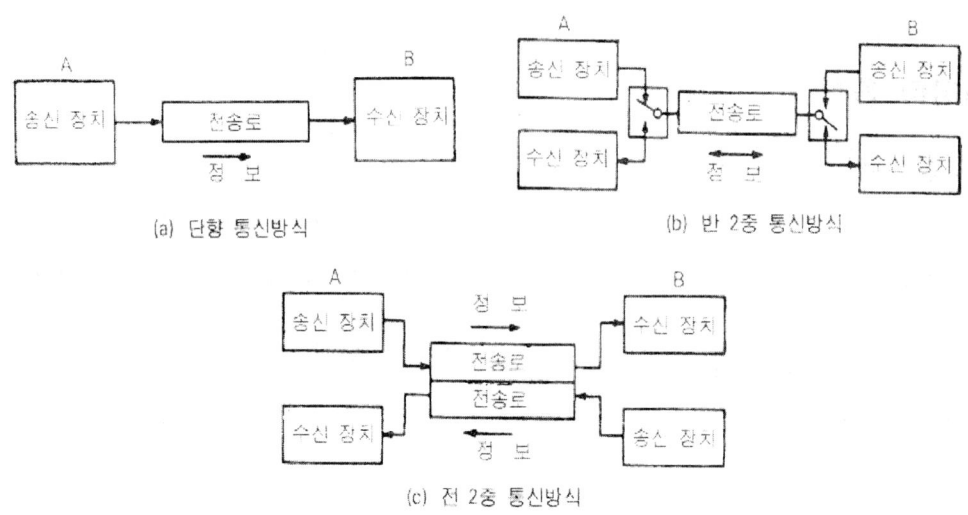

(a) 단향 통신방식   (b) 반 2중 통신방식

(c) 전 2중 통신방식

< 그림 8-1 > 통신 방식의 종류

산업용 통신 시스템에서는 이 3가지 통신 방식 가운데 반 이중 통신 방식을 가장 많이 사용하고 있다.

특히 PLC 통신에서도 반 이중 통신 방식(half duplex)을 주로 사용하고 있다.

(3) 전송 시스템의 형식

데이터 전송 시스템의 기본적인 형식은 <그림 8-2>에 나타냈다. <그림 8-2> (a)는 2점간 직통 방식이라 부르며 전용선에 의해 2개의 장치가 항상 연결되어 있는 것으로, 정보량이 많은 경우나 간이 전송에 적합하다. 이 방식은 point to point 방식 또는 1:1 교환 방식이라고도 한다. 그리고 <그림 8-2> (b)는 분기 방식이라 부르며 몇 개의 장치를 공통의 신호선으로 접속하여 상호 데이터 교환을 하는 방식이다. 이 교환 방식에는 센터가 되는 장치와 다른 장치와는 데이터를 교환할 수 있으나, 센터 이외의 장치간끼리는 직접 데이터를 교환할 수 없는 방식과, 공통선으로 접속되어 있는 모든 장치간에 자유롭게 데이터를 교환할 수 있는 방식이 있다. 전자를 1:N 교환 방식이라 하고, 후자를 N:N 교환 방식이라 한다.

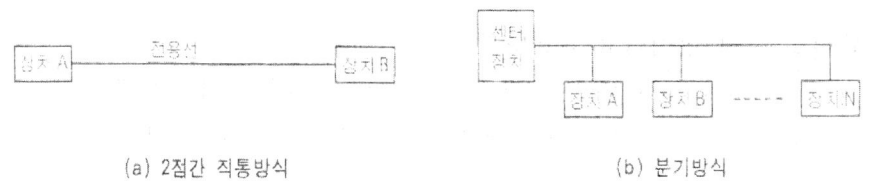

(a) 2점간 직통방식   (b) 분기방식

< 그림 8-2 > 전송 시스템의 종류

(4) 전송 방식

1) 직렬 전송 방식

　데이터를 구성하는 각 비트를 <그림 8-3>과 같이 1비트씩 전송하는 방식이다. 이 방식의 특징은 통신로의 수가 적어도 되므로 경제적이며 각 분야에서 널리 사용하고 있다. PC통신 등이 주로 직렬 전송 방식을 사용하고 있다.

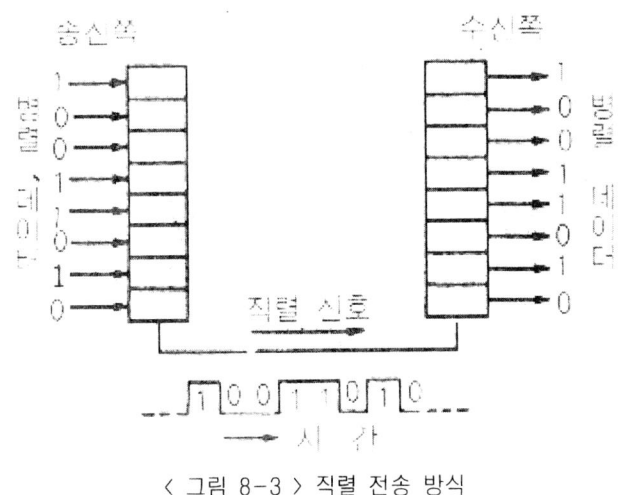

< 그림 8-3 > 직렬 전송 방식

　직렬 전송에서는 송신쪽에서 송신 데이터를 병렬에서 직렬로 바꾸는 회로가 필요하고, 또 수신쪽에서는 수신 데이터를 직렬에서 병렬로 바꾸는 회로가 필요하다.

2) 병렬 전송 방식

　직렬 전송이 전송로를 시분할(TDM)하여 비트 정보를 직렬로 보내는데 대해 병렬 전송 방식은 <그림 8-4>와 같이 복수의 전송로를 사용하여, 일련의 비트 정보를 병렬로 전송하는 방식이다.

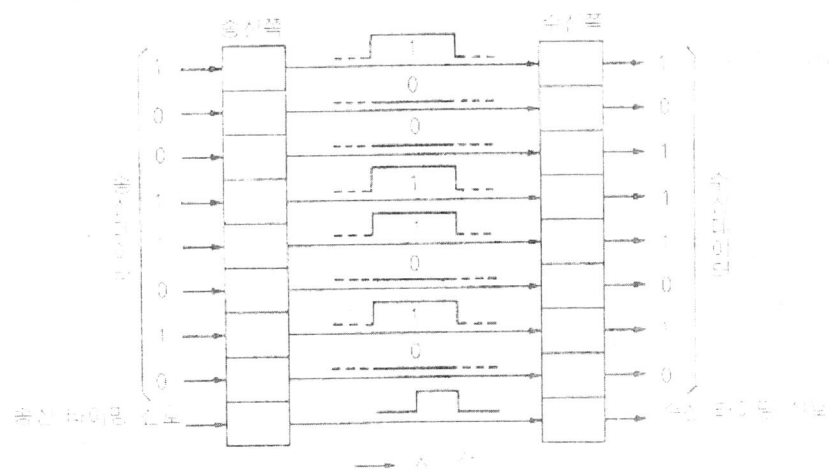

< 그림 8-4 > 병렬 전송 방식

(5) 형상(Topology)

① 버스(BUS)형

- · 다수의 노드들이 버스에 T자형으로 point-to-point로 연결
- · 버스와 각 노드의 연결은 Adapter를 통해 이루어지며 버스의 양 끝에는 Terminator 를 둠
- · 설치 비용이 적게 들고 한 기기의 고장 파급 효과가 적음
- · 주로 data 전송에 적합하며 Voice 및 image 전송이 어려움
- · IEEE 802.3 CSMA/CD 방식, 802.4 Token Bus 방식에서 응용
- · PC LAN, Ethernet에서 주로 이용

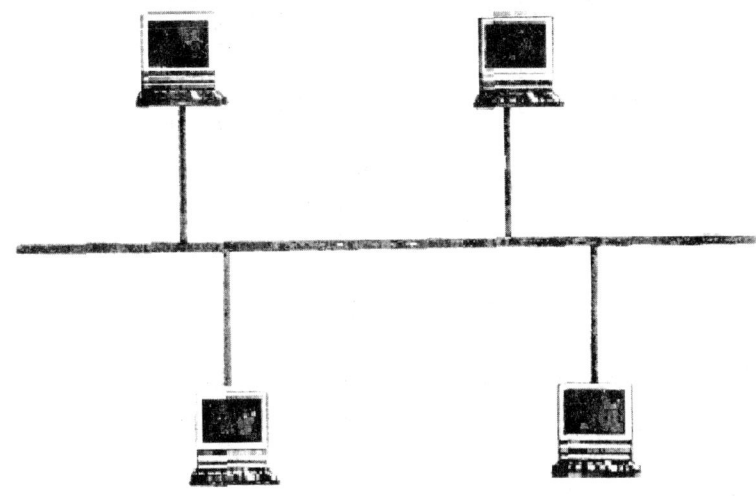

〈 그림 8-5 〉 버스(BUS)형

② 링(Ring)형

- · 인접한 두 노드를 Point-To-Point 방식으로 연결
- · 한 노드에서 나온 메시지는 다음 노드로 전송되며 메시지가 자신의 것이면 받고 아니 면 다음 노드로 재전송
- · 잡음에 강함
- · 광섬유에 적합
- · 분산제어와 우선 순위 부여 등의 치밀한 제어 기능
- · 노드의 추가 및 변경이 어렵고 한 노드 고장시 복구 어려움

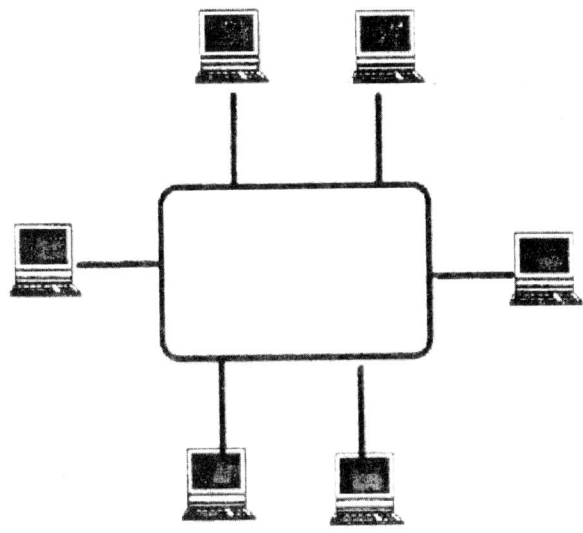

〈 그림 8-6 〉 링(Ring)형

③ 스타(Star)형
　· 교환기를 중심으로 한 일반 전화망에서 유래
　· 중앙 제어기로부터 모든 노드가 point-to-point로 연결
　· 고장 발견 및 수리가 용이, 한 기기의 고장 파급 효과 적음
　· 중앙 제어기(HUB) 고장시 전체 운영 불가
　· 최초 설치시 노력과 비용 많이 듦
　· IEEE 표준화 대상이 아님
　· 사설 구내 교환기(PBX)에서 주로 이용

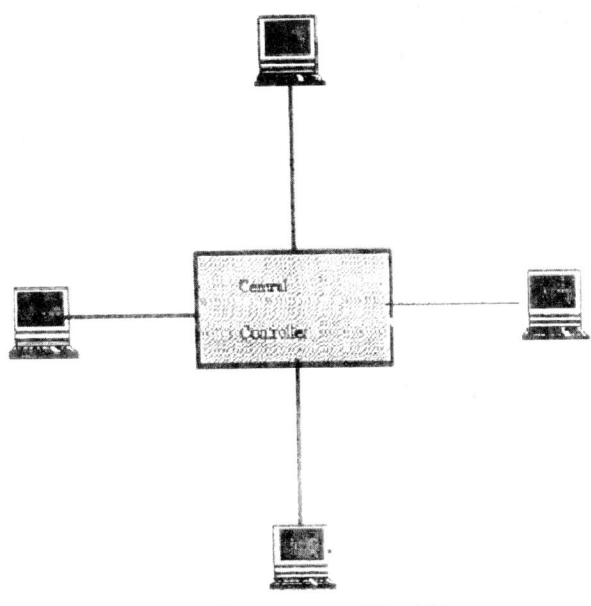

〈 그림 8-7 〉 스타(Star)형

(6) 전송 매체(통신선로)

① 트위스트 페어(Twisted Pair Cable)

· 장점 : 기존의 전화선을 이용, 설치 용이

　　　　 가격이 저렴

　　　　 네트워크 관리가 용이

· 스타(Star) 방식으로 구성

　모든 데이터가 중앙의 HUB로 집중

　고장 진단, 유지 보수, 네트워크 제어 등이 쉽다.

· 속도 느린(4Mbps) 단점으로 널리 보급되지 못함

　→ 10Mbps의 10BASET 발표 후 급속 성장

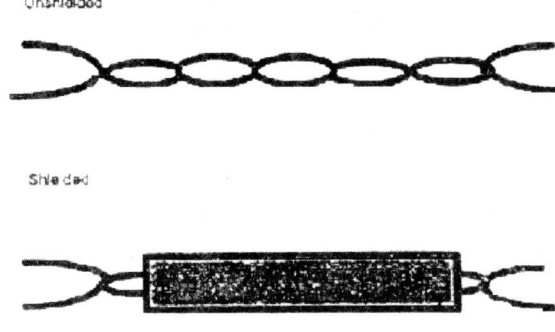

〈 그림 8-8 〉 트위스트 페어(Twisted Pair Cable)

② 동축 케이블(Coaxial Cable)

· 트위스트 페어(Twisted Pair Cable)에 비해 잡음에 강함

· 고속(수십 Mbps) 전송 가능

· FDM(주파수 분할 다중 방식)이 가능하므로 data, voice, image 등의 정보를 동시에
　처리 가능

· Ethernet에서 주로 이용

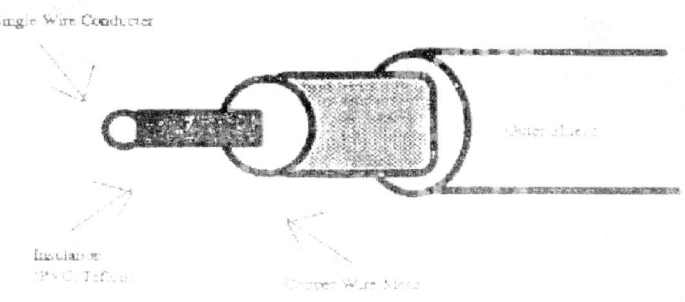

〈 그림 8-9 〉 동축 케이블(Coaxial Cable)

③ 광 섬유(Optical Fiber)

· 정보를 빛 형태로 전송, 전자기적 영향을 거의 받지 않음
· 최대 수백 Mbps의 고속 전송 가능
· 설치 비용이 많이 듦
· 케이블 접속시 고도의 접속 기술 요구
· IBM Token Ring, FDDI에서 주로 이용

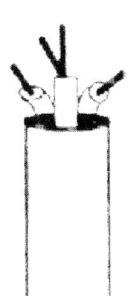

< 그림 8-10 > 광 섬유(Optical Fiber)

④ 요약

전송 매체	전송 속도	특 징
Twisted Pair Wire	~1Mbps	· 저가격 · 기존 Cable 사용 가능 · Noise에 약하다.
동축 Cable(Baseband)	~10 Mbps	
동축 Cable(Baseband)	~400 Mbps	· Noise에 강하다. · 단말 접속이 용이
광섬유 Shield	~1 Gbps	· 고속, 대용량 전송 · Noise에 강하다. · 광대역, 저손실 · 설치 비용이 높다.

구분	Twisted Pair	Baseband Coaxial	Broadband Coaxial	Fiber Optic
형상	Ring bus Star	Ring Bus	Bus	Ring Star
신호	아날로그/디지털	디지털	RF 아날로그	아날로그/디지털
속도	~10M	~10M	~400M	~1G
전송 거리	10Km	10Km	80Km	100Km
신뢰도	높음	높음	높음	아주 높음
장점	· 접속 장비 간단 · 높은 신뢰성	· 접속 장비 간단 · 높은 신뢰성	· 음성, 화상 및 데이터 전송	· 음성, 화상 및 데이터 전송
단점	· 높은 Error율 · Noise에 민감 · 속도/거리 제한	· Noise에 민감 · 낮은 대역폭 · 거리/형상 제한	· 높은 설치 비용 · 높은 유지 비용 · 설치 어려움	· 높은 설치 비용 · 설치 기술 필요 · Tap 어려움

(7) 전송 방법

① 베이스밴드(Baseband) 방법

· Digital 신호를 변조 않고 그대로 전송
· 한 Line에 한 주파수 신호
· Half duplex 통신 방식 : 양방향 가능하나 동시에는 불가능
· 버스 위상 요구
· 고속 전송시 신호 감쇄 현상으로 거리상의 제약(1~2Km)
· Coaxial, TP Cable 사용
· 구현이 단순, 저가격, 설치 보수가 용이
· Data만 전송 가능
· Ethernet에서 이용

< 그림 8-11 > 베이스밴드(Baseband) 방법

② 브로드밴드(Broadband) 방법

· Analog 신호 전송
· 한 Line을 여러 주파수 채널로 분할하여 사용
· Full duplex : 양방향 동시 가능
· 버스 및 트리 위상 요구
· 구현이 복잡, 설치 및 보수가 복잡
· Data, Voice, Image 등의 종합 정보 처리 가능
· CATV 기술에 적용

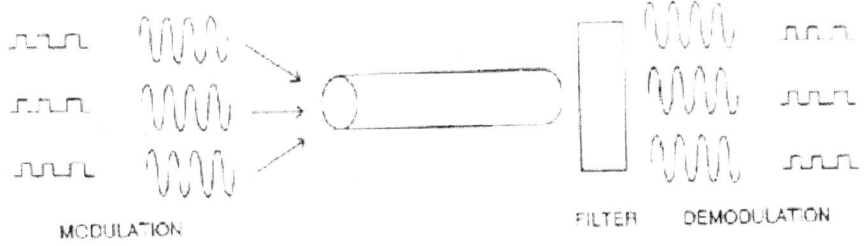

< 그림 8-12 > 브로드밴드(Broadband) 방법

(8) 동기 방식

　데이터를 교환하기 위해서 전송 매체로 연결된 두 장치 사이에는 많은 협력이 요구된다. 특히 송신기는 전송 매체를 통해 메시지를 한번에 한 비트씩 전송하는데 수신기는 한 블록의 비트열에 대한 시작과 끝을 인식해야 한다. 따라서 각 비트들의 전송률과 전송 시간, 전송 간격 등에 대한 타이밍(Timing)이 송신측과 수신측이 똑같아야 정확히 각 비트를 읽을 수 있다. 따라서 이와 같은 동기화는 데이터 통신에 있어서 핵심 작업 중의 하나이다. 한번에 한 비트씩 보내진 데이터를 수신측은 각 비트의 적당한 타이밍으로 회선을 샘플링할 수 있어야 한다. 예를 들어 송신기가 10,000bits/sec로 데이터 비트들을 전송한다면 한 비트는 송신기의 클럭에 맞추어 1/10,000=0.1msec로서 1비트에 0.1msec이다. 흔히 수신자는 각 비트의 중앙에서 전송 매체를 샘플링하므로 10,000bits/sec로 데이터를 전송한 경우 샘플링은 0.1msec마다 일어나야 한다.

　이때 만약 수신기의 클럭이 송신기보다 1% 빠르거나 느리다면 샘플링을 각 비트마다 0.001msec씩 비트의 중앙으로부터 멀어지고 50번 이상의 샘플링 후에는 에러를 읽는다.

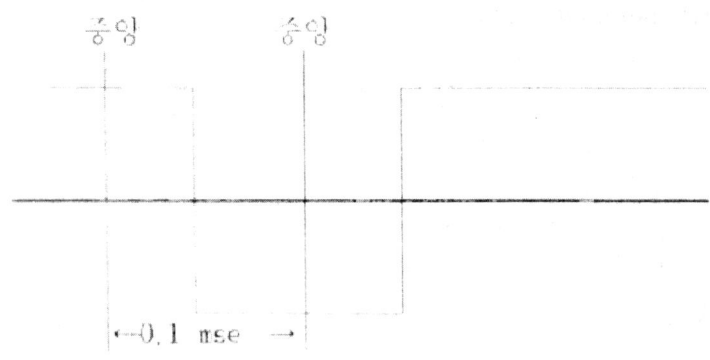

< 그림 8-13 > 비트 샘플링

 타이밍차가 더 작다면 에러는 더 나중에 발생할 것이다. 결국 송신기와 수신기가 동기화
되지 않으면 에러가 발생하게 된다. 그러므로 데이터를 정확하게 송수신하기 위해서는 타
이밍을 일치시키는 동기화가 필수적이다. 동기화에는 동기식 전송 방식과 비동기식 전송
방식이 사용되고 있다.

① 비동기(Asynchronous) 방식

 비동기방식은 보통 스타트-스톱(start-stop) 전송이라고 하며, 문자의 구분으로 되어
있는 스타트 및 스톱 비트가 동기 신호로 되어 있다.

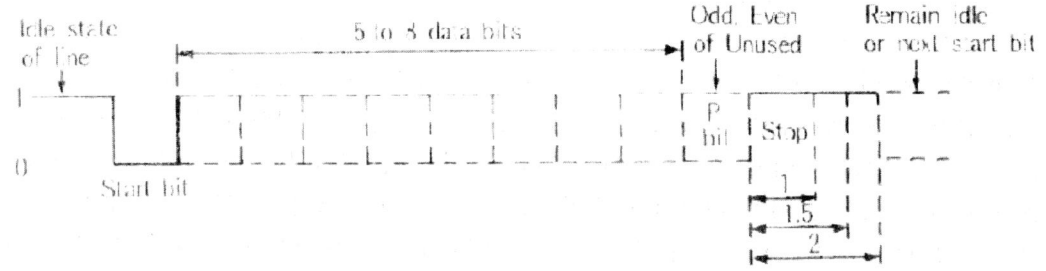

< 그림 8-14 > 비동기 방식의 데이터 문자 형식

 앞의 그림 2.12에서 어떤 문자도 전송되지 않을 때 송신기와 수신기간의 회선은 휴식
(idle)상태에 있다. 이 상태는 보통 송신기가 2진수 1을 연속적으로 전송함으로써 나타낸
다. 한 문자는 2진수 0의 값을 가진 시작 비트(start bit)로부터 개시된다. 이 다음으로
5~8개의 데이터용 비트와 한 개의 패리티(parity) 비트로 구성되는 문자가 따른다. 패리
티 비트값은 문자열에서 2진수 1의 개수가 패리티 비트를 포함해서 홀수나 짝수가 되도록
하는 값이다. 마지막으로 문자의 끝을 알리는 스톱 비트(stop bit)가 온다. 스톱 비트는 이
진수 1의 값을 가지며 보통 비트 길이의 1배나 1.5 혹은 2배 정도로 한다. 스톱 비트는
휴지상태(Idle State)와 같으므로 송신기는 다음 문자를 전송할 때 까지 스톱 신호(2진수
의 1)를 계속 전송하게 된다.

예를들어 7bit로 구성된 ASCⅡ문자 ABC(1000001 0100001 1100001)가 있다. 패리티 비트는 짝수 패리티(even parity; 문자열에서 1의 개수가 짝수가 되게 정해짐)로 하고 시작 비트는 0, 스톱 비트는 1로 할 때 ASCⅡ값 ABC의 비동기식 비트열(stream)은 <그림 8-15>와 같다.

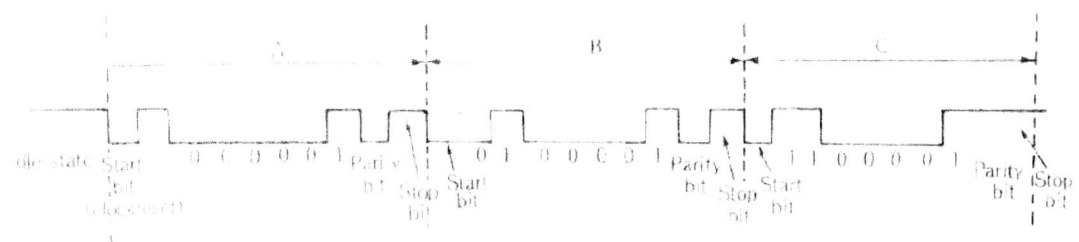

< 그림 8-15 > 8비트 비동기식 비트 열

비동기식 전송에서 발생 가능한 에러는 다음과 같이 나눌 수 있다.

비트 에러(bit error)는 비트의 전송률(rate)이 달라서 다른 비트를 샘플링(sampling)하는 것이다. 예를 들어 패리티 비트를 포함한 8비트의 ASCⅡ문자를 전송하는 경우 수신기가 송신기 클럭보다 5% 늦거나 빠르다면, 8비트를 전송하는 동안 수신기의 샘플링 지점이 비트의 중앙으로부터 45% 벗어나게 되므로 아직 정확한 수신은 가능하나, 7%의 타이밍 오차가 있다면 56% 벗어나게 되어 <그림 8-16>과 같이 마지막 비트는 잘못 인식될 것이다.

또, 프레임 에러(frame error)는 데이터에 제어정보(start-stop)를 합쳐서 프레임(frame)이라 하는데, 이 프레임은 스타트에서 스톱까지 0에서 시작하여 1로 끝나게 구성된다. 그런데 어떤 문자 패턴이 스타트, 스톱 비트를 오인식하여 프레임을 다르게 인지하게 되면 프레임 에러 상태가 된다. 비동기식 전송 방식은 간단하며, 가격이 저렴하다는 장점이 있으나, 오버헤드(Ovarhead)가 많다는 단점이 있다.

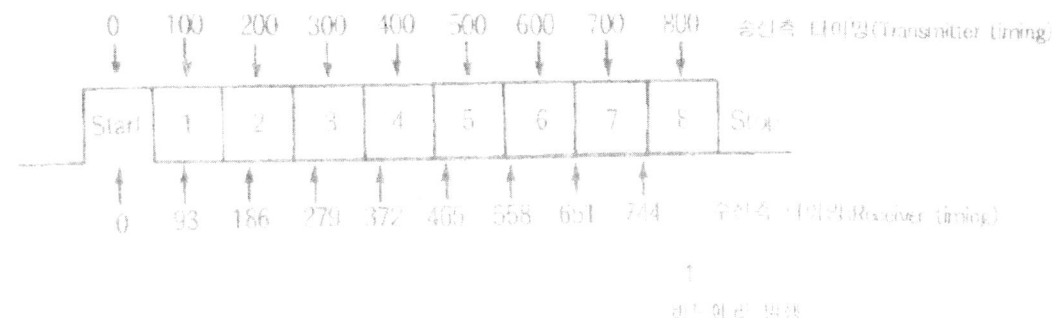

< 그림 8-16 > 비동기 방식에서 타이밍 에러의 영향

예를 들어 ASCⅡ문자에 패리티비트와 1비트의 스톱 비트를 사용할 때 오버헤드는 2/9 = 0.22(늑22%)로서 실제로 효율은 7/9 밖에 되지 않으므로 효율성을 더 늘리려면 더 긴 프레임을 요구하게 되고 비트들이 많을수록 타이밍 에러는 더욱 커지게 될 것이다. 따라서 더 많은 비트들을 전송하기 위해서는 동기식 전송이라는 다른 형식의 동기화를 수행해야 한다.

② 동기식(Synchronous) 전송

동기식 전송은 데이터 전송을 하는데 있어 한 글자 단위가 아니고 미리 정해진 수 만큼의 글자열을 한 그룹으로 만들어 일시에 전송하는 방법이다. 동기식 전송에서도 수신기가 데이터 블록의 시작과 끝을, 결정할 수 있도록 또 다른 레벨의 동기화가 요구된다. 따라서, 각 블록은 제어 정보인 프리엠블(preamble) 비트 패턴으로 시작하고, 포스트엠블(postamble) 비트 패턴으로 끝나게 된다. 프레임(frame)의 정확한 형식은 전송 구조가 문자 위주인지, 비트 위주인지에 따라 결정된다.

· 문자 위주(Charater-Oriented)

문자 위주의 전송에는 데이터 블록을 일련의 문자(보통 8bit문자)들로 취급하고, 모든 제어 정보는 문자 형태로 나타난다. 즉, 프레임은 한 개 이상의 '동기화 문자'로 시작한다.

동기화 문자는 수신기에게 블록의 시작을 알리는 고유한 비트 패턴으로 SYN이라 부른다. 수신기가 시작과 끝을 구분하기 위한 첫 번째 방법으로 포스트엠블이 고유문자(SYN)를 가지는 구조로서 수신기는 이 SYN문자에 의해 전송되어져 오는 데이터 블록을 알아차리고 포스트엠블 문자가 보일때까지 데이터를 받아들인다.

포스트엠블 문자를 인식한 후 다음번 SYN패턴을 기다린다. 다른 방식으로는 제어 정보(control information)의 한 부분에 프레임 길이(frame lenght)를 포함시켜 수신기가 SYN문자로 조사하고 프레임 길이를 결정하여 지정된 문자수를 읽는다.

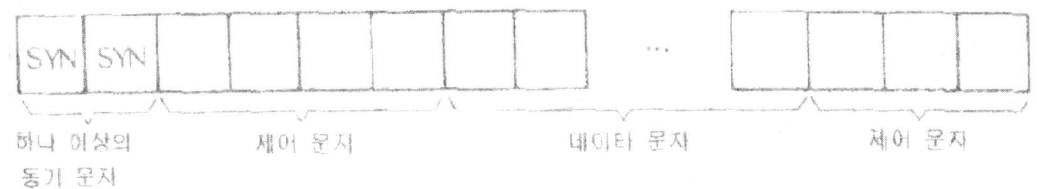

(a) 문자위주의 프레임

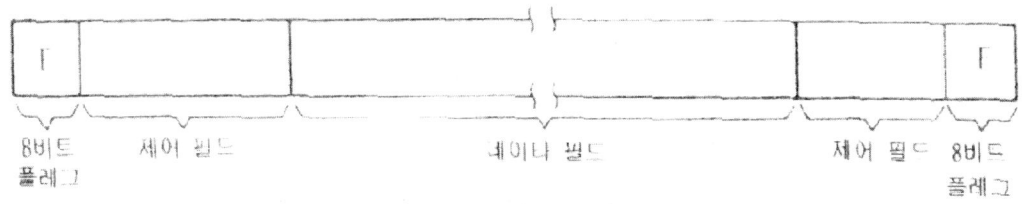

(b) 비트위주의 프레임

< 그림 8-17 > 비트 위주의 프레임

· 비트 위주(Bit-Oriented)의 프레임

비트 위주의 전송에서는 데이터 블록을 일련의 비트열로 취급한다. 즉, 특별한 비트 패턴이 한 블록의 시작을 알린다. 이것을 프리엠블(premble)이라 하며 8bit의 길이를 가지고, 플래그(flag)라 한다. 마찬가지로 포스트앰블(Postamble)도 8비트의 플래그가 사용된다. 수신기는 프레임 시작을 알기 위해 플래그 패턴을 기다린다. 이 패턴이 온 다음 몇 개의 제어 필드가 따르고, 그 뒤로 가변 길이의 데이터 필드, 제어 필드가 오며, 마지막으로 플래그가 반복된다. 이와 같은 비트 위주의 전송 방식은 HDLC 전송 제어 절차에서 채용하고 있는 동기 방식으로서, 3장에서 논의될 것이다. 앞서 설명한 비동기식 전송은 20% 이상의 오버헤드가 요구되었지만 HDLC는 플래그를 포함해서 대체로 48비트의 제어정보를 가지므로 1000비트 메시지를 전송하는 경우 오버헤드는 단지 $(48/1048) \times 100\% = 4.6\%$ 정도이다. 따라서 상당히 큰 데이터 블록의 경우에는 동기식 전송 방식이 적은 오버헤드로 비동기식 전송 보다 훨씬 효율성이 높다는 것을 알수 있다.

(9) 패리티 비트 검사(parity bit check)

패리티 비트 검사(parity bit check)는 에러 검출 기술(Error Detection Techniques)의 대표적이고 일반적인 기술이다.

전송 시스템은 설계와 무관하게 에러를 발생할 수도 있다. 즉, 전송중에 순간적인 정전, 주파수 혼란, 감쇠, 잡음 등에 의해서 전송 데이터의 에러가 발생한다. 이처럼 예측할 수 없는 장애 요인에 의해서 발생되는 에러로 인해서 다른 내용이 송신될 수 있는데 이러한 에러를 줄이기 위하여 인코드, 디코드, 필터(filter) 및 신호 변환기를 사용하고 있으나, 모든 장애 요인을 제거할 수 없으므로 별도의 에러 제어 방식들을 생각해야 할 것이다.

한 프레임이 전송될 때 수신측에서 다음 3가지 종류의 가능성을 생각할 수 있다.

첫째 프레임이 비트 에러 없이 도착할 경우, 둘째 프레임이 한 개 이상의 미 검출된 비트 에러를 가지고 도착할 경우, 셋째 프레임이 한 개 이상의 검출된 비트 에러를 가지지만, 미 검출된 비트 에러 없이 도착할 수 있는 경우이다.

따라서 에러 검출을 위한 모든 기술은 이와 같은 가능성을 생각하여 다음과 같은 원리로 동작한다. 비트의 프레임이 주어질 때, 에러 검출 코드(error-detecting code)를 구성하는 부가적인 비트를 송신측에 첨가한다. 이 코드들을 다른 전송 비트들의 함수로 계산해서 수신기는 동일한 계산을 하여 두 결과를 비교한다. 만약에 일치되지 않는다면 에러가 생긴 것이다. 이 같은 비교 방식에는 2가지가 있는데 전진 에러 수정 방식과 후진 에러 수정 방식이다.

전진 에러 수정(forward error correction) 방식은 전송되는 문자나 프레임에 부가적인 정보를 추가해서 에러가 존재하는 경우에 수신측이 에러 검출 뿐만아니라 정확한 정보가 어떤 것인가를 수신한 비트열로부터 유추할 수 있는 방식이고, 후진 에러 수정(backward error correction) 방식은 송신측이 에러를 검출할 수 있을 정도의 부가적인 정보를 문자나 프레임에 첨가시켜서 전송하고 수신측이 에러 검출시에 재전송을 요구하는 방식이다. 여기서 전진 에러 수정을 위한 부가적인 비트수는 정보의 비트수가 증가함에 따라 급격히 증가하기 때문에 후진 에러 수정이 좀 더 효율적이다. 송신자가 한 명이고 수신자가 여러 명인 경우 즉, 동시 통신인 경우에 전진 에러 수정 방식은 재전송이 불가능하다.

그러면, 에러를 검출하는데 사용되는 가장 일반적인 기술에는 패리티 비트 검사(parity bit check), 세로 중복 검사(longitudinal redundancy check), 순환 중복 검사(cyclic redmdancy check)가 있다.

여기서는 대표적인 패리티 비트 검사(parity bit check)법에 대해 알아보고자 한다.

패리티 비트 검사법은 가장 간단한 비트 에러 검출 방식으로 한 패리티 비트(parity bit)를 프레임의 각 단어 끝에 붙이는 것이다. 일반적인 예로, ASCⅡ코드 전송에 있어서 각 비트 ASCⅡ코드 문자에 하나의 패리티 비트가 붙는데 이 비트값은 한 문자의 1의 개수가 짝수개이거나 홀수개가 되도록 한다. 일반적으로 **짝수 패리티(even parity)가 비동기식 전송**에 쓰이고, **홀수 패리티(odd parity)는 동기식 전송**에 쓰인다.

예를 들면 송신기가 ASCⅡ코드 1100101을 홀수 패리트를 사용하여 전송한다면, 11001011을 보내게 된다. 이것은 수학적으로 exclusive OR(⊕)연산을 사용하여 나타낼 수 있다. 수신기는 수신한 문자를 조사하여 전체 1의 수가 홀수이면, 에러가 발생하지 않은 것으로 간주한다. 한 비트나 임의의 홀수개 비트가 전송중 바뀌면(예, 10001011), 수신기는 에러를 발견하게 된다. 그러나 두 개 혹은 임의의 짝수개의 비트가 바뀌면 에러를 검출해 내지 못하는 단점이 있다.

8-2. 산업용 통신 시스템 구성

산업 분야의 제어 시스템에서는 분산형 시스템이 많이 보급되어 있으며, 그 신경계로서 중추적인 역할을 하는 것이 통신 시스템이다.

제어 시스템에서의 통신 시스템의 적용 예를 〈그림 8-18〉에 나타냈다. 그림은 통신 시스템중 규모가 큰 컴퓨터 네트워크 시스템으로서, 지리적으로 넓게 분산하여 설치되는 컴퓨터 시스템간 또는 컴퓨터 시스템과 다수의 단말 기기간의 정보를 교환하는 네트워크 시스템이다.

PLC간을 1:1로 접속하는 통신 방식으로는 MODEM, RS-232C의 전기 인터페이스를 사용하여 비동기식으로 통신하는 방식과 P I/O를 사용하여 통신하는 방식을 많이 사용한다.

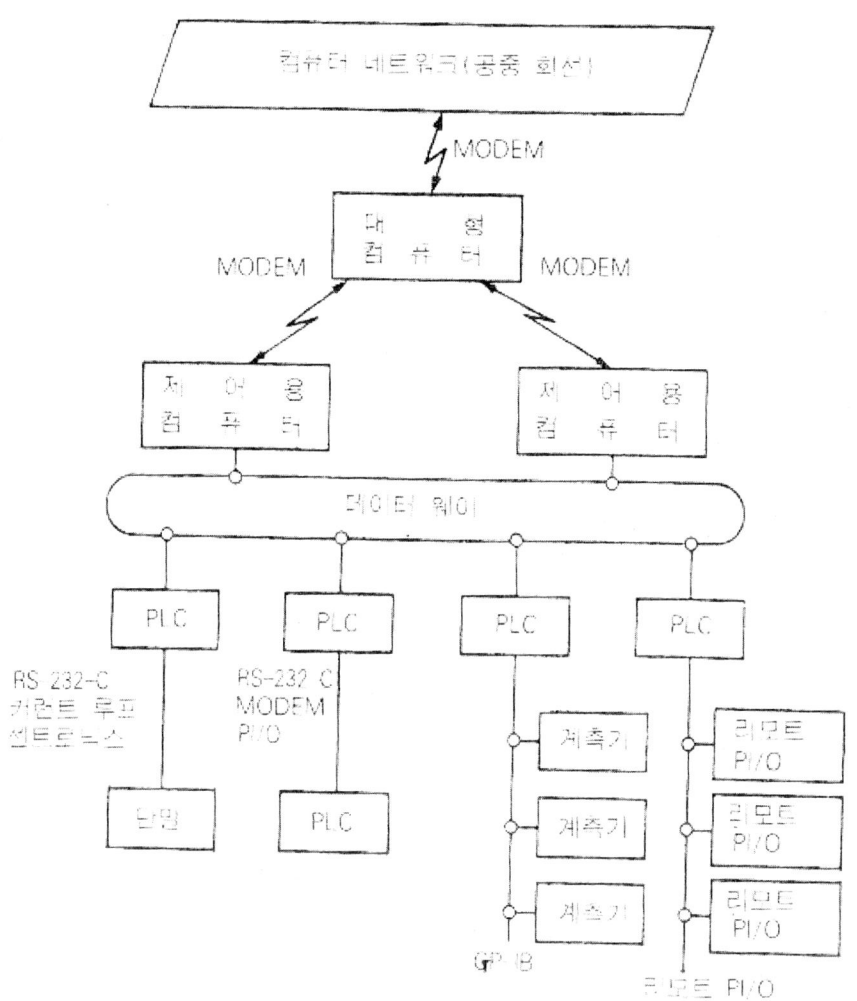

< 그림 8-18 > 제어 시스템에서의 통신 시스템의 구성 예

PLC와 단말기를 1:1로 접속하는 방식으로는 RS-232C의 비동기식 current loop 방식과 센트로닉스 방식이 대표적이다. 계측기와 결합에는 GP-IB가 널리 사용되고 있다.

또 최근의 제어 시스템에서는 P I/O를 분산 설치하는 Remote I/O기능이 일반화되어 통신 수단의 유효한 방법으로 발전하였다.

위와 같은 산업용 통신 시스템에서는 목적과 용도에 따라 각종 통신 방식이 실용화되어 있으므로 시스템 설계자는 이 가운데 가장 적합한 통신 수단을 선택하여 사용하여야 한다.

(1) RS-232C

미국 EIA(Electronic Industries Association)가 정한 것이며, 모뎀과 데이터 단말장치

와의 직렬 데이터 송수신 접속 규격이다. 접속할 수 있는 기기로는 컴퓨터, 모뎀, 프린터, 바코드 리더, 카드 리더 등이 있다. 접속선은 실드(Shield)가 있는 트위스트 페어선을 사용하며, 전송선의 길이는 최대 15m 정도이다.

(2) RS-422

RS-232C에 비하여 고속, 장거리 전송을 할 수 있다. 접속기기는 주로 모뎀이며, RS 232/RS 422 변환기를 통해 RS-232C기기와 접속하는 경우도 많다.

(3) Parallel

8비트의 병렬 데이터를 전송하는 것이며, 미국의 센트로닉스사가 제안하여 센트로닉스 인터페이스라고도 한다. 주로 프린터 인터페이스로 많이 사용하며, 신호선이 많고 노이즈에 약하므로 장거리 전송이 어려운 단점이 있다.

(4) GP-IB(General Purpose Interface Bus)

H.P.사에서 개발한 인터페이스 방식으로 주로 계측기와의 인터페이스에 활용한다.

(5) Remote I/O

원격 입출력을 말하며, 기기와 설비의 입출력 신호를 멀리 떨어진 전기실로 보낼 때 사용한다.

8-3. PLC 통신의 형태와 기능

(1) FA체계에 있어서 PLC의 위치

생산 현장에서는 〈그림 8-19〉와 같이 A부터 E까지 5개의 계층으로 나누어지고, 이것을 살펴보면, 경영정보를 처리하는 관리 컴퓨터군, 공장내 생산관리 정보를 처리하는 생산관리 컴퓨터군, 그리고 제어정보를 처리하는 PLC군의 3가지로 대별된다. 각각의 계층은 통신으로 접속되고, 상위의 지시 정보를 하위 PLC가 받아 처리하고 처리된 결과를 다시 상위로 보내 생산관리나, 경영관리의 정보로 활용할 수 있다.

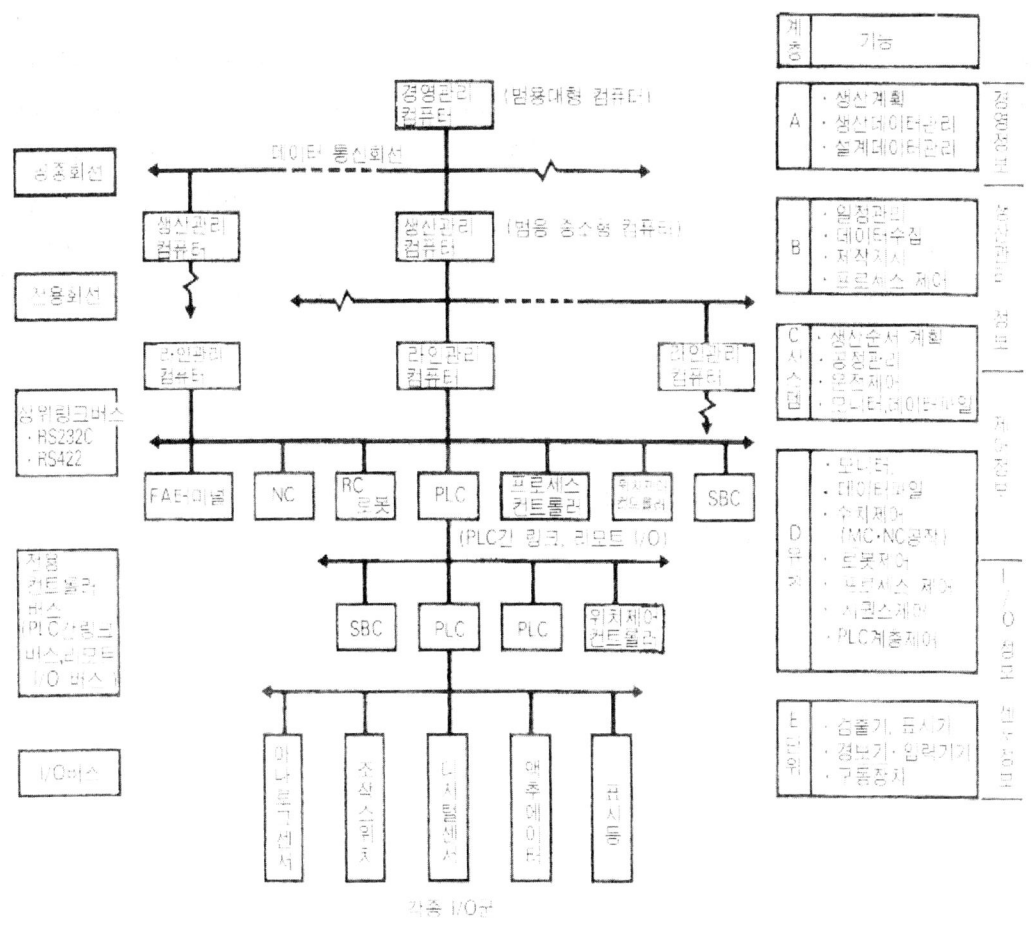

〈 그림 8-19 〉 FA의 체계

(2) PLC 통신의 종류

PLC가 기능을 확장하는 요소 중, 가장 일반적인 방법이 링크 기능이다. 링크 기능에는 상위 링크, PLC간 링크, I/O 링크 등 3가지 기능이 있다. 또한 I/O 링크 기능에는 원격 입·출력 유닛 사이에서 데이터 교신을 하여 분산된 원거리의 입·출력 기기의 배선공사의 절감, 분산제어, 전체 입·출력 점수의 확장을 도모하거나 생산실적 등 데이터의 교신에 의한 데이터의 집중관리 및 모니터링을 가능하게 하는 것이다.

여기서 데이터 링크란 2대의 PLC 사이에서 접점이나 코일이 ON으로 되어 있는가, 또는 OFF로 되어 있는가를 전달하는 것으로 가장 간단한 방법은 <그림 8-20>과 같다.

그림에서 보인 바와 같이 CPU ①측의 출력 Y10을 CPU ②의 입력 X20에 전선 ⓐ로 접속함에 따라 Y10의 ON, OFF는 다른 PLC로 전달할 수 있다. 반대로 CPU ②의 Y30과 CPU ① X40을 전선 ⓑ에 접속하면, 이것도 Y30의 ON, OFF를 전달할 수 있다. 이와 같이 자신의 출력(Y)을 다른 PLC의 입력(X)에 접속하는 방법을 I/O 링크라고 한다.

이 방법은 PLC 본래의 입·출력 외에 정보전달을 위한 입·출력이 필요하며 전선수도 매우 비경제적이다. 이것을 해결하기 위하여 트위스트 페어선이나 동축 케이블 또는 광섬유 케이블을 사용하여 다른 PLC로 정보를 전달하는 것을 데이터 링크라고 한다.

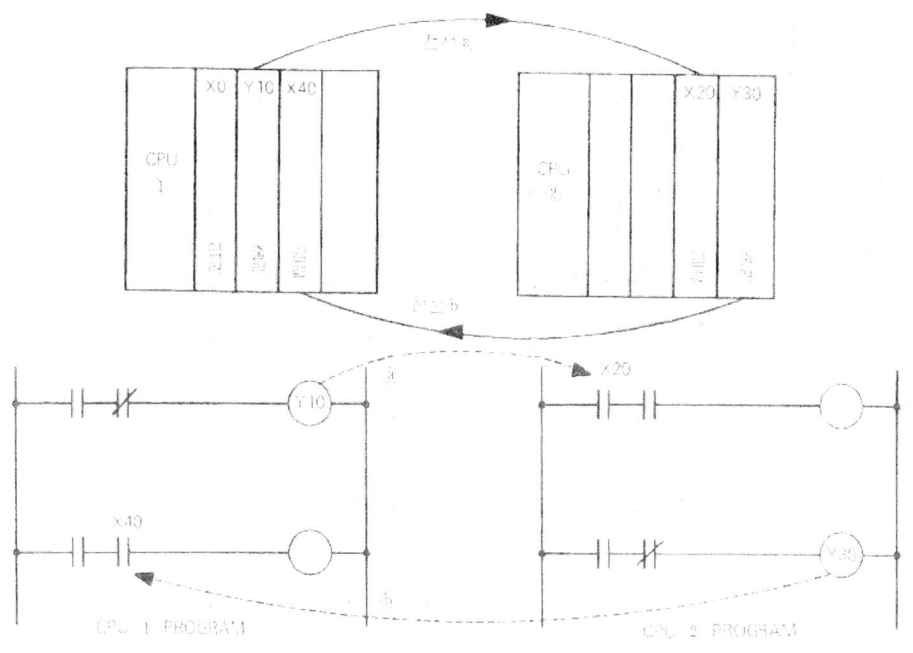

< 그림 8-20 > 정보전달의 형태

① 상위 링크 기능

 퍼스널 컴퓨터, 상위 컴퓨터를 시리얼 인터페이스를 끼워 PLC와 접속하는 것으로서 사용자 프로그램이나 I/O 메모리 데이터의 Read/Write 등을 상위측에서 간단히 실행할 수 있다. 상위 링크 유닛의 사용 예는 다음과 같다.

·구 조 – 유닛 형식
·기본 기능 – 퍼스널 컴퓨터, 상위 컴퓨터 등과 PLC간을 링크
·통신 방식 – 4선식 반2중 비트 시리얼 방식
·통신 형태 – 1:1(RS-232C), 1:N(RS-422)
·전송 속도 – 300, 600, 1200, 2400, 4800, 9600, 19200bps
·접속대수 – 32대(1:N일 때)
·전송 거리 – 케이블 총연장 500m

통신 방식에서 반이중 방식이란 2국간에서 통신할 때 1개의 선을 사용하는 것으로 1국에 대해서 말하면 송신하고 있는 사이 수신을 할 수 없는 방식이다. 또한 비트 시리얼 방식이란 1개의 케이블을 사용하여 1bit씩 연속적으로 송신하고, 수신하는 방식이다.

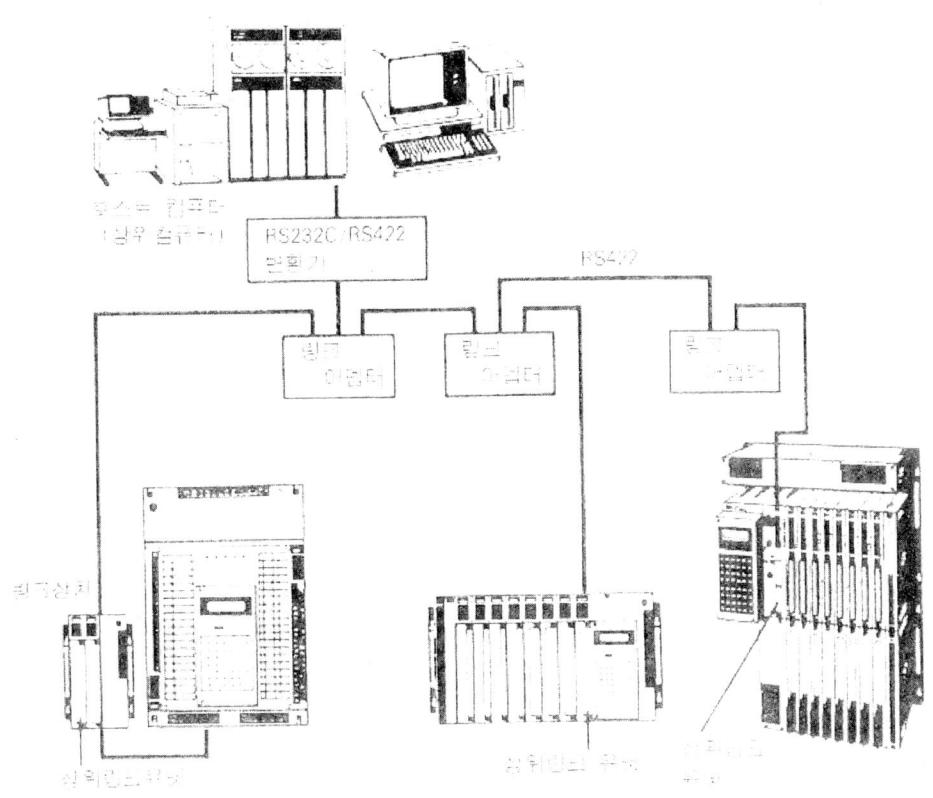

< 그림 8-21 > 상위 링크 시스템 구성도

통신 형태에서 RS-232C 인터페이스를 사용하면 컴퓨터와 PLC가 15m 이내에서 1：1로
통신할 수 있다. RS-422 인터페이스를 사용하면 1：N 으로 통신할 수 있고, 케이블 총연
장 길이는 500m 이내로 많은 국과 통화할 수 있다. 이 관계를 〈그림 8-21〉에 나타냈다.

② 링크 기능

링크 기능은 분산제어를 목적으로 하고, 전용의 링크 릴레이를 사용하여 데이터를 교신
한다. PLC간 링크는 링크용 CPU를 사용하거나, 전용의 PLC링크 유닛을 사용하여 I/O 데
이터의 송수신을 하는 것으로, 메이커에 따라 접속 대수나 전송 거리가 다르므로 선정시는
주의를 요한다.

PLC간 링크는 〈그림 8-23〉에 나타낸 것과 같은 원시적인 방법을 사용하지 않고, 링크
전용의 내부 릴레이를 사용하여 PLC 외부로 출력하지 않고 링크용 내부 릴레이를
ON/OFF하여 데이터를 교신하므로 링크를 위한 입·출력 점수 소모가 없다.

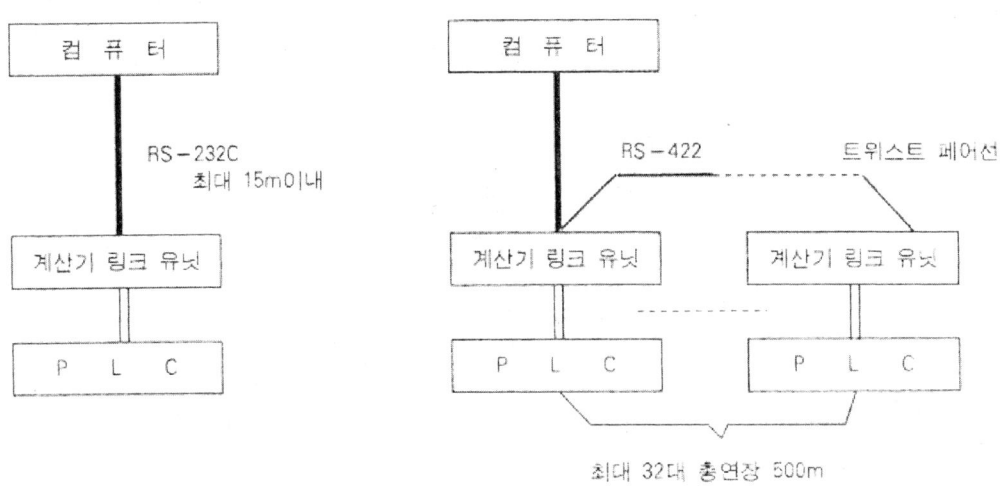

〈 그림 8-22 〉 통신 형태

③ 리모트 I/O

리모트 I/O란 산재한 기계와 설비의 입출력 신호를 멀리 떨어진 전기실로 보낼 때 사용
한다. 이것은 PLC 입·출력 유닛만을 기계쪽에 떼어 놓고, 적은 가닥수의 케이블로 PLC
측과 접속하여 제어 프로그램은 PLC측에 있고 리모트쪽에는 없는 것으로, 집중 프로그램,
분산 입출력 PLC 시스템이라 할 수 있다.

〈그림 8-23〉은 리모트 I/O의 예를 나타낸 것이다.

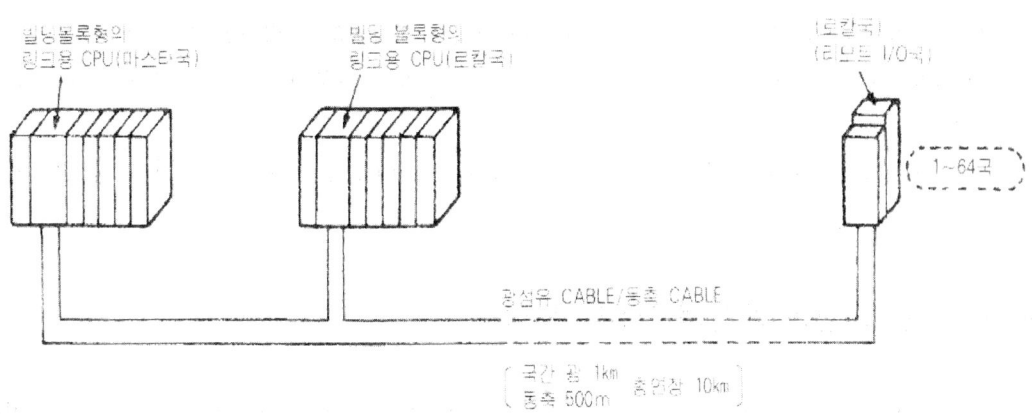

< 그림 8-23 > PLC 링크 시스템의 예

리모트 I/O와는 달리 분산 프로그램, 분산 입·출력의 분산 제어 시스템이 있으며, 그 일례를 〈그림 8-24〉에 나타냈다.

분산제어 시스템은 각 기계의 제어 내용이 많아서 기계마다 그 제어 프로그램을 가진 PLC를 설치하여 각 PLC간을 데이터 링크로 접속하고, 상위에 총괄 제어를 하는 마스터 PLC를 설치한 시스템이다.

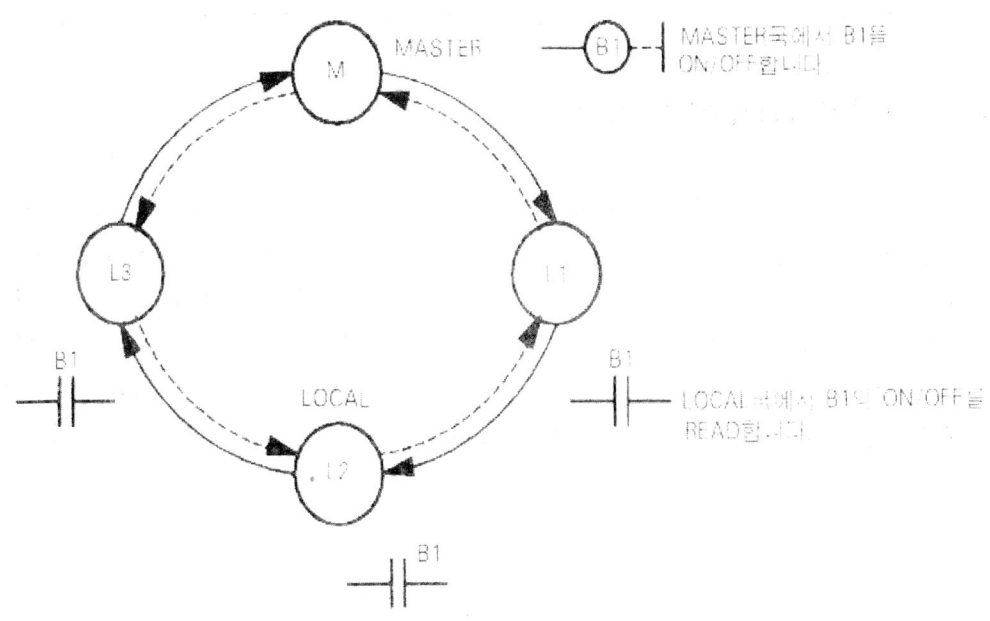

< 그림 8-24 > PLC간 통신 방법

제 9 장 PLC의 전망

PLC는 미국에서 블루 컬러 컴퓨터(blue color computer)라는 별명을 얻을 정도로 더 복잡하고 다양한 제어영역에 응용되고 특히 컴퓨터 주변장치를 활용하여 분산 제어로서의 기능 등에 적용되고 있다.

최근에 PLC는 보다 빠른 속도로 실시간 처리문제, PLC의 네트워크 문제 등의 연구가 계속되고 있다.

9-1. 스캔 타임의 개선과 O.S의 도입

공정제어계에서의 최대 변수가 정보의 빠른 응답과 이에 대한 제어예측이 필요함에 따라 실시간이 요구된다. 이에 따른 특수 용도의 운영체제로서 Micro 51, iRMX 등이 있으며, 이러한 운영체제를 ROM에 내장시켜 μP와 함께 제공하여 시스템의 실행속도를 단축시켜 사용자 프로그램으로 제어 프로그램 영역의 S/W 작성으로 가능한 PLC의 특수운영체제를 이루어가고 있다.

또한 스캔 타임의 개선을 위해서

▶ 고속처리를 필요로 하는 부분의 H/W 실현
▶ 고속 μ제어기의 적용
▶ 입, 출력 처리용 μP, 논리연산용 프로세서 등의 코프로세서 활용
▶ 1 스캔 펄스 발생회로의 활용
▶ 리버스 플로우 프로그래밍(Reverse flow programming) 방법 등이 연구중이다.

9-2. 메시지 통신(MAP 적용)

모든 스캔과 작업 사이의 통신 서비스를 요구하는 것이 메시지 통신이다. 이에 따라서 Queue, Route, Prioritied가 요구되며 경우에 따라서 메시지들은 MMFS(Manufacturing Message Format Standard)로서 표준화가 요구되며 최근 GM사에서 MAP(Manufacturing Automation Protocol)이 제안되어 메모리 관리를 언급하고 있다. 이는 프로그램 대 프로그램 변환이 가능해지며 이에 따라 래더 도표으로 전송 또는 수신 기능이 첨가되어 메시지의 전송이 가능하다. 차후 실시간 개선과 성능 향상을 위해 프로토콜 S/W, H/W 모듈러, 케이블 인터럽트 스케쥴의 적용이 요구되고 있다. (<그림 9-1> 참조)

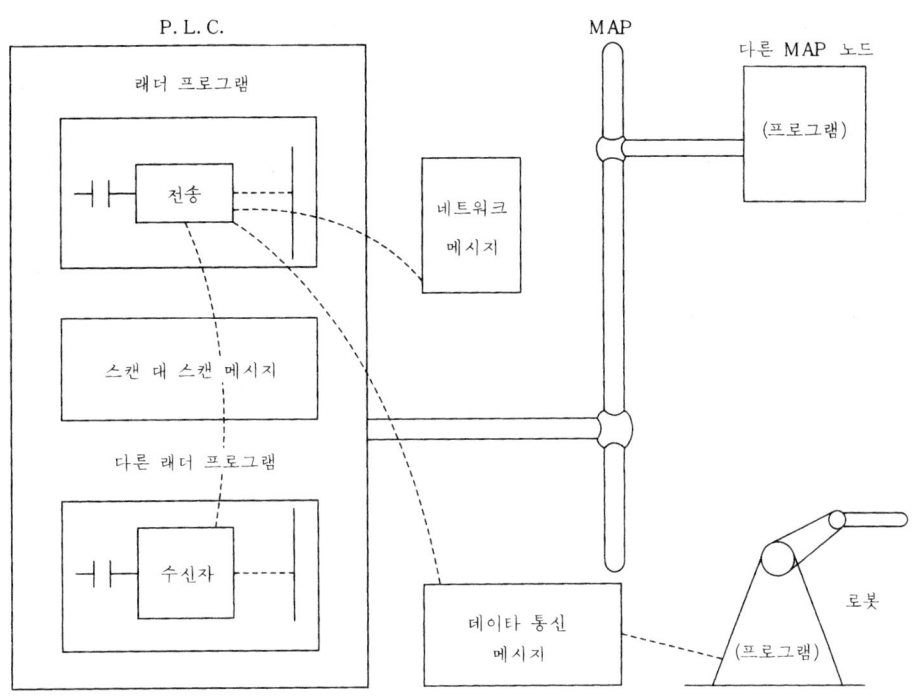

<그림 9-1> PLC에서의 MAP 적용

9-3. 제어 언어의 개선

PLC에서 사용하고 있는 래더의 경우는 수학적 연산, 데이타 이동, 프로그램 루핑, 알고리즘
에 있어서 복잡한 단계를 거쳐야 한다. 프로그램 언어는 래더에서도 스트링(String) 방법에 의
해서 작성되도록 요구된다. 예를 들어 부울 방식으로 표현되는 콘택트와 코일에서

(A OR B) (C OR D) = E를 선언문식의 언어로 작성해 보면

IF (A OR B) (C OR D) THEN
SET E
ELSE RESET E;가 된다.

기능 블록과 같은 경우도 예를 들면 Time T6에 의해 시작될 때 START T6 대신에
IF T6, DONE THEN 혹은
IF T6, RUN THEN으로 할 수 있다.

또한 프로그램 루핑에서도 While문을 사용할 수 있다. 즉 손쉬운 적응이 용이한 스트링 언
어의 적용이 요구된다.

최근에 C언어가 PC에 도입되고 있으며 PID 알고리즘과 통신 프로토콜에서 적용되고 있다.
즉 고수준 언어의 도입이 필연적이 된다. 여기에 따른 전반적인 하드웨어의 구조의 개선이 요

구될 것이고 또한 프로그래밍 센터로서의 분산 처리방식에서도 변화가 요청된다.

결론적으로 PLC는 재고관리, 보수유지 진단, 보고서 작성등과 같은 더 복잡한 기능을 보유하여 산업환경하에 미니 컴퓨터와 효과적인 경합을 벌일 수 있게 된 것이고 또한 PLC는 PLC 간의 LAN, 호스트간의 Data igway망은 분산 제어 시스템의 가능성을 연상케하고 각종 데이타의 수수, 저장은 용이하게, PLC 자체의 고장방지, 공정 정보를 쉽게 작동자에 전달을 위한 그래픽의 도입 및 PLC의 확산 보급에 중대한 요소인 사용자 친근 시스템화(User-Frikendly System)하는 경향이 있다. 이러한 기술의 추세로 보면 PLC는 새로운 산업체의 적용에 컴퓨터 응용제어 시스템으로서 크게 기여할 것으로 전망된다.

제 3 부

P.L.C 사용 설명서

LG Master-K

제1장 PLC의 개요

1.1 PLC의 정의 및 적용분야

1.1.1 PLC의 정의

 PLC(Programmable Logic Controller)란, 종래에 사용하던 제어반 내의 릴레이, 타이머, 카운터 등의 기능을 LSI, 트랜지스터 등의 반도체 소자로 대체시켜, 기본적인 시퀀스 제어 기능에 수치 연산 기능을 추가하여 프로그램 제어가 가능하도록 한 자율성이 높은 제어 장치이다.

 미국 전기 공업회 규격(NEMA: National Electrical Manufacturers Association)에서는 "디지털 또는 아날로그 입출력 모듈을 통하여 로직, 시퀀싱, 타이밍, 카운팅, 연산과 같은 특수한 기능을 수행하기 위하여 프로그램 가능한 메모리를 사용하고 여러 종류의 기계나 프로세서를 제어하는 디지털 동작의 전자 장치"로 정의하고 있다.

1.1.2 PLC의 적용 분야

 설비의 자동화와 고능률화의 요구에 따라 PLC의 적용 범위는 확대되고 있다. 특히 공장 자동화와 FMS(Flexible Manufacturing System)에 따른 PLC의 요구는 과거 중규모 이상의 릴레이 제어반 대체 효과에서 현재 고기능화, 고속화의 추세로 소규모 공작 기계에서 대규모 시스템 설비에 이르기까지 적용되고 있다.

표 1-1은 PLC 제어 대상에 따른 적용 분야를 나타낸 것이다.

<표 1-1 PLC 적용 분야>

분 야	제 어 대 상
식료 산업	컨베이어 총괄 제어, 생산라인 자동 제어
제철, 제강 산업	작업장 하역 제어, 원료 수송 제어, 압연 라인 제어
섬유, 화학공업	원료 수입 출하 제어, 직조 염색 라인 제어
자동차 산업	전송 라인 제어, 자동 조립 라인 제어, 도장 라인 제어
기계 산업	산업용 로봇 제어, 공작 기계 제어, 송·배수 펌프 제어
상하수도	정수장 제어, 하수 처리 제어, 송·배수 펌프 제어
물류 산업	자동 창고 제어, 하역 설비 제어, 반송 라인 제어
공장 설비	압축기 제어
공해 방지사업	쓰레기 소각로 자동 제어, 공해 방지기 제어

1.2 PLC 의 구조

1.2.1 하드웨어 구조

(1) 전체 구성

　PLC 는 마이크로프로세서(microprocessor) 및 메모리를 중심으로 구성되어 인간의 두
뇌 역할을 하는 중앙처리장치(CPU), 외부 기기와의 신호를 연결시켜 주는 입·출력부, 각
부에 전원을 공급하는 전원부, PLC 내의 메모리에 프로그램을 기록하는 주변 장치로 구성
되어 있다.

그림 1-1 은 PLC 의 전체 구성도를 나타낸 것이다.

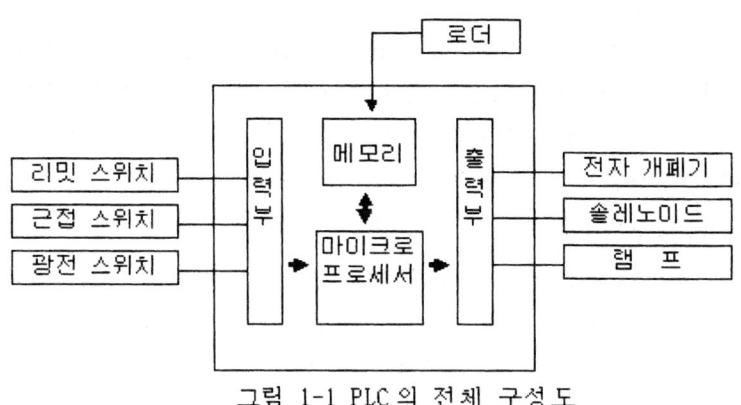

그림 1-1 PLC 의 전체 구성도

(2) PLC 의 CPU 연산부

　PLC 의 두뇌에 해당하는 부분으로서 메모리에 저장되어 있는 프로그램을 해독하여 처리
내용을 실행한다. 이 절차는 매우 빠른 속도로 반복되며 모든 정보는 2 진수로 처리된다.

(3) PLC 의 CPU 메모리

■ 메모리 소자의 종류

　IC 메모리 종류에는 ROM(Read Only Memory)과 RAM(Random Access Memory)이
있으며 ROM 은 읽기 전용으로, 메모리 내용을 변경할 수 없다. 따라서, 고정된 정보를 써
넣다. 이 영역의 정보는 전원이 끊어져도 기억 내용이 보존되는 불휘발성 메모리이다.

　RAM 은 메모리에 정보를 수시로 읽고 쓰기가 가능하여 정보를 일시 저장하는 용도로 사
용되나, 전원이 끊어지면 기억시킨 정보 내용을 상실하는 휘발성 메모리이다. 그러나 필요
에 따라 RAM 영역 일부를 배터리 백업(Battery back-up)에 의하여 불휘발성 영역으로
사용할 수 있다.

• 메모리 내용

 PLC 의 메모리는 사용자 프로그램 메모리, 데이터 메모리, 시스템 메모리 등의 3 가지로 구분된다. 사용자 프로그램 메모리는 제어하고자 하는 시스템 규격에 따라 사용자가 작성한 프로그램이 저장되는 영역으로, 제어 내용이 프로그램 완성 전이나 완성 후에도 바뀔 수 있으므로 RAM 이 사용된다. 프로그램이 완성되어 고정되면, ROM 에 써 넣어 ROM 운전을 할 수 있다.

 데이터 메모리는 입·출력 릴레이, 보조 릴레이, 타이머와 카운터의 접점 상태 및 설정값, 현재값 등의 정보가 저장되는 영역으로 정보가 수시로 바뀌므로 RAM 영역이 사용된다.

 시스템 메모리는 PLC 제작 회사에서 작성한 시스템 프로그램이 저장되는 영역이다. 이 시스템 프로그램은 PLC 의 기능이나 성능을 결정하는 중요한 프로그램으로, PLC 제작 회사에서 직접 ROM 에 써 넣는다.

(4) PLC 의 입·출력부

 PLC 의 입·출력부는 현장의 외부 기기에 직접 접속하여 사용한다. PLC 내부는 DC+5 V 의 전원(TTL 레벨)을 사용하지만 입·출력부는 다른 전압 레벨을 사용하므로 PLC 내부와 입·출력의 접속(Interface)은 시스템 안정에 결정적인 요소가 된다.

 PLC 의 입·출력부는 다음의 사항이 요구된다.

• 외부 기기와 전기적 규격이 일치해야 한다.
• 외부 기기로부터의 노이즈가 CPU 쪽에 전달되지 않도록 해야 한다.
 [포토 커플러(Photocoupler) 사용]
• 외부 기기와의 접속이 용이해야 한다.
• 입출력의 각 접점 상태를 감시할 수 있어야 한다.(LED 부착) 입력부는 외부 기기의
 상태를 검출하거나 조작 Panel 을 통해 외부 장치의 움직임을 지시하고 출력부는 외부
 기기를 움직이거나 상태를 표시한다.

입·출력부에 접속되는 외부 기기 예는 표 1-2 와 같다.

<표 1-2 입출력 기기>

I/O	구 분	부 착 장 소	외부 기기의 명칭
입력부	조작 입력	제어반과 조작반	푸시 버튼 스위치 선택 스위치 토글 스위치
	검출 입력 (센서)	기계 장치	리밋 스위치 광전 스위치 근접 스위치 레벨 스위치
출력부	표시 경보 출력	제어반 및 조작반	파일럿 램프 부저
	구동 출력 (액추에이터)	기계장치	전자 밸브 전자 클러치 전자 브레이크 전자 개폐기

가) 입력부

외부 기기로부터의 신호를 CPU 의 연산부로 전달해 주는 역할을 한다. 입력의 종류로는 DC24[V], AC110[V] 등이 있고, 그 밖의 특수 입력 모듈로는 아날로그 입력(A/D) 모듈, 고속 카운터(High Speed Counter) 모듈 등이 있다.

그림 1-2 는 입력부 회로의 예를 나타낸 것이다.

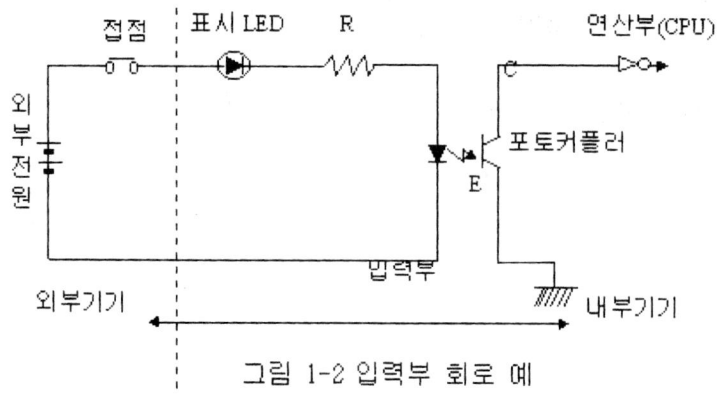

그림 1-2 입력부 회로 예

나) 출력부

내부 연산의 결과를 외부에 접속된 전자 접촉기나 솔레노이드에 전달하여 구동시키는 부분이다. 출력의 종류에는 릴레이 출력, 트랜지스터 출력, SSR(Solid State Relay)출력 등이 있고, 그 밖의 출력 모듈로는 아날로그 출력(D/A) 모듈, 위치 결정 모듈 등이 있다.

트랜지스터 출력부 회로의 예는 그림 1-3 과 같다.

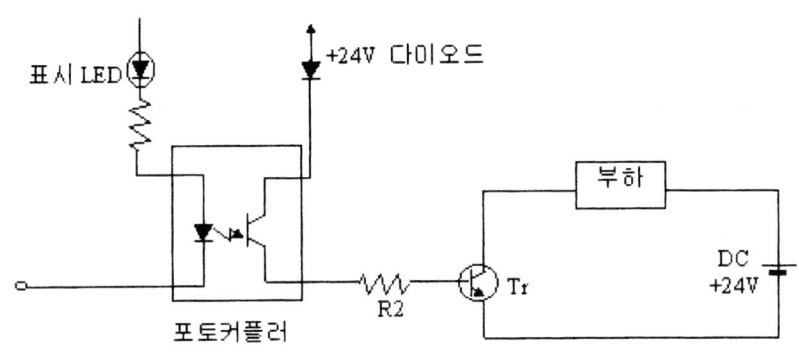

그림 1-3 트랜지스터의 출력부 회로

출력 모듈을 출력 신호와 개폐 소자에 따라 분류하면 표 1-3 과 같다.

<표 1-3 출력 모듈의 종류>

출력 신호 종류	개 폐 소 자	
	유 접 점	무접점(반도체)
직류(DC)	릴레이 출력	트랜지스터 출력
교류(AC)	릴레이 출력	SSR 출력

표 1-3 에서와 같이 릴레이 출력은 직류와 교류 모두 사용할 수 있으나, 기계적 수명의 한계 때문에 접점의 개폐가 빈번할 경우는 교류 전원 전용인 무접점 SSR 출력이나 직류 전원 전용인 트랜지스터 출력을 사용하는 것이 좋다.

1.2.2 소프트웨어 구조

(1) 하드 와이어드와 소프트 와이어드

종래의 릴레이 제어 방식은 일의 순서를 회로도에 전개하여 그곳에 필요한 제어 기기를 결합하여 리드선으로 배선 작업을 해서 요구하는 동작을 실현한다. 이 같은 방식을 하드와이어드 로직(Hardwired Logic)이라고 한다.

하드와이어드 로직 방식에서는 하드웨어(기기)와 소프트웨어가 한 쌍이 되어 있어, 사양이 변경되면 하드웨어와 소프트웨어를 모두 변경해야 하므로, 여러 가지 문제를 발생시키는 원인이 된다. 따라서, 하드웨어와 소프트웨어를 분리하는 연구 끝에 컴퓨터 방식이 개발되었다.

컴퓨터는 하드웨어(Hardware)만으로는 동작할 수 없습니다. 하드웨어 속에 있는 기억 장치에 일의 순서를 넣어야만 비로소 기대되는 일을 할 수가 있다. 이 일의 순서를 프로그램이라 하며, 기억 장치인 이 메모리에 일의 순서를 넣는 작업을 프로그래밍이라 한다. 이는 마치 배선작업과 같다고 생각하면 된다.

이 방식을 소프트와이어드 로직(Softwired Logic)이라 하며, PLC 는 이 방식을 취하고 있다.

(2) 릴레이 시퀀스와 PLC 프로그램 차이점

PLC 는 LSI 등 전자 부품의 집합으로 릴레이 시퀀스와 같은 접점이나 코일은 존재하지 않으며, 접점이나 코일을 연결하는 동작은 소프트웨어로 처리되므로 실제로 눈에 보이는 것이 아니다.

또, 동작도 코일이 여자되면 접점이 닫혀 회로가 활성화되는 릴레이 시퀀스와는 달리 메모리에 프로그램을 기억시켜 놓고 순차적으로 내용을 읽어서 그 내용에 따라 동작하는 방식이다.

PLC 제어는 프로그램의 내용에 의하여 좌우된다. 따라서 사용자는 자유 자재로 원하는 제어를 할 수 있도록 프로그램의 작성 능력이 요구된다.

(가) 직렬 처리와 병렬 처리

PLC 시퀀스와 릴레이 시퀀스의 가장 근본적인 차이점은 그림 1-5 에 나타낸 것과 같이 **"직렬 처리"** 와 **"병렬 처리"** 라는 동작상의 차이에 있다.

PLC 는 메모리에 있는 프로그램을 순차적으로 연산하는 직렬 처리 방식이고 릴레이 시퀀스는 여러 회로가 전기적인 신호에 의해 동시에 동작하는 병렬 처리 방식이다. 따라서 PLC 는 어느 한 순간을 포착해 보면 한 가지 일밖에 하지 않는다.

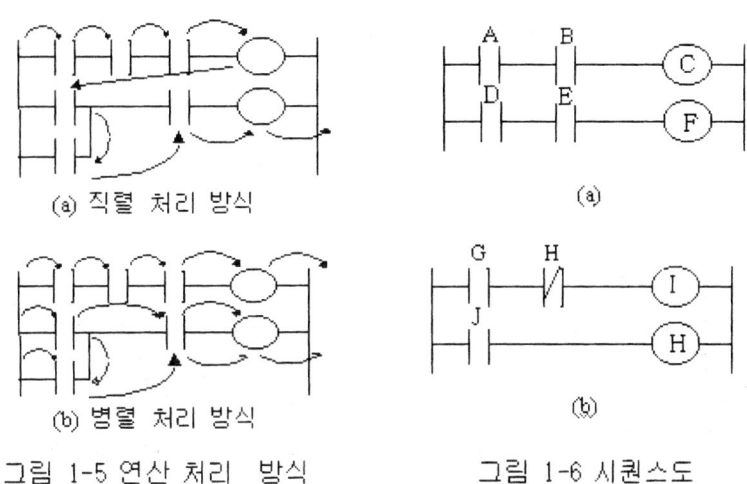

(a) 직렬 처리 방식

(b) 병렬 처리 방식

그림 1-5 연산 처리 방식

(a)

(b)

그림 1-6 시퀀스도

먼저 그림 1-6(a)의 시퀀스도로 PLC 와 릴레이의 동작상의 차이점을 설명한다. 릴레이 시퀀스에서는 전원이 투입되어 접점 A 와 B, 그리고 접점 D 와 E 가 동시에 닫히면, 출력 C 와 F 는 ON 되고, 어느 한쪽이 빠를수록 먼저 동작한다.

이에 비하면 PLC 는 연산 순서에 따라 C 가 먼저 ON 되고 다음에 F 가 ON 된다.

PLC 와 릴레이의 동작상의 차이점을 그림 1-6(b)의 경우에서 살펴 보면 먼저 릴레이 시퀀스에서는 전원이 투입되면 접점 J 가 닫힘과 동시에 H 가 ON 되어 출력 I 는 동작될 수 없다.

PLC 는 직렬 연산 처리되므로 최초의 연산 때 G 가 닫히면 I 가 ON 되고 J 가 닫히면 H 가 ON 된다. H 가 ON 되면 b접점 H 에 의해 I 는 OFF 된다.

(나) 사용 접점 수의 제한

릴레이는 일반적으로 1 개당 가질 수 있는 접점 수에 한계가 있다.

따라서 릴레이 시퀀스를 작성할 때에는 사용하는 접점 수를 가능한 한 줄여야 한다.

이에 비하여 PLC 는 동일 접점에 대하여 사용 회수에 제한을 받지 않는다.

이는 동일 접점에 대한 정보(ON/OFF)를 정해진 메모리에 저장해 놓고, 연산할 때 메모리에 있는 정보를 읽어서 처리하기 때문이다.

(다) 접점이나 코일 위치의 제한

PLC 시퀀스에는 릴레이 시퀀스에는 없는 약속 사항이 있다.

그 중 하나는 코일 이후 접점을 금지하는 사항이다. 즉, PLC 시퀀스에서는 코일을 반드시 오른쪽 모선에 붙여서 작성해야 한다.

또 PLC 시퀀스에서는 항상 신호가 왼쪽에서 오른쪽으로 전달되도록 구성되어 있다. 따라서, PLC 시퀀스는 릴레이 시퀀스와는 다르게 오른쪽에서 왼쪽으로 흐르는 회로나, 상하로 흐르는 회로 구성을 금지하고 있다.

PLC 시퀀스의 약속 사항을 그림 1-7 에 나타냈다.

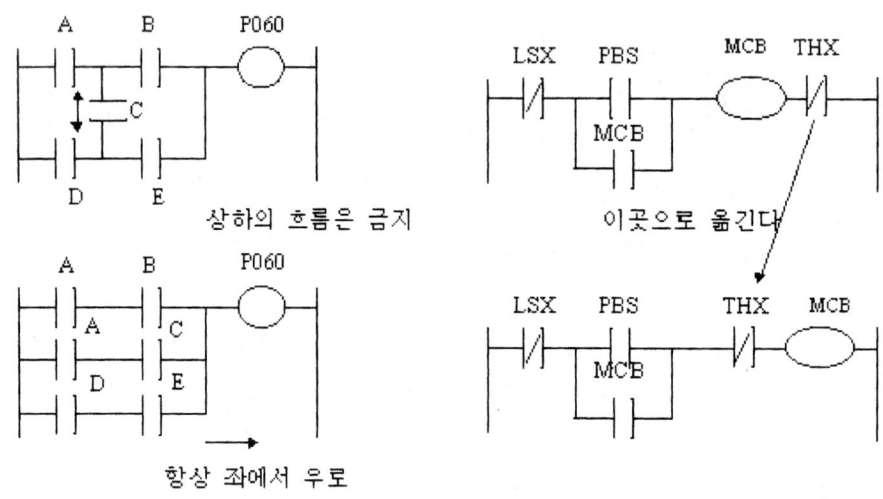

그림 1-7 PLC 시퀀스의 약속 사항

1.3 CPU 연산처리

1.3.1 연산 처리 방법

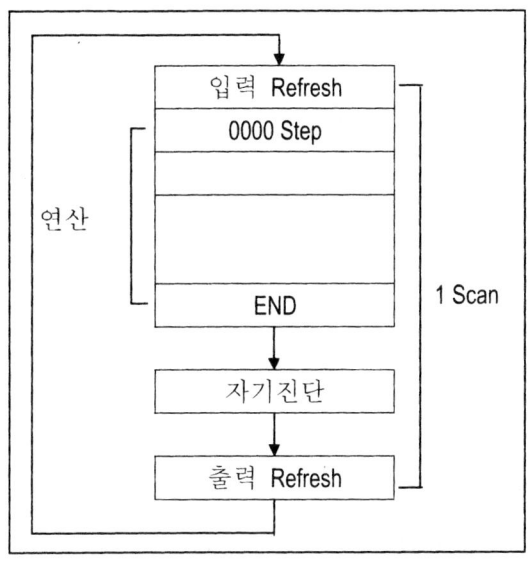

입력 Refresh 후 프로그램 0 번 스텝부터 END 까지 수행하고, 자기진단 후 출력 Refresh 를 수행하게 된다. 이후 다시 입력 Refresh 부터 같은 동작을 반복 수행하게 된다.

(1) 입력 Refresh : 프로그램을 수행하기 전에 입력 Unit 에서 입력 Data 를 Read 하여 Data Memory 의 입력용 영역(P)에 일괄 저장한다.

(2) 출력 Refresh : 프로그램 수행 완료 후 Data Memory 의 입력용 영역(P)의 Data 를 출력 Unit 에 일괄 출력한다

(3) 즉시 입출력 명령을 사용한 경우(IORF) : 명령에서 설정된 입출력 카드에 대하여 프로그램 실행 중 입출력을 Refresh 한다.

(4) 출력의 OUT 명령을 실행한 경우: Sequence Program 의 연산 결과를 Data Memory 의 출력용 영역(P)에 저장하고 END 명령 수행 후 출력 Refresh 에 해당 접점을 ON 또는 OFF 시킨다.

REMARK

1 Scan : 프로그램을 수행하기 전에 입력 Unit 에서 입력 Data 를 Read 하여 Data Memory 의 입력용 영역(P)에 일괄 저장 후 프로그램 0 번 Step 부터 END 까지 수행하고 자기진단, Timer, Counter 등의 처리를 한 후 Data Memory 의 입력용 영역(P)의 Data 를 출력 Unit 에 일괄 출력하는 일련의 동작.

1.4 PLC의 동작 원리

PLC는 사용자의 프로그램에 의하여 본체에 연결된 외부 입출력기기를 제어합니다.
따라서 정확한 동작을 위해서는 입출력기기의 올바른 배선과 프로그램 및 PLC 제어 특성에
대하여 이해해야 합니다.

1.4.1 PLC 프로그래밍 언어

현재 사용중인 프로그래밍 언어로 **니모닉**(Mnemonic), **래더**(Ladder), **SFC**(Sequential
Function Chart)등이 있다.
MASTER-K PLC는 니모닉(Mnemonic), 래더(Ladder)의 2가지 언어를 제공하며, 상호
호환(Conversion)이 가능하다.

(1) 니모닉(Mnemonic)

어셈블리언어 형태의 문자 기반 언어로 휴대용 프로그램 입력기(Handy Loader)를 이용한
간단한 로직의 프로그래밍에 주로 사용된다.

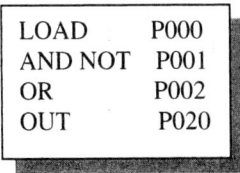

```
LOAD        P000
AND NOT     P001
OR          P002
OUT         P020
```

(니모닉 프로그램 예)

(2) 래더(Ladder): 사다리도

사다리 형태로 **전원을 생략**하여 로직을 표현하는 릴레이 로직과 유사한 도형기반의 언어
로, 현재 가장 널리 사용되고 있다.

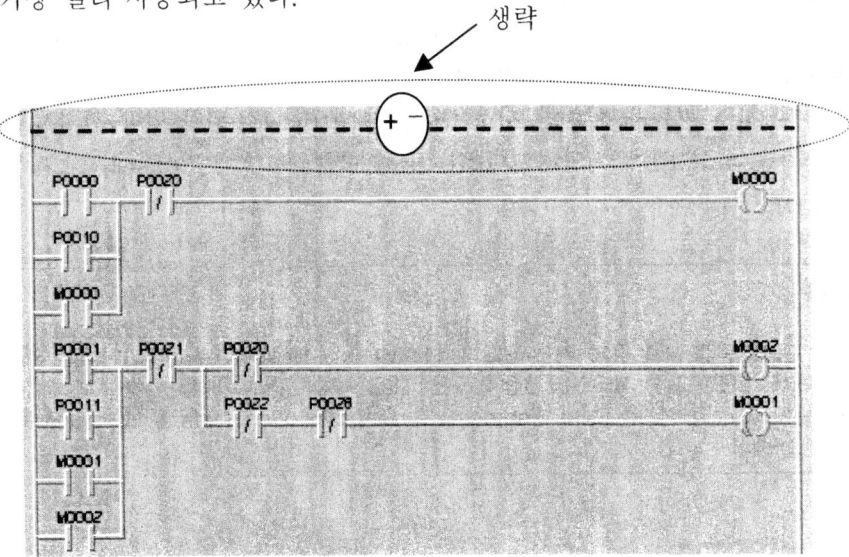

(래더 프로그램 예)

1.4.2 PLC 동작 이해

(1) PLC 기본 약호(명령어)

릴레이 로직과 유사한 형태의 스위치 형태의 입력과 출력 코일이 있다.

구분	릴레이 로직	PLC 로직	내 용
A 접점		—┤ ├—	평상시 개방(Open)되어 있는 접점 N.O. (Normally Open) PLC:외부입력, 내부출력 ON/OFF 상태를 입력
B 접점		—┤/├—	평상시 폐쇄(Closed)되어 있는 접점 N.C. (Normally Closed) PLC:외부입력, 내부출력 ON/OFF 상태의 반전된 상태를 입력
C 접점		없음	a, b 접점 혼합형으로 PLC 에서는 로직의 조합으로 표현
출력 코일	—○—	—( )—	이전까지의 연산 결과 접점 출력
응용 명령	없음	—[ ]—	PLC 응용 명령을 수행

(2) 기초 용어 정의

점(Point) : 입력 8 점, 출력 6 점의 PLC 는 스위치나 센서 등 입력기기를 최대 8 개, 램프나 릴레이 등 출력기기를 6 개를 연결할 수 있다.
PLC 의 입출력 용량을 표시할 때 사용한다.

스텝(Step) : PLC 명령어의 최소 단위로 A 접점, B 접점, 출력 코일 등의 명령이 1 스텝에 해당하는 명령이고 기타 응용 명령어의 경우 하나의 명령어가 다수의 스텝을 점유한다. 프로그램 용량 및 CPU 속도를 표시하는 단위로 사용된다.(용량: 30kstep, 속도: sec/ Step)

스캔타임(Scan Time) : 사용자 작성 프로그램의 1 회 수행에 걸리는 시간을 의미한다.
스텝수가 많은 프로그램의 경우 스캔 타임은 증가한다.

WDT(Watch Dog Timer) : 프로그램 연산 폭주나 CPU 기능고장에 의하여 출력을 하지 못할 경우 설정한 시간(WDT)대기 후 에러를 발생시키는 시스템 감시 타이머이다. 기본 200ms 로 설정되어 있으며 파라미터 지정에 의해 변경시킬 수 있다.

파라미터(Parameter) : 프로그램과 함께 PLC 에 저장되는 운전 데이터로 통신, 시스템 환경 등을 지정한다.

(3) PLC 기본 동작 이해

그림은 PLC 기본구성을 간략화한 것으로 외부접점과 PLC 연산 관계에 대하여 설명한다.

1) 시스템 구성 원리

점선내부는 PLC 의 CPU 에 저장되어 동작되는 프로그램으로 프로그램 Loader (KGL-WIN, Handy Loader)를 이용하여 입력하면 된다.

입력단자와 COM 단자 사이에 DC24V 를 인가해 주면 입력이 형성된다.

출력단자와 COM 단자 사이에 부하(LAMP)를 연결하고 부하구동전원을 연결하면 된다.

(DC 부하일 경우 부하구동전원은 DC 전원이 된다.)

◆ **PLC 동작 예**

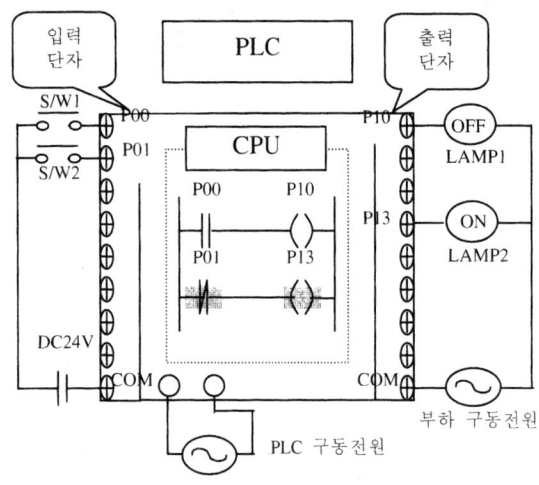

▶ S/W1 이 OFF 이므로 a 접점인 P00 은 S/W1 의 OFF 상태를 적용, 단전 (Disconnect)되어 출력 P10 은 OFF 된다.

▶ S/W2 가 OFF 이므로 b 접점인 P01 은 S/W2 의 OFF 상태반전 적용, 연결 (Connect)되어 출력 P13 은 ON 된다.

접점의 연결 및 출력상태를 나타냅니다.
: 접점 닫힘 (연결)

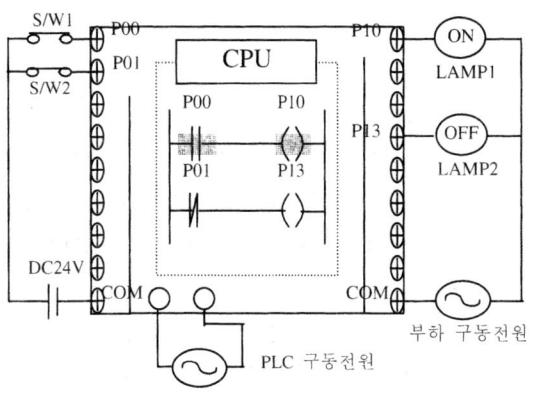

▶ S/W1 이 ON 이므로 a 접점인 P00 는 S/W1 의 ON 상태를 적용, 연결 (Connect)되어 출력 P10 은 ON 된다.

▶ S/W2 가 ON 이므로 b 접점인 P01 는 S/W2 의 ON 상태반전 적용, 단전 (Disconnect)되어 출력 P13 은 OFF 된다.

◆ 자기 유지 회로 동작 이해

일시적인 스위치 입력(P00)에 의해서 지속적 램프 출력(P10)을 유지하는 회로이다.

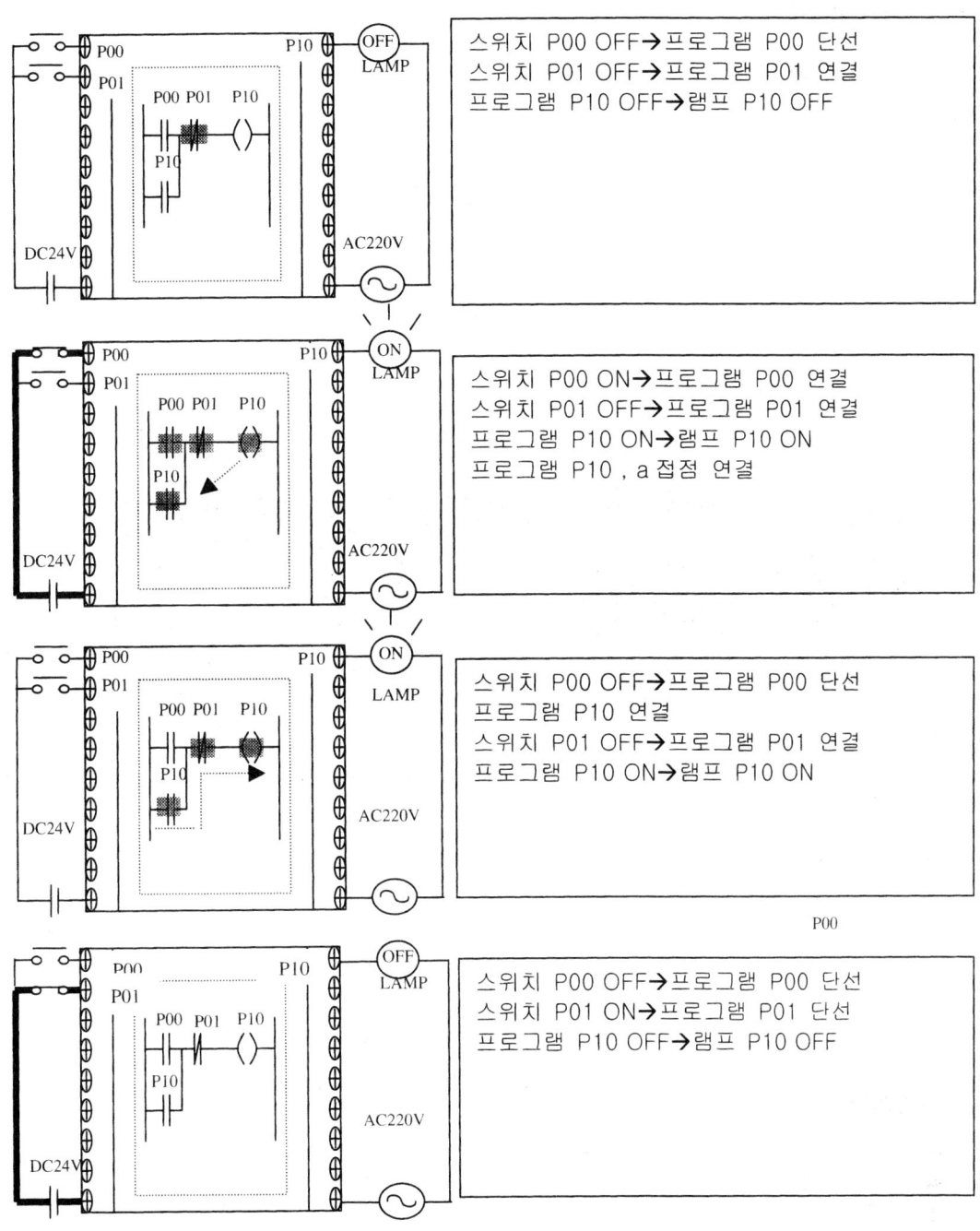

스위치 P00 OFF→프로그램 P00 단선
스위치 P01 OFF→프로그램 P01 연결
프로그램 P10 OFF→램프 P10 OFF

스위치 P00 ON→프로그램 P00 연결
스위치 P01 OFF→프로그램 P01 연결
프로그램 P10 ON→램프 P10 ON
프로그램 P10 , a접점 연결

스위치 P00 OFF→프로그램 P00 단선
프로그램 P10 연결
스위치 P01 OFF→프로그램 P01 연결
프로그램 P10 ON→램프 P10 ON

P00

스위치 P00 OFF→프로그램 P00 단선
스위치 P01 ON→프로그램 P01 단선
프로그램 P10 OFF→램프 P10 OFF

제 2 장 MASTER-K 기초

2.1 시스템 구성

2.1.1 PLC 기본 구성

PLC 단위시스템은 크게 베이스(BASE), 전원부(SMPS), CPU 부, 입출력부(DI, DO, 특수, 통신)로 구분할 수 있다.

위 구성을 하나의 제품에 포함한 TYPE 을 **블록형**이라 한다. 이에 속하는 기종으로 K10S1, K10S, K30S, K60S, K80S 가 있다. 이 밖에 각각의 구성품으로 이루어진 TYPE 을 **모듈형**이라고 하며 위의 기종을 제외한 전 제품이 포함된다.

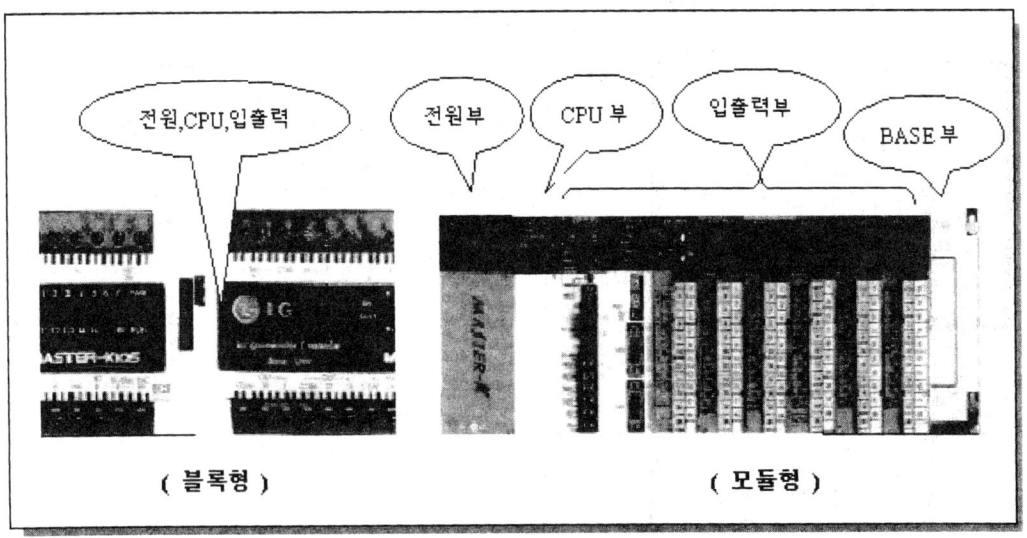

모듈형의 구성

위 그림과 같이 기본 시스템은 전원부가 가장 좌측에 위치하며, 다음에 CPU 부, 이후에 입출력부가 위치하게 된다. 각각의 구성품은 베이스 위에 장착되며 베이스의 슬롯 수는 **전원부**와 **CPU** 를 제외한 슬롯 수로 표시한다.

입, 출력 모듈은 위치(Slot)에 관계없이 사용자 설계 사양에 맞추어 장착할 수 있다.

이 때, 각 입출력 모듈은 CPU 가 자동으로 인식하게 된다.

REMARK

◆ 전원부 : 아래 구성품의 구동전원을 공급한다.

◆ 베이스부 : 아래 구성품을 지지하며 모듈간의 데이터 이동의 통로가 된다.

◆ CPU 부 : 사용자작성 프로그램의 저장, 운전을 수행하며, 이때 발생한 데이터를 저장하고 입출력부를 제어한다.

◆ 입출력부 : 외부입력기기(센서,스위치..), 외부출력기기(램프,릴레이,솔레노이드..), 결선용 모듈 및 이외의 각종 특수 모듈을 칭함.

2.1.2 PLC 증설 시스템

K1000S 의 경우 최대 입출력 제어점은 1024 점이다.

8 슬롯 베이스에 32 점 모듈(K300S, 1 모듈당 최대 점수)을 모두 장착하였을 경우 총 256 점(8 X 32)으로 최대 제어점수 1024 의 1/4 밖에 안된다. 1024 점을 모두 하나의 베이스에서 제어할 경우 32 슬롯의 베이스가 필요하며, 이런 베이스가 존재하더라도 전원부의 용량, 외형의 크기가 커져서 사실상 사용이 불가능해진다.

증설 시스템이란 위와 같은 문제에 대한 해결책으로 32 슬롯의 베이스를 8 슬롯 단위로 나눈 후 각 베이스간을 증설 케이블로 연결하여 마치 하나의 베이스 위에서 모든 입출력을 제어하는 효과를 나타낸다.

이와 같은 경우 CPU 가 장착된 베이스를 기본 베이스라고 하며 전원, CPU, 입출력이 장착되고 증설 케이블 취부용 Connector 1 개를 포함한다.

증설 베이스에는 CPU 없이 전원, 입출력으로만 구성되고 증설 케이블 취부용 Connector 2 개를 포함한다.

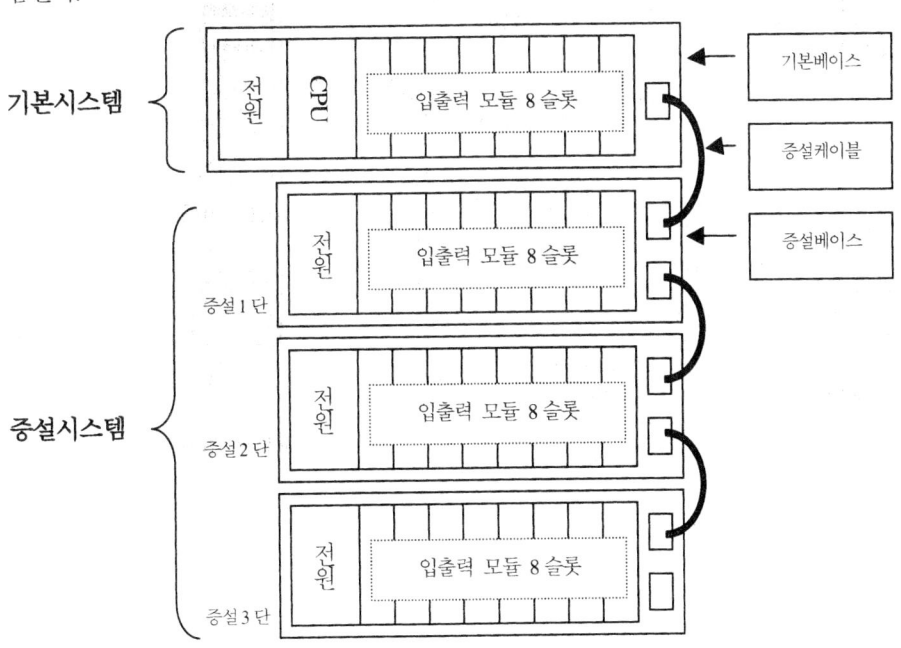

266

2.1.3 MASTER-K 시스템 구성

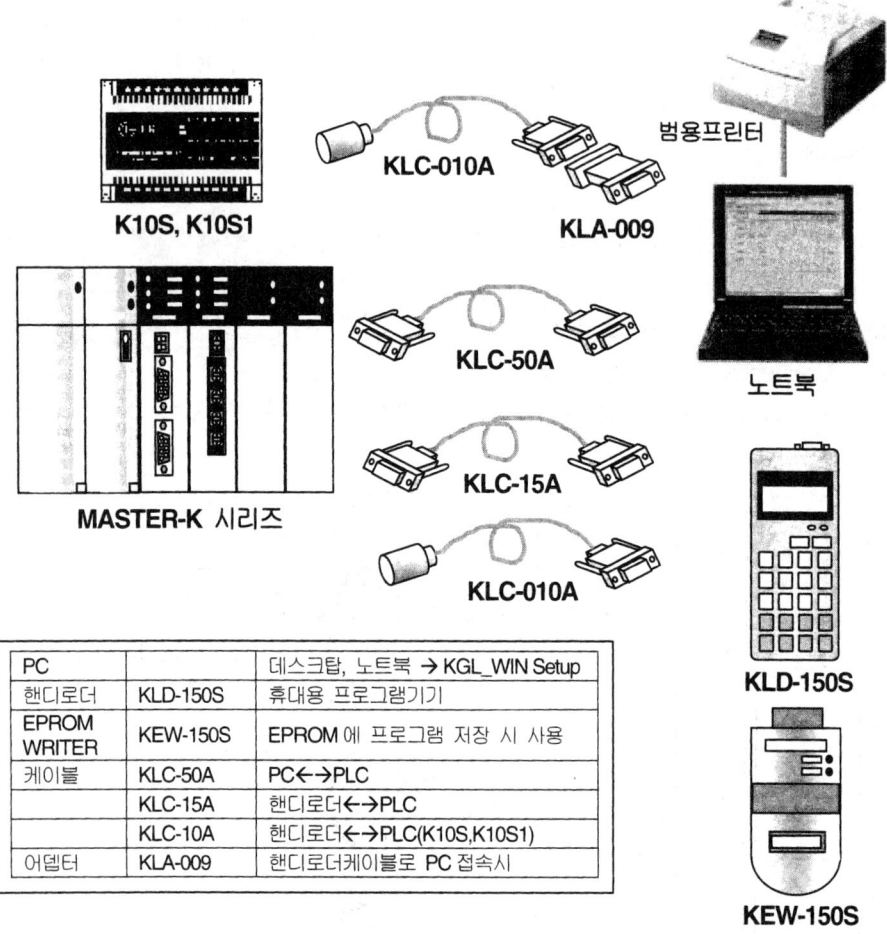

PC		데스크탑, 노트북 → KGL_WIN Setup
핸디로더	KLD-150S	휴대용 프로그램기기
EPROM WRITER	KEW-150S	EPROM 에 프로그램 저장 시 사용
케이블	KLC-50A	PC←→PLC
	KLC-15A	핸디로더←→PLC
	KLC-10A	핸디로더←→PLC(K10S,K10S1)
어뎁터	KLA-009	핸디로더케이블로 PC 접속시

2.2 입출력 메모리 할당

PLC 프로그램 작성, 외부 입출력 결선 및 유지 보수에 있어서 PLC 외부 단자대와 PLC 메모리와 대응관계를 정확히 이해해야 한다.

예를 들어, 아래와 같은 경우 PLC 외부 접점과 메모리와의 정확한 대응 관계를 이해하지 못하면 프로그램의 작성 및 이해가 불가능해지기 때문이다.

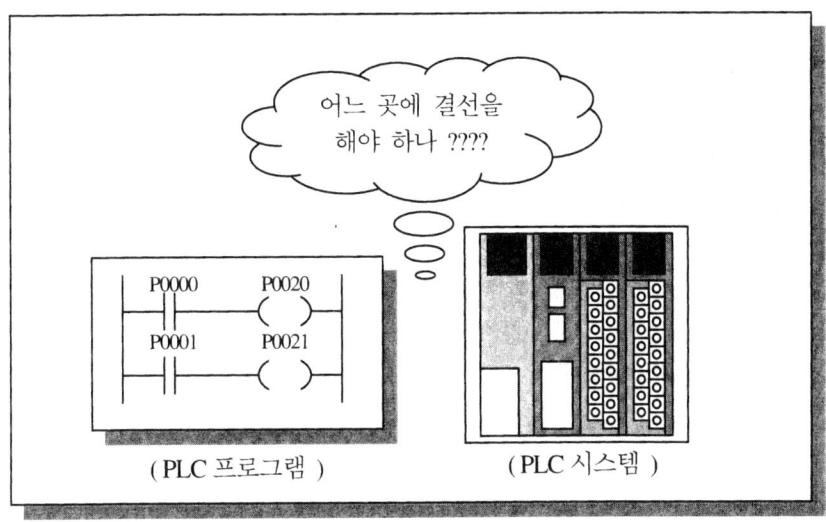

PLC 외부입출력(P)

외부 입출력 번호의 할당은 첨자(Device 이름) ' P ' 로 표현하며 형식은 아래와 같다.

P [ ][ ][ ] [ ]
Word 번호   접점번호

> Word 번호: 10 진수
> 접점번호: 16 진수 (0~F)

카드 번호란: PLC 16 점 단위로 카드 번호가 설정된다. 32 점을 갖고 있는 모듈의 경우 하나의 모듈에 2 개의 카드가 내재된 것으로 이해하면 된다.

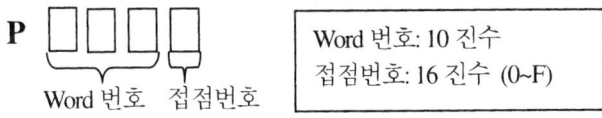

		P000 P001	P002 P003	P004	P005	P006 P007	P008 P009	P010 P011	P012 P013
POWER	CPU	입력 32 점	입력 32 점	입력 16 점	아날로그 입력	고속카운터	위치결정	출력 32 점	출력 32 점
		①	②	③	④	⑤	⑥	⑦	⑧

※ 특수카드 중에서 고속카운터(HSC), 위치결정모듈은 16, 32, 64 점 등이 할당된다.
※ P11F: ⑦모듈의 P11 카드의 F 번(16 번째) 접점

2.3 내부 메모리 할당

2.3.1 내부 메모리란?

PLC 외부 입출력에 관계되지 않는, 즉 P 영역을 제외한 모든 메모리 영역을 내부 메모리라고 한다. ON/OFF, Data 등이 외부 입력이나 출력에 직접적으로 의존하지 않고, 오로지 PLC 기동 시 내부에서만 연산이 이루어지는 메모리를 통칭한다.

특히, 접점(Bit)영역으로 사용될 때 릴레이 시퀀스의 보조 릴레이와 동작이 유사하여 보조 접점 혹은 보조 릴레이라고 한다.

(1) 내부 메모리의 종류

(1) 보조 릴레이 **M** : PLC 내부 릴레이로서 외부로 직접 출력은 불가능하지만 입출력 릴레이와 연결하면 외부 출력이 가능하다.

프로그램 연산 중 내부 정보를 가공할 때 정보를 전달해 주는 용도로 사용된다. a, b 접점의 사용이 가능하며, 식별자로서 M 의 기호를 사용한다.

(2) 정전유지 릴레이 **K (불휘발성영역)** : 보조 릴레이와 사용 용도는 동일하나 PLC 정전 시 정전 이전의 Data 를 보존하여 정전 복구 시 Data 가 복구된다.

(3) 특수 릴레이 **F** : PLC 의 내부 시스템 상태, 펄스 등을 제공하는 내부 접점으로 PLC 이상 체크 및 특수한 기능을 제공한다.

(4) Data Register **D** : 수치 연산을 위해 내부 데이터를 저장하는 영역으로 기본 16Bit(1Word)) 또는 32Bit(2Word)단위로 데이터의 쓰고 읽기가 가능하다. 파라미터 사용에 의해 일부 영역을 불휘발성 영역으로 사용할 수 있다.

(5) 타이머 **T** : 시간을 제어하는 용도로 사용되며 타이머 일치 접점과 설정시간 경과된 시간을 저장하는 별도의 영역으로 구성된다.

(6) 카운터 **C** : 수를 세는 용도로 사용되며 카운터 일치 접점과 설정값 경과값을 저장하는 별도의 영역으로 구성된다.

(7) 기타 : 링크릴레이 **L**, 간접지정 Register : **#D**

2.3.2 내부 메모리의 구조

◈ Bit(접점) 영역

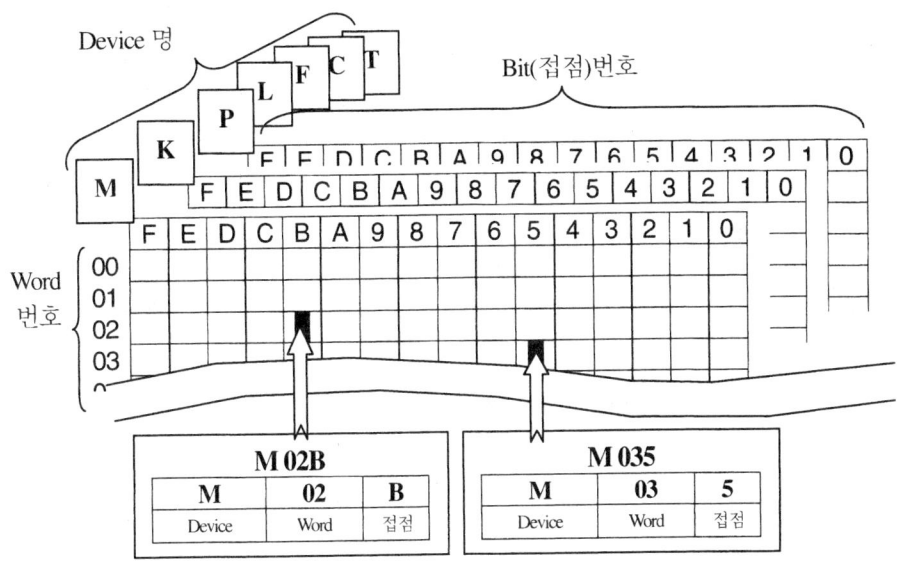

위의 그림은 Bit 영역의 메모리 구조로 외부 입출력 카드의 형태로 CPU 내부에 각 영역이 구성되어 있다고 이해하면 된다.

◈ Word 영역

Word 번호만으로 표현되며 접점 영역으로는 사용되지 않고 수치 Data 의 연산, 저장용으로 사용된다. 1 개의 카드 번호는 16Bit 영역에 해당되고 표현할 수 있는 최대 수치는 65535(16 진수:FFFF)이며 데이터 레지스터 D, 타이머 현재값 T, 카운터 현재값 C 가 해당된다.

비트 영역의 Device 도 카드 번호만으로 지정되는 명령에서는 수치 Data 를 표현한다.

(예) [MOV h1234 M01] : M01 카드에 16 진수 1234 를 저장

	F	E	D	C	B	A	9	8	7	6	5	4	3	2	1	0
M01	0	0	0	1	0	0	1	0	0	0	1	1	0	1	0	0
HEX	1				2				3				4			

※ BLD, BAND, BOR 등의 비트 분할명령을 이용하면 **데이터 레지스터 D** 영역도 Bit 사용이 가능하다.(K80S, K200S, 300S, 1000S)

2.3.3 기종별 메모리 구성

MASTER-K S 시리즈 (K10S1)

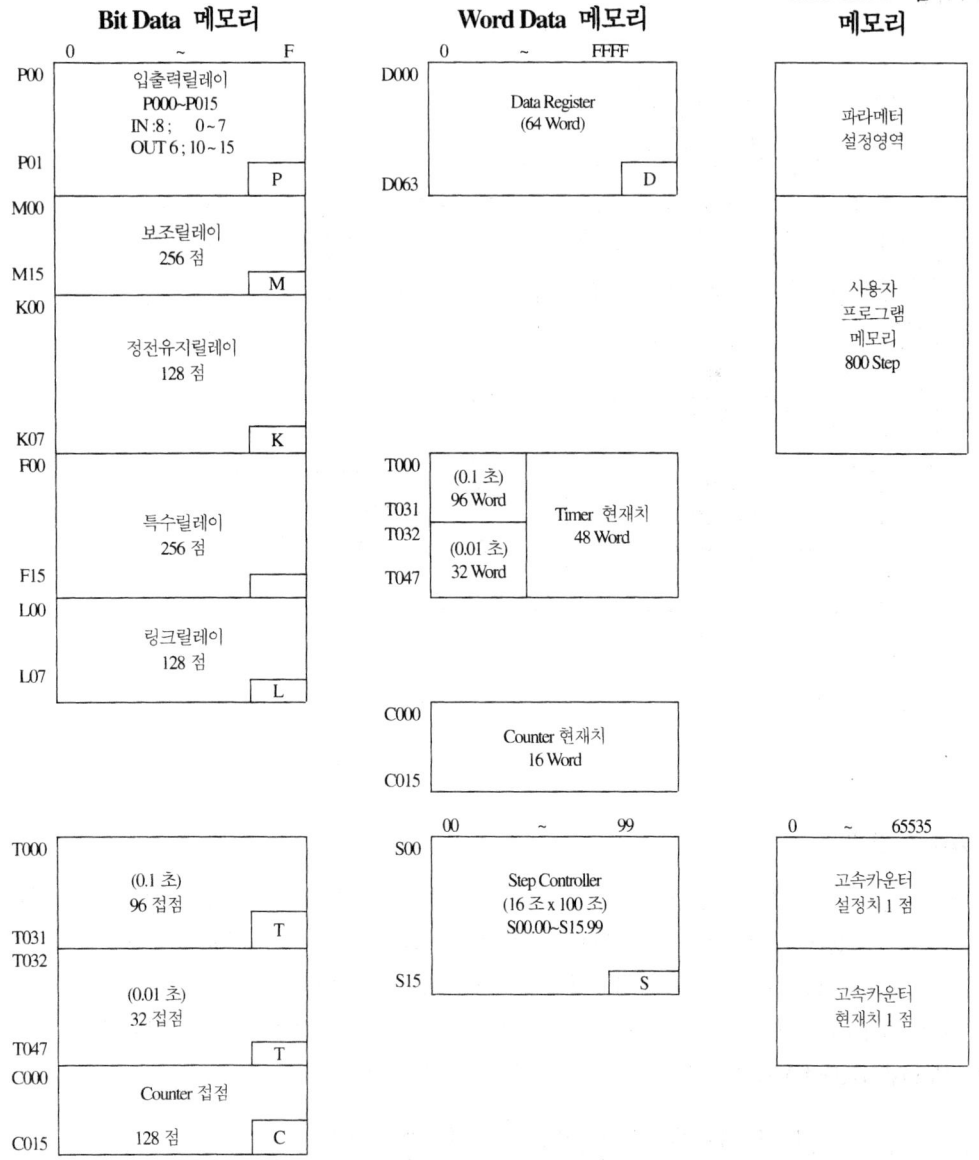

◆ 기본 불휘발성 영역 (가변불가)

K	L	T	C	D	S
K000~K07F	L000~L07F	0.1 초:T024~T031 0.01 초:T044~T047	C012~C015	D048~D063	S12~S15

MASTER-K S 시리즈 (K10S, K30S, K60S, K100S)

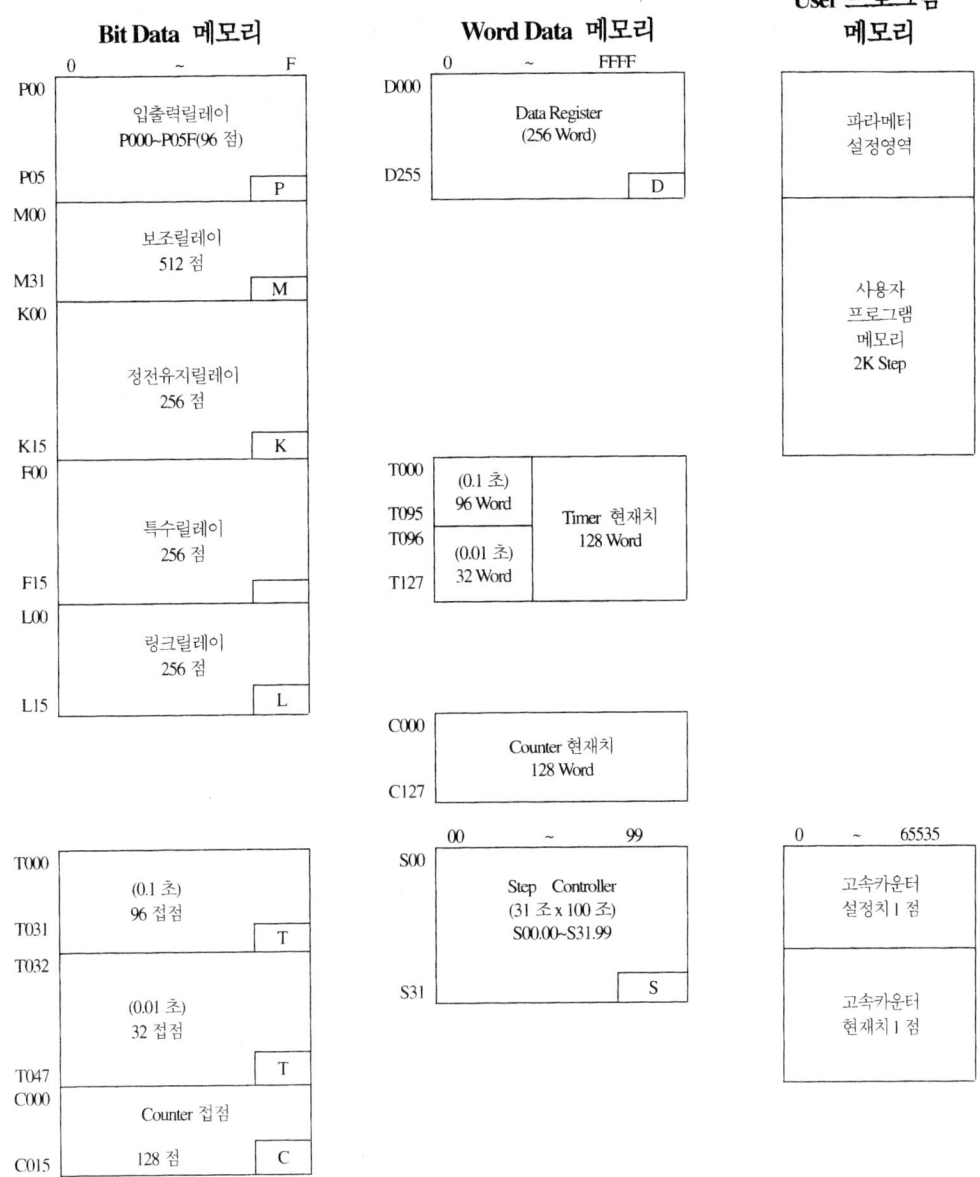

Bit Data 메모리

입출력릴레이 P000~P05F(96 점) / P
보조릴레이 512 점 / M
정전유지릴레이 256 점 / K
특수릴레이 256 점
링크릴레이 256 점 / L

(0.1 초) 96 접점 / T
(0.01 초) 32 접점 / T
Counter 접점 128 점 / C

Word Data 메모리

Data Register (256 Word) / D

Timer 현재치 128 Word
(0.1 초) 96 Word / (0.01 초) 32 Word

Counter 현재치 128 Word

Step Controller (31 조 x 100 조) S00.00~S31.99 / S

User 프로그램 메모리

파라메터 설정영역
사용자 프로그램 메모리 2K Step

고속카운터 설정치 1 점
고속카운터 현재치 1 점

◆ 기본 불휘발성 영역 (가변불가)

K	L	T	C	D	S
K000~K15F	L000~L15F	0.1 초:T072~T095 0.01 초:T120~T127	C096~C127	D192~D255	S24~S31

272

MASTER-K 200H

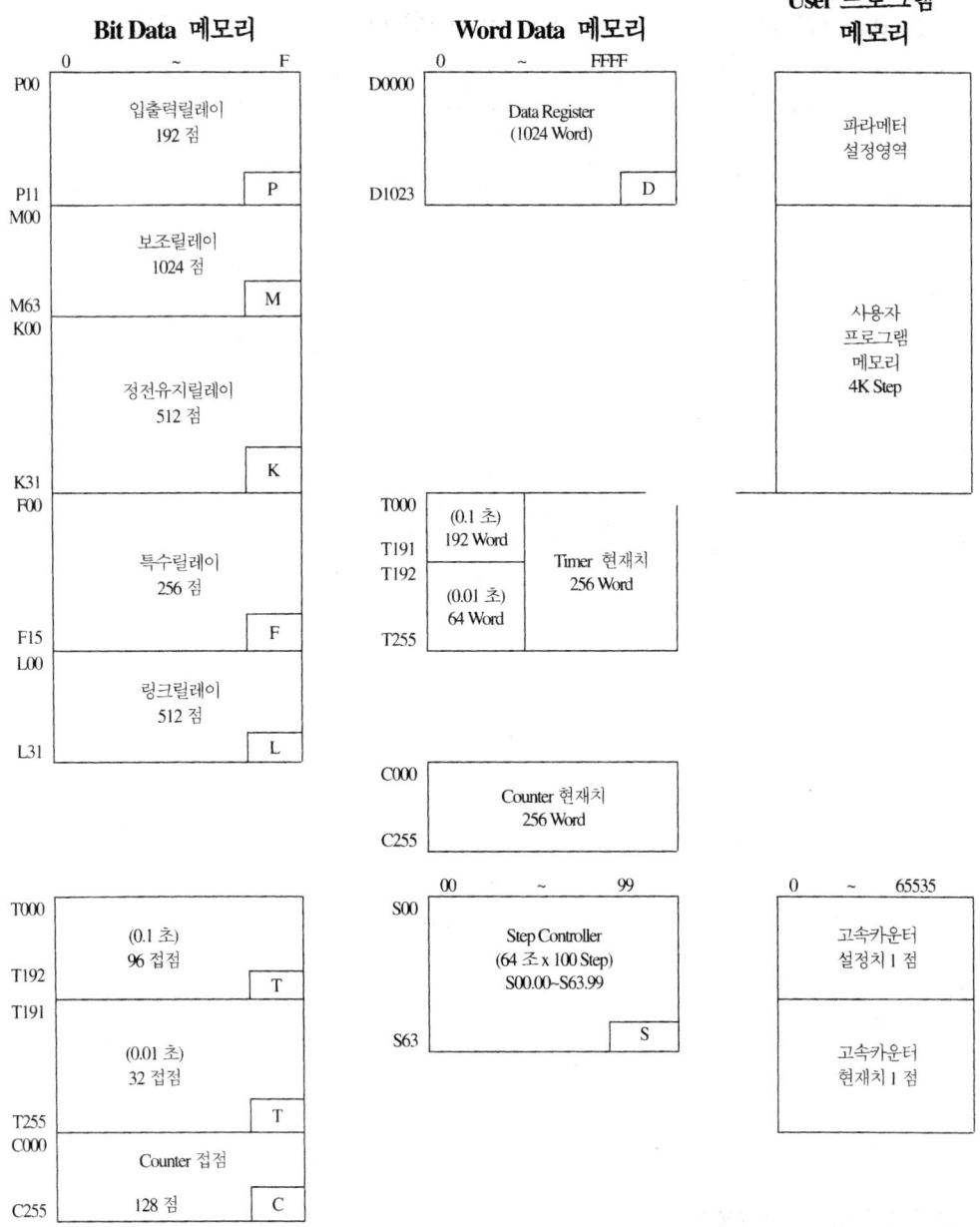

Bit Data 메모리

0 ~ F
P00 입출력릴레이 192 점 P / P11
M00 보조릴레이 1024 점 M / M63
K00 정전유지릴레이 512 점 K / K31
F00 특수릴레이 256 점 F / F15
L00 링크릴레이 512 점 L / L31

T000 (0.1 초) 96 접점 T / T192
T191 (0.01 초) 32 접점 T / T255
C000 Counter 접점 128 점 C / C255

Word Data 메모리

0 ~ FFFF
D0000 Data Register (1024 Word) D / D1023

T000 (0.1 초) 192 Word / T191
T192 (0.01 초) 64 Word Timer 현재치 256 Word / T255

C000 Counter 현재치 256 Word C255

00 ~ 99
S00 Step Controller (64 조 x 100 Step) S00.00~S63.99 S / S63

User 프로그램 메모리

파라메터 설정영역

사용자 프로그램 메모리 4K Step

0 ~ 65535
고속카운터 설정치 1 점
고속카운터 현재치 1 점

◆ 기본 불휘발성 영역 (가변불가)

K	L	T	C	D	S
K000~K31F	변경 가능	0.1 초:T144~T191 0.01 초:T240~T255	C192~C255	D0768~D1023	S48~S63

MASTER-K 500H

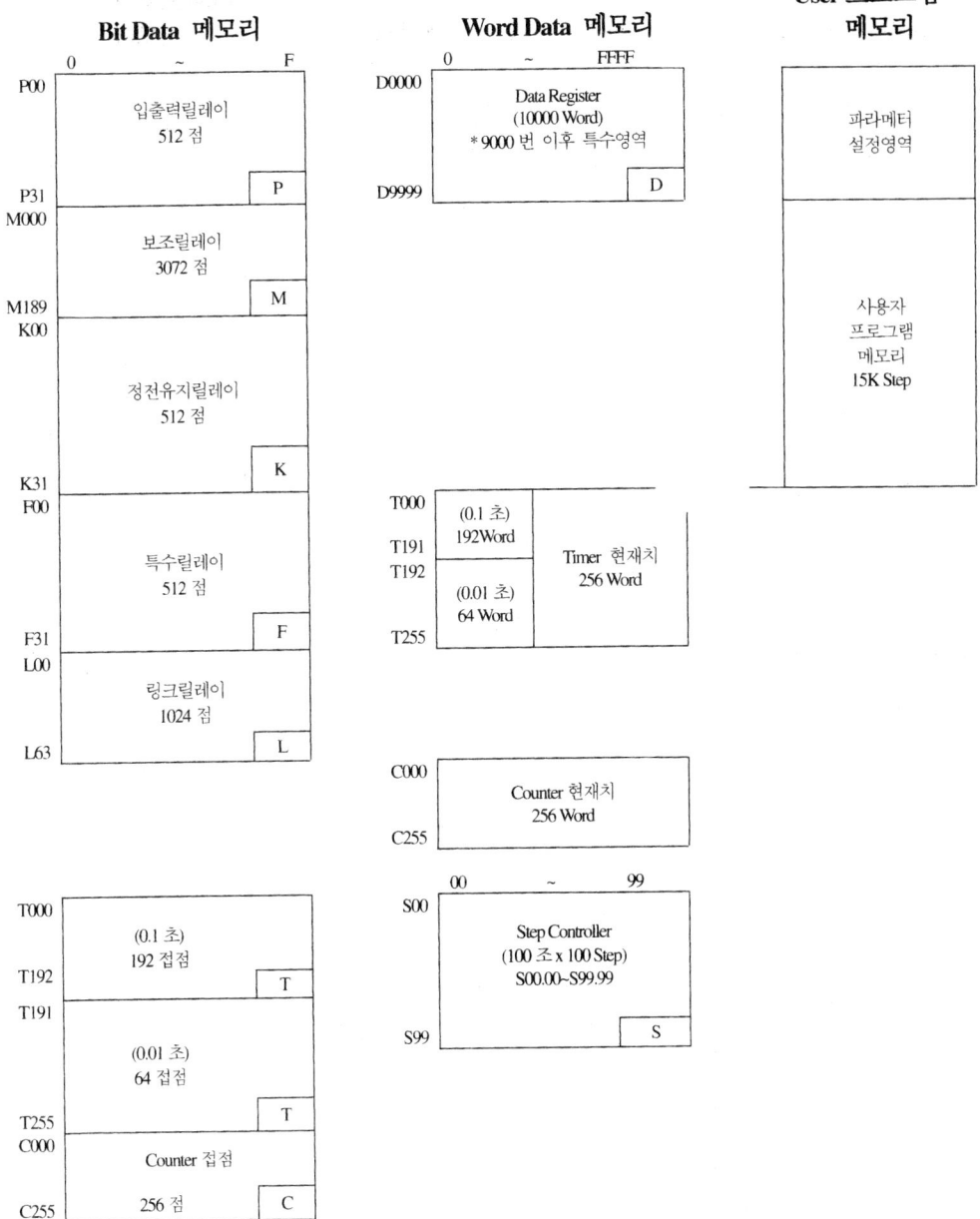

Bit Data 메모리

P00	입출력릴레이 512 점		P
P31			
M000	보조릴레이 3072 점		M
M189			
K00	정전유지릴레이 512 점		K
K31			
F00	특수릴레이 512 점		F
F31			
L00	링크릴레이 1024 점		L
L63			

T000	(0.1 초) 192 접점		T
T192			
T191	(0.01 초) 64 접점		T
T255			
C000	Counter 접점		
C255	256 점		C

Word Data 메모리

| D0000 | Data Register
(10000 Word)
＊9000 번 이후 특수영역 | D |
| D9999 | | |

T000	(0.1 초) 192 Word	Timer 현재치
T191		256 Word
T192	(0.01 초) 64 Word	
T255		

| C000 | Counter 현재치
256 Word |
| C255 | |

| S00 | Step Controller
(100 조 x 100 Step)
S00.00~S99.99 | |
| S99 | | S |

User 프로그램 메모리

| 파라메터
설정영역 |
| 사용자
프로그램
메모리
15K Step |

◆ 기본 불휘발성 영역

K	M,L	T	C	D	S
K000~K31F	변경 가능	0.1 초:T144~T191 0.01 초:T240~T255	C192~C255	D6000~D8999	S80~S99

MASTER-K 1000H

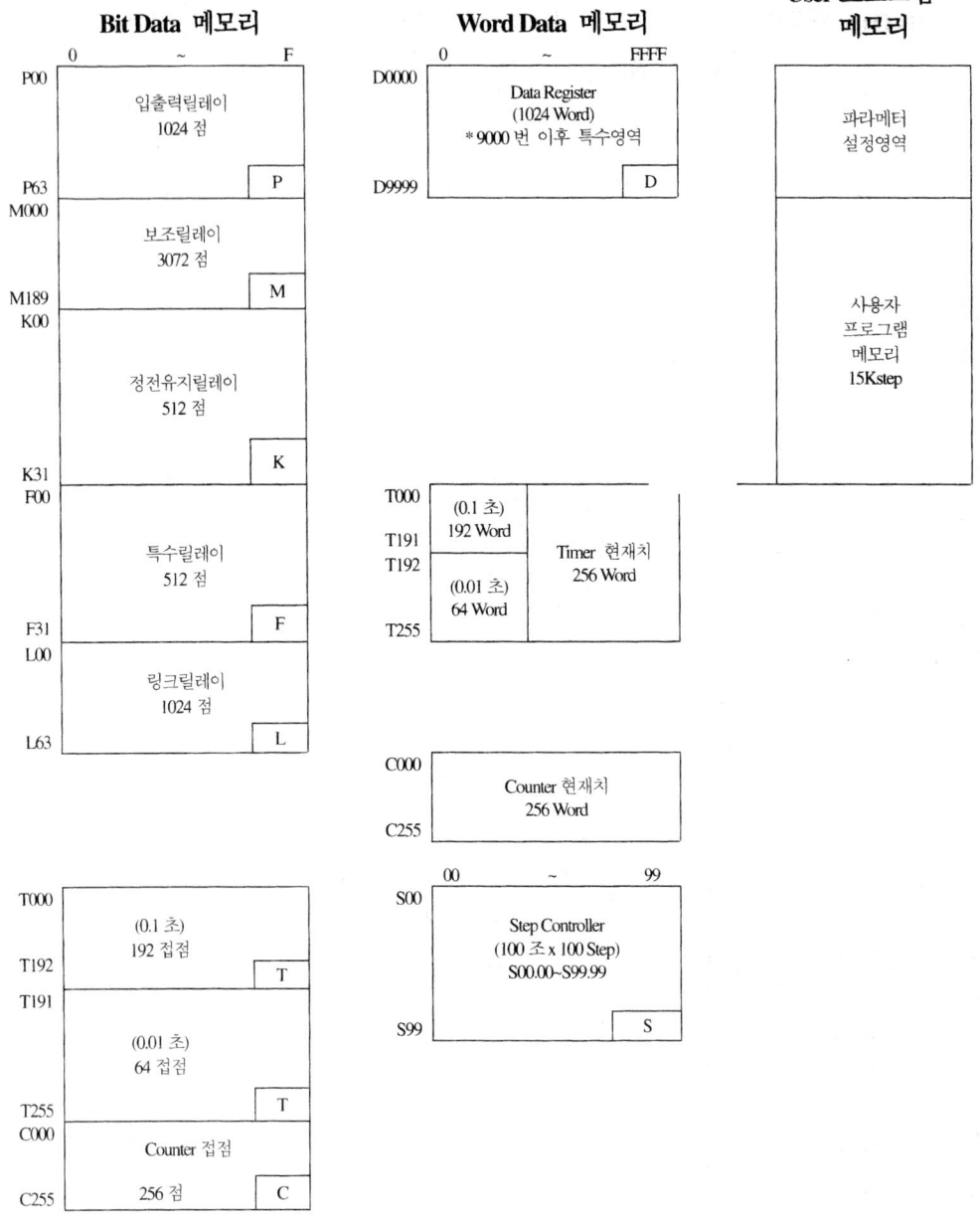

Bit Data 메모리 / Word Data 메모리 / User 프로그램 메모리

		0 ~ F
P00	입출력릴레이 1024 점	P
P63 M000	보조릴레이 3072 점	M
M189 K00	정전유지릴레이 512 점	K
K31 F00	특수릴레이 512 점	F
F31 L00	링크릴레이 1024 점	L
L63		

T000	(0.1 초) 192 접점	T
T192		
T191	(0.01 초) 64 접점	T
T255		
C000	Counter 접점 256 점	C
C255		

Word Data 메모리

	0 ~ FFFF
D0000	Data Register (1024 Word) *9000 번 이후 특수영역 D
D9999	

T000	(0.1 초) 192 Word	Timer 현재치 256 Word
T191 T192	(0.01 초) 64 Word	
T255		

C000	Counter 현재치 256 Word
C255	

	00 ~ 99
S00	Step Controller (100 조 x 100 Step) S00.00~S99.99
S99	S

User 프로그램 메모리

파라메터 설정영역

사용자 프로그램 메모리 15Kstep

◆ 기본 불휘발성 영역

K	M,L	T	C	D	S
K000~K31F	변경 가능	0.1 초:T144~T191 0.01 초:T240~T255	C192~C255	D6000~D8999	S80~S99

MASTER-K 80S

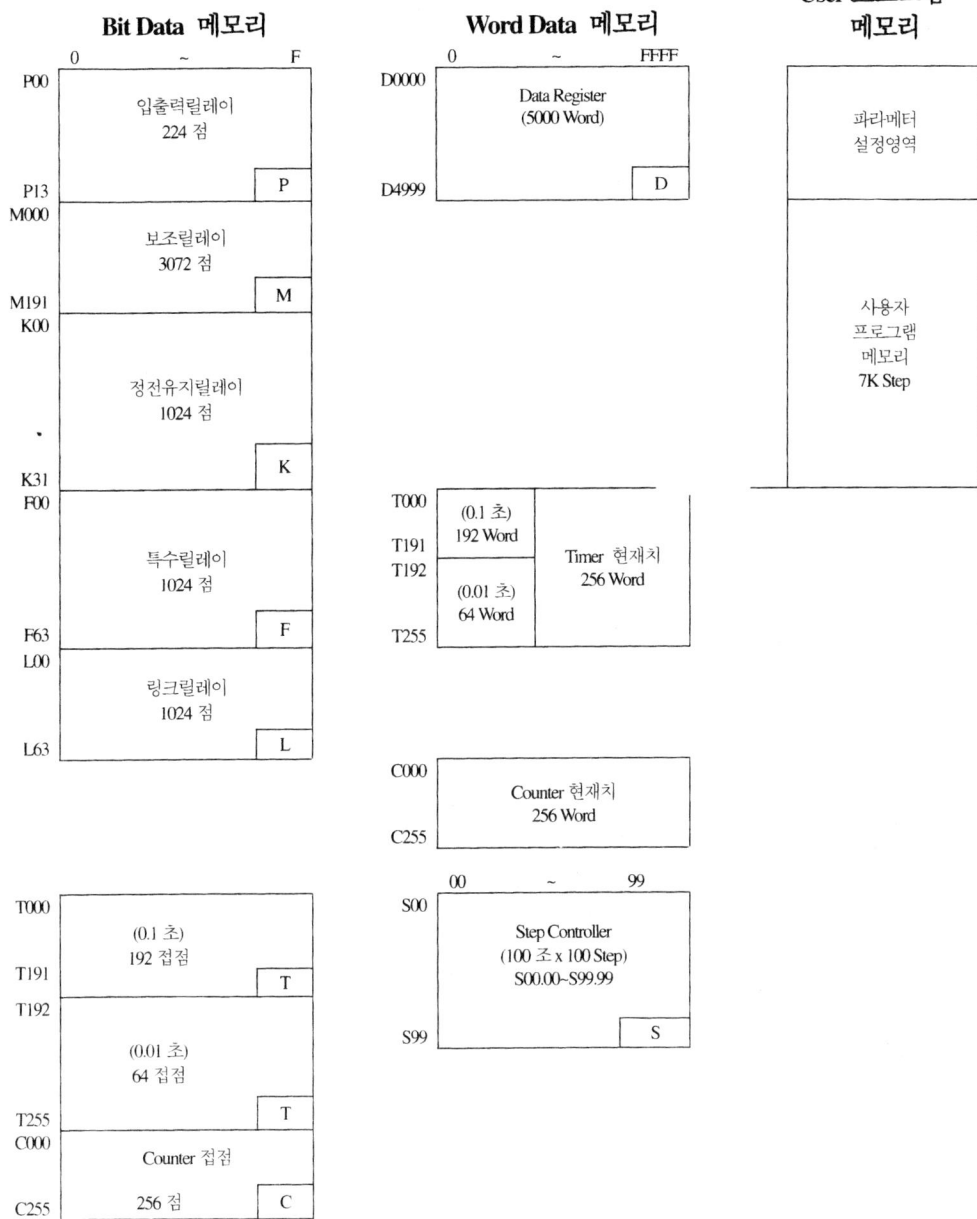

Bit Data 메모리

	0 ~ F
P00	입출력릴레이 224 점
P13	P
M000	보조릴레이 3072 점
M191	M
K00	정전유지릴레이 1024 점
K31	K
F00	특수릴레이 1024 점
F63	F
L00	링크릴레이 1024 점
L63	L

T000	(0.1 초) 192 접점
T191	T
T192	(0.01 초) 64 접점
T255	T
C000	Counter 접점
C255	256 점 C

Word Data 메모리

	0 ~ FFFF
D0000	Data Register (5000 Word)
D4999	D

| T000 | (0.1 초) 192 Word | Timer 현재치 256 Word |
| T191 |
| T192 | (0.01 초) 64 Word |
| T255 |

| C000 | Counter 현재치 256 Word |
| C255 |

	00 ~ 99
S00	Step Controller (100 조 x 100 Step) S00.00~S99.99
S99	S

User 프로그램 메모리

파라메터 설정영역

사용자 프로그램 메모리 7K Step

◆ 기본 불휘발성 영역

K	M,L	T	C	D	S
K000~K31F	변경 가능	0.1 초:T144~T191 0.01 초:T240~T255	C192~C255	D3500~D4500	S80~S99

MASTER-K 200S

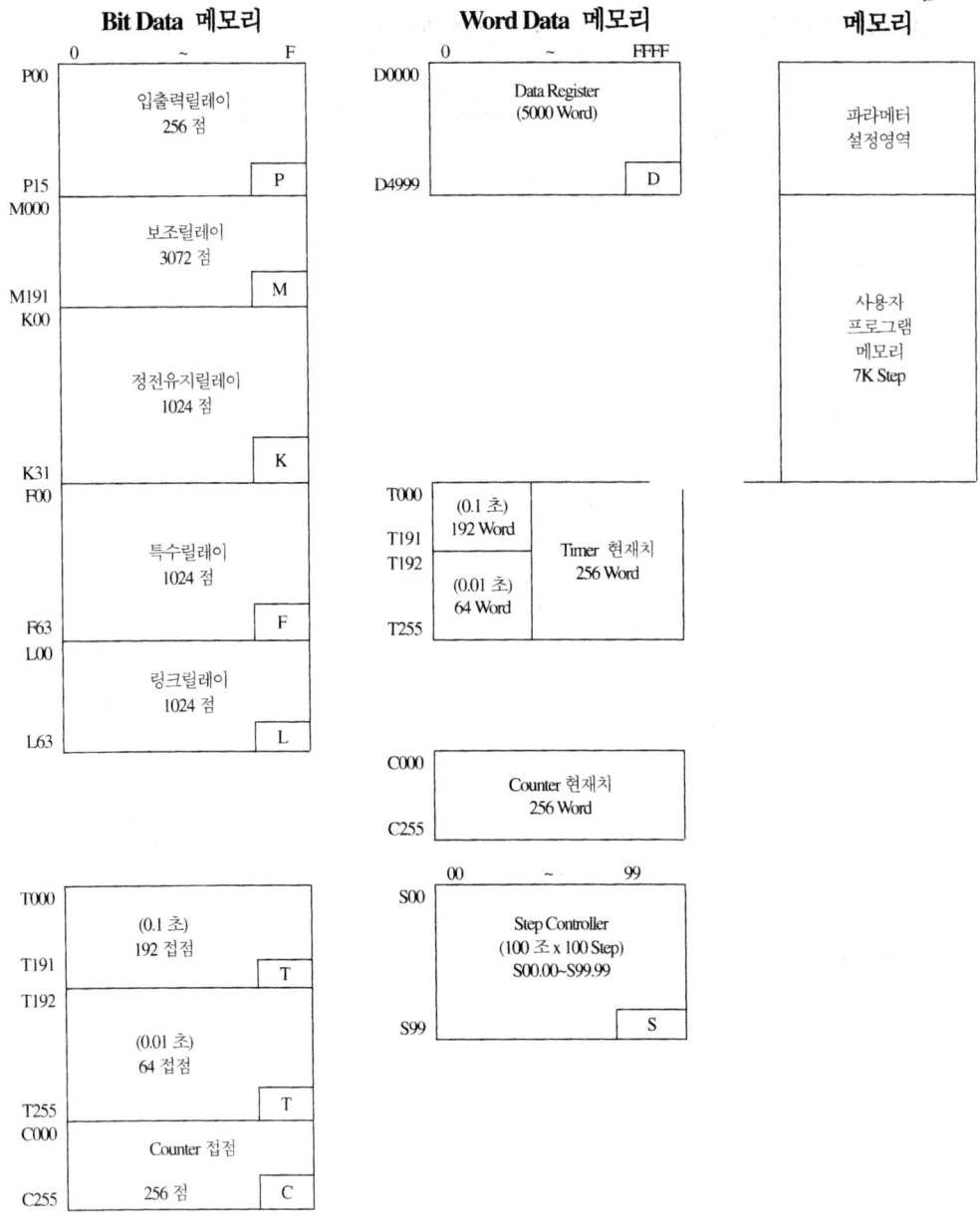

| | Bit Data 메모리 | Word Data 메모리 | User 프로그램 메모리 |

Bit Data 메모리

0	~	F
P00	입출력릴레이 256 점	P15
M000	보조릴레이 3072 점	M191
K00	정전유지릴레이 1024 점	K31
F00	특수릴레이 1024 점	F63
L00	링크릴레이 1024 점	L63

T000	(0.1 초) 192 접점	T191
T192	(0.01 초) 64 접점	T255
C000	Counter 접점 256 점	C255

Word Data 메모리

| 0 | ~ | FFFF |
| D0000 | Data Register (5000 Word) | D4999 |

T000	(0.1 초) 192 Word	T191	Timer 현재치 256 Word
T192	(0.01 초) 64 Word	T255
C000	Counter 현재치 256 Word	C255

| 00 | ~ | 99 |
| S00 | Step Controller (100 조 x 100 Step) S00.00~S99.99 | S99 |

User 프로그램 메모리

파라메터 설정영역

사용자 프로그램 메모리 7K Step

◆ 기본 불휘발성 영역

K	M,L	T	C	D	S
K000~K31F	변경 가능	0.1 초:T144~T191 0.01 초:T240~T255	C192~C255	D3500~D4500	S80~S99

MASTER-K 300S

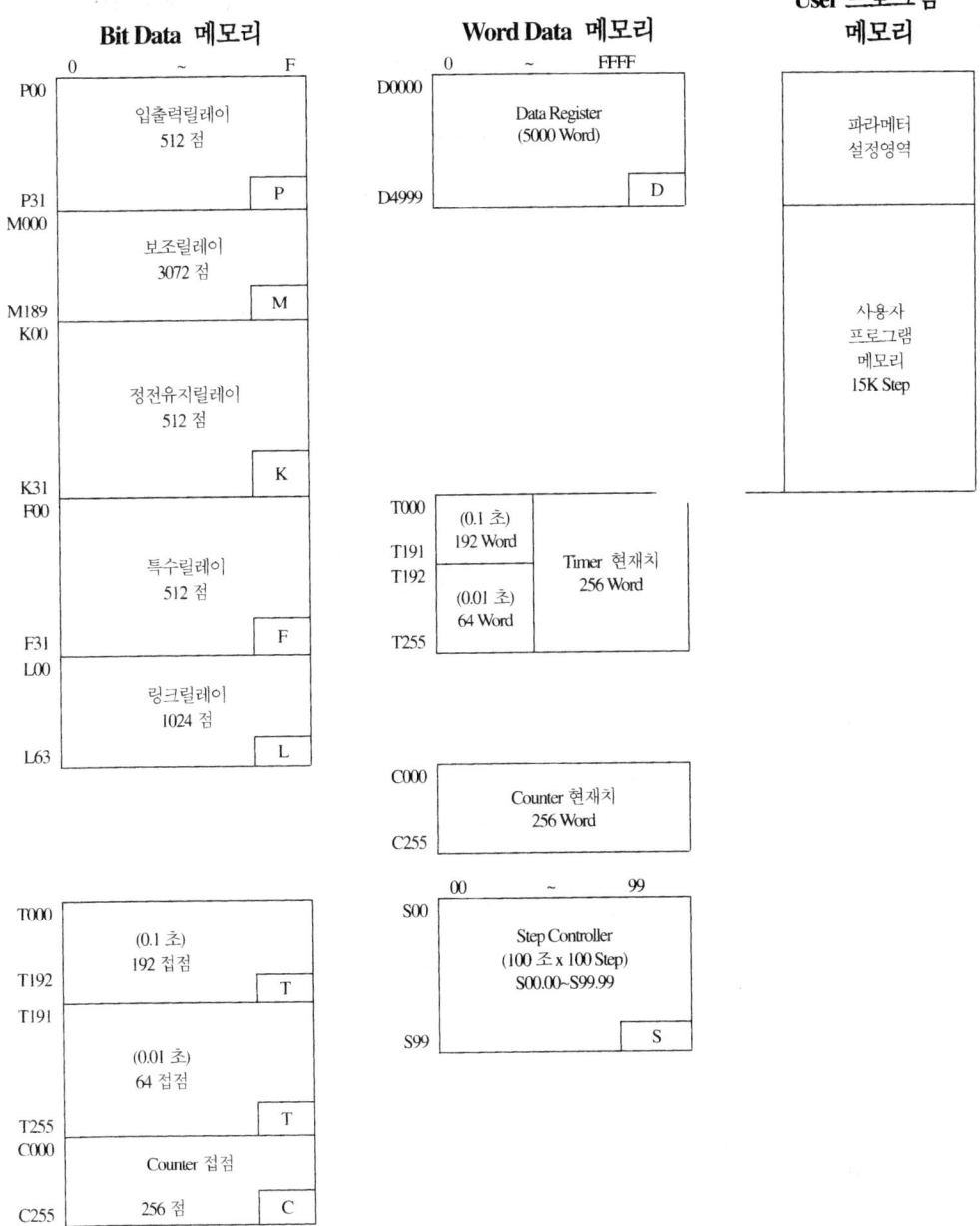

◆ 기본 불휘발성 영역

K	M,L	T	C	D	S
K000~K31F	변경 가능	0.1 초:T144~T191 0.01 초:T240~T255	C192~C255	D3500~D4500	S80~S99

278

MASTER-K 1000S

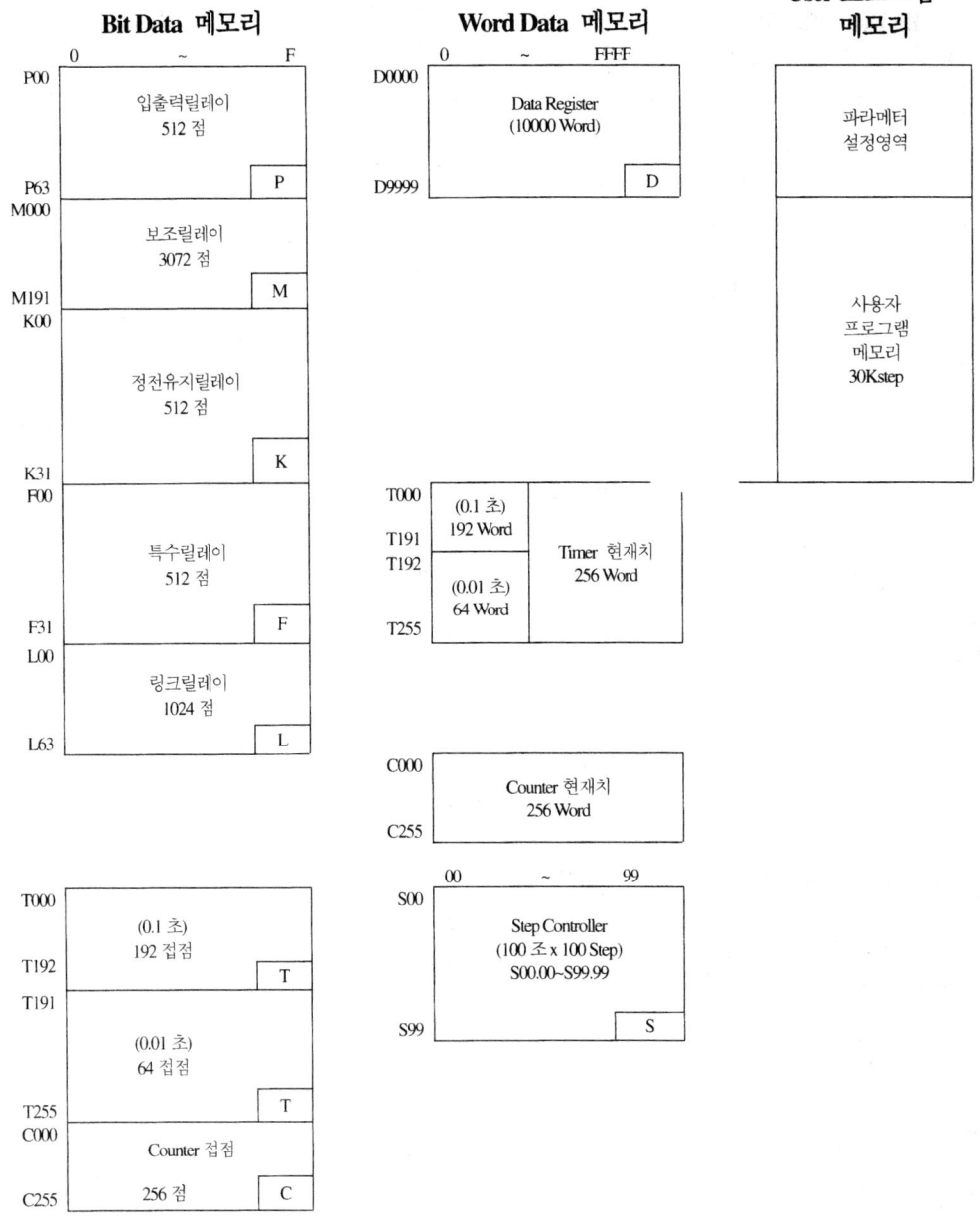

◆ 기본 불휘발성 영역

K	M,L	T	C	D	S
K000~K31F	변경 가능	0.1 초:T144~T191 0.01 초:T240~T255	C192~C255	D6000~D8999	S80~S99

제 3 장 MASTER-K 명령의 개요 및 분류

3.1 기본 명령

● 접점 명령

명 칭	Function No.	심 벌	기 능
LOAD	-	—| |—	a 접점 연산개시
LOAD NOT	-	—|/|—	b 접점 연산개시
AND	-	—| |—	a 접점 직렬 접속
AND NOT	-	—|/|—	b 접점 직렬 접속
OR	-	—| |—	a 접점 병렬 접속
OR NOT	-	—|/|—	b 접점 병렬 접속

● 결합 명령

명 칭	Function No.	심 벌	기 능
AND LOAD	-	A, B	A, B 블록 직렬접속
OR LOAD	-	A / B	A, B 블록 병렬접속
MPUSH	005	MPUSH —| |—( )	현재까지의 연산결과 Push
MLOAD	006	MLOAD —| |—( )	분기점에서 이전 연산결과 Load
MPOP	007	MPOP —| |—( )	분기점에서 이전 연산결과 Pop

● 반전 명령

명 칭	Function No.	심 벌	기 능
NOT	-	—※—	NOT 명령 전까지의 연산결과를 반전

● 마스터 콘트롤 명령

명 칭	Function No.	심 벌	기 능
MCS	010	─┤ MCS　　n ├─	마스터 콘트롤 Set (n : 0 ~ 7)
MCSCLR	011	─┤ MCSCLR　n ├─	마스터 콘트롤 Clear (n : 0 ~ 7)

● 출력 명령

명 칭	Function No.	심 벌	기 능
D	017	─┤ D　　Ⓓ ├─	입력조건 상승시 1 스캔 Pulse 출력
D NOT	018	─┤ D NOT　Ⓓ ├─	입력조건 하강시 1 스캔 Pulse 출력
SET	-	─┤ SET　　Ⓓ ├─	접점출력 On 유지(Set)
RST	-	─┤ RST　　Ⓓ ├─	접점출력 Off 유지(Reset)
OUT	-	─（　　　）─	연산결과 출력

● 순차/후입 우선 명령

명 칭	Function NO.	심 벌	기 능
SET S	-	─┤ SET　Sxx.xx ├─	순차제어 (스텝콘트롤러)
OUT S	-	─（　Sxx.xx　）─	후입우선 (스텝콘트롤러)

● 종료 명령

명 칭	Function No.	심 벌	기 능
END	001	─┤　END ├─	Program 의 종료

● 무처리 명령

명 칭	Function No.	심 벌	기 능
NOP	000	래더 표현 없음	무처리명령(No Operation), 니모닉에서 사용

● 타이머 명령

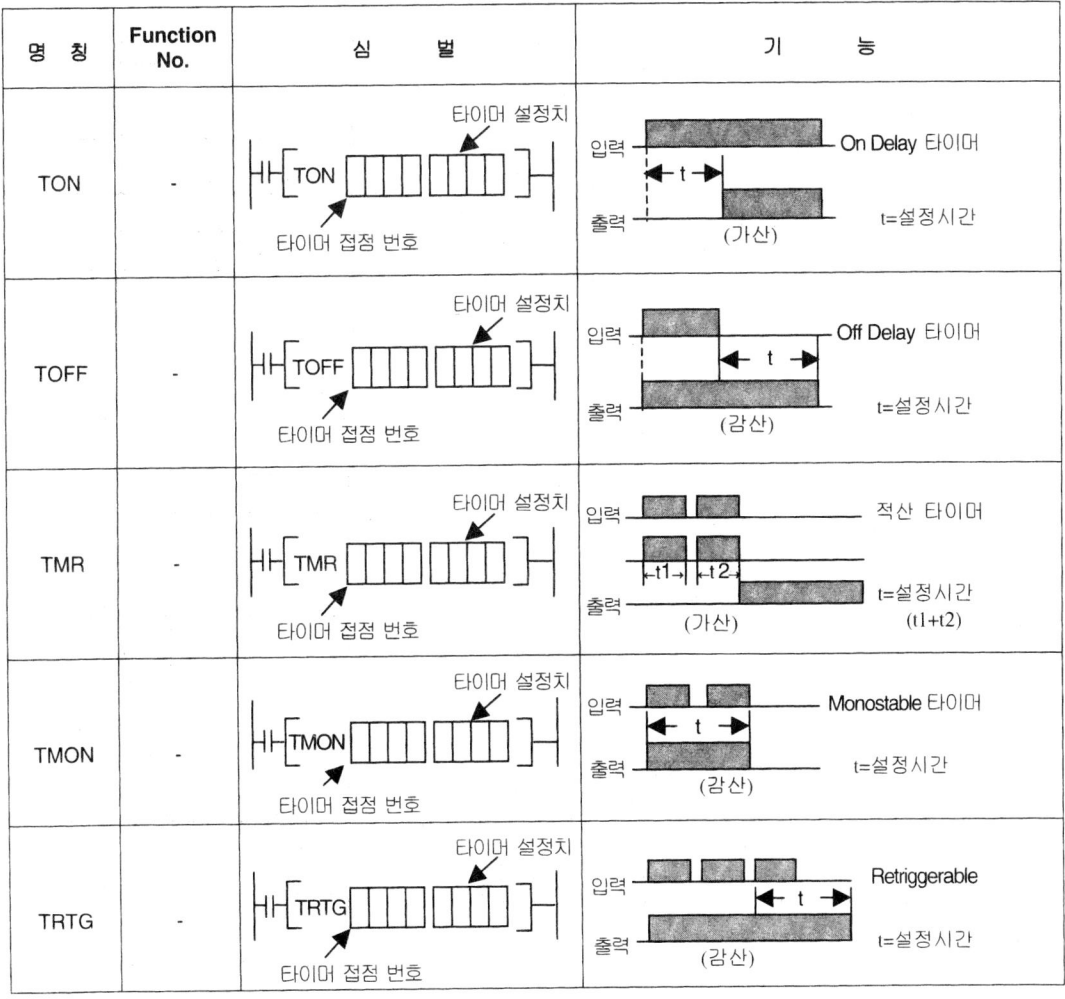

명 칭	Function No.	심 벌	기 능
TON	-	타이머 설정치 [TON] 타이머 접점 번호	입력 / 출력 / t / On Delay 타이머 / t=설정시간 / (가산)
TOFF	-	타이머 설정치 [TOFF] 타이머 접점 번호	입력 / 출력 / t / Off Delay 타이머 / t=설정시간 / (감산)
TMR	-	타이머 설정치 [TMR] 타이머 접점 번호	입력 / 출력 / t1 / t2 / 적산 타이머 / t=설정시간 (t1+t2) / (가산)
TMON	-	타이머 설정치 [TMON] 타이머 접점 번호	입력 / 출력 / t / Monostable 타이머 / t=설정시간 / (감산)
TRTG	-	타이머 설정치 [TRTG] 타이머 접점 번호	입력 / 출력 / t / Retriggerable / t=설정시간 / (감산)

● 카운터 명령

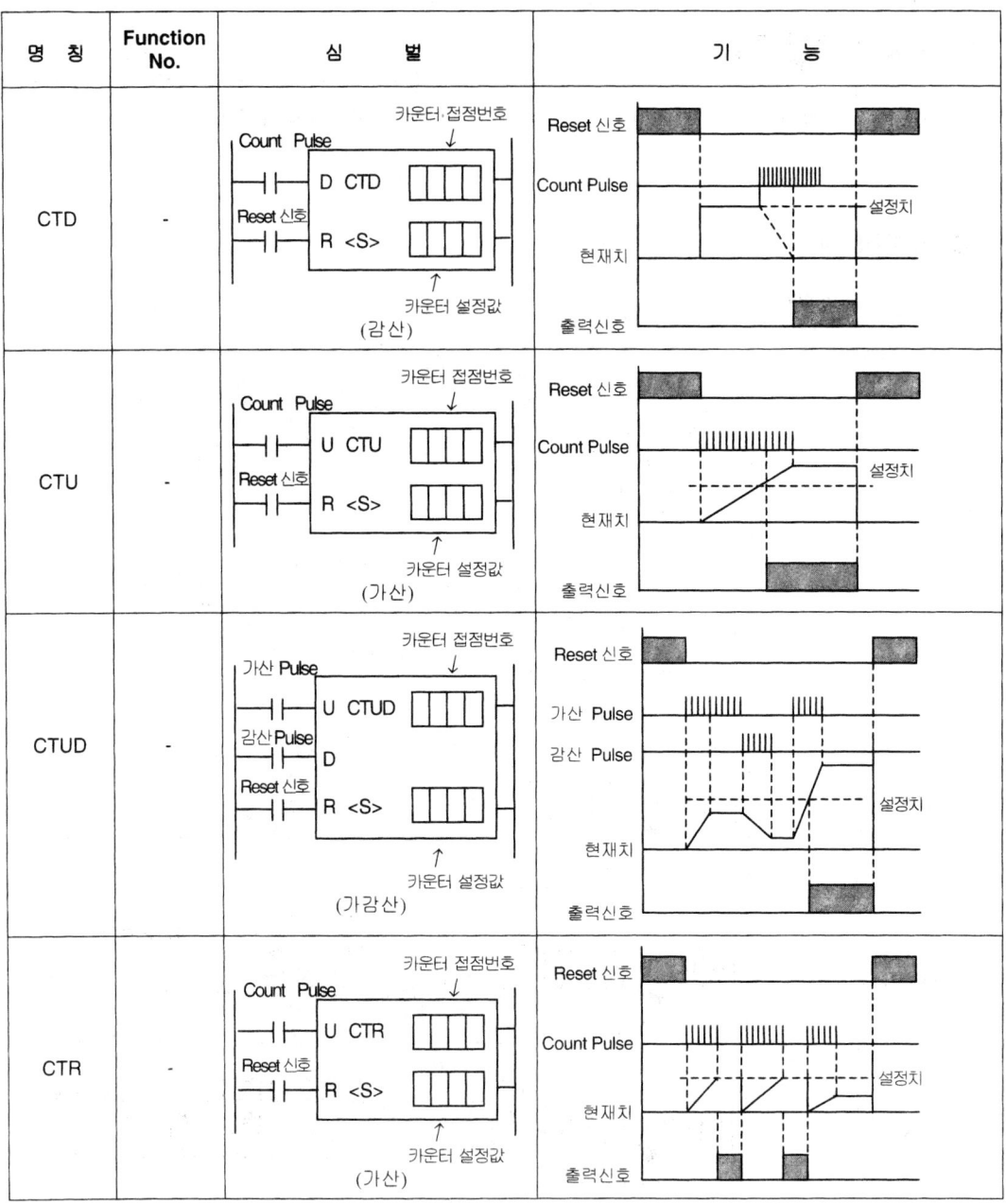

명 칭	Function No.	심 별	기 능
CTD	-		
CTU	-		
CTUD	-		
CTR	-		

3.2 응용 명령

● 데이터 전송 명령

명 칭	Function No.	심 벌	기 능
MOV	080	MOV S Ⓓ	
MOVP	081	MOVP S Ⓓ	Move
DMOV	082	DMOV S Ⓓ	S ⟶ Ⓓ
DMOVP	083	DMOVP S Ⓓ	
CMOV	084	CMOV S Ⓓ	Complement Move
CMOVP	085	BCMOVP S Ⓓ	S: 1 0 1 0 … 1 0 1
DCMOV	086	DCMOV S Ⓓ	↓
DCMOVP	087	DCMOVP S Ⓓ	Ⓓ: 0 1 0 1 … 0 1 0
GMOV	090	GMOV S Ⓓ Z	Group Move
GMOVP	091	GMOVP S Ⓓ Z	
FMOV	092	FMOV S Ⓓ Z	File Move
FMOVP	093	FMOVP S Ⓓ Z	
BMOV	100	BMOV S Ⓓ CW	비트 Move
BMOVP	101	BMOVP S Ⓓ CW	

● 변환 명령

명 칭	Function No.	심 벌	기 능
BCD	060	─┤ BCD S Ⓓ ├─	
BCDP	061	─┤ BCDP S Ⓓ ├─	BIN BCD
DBCD	062	─┤ DBCD S Ⓓ ├─	S ─────────→ Ⓓ
DBCDP	063	─┤ DBCDP S Ⓓ ├─	BCD 변환
BIN	064	─┤ BIN S Ⓓ ├─	
BINP	065	─┤ BINP S Ⓓ ├─	BCD BIN
DBIN	066	─┤ DBIN S Ⓓ ├─	S ─────────→ Ⓓ
DBINP	067	─┤ DBINP S Ⓓ ├─	BIN 변환

● 비교 명령

명 칭	Function No.	심 벌	기 능
CMP	050	─┤ CMP S_1 S_2 ├─	
CMPP	051	─┤ CMPP S_1 S_2 ├─	S_1 과 S_2 를 비교
DCMP	052	─┤ DCMP S_1 S_2 ├─	(실행결과에 대하여는 교재 본문 참조)
DCMPP	053	─┤ DCMPP S_1 S_2 ├─	
TCMP	054	─┤ TCMP S_1 S_2 ├─	
TCMPP	055	─┤ TCMPP S_1 S_2 ├─	Table Compare
DTCMP	056	─┤ DTCMP S_1 S_2 ├─	
DTCMPP	057	─┤ DTCMPP S_1 S_2 ├─	
LOAD= LOADD=	028 029	─┤ = S_1 S_2 ├─	
LOAD> LOADD>	038 039	─┤ > S_1 S_2 ├─	S_1 과 S_2 의 내용을 비교하여 결과를
LOAD< LOADD<	048 049	─┤ < S_1 S_2 ├─	Result Bit (BR)에 저장
LOAD>= LOADD>=	058 059	─┤ >= S_1 S_2 ├─	(Signed 연산)
LOAD<= LOADD<=	068 069	─┤ <= S_1 S_2 ├─	
LOAD<> LOADD<>	078 079	─┤ < > S_1 S_2 ├─	※MASTER-K 80S 이상 기종에만 적용됨

명 칭	Function No.	심 벌	기 능
AND= ANDD=	094 095	─[= S₁ S₂]─	
AND> ANDD>	096 097	─[> S₁ S₂]─	
AND< ANDD<	098 099	─[< S₁ S₂]─	S₁ 과 S₂ 의 내용 비교결과와 BR 을 AND 하여 Result Bit(BR)에 저장 (Signed 연산)
AND>= ANDD>=	106 107	─[>= S₁ S₂]─	
AND<= ANDD<=	108 109	─[<= S₁ S₂]─	
AND<> ANDD<>	118 119	─[< > S₁ S₂]─	
OR= ORD=	188 189	└[= S₁ S₂]	
OR> ORD>	196 197	└[> S₁ S₂]	
OR< ORD<	198 199	└[< S₁ S₂]	S₁ 과 S₂ 의 내용을 비교결과와 BR 을 OR 하여 Result Bit(BR)에 저장 (Signed 연산)
OR>= ORD>=	216 217	└[>= S₁ S₂]	
OR<= ORD<=	218 219	└[<= S₁ S₂]	
OR<> ORD< >	228 229	└[< > S₁ S₂]	

● 증감 명령

명 칭	Function No.	심 벌	기 능
INC	020	─[INC Ⓓ]─	
INCP	021	─[INCP Ⓓ]─	Increment Ⓓ + 1 → Ⓓ
DINC	022	─[DINC Ⓓ]─	
DINCP	023	─[DINCP Ⓓ]─	
DEC	024	─[DEC Ⓓ]─	
DECP	025	─[DECP Ⓓ]─	Decrement Ⓓ − 1 → Ⓓ
DDEC	026	─[DDEC Ⓓ]─	
DDECP	027	─[DDECP Ⓓ]─	

● 회전 명령

명 칭	Function No.	심 벌	기 능
ROL	030	—[ROL Ⓓ]—	좌회전
ROLP	031	—[ROLP Ⓓ]—	CY ← ... ← Ⓓ ←
DROL	032	—[DROL Ⓓ]—	
DROLP	033	—[DROLP Ⓓ]—	
ROR	034	—[ROR Ⓓ]—	우회전
RORP	035	—[RORP Ⓓ]—	→ Ⓓ → CY
DROR	036	—[DROR Ⓓ]—	
DRORP	037	—[DRORP Ⓓ]—	
RCL	040	—[RCL Ⓓ]—	Carry Flag 포함 좌회전
RCLP	041	—[RCLP Ⓓ]—	CY ← ... ← Ⓓ ←
DRCL	042	—[DRCL Ⓓ]—	
DRCLP	043	—[DRCLP Ⓓ]—	
RCR	044	—[RCR Ⓓ]—	Carry Flag 포함 우회전
RCRP	045	—[RCRP Ⓓ]—	→ Ⓓ → CY
DRCR	046	—[DRCR Ⓓ]—	
DRCRP	047	—[DRCRP Ⓓ]—	

● 이동 명령

명 칭	Function No.	심 벌	기 능
BSFT	074	—[BSFT S E]—	비트 Shift
BSFTP	075	—[BSFTP S E]—	
WSFT	070	—[WSFT S E]—	워드 Shift
WSFTP	071	—[WSFTP S E]—	
SR	237	—[SR D N]—	Shift

● 교환 명령

명 칭	Function No.	심 별	기 능
XCHG	102	─[XCHG D₁ D₂]─	교환
XCHGP	103	─[XCHGP D₁ D₂]─	
DXCHG	104	─[DXCHG D₁ D₂]─	D₁ ◄──────────► D₂
DXCHGP	105	─[DXCHGP D₁ D₂]─	

● BIN 사칙 연산

명 칭	Function No.	심 별	기 능
ADD	110	─[ADD S₁ S₂ Ⓓ]─	Binary Add
ADDP	111	─[ADDP S₁ S₂ Ⓓ]─	
DADD	112	─[DADD S₁ S₂ Ⓓ]─	$S_1 + S_2$ ──────► Ⓓ
DADDP	113	─[DADDP S₁ S₂ Ⓓ]─	
SUB	114	─[SUB S₁ S₂ Ⓓ]─	Binary Subtract
SUBP	115	─[SUBP S₁ S₂ Ⓓ]─	
DSUB	116	─[DSUB S₁ S₂ Ⓓ]─	$S_1 - S_2$ ──────► Ⓓ
DSUBP	117	─[DSUBP S₁ S₂ Ⓓ]─	
MUL	120	─[MUL S₁ S₂ Ⓓ]─	Binary Multiply
MULP	121	─[MULP S₁ S₂ Ⓓ]─	
DMUL	122	─[DMUL S₁ S₂ Ⓓ]─	$S_1 \times S_2$ ──────► Ⓓ (하위)
DMULP	123	─[DMULP S₁ S₂ Ⓓ]─	Ⓓ +1(상위)
DIV	124	─[DIV S₁ S₂ Ⓓ]─	Binary Divide
DIVP	125	─[DIVP S₁ S₂ Ⓓ]─	
DDIV	126	─[DDIV S₁ S₂ Ⓓ]─	$S_1 \div S_2$ ──────► Ⓓ (몫)
DDIVP	127	─[DDIVP S₁ S₂ Ⓓ]─	Ⓓ +1(나머지)

명 칭	Function No.	심 별	기 능
MULS	072	MULS S_1 S_2 D	$S_1 * S_2 \longrightarrow D$ (하위)
MULSP	073	MULSP S_1 S_2 D	D +1 (상위)
DMULS	076	DMULS S_1 S_2 D	
DMULSP	077	DMULSP S_1 S_2 D	(signed 연산)
DIVS	088	DIVS S_1 $S2$ D	$S_1 * S_2 \longrightarrow D$ (몫)
DIVSP	089	DIVSP S_1 S_2 D	D +1 (나머지)
DDIVS	128	DDIVS S_1 S_2 D	
DDIVSP	129	DDIVSP S_1 S_2 D	(signed 연산)

● BCD 사칙 연산

명 칭	Function No.	심 별	기 능
ADDB	130	ADDB S_1 S_2 D	
ADDBP	131	ADDBP S_1 S_2 D	BCD Add
DADDB	132	DADDB S_1 S_2 D	$S_1 + S_2 \longrightarrow D$
DADDBP	133	DADDBP S_1 S_2 D	
SUBB	134	SUBB S_1 S_2 D	
SUBBP	135	SUBBP S_1 S_2 D	BCD Subtract
DSUBB	136	DSUBB S_1 S_2 D	$S_1 - S_2 \longrightarrow D$
DSUBBP	137	DSUBBP S_1 S_2 D	
MULB	140	MULB S_1 S_2 D	
MULBP	141	MULBP S_1 S_2 D	BCD Multiply
DMULB	142	DMULB S_1 S_2 D	$S_1 X S_2 \longrightarrow D$ (하위)
DMULBP	143	DMULBP S_1 S_2 D	D +1(상위)
DIVB	144	DIVB S_1 S_2 D	
DIVBP	145	DIVBP S_1 S_2 D	BCD Divide
DDIVB	146	DDIVB S_1 S_2 D	$S_1 \div S_2 \longrightarrow D$ (몫)
DDIVBP	147	DDIVBP S_1 S_2 D	D +1(나머지)

● 논리 연산

명 칭	Function No.	심 별	기 능
WAND	150	─[WAND S₁ S₂ ⒟]─	
WANDP	151	─[WANDP S₁ S₂ ⒟]─	Word AND
DWAND	152	─[DWAND S₁ S₂ ⒟]─	S₁ AND S₂ ──────▶ ⒟
DWANDP	153	─[DWANDP S₁ S₂ ⒟]─	
WOR	154	─[WOR S₁ S₂ ⒟]─	
WORP	155	─[WORP S₁ S₂ ⒟]─	Word OR
DWOR	156	─[DWOR S₁ S₂ ⒟]─	S₁ OR S₂ ──────▶ ⒟
DWORP	157	─[DWORP S₁ S₂ ⒟]─	
WXOR	160	─[WXOR S₁ S₂ ⒟]─	
WXORP	161	─[WXORP S₁ S₂ ⒟]─	Word Exclusive OR
DWXOR	162	─[DWXOR S₁ S₂ ⒟]─	S₁ XOR S₂ ──────▶ ⒟
DWXORP	163	─[DWXORP S₁ S₂ ⒟]─	
WXNR	164	─[WXNR S₁ S₂ ⒟]─	
WXNRP	165	─[WXNRP S₁ S₂ ⒟]─	Word Exclusive NOR
DWXNR	166	─[DWXNR S₁ S₂ ⒟]─	S₁ XNR S₂ ──────▶ ⒟
DWXNRP	167	─[DWXNRP S₁ S₂ ⒟]─	

● 표시 명령

명 칭	Function No.	심 별	기 능
SEG	174	─[SEG S ⒟ CW]─	
SEGP	175	─[SEGP S ⒟ CW]─	7 Segment 표시 출력
ASC	190	─[ASC S ⒟ CW]─	ASCII 코드로 변환
ASCP	191	─[ASCP S ⒟ CW]─	

● 시스템 명령

명 칭	Function No.	심 벌	기 능
FALS	204	─[FALS n]─	자기진단 (고장표시)
DUTY	205	─[DUTY Ⓓ n1 n2]─	n_1 스캔동안 On, n_2 스캔동안 Off
WDT	202	─[WDT]─	Watch Dog Timer Clear
WDTP	203	─[WDT P]─	
OUTOFF	208	─[OUTOFF]─	전출력 Off
STOP	008	─[STOP]─	PLC 운전을 종료

● 처리 명령

명 칭	Function No.	심 벌	기 능
BSUM	170	─[BSUM S Ⓓ]─	
BSUMP	171	─[BSUMP S Ⓓ]─	Bit Summary
DBSUM	172	─[DBSUM S Ⓓ]─	Word 내의 Data 중 "1"의 개수 Count
DBSUMP	173	─[DBSUMP S Ⓓ]─	
ENCO	176	─[ENCO S Ⓓ Z]─	Encode
ENCOP	177	─[ENCOP S Ⓓ Z]─	
DECO	178	─[DECO S Ⓓ Z]─	Decode
DECOP	179	─[DECOP S Ⓓ Z]─	
FILR	180	─[FILR S Ⓓ Z]─	
FILRP	181	─[FILRP S Ⓓ Z]─	File Table Read
DFILR	182	─[DFILR S Ⓓ Z]─	
DFILRP	183	─[DFILRP S Ⓓ Z]─	
FILW	184	─[FILW S Ⓓ Z]─	
FILWP	185	─[FILWP S Ⓓ Z]─	File Table Write
DFILW	186	─[DFILW S Ⓓ Z]─	
DFILWP	187	─[DFILWP S Ⓓ Z]─	

명 칭	Function No.	심 벌	기 능
DIS	194	─[DIS S Ⓓ Z]─	데이터 Distribution (분산)
DISP	195	─[DISP S Ⓓ Z]─	· Nibble 단위 (4 비트)
UNI	192	─[UNI S Ⓓ Z]─	데이터 Union (결합)
UNIP	193	─[UNIP S Ⓓ Z]─	· Nibble 단위 (4 비트)
IORF	200	─[IORF S_1 S_2]─	I/O Refresh
IORFP	201	─[IORFP S_1 S_2]─	

● 분기 명령

명 칭	Function No.	심 벌	기 능
JMP	012	─[JMP n]─	Jump
JME	013	─[JME n]─	Jump End
CALL	014	─[CALL n]─	Subroutine Call
CALLP	015	─[CALLP n]─	
SBRT	016	─[SBRT n]─	Subroutine
RET	004	─[RET]─	Return

● Loop 명령

명 칭	Function No.	심 벌	기 능
FOR	206	─[FOR n]─	반복실행
NEXT	207	─[NEXT]─	
BREAK	220	─[BREAK]─	For ~ Next Loop 를 빠져 나옴

● 캐리 플래그 관련 명령

명 칭	Function No.	심 벌	기 능
STC	002	─[STC]─	Set 캐리 플래그
CLC	003	─[CLC]─	클리어 캐리 플래그

● 에러 플래그 Reset 명령

명 칭	Function No.	심 벌	기 능
CLE	009	─────[CLE]─────	에러 래치 플래그인 F115 를 클리어

● 특수 모듈 관련 명령

명 칭	Function No.	심 벌	기 능
GET GETP	230 231	─[GET n N D n]─ ─[GETP n N D n]─	특수 모듈 공용 RAM 으로 데이터 Read (CPU ← 공용 RAM) ↑ 데이터
PUT PUTP	234 235	─[PUT n N S n]─ ─[PUTP n N S n]─	특수 모듈 공용 RAM 으로 데이터 Write (CPU ← 공용 RAM) ↑ 데이터

● 데이터 링크 관련 명령

명 칭	Function No.	심 벌	기 능
READ	244	─[READ t s D S n X]─	FUEA 모듈을 이용하여 지정국번 모듈 데이터를 Read
WRITE	245	─[WRITE t s S D n X]─	FUEA 모듈을 이용하여 지정국번 모듈에 데이터를 Write
RGET	232	─[RGET t s D S n X]─	FUEA 모듈을 이용하여 Remote 국에 장착된 모듈 데이터를 Read
RPUT	233	─[RPUT t s S D n X]─	FUEA 모듈을 이용하여 Remote 국에 장착된 모듈 데이터를 Write
CONN (MINI MAP)	246	─────[CONN t s X]─	[MiniMap 전용명령] 통신국과의 통신채널 설립을 위해서 사용
STATUS	247	─────[STATUS t s D X]─	상대국의 상태를 알고자 할 때 사용

● 인터럽트 관련 명령

명 칭	Function No.	심 별	기 능
EI	238	─[EI n]H	인터럽트 허가 (채널별)
DI	239	─[DI n]H	인터럽트 금지 (채널별)
EI	221	─[EI]H	인터럽트 허가 (전채널)
DI	222	─[DI]H	인터럽트 금지 (전채널)
TDINT n	226	─[TDINT n]H	정주기 인터럽트
INT n	227	─[INT n]H	외부입력 인터럽트
IRET	225	─[IRET]H	인터럽트 루틴(Routine) 종료 표시

● 부호 반전 명령

명 칭	Function No.	심 별	기 능
NEG	240	─[NEG Ⓓ]─	Ⓓ로 지정된 영역의 내용을 2의 보수값을 Ⓓ영역에 저장
NEGP	241	─[NEGP Ⓓ]─	
DNEG	242	─[DNEG Ⓓ]─	
DNEGP	243	─[DNEGP Ⓓ]─	

● 데이터 레지스터(D) 영역 비트 제어 명령

명 칭	Function No.	심 별	기 능
BLD	248	──[B D N]─	Device D 영역의 N 번째 비트를 현재의 연산 결과로 한다.
BLDN	249	──[BN D N]─	Device D 영역의 N 번째 비트를 반전하여 현재의 연산결과로 한다.
BAND	250	─┤├─[B D N]─	Device D 영역의 N 번째 비트를 현재의 연산결과와 AND 한다.

BANDN	251	─┤├──[BN D N]─	Device D 영역의 N 번째 비트를 반전하여 현재의 연산결과와 AND 한다.
BOR	252	─┤├─── [B D N]─	Device D 영역의 N 번째 비트를 현재의 연산 결과와 OR 한다.
BORN	253	─┤├─── [BN D N]─	Device D 영역의 N 번째 비트를 반전하여 현재의 연산결과와 OR 한다.
BOUT	236	──[BOUT D N]─	Device D 영역의 N 번째 비트를 현재의 연산 결과를 출력한다.
BSET	223	──[BSET D N]─	조건 만족 시 Device D 영역의 N 번째 비트를 Set 한다.
BRST	224	──[BRST D N]─	조건 만족 시 Device D 영역의 N 번째 비트를 Reset 한다.

제 4 장 프로그래밍

4.1 명령 상세 설명(접점)

4.1.1 LOAD, LOAD NOT, OUT

명 령		사 용 가 능 영 역											스텝수
		M	P	K	L	F	T	C	S	D	#D	정수	
LOAD LOAD NOT	S1	O	O	O	O	O	O	O	O				1
OUT	⊙	O	O	O	O*				O				

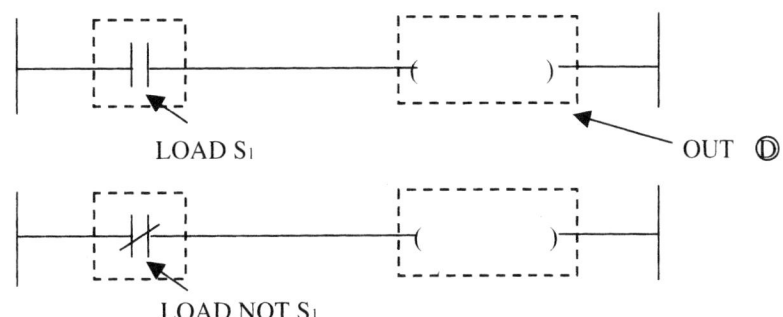

LOAD S₁

LOAD NOT S₁

OUT ⒟

□컴퓨터 링크 모듈 및 데이터 링크 모듈을 사용하지 않을 경우 가능

■ LOAD S₁
　기능:
　　·한 회로의 a 접점
　　·지정 접점(S₁)의 On/Off 정보를 연산결과로 한다.

■ LOAD NOT S₁
　기능:
　　·한 회로의 b 접점
　　·지정 접점(S₁)의 On/Off 정보를 연산결과로 합니다.

■ OUT ⒟
　기능:
　　·OUT 명령까지의 연산결과를 지정한 접점에 출력합니다.
　　·OUT 명령은 병렬 사용이 가능합니다.

■ 프로그램 예

입력조건 P000 가 On 되면 지정 출력이 모두 On 됨과 동시에 P023 출력은 Off 되는
프로그램

- 프로그램

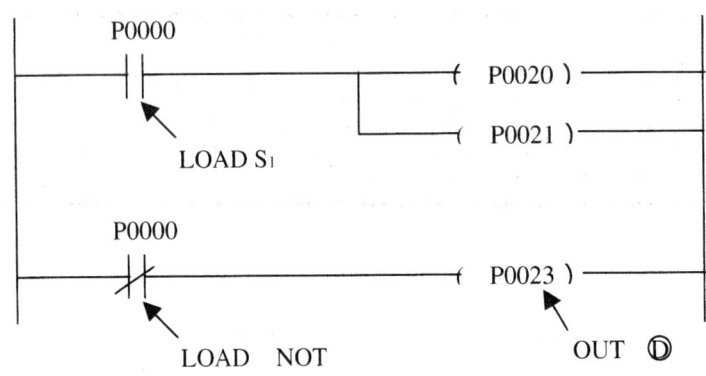

- 타임 차트

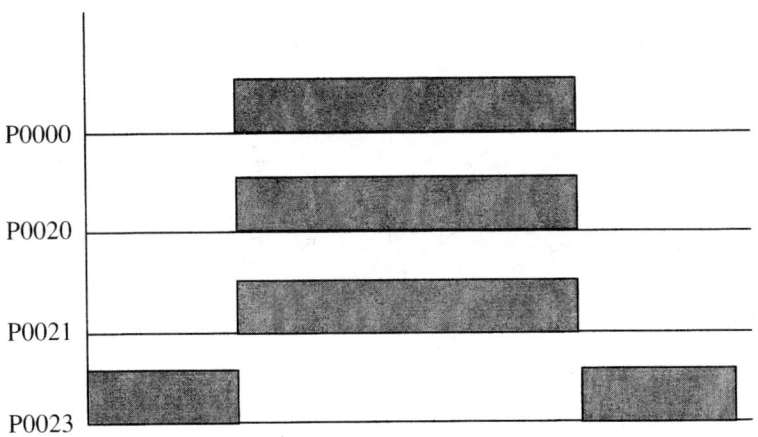

4.1.2 AND, AND NOT

명 령		사 용 가 능 영 역											스텝수
		M	P	K	L	F	T	C	S	D	#D	정수	
AND AND NOT	S1	O	O	O	O	O	O	O	O				1

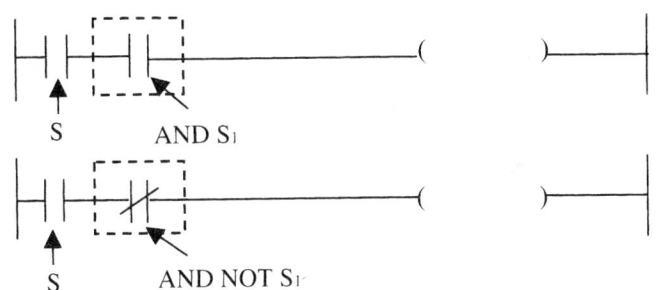

■ AND S1
  기능:
    · a 접점 직렬 접속 명령이다.
    · 지정 접점(S1)의 a 접점을 직렬로 연결하고, S 와 S1 의 AND 연산값을 연산결과로 한다.

■ AND NOT S1
  기능:
    · b 접점 직렬 접속 명령이다.
    · 지정 접점(S1)의 b 접점을 직렬로 연결하고, S 와 S1 의 AND 연산값을 연산결과로 한다.

■ 프로그램 예
    입력 조건 P0000 과 P0021 을 AND 연산하고 그 결과와 P0002 를 AND NOT 연산하여 P0021 에 출력하는 프로그램

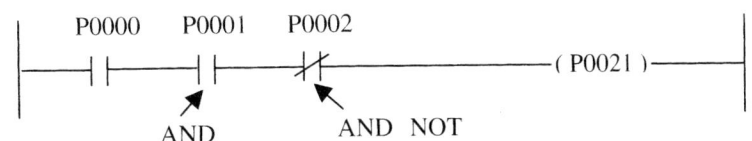

4.1.3 OR, OR NOT

명 령		사 용 가 능 영 역											스텝수
		M	P	K	L	F	T	C	S	D	#D	정수	
OR OR NOT	S1	O	O	O	O	O	O	O	O				1

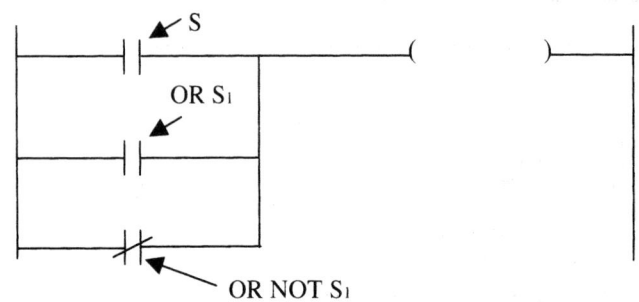

■ OR S₁
  기능:
    ▪ a 접점 병렬 접속 명령이다.
    ▪ 지정 접점(S₁)의 a 접점을 병렬로 연결하고, S 와 S₁ 의 OR 연산값을 연산결과로 한다.

■ OR NOT S₁
  기능:
    ▪ b 접점 병렬 접속 명령이다.
    ▪ 지정 접점(S₁)의 b 접점을 병렬로 연결하고, S 와 S₁ 의 OR 연산값을 연산결과로 한다.

■ **프로그램 예**
    입력 조건 P0000, P0001 중 하나의 접점만 On 되어도 P0021 이 출력되는 프로그램

4.2 종료 명령

4.2.1 END

명 령		사 용 가 능 영 역											스텝수
		M	P	K	L	F	T	C	S	D	#D	정수	
END													1

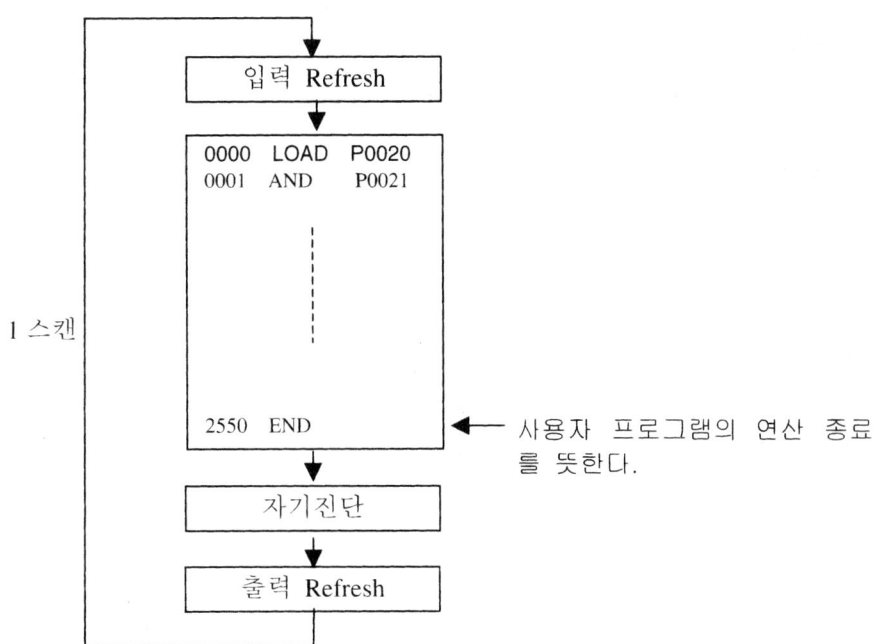

■ END

기능:

· 프로그램 종료를 표시한다.

· END 명령 처리 후 0000 스텝으로 돌아가 처리한다.

· END 명령은 반드시 프로그램의 마지막에 입력한다. (입력하지 않으면 Error 발생)

입력 Refresh

```
0000  LOAD  P0020
0001  AND   P0021


2550  END
```

1 스캔

사용자 프로그램의 연산 종료를 뜻한다.

자기진단

출력 Refresh

4.3 무처리 명령

4.3.1 NOP

명 령		사 용 가 능 영 역											스텝수
		M	P	K	L	F	T	C	S	D	#D	정수	
NOP													1

■ NOP(니모닉에서만 사용)

기능
· 무처리(No Operation) 명령으로 해당 회로의 그때까지 연산결과에 아무런 영향을 주지 않는다.
· NOP 사용 목적
가) 시퀀스 프로그램의 디버깅용으로 사용된다.
나) 일시적으로 스텝 수를 유지하면서 명령어를 제거하기 위해 사용된다.

REMARK

· NOP 명령은 기종에 따라 명령어 처리 시간은 다르지만 처리하는 데는 시간이 소요되므로 삭제를 하면 사용자 프로그램 처리시간(Scan time)을 단축시킬 수 있다.
· NOP 명령은 래더에서는 입력할 수 없으며 니모닉에서 등록된 NOP 은 래더 화면에서는 표시되지 않지만 스텝 수는 포함해서 표시한다.

■ 프로그램 예

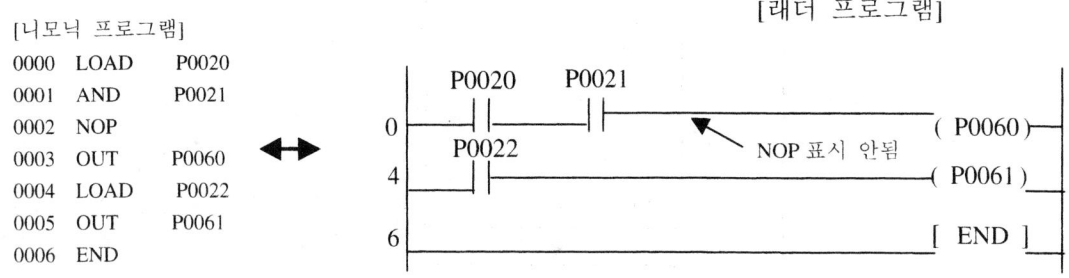

[니모닉 프로그램]
```
0000  LOAD   P0020
0001  AND    P0021
0002  NOP
0003  OUT    P0060
0004  LOAD   P0022
0005  OUT    P0061
0006  END
```

[래더 프로그램]

◉ 예제 : 펌프 자동제어[LOAD, AND, OR, OUT]의 예제

1. 동작개요
저수위 센서 검출 시 모터 2 대 동작하고 중수위 센서감지시 모터 1 대만 동작한다.
그리고 고수위 센서 감지 시는 모든 펌프가 정지한다

2. 시스템도(상세)

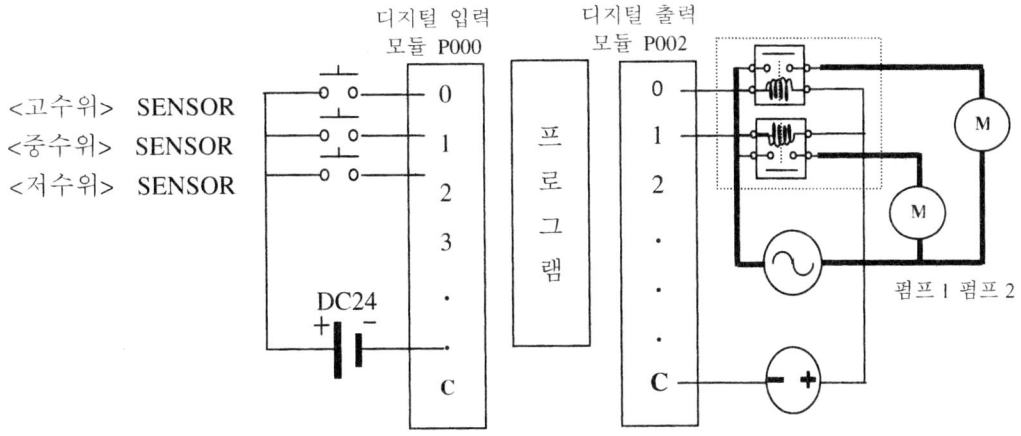

※부하용량이 PLC 출력단자의 용량(MASTER-K,2A/점,5A/1COM)보다 큰 경우 구동부하를
출력단자에 직접 연결하지 않고 릴레이나 MAGNETIC S/W 등을 위 그림 점선 내부처럼 사용
하여 부하를 구동시킨다.

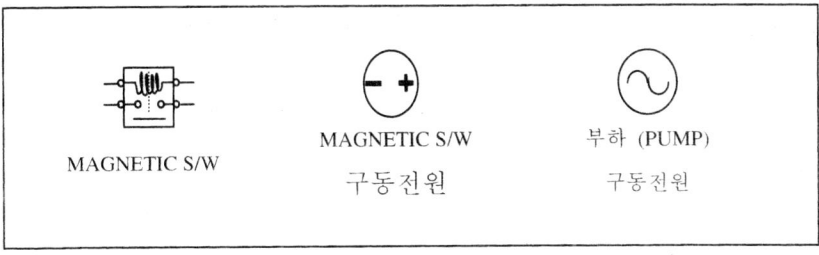

3. PLC 프로그램

4.3.2 KGLWIN을 이용한 프로그램 편집

1) 프로젝트 생성

(1) KGL-WIN을 실행하면 다음과 같이 초기화면이 나타난다.

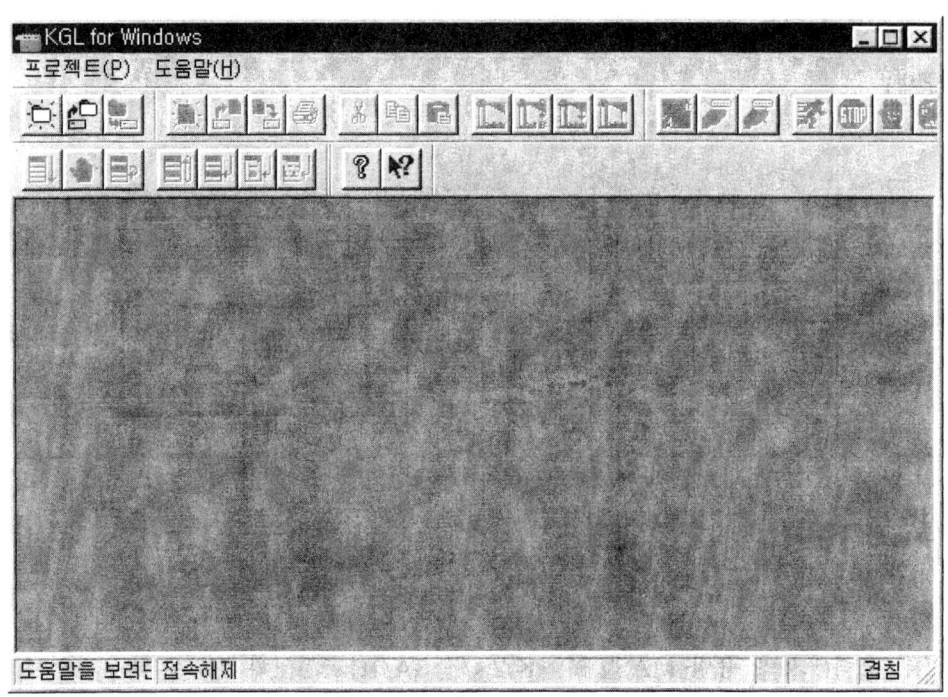

(2) 프로젝트-옵션-접속옵션을 선택 후 PLC-PC 간의 통신 포트를 설정한다.

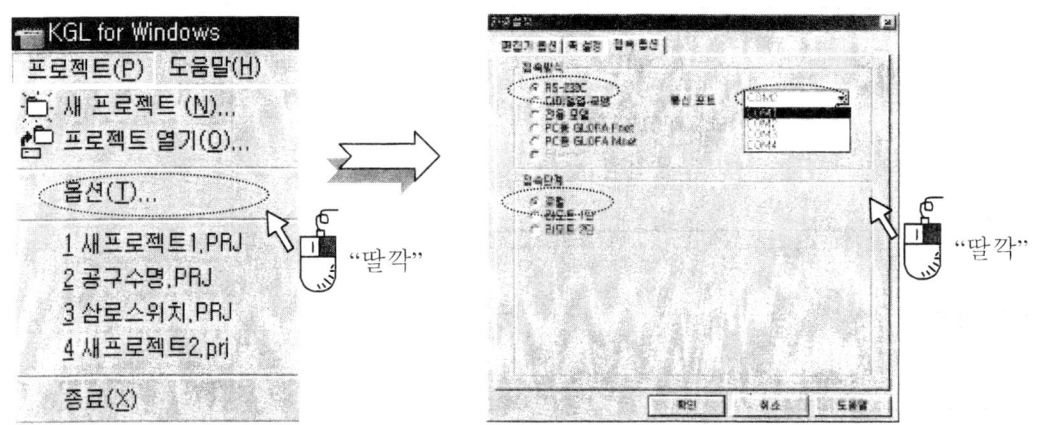

(3) KGL-WIN의 초기화면에서 메뉴 **프로젝트-새프로젝트**(⬚)를 선택한다.

(4) 처음 프로젝트를 만들 때는 기본 프로젝트 생성을 선택한다.

확인 단추를 누르고 프로젝트 정보를 설정하는 대화상자에서 **PLC 기종**과 프로그램
언어의 종류 및 제목, 회사, 저자, 설명을 입력한다.

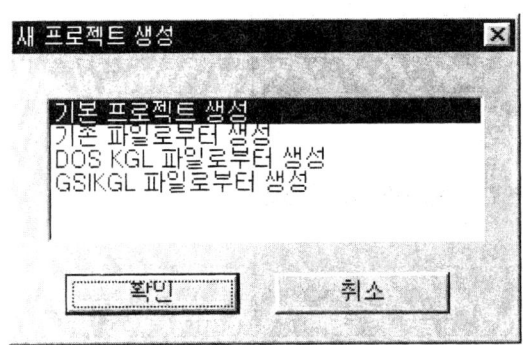

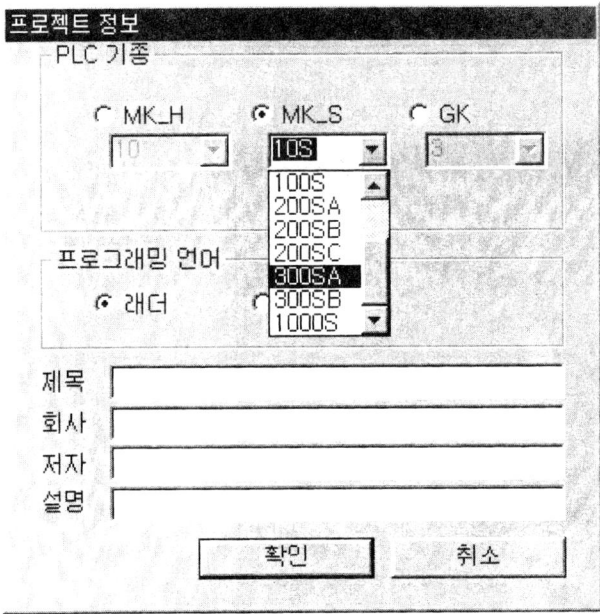

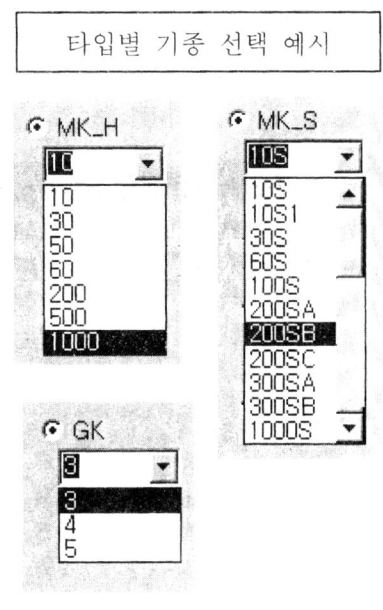

304

2) 프로그램 편집

(1) 확인 단추를 누르면 자동으로 프로젝트, 메시지, 프로그램 창이 열린다.

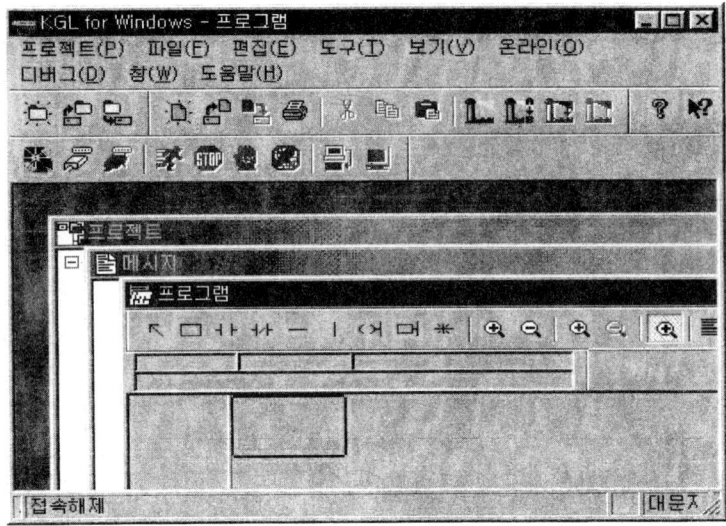

(2) 프로그램창의 a 접점[F3]을 선택한 후 작성할 위치를 클릭한다.

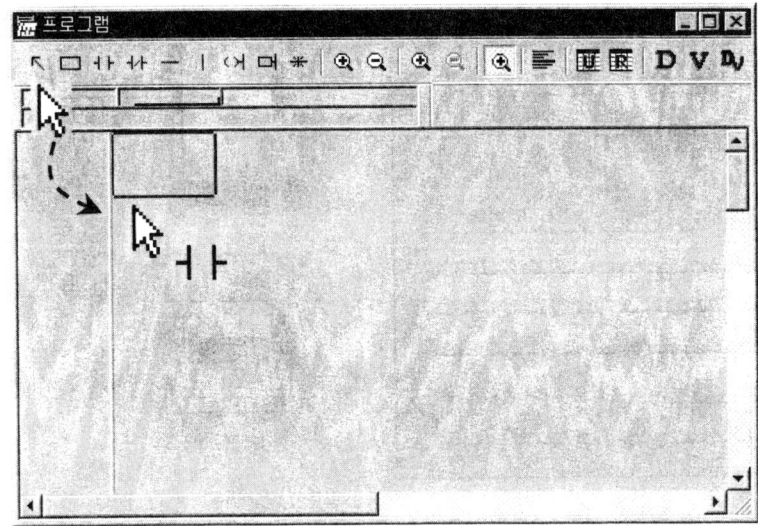

(3) 아래와 같은 접점 입력창이 나오면 해당접점 이름을 입력한 후 확인 또는 [ENTER]를
누른다.

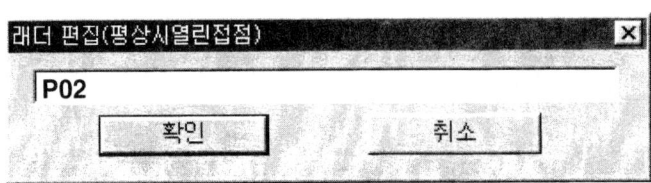

(4) 도구 모음에서 b접점[F4]을 선택한 후 접점 위치에서 마우스를 클릭하고 접점 이름을 입력한다.

(5) 세로선[F6]을 선택 후 지정된 위치에 마우스를 찍는다.

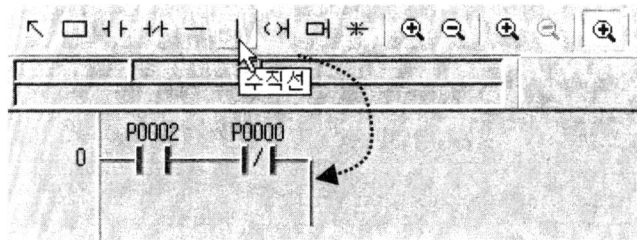

(6) '(4)' 항과 같은 방법으로 P1 을 입력한다.

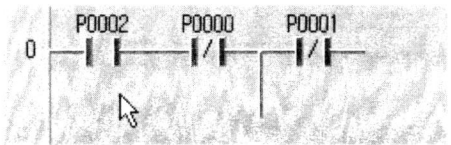

(7) 출력 코일[F9]을 선택 후 아래 그림과 같이 P30을 입력한다.

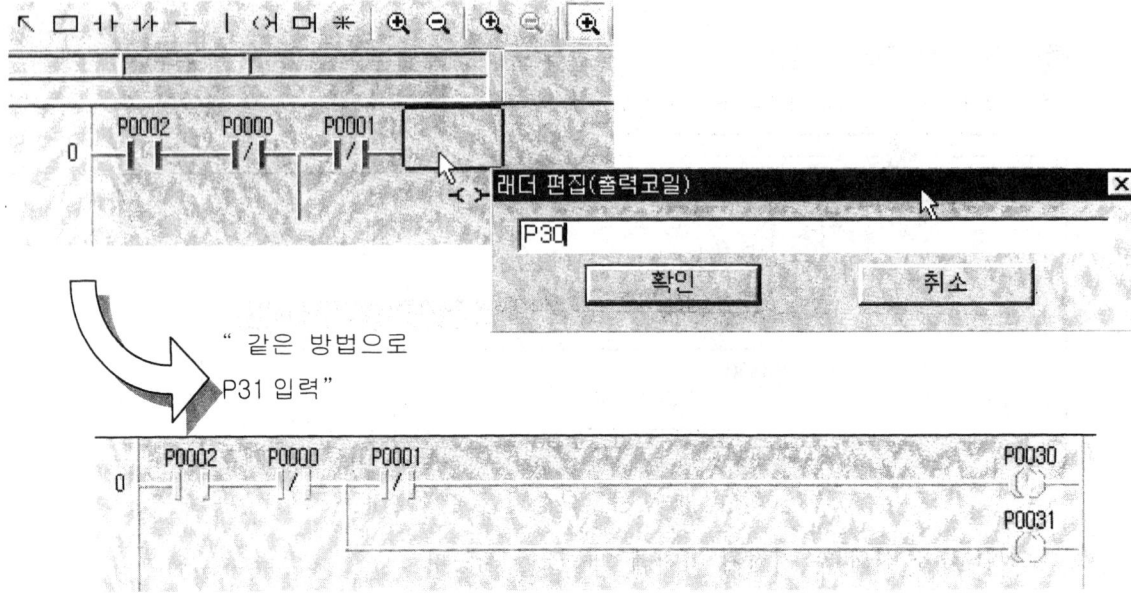

" 같은 방법으로
P31 입력"

(8) 응용명령[F10]을 선택 후 'END'를 입력 후 확인 선택하면 프로그램이 완료된다.

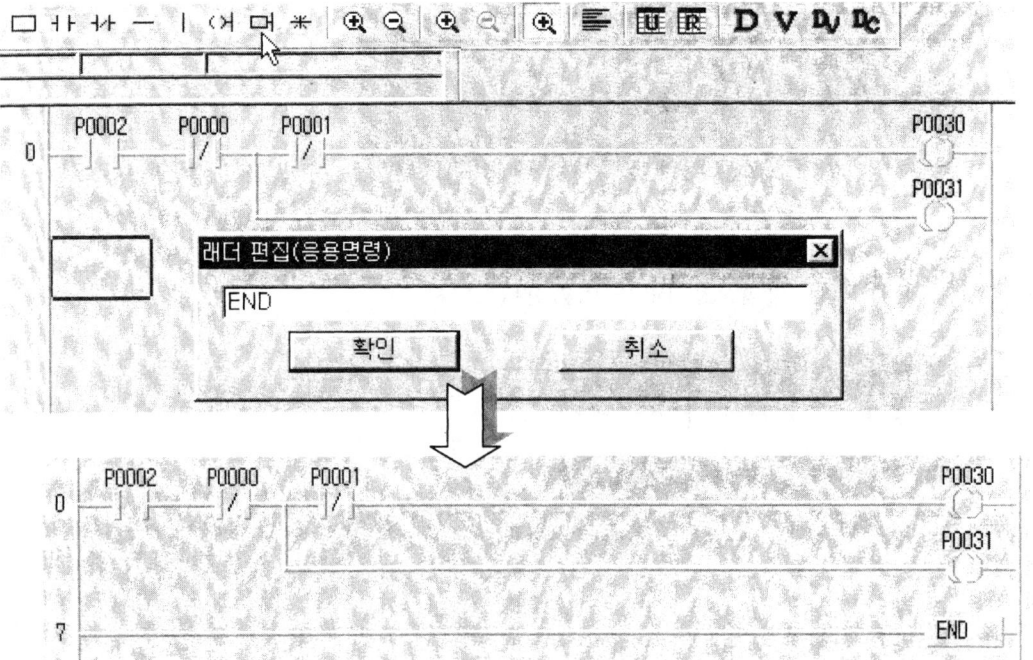

3) 프로그램 전송(PC → PLC) 및 실행

프로그램 전송

(1) 도구모음 상자에서 **접속+다운로드+런+모니터시작**() 버튼을 누른다.

(2) 암호확인 물음에서 확인버튼을 누른다. (암호 설정시는 설정암호를 입력)

(3) 이때 발생할 수 있는 ERROR 의 형태는 아래와 같다.

PLC 와 KGL-WIN 과의 통신이 이뤄지지 않는 경우입니다. 접속옵션, 접속방식, 통신포트가 제대로 설정되었는지 확인한다.

PLC 의 기종 설정이 잘못된 경우이다.
프로젝트 등록정보에서 기종을 올바르게 설정한다.

※ PLC-PC 간 접속 CABLE 결선도

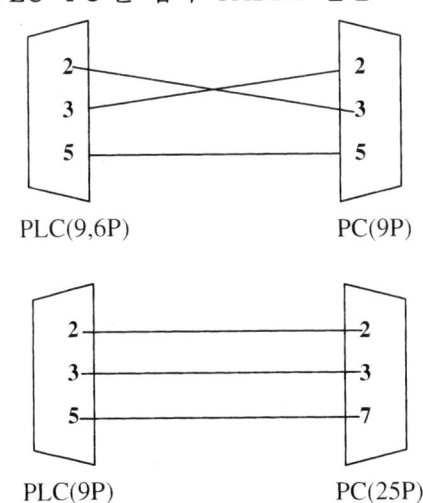

PLC(9,6P)   PC(9P)

PLC(9P)   PC(25P)

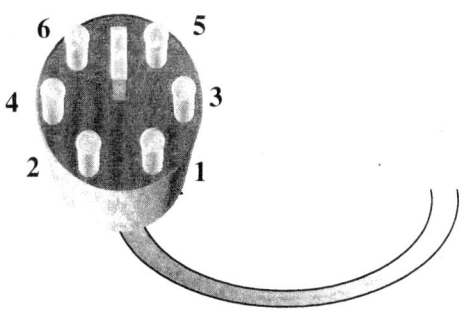

(MASTER-K 10S,10S1 의 PIN NUMBER)

(4) 프로그램 및 파라미터를 전송한다.

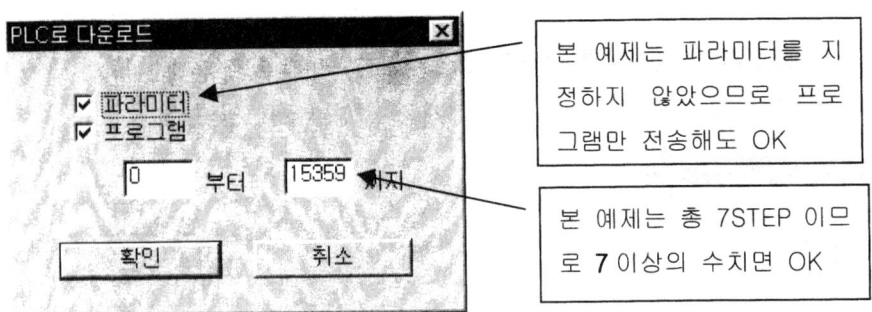

본 예제는 파라미터를 지정하지 않았으므로 프로그램만 전송해도 OK

본 예제는 총 7STEP 이므로 **7** 이상의 수치면 OK

(5) 전송이 성공적으로 완료된다.

(6) PLC 에 전송된 프로그램과 PC 내에 작성된 프로그램의 일치여부를 확인한다.
여기서 **취소**를 선택한다.(실제 시운전 TEST 시에는 반드시 확인을 해주어야 하지만 예제 TEST 에서는 생략해도 무관하다.)

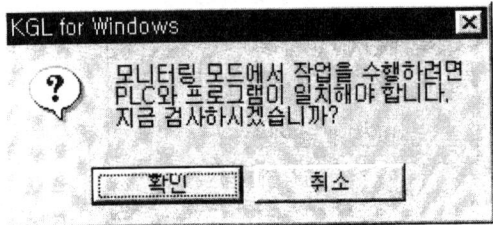

(9) PLC 프로그램 동작상태를 LADDER 형태로 **모니터링**한다.

REMARK	모니터링이란?

PLC 의 동작 상태를 프로그램 작성용 S/W (KGLWIN)에서 감시하는 기능을 말한다.
이때 동작 상황뿐만 아니라 PLC 의 ERROR 정보 등을 확인할 수 있다.
작성된 LADDER 나 니모닉을 통한 프로그램 모니터링, 접점이나 DATA MEMORY 의 상태 모니터링 및 타임차트 모니터링 등이 있다.

⊙ 참 고 : 프로그램 편집

1. 접점지우기

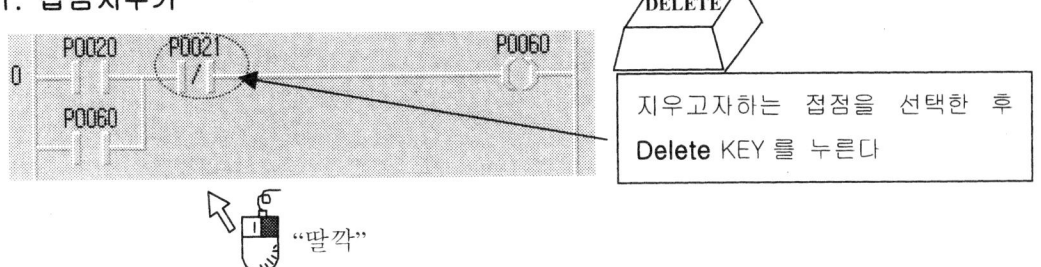

지우고자하는 접점을 선택한 후
Delete KEY 를 누른다

"딸깍"

2. 라인삭제/삽입

라인삭제 : 삭제할 행을 마우스로 선택한 후 편집
　　　　　메뉴에서 라인삭제를 선택한다.
　　　　　[Ctrl+U]
라인삽입 : 삽입할 행을 마우스로 선택한 후 편집 메뉴에서
　　　　　라인 삽입을 선택한다. [Ctrl+M]

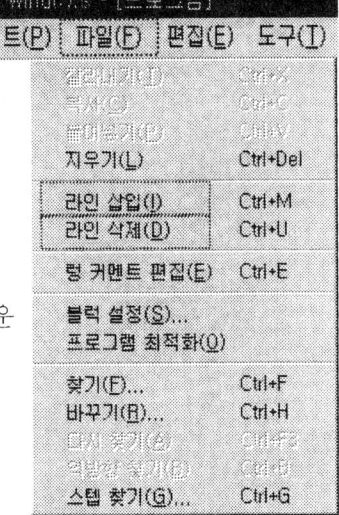

3. 접점삽입

키보드의 **INSERT KEY** 를 누른 후 삽입할 접점 위치에 새로운
접점을 입력한다.

4. 접점이름바꾸기

수정하고자 하는 접점을 마우스로 더블 클릭한다.

"딸깍,딸깍"

새로운 접점 이름을 입력한 한 후 확인버튼을 누른다.

⊙ 예제 : 모터의 정·역 운전 [LOAD, AND, OR, OUT] 의 예제

1. 동 작

순간 접촉 푸쉬 버튼 PB1 을 누르면 모터는 시계 방향으로 회전하고, 순간 접촉 푸쉬 버튼 PB2 를 누르면 모터는 시계 반대 방향으로 회전한다. 모터는 정지하지 않고 회전 방향을 변경할 수 있고, 순간 접촉 푸쉬 버튼 PB0 을 누르면 모터는 정지한다.

2. 시스템 도

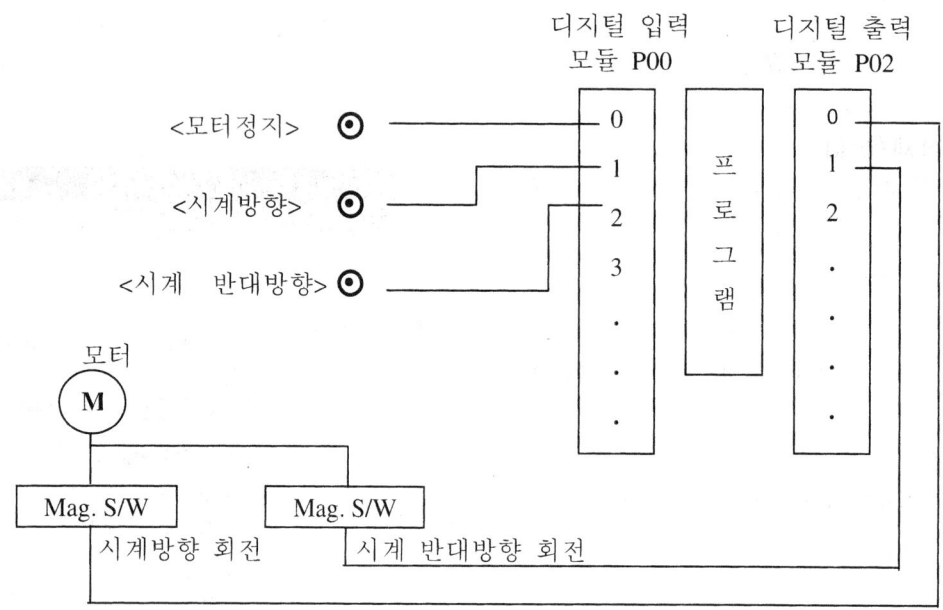

3. 프로그램

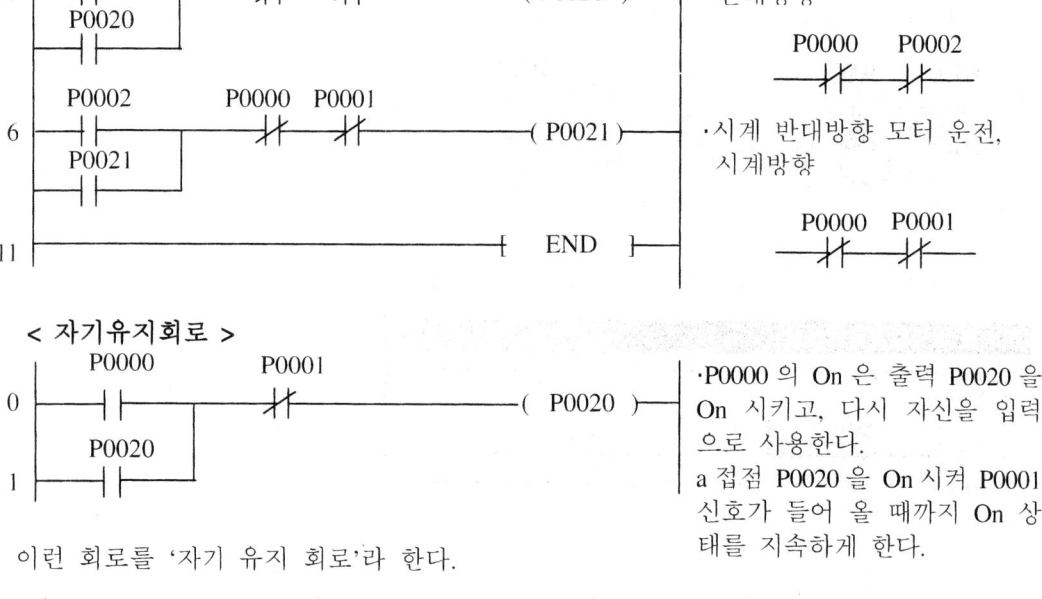

·시계방향 모터 운전, 시계 반대방향

·시계 반대방향 모터 운전, 시계방향

·P0000 의 On 은 출력 P0020 을 On 시키고, 다시 자신을 입력 으로 사용한다.
a 접점 P0020 을 On 시켜 P0001 신호가 들어 올 때까지 On 상 태를 지속하게 한다.

이런 회로를 '자기 유지 회로'라 한다.

⊙ 예제 : 퀴즈 프로그램 우선제어

1. 동 작

퀴즈 참가자 A, B 가 사회자의 문제에 따라 푸시 버튼 스위치 PB0, PB1 을 각각 누를 때 먼저 누른 참가자 측의 램프가 점등되며 사회자의 RESET 버튼(PB2) 투입 전까지는 램프 출력을 유지한다.

2. 시스템 도

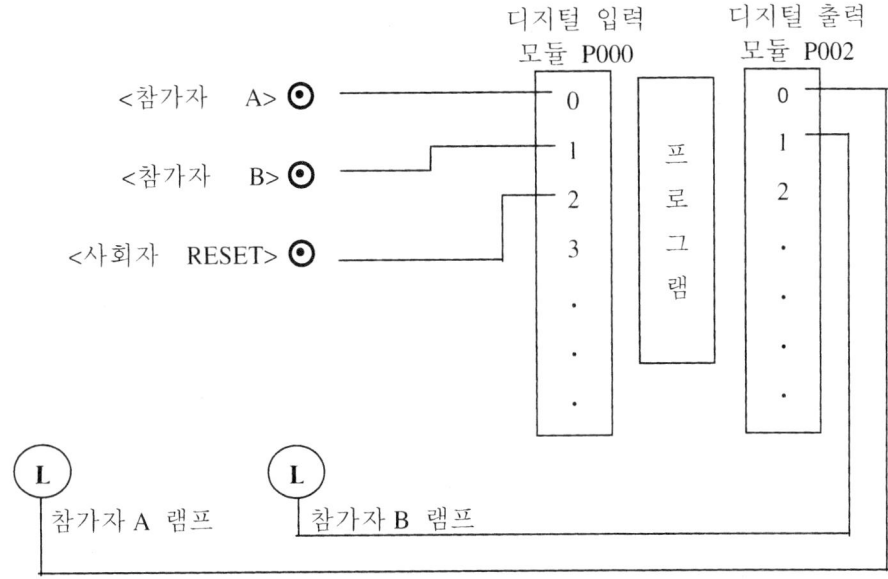

3. 프로그램

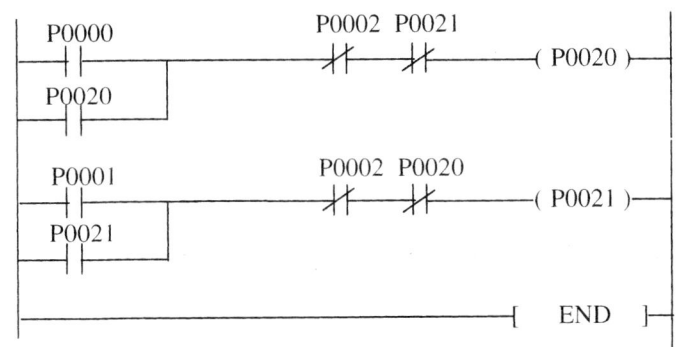

·P00 먼저 ON 시 P20 이 ON 되며 이에 따라 P20 b 접점이 단선되어 P01 이 ON 되어도 P21 은 ON 되지 않는다.

·P01 먼저 ON 시 P21 이 ON 되며 이에 따라 b 접점 P21 이 단선되어 P00 ON 시에도 P20 은 ON 되지 않는다.

REMARK | 인터록 회로

예제 2, 3 번처럼 타입·출력에 의해 자신의 입출력이 제어되는 회로를 **인터록 회로**라고 합니다.
예제 2 번의 경우 타 입력조건의 b 접점을 사용하는 경우 **후입우선**이 되며, 예제 3 번처럼 출력을 인터록으로 사용할 경우는 **선입우선** 인터록 회로가 됩니다.

4.4 결합 명령

4.4.1 AND LOAD (Mnemonic 용)

명 령	사 용 가 능 영 역												스텝수
	M	P	K	L	F	T	C	S	D	#D	정수	
AND LOAD													1

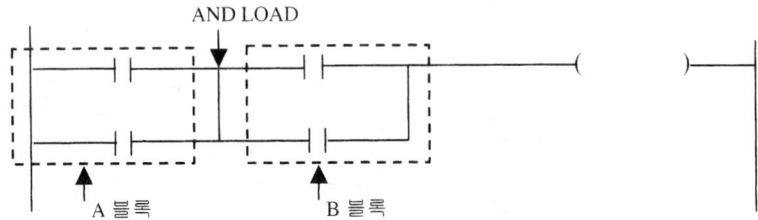

■ 기능

- A 블록과 B 블록을 AND 연산한다.
- AND LOAD 를 연속해서 사용하는 경우 최대 사용 명령 회수를 넘으면 정상적으로 연산이 불가능하다.

■ 프로그램 예

입력 조건 P0000, P0004 또는 P0002, P0005 이 On 되면 P0020 이 출력되는 프로그램

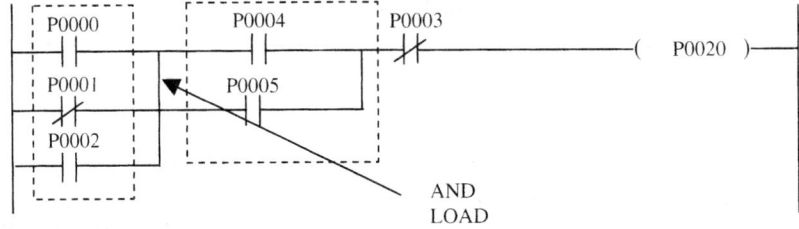

■ 타임 차트

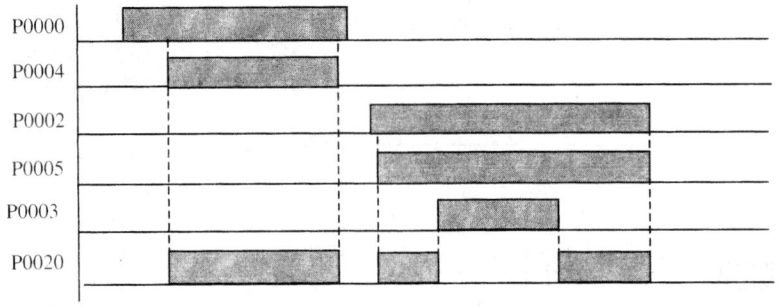

■참고
· 연속적으로 회로 불록을 직렬 접속하는 경우 프로그램의 입력에는 다음과 같은
2종류가 있다.

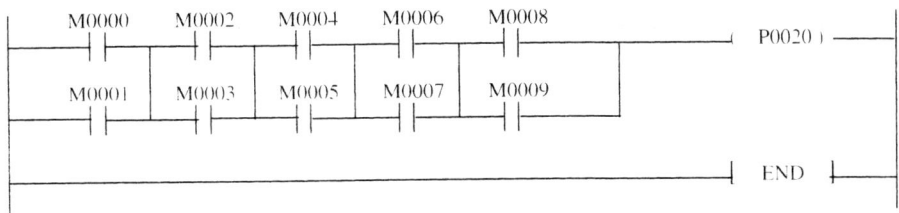

AND LOAD 사용 수 제한이 없는 프로그램	
LOAD	M0000
OR	M0001
LOAD	M0002
OR	M0003
AND LOAD	
LOAD	M0004
OR	M0005
AND LOAD	
LOAD	M0006
OR	M0007
AND LOAD	
LOAD	M0008
OR	M0009
AND LOAD	
OUT	P0020
END	

AND LOAD 사용 수 제한이 있는 프로그램	
LOAD	M0000
OR	M0001
LOAD	M0002
OR	M0003
LOAD	M0004
OR	M0005
LOAD	M0002
OR	M0007
LOAD	M0008
OR	M0009
AND LOAD	
AND LOAD	
AND LOAD	
AND LOAD	
OUT	P0020
END	

연속 사용되는 경우
최대 7명령(8 불록) 사용가능

314

4.4.2 OR LOAD(Mnemonic 용)

명 령	사 용 가 능 영 역												스텝수
	M	P	K	L	F	T	C	S	D	#D	정수	
OR LOAD													1

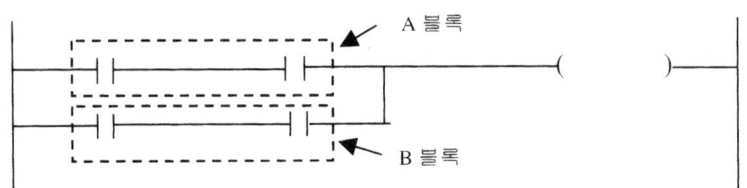

■ OR LOAD
　기능:
　　• A 블록과 B 블록을 OR 연산하여 연산결과로 한다.
　　• OR LOAD 를 연속해서 사용하는 경우 최대사용 명령 회수를 넘으면 정상적으로
　　 연산이 불가능하다.

프로그램 예

입력 조건 P0000, P0005 또는 P0004, P0005 이 On 되면 P0020, P0021 이 출력되는
프로그램

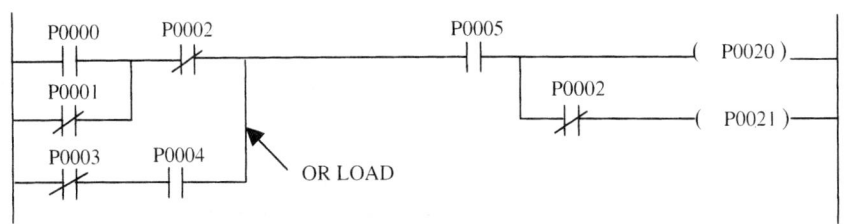

타임 차트

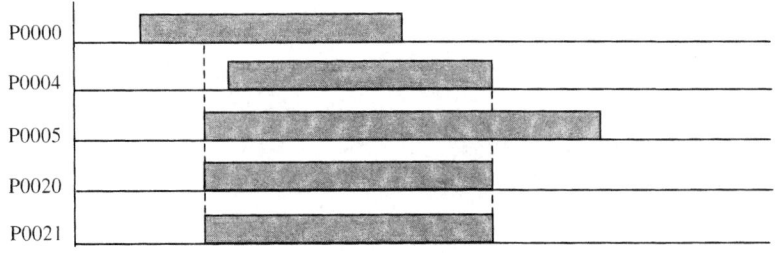

■ **참고**

연속적으로 회로 블록을 직렬 접속하는 경우 프로그램의 입력에는 다음과 같은
2 종류가 있다.

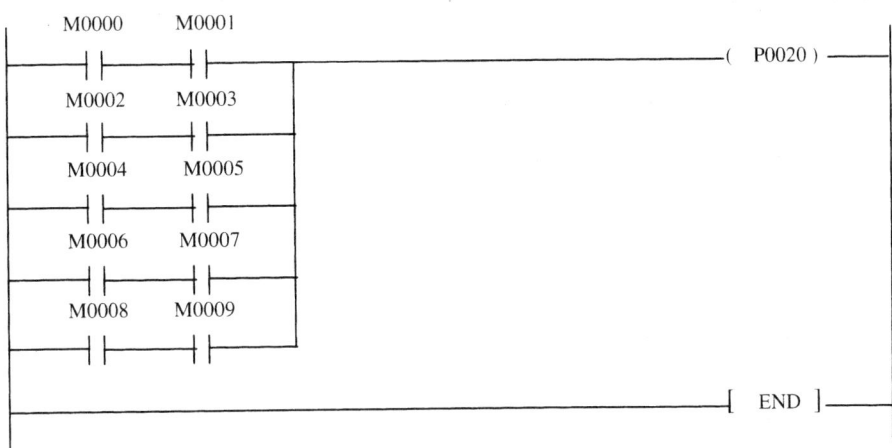

OR LOAD 사용 수 제한이 없는 프로그램	
LOAD	M0000
AND	M0001
LOAD	M0002
AND	M0003
OR LOAD	
LOAD	M0004
AND	M0005
OR LOAD	
LOAD	M0006
AND	M0007
OR LOAD	
LOAD	M0008
AND	M0009
OR LOAD	
OUT	P0020
END	
OR LOAD 의 사용수에 제한이 없다.	

OR LOAD 사용 수 제한이 있는 프로그램	
LOAD	M0000
AND	M0001
LOAD	M0002
AND	M0003
LOAD	M0004
AND	M0005
LOAD	M0006
AND	M0007
LOAD	M0008
AND	M0009
OR LOAD	
OR LOAD	
OR LOAD	
OR LOAD	
OUT	P0020
END	
연속 사용되는 경우 최대 7 명령(8 블록) 사용가능	

4.4.3 MPUSH, MLOAD, MPOP(Mnemonic 용)

명 령	사 용 가 능 영 역											스텝수
	M	P	K	L	F	T	C	S	D	#D	정수	
MPUSH MLOAD MPOP												1

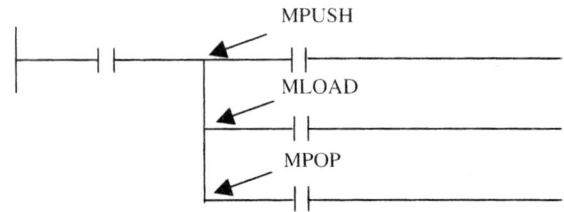

■ MPUSH, MLOAD, MPOP

기능:
- Ladder 의 다중 분기를 가능하게 하는 명령이다.

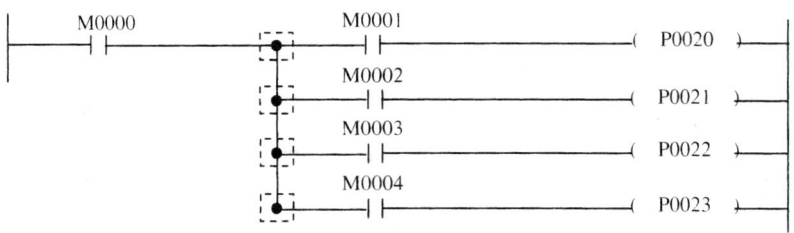

- **MPUSH** : · M0000 의 상태가 PLC 의 내부 메모리에 저장된다.
  · 최초의 분기로 사용한다.
- **MLOAD** : · 저장된 M0000 의 상태를 읽어 다음 연산을 한다.
  · 분기의 중계점으로 사용한다.
- **MLOAD** : · 저장된 M0000 의 상태를 읽어 다음 연산을 한다.
- **MPOP** : · 저장된 M0000 의 상태를 PLC 의 내부 메모리에서 Read 한 다음 연산하고 Reset 한다.
  · 분기의 종료로 사용한다.

> **REMARK**
> · MPUSH ~ MPOP 는 8 단까지 가능하다.
> · MPUSH : 현재까지 연산결과를 저장하는 기능을 한다.
> · MLOAD : 다음 연산을 위해 이전의 연산결과를 읽어 오기만 하고 저장영역에서 지워버리지 않는다.
> · MPOP : 분기점에서 저장된 이전 연산결과를 읽어온 후 저장된 이전 결과를 지운다.

■ 참고

래더 프로그램

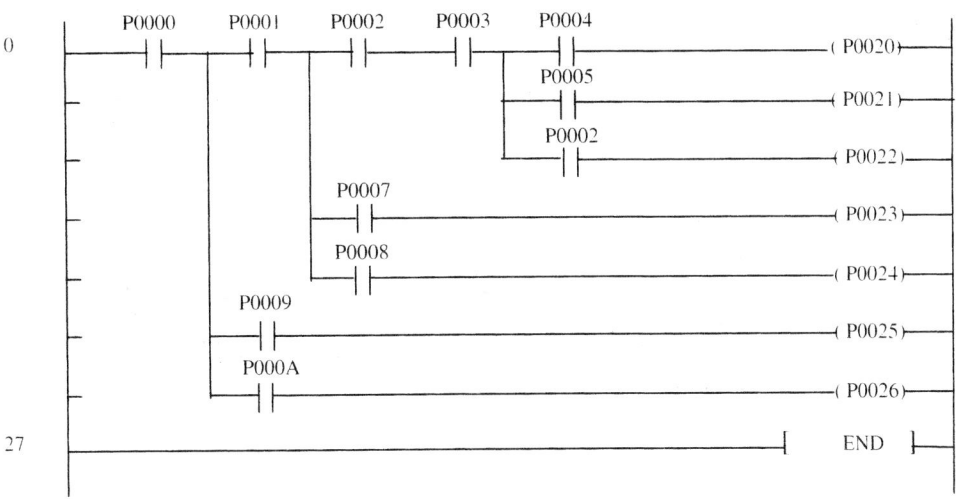

니모닉 프로그램

STEP	INSTRUCTION	
0000	LOAD	P0000
0001	MPUSH	
0002	AND	P0001
0000	MPUSH	
0004	AND	P0002
0005	AND	P0003
0002	MPUSH	
0007	AND	P0004
0008	OUT	P0020
0009	MLOAD	
0010	AND	P0005
0011	OUT	P0021
0012	MPOP	
0013	AND	P0002
0014	OUT	P0022
0015	MLOAD	
0016	AND	P0007
0017	OUT	P0023
0018	MPOP	
0019	AND	P0008
0020	OUT	P0024
0021	MLOAD	
0022	AND	P0009
0023	OUT	P0025
0024	MPOP	
0025	AND	P000A
0026	OUT	P0026
0027	END	
0028	NOP	
0029	NOP	
0000	NOP	

⊙ 예제 : 두개의 스위치에 의한 출력상태 반전회로 (삼로스위치)

1. 동 작

긴 복도나 계단의 입구의 SW1 을 ON 하면 통로의 램프가 점등되며 출구에서 SW2 를 OFF 한다.
다시 출구에서 SW2 를 ON 하면 램프가 점등되며 입구에서 SW1 으로 OFF 한다.

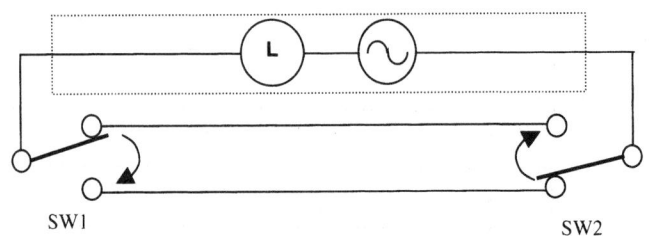

2. 시스템 도

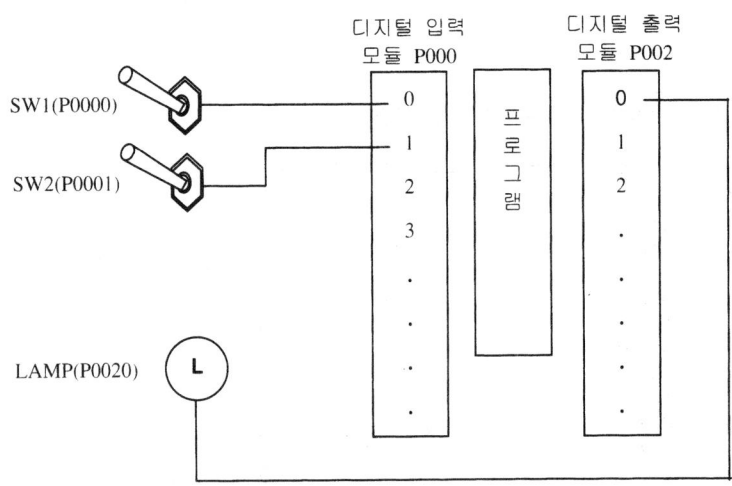

3. 프로그램(변수 이름에 의한 프로그래밍)

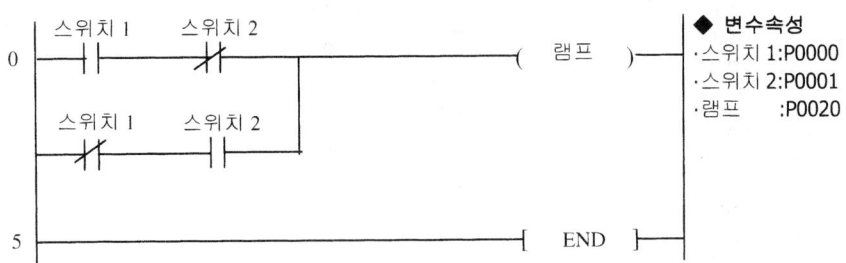

REMARK	변수(VARIABLE)란?

입출력 접점, 메모리의 이름(예:P20,P21,M000⋯.)을 직접 사용하지 않고 사용자 편의에 의한
이름을 영문, 한글, 한자 등으로 표시하여 프로그램할 수 있다. 최초 변수 등록 시 속성으로 입
출력 접점이 등록되며, 재사용시부터 변수 속성 없이 변수 이름만으로 사용할 수 있다.

4. 4. 4 KGL-WIN에 의한 변수 등록

1) 개별 변수 등록에 의한 프로그램 작성

(1) 변수명 보기 버튼을 선택한다.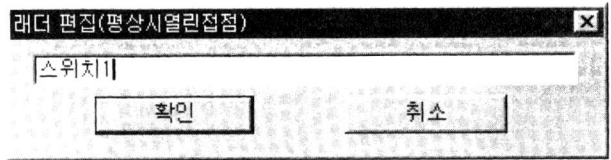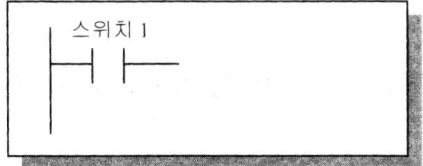

(2) a 접점 선정 후 아래와 같이 입력한 후 확인을 누른다.

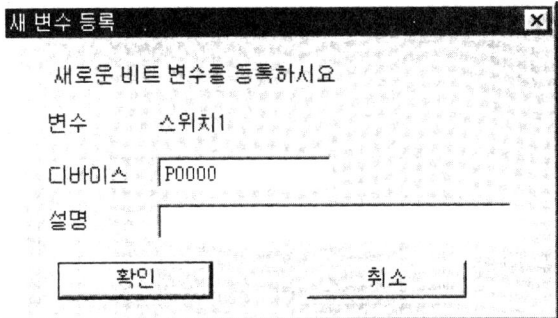

(3) 변수 속성 등록창이 나타나면 스위치 1의 속성 'P0000'을 입력한다.

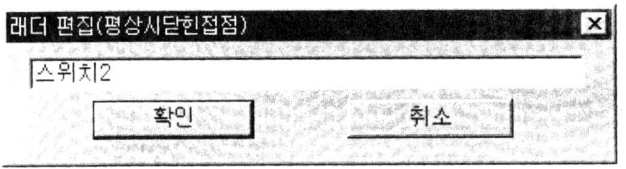

(4) b 접점 선정 후 아래와 같이 입력한 후 확인을 누른다.

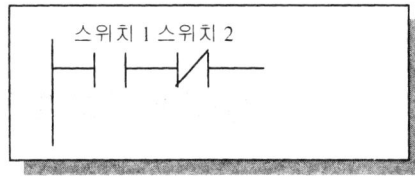

(5) 변수 속성 등록창이 나타나면 스위치 1의 속성 'P0001'을 입력한다.

(6) 출력코일(F9) 선정 후 아래와 같이 입력한 후 확인을 누른다.

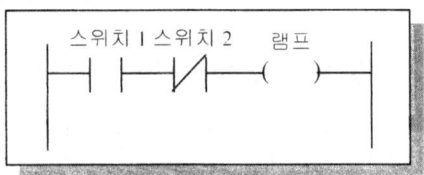

(7) 변수 속성 등록창이 나타나면 램프의 속성 'P0020' 을 입력한다.

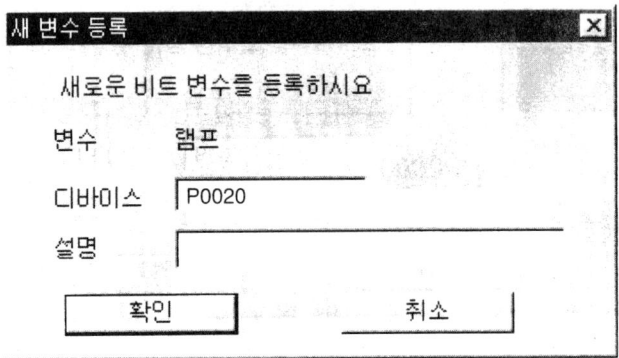

(8) 한번 변수등록이 된 PLC 입출력(내부)접점은
   이후 등록 시 아래 그림과 같이 **새 변수 등록** 없이
   사용할 수 있다.

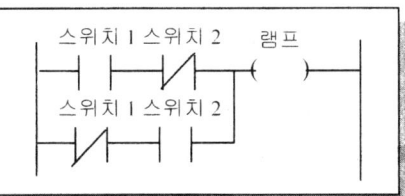

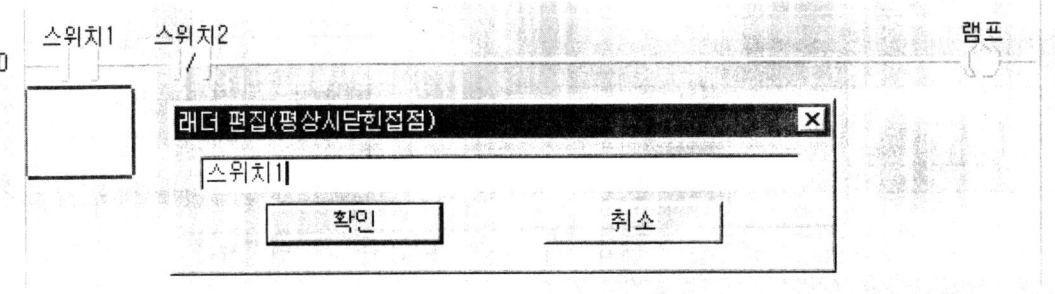

(9) 완성

2) 일괄 변수 등록에 의한 프로그램 작성

프로그램 시작 전에 변수명과 PLC 디바이스명을 일괄 등록하여
프로그램 작성시 변수등록 없이 변수명만 입력하여 프로그램을
작성하는 과정이다.

(1) 오른쪽 그림과 같이 **창-프로젝트**를 선택한다. ①
(2) 프로젝트창에서 **변수/설명**을 선택(더블 클릭)한다. ②
(3) **변수/설명창**에서 셀렉트 바를 선택(더블 클릭,ENTER)
　　한다. ③
(4) PLC 디바이스명과 변수명을 입력한 후 **확인**을 한다. ④
(5) (3)항을 반복하여 입력한다.
(6) 프로그램을 작성한다

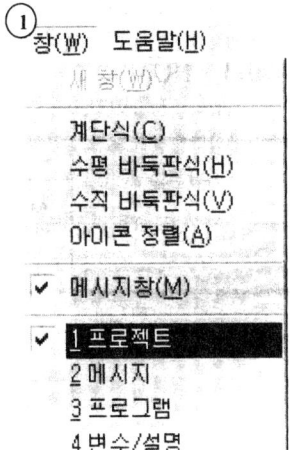

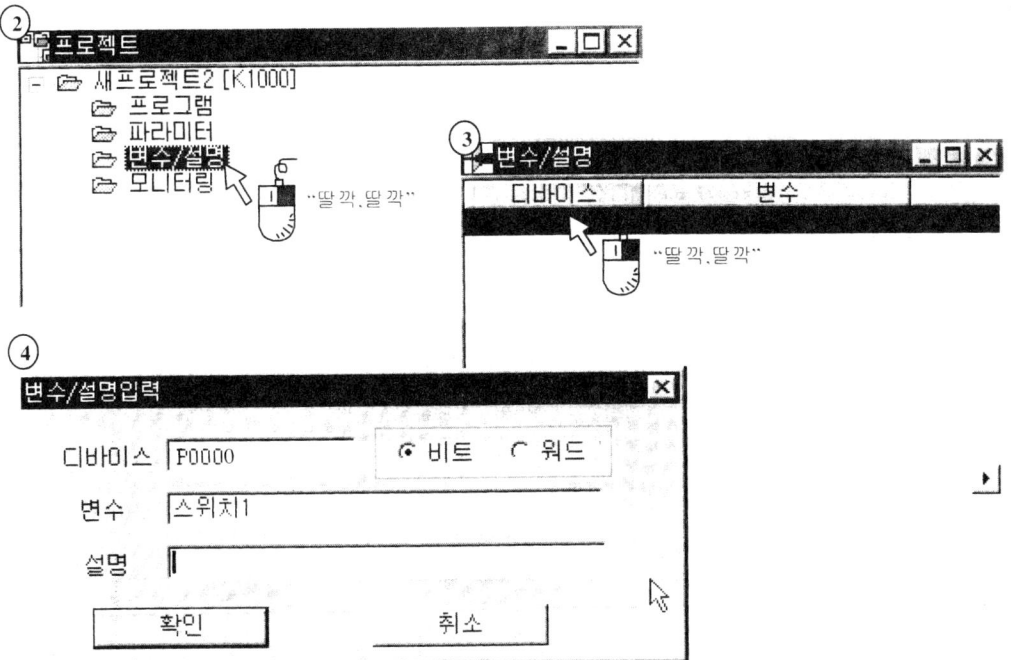

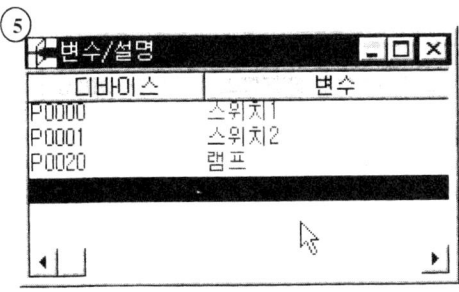

4.5 반전 명령

4.5.1 NOT

명 령		사 용 가 능 영 역											스텝수
		M	P	K	L	F	T	C	S	D	#D	정수	
NOT													1

■ NOT

기능:

반전명령 [NOT]을 사용하면 반전명령 좌측의 회로에 대하여 a 접점 회로는 b 접점 회로로, b 접점 회로는 a 접점 회로로(그리고 직렬연결 회로는 병렬연결 회로로, 병렬연결 회로는 직렬연결 회로로) 반전된다.

프로그램 예

동일결과를 출력하는 예제이다.

프로그램

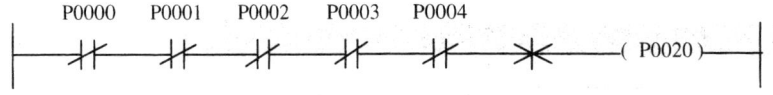

프로그램

4.6 마스터 콘트롤 명령

4.6.1 MCS, MCSCLR

명 령	사 용 가 능 영 역											스텝수
	M	P	K	L	F	T	C	S	D	#D	정수	
MCS MCSCLR											O	1

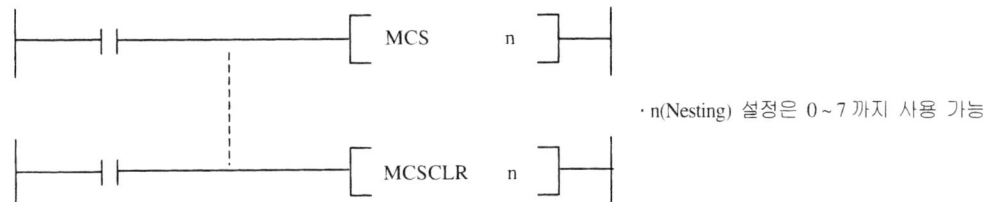

· n(Nesting) 설정은 0 ~ 7 까지 사용 가능

■ MCS, MCSCLR
기능:
- · MCS 의 입력조건이 On 하면 MCS 번호와 동일한 MCSCLR 까지를 실행하고 입력조건이 Off 하면 실행하지 않는다.
- · 우선 순위는 MCS 번호 0 가 가장 높고 7 이 가장 낮으므로 우선 순위가 높은 순으로 사용하고 해제는 그 역순으로 한다.
- · MCSCLR 시 우선 순위가 높은 것을 해제하면 낮은 순위의 MCS 블록도 함께 해제된다.

(주의) MCS 혹은 MCSCLR 는 우선 순위에 따라 순차적으로 사용하여야 한다.

※ 네스팅(NESTING)이란 : 다중 마스터컨트롤 사용에 의한 제어를 의미한다.

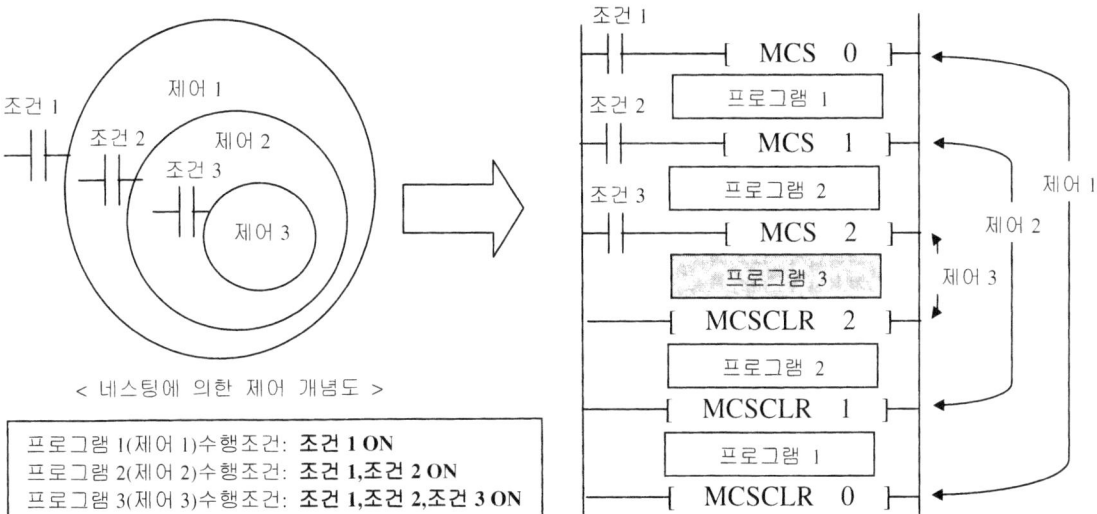

프로그램 예

MCS 명령을 2개 사용하고 MCSCLR 명령은 우선 순위가 높은 "0"을 사용한 프로그램

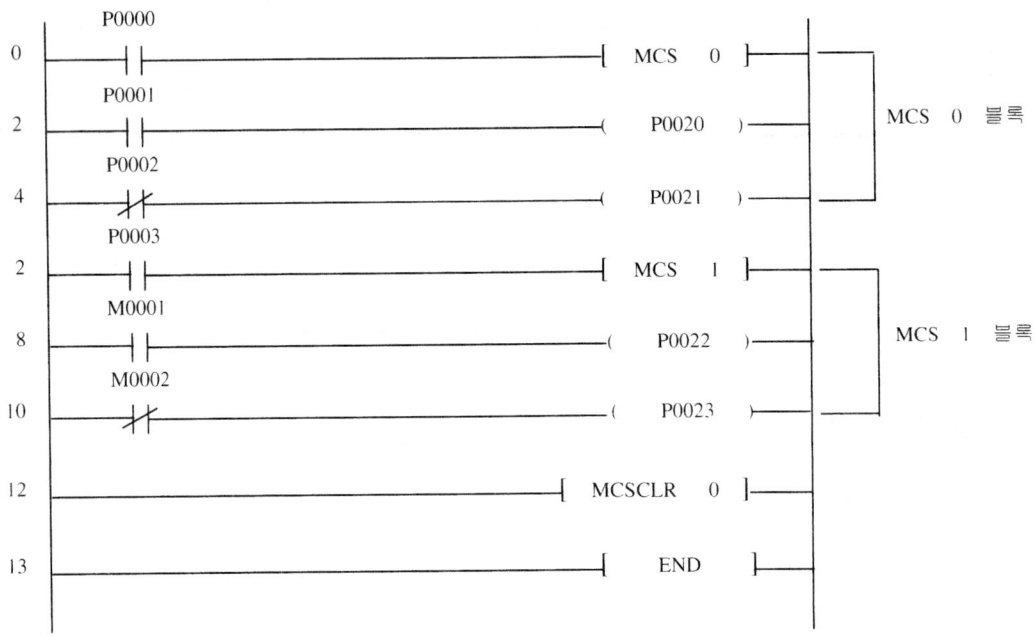

알아두기	

MCS의 On/Off 명령이 Off인 경우 MCS ~ MCSMLR의 연산결과는 다음과 같으므로 MCS(MCSCLR) 명령 사용 시 주의해야 한다.

· 타이머 명령　　　：　처리하지 않음. 접점 Off와 같은 처리
· 카운터 명령　　　：　처리하지 않음. (현재치는 유지)
· OUT 명령　　　：　처리하지 않음.
· SET, RST 명령　：　결과유지

◉ 공통 LINE 이 있는 회로 [MCS, MCSCLR 의 예제]

아래에 나타난 회로 상태 그대로 PLC 프로그램이 되지 않으므로 마스터 콘트롤(MCS, MCSCLR) 명령을 사용하여 프로그램한다.

<릴레이 회로>

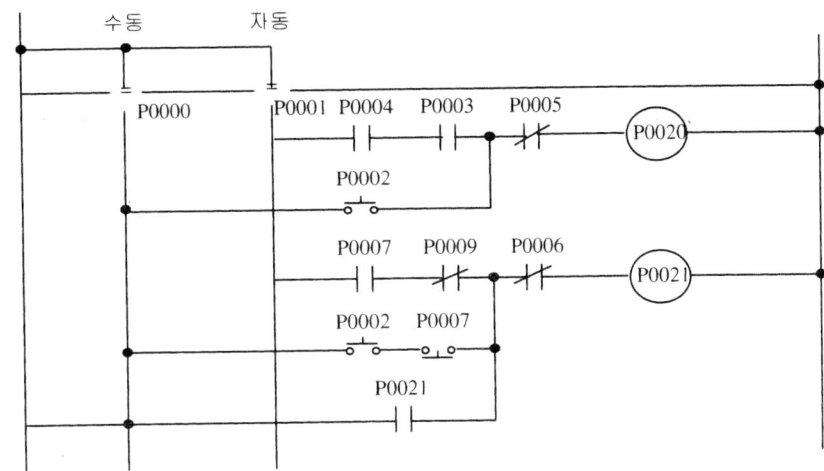

<마스터 콘트롤을 사용한 프로그램>

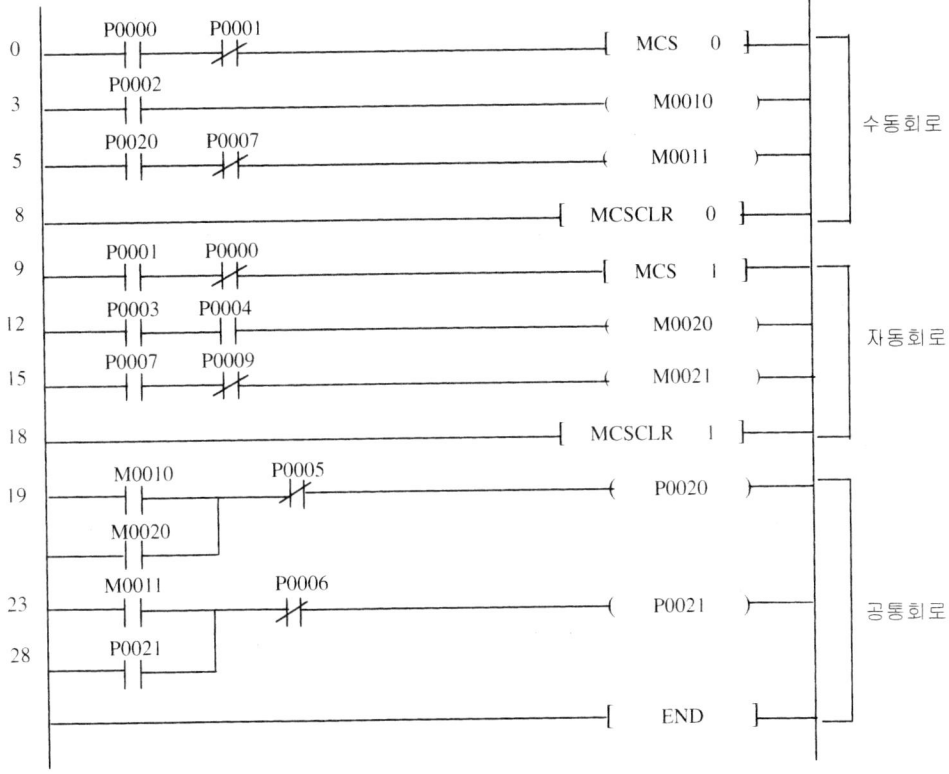

4.7 펄스 출력 명령(D, D NOT)

4.7.1 D

명 령		사 용 가 능 영 역											스텝수
		M	P	K	L	F	T	C	S	D	#D	정수	
D	Ⓓ	O	O	O	O*								2

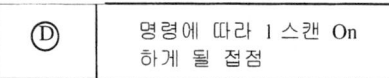

주의) 입력 조건 성립 시 1 스캔 On 하므로
P 영역으로 출력은 주의를 요한다.

영역설정

Ⓓ	명령에 따라 1 스캔 On 하게 될 접점

컴퓨터 링크 모듈 및 데이터 링크 모듈을 사용하지 않을 경우 가능

■ D
1) 기능
· 입력조건이 Off → On 될 때 지정 접점을 1 스캔 On 하여 그 이외에는 Off 된다.
2) 프로그램 예
· 입력조건이 P0002 가 입력 조건이 성립(Off On 될 때) D 명령을 실행하는 프로그램

· 프로그램

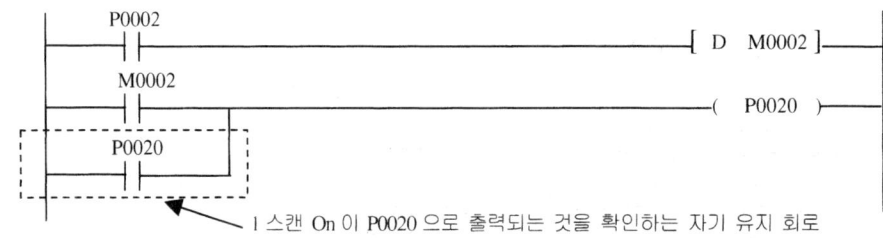

1 스캔 On 이 P0020 으로 출력되는 것을 확인하는 자기 유지 회로

· 타임 차트

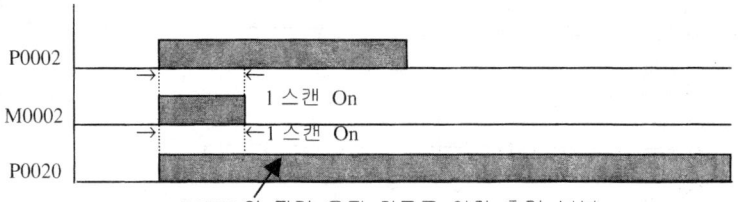

P0020 의 자기 유지 회로로 인한 출력 부분

⊙ 예제 : 출력 On/Off 조작 [D 의 예제]

1. 동 작

순간 접촉 푸쉬 버튼 PB0 을 첫번째 누르면 출력이 On 하고, 두 번째 누르면 출력이 Off 된다.
PB0 을 누를 때마다 출력이 On/Off 를 반복한다.

2. 시스템 도

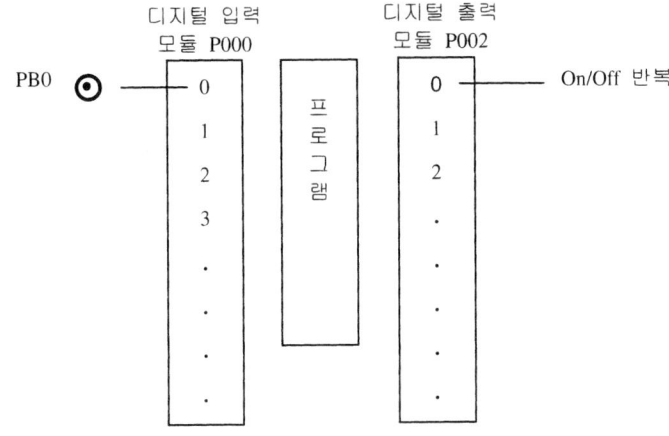

3. 프로그램

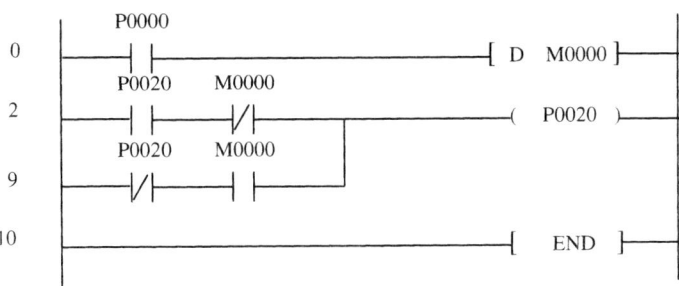

4. 타임 차트

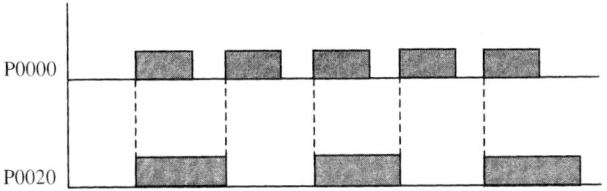

◉ 이중코일 오류

아래와 같은 중복하여 출력 접점(P0020)을 사용한 경우의 입력과 출력의 관계를 살펴본다.

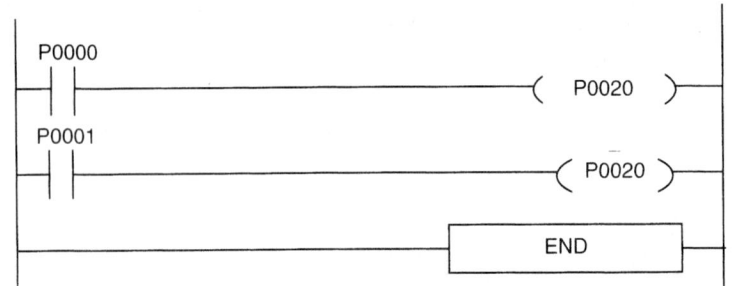

P000	P001	P020
OFF	OFF	OFF
OFF	ON	ON
ON	OFF	ON
ON	ON	ON

(예상 입출력 상황)

위 표 중 3 번째항목 (P0000:ON, P0001:OFF)의 경우 실제 PLC 에서의 **출력은 OFF** 가 된다.

P00 이 ON 되어 P20 이 ON 되면 PLC 의 P20 메모리에는 ON 정보('1')가 저장되지만 2 번 스텝의 P01 이 OFF 되어 P20 에는 OFF 정보('0')가 저장되고 END 명령 수행 후 출력 리프레시에 의해 마지막 저장 정보(OFF)가 출력된다.

따라서 위와 같이 동일 출력 접점을 여러 곳에 사용하면 사용자가 예상하는 OR 조건의 출력값이 아니라 마지막 출력조건에 의하여 출력이 결정된다.

이와 같은 경우 사용자 프로그램 에러의 한 종류로 **이중 코일**이라고 한다.

위 프로그램은 좌측과 같이 수정해야 정확한 출력을 얻을 수 있다.

병렬입력조건이 많은 경우 보조접점(M)을 이용하여 프로그램 활수도 있다.

⊙ 예제 : 모터 기동 증가 제어 [D 의 예제]

1. 동 작

순간 접촉 푸쉬 버튼 PB0 을 첫번째 누르면 모터 1 이 ON, 두번째 누르면 모터 2 가 ON, 세번째 누르면 모터 3 이 ON 된다. 결국 순간 접촉 푸쉬 버튼 PB0 를 세 번 누르면 세대의 모터가 모두 기동하게 된다.

순간 접촉 푸쉬 버튼 PB1 을 누르면 모든 모터의 기동이 중지된다.

본 예제는 PLC 시퀀스의 정확한 이해로 작성할 수 있다.
직렬처리방식과 입출력 리프레시의 관계를 고려하여야만 정확한 결과를 나타낼 수 있다.

2. 시스템 도

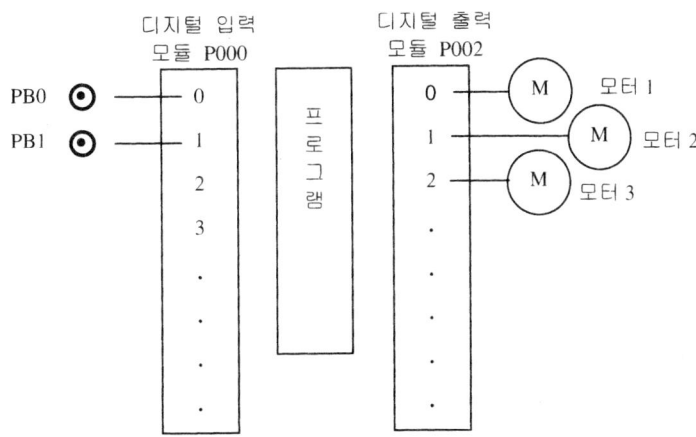

※ 위의 시스템도의 부하(모터)는 마그네트 스위치에 의해 접속된다.

3. 타임 차트

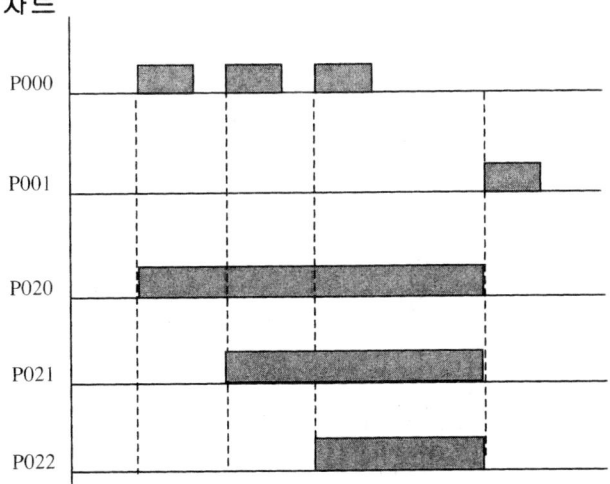

4. 프로그램 예

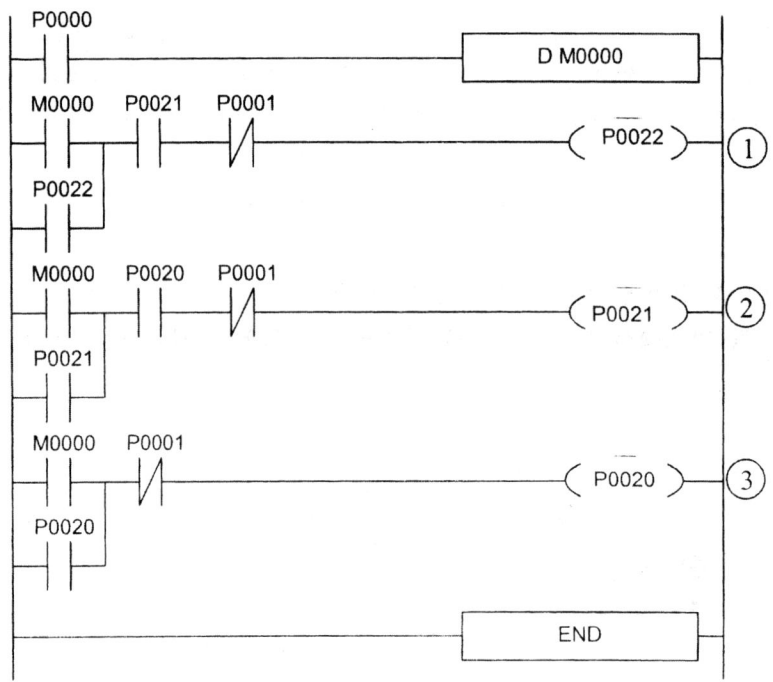

5. 동작 설명

1 회 PB0 ON 시		입력조건			출력	비 고
1ST SCAN	①	M0000	P021	P001	P022	
	②	M0000	P020	P001	P021	
	③	M0000		P001	P020	
1ST SCAN 이후	①	M0000	P021	P001	P022	
	②	M0000	P020	P001	P021	
	③	M0000		P001	P020	자기유지

2 회 PB0 ON 시		입력조건			출력	비 고
1ST SCAN	①	M0000	P021	P001	P022	
	②	M0000	P020	P001	P021	1 회 PB0 ON 시 P20 ON
	③	M0000		P001	P020	
1ST SCAN 이후	①	M0000	P021	P001	P022	
	②	M0000	P020	P001	P021	자기유지
	③	M0000		P001	P020	자기유지

3 회 PB0 ON 시		입력조건			출력	비 고
1ST SCAN	①	M0000	P021	P001	P022	2 회 PB0 ON 시 P21 ON
	②	M0000	P020	P001	P021	1 회 PB0 ON 시 P20 ON
	③	M0000		P001	P020	
1ST SCAN 이후	①	M0000	P021	P001	P022	자기유지
	②	M0000	P020	P001	P021	자기유지
	③	M0000		P001	P020	자기유지

☐ : 집접의 연결을 의미합니다 (a 접점:ON, b 접점:OFF)

4.7.2 D NOT

명 령		사 용 가 능 영 역											스텝수
		M	P	K	L	F	T	C	S	D	#D	정수	
D NOT	Ⓓ	O	O	O	O*								2

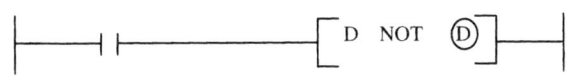

컴퓨터 링크 모듈 및 데이터 링크 모듈을 사용하지 않을 경우 가능

주의) 입력 조건 성립 시 1 스캔 On 하므로
　　 P 영역으로 출력은 주의를 요한다.

영역설정

Ⓓ	명령에 따라 1 스캔 On 하게 될 접점

■ D NOT

1) 기능

· 입력조건이 On → Off 될 때 지정 접점을 1 스캔 On 하고 그 이외에는 Off 된다.

2) 프로그램 예

· 입력조건이 P0000 이 On → Off 될 때 D NOT 명령을 실행하는 프로그램

· 프로그램

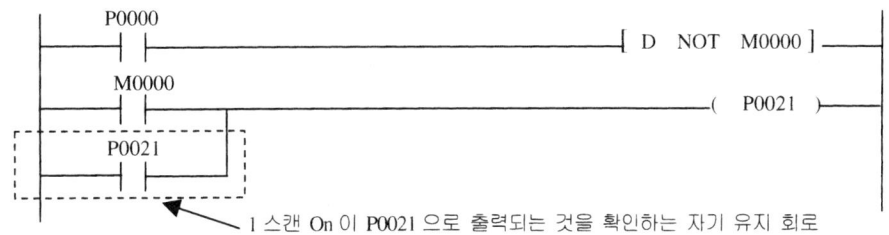

1 스캔 On 이 P0021 으로 출력되는 것을 확인하는 자기 유지 회로

· 타임 차트

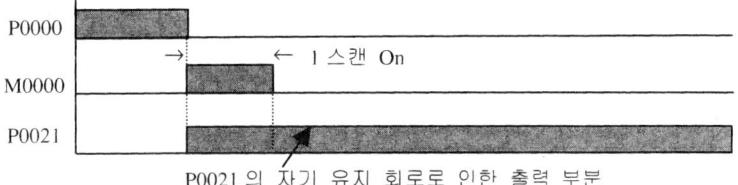

P0021 의 자기 유지 회로로 인한 출력 부분

4.8 상태 유지 명령 (SET,RST)

4.8.1 SET

명 령		사 용 가 능 영 역											스텝수
		M	P	K	L	F	T	C	S	D	#D	정수	
SET	Ⓓ	O	O	O	O*				O				1

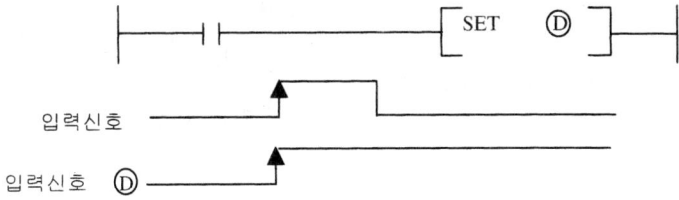

입력신호

입력신호 Ⓓ

컴퓨터 링크 모듈 및 데이터 링크 모듈을 사용하지 않을 경우 가능

■ SET
1) 기능
· 입력조건이 On 되면 지정출력 접점을 On 상태로 유지시켜 입력이 Off 되어도 출력이 On 상태를 유지한다.

2) 프로그램 예
· 입력조건이 P0000 이 On → Off 하였을 때 P0020, P0021 의 출력 상태를 비교하는 프로그램

·프로그램

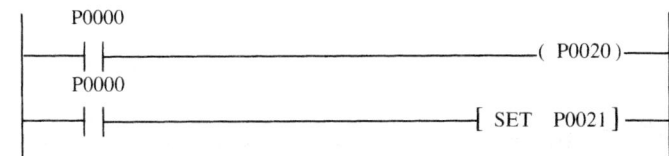

·타임 차트

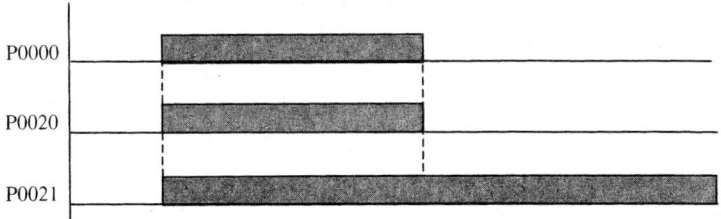

4.8.2 RST

명 령		사 용 가 능 영 역											스텝수
		M	P	K	L	F	T	C	S	D	#D	정수	
RST	Ⓓ	O	O	O	O*				O				1

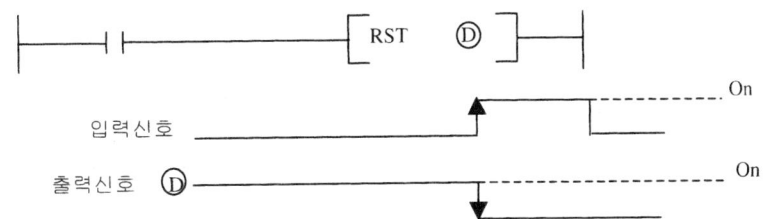

입력신호 ──────────────────┐ ... On

출력신호 Ⓓ ──────────────────────┐ ... On

컴퓨터 링크 모듈 및 데이터 링크 모듈을 사용하지 않을 경우 가능

■ RST
1) 기능
· 입력조건이 On 되면 지정출력 접점을 Off 상태로 유지시켜 입력이 Off 되어도 출력이 Off 상태를 유지합니다.

2) 프로그램 예
· 입력조건 P0000 이 On → Off 하였을 때 P0020, P0021 의 출력 상태를 확인하고 P0021 출력을 Off 시키는 프로그램

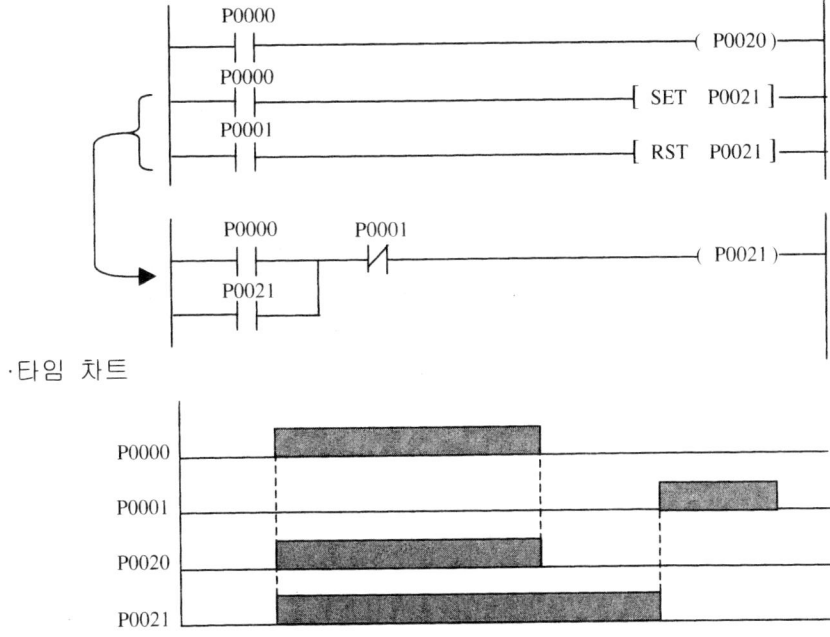

·타임 차트

⊙ 정전대책에 대하여

● P와 K 영역의 차이점, 세트/리세트 동작에 대하여

1. 입출력 릴레이(P)와 킵 릴레이(K)의 차이점

다음의 시퀀스는 모두 자기 유지 회로를 갖고 있으며 그 동작은 동일하다.

그러나, 출력이 On 중에 정전되면 복전 시의 출력상태는 다르게 된다.

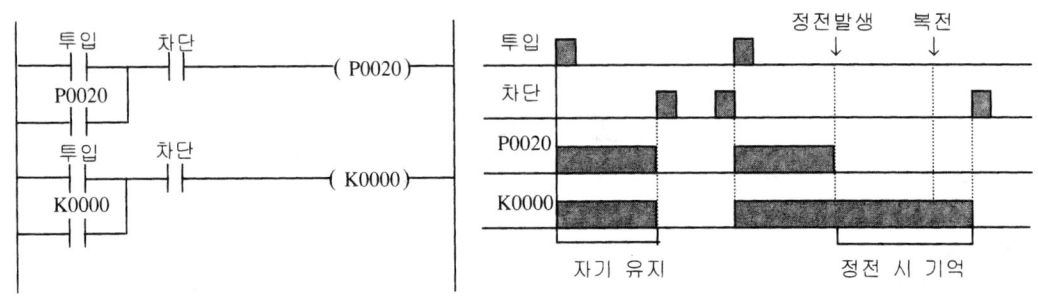

2. SET/RST 명령에서 입출력 릴레이(P)와 킵 릴레이(K) 영역 동작의 차이점

세트/리세트 명령은 자기보존 기능을 갖고 있기 때문에 출력이 1 회 세트(On)되면 "차단" 입력이 들어올 때까지 그 상태가 계속된다.

그러나, 입출력 릴레이(P) 영역과 킵 릴레이(K) 영역의 차이점에 의해, 복전 시의 동작이 다르다.

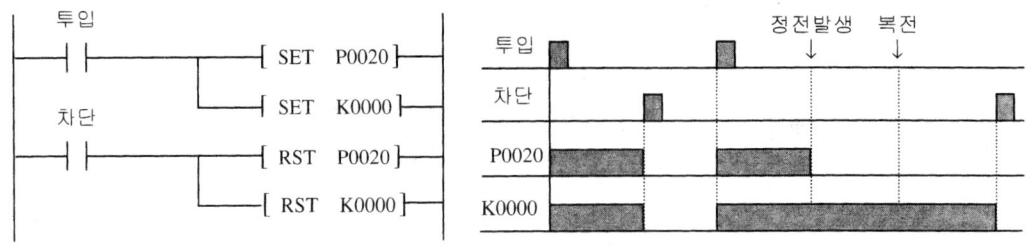

◉ 파라미터 지정에 의한 불휘발성영역 설정

K 릴레이 이외의 보조 릴레이나 데이터 메모리도 기본 불휘발성 영역을 포함하고 있으며 파라미터 지정에 의해 변경할 수 있다.

불휘발성 영역 설정 (Latch area)

Device		영역	기본영역
M		M0000~M191F	
L		L000~L063F	
T(100ms)		T000~T191	T144~191
T(10ms)		T192~T255	T240~T255
C		C000~C255	C240~C255
D	K80S, K200S, K300S	D0000~D4999	D3500~D4500
	K1000S	D0000~D9999	D6000~D8999
S		S00.00~S99.99	S80~S99

Device		영역	기본영역
M		M000~M31F (M000~M15F)	
L		L000~L15F (L000~L07F)	L000~L015F (L000~L07F)
T(100ms)		T000~T095 (T000~T031)	T072~T095 (T024~T031)
T(10ms)		0096~0127 (0032~0047)	T120~T127 (T044~T047)
C		C000~C127 (C000~C015)	C096~C127 (C012~C015)
D	K10S1	D000~D063	D048~D063
	K10S, 30S, 60S, 100S	D000~D255	D192~D255
S		S00.00~S31.99 (S00.00~S15.99)	S80~S99 (S12~S15)

※ ( ) 안의 숫자는 K10S1 에 해당한다.

※ 이외의 기종의 불휘발성 영역은 2.3.3 기종별 메모리 구성을 참고하기 바란다.

● **KGL-WIN** 에서 파라미터에 의한 불휘발성 영역 변경

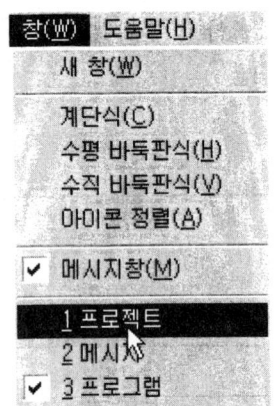

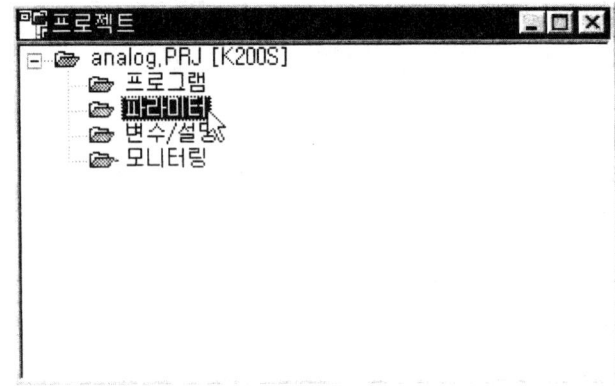

● 창메뉴에서 프로젝트를 선택한다.

● 파라미터항목을 더블 클릭한다.

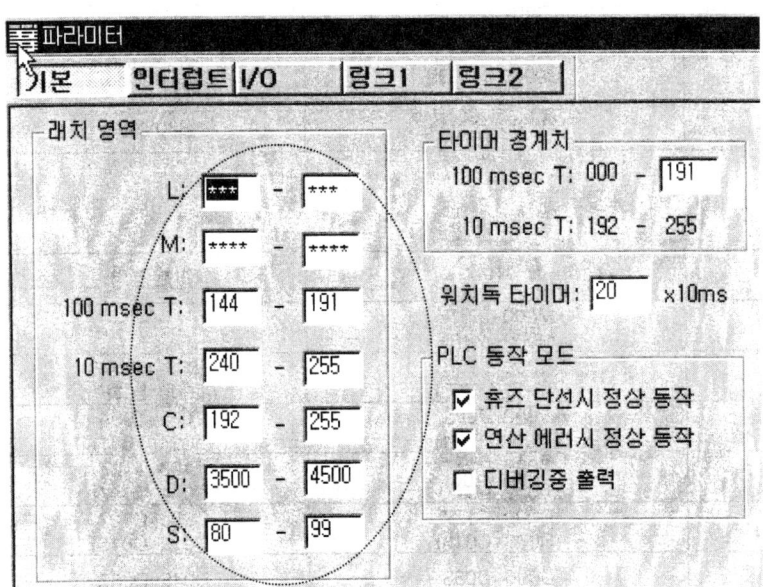

● 파라미터창이 생성된다.

● 원안은 Device 별 K200S 의 기본 불휘발성 영역으로 사용자가 변경할 수 있다.

● L,M 영역은 기본영역이 없으며 사용자가 지정하여야 한다.

4.9 순차제어, 후입 우선 명령(STEP CONTROLER)

4.9.1 순차제어(SET S)

명 령		사 용 가 능 영 역											스텝수
		M	P	K	L	F	T	C	S	D	#D	정수	
SET S	Ⓓ								O				1

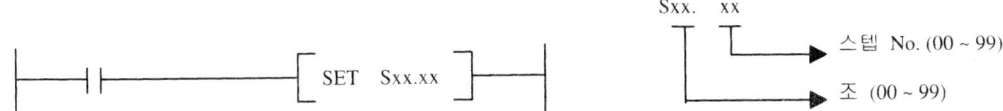

SET Sxx.xx

Sxx. xx → 스텝 No. (00 ~ 99)

→ 조 (00 ~ 99)

■ SET Sxx.xx(순차제어)

1) 기능
- 동일 조 내에서 바로 이전의 스텝번호가 On 되었을 때 현재 스텝번호가 On 될 수 있다.
- 현재 스텝번호가 On 되면 자기 유지되어 입력 접점이 Off 되어도 On 되어진 상태를 유지한다.
- 입력조건 접점이 동시 On 되어도 한 조 내에서는 한 스텝번호만이 On 된다.
- SET Sxx.xx 명령은 Sxx.00 의 입력 접점을 On 시킴으로써 클리어된다.

2) 프로그램 예
- 프로그램—S01.** 조를 이용한 순차제어 프로그램

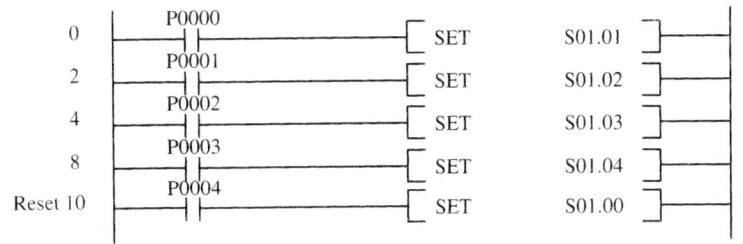

0	P0000	SET	S01.01
2	P0001	SET	S01.02
4	P0002	SET	S01.03
8	P0003	SET	S01.04
Reset 10	P0004	SET	S01.00

- 순차제어는 바로 이전의 스텝이 On 이고 자신의 조건 접점이 On 이면 출력된다.
- 타임 차트

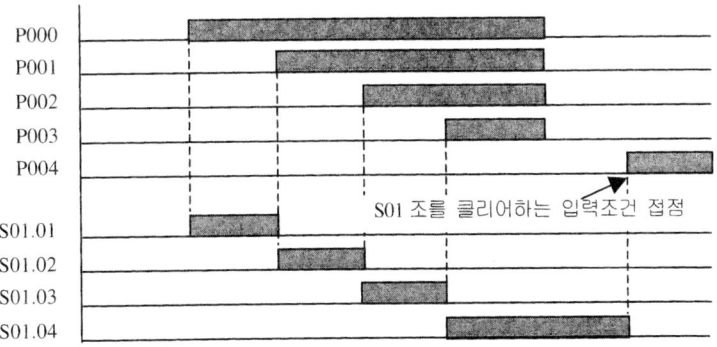

S01 조를 클리어하는 입력조건 접점

⊙ 스텝 콘트롤러의 이해 (순차제어)

아래 그림과 같이 각 조로 구분되는 계단이 여러 개가 있고 각각의 계단은 99 개의 발판 (STEP)으로 이루어져 있다. 이 때 각 계단(각 조)에는 한 사람만 오를 수 있다고 가정하면 스텝 콘트롤러의 순차제어를 이해할 수 있다.

◆ 이전의 스텝번호가 On 되었을 때 현재 스텝번호가 On
1 번 스텝에 올라서려면 반드시 0 번 스텝 위에 있어야만 가능하며, 역시 2 번 스텝 위에 올라서기 위해서는 반드시 1 번 스텝 위에 있어야 한다

◆ 자기 유지 기능
계단 위에는 항상 사람이 존재하는 것처럼 일단 진행된 스텝은 입력에 상관 없이 항상 ON 상태를 유지(SET)한다.

◆ 한 스텝번호만 On
계단의 스텝 위에는 오로지 한 사람만 존재하는 것으로 이해하면 된다

◆ 각 조는 서로 독립으로 동작
각 계단이 독립적으로 존재하는 아래 그림과 같이 각 스텝은 서로 독립적으로 동작한다.

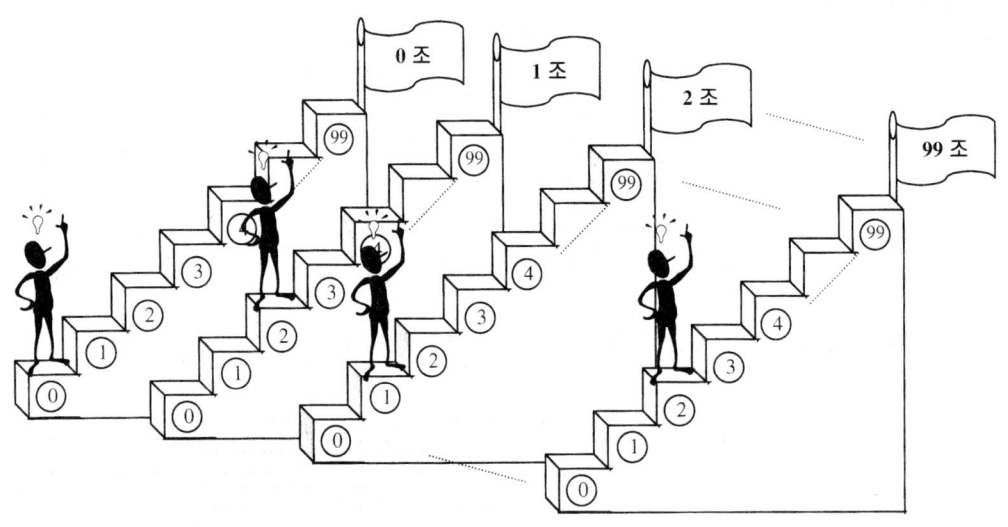

(스텝 콘트롤러의 이해)

⊙ 예제 6. 순차제어 [SET S 의 예제]

아래 프로그램은 공정 1 이 끝나야만 공정 2 가 수행되고 공정 3 이 실행되며, 공정 4 가 끝나면, 다시 1 번 공정이 모두 순차적으로 수행되는 과정을 간략하게 작성한 것이다.

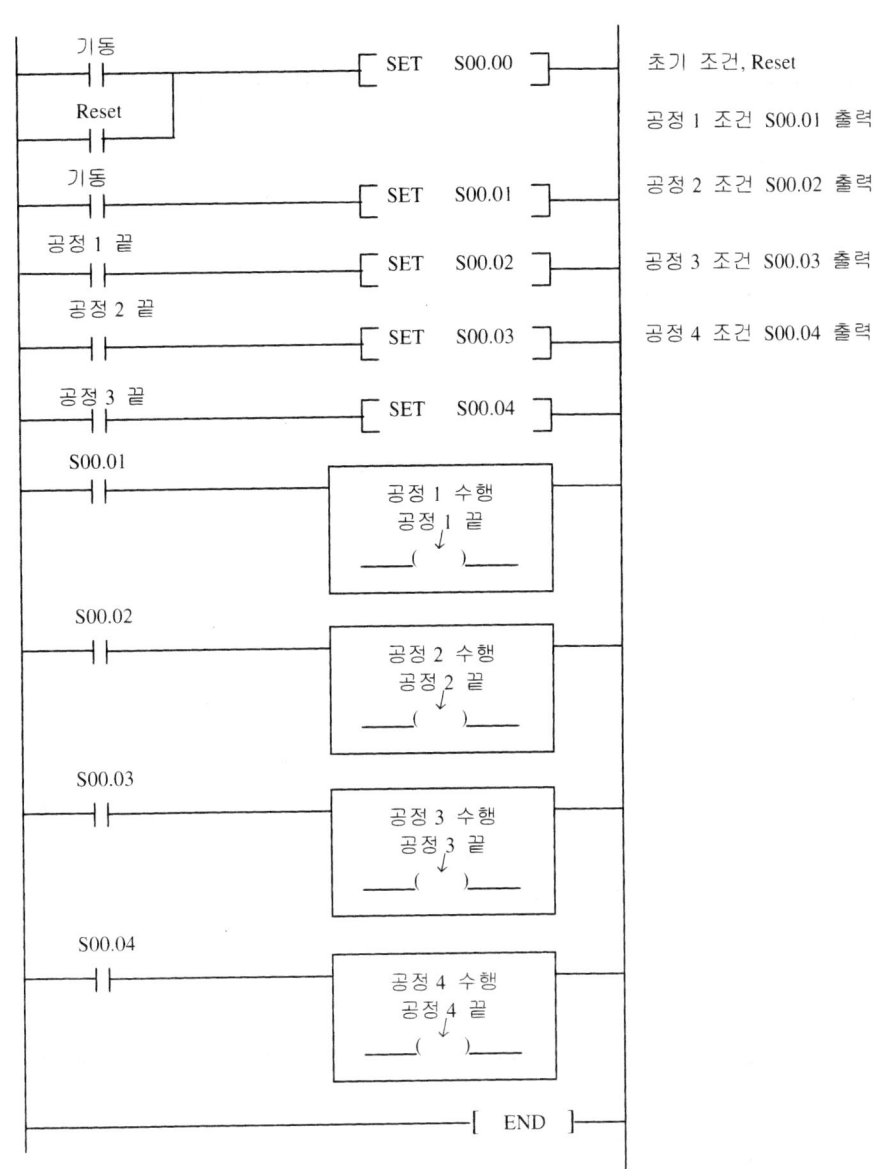

4.9.2 후입 우선(OUT S)

명 령		사 용 가 능 영 역											스텝수
		M	P	K	L	F	T	C	S	D	#D	정수	
OUT S	Ⓓ	O	O	O	O*				O				1

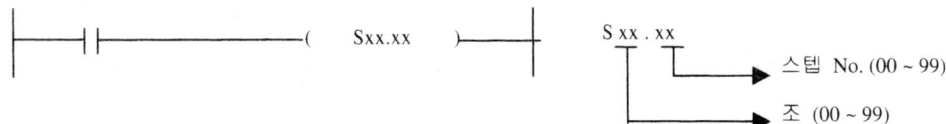

■ OUT Sxx.xx(후입 우선)

1) 기능
· 동일 조 내에서 입력조건 접점이 다수가 On 하여도 한 개의 스텝 번호만 On 한다.
  입력조건이 동시에 On 하면 스텝 번호가 큰 것이 우선으로 출력된다.
· 현재 스텝 번호가 On 되면 자기 유지되어 입력 조건이 Off 되어도 On 되어진 상태를
  유지한다.

2) 프로그램 예
· S02 조를 이용한 후입 우선 제어 프로그램

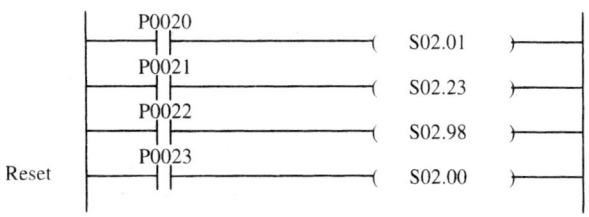

No	P020	P021	P022	P023	S02.01	S02.23	S02.98	S02.00
1	On	Off	Off	Off	O			
2	On	On	Off	Off		O		
3	On	On	On	Off			O	
4	On	On	On	On				O

⊙ 예제 7. 대차의 순차기동 제어

1. 동 작

기동 스위치 P0000 ON 시 대차는 D 구간까지 이동하고 D 도달 후 B 위치로 다시 C 위치로 다시 A 위치로 복귀하는 동작을 반복하며 정지 스위치를 ON 하면 대차는 A 점으로 복귀한 후 정지한다.

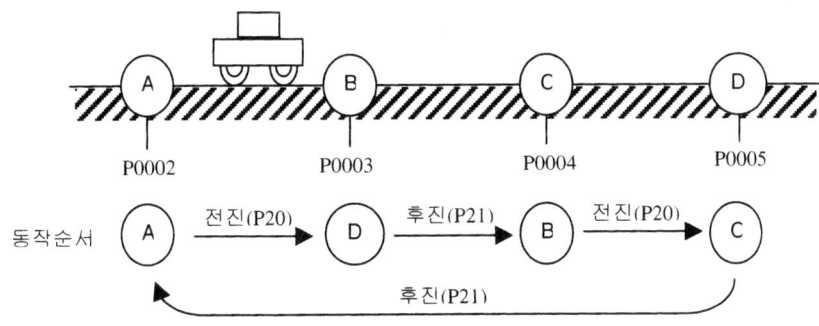

2. 시스템 도

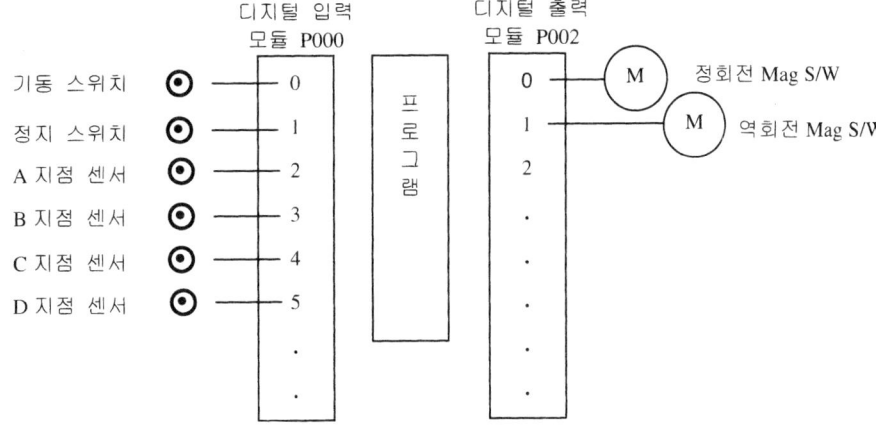

3. 타임차트

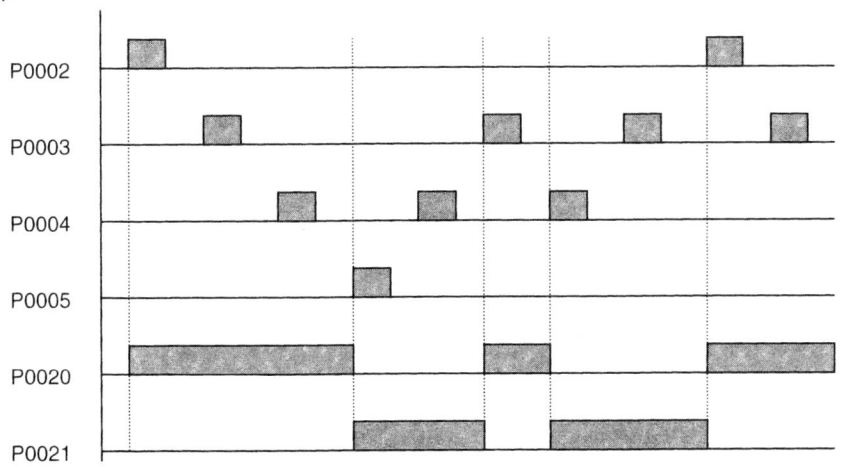

4. 프로그램

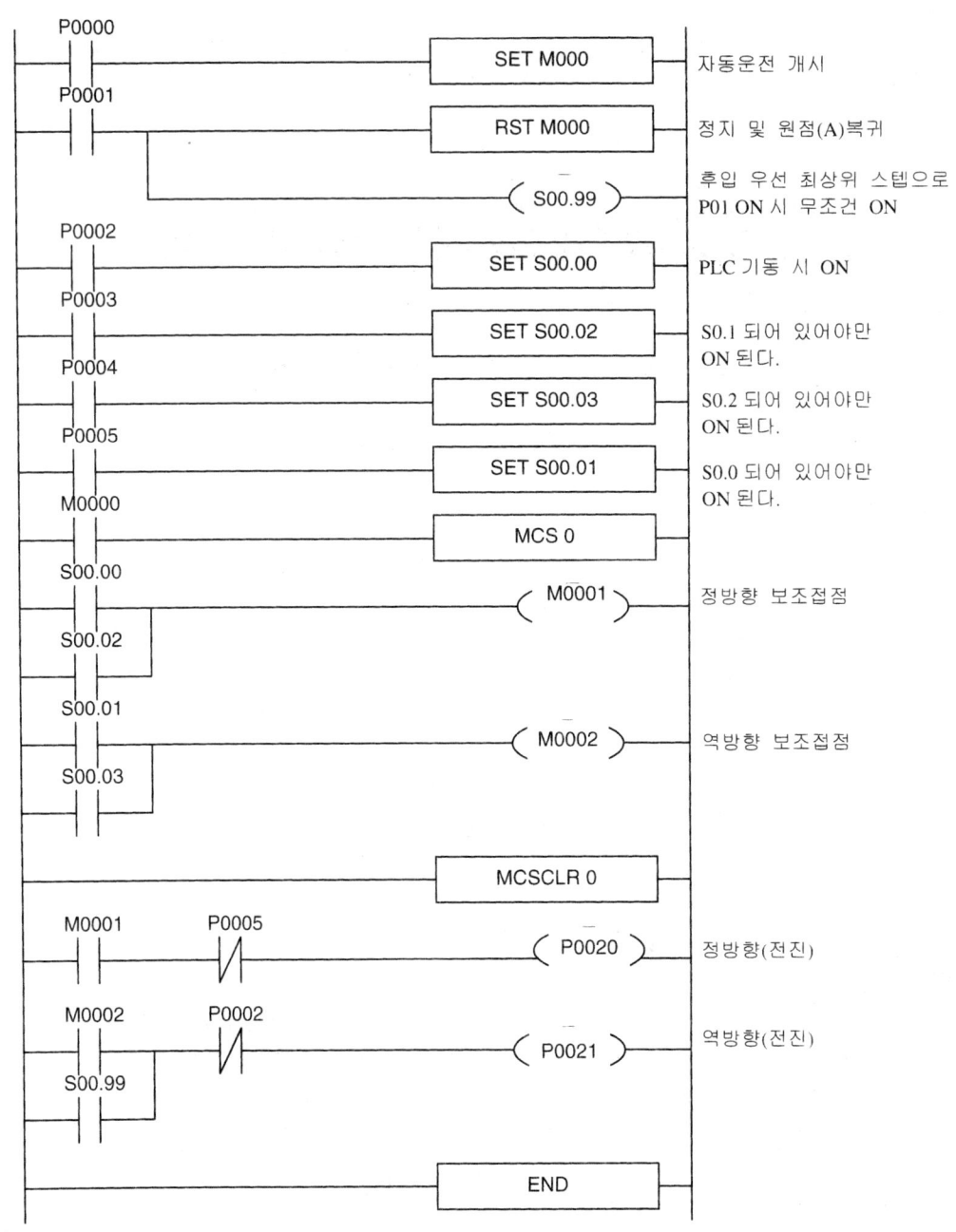

P0000 / P0001 ─ SET M000	자동운전 개시
─ RST M000	정지 및 원점(A)복귀
─(S00.99)	후입 우선 최상위 스텝으로 P01 ON 시 무조건 ON
P0002 ─ SET S00.00	PLC 기동 시 ON
P0003 ─ SET S00.02	S0.1 되어 있어야만 ON 된다.
P0004 ─ SET S00.03	S0.2 되어 있어야만 ON 된다.
P0005 ─ SET S00.01	S0.0 되어 있어야만 ON 된다.
M0000 ─ MCS 0	
S00.00 / S00.02 ─(M0001)	정방향 보조접점
S00.01 / S00.03 ─(M0002)	역방향 보조접점
─ MCSCLR 0	
M0001 ─ P0005 ─(P0020)	정방향(전진)
M0002 / S00.99 ─ P0002 ─(P0021)	역방향(전진)
─ END	

● GSIKGL 에서 작성한 프로그램을 KGLWIN 에서 열기

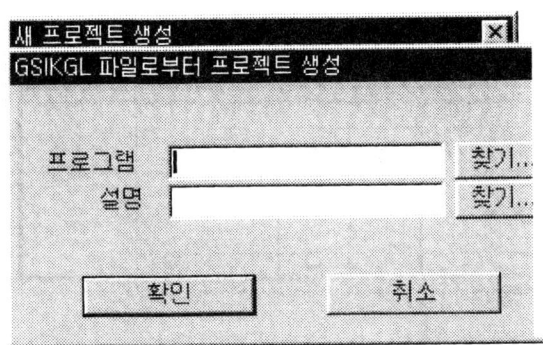

STEP 1
1. 새프로젝트를 선택한다.
2. 새프로젝트 생성창에서 **GSIKGL 파일로부터 생성**
   을 선택 후 확인을 누른다.

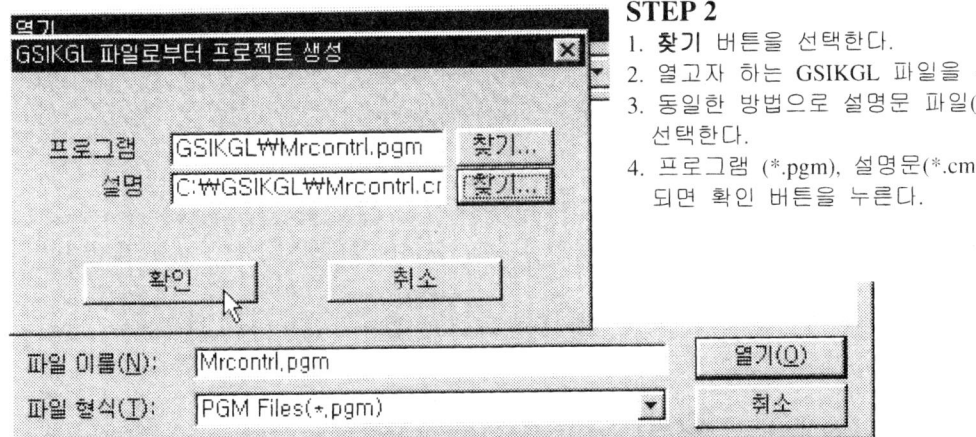

STEP 2
1. **찾기** 버튼을 선택한다.
2. 열고자 하는 GSIKGL 파일을 선택한다.
3. 동일한 방법으로 설명문 파일(*.cmt)을 찾아
   선택한다.
4. 프로그램 (*.pgm), 설명문(*.cmt)선택이 완료
   되면 확인 버튼을 누른다.

STEP 3
1. 적용하고자 하는 기종을 선택 후 확인을
   누른다.
2. 파일열기 및 버전업이 진행된 후
   프로그램 열기가 완료된다.
   (컴퓨터의 성능 및 프로그램의 용량에
   따라 다소 시간이 걸릴 수 있다.)

4.10 타이머 명령 (TON, TOFF, TMR, TMON, TRTG)

4.10.1 ON Delay (TON)

명 령	사 용 가 능 영 역											스텝수
	M	P	K	L	F	T	C	S	D	#D	정수	
TON						O						3
설 정 치									O		O	

설정시간 (t) = 기본주기 (0.1 초 또는 0.01 초) x 설정치(0~65535)

■ TON

1) 기능

· 입력조건이 On 되는 순간부터 현재치가 증가하여 타이머 설정시간(t)에 도달하면 타이머 접점이 On 된다.

· 입력조건이 Off 되거나 Reset 명령을 만나면 타이머 출력이 Off 되고 현재치는 "0" 이 된다.

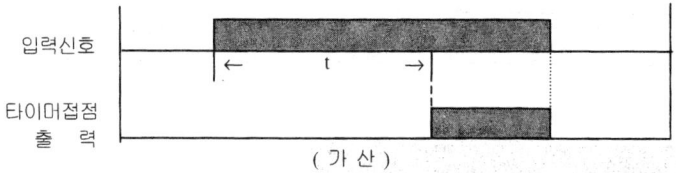

2) 프로그램 예

· P0000 이 On 한 후 20 초 후에 타이머의 현재치와 설정치가 같을 때 출력 On

· 현재치가 설정치에 도달하기 전에 입력조건이 Off 하면 현재치는 "0" 이 된다.

· P0001 이 On 되면 현재치는 "0" 이 된다.

· 프로그램

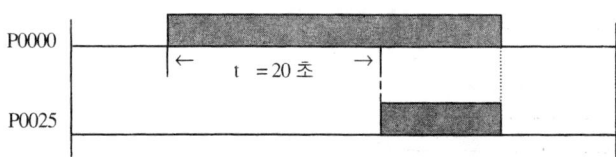

· 타임 차트

⊙ 참고

1. KGLWIN 에서 타이머 편집 예

2. 타이머의 영역의 속성 변경

타이머 영역 설정

단위	설정가능영역	기본영역
100 ms	T000~T255	T000~T191
10 ms	T000~T255	T192~T255

KGL-WIN 에 의한 변경

☞ 새프로젝트1 [K200S]
   ☞ 프로그램
   ☞ 파라미터

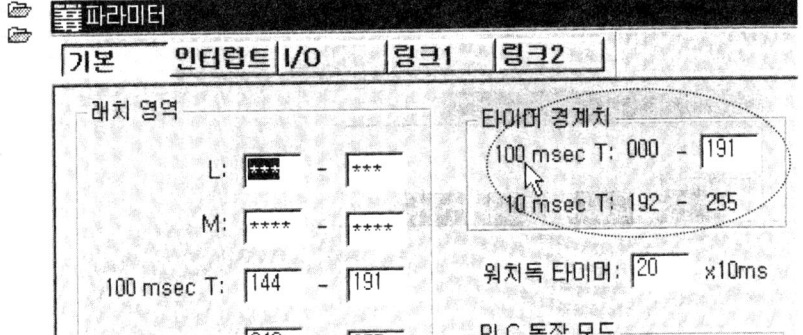

● 파라미터창을 올린다.
● 원안은 타이머의 영역의 기본설정 범위로 사용자가 변경할 수 있다.

346

⊙ 예제 : 플리커 회로 [TON 의 예제]

1. 동 작
타이머 2 개를 사용하여 출력을 플리커(깜박이)시킨다.

2. 시스템 도

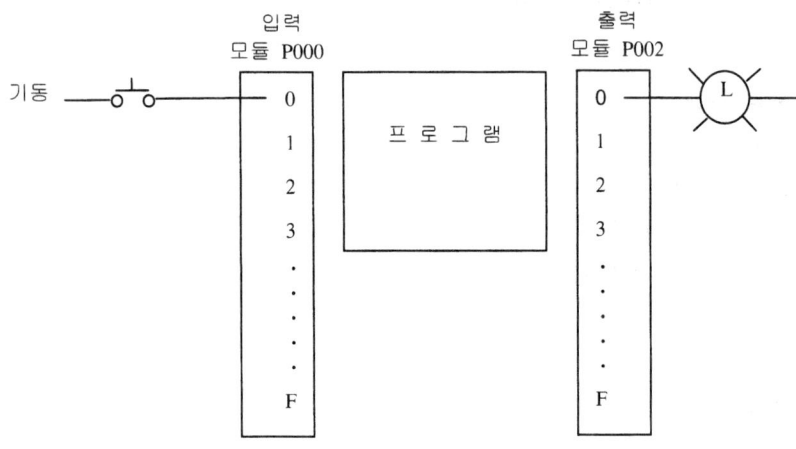

3. 타임 차트

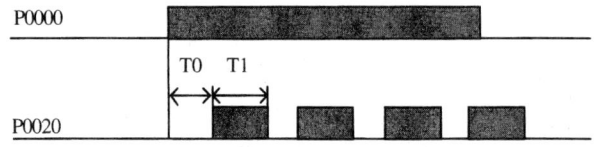

4. 프로그램

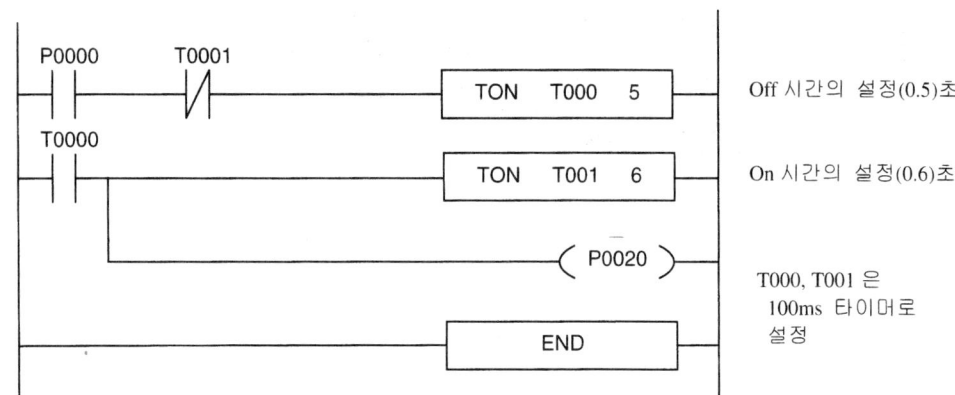

4.10.1 OFF Delay (TOFF)

명 령	사 용 가 능 영 역											스텝수
	M	P	K	L	F	T	C	S	D	#D	정수	
TOFF						O						3
설 정 치									O		O	

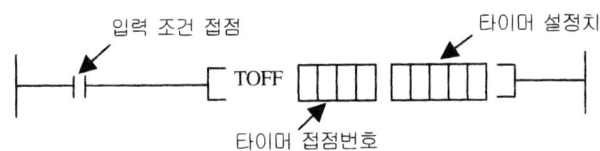

설정시간 (t) = 기본주기 (0.1 초 또는 0.01 초) x 설정치

■ TOFF

1) 기능

· 입력조건이 On 상태이면 동안 타이머의 현재치는 설정치가 되며 출력은 On 된다.
· 입력조건이 Off 되면 타이머 현재치가 설정치로부터 감소되어 현재치가 "0" 이 되는 순간 출력이 Off 된다.
· Reset 명령을 만나면 타이머 출력은 Off 되고 현재치는 "0" 이 된다.

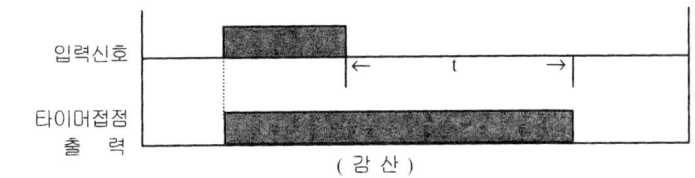

(감 산)

2) 프로그램 예

· 입력 P0000 접점이 On 되면 T000 접점이 동시에 On 하고 출력 P0025 는 On 된다.
· 입력 P0000 이 Off 되면 타이머는 감산을 시작하여 현재치가 "0" 이 되면 타이머 접점이 Off 된다.
· P0002 가 On 되면 타이머 출력은 Off 되고 현재치는 "0" 이 된다.

·프로그램

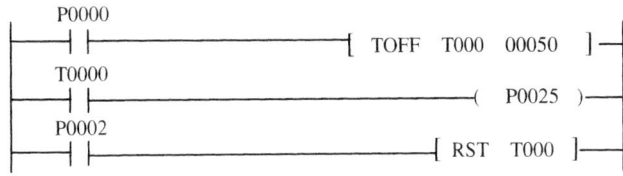

·타임 차트

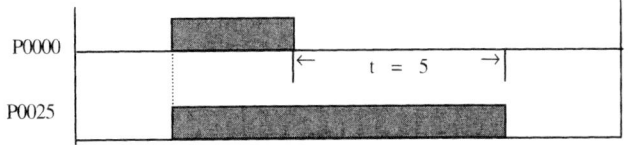

⊙ 예제 : 컨베이어 제어 [TON, TOFF]의 예제

1. 동 작

여러 대의 컨베이어를 순서에 따라 기동(A → B → C), 정지(C → B → A)한다.

2. 시스템 도

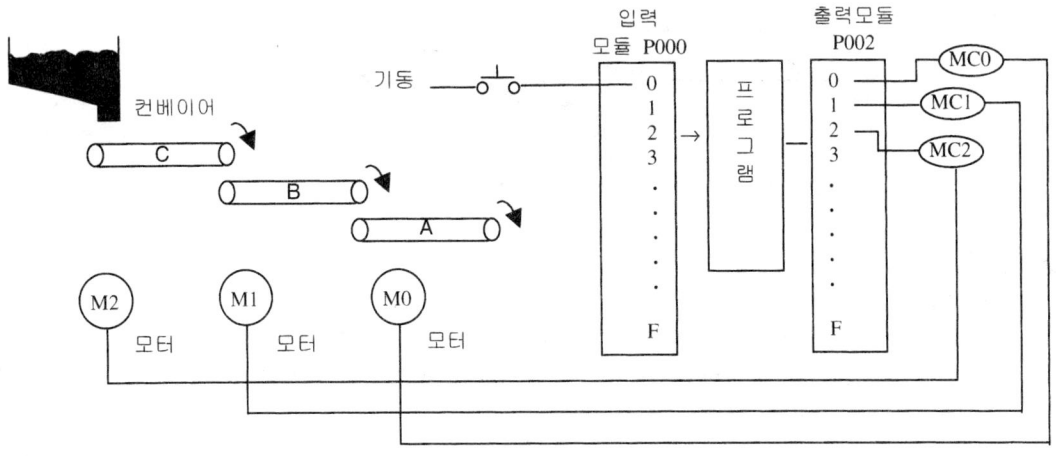

3. 타임 차트

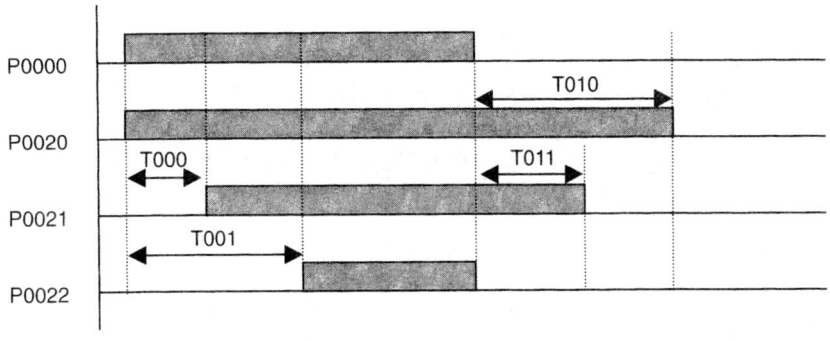

4. 프로그램

```
    P0000
─────┤ ├──────────────────────────┤ TOFF  T010  100 ├───    ·A 컨베이어 정지 지연시간 설정(10 초)

    T0010
─────┤ ├──────────────────────────────( P0020 )────

    P0000
─────┤ ├──────────────────────────┤ TON   T000  50 ├────    ·B 컨베이어 기동 지연시간 설정(5 초)

    T0000
─────┤ ├──────────────────────────┤ TOFF  T011  50 ├────    ·B 컨베이어 정지 지연시간 설정(5 초)

    T0011
─────┤ ├──────────────────────────────( P0022 )────
    T0000
─────┤ ├──

    P0000
─────┤ ├──────────────────────────┤ TMON  T001  100 ├───
                                                           ·C 컨베이어 기동 지연시간 설정(10 초)
    T0001  P0000
─────┤/├───┤ ├─────────────────────────( P0022 )────

─────────────────────────────────────┤ END ├───────
```

◉ 예제 : 화장실 자동 밸브 제어 [TON, TOFF] 의 예제

1. 동 작

사용자가 변기에 접근한 후 1 초 뒤 2 초간 물이 나오고 이탈 후 즉시 3 초간 물이 공급되는 회로이다.

2. 시스템 도

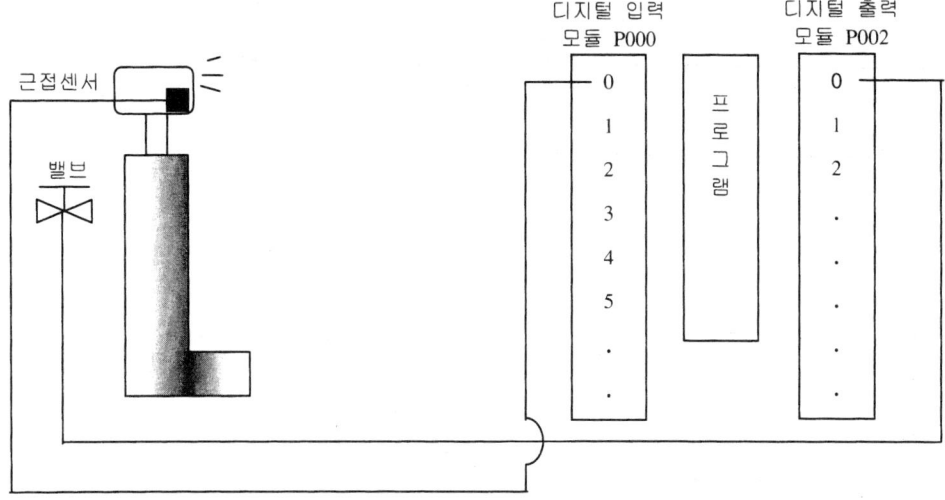

3. 타임차트

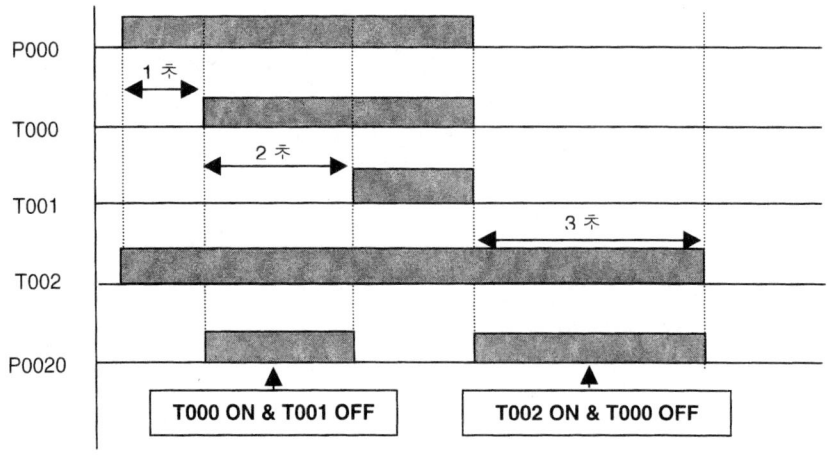

4. 프로그램

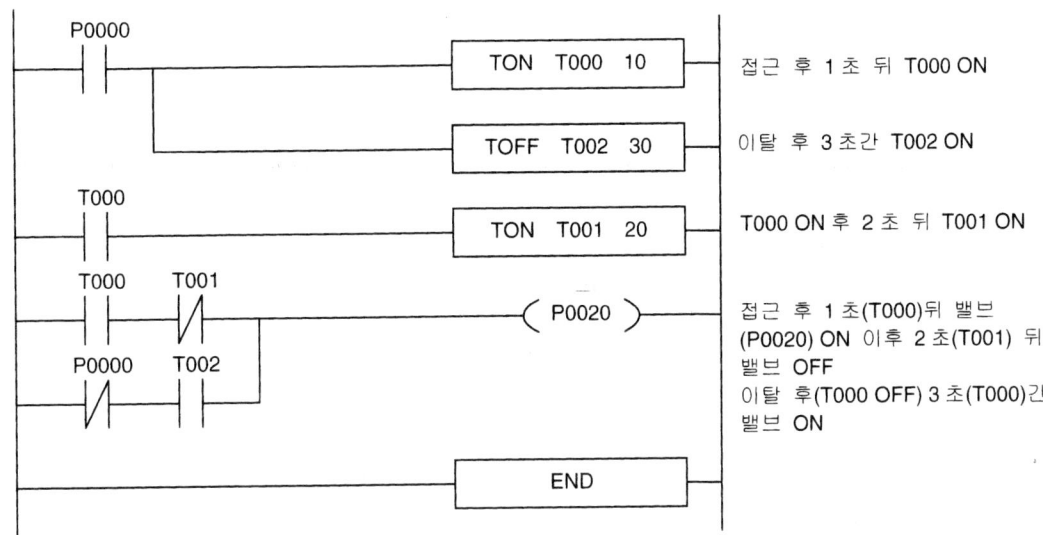

접근 후 1 초 뒤 T000 ON

이탈 후 3 초간 T002 ON

T000 ON 후 2 초 뒤 T001 ON

접근 후 1 초(T000)뒤 밸브
(P0020) ON 이후 2 초(T001) 뒤
밸브 OFF
이탈 후(T000 OFF) 3 초(T000)간
밸브 ON

4.10.3 적산 타이머 (TMR)

명 령	사 용 가 능 영 역											스텝수
	M	P	K	L	F	T	C	S	D	#D	정수	
TMR						O						3
설 정 치									O		O	

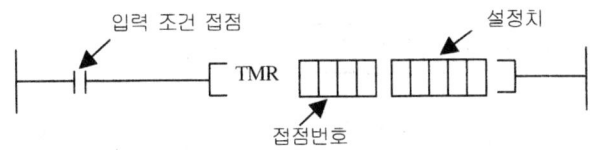

설정시간 (t) = 기본주기 (0.1 초 또는 0.01 초) x 설정치

■ TMR

1) 기능

· 입력조건이 On 상태이면 타이머 현재치가 증가하며, 타이머의 설정시간에 도달하면 타이머 접점이 On 된다.
· 정전시도 타이머 현재치를 유지하기 위해서는 불휘발성 영역을 사용하여야 한다.
· Reset 입력조건이 성립되면 타이머 접점은 Off 되고 현재치는 "0" 이 된다.

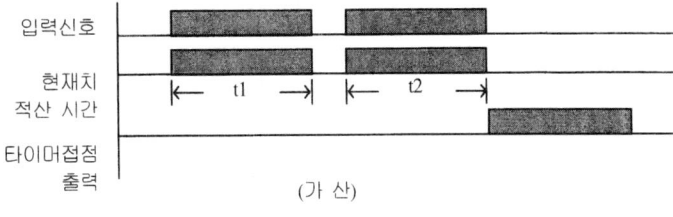

(가 산)

설정시간(t) = t1 + t2

2) 프로그램 예

· 접점 P0000 이 On, Off, On 을 반복한 후 T096 이 On 하여 출력 접점 P0021 을 On(t1 + t2 = 30 초) 한다.
· Reset 신호 P0003 을 On 하면 현재치는 "0" 이 되면서 P0021 은 Off 된다.
· 프로그램

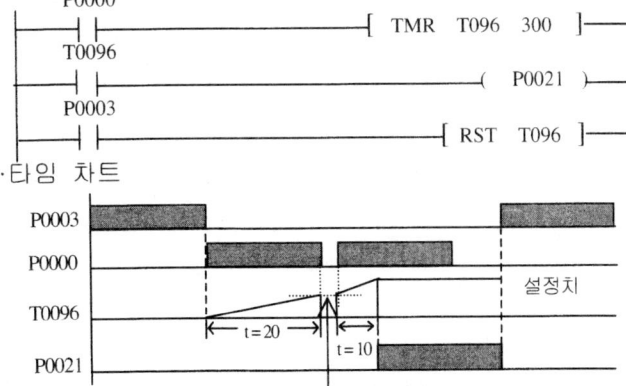

· 타임 차트

⊙ 예제 : 공구 수명 경보회로 [TMR의 예제]

1. 동 작

머시닝 센터 등의 공구 사용 시간을 측정하여 공구 교환을 위한 경보 등을 출력한다.

2. 시스템 도

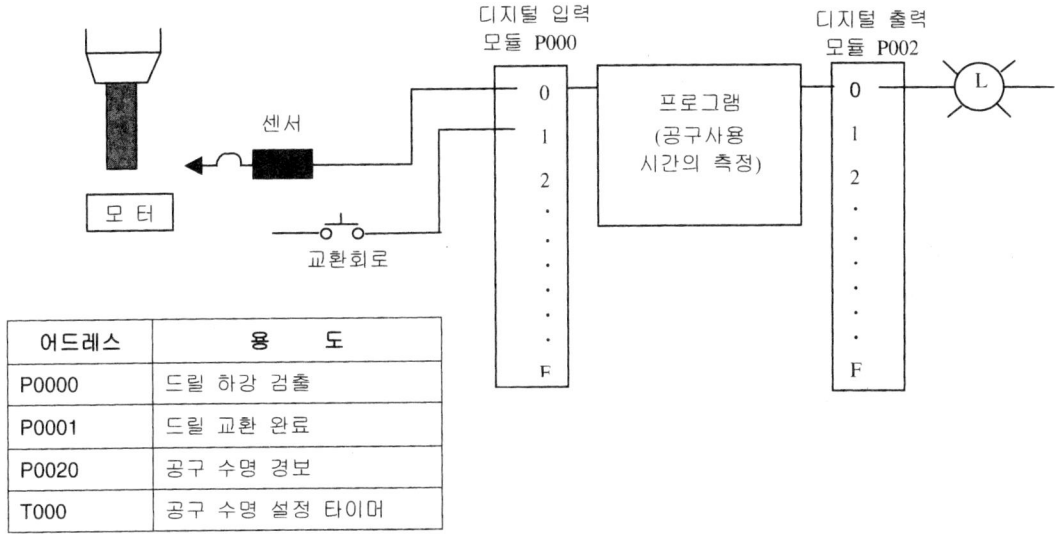

어드레스	용 도
P0000	드릴 하강 검출
P0001	드릴 교환 완료
P0020	공구 수명 경보
T000	공구 수명 설정 타이머

3. 프로그램

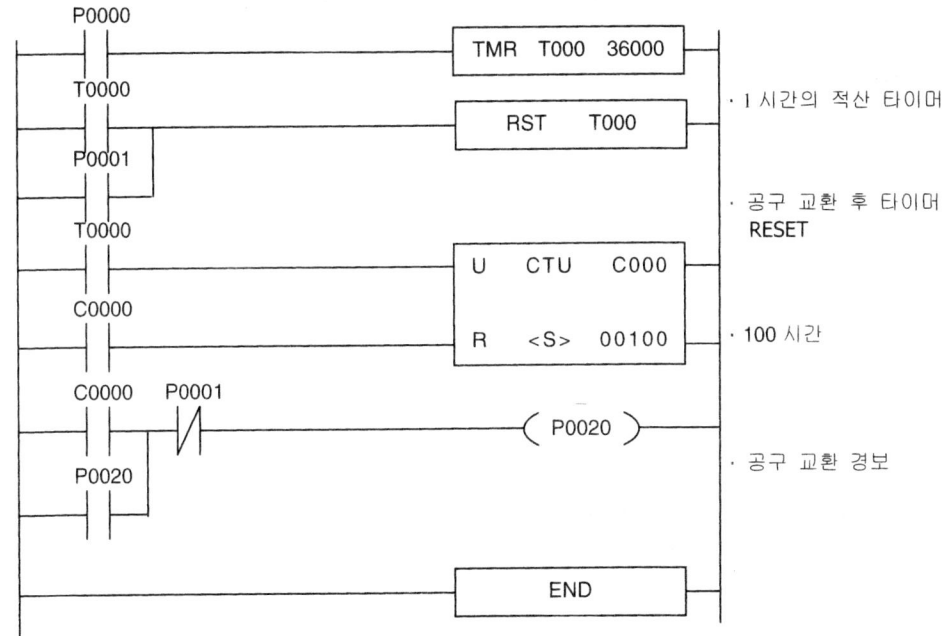

· 본 예제와 같은 적산 타이머 사용시에는 불휘발성 영역에 있는 타이머를 사용하는 것이 좋다.
(여기서 사용된 타이머는 휘발성 영역이다.)

354

4.10.4 모노스테이블 (TMON)

명 령	사 용 가 능 영 역											스텝수	플래그		
	M	P	K	L	F	T	C	S	D	#D	정수		에러 (F110)	제로 (F111)	캐리 (F112)
TMON						O						3			
설 정 치									O		O				

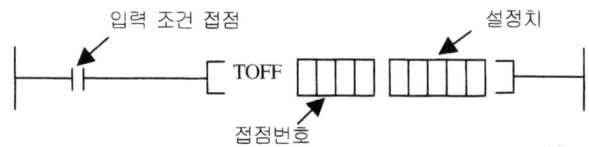

설정시간 (t) = 기본주기 (0.1 초 또는 0.01 초) X 설치치

■ TMON

1) 기능

· 입력조건이 On 되는 순간 타이머 출력이 On 되고 타이머의 현재치가 설정치로부터 감소하기 시작하여 "0" 가 되면 타이머 출력은 Off 된다.
· 타이머 출력이 On 된 후 입력조건이 On, Off 변화를 하여도 무시한다.
· Reset 입력조건이 On 되면 타이머 접점은 Off 되고 현재치는 "0" 이 된다.

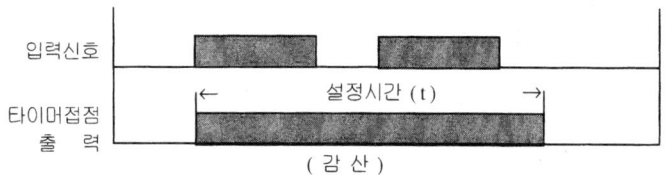

2) 프로그램 예

· P0000 을 On 하면 접점 T000 는 즉시 On 하며 타이머가 감산한다.
· 감산 중에 P0000 이 On, Off 를 반복하여도 감산은 계속된다.
· Reset 신호 P0003 을 On 하면 현재치는 "0" 이 되며 출력은 Off 된다.
·프로그램

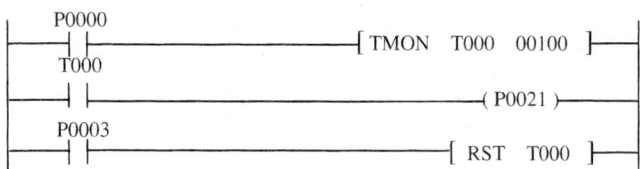

·타임 차트

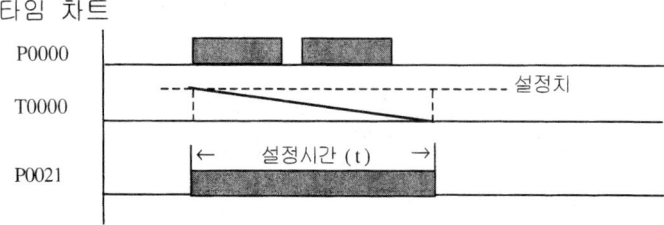

⊙ 예제 10. 신호떨림 방지 회로 [TMON 의 예제]

1. 동 작

속도가 일정치 않은 물체의 통과신호(리미트 스위치)의 떨림을 방지하여, 안정된 신호를 얻는다.

2. 시스템 도

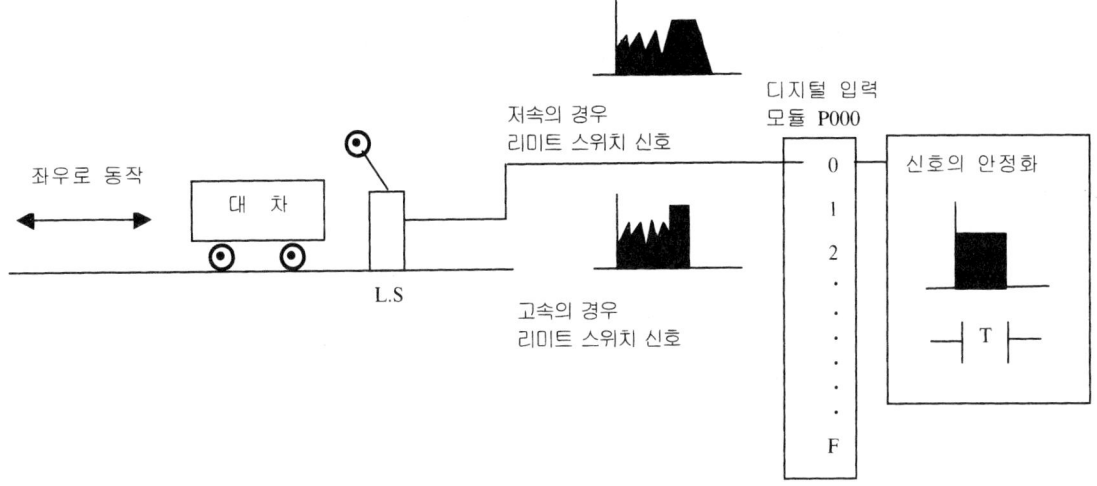

어드레스	용 도
P0000	위치 검출용 리미트 스위치
M0000	일정시간 출력 릴레이
T000	떨림 방지 타이머

3. 프로그램

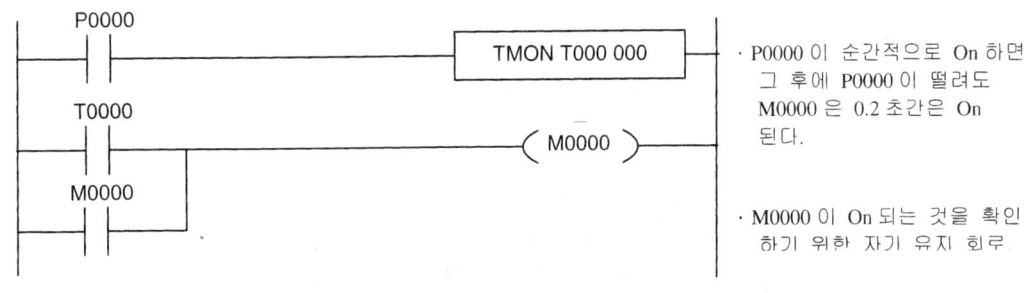

· P0000 이 순간적으로 On 하면 그 후에 P0000 이 떨려도 M0000 은 0.2 초간은 On 된다.

· M0000 이 On 되는 것을 확인 하기 위한 자기 유지 회로

4.10.5 리트리거블

명 령	사 용 가 능 영 역											스텝수
	M	P	K	L	F	T	C	S	D	#D	정수	
TRTG						O						
설 정 치									O		O	3

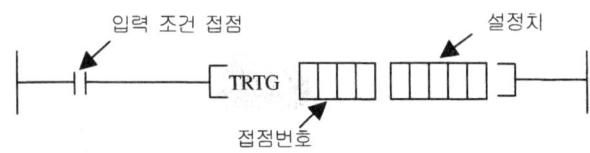

입력 조건 접점   설정치

접점번호

설정시간 (t) = 기본주기 (0.1 초 또는 0.01 초) x 설정치

■ TRTG

1) 기능

· 입력조건이 On 되면 타이머 출력이 On 되고 타이머의 현재치가 설정치로부터 감소하기 시작
하여 "0" 이 되면 타이머 출력은 Off 된다.

· 타이머 현재치가 "0" 이 되기 전에 또 다시 입력 조건이 Off → On 하면 타이머 현재치는
설정치로 재설정됩니다.

· Reset 입력조건이 On 되면 타이머 접점은 Off 되고 현재치는 "0" 이 됩니다.

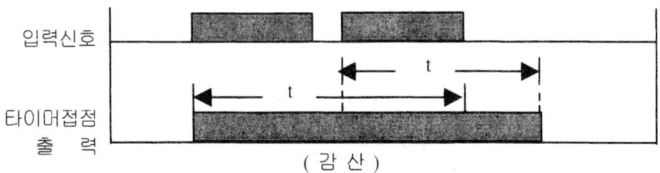

입력신호

타이머접점
출 력

(감 산)

2) 프로그램 예

· P0000 을 On 하면 접점 T096 는 동시 On 하며 타이머가 감산을 하여 "0" 에 도달하
면 P0025 는 Off

· "0" 에 도달 전에 P0000 입력조건이 성립하면 현재치는 설정치가 되며 다시 감산을
한다.

· Reset 신호 P0003 을 On 하면 현재치는 "0" 이 되며 출력은 Off 된다.

·프로그램

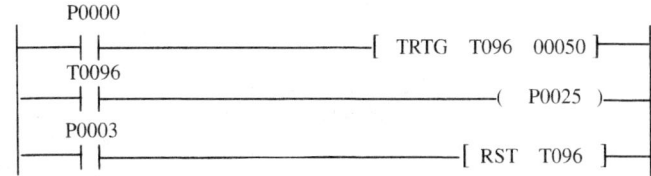

```
   P0000
───┤ ├─────────────────────────[ TRTG  T096  00050 ]─
   T0096
───┤ ├──────────────────────────────( P0025 )─
   P0003
───┤ ├─────────────────────────────[ RST  T096 ]─
```

·타임 차트

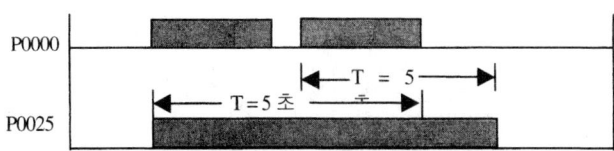

P0000

P0025

◉ 예제 : 반송장치 고장 검출회로 [TRTG 의 예제]

1. 동 작

일정시간마다 공급되는 제품에 의해 반송장치의 고장을 검출한다.

2. 시스템 도

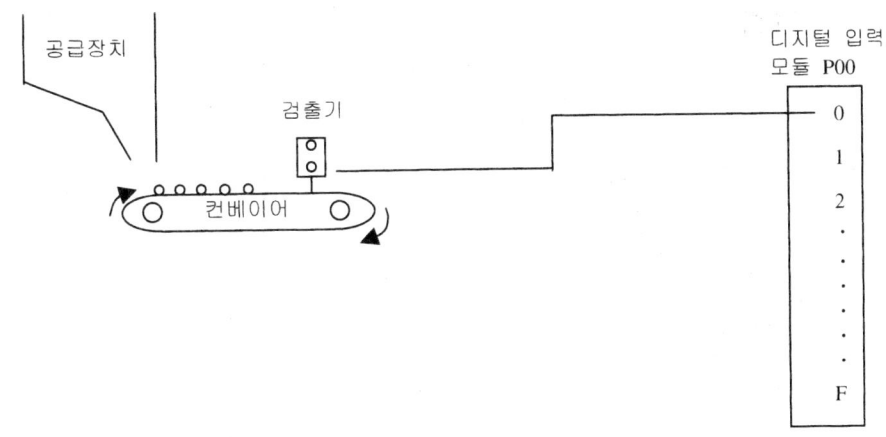

3. 프로그램

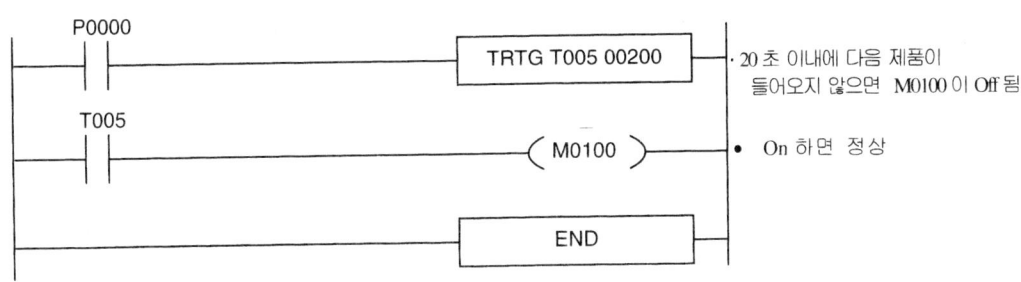

P0000 ├┤ ─── TRTG T005 00200	• 20 초 이내에 다음 제품이 들어오지 않으면 M0100 이 Off 됨
T005 ├┤ ─── (M0100)	• On 하면 정상
END	

• 타임 차트

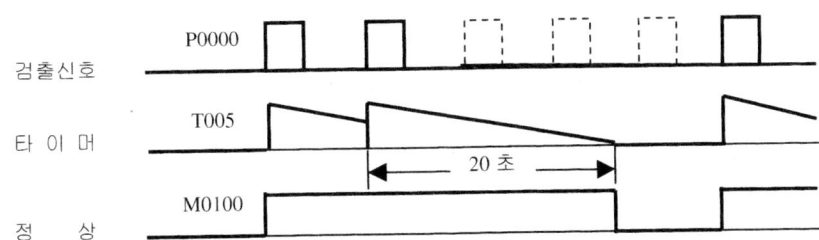

검출신호 P0000

타 이 머 T005

정 상 M0100

20 초

⊙ 예제 : 자동문 제어 회로 [TRTG 의 예제]

1. 동 작

사람이 문 앞에 접근하면 문이 열리고 3 초간 대기 후 닫힌다. 열려 있는 시간 동안에 사람이 재접근하면 다시 3 초간 대기 후 닫힌다.

2. 시스템 도

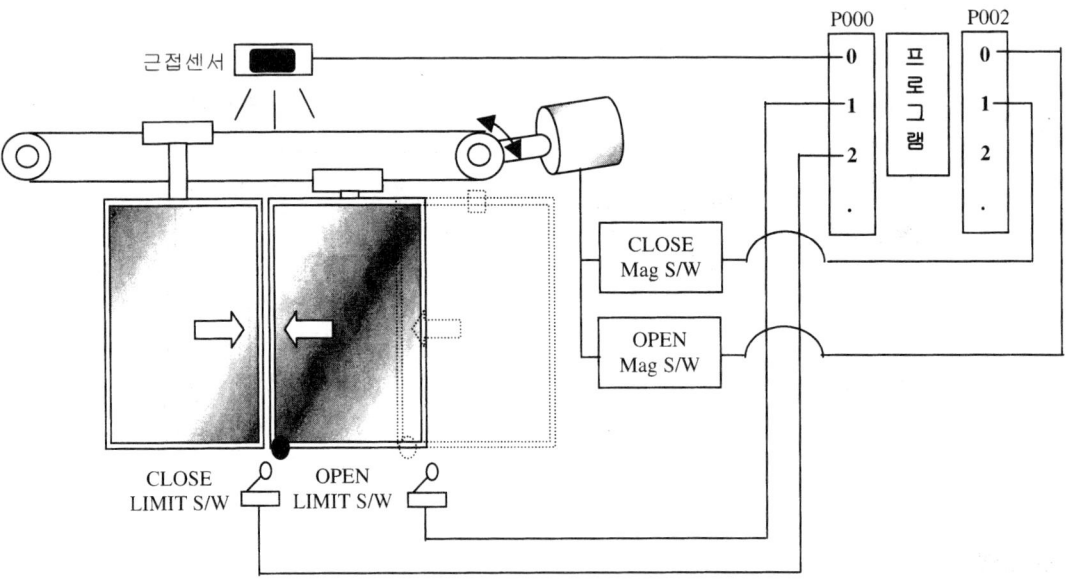

3. 프로그램

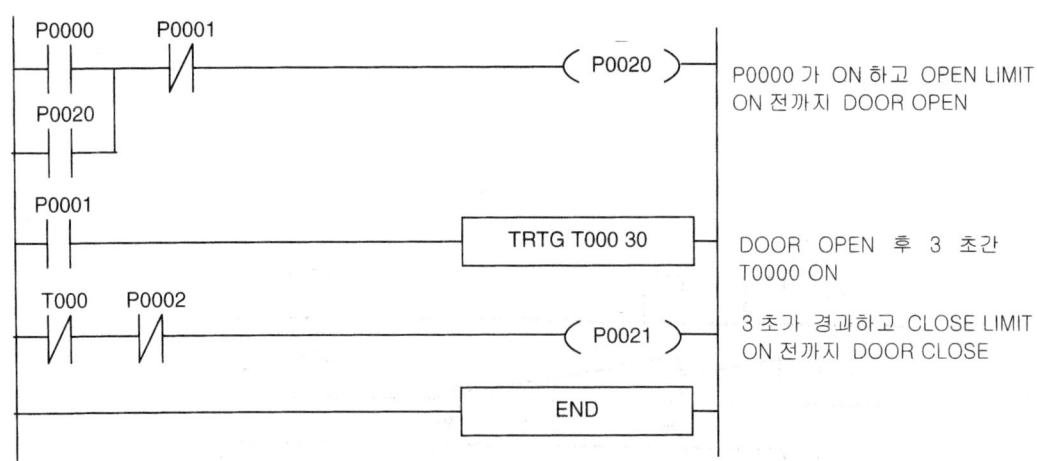

◉ 참고. 타이머의 계측방법과 정밀도

타이머는 타이머명령 실행시 타이머 내부코일이 On/Off 를 하고 End 명령 실행 후에 타이
머의 현재값을 갱신하고 접점을 On/Off 한다.
또한 입력조건이 Off 하면 타이머 내부코일이 Off 되고 End 명령 실행 후 타이머의 현재
값은 0 이 되고 접점도 Off 된다.

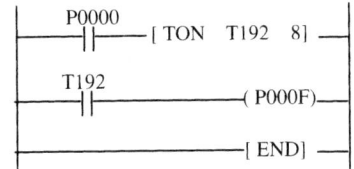

P00 가 On 하여 80ms 후에
접점 T192 및 P0F 가 On 한다.
(T192 는 10ms 타이머)

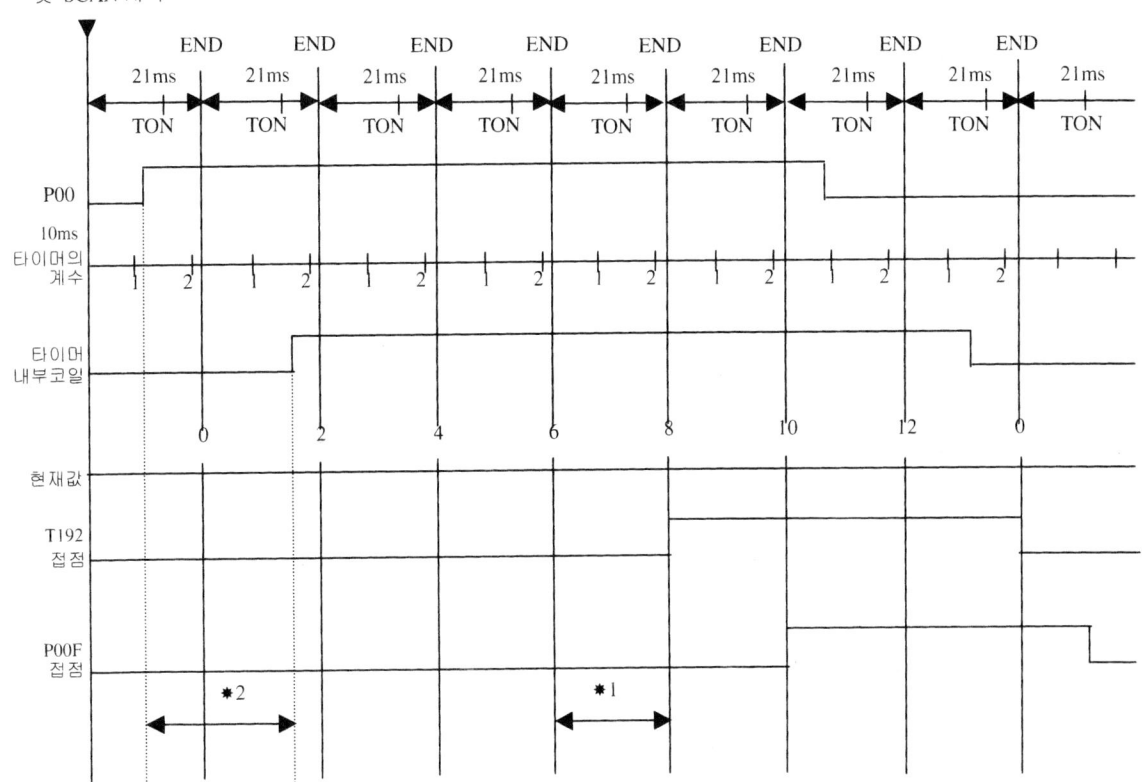

＊ 1 ┄┄ 10ms 타이머의 계수오차($^{+1}_{0}$ 스캔 시간)
＊ 2 ┄┄ 타이머 입력조건 P00 가 On 하는 시간과
　　　　 타이머 출력 T192 의 프로그래밍상의 위치에 의한 오차(1^{+}스캔)
　　　　 따라서 10ms 타이머의 정밀도는 $^{+1}$ 스캔 시간이 된다.
　　　　 (100ms 타이머의 정밀도 역시 10ms 타이머와 동일하다.

보 충 설 명

＊1 의 경우

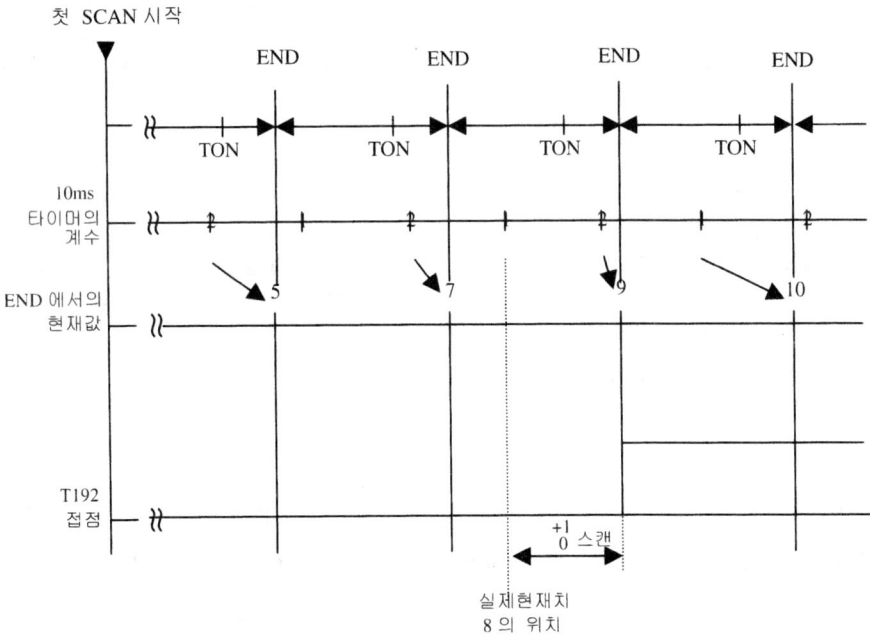

＊2 의 경우

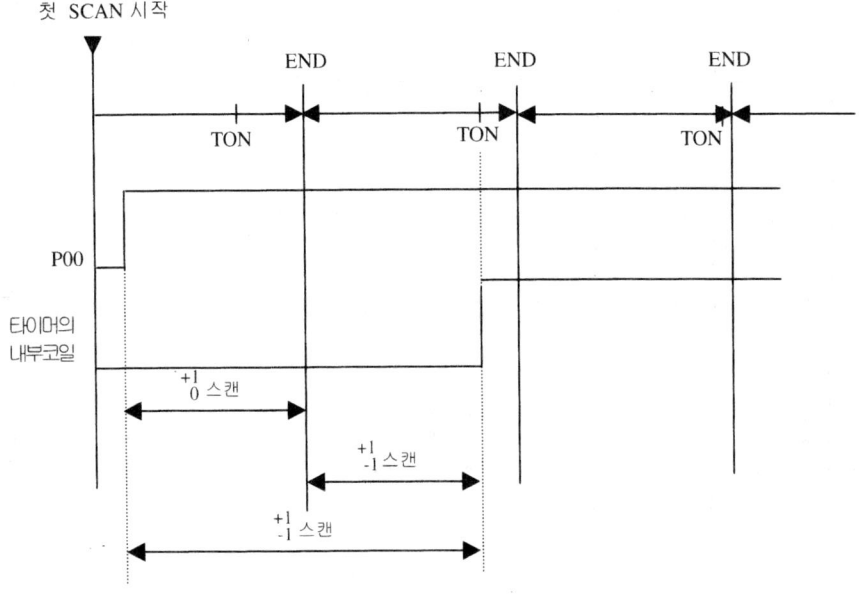

4.11 카운터 명령 (CTU, CTD, CTUD, CTR)

4.11.1 업 카운터 (CTU)

명 령	사 용 가 능 영 역											스텝수
	M	P	K	L	F	T	C	S	D	#D	정수	
CTD							O					3
설 정 치									O		O	

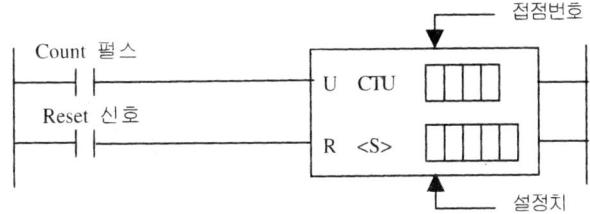

■ CTU

1) 기능
- 입상 펄스가 입력될 때마다 현재치를 +1 하고 현재치가 설정치 이상이면 출력을 On 하고 카운터 최대치(65535)까지 Count 한다.
- Reset 신호가 On 하면 출력을 Off 시키며 현재치는 "0"이 된다.
- 타임 차트

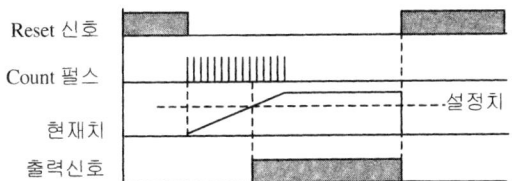

2) 프로그램 예
- P0000 접점으로 Count Up 하여 현재치와 설정치가 같을 때 P0020 출력이 On 된다.
- P0001 접점이 On 하면 출력을 Off 시키며 현재치는 "0"으로 초기화된다.
- 프로그램

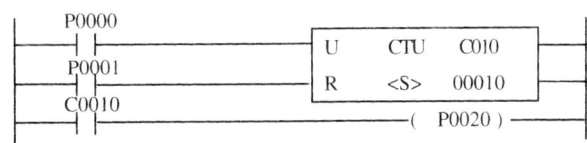

- 타임 차트

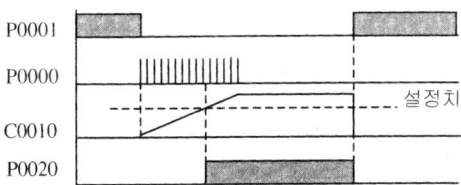

362

⊙ 참고

1. KGLWIN 에서 카운터 편집

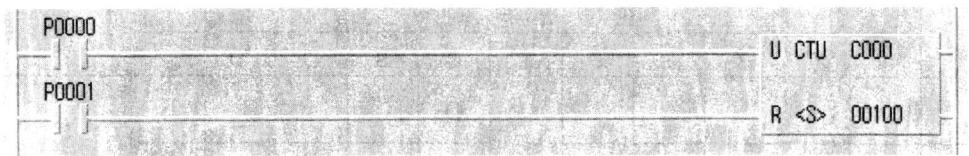

1. 아래 순서에 의해 접점을 입력한 후 응용명령을 선택한다.

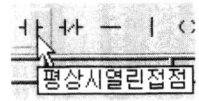 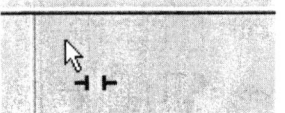 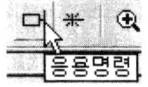

2. 입력조건 뒤에 응용명령을 클릭하고 응용명령창에서 아래 그림과 같이 입력한다.

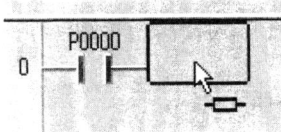 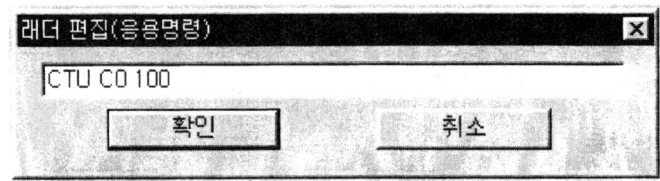

3. 카운터입력이 끝나면 RESET 용 접점을 입력한다.

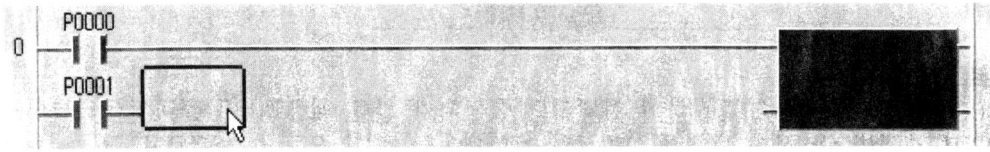

4. P0001 접점 뒤에서 수평선 아이콘을 이용하거나 [F5]키를 연속으로 눌러 수평선을 완성
   한다.

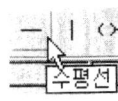   

◉ 예제 : 카운터를 이용한 타이머 시간 연장

1. 동 작

타이머 1 개의 최대 설정치는 65535 이다. 100ms 단위의 타이머 접점(예: T000)을 사용하여 프로그램을 작성할 경우 최대 설정 시간은 6553,5 초이다.

예)

P0000
TON T000 65535

타이머 설정시간=단위시간× 설정치

6553.5 초=100ms× 65535

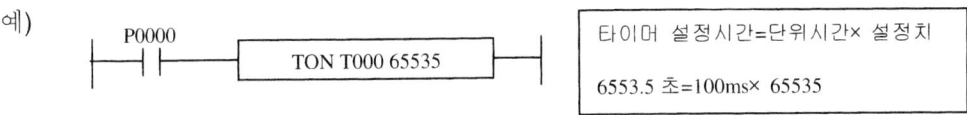

따라서 6553,5 초 이상의 설정시간을 1 개의 타이머로는 계측이 불가능하다.
이 때 타이머와 카운터를 연계하여 사용하면 설정시간을 거의 무한대까지 연장할 수 있다.
다음의 예제는 카운터에 의한 타이머 연장 회로로 **24 시간마다 P20 이 10 초간 ON, 30 일마다 P21 이 10 초간 ON** 되는 회로이다.

2. 프로그램

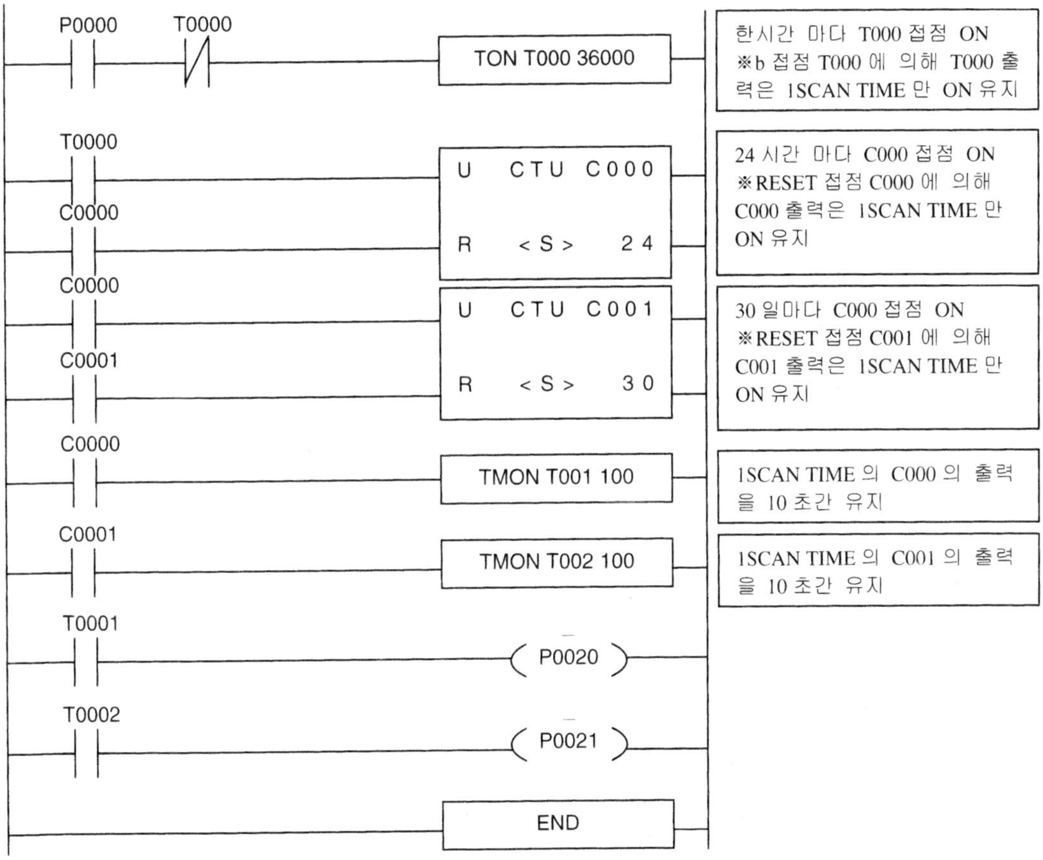

P0000
T0000
TON T000 36000
한시간 마다 T000 접점 ON
※b 접점 T000 에 의해 T000 출력은 1SCAN TIME 만 ON 유지
T0000
C0000
U CTU C000
R <S> 24
24 시간 마다 C000 접점 ON
※RESET 접점 C000 에 의해 C000 출력은 1SCAN TIME 만 ON 유지
C0000
C0001
U CTU C001
R <S> 30
30 일마다 C000 접점 ON
※RESET 접점 C001 에 의해 C001 출력은 1SCAN TIME 만 ON 유지
C0000
TMON T001 100
1SCAN TIME 의 C000 의 출력을 10 초간 유지
C0001
TMON T002 100
1SCAN TIME 의 C001 의 출력을 10 초간 유지
T0001
P0020
T0002
P0021
END

4.11.2 DOWN 카운터 (CTD)

명 령	사 용 가 능 영 역												스텝수
	M	P	K	L	F	T	C	S	D	#D	정수	
CTD							O					3
설 정 치									O		O	

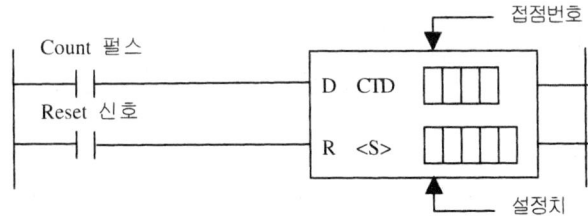

- **CTD**

  1) **기능**
     - 입상 펄스가 입력될 때마다 설정치로부터 1 씩 감소하여 "0" 이 되면 출력을 On 한다.
     - Reset 신호가 On 하면 출력을 Off 시키며 현재치는 설정치가 된다.

     - 타임 차트

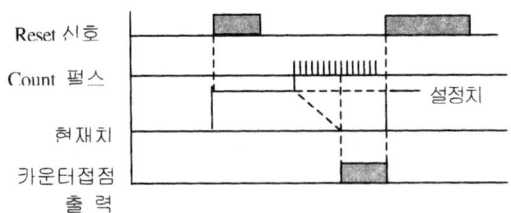

  2) **프로그램 예**
     - P0000 접점이 10 회 On 되면 Count Down 하여 현재치가 "0" 이 될 때
       P0020 출력이 On 된다.
     - P0001 접점이 On 되면 출력을 Off 시키며 현재치는 설정치가 된다.

     - 프로그램

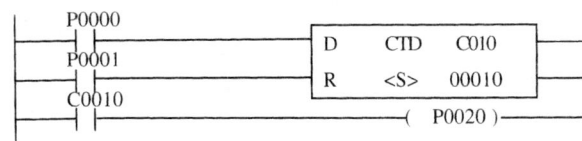

     - 타임 차트

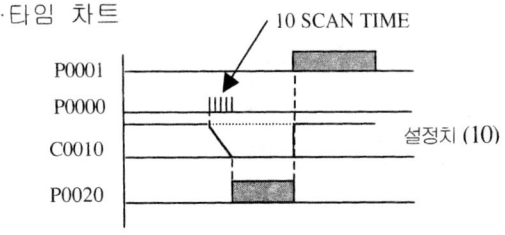

4.11.3 UP-DOWN 카운터 (CTUD)

명 령	사 용 가 능 영 역												스텝수
	M	P	K	L	F	T	C	S	D	#D	정수	
CTU							O					3
설 정 치									O		O	

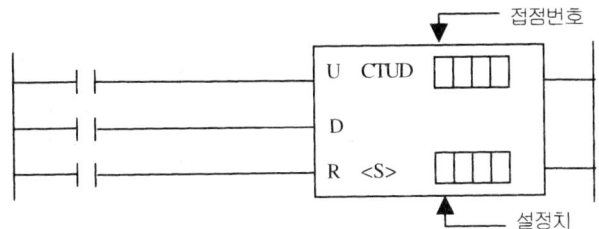

접점번호

설정치

■ CTUD

1) 기능

· Up 단자에 펄스 신호가 입력될 때마다 현재치에서 1 씩 가산하며 현재치가 설정치 이상이면 출력을 On 하고 카운터 최대치(65535)까지 Count 한다.
· Down 단자에 펄스 신호가 입력될 때마다 현재치를 1 씩 감소시킨다.
· Reset 신호가 On 되면 현재치는 "0" 이 된다.
· Up, Down 펄스가 동시에 On 되면 현재치는 변하지 않는다.
· 타임 차트

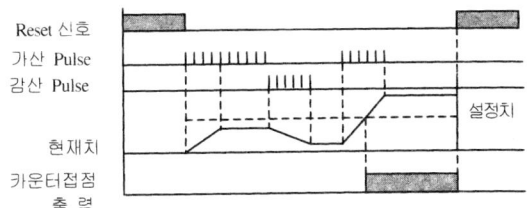

2) 프로그램 예

· P0000 접점의 펄스 입력에 의해 Count Up 하여 현재치와 설정치가 같을 때 P0020 출력이 On 된다.
· P0001 접점의 펄스 입력에 의해 Count Down 된다.
· Reset 조건이 만족되면 출력은 Off 되고 카운터 현재치는 "0" 이 된다.
· 프로그램

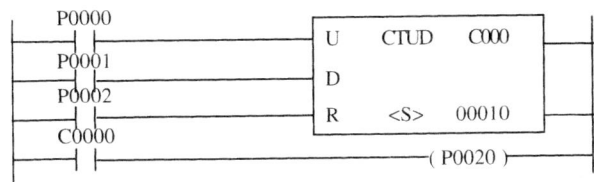

· 타임 차트

⊙ 예제 : 모터 동작수 증감 제어 [CTUD 의 예제]

1. 동 작

  4 대의 모터를 제어하는데, 순간접촉 푸쉬버튼 PB1 을 누를 때마다 동작하는 모터수를 1 개씩 증가시키고, 순간 접촉 푸쉬버튼 PB2 를 누를 때마다 모터 동작수를 1 개씩 감소시킨다.
  4 개의 모터가 동작하고 있을 때 PB1 을 누르면 모든 모터는 정지하고, 1 개의 모터가 동작하고 있을 때 PB2 를 누르면 모터는 하나도 동작하지 않는다.

2. 시스템 도

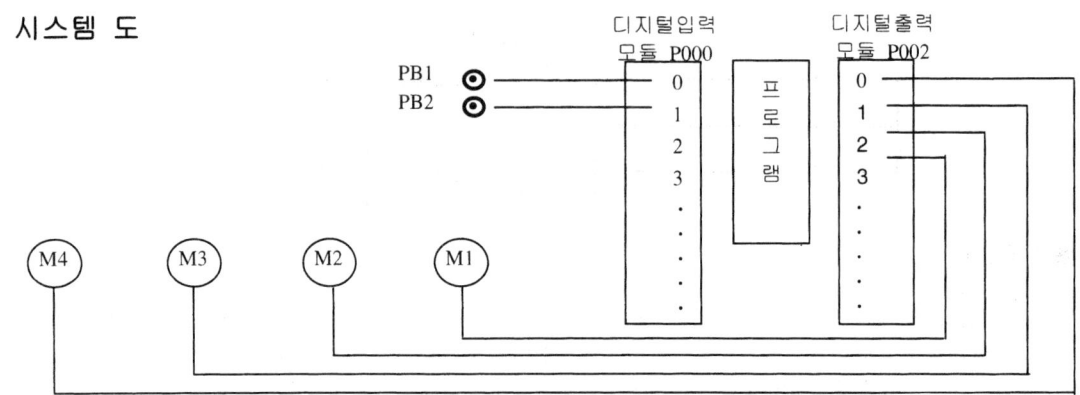

3. 프로그램

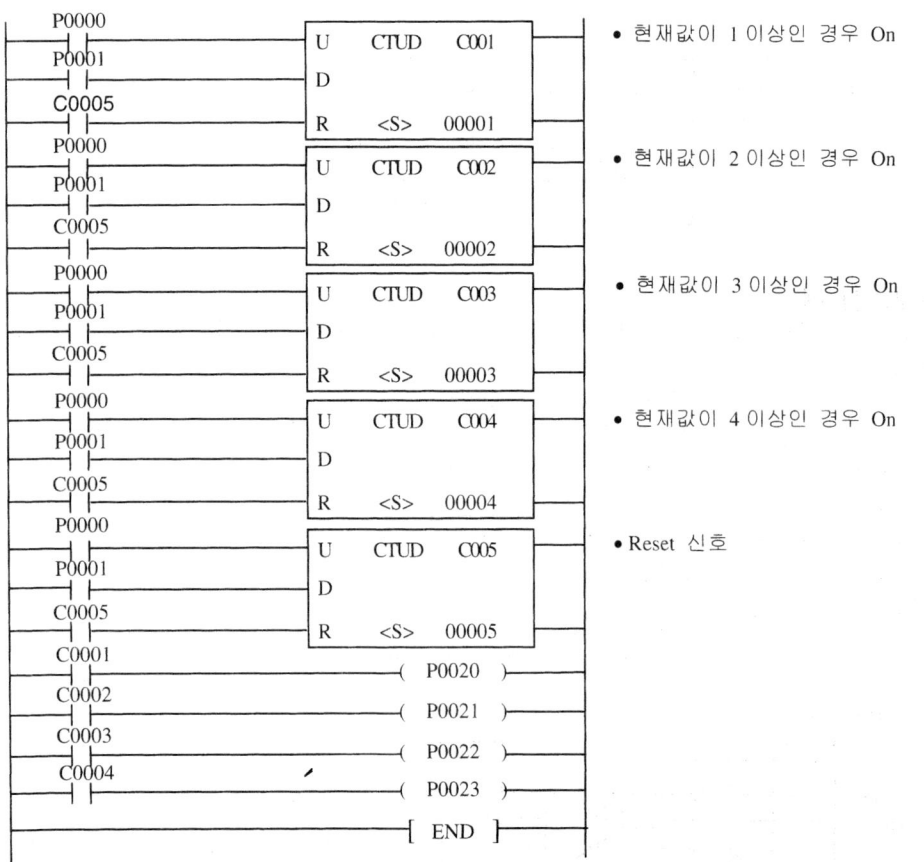

4.11.4 RING 카운터 (CTR)

명 령	사 용 가 능 영 역											스텝수
	M	P	K	L	F	T	C	S	D	#D	정수	
CTR							O					3
설 정 치									O		O	

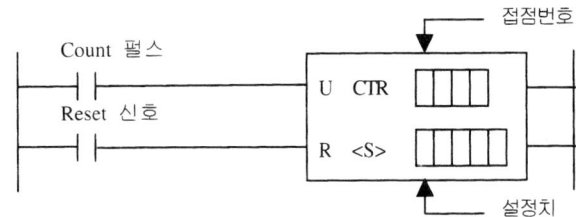

■ CTR

1) 기능
  · 입상 펄스가 입력될 때마다 현재치를 +1 하고 현재치가 설정치에 도달한 후 입력신호가 Off→On 되면 현재치는 "0" 으로 된다.
  · 현재치가 설정치에 도달하면 출력은 On 된다.
  · 현재치가 설정치 미만이거나 Reset 조건이 On 이면 출력은 Off 된다.
  · 타임 차트

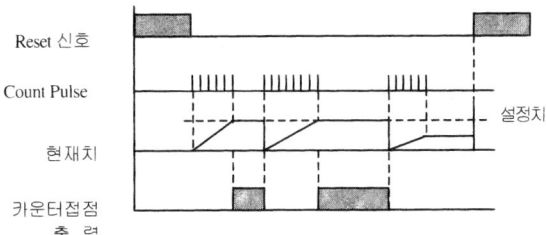

2) 프로그램 예
  · P0000 접점의 입상 펄스에 의해 Count Up 하여 현재치와 설정치가 같을 경우 P0020 출력이 On 된다.
  · P0000 접점이 11 회째 On 하면 P0020 출력이 Off 되면서 현재치는 "0" 으로 Reset 된다.
  · 프로그램

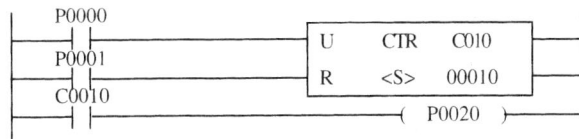

· 타임 차트

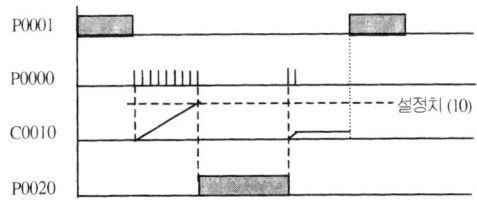

◉ 참고. 카운터의 최대 계수 속도

카운터는 명령 실행 시 카운터 Coil 의 On/Off 를 실행하고 END 명령 실행 후에 카운터의 현재값을 갱신하고 접점을 On/Off 한다.

카운터 명령의 입력조건은 상승(⎍)일 때만 Count 를 실행하고 입력조건이 On 중이거나 스캔 시간보다 작으면 Count 하지 않는다.

프로그램

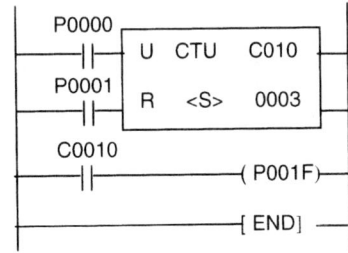

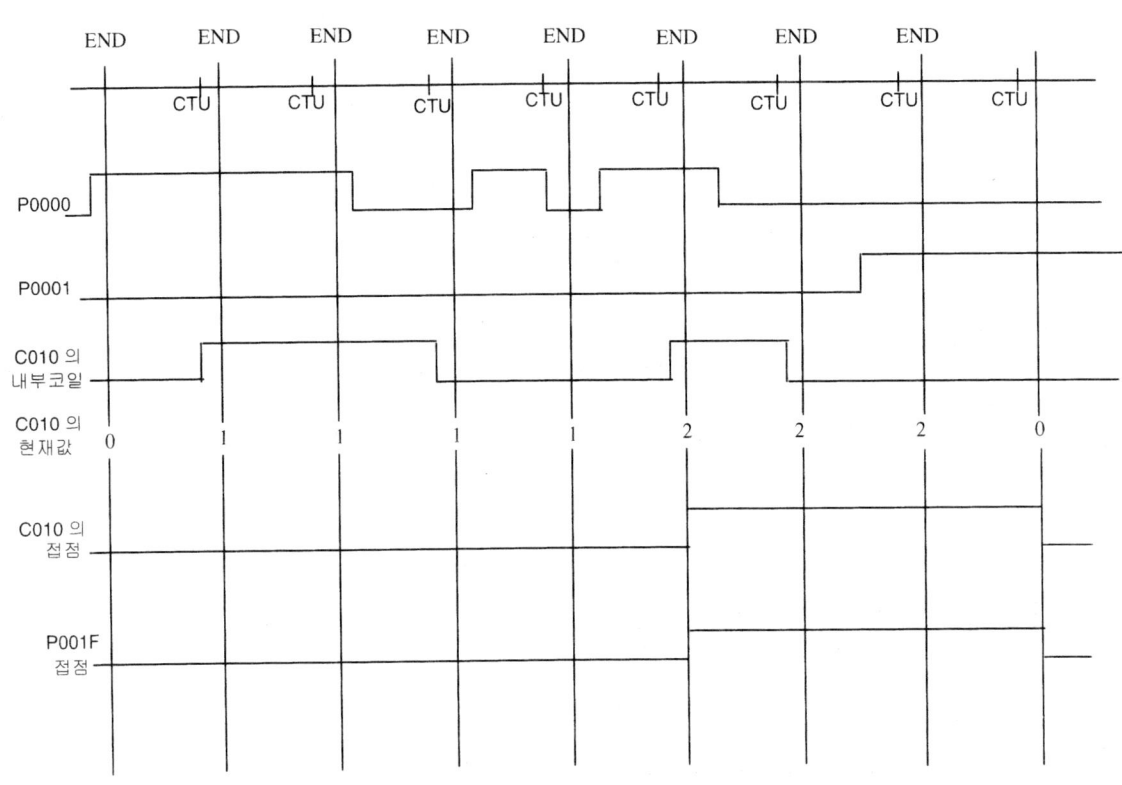

보 충

Duty 는 카운터 입력신호의 On, Off 시간비를 퍼센트(%)로 나타낸 것이다.
(단, T1 + T2 ≥ 1 스캔 시간)

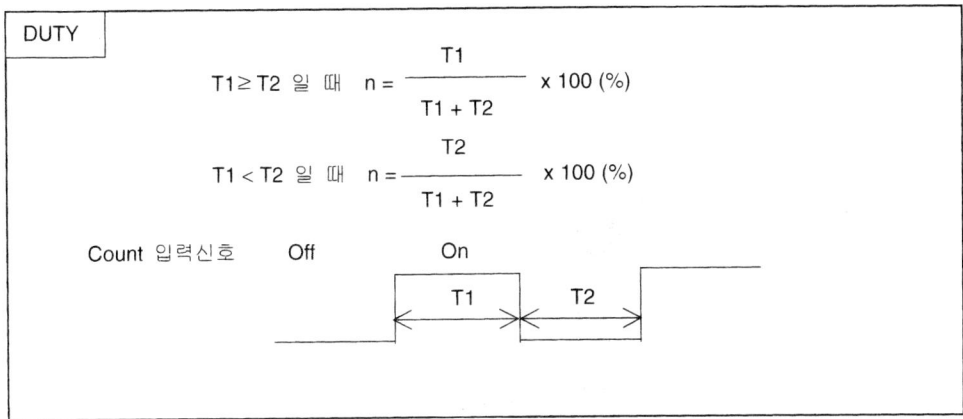

DUTY

$$T1 \geq T2 \ \text{일 때} \quad n = \frac{T1}{T1 + T2} \times 100 \ (\%)$$

$$T1 < T2 \ \text{일 때} \quad n = \frac{T2}{T1 + T2} \times 100 \ (\%)$$

Count 입력신호   Off   On

T1   T2

⊙ 예제 : 신호등 제어 예제(1)

1. 동 작

보행자가 보행버튼을 누르면 30 초 후 차선의 신호등은 황색램프가 점등되며 1 초 후 적색으로 바뀐다. 이때 보행자신호등은 청색램프가 10 초간 점등된 뒤 10 초간 점멸하며 이후 적색으로 바뀐다.

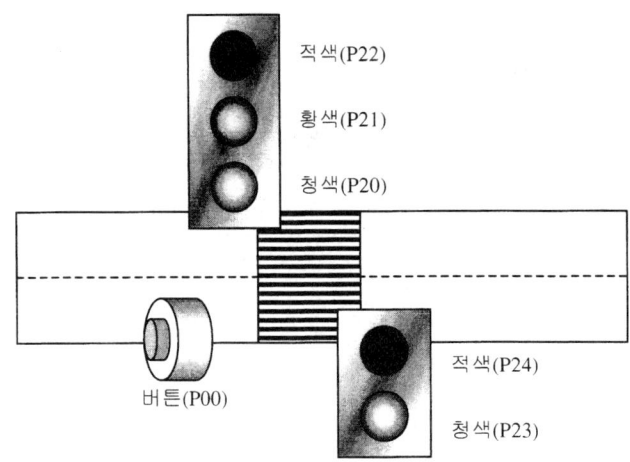

2. 타임차트

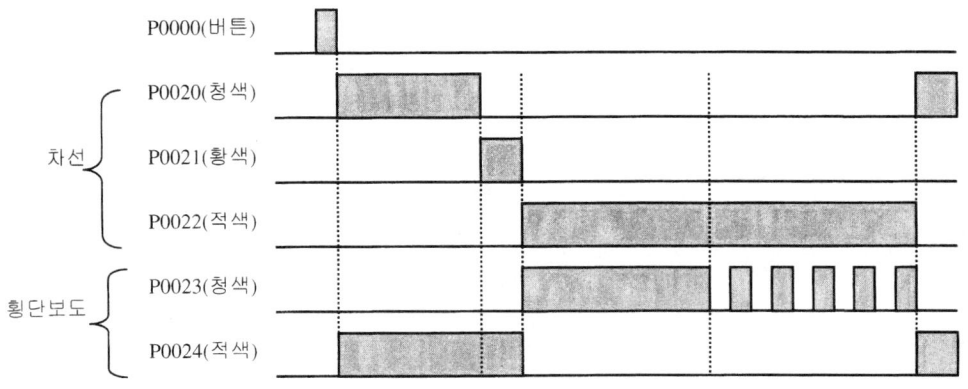

3. 프로그램

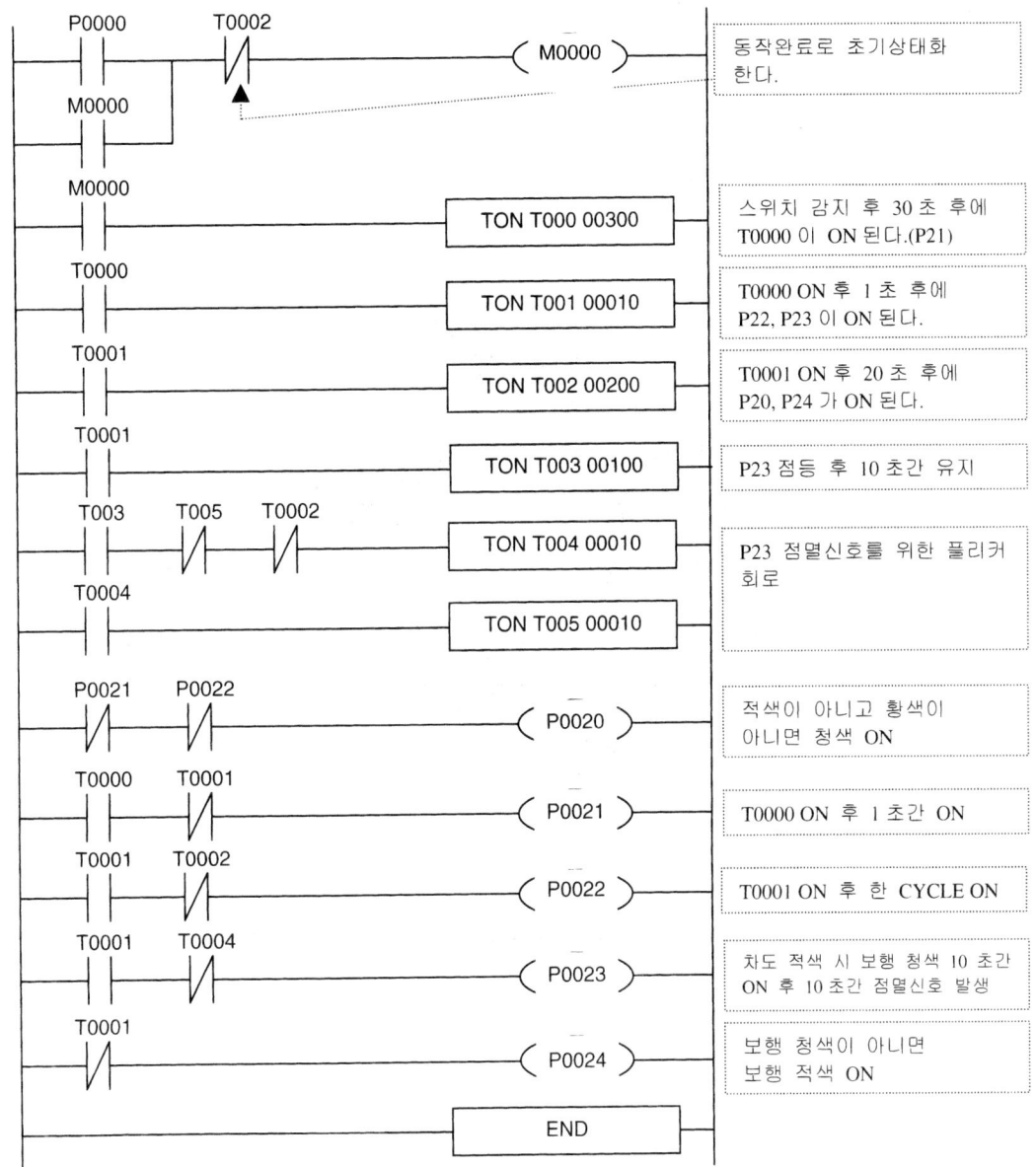

⊙ 예제: 좌회전신호가 있는 사거리 신호등 제어

1. 동작

A 차로는 좌회전→적,황색→청색→적색순으로 신호등이 변경되고 이때 B 차로는 적색이 점등된다. B 차로 역시 A 차로와 같은 순서로 변경되며 이때 A 차로는 적색이 점등된다.
A 차로 보행신호등은 A 차로 차량 신호등이 적색이고 B 차로 청색등일 때 10 초간 점등된다.
B 차로 보행신호등은 B 차로 차량 신호등이 적색이고 A 차로 청색등일 때 10 초간 점등된다.
※개별 좌회전 신호등에서는 동일 차로의 양방향의 신호등은 동일하게 동작한다.

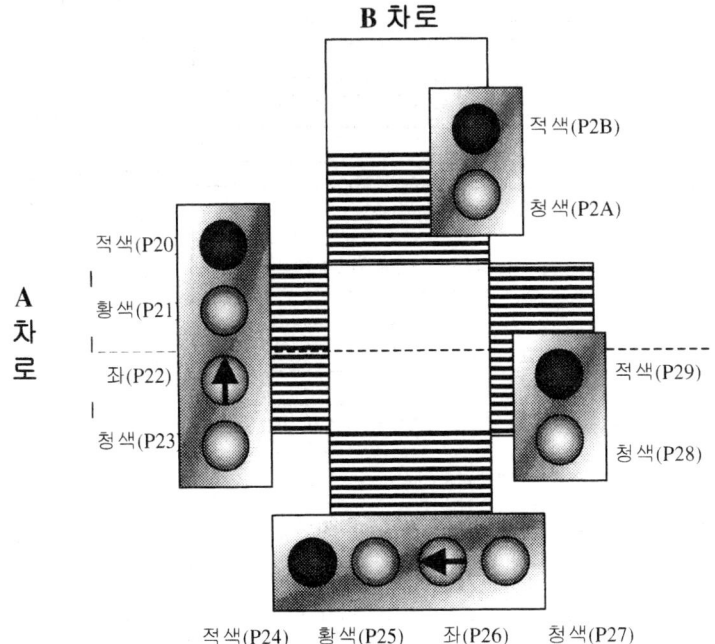

2. 타임차트

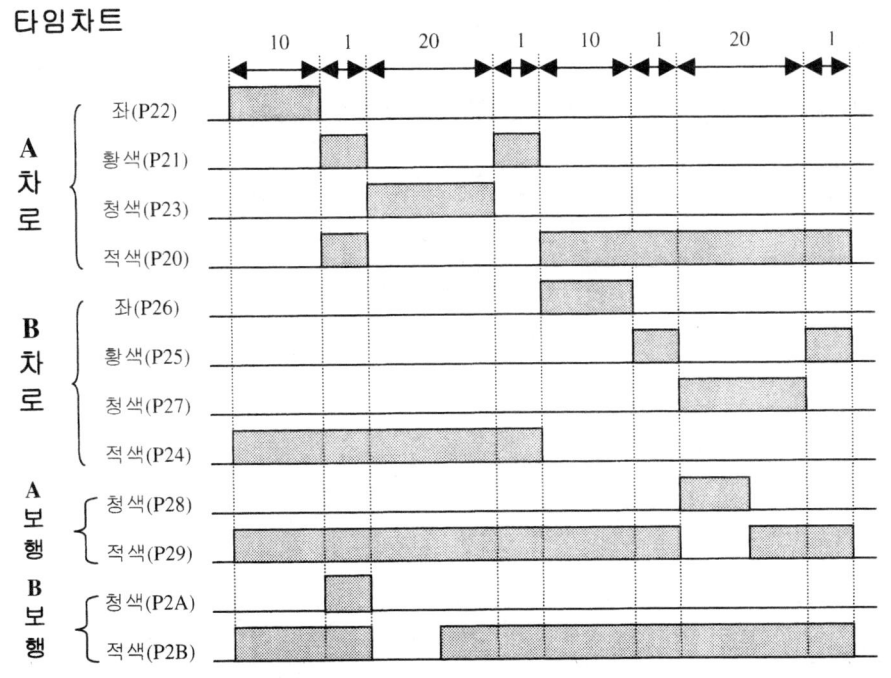

타임차트에서 보듯 신호등의 변화 시간은 10 초, 1 초, 20 초, 1 초의 4 스텝으로 이루어 진다.
프로그램 예는 이 주기에 의하여 첫번째 주기는 A 차로를 제어하며 두번째는 B 차로를 제어한다

3. 프로그램

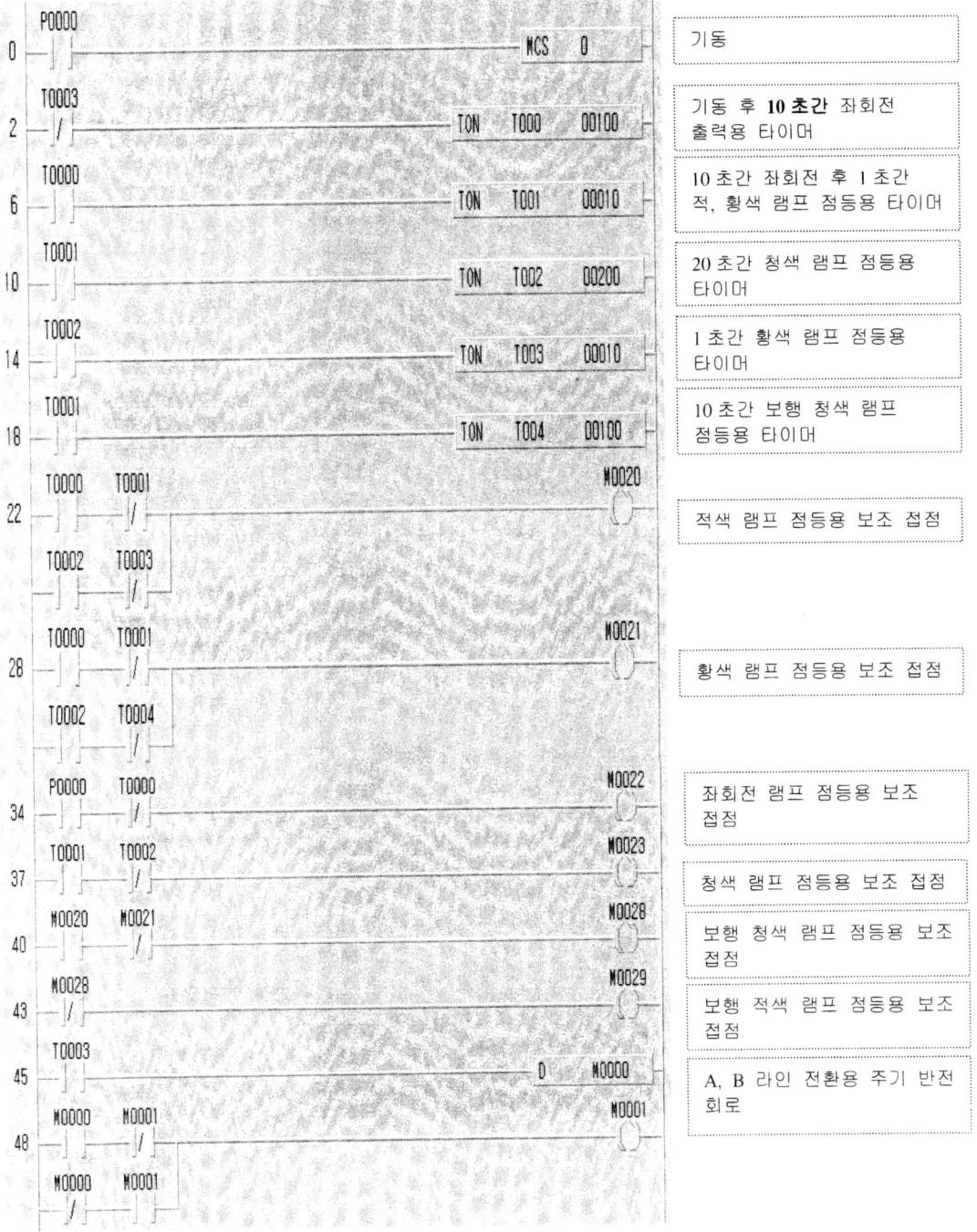

374

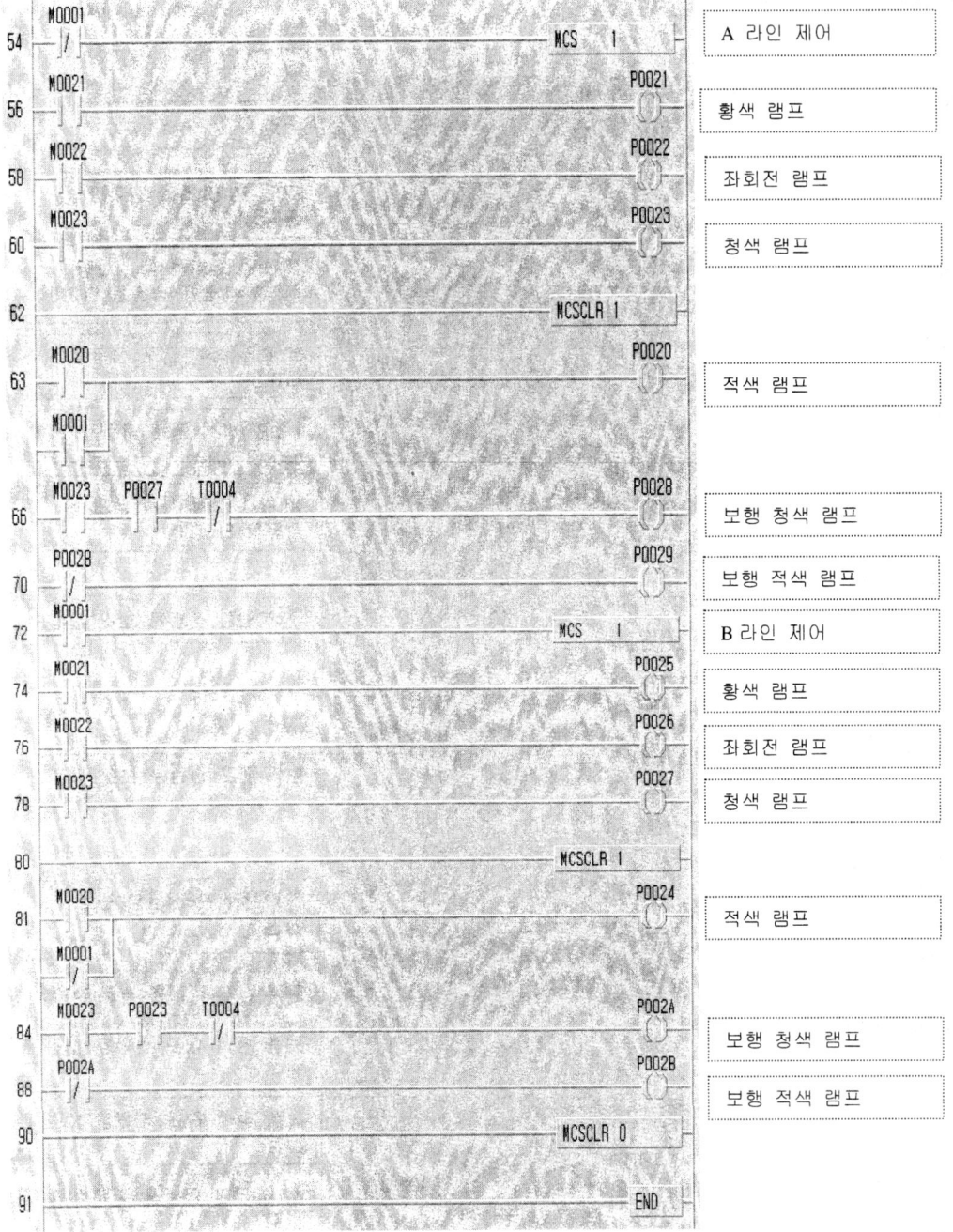

단	회로	설명
54	M0001 —/— MCS 1	A 라인 제어
56	M0021 —| |— P0021	황색 램프
58	M0022 —| |— P0022	좌회전 램프
60	M0023 —| |— P0023	청색 램프
62	MCSCLR 1	
63	M0020 —| |— / M0001 —| |— P0020	적색 램프
66	M0023 —| |— P0027 —| |— T0004 —/|— P0028	보행 청색 램프
70	P0028 —/— P0029	보행 적색 램프
72	M0001 —| |— MCS 1	B 라인 제어
74	M0021 —| |— P0025	황색 램프
76	M0022 —| |— P0026	좌회전 램프
78	M0023 —| |— P0027	청색 램프
80	MCSCLR 1	
81	M0020 —| |— / M0001 —| |— P0024	적색 램프
84	M0023 —| |— P0023 —| |— T0004 —/|— P002A	보행 청색 램프
88	P002A —/— P002B	보행 적색 램프
90	MCSCLR 0	
91	END	

⊙ 예제: 간이엘리베이터 제어회로

1. 동작

3 개층을 운행하는 엘리베이터로 1 회 운행시 1 개 층의 입력만 가능한 간이 엘리베이터 제어
회로이다.
층입력 버튼은 CAR 내부와 HALL 이 병렬로 이루어진다.

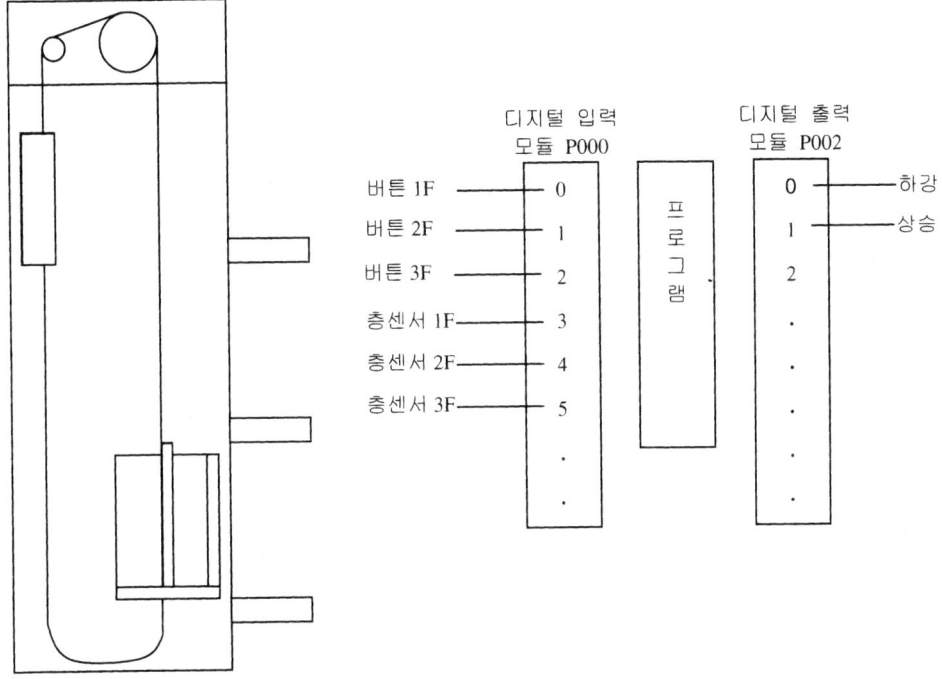

변수	DEVICE	내 용
버튼 1F	P0000	1 층 호출(CAR,HALL)
버튼 2F	P0001	2 층 호출(CAR,HALL)
버튼 3F	P0002	3 층 호출(CAR,HALL)
센서 1F	P0003	CAR 1 층 감지 센서
센서 2F	P0004	CAR 1 층 감지 센서
센서 3F	P0005	CAR 1 층 감지 센서
보조 1F	M0000	1 층 호출용 보조접점
보조 2F	M0001	2 층 호출용 보조접점
보조 3F	M0000	3 층 호출용 보조접점
하강	P0020	CAR 하강
상승	P0021	CAR 상승

(변수 지정 예시)

3. 프로그램

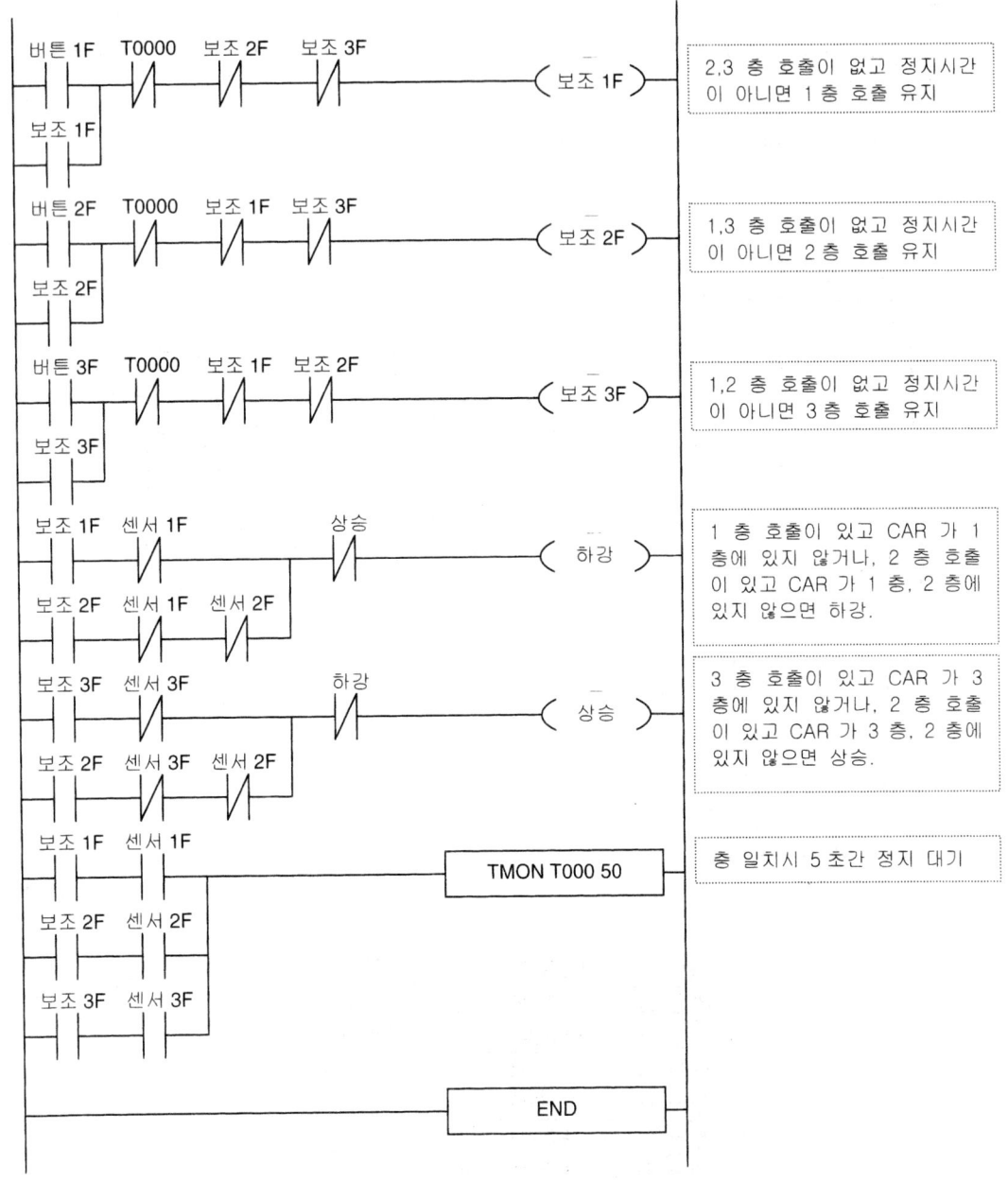

(보조 1F)	2,3 층 호출이 없고 정지시간이 아니면 1 층 호출 유지
(보조 2F)	1,3 층 호출이 없고 정지시간이 아니면 2 층 호출 유지
(보조 3F)	1,2 층 호출이 없고 정지시간이 아니면 3 층 호출 유지
(하강)	1 층 호출이 있고 CAR 가 1 층에 있지 않거나, 2 층 호출이 있고 CAR 가 1 층, 2 층에 있지 않으면 하강.
(상승)	3 층 호출이 있고 CAR 가 3 층에 있지 않거나, 2 층 호출이 있고 CAR 가 3 층, 2 층에 있지 않으면 상승.
TMON T000 50	층 일치시 5 초간 정지 대기
END	

제 5 장   유지보수

5.1 보전이란?

공장 자동화 시스템이 고장 없이 가동되어 생산성을 높이는 것이 PLC 사용의 최대 목표라 할 수 있다. PLC 는 반도체를 사용한 전자 회로로 반영구적이므로 릴레이 제어반처럼 예방 보전적인 부품의 교환 처리는 필요하지 않으나 릴레이 출력 카드나 전지 등의 정기적인 교환은 필요하다. 만일 고장이 나면 모듈을 교환하면 된다.

그 밖에 시스템의 고장 요인으로는 다음 7 가지가 있다.

· PLC 의 하드웨어   · PLC 의 소프트웨어   · PLC 의 제어 및 조작반   · 기계의 검출부
· 기계의 구동부   · 기계의 본체   · 시스템 주변 기기의 환경

장치나 시스템이 가동될 때 그 기능이나 성능을 유지하기 위한 점검, 조정, 대체, 수리 등의 작업을 보전(保全)이라 하는데, 크게 예방 보전과 사후 보전의 2 가지가 있다. 생산 설비, 항공기 등 경제적 손실이 크거나 중대 사고에 연결되는 것은 예방 보전이 적용되고 일반 제품은 사후 보전이 적용된다.

(1) 예방 보전
① 일상 점검

일상 점검은 PLC 본체에 관한 것과 외부에서 공급되는 전원이나 온도, 습도 등의 주위 환경에 관한 것이다. 어느 것이나 매일 운전하기 전에 점검하는 것이 바람직하며, 구체적인 점검 항목을 작성하는 것이 필요하다.

② 정기 점검

1 개월, 3 개월, 6 개월 등의 비교적 긴 시간마다 점검하는 것으로 현상이 천천히 변화해 가기 때문에 매일 점검할 필요가 없는 것에 해당한다.

(2) 사후 보전
① 이상 발견

평소와는 다른 현상으로 동작되는 경우로서 무엇이 이상인지 원인을 명확히 찾아내는 것이 필요하다. PLC 의 자기 진단에 의한 것 외에 사용자 프로그램으로 중요한 동작 과정을 진단하여 기계 장치의 이상 유무를 판단할 수 있다. 이 외의 발견 방법으로는 PLC 하드웨어 및 주변 기기의 이상 상태 체크, 기계의 움직임에 의한 이상 상태체크, 제품의 형상이나 생산량에 의한 이상 체크 등이 있다.

② 이상 현상과 조치

이상의 발견되면 즉시 복구하여 시스템이 재가동 될 수 있도록 한다. 이때 주의할 것은 이상이 다른 곳 까지 파급되는 경우가 있으므로 다른 곳에서의 영향도 함께 진단할 필요가 있다.

5.2 PLC 점검 요령

표 1   **점검 항목과 내용**

점검항목	점검내용	점검주기	
		일상	정기
주변환경	주변온도, 습도, 먼지, 오일미스트 등을 확인	O	
전원	Maker 지정 범위 내 인가 확인	O	
취부상태	Unit(I/O 포함) 취부 상태의 느슨해짐 정도,절	O	
(배선)	단	O	
	단자, 볼트의 조임 확인	O	
	배선 Cable 의 손상, 열화확인	O	
표지 Lamp	압착단자(cable)의 근접	O	
Battery	동작(상태)표시기의 정상동작 확인		O
	전압은 정상인가, Maker 보증 기간 내인가		
Relay	(표시램프, 모니터 등에서 check)		O
Fuse	동작시에 「삐리리」 音은 없는가		O
Program	느슨해짐, 절단은 없는가		
(usersoft)	Master Priogram(보관)과 Program 내용을 비		O
제어반	교, 조합하여 상호확인		O
이물제거	냉각Fan 및 Air-Filte 의 청소		O
예비품	먼지, 이물 등을 청소제거		O
	보관 개수 Check		O
	보관환경 Check		O
	동작 Check		O

표 2   **교환 부품**

부품명	표준 교환 년 수	교환방법, 기타
Battery	2-3 년(단, 수명은 Maker 및 종류에 따라 다르다.)	신품과 교환
(전원회로) 평활 콘덴서	5 년	신품과 교환 Maker 와 상담 후에 결정
Relay 류		개폐전류, 개폐빈도에 따라 다르기 때문에 Maker 규정에 의해 결정
Fuse	10 년	신품과 교환

PLC 가 다음의 항목에 해당할 때는 표 2 의 부품의 교환 년 수 단축을 고려할 필요가 있다
① 온도, 습도가 높은 장소 또는 그 변화가 심한 장소에서 사용할 경우
② 전원(전압, 주파수, 파형 찌그러짐 등)이나 부하의 변동이 큰 경우
③ 진동, 충격이 심한 장소에 설치된 경우
④ 먼지,염분,아황산가스 및 유황수소 등의 나쁜 환경 속에서 사용할 경우
⑤ 사용전 보관 환경이 나쁜 경우(장기보존, 장기정지 등)

표 3
필요한 예비품

NO	품명	수량	비　고
1	Battery	1-2 개	전지의 보존수명은 약 3 년이다 1-2 개는 예측할 수 없는 경우에 대비한다
2	Fuse	사용수	Fuse 는 단락이나 과전류뿐만 아니라 전원 ON/OFF 등의 돌입전류에 의해 끊어질 수 있기 때문에 넉넉하게 준비한다

표 4
준비 권장 예비품

NO	품 명	수 량	비　고
1	입·출력 Unit	Unit 의 각명에 붙여 1 개	Relay 출력 Unit 는 접점마모가 있다
2	CPU	1 개	PLC 의 핵심이 되는 부품이므로 만일
3	Memory	1 개	고장이 났을 때에는 System 이 Down 된다
4	전원 Unit	1 개	

표 5
Data 보존용 예비품

NO	품 명	수 량	비　고
1	Print 용지	필요수 (그때마다 수배)	
2	Floppy Disk	필요수	시운전용이 Back-UP 과 User 용의 예비

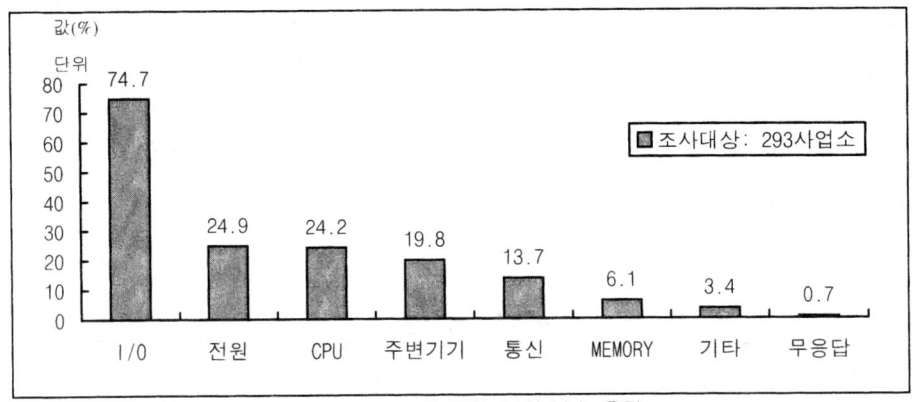

그림 I   PLC 의 고장 부위(복수 응답)

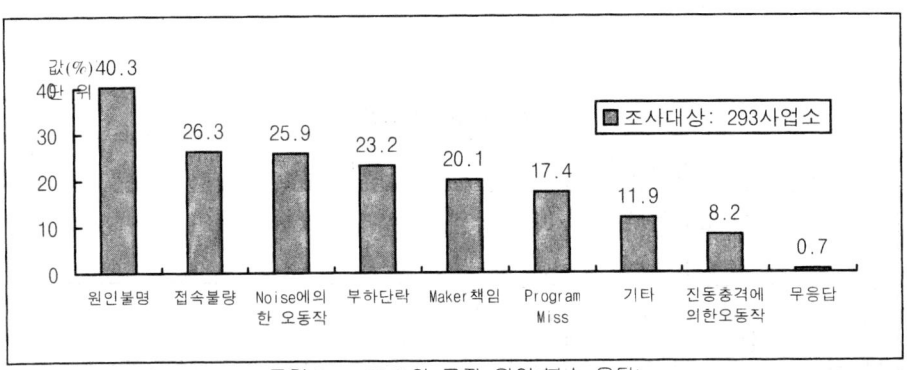

그림 2   PLC 의 고장 원인(복수 응답)

제 6 장 PLC 실습

1. 기본 시퀀스 프로그램

1-1 직 병렬 회로 <1>

```
      P000          P001
 ┤├─────────────┤/├──────────────( P 030 )───┤
      P030
 ┤├───────────┘
```

1-2 직 병렬 회로 <2>

```
      P002      P003       P004       P005
 ┤├────────┤├─────┬──┤├─────┤├──( P 031 )───┤
                      P006
                 ├──┤├───┤
                      P007
                 └──┤├───┘
```

1-3 직 병렬 회로 <3>

```
   P010       P011      P014       P015
 ┤├──────┤├────┬──┤├──────┤├──┬( P 032 )───┤
   P012       P013   P016       P017
 ┤├──────┤├────┘──┤├──────┤├──┘
```

1-4 직 병렬 회로 <4>

```
   P020       P021
 ┤├──────┤├────────────────────(    P033  )───┤
   P022       P023
 ┤├──────┤├────────────┤
   P024       P025
 ┤├──────┤├────┬───────┤
              P026      P027
          └──┤├──────┤├──┘
```

1-5 직 병렬 회로 <5>

```
    P000              P002
  ──┤ ├──────┬──────┤/├──────────────( P 034 )──
    P001     │
  ──┤ ├──────┘              ────────( P 035 )──
```

1-6 직 병렬 회로 <6>

```
    P000   P001              P007   P010
  ──┤ ├────┤ ├──────┬────────┤ ├────┤ ├───┬──( P 034 )──
                    │                      │
    P002   P003     │                P012  │
  ──┤ ├────┤ ├──┐   │              ┌─┤ ├──┐│
                │   │              │      ││
    P004   P005 │ P006   P011  P013│      ││
  ──┤ ├────┤ ├──┴─┤ ├────┤ ├────┤ ├┴──────┘│
                        
```

1-7 불 휘발 영역 이용회로

```
    P000              P001
  ──┤ ├──────┬────────┤/├──────────────( K 000 )──
    K000     │
  ──┤ ├──────┘

    K000
  ──┤ ├──────────────────────────────( P 037 )──
```

* 주)   MASTER K50 불휘발성 영역

K	000 ~ 317	256 POINT
T	72 ~ 95 , 120 ~ 127	32 POINT
C	96 ~ 127	32 POINT
D	192 ~ 255	64 POINT
S	24 ~ 31	8 CARD

1-8 TIMER의 연장 <1>

```
   P000
   ─┤ ├──────────────────────────[ T ON T 080 200]─
   T080
   ─┤ ├──────────────────────────[ T ON T 081 200]─
   T081
   ─┤ ├──────────────────────────( P040     )─
   P001
   ─┤ ├──────────────────┌───────[ RST  T 080  ]─
                         └───────[ RST  T 081  ]─
```

1-9 TIMER의 연장 <2>

```
   P002    T082
   ─┤ ├────┤/├───────────────────[ T ON T 082 200]─
   T082            ┌──────────┐
   ─┤ ├────────────│ CTU 100  │────────────────
   P003            │          │
   ─┤ ├────────────│ D 30     │
                   └──────────┘
   C100
   ─┤ ├──────────────────────────( P041     )─
```

1-10 ON-OFF DELAY TIMER

```
   P000
   ─┤ ├──────────────────────────[ T ON T000 50  ]─
   T000
   ─┤/├──────────────────────────[ T ON T001 30  ]─
   PO40    T001
   ─┤ ├────┤/├──────────────┬─────( PO40   )─
   T000                     │
   ─┤ ├─────────────────────┘
```

[LADDER DIAGRAM]

```
        | T000                                              |
0000 |--|/|-------------------------------------[TON    T000    00010 ]|
        | T000                                    |                    |
0004 |--| |-------------------------------------|U  CTU  C000        |-|
        | C000                                    |                    ||
     |--| |------------------------------------|R  <S>   00020      |-|
        |                                                            |
        |-                                                           |-
        | T000                                                       |
0009 |--| |-------------------------------------[MOV    C000     P02 ]|
        |                                                            |
0015 |------------------------------------------------------[END  ]|
```

=== END ===

[MNEMONIC LIST]

STEP	INSTRUCTION		STEP	INSTRUCTION
0000	LOAD NOT	T000		
0001	TON	T000		
0002	<DATA>	00010		
0004	LOAD	T000		
0005	LOAD	C000		
0006	CTU	C000		
0007	<DATA>	00020		
0009	LOAD	T000		
0010	MOV(080)			
0011	< 1 >	C000		
0013	< 2 >	P02		
0015	END(001)			
0016	NOP(000)			
0017	NOP(000)			
0018	NOP(000)			
0019	NOP(000)			
0020	NOP(000)			
0021	NOP(000)			
0022	NOP(000)			
0023	NOP(000)			
0024	NOP(000)			
0025	NOP(000)			
0026	NOP(000)			
0027	NOP(000)			
0028	NOP(000)			
0029	NOP(000)			
0030	NOP(000)			

=== END ===

1－12　　MCS/MCS　CLR회로

[LADDER DIAGRAM]

```
       |   P000                                                        |
0000├──┤  ├──────────────────────────────────────────────[MCS    0    ]┤
       !   M000                                                    P050 |
0002|  |/|  ─ ── ── ── ─────────────────────────────────────────( )──┤
       |   M001                                                    P051 |
0004├──|/|────────────────────────────────────────────────────────( )──┤
       |   P001                                                        |
0006|  |  |        ─────────────────────────────────────[MCS    1    ]┤
       |   M002                                                    P052 |
0008├──|/|──────────────────────────────────────────────────────────( )──┤
       |   M003                                                    P053 |
0010|  |/|  ─────────────────────────────────────────────────────( )──┤
       !   P002                                                        |
`012|  |  |                ─────────────────────────────[MCS    2    ]┤
       |   M004                                                    P054 |
0014|  |/|  ─────────────────────────────────────────────────────( )──┤
       |   M005                                                    P055 |
0016|  |/| ─ ── ──────────────────────────────────────────────────( )──┤
       |                                                              |
0018|                      ───────────────────────────[MCSCLR   2    ]┤
       |                                                              |
0019|                      ───────────────────────────[MCSCLR   1    ]┤
       |                                                              |
0020|                      ───────────────────────────[MCSCLR   0    ]┤
       |   P003                                                        |
0021|  |  |  ── ─────────────────────────────────────────[MCS    0    ]┤
       |   M010                                                    P020 |
0023|  |/|  ───────────────────────────────────────────────────────( )──┤
       |   P004                                                        |
0025|  |  |         ──────────────────────────────────────[MCS    1    ]┤
       |   M012                                                    P022 |
0027|  |/|  ─────────────────────────────────────────────────────( )──┤
       |   P005                                                        |
─0029|  |  |                 ──────────────────────────────[MCS    2    ]┤
       |   M014                                                    P024 |
0031|  |/|  ─────────────────────────────────────────────────────( )──┤
       |                                                              |
0033|                      ───────────────────────────[MCSCLR   2    ]┤
       |                                                              |
0034|   ─ ─ ─                ─────────────────────────[MCSCLR   1    ]┤
       |                                                              |
0035|                        ─────────────────────────[MCSCLR   0    ]┤
       |                                                              |
0036|  ─ ─ ─                 ──────────────────────────────────[END    ]┤
```

=== END ===

386

STEP	INSTRUCTION		STEP	INSTRUCTION
0000	LOAD	, P000		
0001	MCS(010)	0		
0002	LOAD NOT	M000		
0003	OUT	P050		
0004	LOAD NOT	M001		
0005	OUT	P051		
0006	LOAD	P001		
0007	MCS(010)	1		
0008	LOAD NOT	M002		
0009	OUT	P052		
0010	LOAD NOT	M003		
0011	OUT	P053		
0012	LOAD	P002		
0013	MCS(010)	2		
0014	LOAD NOT	M004		
0015	OUT	P054		
0016	LOAD NOT	M005		
0017	OUT	P055		
0018	MCSCLR(011)	2		
0019	MCSCLR(011)	1		
0020	MCSCLR(011)	0		
0021	LOAD	P003		
0022	MCS(010)	0		
0023	LOAD NOT	M010		
0024	OUT	P020		
0025	LOAD	P004		
0026	MCS(010)	1		
0027	LOAD NOT	M012		
0028	OUT	P022		
0029	LOAD	P005		
0030	MCS(010)	2		
0031	LOAD NOT	M014		
0032	OUT	P024		
0033	MCSCLR(011)	2		
0034	MCSCLR(011)	1		
0035	MCSCLR(011)	0		
0036	END(001)			
0037	NOP(000)			
0038	NOP(000)			
0039	NOP(000)			

=== END ===

1-13 선 입 우 선 회 로

```
   S1.01      S1.03              P0
 ─┤/├─┤/├─┤/├─┤/├─────────────┤ ├──[  OUT  S 01.01  ]──────┤
        S1.02      S1.04         P1
                              ─┤ ├──[  OUT  S 01.02  ]──────┤
                                P2
                              ─┤ ├──[  OUT  S 01.03  ]──────┤
                                P3
                              ─┤ ├──[  OUT  S 01.04  ]──────┤
    P4
  ─┤ ├───────────────────────────[  OUT  S 01.00  ]──────┤
```

1-14 후 입 우 선 회 로

```
    P4
  ─┤ ├───────────────────────────[  OUT  S 02.01  ]──────┤
    P5
  ─┤ ├───────────────────────────[  OUT  S 02.02  ]──────┤
    P6
  ─┤ ├───────────────────────────[  OUT  S 02.03  ]──────┤
    P7
  ─┤ ├───────────────────────────[  OUT  S 02.04  ]──────┤
    P10
  ─┤ ├───────────────────────────[  OUT  S 02.00  ]──────┤
```

1-15 순 서 동 작 회 로

```
    P11
  ─┤ ├───────────────────────────[  SET  S 02.01  ]──────┤
    P12
  ─┤ ├───────────────────────────[  SET  S 02.02  ]──────┤
    P13
  ─┤ ├───────────────────────────[  SET  S 02.03  ]──────┤
    P14
  ─┤ ├───────────────────────────[  SET  S 02.04  ]──────┤
    P15
  ─┤ ├───────────────────────────[  SET  S 02.00  ]──────┤
```

2. 응용 프로그램

2.1 삼상 모터 사용례

: 삼상 모터 결선법에 의해 정전, 역전, 정지 시키는 시퀀스

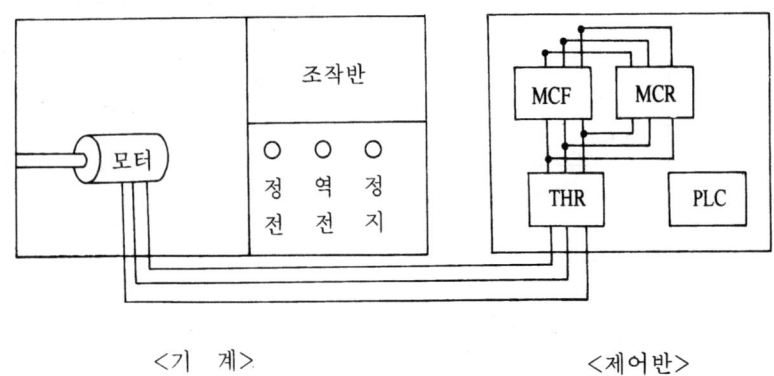

<기 계>   <제어반>

<입·출력 배선>

정전 (P002)
역전 (P002)
정지 (P002)
TH RY (P003)

MCF   P021
MCR   P020

< ROGRAM >

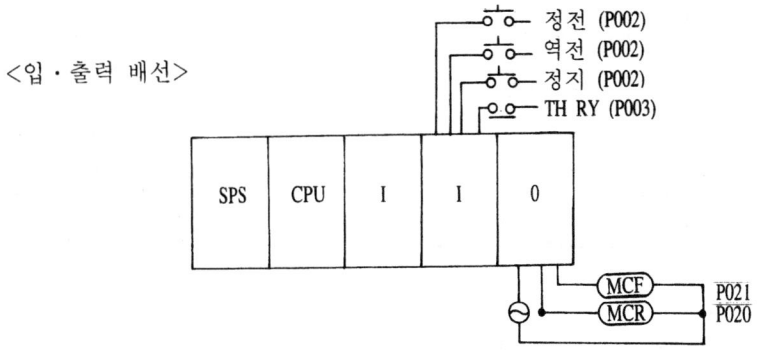

2. 2 COUNTER 회로의 사용례

1) 개요 : 생산 설비로부터 생산된 제품수를 광전 스위치로부터
   PULSE를 받아 카운트하여 목표수량을 생산하면 정지하고
   완료 램프를 점등하는 설비 제어 이며 확인후 RESET버튼을
   누르면 램프는 소등한다 (목표 수량 : 300 개)

2) 입출력 할당 :

입 출 력 기 기	ADDRESS
광전 스위치	P000
RESET BUTTON	P001
생산 완료 램프	P030
운전 정지 신호	P031

3) 설비 개략도

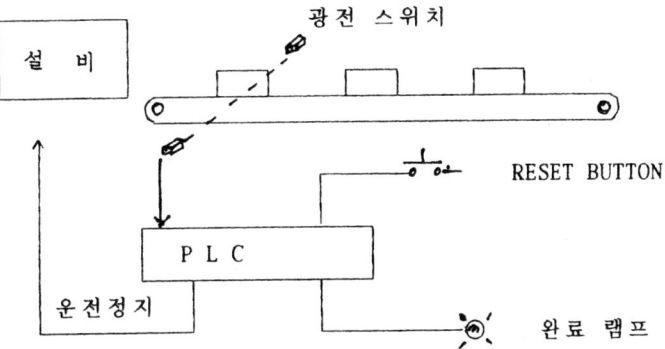

4) LADDER DIAGRAM

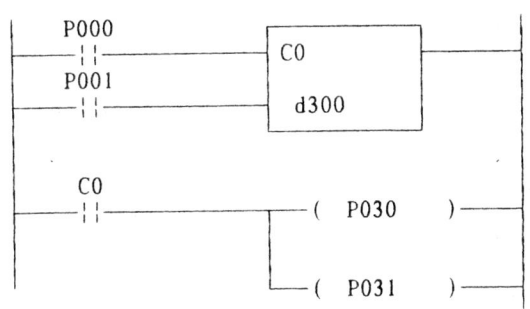

390

2. 3 SC 기능의 이용 예

1) 동작 개요 : W 가 전진 L/S와 후진 L/S사이를 5회 왕복후 정지한다.

　　　　　단 L/S동작시는 1초간 정지한다.

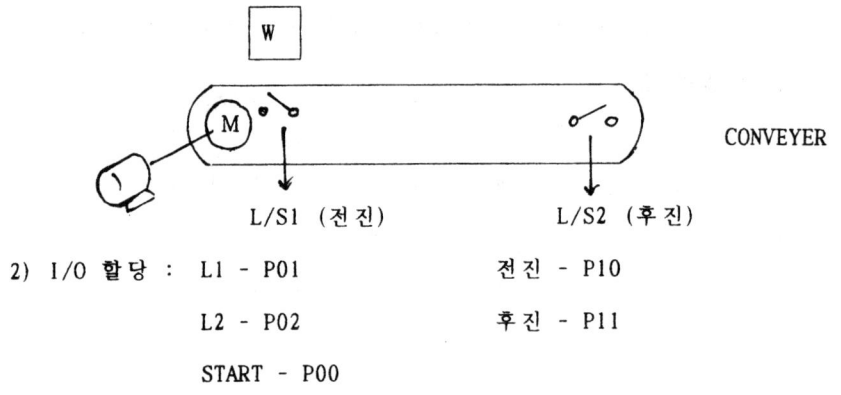

L/S1 (전진)　　　　　　　L/S2 (후진)　　　CONVEYER

2) I/O 할당 :　L1 - P01　　　　　　전진 - P10

　　　　　　　L2 - P02　　　　　　후진 - P11

　　　　　　　START - P00

3) FLOW

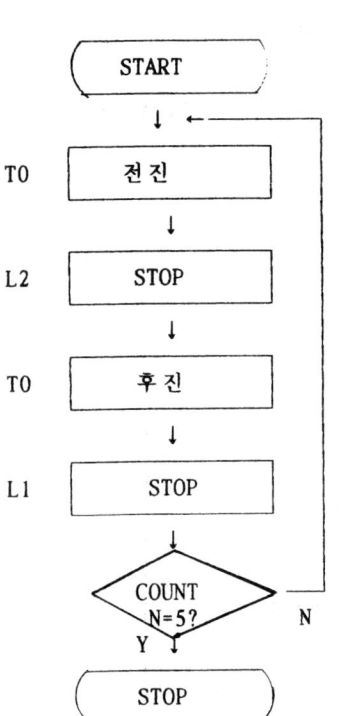

4) LADDER DIARGRAM

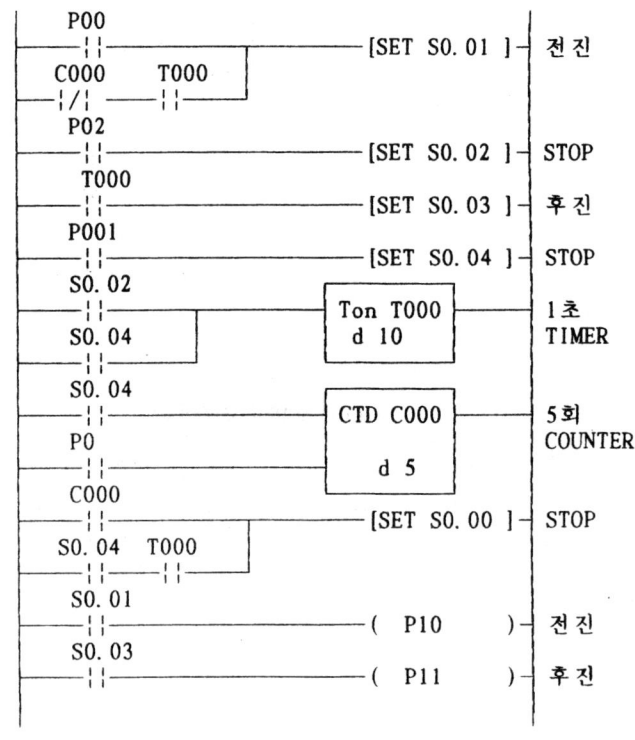

2.4 정전 대책에 대하여

1) 입출력 릴레이(P)와, 킵 릴레이(K)의 차이점 : 다음의 시퀀스는 모두 자기 보존 회로를 갖고 있으며 그 동작은 동일하다. 그러나, 출력이 ON 중에 정지되면 복전시의 출력 상태는 다르게 된다.

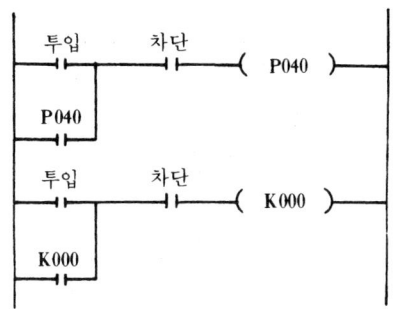
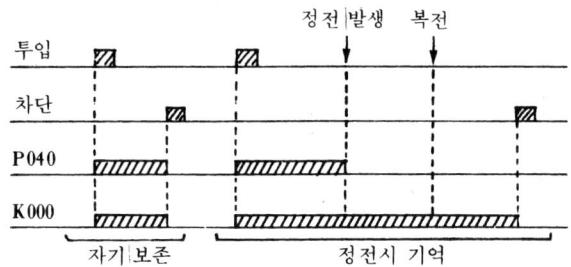

2) 세트/리세트 명령에서 입출력 릴레이(P)와 킵 릴레이(K) 영역 동작의 차이점 : 세트/리세트 명령은 자기 보존 기능을 갖고 있기 때문에 출력이 1회 세트(ON)되면 "차단"입력이 들어올 때까지 그 상태가 계속된다. 그러나, 입출력 릴레이(P) 영역과, 킵 릴레이(K) 영역의 차이점에 의해, 복전시의 동작이 다르다.

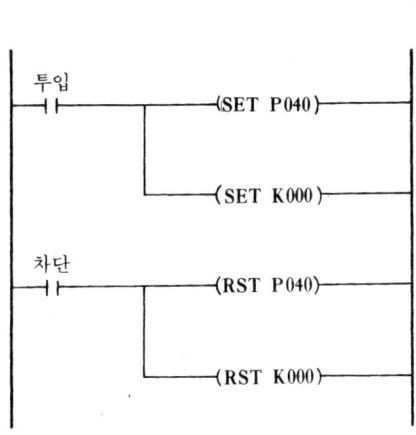
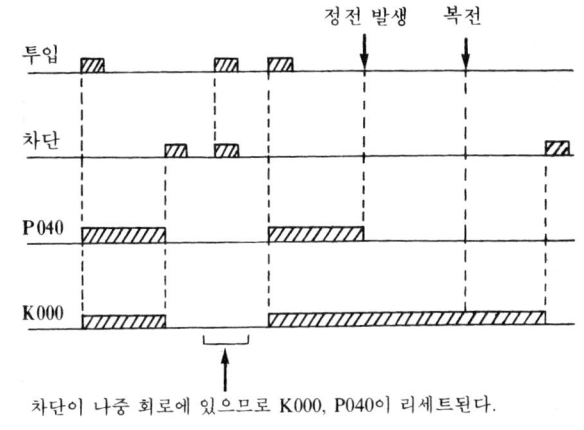

차단이 나중 회로에 있으므로 K000, P040이 리세트된다.

2.5 순차 제어 [SET S의 예제 1]

아래 프로그램은 공정 0이 끝나야만 공정 1이 수행되어 또 다음 공정이 실행되고, 공정 4가 끝나면, 다시 0번 공정이 모두 순차적으로 수행되는 과정을 간략하게 작성한 것이다.

392

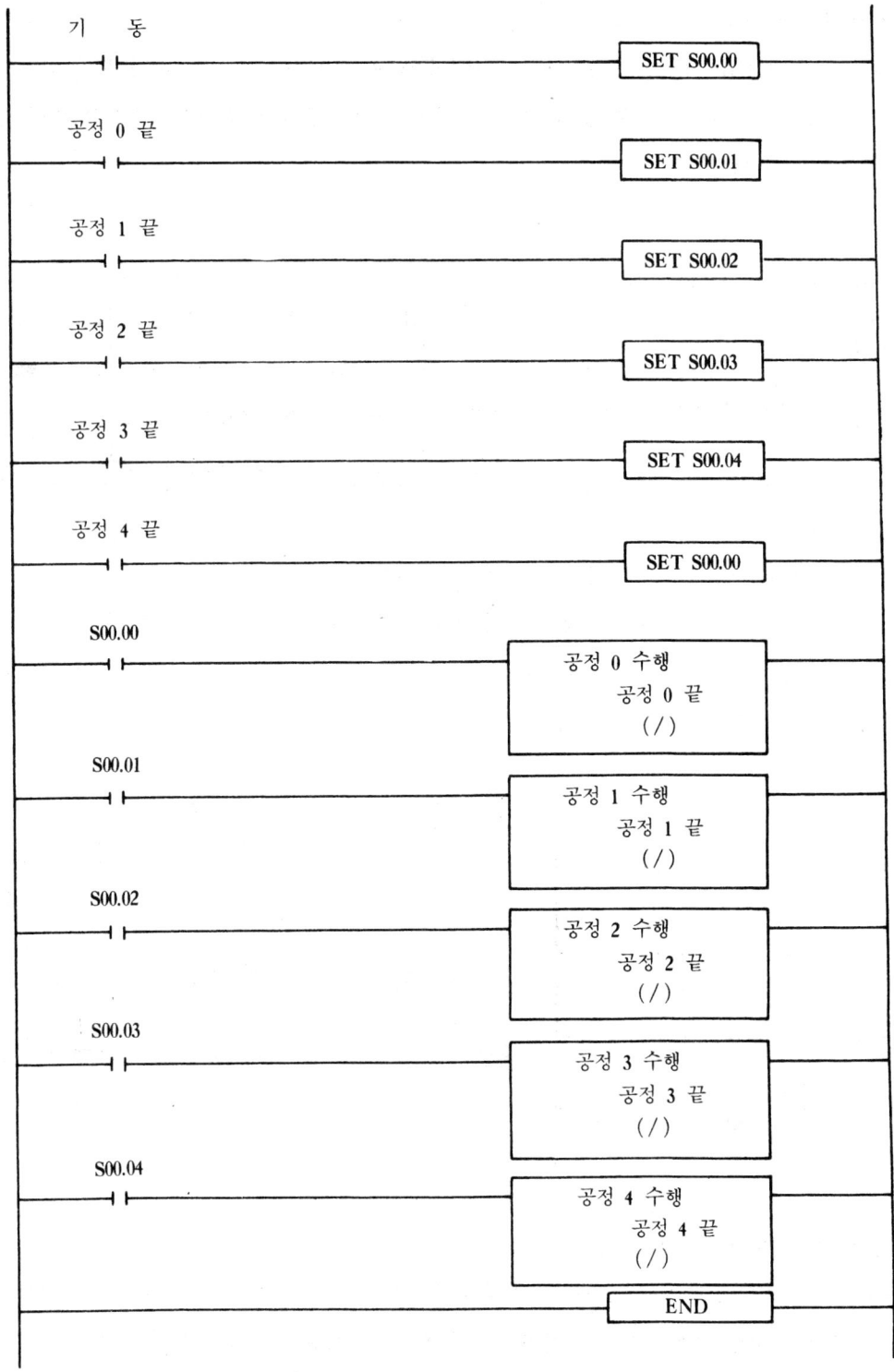

기 동
├─┤ ├──────────────────────────────── SET S00.00

공정 0 끝
├─┤ ├──────────────────────────────── SET S00.01

공정 1 끝
├─┤ ├──────────────────────────────── SET S00.02

공정 2 끝
├─┤ ├──────────────────────────────── SET S00.03

공정 3 끝
├─┤ ├──────────────────────────────── SET S00.04

공정 4 끝
├─┤ ├──────────────────────────────── SET S00.00

S00.00
├─┤ ├──────────────────────────── 공정 0 수행
                                      공정 0 끝
                                       (/)

S00.01
├─┤ ├──────────────────────────── 공정 1 수행
                                      공정 1 끝
                                       (/)

S00.02
├─┤ ├──────────────────────────── 공정 2 수행
                                      공정 2 끝
                                       (/)

S00.03
├─┤ ├──────────────────────────── 공정 3 수행
                                      공정 3 끝
                                       (/)

S00.04
├─┤ ├──────────────────────────── 공정 4 수행
                                      공정 4 끝
                                       (/)

                                       END

2.6 이동 호이스트 제어 [SET S의 예제 2]

1) 동작 : 리미트 스위치 LS1이 동작하는 위치 A에서 호이스트가 작업 시작 순간 접촉 푸쉬 버튼 PB0을 누르면, 리미트 스위치 LS4가 동작하는 위치 D로 이동하여 1초간 정지했다가, 리미트 스위치 LS2가 동작하는 위치 B로 이동하여 2초간 정지한 후, 리미트 스위치 LS3이 동작하는 위치 C로 이동하여 3초간 다시 정지한 후, 원래 위치 A로 돌아와 운전을 완료한다. 운전중에 순간 접촉 푸쉬 버튼 PB1을 누르면 호이스트는 정지하고, 복귀 순간 접촉 푸쉬 버튼 PB2를 누르면 호이스트는 위치 A로 돌아온다.

2) 시스템도

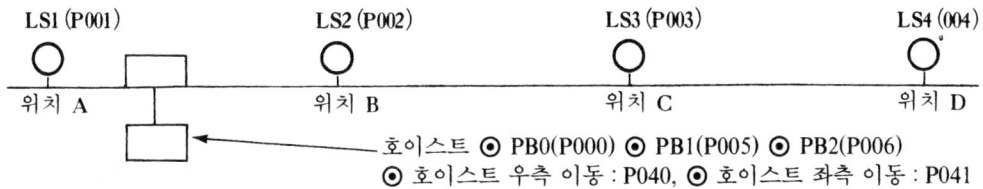

```
LS1 (P001)          LS2 (P002)          LS3 (P003)          LS4 (004)
   ○                   ○                   ○                   ○
─────┌──┐──────────────────────────────────────────────────────────
   위치 A            위치 B            위치 C            위치 D
     ┌──┐
     └──┘ ◀─────────────  호이스트 ⊙ PB0(P000) ⊙ PB1(P005) ⊙ PB2(P006)
                          ⊙ 호이스트 우측 이동 : P040, ⊙ 호이스트 좌측 이동 : P041
```

3) 프로그램

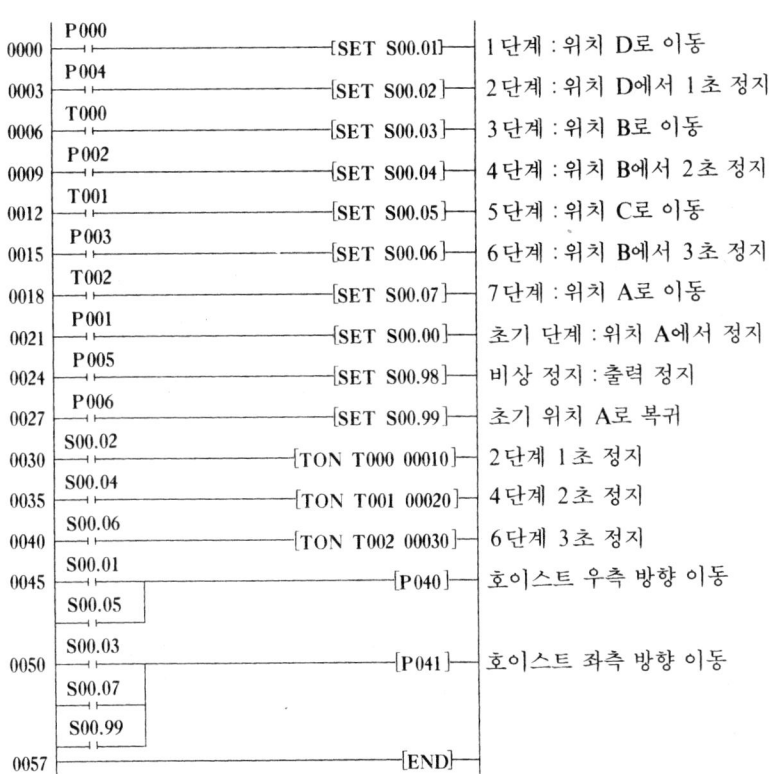

```
0000  ─┤P000├────────────────────[SET S00.01]──   1단계 : 위치 D로 이동
0003  ─┤P004├────────────────────[SET S00.02]──   2단계 : 위치 D에서 1초 정지
0006  ─┤T000├────────────────────[SET S00.03]──   3단계 : 위치 B로 이동
0009  ─┤P002├────────────────────[SET S00.04]──   4단계 : 위치 B에서 2초 정지
0012  ─┤T001├────────────────────[SET S00.05]──   5단계 : 위치 C로 이동
0015  ─┤P003├────────────────────[SET S00.06]──   6단계 : 위치 B에서 3초 정지
0018  ─┤T002├────────────────────[SET S00.07]──   7단계 : 위치 A로 이동
0021  ─┤P001├────────────────────[SET S00.00]──   초기 단계 : 위치 A에서 정지
0024  ─┤P005├────────────────────[SET S00.98]──   비상 정지 : 출력 정지
0027  ─┤P006├────────────────────[SET S00.99]──   초기 위치 A로 복귀
0030  ─┤S00.02├──────────────[TON T000 00010]─   2단계 1초 정지
0035  ─┤S00.04├──────────────[TON T001 00020]─   4단계 2초 정지
0040  ─┤S00.06├──────────────[TON T002 00030]─   6단계 3초 정지
0045  ─┤S00.01├─┬───────────────────[P040]──   호이스트 우측 방향 이동
       ─┤S00.05├─┘
0050  ─┤S00.03├─┬───────────────────[P041]──   호이스트 좌측 방향 이동
       ─┤S00.07├─┤
       ─┤S00.99├─┘
0057  ────────────────────────────────[END]──
```

2.7 공사 구간 교통 신호등 제어 [OUT S의 예제]

1) 동작 : 도로 공사로 왕복 2차선이 왕복 1차선으로 통제되는 곳의 양방향 신호 체계이다. 시스템이 동작하면 양쪽에 적색등이 켜지고, 한쪽 차선 센서에서 신호가 들어오면 10 초 후에 녹색 신호등이 켜지는데, 다른 차선의 센서 신호가 없을 때는 계속 켜지고, 다른 차선 센서 신호가 있어도 최소 20초간은 켜진다. 다른 차선의 센서 신호로 녹색 신호등이 꺼지고 난 후, 10초가 경과해야 새로 신호가 들어온 차선의 녹색 신호등이 켜진다.

2) 시스템도

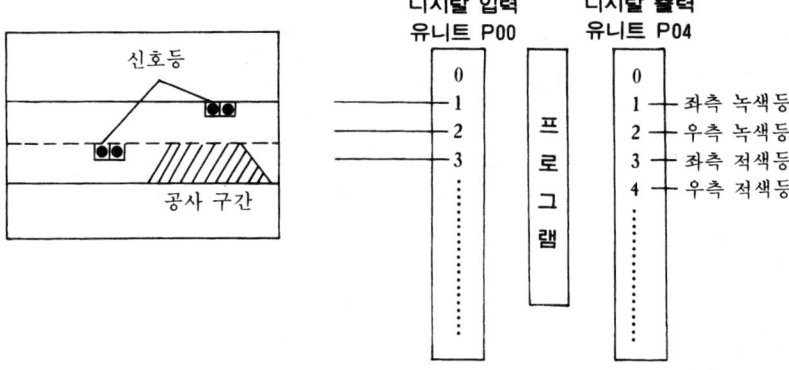

3) 프로그램

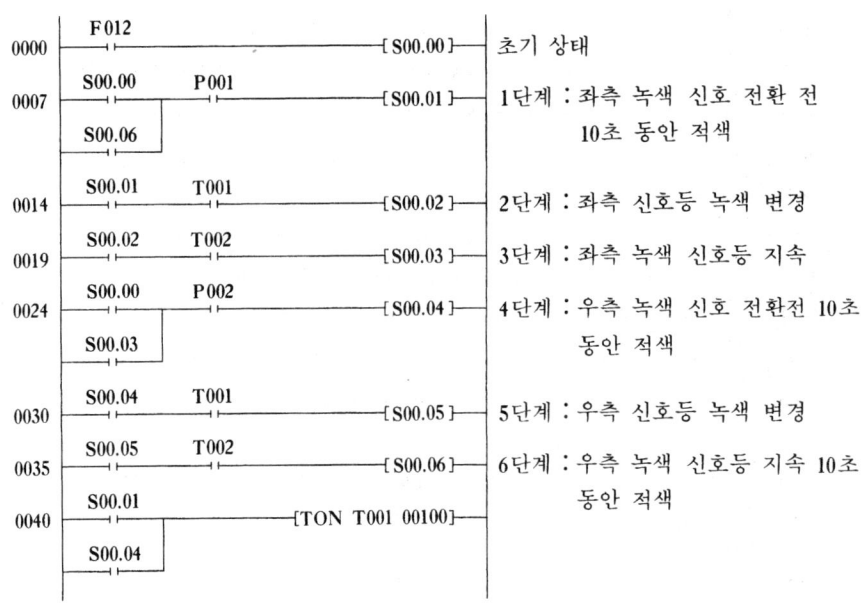

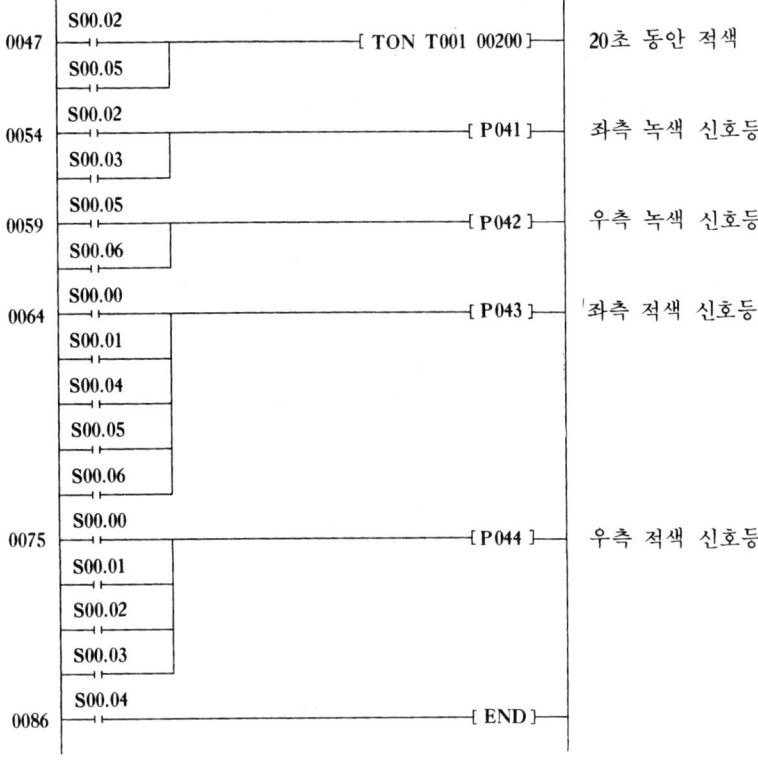

0047	S00.02 ┤├ S00.05	─[TON T001 00200]─	20초 동안 적색
0054	S00.02 ┤├ S00.03	─[P041]─	좌측 녹색 신호등
0059	S00.05 ┤├ S00.06	─[P042]─	우측 녹색 신호등
0064	S00.00 S00.01 S00.04 S00.05 S00.06	─[P043]─	좌측 적색 신호등
0075	S00.00 S00.01 S00.02 S00.03	─[P044]─	우측 적색 신호등
0086	S00.04 ┤├	─[END]─	

<특기 사항>

①
```
P000 ──────────[SET S00.01]
P001 ──────────[SET S00.02]
              ⋮
P007 ──────────[SET S00.00]
```

②
```
P000 S00.00 ──────( S00.01 )
P000 S00.01 ──────( S00.02 )
              ⋮
P007 ─────────────( S00.00 )
```

①,② 회로는 동일하다.

396

2.8 출력 ON/OFF 조작 〔D의 예제〕

1) 동작 : 순간 접촉 푸쉬 버튼 PB0를 첫번째 누르면 출력이 ON하고, 두번째
이 OFF한다. PB0를 누를 때마다 출력이 ON/OFF를 반복한다.

2) 시스템도

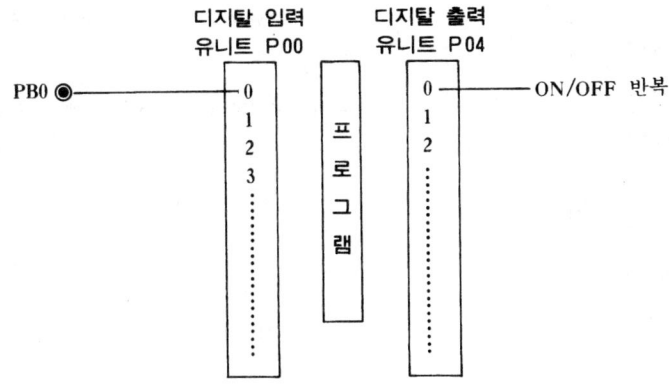

3) 프로그램

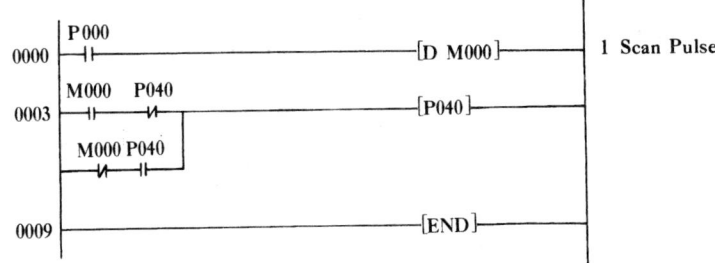

〈자기 유지 회로〉

첫번째 누르면 b접점 P040이 도통될 수 있는 상태이므로 a접점 M000의 1 SCAN PULSE 신호는 회로를 통해 출력 P040를 ON시키고, P040은 자기 유지된다.

두번째 눌렀을 때는 P040이 ON되어 b접점 P040 회로를 도통할 수 없으므로 두번째 M000 의 1 SCAN PULSE 신호는 자기 유지시키는 회로를 차단시켜 출력 P040은 OFF된다.

만약, 회로를 아래와 같이 작성하였을 경우에는 P000을 눌렀을 때, 매 스캔마다 ON/OFF 가 바뀌게 되어 원하는 출력을 얻을 수 없게 된다.

2.9 공통 LINE이 있는 회로 〔MCS, MCSCLR의 예제〕

아래에 나타난 회로 상태 그대로 PLC Program이 되지 않으므로 Master Control(MCS, MCSCLR) 명령을 사용하여 Program한다.

＜릴레이 회로＞

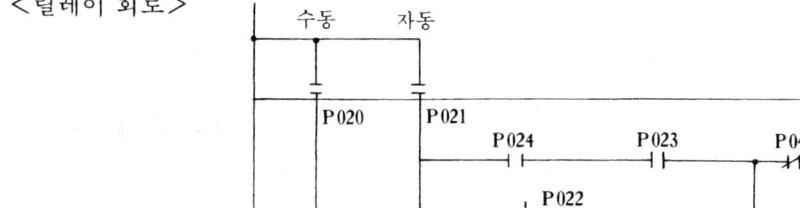

＜MSATER Control을 사용한 프로그램＞

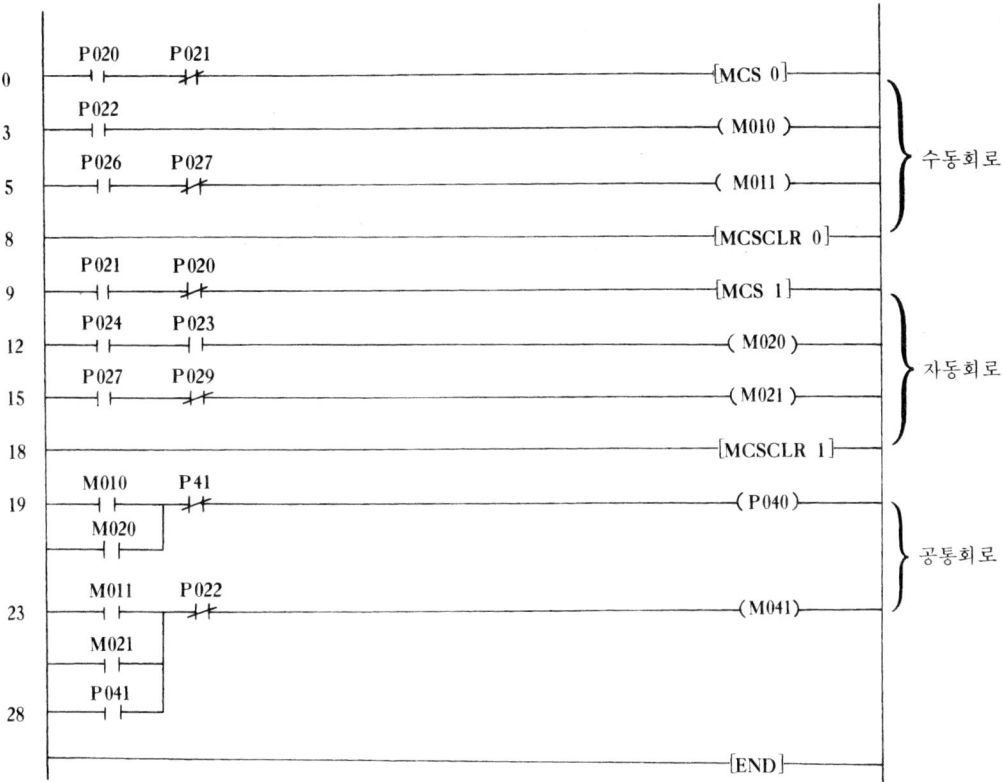

2.10 플리커 회로 [TON의 예제]

1) 동작 : 타이머 2개를 사용하여 출력을 플리커(깜빡이)시킨다.

2) 시스템도

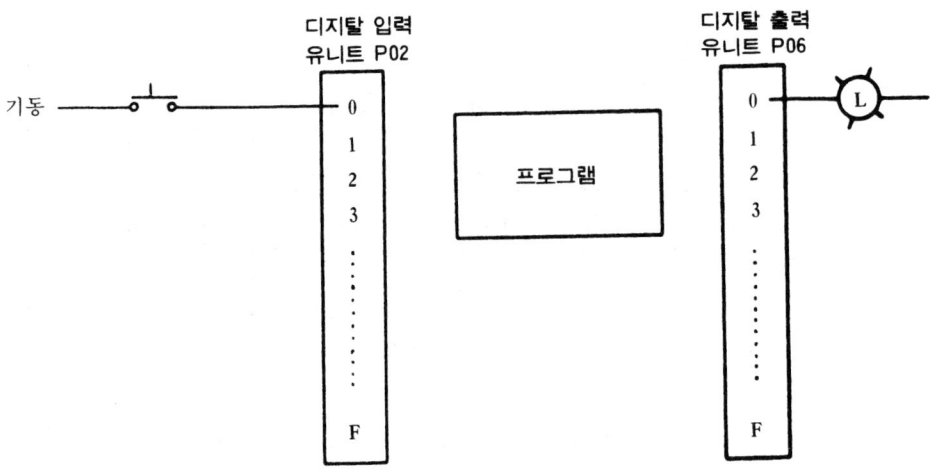

<타임 차트>

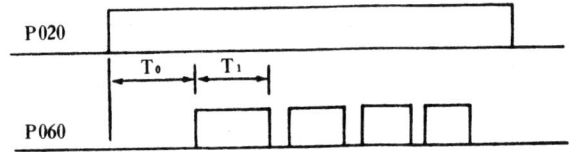

3) 프로그램

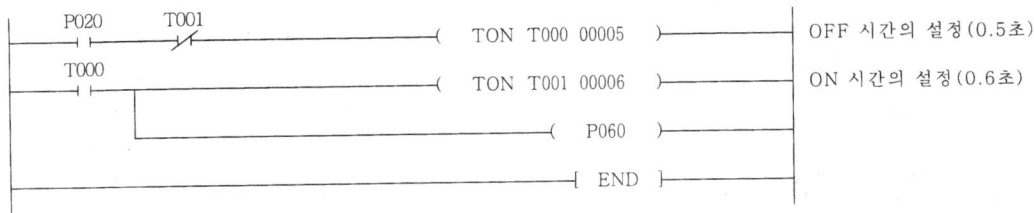

2.11 컨베이어 제어[TON TOFF의 예제]

1) 동작 : 여러대의 컨베이어를 순서에 따라 기동(A → B → C)

　　　정지(C → B → A)한다.

2) 시스템도

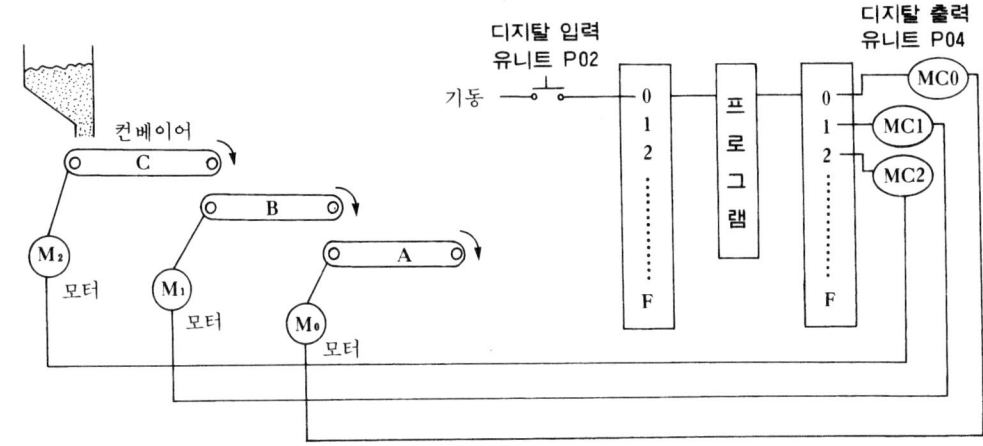

＜타임 차트＞

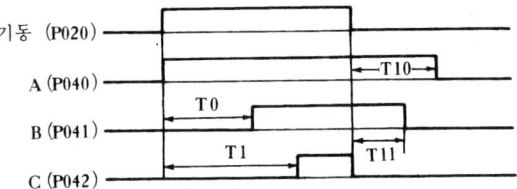

3) 프로그램

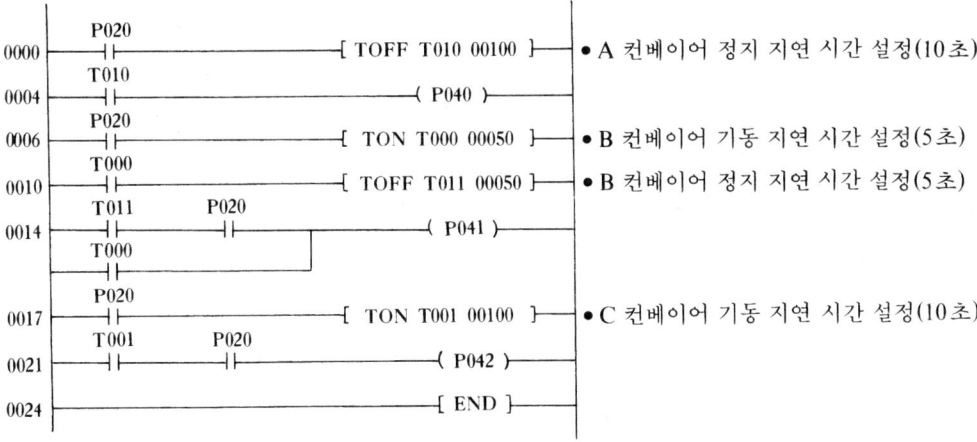

- A 컨베이어 정지 지연 시간 설정(10초)
- B 컨베이어 기동 지연 시간 설정(5초)
- B 컨베이어 정지 지연 시간 설정(5초)
- C 컨베이어 기동 지연 시간 설정(10초)

2.12 공구 수명 경보 회로 [TMR의 예제]

1) 동작 : 머시닝 센터 등의 공구 사용 시간을 측정하여 공구 교환을 위한 경보등을 출력한다.

2) 시스템도

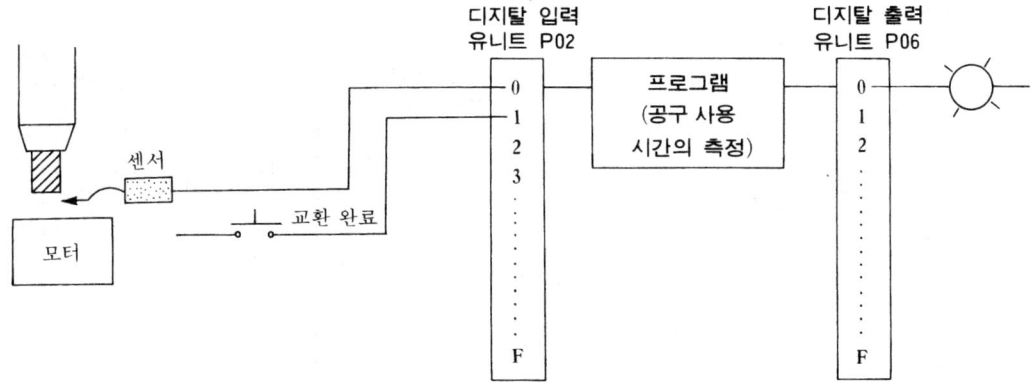

어드레스	용 도
P000	드릴 하강 검출
P001	드릴 교환 완료
P040	공구 수명 경보
P000	공구 수명 설정 타이머

3) 프로그램

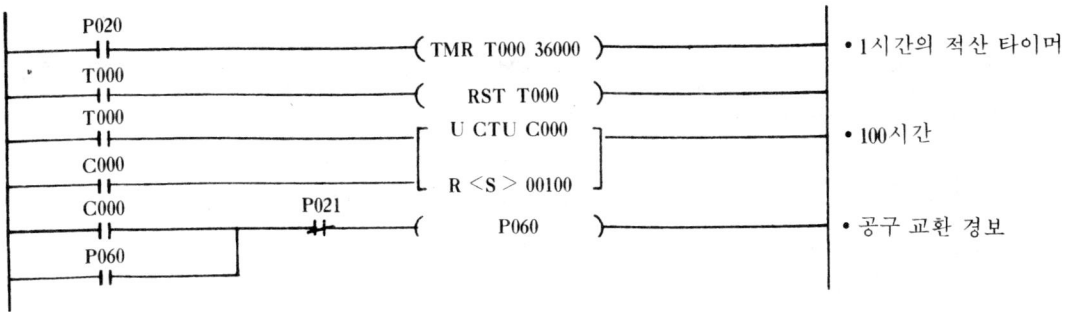

• 1시간의 적산 타이머

• 100시간

• 공구 교환 경보

주) 본 예제의 시스템에서는 불휘발성 영역에 있는 타이머를 사용하여야 정확한 공구 사용 시간을 저장
할 수 있다.

2.13 신호 떨림 방지 회로 [TMON의 예제]

1) 동작 : 속도가 일정치 않은 물체의 통과 신호(리미트 스위치)의 떨림을 방지하여 안정된 신호를 얻는다.

2) 시스템도

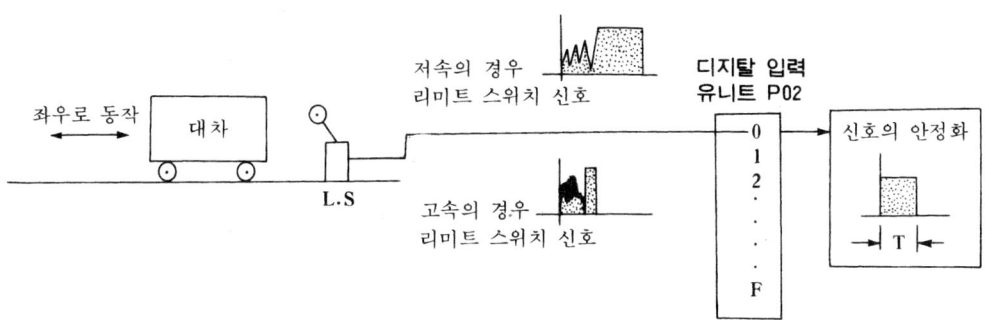

어드레스	용 도
P020	위치 검출용 리미트 스위치
M020	일정 시간 출력 릴레이
T000	떨림 방지 타이머

3) 프로그램

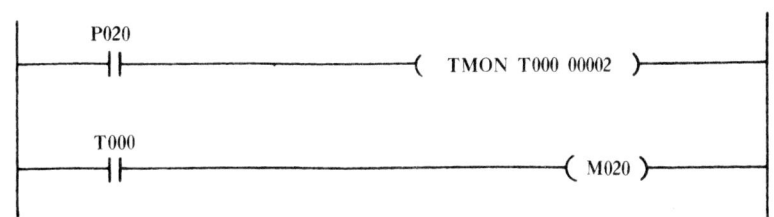

• P020이 순간적으로 ON하면 그 후에 P020이 떨려도 M020은 0.2초간은 ON된다.

2.14 반송 장치 고장 검출 회로 [TRTG의 예제]

1) 동작 : 일정 시간마다 공급되는 제품에 의해 반송 장치의 고장을 검출한다.

2) 시스템도

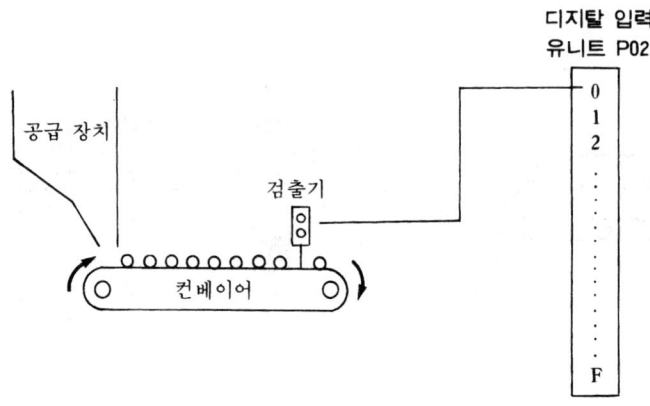

<타임 차트>

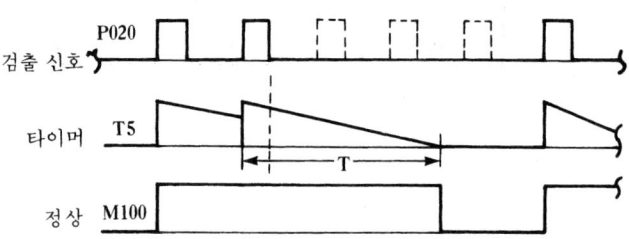

3) 프로그램

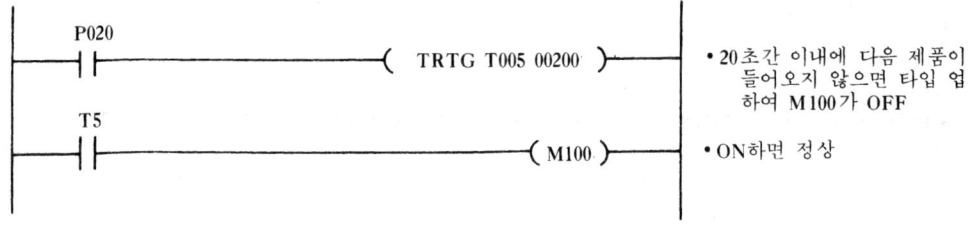

2.15 모터 동작수 증감 제어 [CTUD의 예제]

1) 동작 : 4대의 모터를 제어하는 데 순간 접촉 푸쉬 버튼 PB1을 누를 때마다 동작하는 모터수를 1개씩 증가시키고, 순간 접촉 푸쉬 버튼 PB2를 누를 때마다 모터 동작수를 1개씩 감소시킨다.

　4개의 모터가 동작하고 있을 때 PB1을 누르면 모든 모터는 정지하고, 1개의 모터가 동작하고 있을 때 PB2를 누르면 모터는 하나도 동작하지 않는다.

2) 시스템도

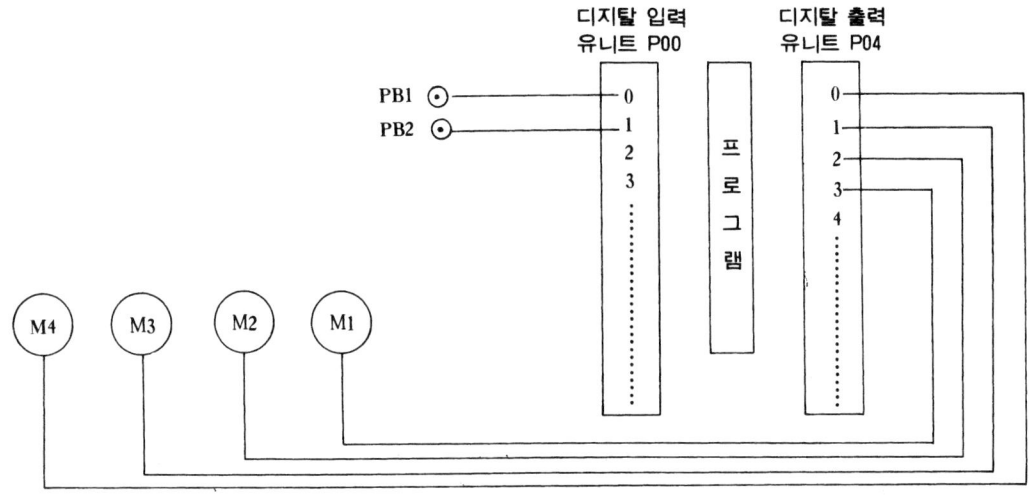

3) 프로그램

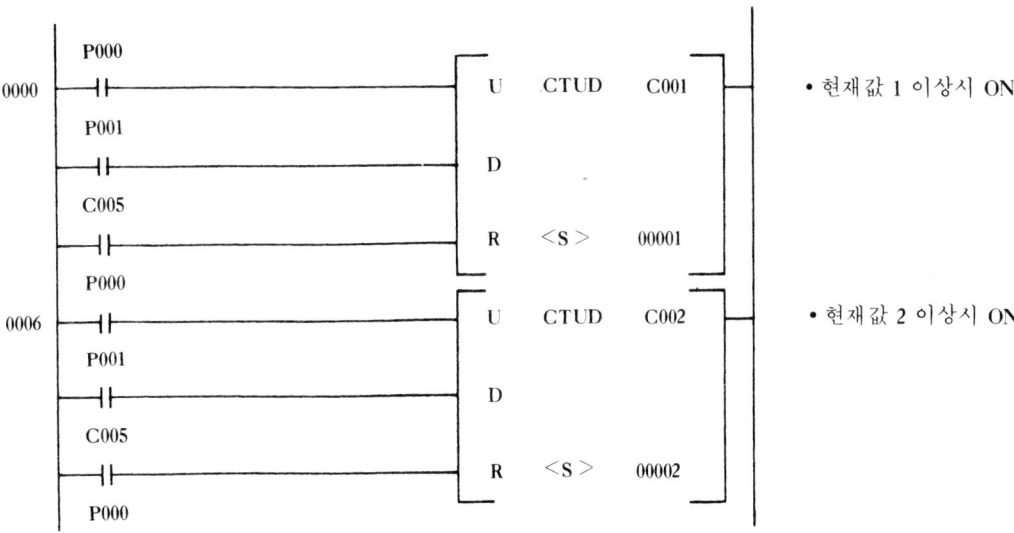

404

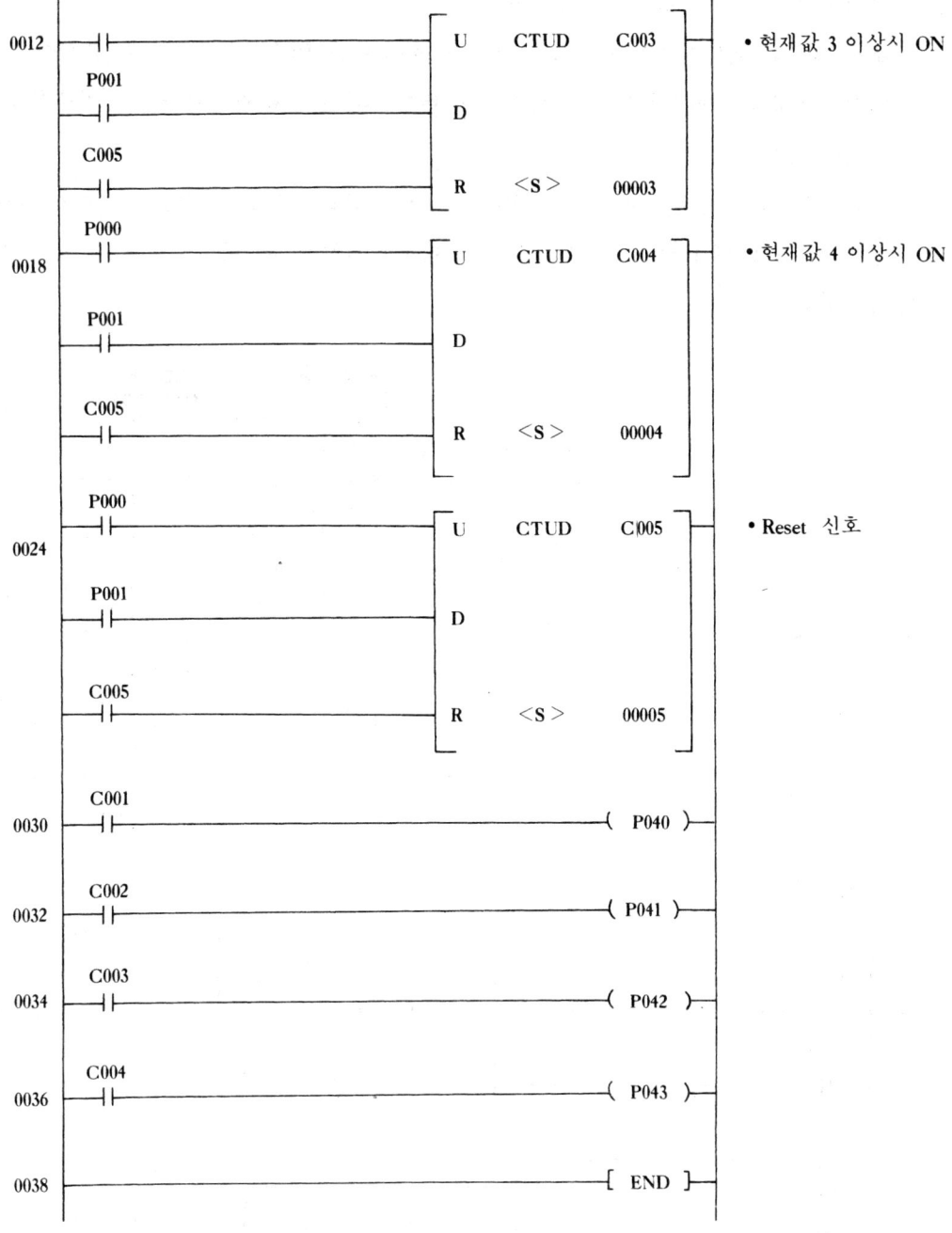

- 현재값 3 이상시 ON

- 현재값 4 이상시 ON

- Reset 신호

2.16 비교 명령 〔CMP의 예제〕

1) 동작 : UP-DOWN 카운터의 현재값이 10미만이면 P040이 ON하고, 10~19이면 P041이 ON하고 20~29이면 P042가 ON하고, 30~39이면 P043이 ON하고, 40이상 이면 P044가 ON한다.

2) 프로그램

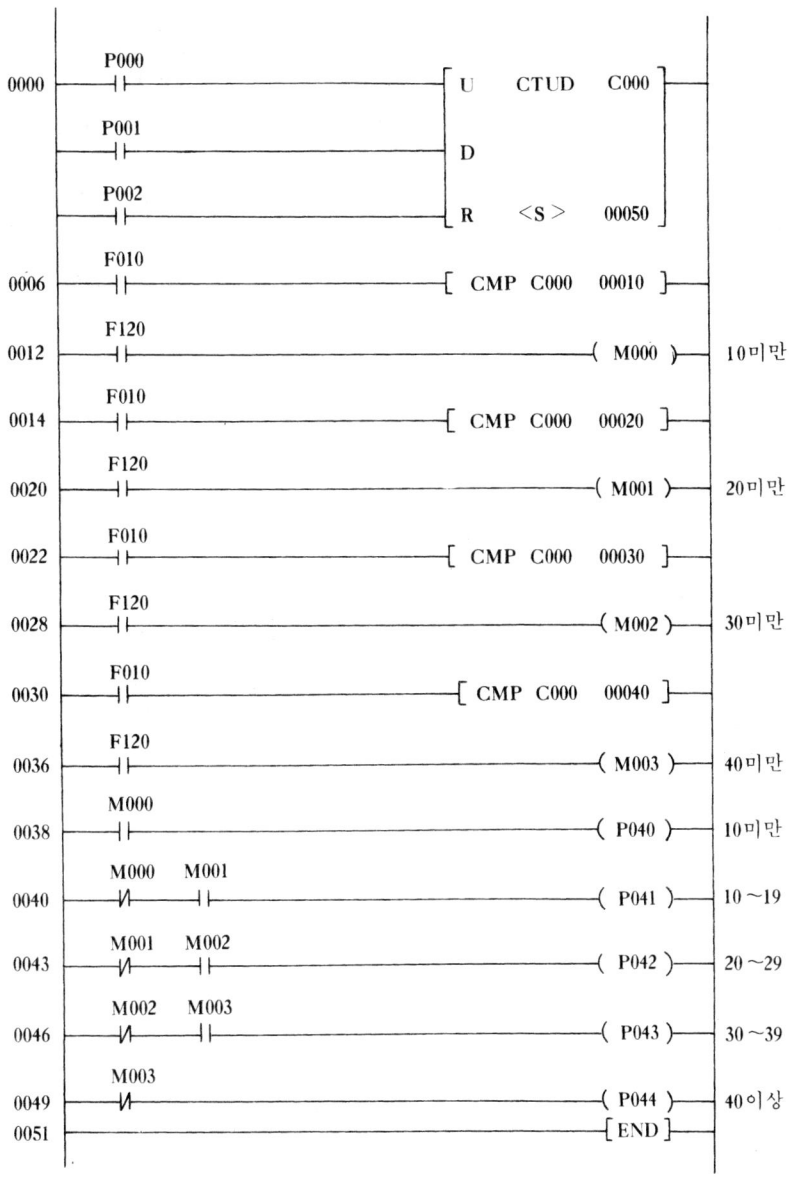

2.17 라인의 이동 제품 세척 〔BSFT의 예제〕

1) 동작 : 센서가 제품을 감지하고, 세척기는 세척 위치에 제품이 있을 때에만 세척한다.

센서의 칸막이 감지를 방지하기 위하여 센서가 칸막이를 감지하는 동작에는 캠의 ON 신호가 나오지 않게 하였다. 캠의 1회전은 칸막이 한 칸 이동과 같다.

2) 시스템도

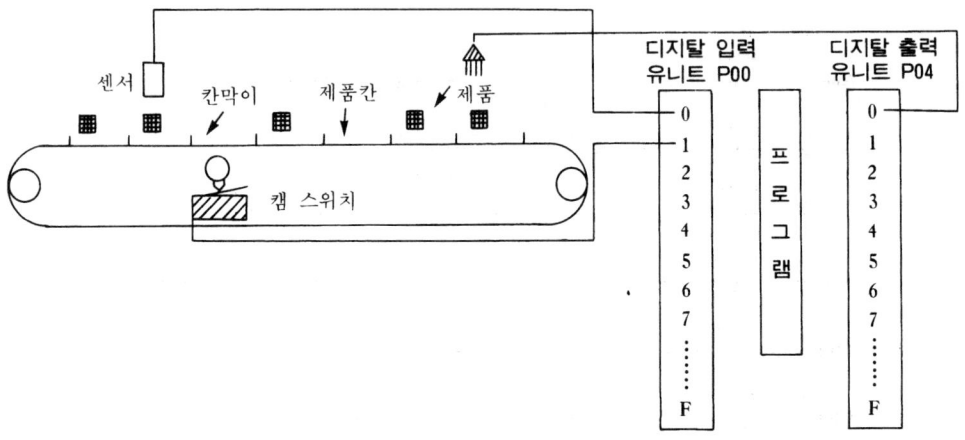

3) 프로그램

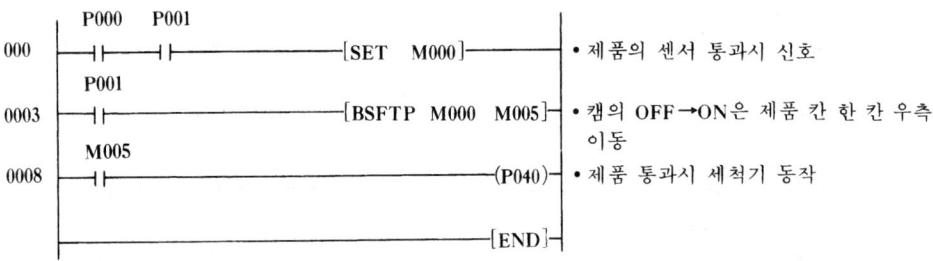

000 ─┤P000├─┤P001├───────[SET M000]───	• 제품의 센서 통과시 신호
0003 ─┤P001├──────────[BSFTP M000 M005]─	• 캠의 OFF→ON은 제품 칸 한 칸 우측 이동
0008 ─┤M005├─────────────────(P040)──	• 제품 통과시 세척기 동작
─────────────────────[END]──	

─┤P001├──────────[BSFTP M000 M005]─	• 명령어 끝에 P를 사용 (아래 프로그램과 같다.)
─┤P001├──────────[D M010]─	• P001의 신호 1SCAN PULSE 처리
─┤M010├──────────[BSFT M000 M005]─	• 명령어 끝에 P를 사용 않음

2.18 Counter(Timer) 현재값 외부 출력 〔BCD, BMOV의 예제〕

1) 동작 : 재고가 입출고되는 창고에 재고가 30개이면 입고 콘베어는 정지하고, 재고 숫자 는 외부에 나타낸다.

2) 시스템도

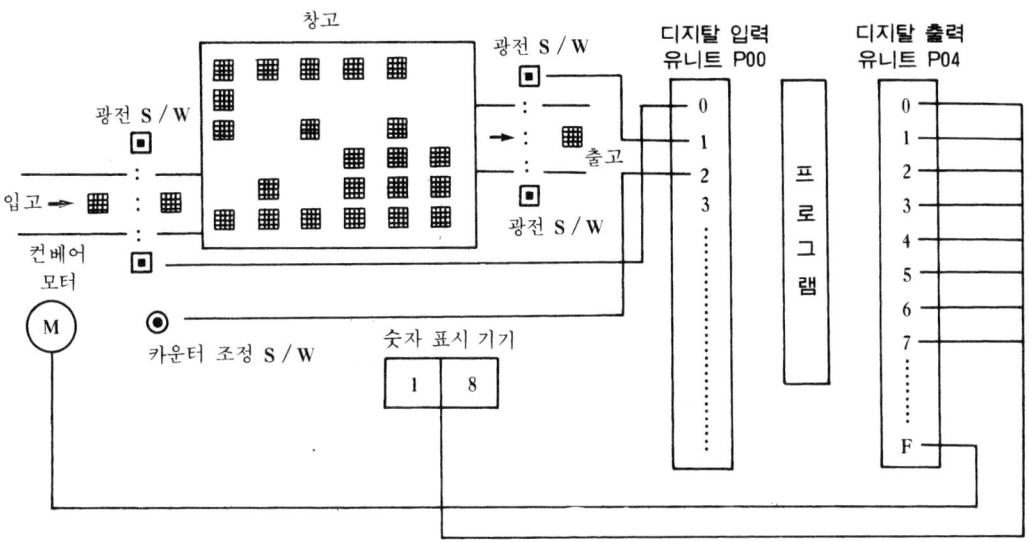

3) 프로그램

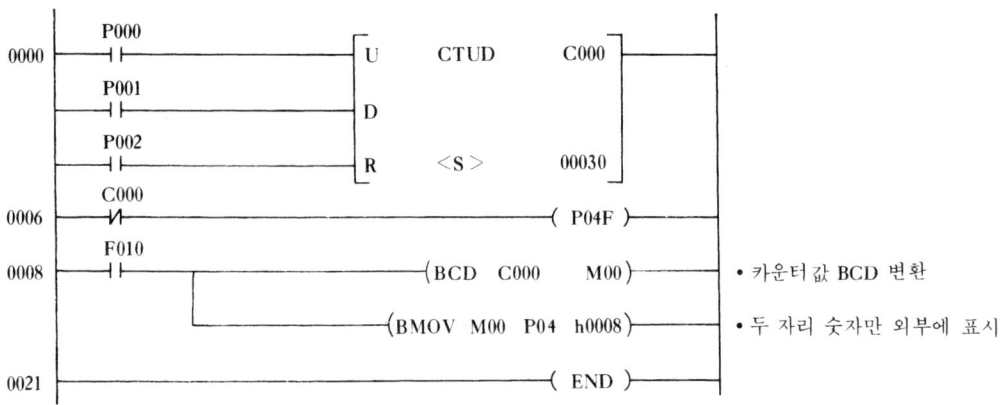

〈참고〉 카운터, 타이머의 현재값은 BINARY 형식으로 갖고 있습니다.

3. 설치 및 시운전

3.1 시운전의 FLOW

1. PLC 의 취부 상태 CHECK

↓

2. 전원 투입전 배선 CHECK

↓

3. 절연 내압 CHECK

↓

4. 전원 투입 TEST

↓

5. 외부 배선 CHECK

↓

6. 안전 회로 확인

↓

7. 각개 운전

↓

8. 자동 운전

↓

9. 이상 운전

↓

10. 시운전 종료

제 7 장 범용 컴퓨터 통신 인터페이스

본 MASTER-K SERIES 는 COMPUTER 와의 LINK 기능을 표준 내장하고 있어
분산제어와,집중감시를 용이하게 할수 있읍니다.

따라서

1) K30/50/60/200 SERIES

 . KLD-100 HANDY LOADER 접속 단자에 RS-232C 인터 페이스 방식으로
   COMPUTER,MODEM 등과 접속 합니다. (9 P PORT)

2) K250 SERIES

 . K250 CPU 의 전용 COMPUTER 접속 단자를 통한 RS-232C 방식
   입니다. (25 P PORT)

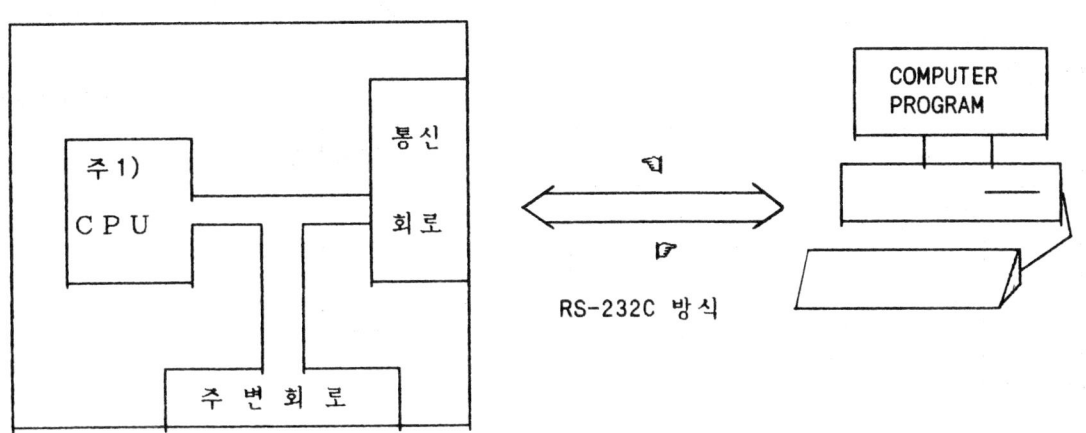

MASTER-K   COMPUTER

주1) cpu --> central processing unit

1. 통신 사양

1 - 1. K30/50/60/200 SYSTEM 구성

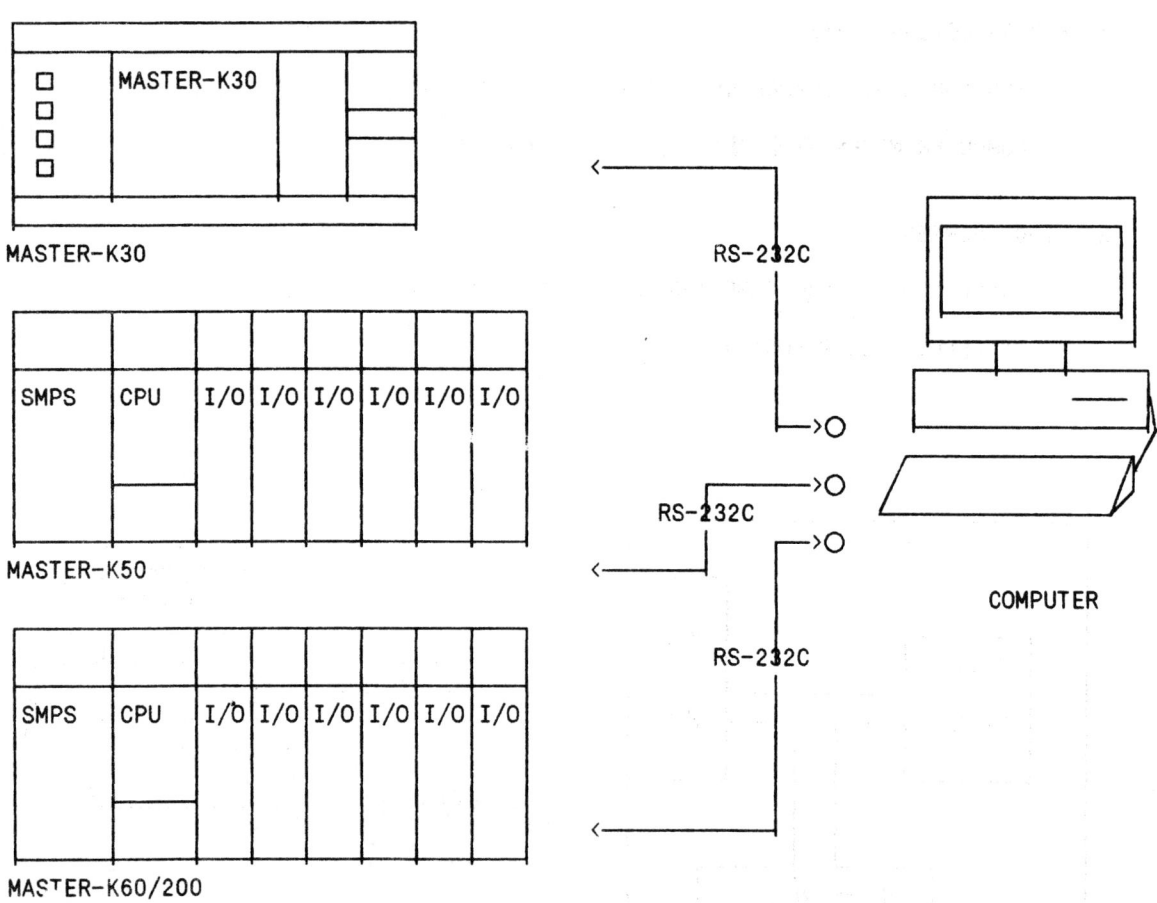

주의) 1)MASTER-K30/50/60/200 의 COMPUTER 통신은 각 기종에 9P PORT 로

DATA 송수신을 합니다 .

1 - 2 . K30/50/60/200 전송 사양

항 목	사 양
INTERFACE	RS-232C 방식
P O R T	RS-232C PORT -----> 1CH
전송 방식	반이중 통신 방식
동기 방식	비동기식 방식(ASYNCHRONOUS)
	.ASYNCHRONOUS METHOD /START STOP SYSTEM
CHARACTER 구성	DATA BIT -----> 8 BIT
	PARITY BIT -----> NO
	STOP BIT -----> 1 BIT
전송 속도	9600 BAUD (고정)
전송 거리	최대 15 M 이내
접속 대수	1대
접속 방식	K30/50/60/200 CPU 의 RS-232C 9P PORT 접속

1 - 3. MASTER-K30/50/60/200 DATA 전송 개요 및 기능

1) DATA 전송의 개요

* 비동기식 방식

. ASYNCHRONOUS METHOD/START STOP BIT

· MASTER-K SERIES는 비동기식 방식으로서 DATA FORMAT이 자유롭기 때문에 RS-232C INTERFACE를 가지는 기기의 접속에 적합합니다.

2) DATA 전송의 기능

MASTER-K30/50/60/200 을 통하여 각 TYPE CPU 의 DATA 를 READ,WRITE,MONITOR 하는데 있어 별도의 기기 없이 통신 접속을 할수 있습니다.

(1) READ COMMAND

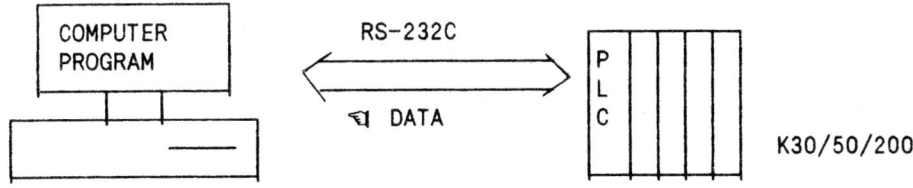

* COMPUTER 에서 READ COMMAND 를 수행 하면 MASTER-K30/50/200

의 MEMORY MAP 상의 DATA 를 읽을수 있습니다.

EX) TIMER,COUNTER 등의 현재치나 RELAY 의 ON/OFF 상태를 감시

할수 있습니다

(2) WRITE COMMAND

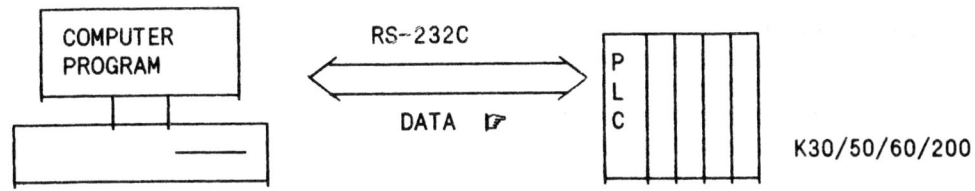

* COMPUTER 에서 WRITE COMMAND 를 수 행 하면 MASTER-K30/50/60/200 의

  MEMORY MAP 에 DATA 를 WRITE 할수 있습니다.

  EX) TIMER,COUNTER 등의 설정치나 RELAY 의 ON/OFF 상태를 제어할수

  있습니다.

(3) MONITOR COMMAND

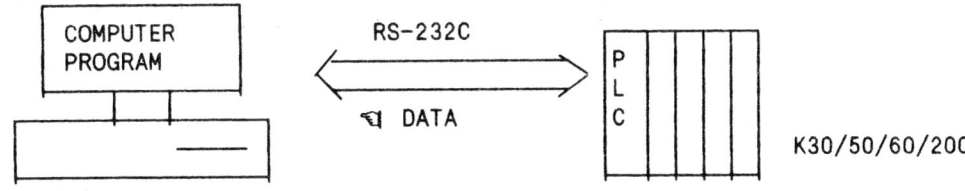

* COMPUTER 에서 READ COMMAND 를 반복 수행 하면 MASTER-K30/50/60/200 의

  MEMORY MAP 에서 변화 되는 DATA 를 MONITOR 할수 있습니다.

  EX) TIMER,COUNTER 등의 현재치나 RELAY 의 ON/OFF 변화되는

  상태를 감시할수 있습니다.

1 - 4. SERIAL 통신 FORMAT 및 용도

1-4.1 READ COMMAND

1) READ FORMAT (K30/50/60/200 SERIES)

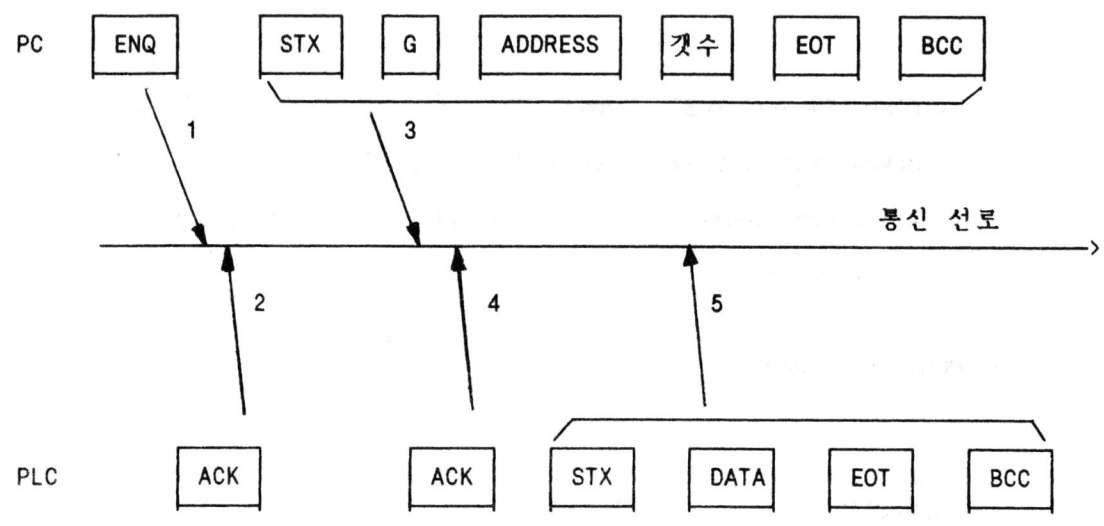

* BCC CHECK = STX + ---- + EOT   * Mes --> 부록 B 의 통신 ERROR CODE 참조

2) 통신 용도

    * MASTER - K30/50/60/200 SERIES 기종 의 MEMORY MAP 가운데 READ 가

      허용 되는 영역.

    * READ 갯수 는 FFH (255개) 까지 가능 합니다.

    * TIMER,COUNTER 등의 현재치나 RELAY 의 ON/OFF 상태를 감시 할수

      있읍니다.

1-4.2 WRITE COMMAND

1) WRITE FORMAT (K30/50/60/200 SERIES)

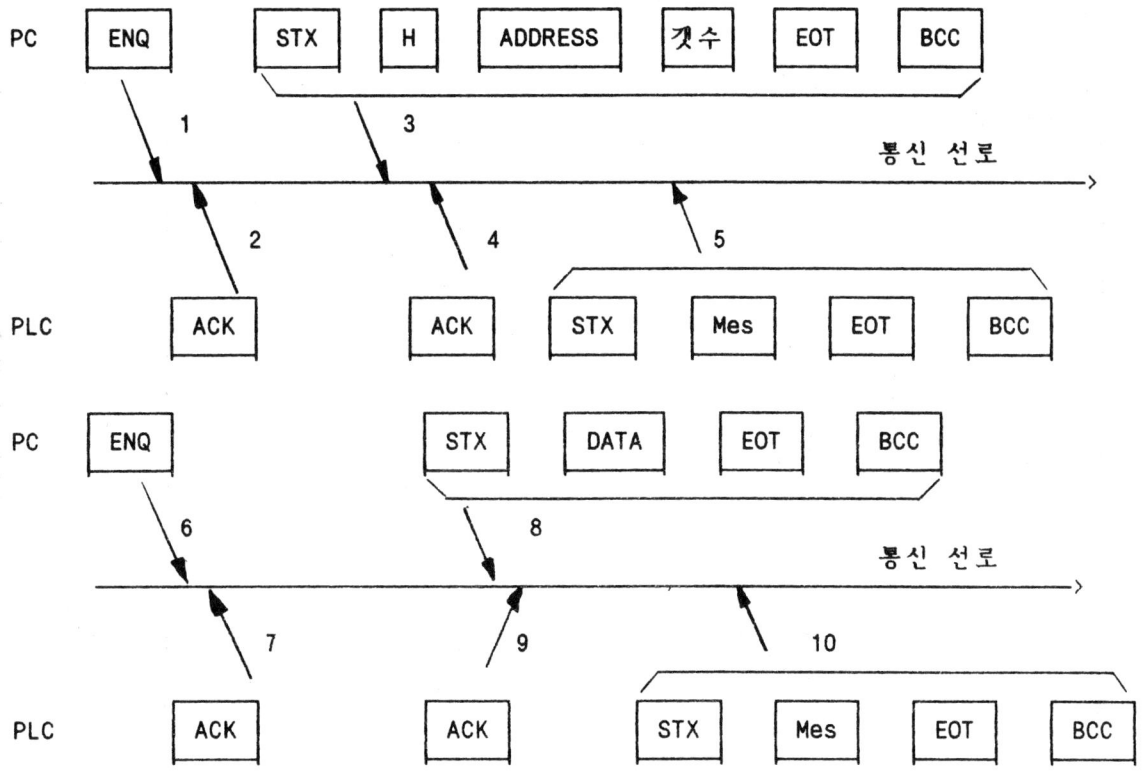

* BCC CHECK = STX + ---- + EOT   * Mes --〉부록 B 의 통신 ERROR CODE 참조

2) 통신 용도

* MASTER - K30/50/60/200 SERIES 기종 의 MEMORY MAP 가운데 WRITE 가

   허용 되는 영역.

* 1 CARD 분의 ON / OFF 가 가능 합니다.

* WRITE 갯수는 FFH (255개) 까지 가능 합니다.

416

1 - 5. MASTER - K30/50 CARD 영역 구분 예

1) MEMORY MAP 에서 DATA 값을 HFF 로 입력이 가능한 영역의

   절대 ADDRESS 와 CARD(DEVICE) 관계 입니다.

ADDRESS	FORMAT	CARD
H9900	MSB ... LSB [P007│P006│P005│P004│P003│P002│P001│P000]	P00
H9901	[P017│──┼──┼──┼──┼──┼──┼──│P010]	P01
H9902	[P027│──┼──┼──┼──┼──┼──┼──│P020]	P02
H9903	[P037│──┼──┼──┼──┼──┼──┼──│P030] ⋮	P03 ⋮

2) MEMORY MAP 에서 DATA 값을 HFFFF 로 입력이 가능한 영역의

절대 ADDRESS 와 CARD(DEVICE) 관계 입니다.

---> T,C 영역 등

ADDRESS	FORMAT	CARD
	MSB　　　　　　　　　　　　　　LSB	
H9B00	TIMER 하 위 DATA	T000
H9B01	TIMER 상 위 DATA	
H9B02	TIMER 하 위 DATA	T001
H9B03	TIMER 상 위 DATA	
H9B04	TIMER 하 위 DATA	T002
H9B05	TIMER 상 위 DATA	
H9B06	TIMER 하 위 DATA	T003
H9B07	TIMER 상 위 DATA	
	⋮	⋮

1 - 6. MASTER - K60/200 CARD 영역 구분 예

1) MEMORY MAP 에서 DATA 값을 HFFFF 로 입력이 가능한 영역의

   절대 ADDRESS 와 CARD(DEVICE) 관계 입니다.

ADDRESS	FORMAT	CARD
	MSB LSB	
HC080	P007 | P006 | P005 | P004 | P003 | P002 | P001 | P000	P00
HC081	P00F --- P008	
HC082	P017 --- P010	P01
HC083	P01F --- P018	
HC084	P027 --- P020	P02
HC085	P02F --- P027	
HC086	P037 --- P030	P03
HC087	P03F --- P038	
	⋮	⋮

2) MEMORY MAP 에서 DATA 값을 HFFFF 로 입력이 가능한 영역의

절대 ADDRESS 와 CARD(DEVICE) 관계 입니다.

---> T,C 영역 등

ADDRESS	FORMAT	CARD
	MSB LSB	
HC800	TIMER 하 위 DATA	T000
HC801	TIMER 상 위 DATA	
HC802	TIMER 하 위 DATA	T001
HC803	TIMER 상 위 DATA	
HC804	TIMER 하 위 DATA	T002
HC805	TIMER 상 위 DATA	
HC806	TIMER 하 위 DATA	T003
HC807	TIMER 상 위 DATA	
. . .	. . .	. . .

420

1 - 7. K30/50/60/200 CPU RS-232C INTERFACE 사양

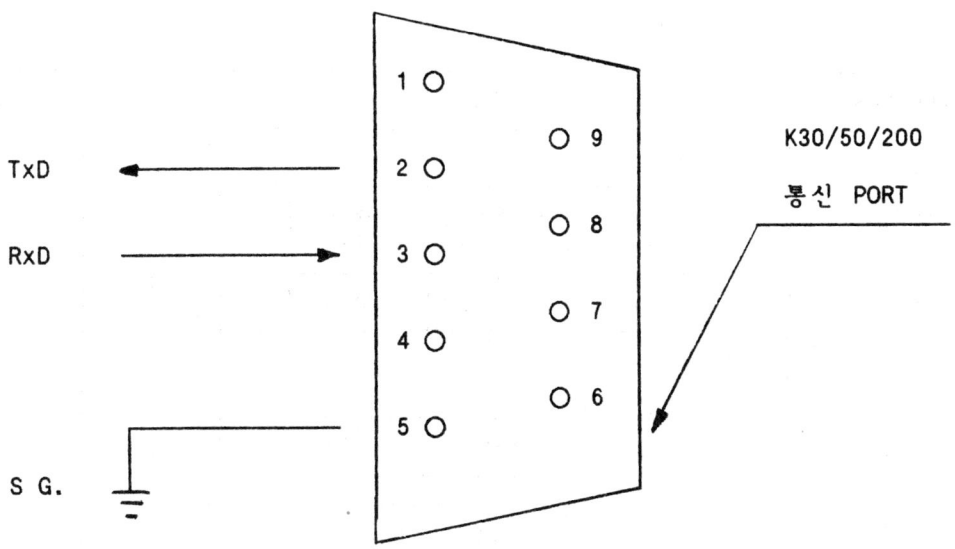

K30/50/60/200 PIN 번호	K30/50/60/200 신호 명칭	K30/50/60/200 기준신호방향	비　　고
1	N C.		NO CONNECTION
2	RxD	PLC ←——— PC	RECEIVE DATA
3	TxD	PLC ——→ PC	TRANSMIT DATA
4	N C.		SIGNAL GROUND
5	S G.		SIGNAL GROUND
6	N C.		NO CONNECTION
7	N C		NO CONNECTION
8	N C.		SIGNAL GROUND
9	N C.		SIGNAL GROUND

주 의 : MASTER-K30/50/60/200 과 PC , MODEM 을 연결할때는 PIN NO 2,3,5 만을
연결 하십시요.

1 - 8 . MASTER-K30/50/60/200 RS-232C CABLE 사양

MATSTER-K30/50/60/200 CPU MODULE 과 COMPUTER 9P-SERIAL 통신 PORT 와의

CABLE 접속관계를 아래와 같이 설명 하였읍니다.

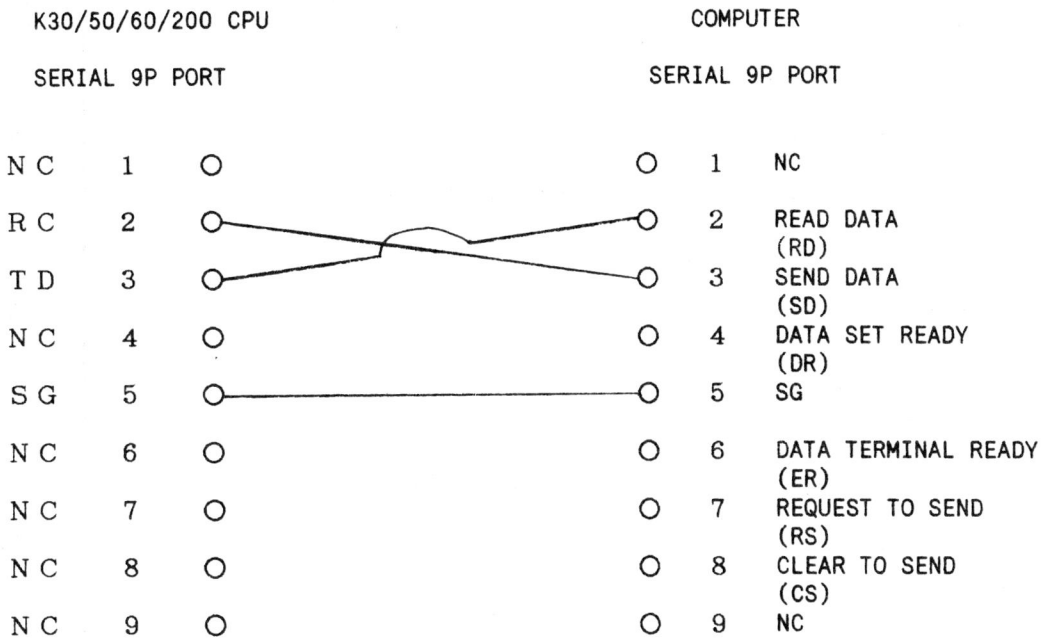

| K30/50/60/200 CPU | COMPUTER |
| SERIAL 9P PORT | SERIAL 9P PORT |

```
N C   1   O                          O   1   NC
R C   2   O────────╲    ╱───────────O   2   READ DATA
                     ╲  ╱                    (RD)
T D   3   O──────────╳─────────────O   3   SEND DATA
                                             (SD)
N C   4   O                          O   4   DATA SET READY
                                             (DR)
S G   5   O─────────────────────────O   5   SG
N C   6   O                          O   6   DATA TERMINAL READY
                                             (ER)
N C   7   O                          O   7   REQUEST TO SEND
                                             (RS)
N C   8   O                          O   8   CLEAR TO SEND
                                             (CS)
N C   9   O                          O   9   NC
```

준비된 CABLE 사양

형 식	명 칭	접속 PIN 수	길 이
K1C-50A	COMPUTER I/F CABLE	9 : 9	5.0 M

1 - 9. K30/50 MEMORY MAP

R : READ , W : WRITE

절 대 ADDRESS	DESCRIPTION	USER COMMAND
8 0 0 0 H - 8 F F F H	USER PROGRAM AREA	R,W
(8 C 0 0 H - 8 C F F H)	(HSC COUNTER 영역)	R,W
9 0 0 0 H - 9 0 0 F H	M AREA (M00 - M15)	R,W
9 0 1 0 H - 9 0 F F H	NOT USED AREA	
9 1 0 0 H - 9 1 0 F H	M AREA (M16 - M31)	R,W
9 1 1 0 H - 9 1 F F H	NOT USED AREA	
9 2 0 0 H - 9 2 0 F H	M AREA (M32 - M47)	R,W
9 2 1 0 H - 9 2 F F H	NOT USED AREA	
9 3 0 0 H - 9 3 0 F H	M AREA (M48 - M63)	R,W
9 3 1 0 H - 9 3 F F H	NOT USED AREA	
9 4 0 0 H - 9 4 0 F H	K AREA (K00 - K15)	R,W
9 4 1 0 H - 9 4 1 1 H	NOT USED AREA	
9 4 1 2 H - 9 4 1 7 H	STEP RUN BUFFER	R,W
9 5 0 0 H - 9 5 0 F H	K AREA (K16 - K31)	R,W
9 5 1 0 H - 9 5 F F H	NOT USED AREA	
9 6 0 0 H - 9 6 0 F H	T AREA (CONTACT)	R,W
9 6 1 0 H - 9 6 F F H	NOT USED AREA	
9 7 0 0 H - 9 7 0 F H	C AREA (CONTACT)	R,W
9 7 1 0 H - 9 7 F F H	NOT USED AREA	

절 대 ADDRESS	DESCRIPTION	USER COMMAND
9 8 0 0 H – 9 8 0 F H	F AREA	R
9 8 1 0 H – 9 8 F F H	NOT USED AREA	R,W
9 9 0 0 H – 9 9 0 5 H	P AREA	R,W
9 9 1 0 H – 9 9 F F H	NOT USED AREA	R,W
9 A 1 0 H – 9 A F F H	D AREA	R,W
9 B 0 0 H – 9 B F F H	TIMER CURRENT VALUE	R,W
9 C 0 0 H – 9 C F F H	COUNTER CURRENT VALUE	R,W
9 D 0 0 H – 9 D 1 F H	S AREA (S00 – S31)	R,W
9 D 2 0 H – 9 D F F H	NOT USED AREA	
9 E 0 0 H – 9 E F F H	TIMER SETTING AREA	R,W
9 F 0 0 H – 9 F F F H	COUNTER SETTING AREA	R,W
A 0 0 0 H – A 0 7 F H	TIMER INFORMATION AREA	R
A 0 8 0 H – A 0 F F H	COUNTER INFORMATION AREA	R
A 1 0 0 H – A 1 F F H	PULSE INFORMATION AREA	R
A 2 0 0 H – A 4 4 F H	SYSTEM BUFFER AREA	R
A 4 5 0 H – A 4 5 A H	STEP RUN BUFFER	R
A 4 5 B H – A 7 F F H	SYSTEM BUFFER AREA	R
A 8 0 0 H – F E F F H	CODE CONVERSION AREA	R
F F 0 0 H – F F F F H	STACK AREA	R

1 - 10. K60/200 MEMORY MAP

R : READ , W : WRITE

절 대 ADDRESS	DESCRIPTION	USER COMMAND
8 0 0 0 H - 9 F F F H	USER PROGRAM AREA (4K STEP)	R,W
A 0 0 0 H - A 0 F F H	PARAMETER AREA	R,W
B 0 0 0 H - B 7 F F H	D0000 - D1023 (1024 CARD)	R,W
B 8 0 0 H - B B 1 F H	S 의 DUAL CHECK AREA (OUT S,SET S)	R
B D 0 0 H - B D F F H	TIMER AREA	R,W
B E 0 0 H - B E F F H	COUNTER AREA	R,W
C 0 0 0 H - C 0 7 F H	M AREA (M00 - M63)	R,W
C 0 8 0 H - C 0 9 F H	P AREA (P00 - P15) 256 POINT	R,W
C 0 C 0 H - C 0 F F H	K AREA (K00 - K31) 512 POINT	R,W
C 1 0 0 H - C 1 3 F H	L AREA (L00 - L15) 256 POINT	
C 1 4 0 H - C 1 5 F H	F AREA (F00 - F15) 256 POINT	R,W
C 1 8 0 H - C 1 9 F H	T AREA (T000 - T255) 256 POINT	R,W
C 1 A 0 H - C 1 B F H	C AREA (C000 - C255) 256 POINT	R,W
C 2 0 0 H - C 2 3 F H	S AREA (S00 - S63) 64 CARD	R,W
C 1 E 0 H	MCS SET OR RESET	R,W
C 4 0 0 H - C 4 F F H	TIMER 사용 번지 저장 영역	R,W
C 5 0 0 H - C 5 F F H	COUNTER 사용 번지 저장 영역	R,W
C 6 0 0 H - C 7 3 F H	D,D NOT 의 PULSE 영역	R,W
C 8 0 0 H - C 9 F F H	TIMER 현재치 영역	R,W
C A 0 0 H - C B F F H	COUNTER 현재치 영역	R,W

R : READ , W : WRITE

절 대 ADDRESS	DESCRIPTION	USER COMMEND
C C 0 0 H - C D F F H	TIMER 설정치 영역	R,W
C E 0 0 H - C F F F H	COUNTER 설정치 영역	R,W
D 0 0 0 H - D 3 F F H	PULSE 영역	R,W
E 0 0 0 H - E 1 3 F H	S 의 DUAL CHECK AREA (OUT S,SET S)	R,W
E 1 4 0 H - E F F F H	EPROM AREA (4K STEP)	R
F 0 0 0 H - F E F F H	SYSTEM BUFFER AREA	R
F F 0 0 H - F F F F H	내부 RAM 영역	R

2. RS-232C 통신

1. RS-232C 방식 통신 용어 설명

RS-232C 를 사용하는 경우에 인터페이스 와 전송방식에 관하여 다음 사항을
지켜야 합니다.

    (1) 통신 형태의 지정

       * HALF - DUPLEX SYSTEM

    (2) 동기,비동기 방식

    (3) PARITY CHECK 여부

    (4) START BIT,STOP BIT

    (5) BAUD RATE

    이상과 같은 사항은 송신,수신측의 장치를 서로 일치 시켜야 합니다.

1.1 BAUD RATE

    (1) BAUD RATE 란 1초당의 변조 횟수 인데 RS-232C 인터페이스 에서는 변조
        횟수와 전송 속도(Bps:BIT/SEC)를 일치 시켜야 합니다.
        단위로는 BAUD 또는 bps 가 사용됩니다.

    (2) DATA 의 전송속도는 송수신에 필요한 PROGRAM 실행속도와 통신 CABLE 등
        통신 매체의 특성에 크게 좌우됩니다.

    (3) 일반적으로 300,600,1200,2400,4800,9600 BAUD 중에서 선택 사용됩니다.

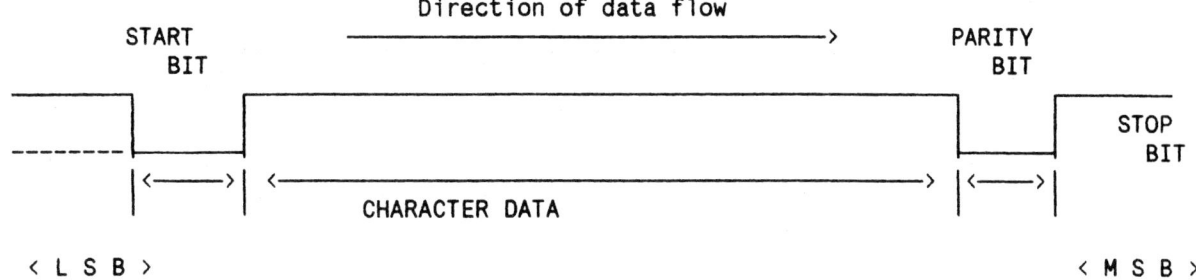

2.1 PARITY CHECK

* CHARACTER DATA 가 8 BIT 일때는 PARITY BIT 를 부가 할수 없읍니다.

* 1 CHARACTER DATA 의 마지막 1 BIT 를 CHECK 용 으로 부가하여 수신측 에서 DATA

  가 정확히 보내져 왔는가를 CHECK 합니다.

  DATA 는 최하위 BIT 로 부터 최상위 BIT 를 향하여 송수신 하며 PARITY 를 붙일

  때는 최상의 BIT의 다음에 송신한다.

* EVEN PARITY SAMPLE

    * A --> ASCII CODE 41H (100 0001) 이부호속의 1 을 전송 할때 반드시

      짝수가 되어야 합니다. ---> 0100 0001 로 전송

* ODD PARITY SAMPLE

    * C --> ASCII CODE 43H (100 0011) 이부호속의 l 을 전송 할때 반드시

      홀수가 되어야 합니다. ---> 1100 0011 로 전송

428

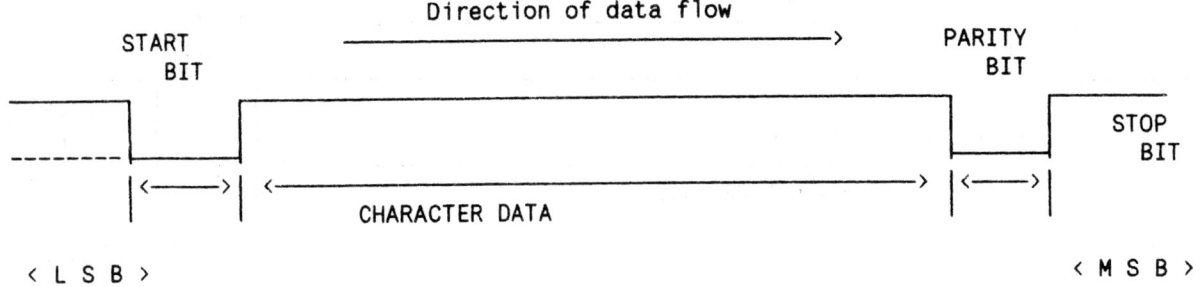

A-1.3 START,STOP BIT

* START BIT 는 1BIT , STOP BIT 는 1,1.5,2 BIT 로 부가할수 있으므로 송신,수신
  양측의 BIT 를 일치 시켜야 1 CHARACTER 마다 동기로 CHECK 합니다.

1.4 BIT LENGTH

* BIT LENGTH 는 1 CHARACTER 를 나타내는데 일반적으로 7,8 BIT 를 사용 합니다.

START BIT	문 자 DATA	STOP BIT

1) 1 START BIT + 8 BIT + 1 STOP BIT = 10 BIT   ------> 최소 길이

2. DATA 신호 LEVEL CHANGE 예

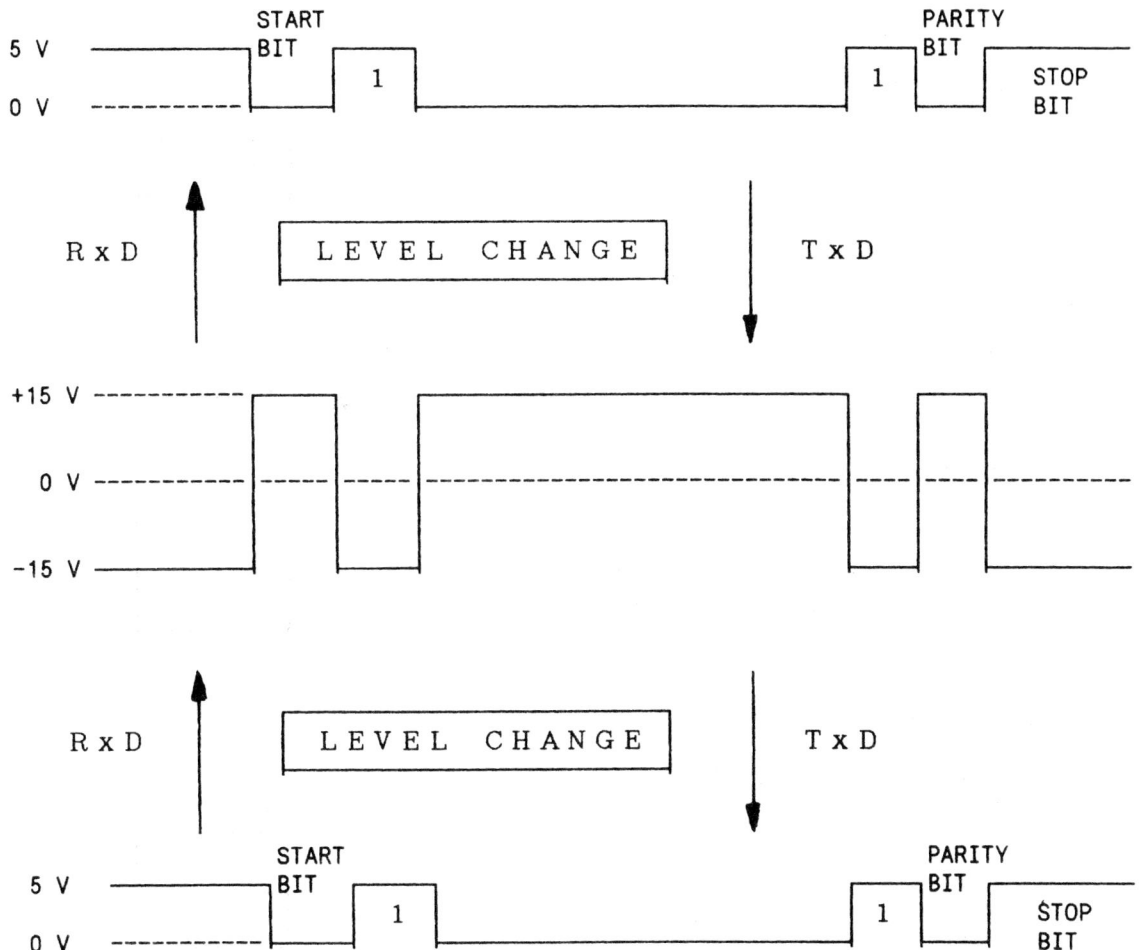

*   RS-232C 인터페이스 규격에서는 송수신 DATA 의 신호는 부논리로 규정
    합니다.

    0V ---> +15V , 5V ---> -15V

3. 전송 제어 CHARACTER 설명

1) ENQ (ENQUIRY)

상대 단말의 응답을 구하기 위하여 사용 합니다.

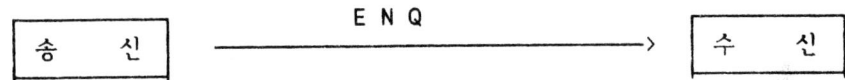

2) ACK (ACKNOWLEDGE)

수신측 에서 송신측 으로 반송하는 부호 입니다.

이것에는 [상대측 의 ENQ 에 접촉 OK.] 및 [이상 없이 수신완료]

의 의미가 있읍니다.

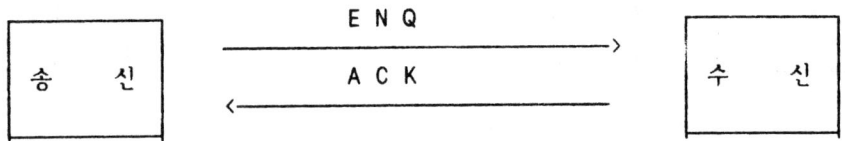

3) NAK (NEGATIVE ACKNOWLEDGE)

ACK 의 반대의 의미로서 부정적인 부호입니다.

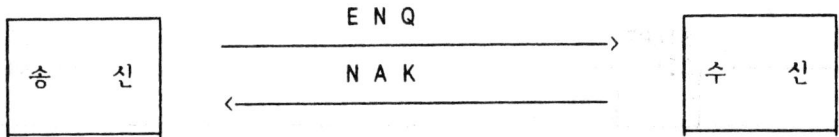

4) STX (START OF TEXT)

* TEXT 의 시작

5) EOT (END OF TRANSMISSION)

* TEXT 의 종료

* 송신권의 인도

3. 통신 ERROR CODE 및 SAMPLE PROGRAM

1. 통신 ERROR CODE 및 SAMPLE PROGRAM

ERROR CODE	ERROR 원인 (MASTER - K30/50 해당)
ACK (06)	정상 통신
NAK (15)	통신 FORMAT ERROR
q (71)	MODE ERROR (USER PROGRAM HANDLING 불가)
r (72)	ADDRESS ERROR
s (73)	MODE CHANGE ERROR
t (74)	EPROM 장착 되어 있음
u (75)	ADDRESS + 갯 수 ERROR

```
'====================================================================
'=          MASTER-K30/50/200 COMPUTER 통신 PROGRAM.          =
'=          1.프로그램 용도: MODE CHANGE PROGRAM             =
'=          2.프로그램 제목: 교육용 프로그램                  =
'====================================================================


' 초기 설정 및 RS-232C OPEN

  OPEN "COM1:9600,N,8,1,CS,DS" FOR RANDOM AS #1


'입력 항목을 표시 하는 부분

inital1:

  CLS

  LOCATE 5, 60: PRINT ""; DATE$


  LOCATE 5, 5: PRINT " * MODE HANGE CODE 를 입력 하십시요(M) ?"
  LOCATE 7, 5: PRINT " * MODE DATA 를 입력 하십시요(01/02/03) ?"


  LOCATE 6, 49: PRINT "-"
  LOCATE 8, 49: PRINT "--"
  LOCATE 10, 8: PRINT "    1)RUN    --->  01"
  LOCATE 12, 8: PRINT "    2)PAG    --->  02"
  LOCATE 14, 8: PRINT "    3)PAUSE  --->  03"

  LOCATE 20, 33: PRINT "프로그램 종료 (q) / 재실행 (r) ?"
  LOCATE 21, 70: PRINT "-"

  LOCATE 5, 49: INPUT "", mode$
  LOCATE 7, 49: INPUT "", number$


inital2:

        PRINT #1, CHR$(5);
        reack1$ = INPUT$(1, #1)


        IF reack1$ = CHR$(21) THEN
           CLOSE #1
        ELSE
           Q$ = CHR$(2) + mode$ + number$ + CHR$(4)
        END IF


        PRINT #1, Q$;
```

```
    reack2$ = INPUT$(1, #1)

    IF reack2$ = CHR$(21) THEN
        GOTO inital1
    ELSE
        LOCATE 18, 6: PRINT "* MODE CHANGE가 완료 되었읍니다."
    END IF



LOCATE 20, 70: INPUT "", rev$

SELECT CASE rev$
        CASE "r", "R"
            GOTO inital1
        CASE "Q", "q"
            GOTO progend
        CASE ELSE

    END SELECT

progend:
END
```

```
'===============================================================
'=          MASTER·K30/50/200 COMPUTER 통신 PROGRAM.        =
'=          1.프로그램 용도: MONITOR PROGRAM               =
'=          2.프로그램 제목: 교육용 프로그램                 =
'===============================================================


' 초기 설정 및 RS-232C OPEN

  OPEN "COM1:9600,N,8,1,CS,DS" FOR RANDOM AS #1

  CLS


' 입력 항목을 표시하는 부분

  LOCATE 12, 15:  PRINT " 1. 준비 대기 공정   :"
  LOCATE 15, 15:  PRINT " 2. 시작 공정        :"
  LOCATE 18, 15:  PRINT " 3. 중간 공정        :"
  LOCATE 21, 15:  PRINT " 4. 완성 공정        :"


  LOCATE 5, 15:   PRINT " * 보기를 원하는 카드를 입력 하십시요 ?"
  LOCATE 7, 15:   PRINT " * 원하는 카드수 를 입력 하십시요(01) ?"
  LOCATE 6, 56:   PRINT "----"
  LOCATE 8, 56:   PRINT "--"
  LOCATE 5, 56:   INPUT "", address$
  LOCATE 7, 56:   INPUT "", number$



start:

    PRINT #1, CHR$(5);                          '송신 요구 신호:ENQ
      reack$ = INPUT$(1, #1)                    '수신 응답 신호:ACK

         IF reack$ = CHR$(21) THEN
            CLOSE #1
         ELSE
            Q$ = CHR$(2) + CHR$(71) + address$ + number$ + CHR$(4)
            PRINT #1, Q$;
         END IF


     redata$ = INPUT$(5, #1)

       PA$ = MID$(redata$, 4, 1)

         IF PA$ = CHR$(49) THEN
            LOCATE 12, 39: PRINT " O   N"
         ELSE
```

```
        LOCATE 12, 39: PRINT " O F F"
END IF


   IF PA$ = CHR$(50) THEN
      LOCATE 15, 39: PRINT " O    N"
   ELSE
      LOCATE 15, 39: PRINT " O F F"
   END IF


      IF PA$ = CHR$(52) THEN
         LOCATE 18, 39: PRINT " O    N"
      ELSE
         LOCATE 18, 39: PRINT " O F F"
      END IF


         IF PA$ = CHR$(56) THEN
            LOCATE 21, 39: PRINT " O    N"
         ELSE
            LOCATE 21, 39: PRINT " O F F"
         END IF


   GOTO start

END
```

```
'===================================================================
'=           MASTER-K30/50/200 COMPUTER 통신 PROGRAM.         =
'=           1.프로그램 용도: WRITE PROGRAM                    =
'=           2.프로그램 제목: 교육용 프로그램                   =
'===================================================================


' 초기 설정 및 RS-232C OPEN

  OPEN "COM1:9600,N,8,1,CS,DS" FOR RANDOM AS #1


'입력 항목을 표시 하는 부분

inital1:

  CLS

  LOCATE 5, 60: PRINT ""; DATE$


  LOCATE 5, 5: PRINT " * MODE DATA WRITE CODE 를 입력 하십시요(H) ?"
  LOCATE 7, 5: PRINT " * WRITE 되는 ADDRESS 를 입력 하십시요 ?"
  LOCATE 9, 5: PRINT " * WRITE 갯수 를 입력 하십시요 ?"
  LOCATE 11, 5: PRINT " * WRITE 할 값을 입력 하십시요 ?"


  LOCATE 5, 50: PRINT "( )"
  LOCATE 7, 50: PRINT "(h    )"
  LOCATE 9, 50: PRINT "(h  )"
  LOCATE 11, 50: PRINT "(h    )"


  LOCATE 20, 33: PRINT "프로그램 종료 (q) / 재실행 (r) ?"
  LOCATE 21, 70: PRINT "-"


  LOCATE 5, 51: INPUT "", mode$
  LOCATE 7, 52: INPUT "", address$
  LOCATE 9, 52: INPUT "", number$
  LOCATE 11, 52: INPUT "", data$


inital2:

        PRINT #1, CHR$(5);
        reack1$ = INPUT$(1, #1)

        IF reack1$ = CHR$(21) OR reack1$ = CHR$(116) THEN
           LOCATE 13, 20: PRINT "통신이 불가능 합니다."
           CLOSE #1
        ELSE
           reack1$ = CHR$(6)
           Q$ = CHR$(2) + mode$ + address$ + number$ + CHR$(4)
```

```
    END IF

    PRINT #1, Q$;

    reack2$ = INPUT$(1, #1)

    IF reack2$ = CHR$(21) THEN GOTO inital2


    reack3$ = INPUT$(3, #1)
      commessage$ = MID$(reack3$, 2, 1)

     IF commessage$ = CHR$(6) THEN
          LOCATE 15, 9: PRINT "* 제 1 통신 메세지 ---> 정상 통신"
     ELSE
        commessage$ = CHR$(21)
          LOCATE 15, 9: PRINT "* 제 1 통신 메세지 ---> 통신 불가"
     END IF

    PRINT #1, CHR$(5);
    reack4$ = INPUT$(1, #1)

    IF reack4$ = CHR$(21) THEN
       CLOSE #1
       GOTO inital2
    ELSE
       reack1$ = CHR$(6)
       Q$ = CHR$(2) + data$ + CHR$(4)
    END IF

    PRINT #1, Q$;

    reack5$ = INPUT$(1, #1)

    IF reack5$ = CHR$(21) THEN
       LOCATE 17, 9: PRINT "* 제 2 통신 메세지 ---> 정상 통신"
    ELSE
       reack5$ = CHR$(6)
       LOCATE 17, 9: PRINT "* 제 2 통신 메세지 ---> 정상 통신"
    END IF

LOCATE 20, 70: INPUT "", rev$

SELECT CASE rev$
      CASE "r", "R"
         GOTO inital1
      CASE "Q", "q"
         GOTO progend
      CASE ELSE

END SELECT

END
```

부 · · · 록

부 록 A.

영문 모드에서의 ASCII 문자 세트

Dec	Hex	Char	Ctrl	Code	Dec	Hex	Char	Dec	Hex	Char	Dec	Hex	Char	Dec	Hex	Char	Dec	Hex	Char
00	00		^@	NUL	43	2B	+	86	56	V	129	81	ü	172	AC	¼	215	D7	╫
01	01	☺	^A	SOH	44	2C	,	87	57	W	130	82	é	173	AD	¡	216	D8	╪
02	02	●	^B	STX	45	2D	-	88	58	X	131	83	â	174	AE	«	217	D9	┘
03	03	♥	^C	ETX	46	2E	.	89	59	Y	132	84	ä	175	AF	»	218	DA	┌
04	04	◆	^D	EOT	47	2F	/	90	5A	Z	133	85	à	176	B0	░	219	DB	█
05	05	♣	^E	ENQ	48	30	0	91	5B	[	134	86	å	177	B1	▒	220	DC	▄
06	06	♠	^F	ACK	49	31	1	92	5C	\	135	87	ç	178	B2	▓	221	DD	▌
07	07	•	^G	BEL	50	32	2	93	5D	]	136	88	ê	179	B3	│	222	DE	▐
08	08	◘	^H	BS	51	33	3	94	5E	^	137	89	ë	180	B4	┤	223	DF	▀
09	09	○	^I	HT	52	34	4	95	5F	_	138	8A	è	181	B5	╡	224	E0	α
10	0A	●	^J	LF	53	35	5	96	60	'	139	8B	ï	182	B6	╢	225	E1	ß
11	0B	♂	^K	VT	54	36	6	97	61	a	140	8C	î	183	B7	╖	226	E2	Γ
12	0C	♀	^L	FF	55	37	7	98	62	b	141	8D	ì	184	B8	╕	227	E3	π
13	0D	♪	^M	CR	56	38	8	99	63	c	142	8E	Ä	185	B9	╣	228	E4	Σ
14	0E	♫	^N	SO	57	39	9	100	64	d	143	8F	Å	186	BA	║	229	E5	σ
15	0F	¤	^O	SI	58	3A	:	101	65	e	144	90	É	187	BB	╗	230	E6	µ
16	10	►	^P	DLE	59	3B	;	102	66	f	145	91	æ	188	BC	╝	231	E7	τ
17	11	◄	^Q	DC1	60	3C	<	103	67	g	146	92	Æ	189	BD	╜	232	E8	Φ
18	12	↕	^R	DC2	61	3D	=	104	68	h	147	93	ô	190	BE	╛	233	E9	θ
19	13	‼	^S	DC3	62	3E	>	105	69	i	148	94	ö	191	BF	┐	234	EA	Ω
20	14	¶	^T	DC4	63	3F	?	106	6A	j	149	95	ò	192	C0	└	235	EB	δ
21	15	§	^U	NAK	64	40	@	107	6B	k	150	96	û	193	C1	┴	236	EC	∞
22	16	▬	^V	SYN	65	41	A	108	6C	l	151	97	ù	194	C2	┬	237	ED	ø
23	17	↨	^W	ETB	66	42	B	109	6D	m	152	98	ÿ	195	C3	├	238	EE	ε
24	18	↑	^X	CAN	67	43	C	110	6E	n	153	99	Ö	196	C4	─	239	EF	∩
25	19	↓	^Y	EM	68	44	D	111	6F	o	154	9A	Ü	197	C5	┼	240	F0	≡
26	1A	→	^Z	SUB	69	45	E	112	70	p	155	9B	¢	198	C6	╞	241	F1	±
27	1B	←	^[	ESC	70	46	F	113	71	q	156	9C	£	199	C7	╟	242	F2	≥
28	1C	∟	^\	FS	71	47	G	114	72	r	157	9D	¥	200	C8	╚	243	F3	≤
29	1D	↔	^]	GS	72	48	H	115	73	s	158	9E	P_t	201	C9	╔	244	F4	⌠
30	1E	▲	^^	RS	73	49	I	116	74	t	159	9F	ƒ	202	CA	╩	245	F5	⌡
31	1F	▼	^_	US	74	4A	J	117	75	u	160	A0	á	203	CB	╦	246	F6	÷
32	20				75	4B	K	118	76	v	161	A1	í	204	CC	╠	247	F7	≈
33	21	!			76	4C	L	119	77	w	162	A2	ó	205	CD	═	248	F8	°
34	22	"			77	4D	M	120	78	x	163	A3	ú	206	CE	╬	249	F9	·
35	23	#			78	4E	N	121	79	y	164	A4	ñ	207	CF	╧	250	FA	·
36	24	$			79	4F	O	122	7A	z	165	A5	Ñ	208	D0	╨	251	FB	√
37	25	%			80	50	P	123	7B	{	166	A6	ª	209	D1	╤	252	FC	ⁿ
38	26	&			81	51	Q	124	7C	|	167	A7	º	210	D2	╥	253	FD	²
39	27	'			82	52	R	125	7D	}	168	A8	¿	211	D3	╙	254	FE	■
40	28	(			83	53	S	126	7E	~	169	A9	⌐	212	D4	╘	255	FF	
41	29	)			84	54	T	127	7F	DEL	170	AA	¬	213	D5	╒			
42	2A	*			85	55	U	128	80	Ç	171	AB	½	214	D6	╓			

부록 B. PLC에 주로 사용되는 용어

◆ **AND**

논리적을 말함. 즉, 입력이 모두 High일 때만 출력이 High가 되는 회로.

◆ **NOP**

시퀀서(PLC)가 아무것도 하지 않음. 다음 단계로 진행.

◆ **OR**

논리합을 말함. 즉, 입력 중 어느 하나라도 High일 때 출력이 High가 되는 회로

◆ **P-ROM**

Programmable Read Only Memory. 일반적으로 프로그램이 가능하고, 자외선 소거형을 말한다.

◆ **RAM**

Random Access Memory. 읽기, 쓰기가 자유로운 메모리.

◆ **STORE**

메모리에 저장시킴.

◆ **고장 진단**

하드의 정상 동작 점검, 메모리 내용의 점검, 문법 오류의 점검 또는 동작 상태의 모니터 기능을 말한다.

◆ **덤프(Dump)**

프로그램 메모리나 데이타 메모리의 일부 또는 전부를 다른 메모리 장치에 일시 기억시키는 것.

◆ **데이타 링크(Data Link)**

데이타 처리 형태(직·병렬의 차이나 클록의 차이) 등이 다른 장치간에 데이타 전송이 필요한 경우에 하는 장치. 주로 대형 컴퓨터와의 결합 등에 쓰인다.

◆ **디버그(Debug)**

프로그램상의 오류를 찾아내어 수정하는 일.

부　　록

◆ 디크리멘트(Decrement)

　　메모리 어드레스나 수치에 -1씩 감소하는 동작

◆ 래치(Latch)

　　데이타의 일시 메모리, 동작 타이밍이 서로 틀린 장치간이나 직병렬 변환기 등에 사용.

◆ 레지스터(Register)

　　치수기. 연산도중의 데이타를 일시 기억, 래치와 같은 기능을 가짐

◆ 로더(Loader)

　　데이타를 메모리 장치에 격납하는 것. 레지스터에 넣는 경우 등에 주로 사용

◆ 로직(Logic)

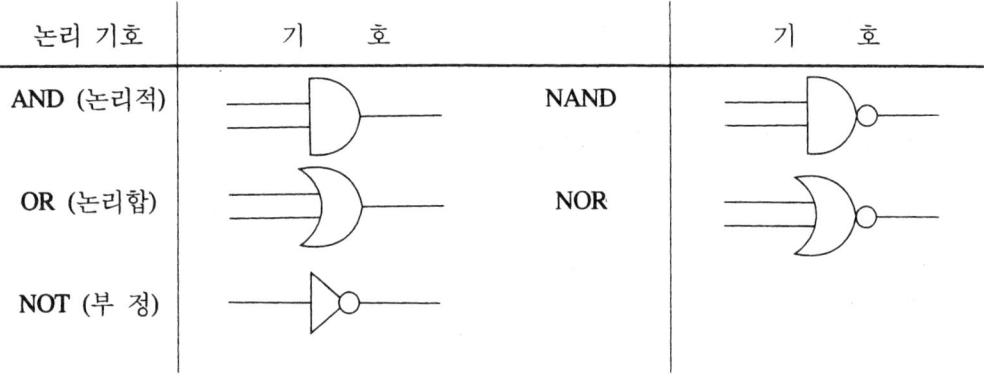

논리 기호	기 호	기 호
AND (논리적)		NAND
OR (논리합)		NOR
NOT (부 정)		

◆ 마스터 콘트롤(Master Control)

　　릴레이 회로에 있어서 비상정지회로가 동작하는 기능, 지정된 수의 출력을 모두 OFF하는 동작을 가짐.

◆ 바이너리 코드(Binary Code)

　　2진수 표시. 최소 비트에서 차례로 $1(2^0)$, $2(2^1)$, $4(2^2)$, $8(2^3)$, $16(2^4)$의 값을 갖는다.

　　10진수 표시　　2진수 표시

　　$(10)_{10}$ → $(1010)_2$의 4행으로 표현할 수 있다.

◆ 사다리 도표(Ladder Diagram)

　　사다리형 회로, 시퀀스 프로그램을 접점회로방식으로 표현한 것.

◆ 시리얼(Serial) 전송

　　몇 개의 데이타를 1개의 신호선에 의해 직렬로 보내는 방법을 말한다.

◆ 시뮬레이터(Simulator)

　　PLC로 실행할 프로그램을 실제의 장치에 직접 연결하여 확인하기 전에 미리 모의장치
　　로 프로그램을 점검하는 경우가 많다. 이 모의장치를 말한다. 시뮬레이터 입력은 보통
　　스냅 SW 출력은 LED로 하고 있다. 프로그램 테스트용으로 사용할 수 있다.

◆ 시프트 레지스터(Shift Register)

　　데이타 치수기의 일종으로 입력 클록에 따라 치수 데이타를 일행씩 좌우로 이동하는 것.

◆ 어셈블러(Assembler:기계어)

　　일상용어에 가깝게 표현된 기계전용 명령어

◆ 연산 시간

　　연산 주기(Cycle) 중에서 논리연산에 필요한 시간을 말한다.

◆ 오픈 콜렉터(Open Collecter)

　　트랜지스터의 콜렉터에 아무것도 접속되어 있지 않은 상태의 출력 단자.

◆ 옵토 커플러(Opto Coupler)

　　광학신호 결합기, 즉 서로 접속되지 않은 절연된 2개의 전기회로간에 전기 신호를 전송
　　하기 위해 사용.

◆ 응답시간

　　외부입력의 변화가 생긴 후부터 그 입력에 의해 변화를 일으키는 출력부가 동작하는 데
　　걸리는 시간의 최대치 연산 시간의 2배 정도로 볼 필요가 있다.

◆ 인크리멘트(Increment)

　　메모리나 어드레스에 수치 +1을 더해가는 것.

◆ 인터럽트(Interrupt)

　　특정의 입력신호에 대하여 우선적으로 처리하는 기능, 우선권에도 순위가 있어 이것을
　　우선 순위 레벨이라 한다.

◆ 인터로크(Interlock)

　　동시에 발생해서는 안되는 현상이 존재하는 경우에 한쪽의 현상이 발생하면 또 다른 한
　　쪽의 현상 발생을 강제적으로 억제하는 것을 말한다.(예, 모타의 정·역전)

◆ 인터페이스(Interface)

　　A와 B의 동작 모드(예를 들면 전압 레벨 코드 데이타의 직·병렬)가 다른 경우에는 직
　　접 A와 B는 접속할 수 없고 인터페이스를 사이에 넣어 접속한다.

◆ 입·출력 전송 시간

입력의 경우는 센서의 변화점지 시에서 시퀀서(PLC)의 입력 변화로서 받아들이는 데 걸리는 시간. 출력은 연산 결과가 출력 모듈에 전달되는 데 걸리는 시간

◆ 점프(Jump)

프로그램이 실행될 경우에는 메모리에 격납되어 있는 순번으로 실행하는 것이 일반적이지만 격납순에 따르지 고 순번을 건너 뛰어 다른 번지로 옮겨 그곳부터 프로그램을 실행하는 것.

◆ 증설(Expansion)

입출력 점수가 많은 경우 시퀀스 본체 외에 입출력 접수 확장용의 모듈을 접속할 필요가 있다. 이것을 증설(Expansion)이라 한다.

◆ 찾기(Search)

프로그램 내용이 써넣어져 있는 어드레스를 찾아내어 조작하는 일.

◆ 카세트 로더(Cassette Loader)

전원투입시나 장기간 전원 정전 시에 프로그램 내용이 휘발하는 것을 막기 위해 프로그램 데이타를 카세트 레코더에 기록해 두고 카세트 테이프 레코더에 의해 프로그램을 자동적으로 써넣는 장치.

◆ 코딩 시트(Coding Sheet)

프로그램 메모리에 격납할 순으로 프로그램을 어셈블러 등을 사용하여 써넣는 용지.

◆ 파워 플로우(Power flow)

회로의 통전상태를 표시한다. 일시 메모리, 통전상태란 논리식 도중 경과 상태 표시.

◆ 패러렐(Parellel) 전송

동시에 복수의 데이타를 같은 전송선을 사용하여 전송하는 방법.

◆ 패리티 체크(Parity check)

디지털 시스템에서 다루는 데이타(정보)는 그 시스템에 의해 결정된 비트 수로 데이타를 표현한다. 이때 데이타 표현방법으로서 항상 1(또는 0)의 개수가 우수(또는 기수)가 되도록 함으로써 필요에 따라 1(또는 0)의 수가 우수개(또는 기수개)인가를 확인하면서 실행해가는 방식.

◆ 플로우 차트(Flow Chart)

신호 흐름표, 사다리 도표(Ladder Diagram)이나 논리 신호를 사용하는 방식에 대하여 사용한다. 전체 구성을 표현하기에 편리하다.

PLC 제어기술

정가 : 15,000원

자 은 이 : 지 일 구
펴낸이 : 이 종 춘

펴낸곳 : **BM** 성안당

주 소 : 경기도 파주시 문발로 112
전 화 : (031)955-0511
팩 스 : (031)955-0510
등 록 : 1973.2.1 제13-12호

1995. 1. 10	초판1쇄발행
2001. 2. 24	1차개정8쇄발행
2002. 1. 8	1차개정9쇄발행
2003. 3. 11	1차개정10쇄발행
2004. 1. 8	1차개정11쇄발행
2005. 1. 15	1차개정12쇄발행
2006. 1. 9	1차개정13쇄발행
2007. 1. 2	1차개정14쇄발행
2007. 2. 15	1차개정15쇄발행

ⓒ 1995~2007 지일구   **ISBN 978-89-315-2104-7**

홈페이지 : **www.cyber.co.kr**